全国机械行业高等职业教育“十二五”规划教材

模具设计与制造专业

塑料模设计与实践

全国机械职业教育模具类专业教学指导委员会　组编

主　编　夏江梅　刘彦国

副主编　李宏林

参　编　杨　军　王春香

主　审　赵孟栋

机 械 工 业 出 版 社

本书以培养学生的塑料模具设计能力为目标，将模具设计所涉及的塑料成型工艺、塑料模设计和塑料成型设备等关联知识进行有机整合。全书共9章，主要包括绪论、塑料成型工艺规程的编制、单分型面注射模设计、双分型面注射模设计、侧向分型与抽芯注射模设计、热流道模具设计、压缩模设计、挤出模设计及塑料模具设计综合实践等内容。

本书编写始终以完成塑料模具设计任务为主线，从实际应用的需要出发，按照典型、具体、真实的模具设计任务所需的知识结构和技能要求，将成型基础理论，成型方法、成型工艺条件的选择与控制，模具结构与设计计算方法，模具材料的正确选用，成型质量分析控制，塑料成型设备与模具的关系等知识有机结合。模具设计知识均围绕完成设计任务展开介绍。各章配有适量的思考与练习题以及必要的数据资料。

通过对本书的学习，学生既能对基础理论有一定的理解，又能掌握必要的专业技能，并能在实践方面得到指导，最终达到培养参与生产实践的基本技能和具备塑料模设计能力的目标。

本书主要作为高等职业技术教育、高等专科教育模具设计与制造专业、机械类及近机械类各专业塑料成型模具课程的教材，也可作为相关专业和成人高等专科教育的教材，并可供从事模具设计与制造的工程技术人员参考。

本书配套有电子课件，凡选用本书作为教材的教师可登录机械工业出版社教育服务网 www. cmpedu. com，注册后免费下载。咨询邮箱：cmp-gaozhi@ sina. com。咨询电话：010-88379375。

图书在版编目（CIP）数据

塑料模设计与实践/夏江梅，刘彦国主编. —北京：机械工业出版社，2013. 8（2020.1 重印）
全国机械行业高等职业教育“十二五”规划教材. 模具设计与制造专业
ISBN 978-7-111-43648-5

Ⅰ. ①塑…　Ⅱ. ①夏…②刘…　Ⅲ. ①塑料模具—设计—高等职业教育—教材　Ⅳ. ①TQ320. 5

中国版本图书馆 CIP 数据核字（2013）第 185835 号

机械工业出版社（北京市百万庄大街 22 号　邮政编码 100037）
策划编辑：于奇慧　责任编辑：于奇慧　韩　冰
版式设计：霍永明　责任校对：丁丽丽
封面设计：鞠　杨　责任印制：张　博
三河市国英印务有限公司印刷
2020 年 1 月第 1 版第 3 次印刷
184mm × 260mm · 20. 5 印张 · 504 千字
标准书号：ISBN 978-7-111-43648-5
定价：49. 00 元

电话服务　　　　　　　　　　网络服务
客服电话：010-88361066　机　工　官　网：www. cmpbook. com
　　　　　010-88379833　机　工　官　博：weibo. com/cmp1952
　　　　　010-68326294　金　书　网：www. golden-book. com
封底无防伪标均为盗版　　机工教育服务网：www. cmpedu. com

前　　言

本书是根据教育部《关于加强高职高专教育教材建设的若干意见》文件的精神及模具设计与制造专业教学资源建设项目的教材改革和建设成果——“塑料模设计与实践”课程标准，并结合近几年各院校模具专业教改经验及编者多年来在塑料模设计领域的教学、科研和工程实践经验编写而成的。本书具有以下特点：

1）教材既有很强的实践性，又有系统的理论知识。本书根据从事塑料成型的工程技术应用性人才的实际要求，在编写中始终以培养塑料模设计技能为主导，把完成模具设计任务所需的知识结构和技能要求与模具实际生产有机结合。

2）点、面结合，重点突出。本书详细讲述了塑料成型的基本理论，重点突出典型塑料模具设计方法及原理，全面掌握塑料成型工艺规程的编制、塑料模具设计、成型质量控制等技能。

3）可读性强。模具设计任务的选择非常有代表性和可读性，学生可通过完成工作任务来学习相关知识，学与做融为一体，实现实践技能与理论知识的整合，培养职业综合能力，同时也便于教学和自学。

4）知识结构合理、深浅适度、结构紧凑。在理论方面既注重各部分基本知识点讲到、讲够，又尽量避开繁琐的推演，简洁且定性或定量地给出基本公式、结论及其使用条件。在应用方面，注重突出注射成型工艺条件的选择与控制，注射成型模具结构与设计计算方法，模具材料的正确选用，成型质量分析控制，塑料成型设备的选用及设备与模具的关系。

5）体系新颖，具有一定的工程背景和实用价值，并充分体现出高等职业教育重在实践应用的基本特色。

本书由重庆工业职业技术学院夏江梅、浙江机电职业技术学院刘彦国任主编，西安理工大学高等技术学院李宏林任副主编，重庆工业职业技术学院赵孟栋高级工程师主审。全书共9章，第1章、第2章由夏江梅编写，第3~5章由刘彦国编写，第6章、第9章由李宏林编写，第7章由湖南工业职业技术学院杨军编写，第8章由安徽机电职业技术学院王春香编写。此外，重庆杰信模具有限公司虞学军高级工程师和重庆天翔合成材料有限公司董建总经理对本书提出了许多宝贵意见和建议，在此表示衷心的感谢。

由于时间仓促和编者水平有限，书中缺点和错误在所难免，恳请广大读者批评指正。

编　者

目　录

第1章　绪　　论

【教学目标】

塑料模具设计与实践是一门从生产实践中发展起来，又直接为生产服务，以高分子材料、流体力学、热处理、塑料成型理论等为理论基础，与塑料成型设备、模具制造工艺等紧密相关的应用课程。

本书主要讲授成型用的物料、塑料成型基础理论、成型方法、成型工艺条件的选择与控制、模具结构与设计计算方法、模具材料的正确选用、成型质量分析控制以及塑料成型的设备和新工艺。

通过学习，应达到以下目标：

1）掌握常用塑料的成型性能及工艺特点，具备设计注射模的能力。

2）具备分析、解决生产现场出现的质量问题的能力。

3）逐步培养参与生产实践的基本技能，分析问题、解决问题的能力，创新能力和与他人合作的能力。

此外，还应了解塑料模的新技术、新工艺和新材料的发展动态，学习和掌握新知识，为振兴我国的塑料成型加工技术作出贡献。

塑料的广泛应用及其对现代技术和人类生活方式的深远影响，不仅与其具有多方面的优异使用性能有关，也在很大程度上与其能方便且高效地成型加工成各种生活用品和工业零件有密切关系。把塑料原料变成具有一定形状和尺寸精度的塑料制品的过程称为塑料成型。

要实现由材料到制品的转变就要采用适当的成型加工技术，研究这些技术的工艺过程及所得制品与材料的性能、成型设备以及模具等的关系，就是塑料模具设计与实践的任务。

1.1　塑料成型在塑料工业中的重要地位

塑料工业包含塑料生产（树脂和半成品的生产）和塑料制品生产（也称塑料成型或塑料加工工业）两个系统。没有塑料的生产，就没有塑料制品的生产；没有塑料制品的生产，塑料就无法转变成可直接为生活和生产服务的制品，其使用价值就不会为社会所承认。

我国的塑料工业起步于20世纪50年代初期，有60多年的历史，而世界塑料工业的崛起也仅有90多年的历史。从建国初期第一次人工合成酚醛塑料开始到如今，我国的塑料工业发展速度十分惊人。特别是近20年来，产量和品种都大大增加，许多新颖工程塑料已投入批量生产。据统计，在世界范围内，塑料用量近几十年来几乎每五年翻一番，预计今后将以每八年翻一番的速度持续高速发展。如今，我国的塑料工业在塑料的生产、成型加工、塑料机械设备、模具工业以及科研、人才培养等方面已形成具有相当规模的完整体系。总之，在塑料材料的消耗量上，塑料新产品、新工艺、新设备的研究、开发与应用上都取得了可喜的成就。

目前，塑料已渗透到人们生活和生产的各个领域，并成为解决技术关键的不可缺少的材料。在家用电器、仪器仪表、机械制造、化工、医疗卫生、建筑器材、汽车工业、农用器械、日用五金以及兵器、航空航天和原子能工业中，塑料已成为木材、皮革和金属材料的良好代替品。

塑料工业的发展之所以如此快速，主要在于塑料具有许多优良特性：

1）塑料密度小，质量轻，比强度和比刚度高。大多数塑料密度在 1.0 ~ 1.4g/cm^3之间，相当于钢材密度的 0.11 倍和铝材密度的 0.5 倍左右。在同样体积下，塑件要比金属制品轻得多。各种机械、车辆、飞机和航天器上采用塑料零件后，对减轻质量、节省能耗具有非常重要的意义。

2）化学稳定性高，对酸、碱和许多化学制品都有良好的耐腐蚀性能。

3）绝缘性能好，介质损耗低，是电子工业中不可缺少的原材料。

4）成型性能及着色性能好，且有多种防护性能（防水、防潮、防辐射）。

5）耐磨、自润滑性能以及减振、隔声性能都较好。可用不同的成型方法制作不同的制品。

1.2 塑料制品的生产系统

塑料最突出的特性之一就是易于成型加工。然而，根据各种塑料的固有性能，利用一切可以实施的方法，使其成为具有一定形状又有使用价值的塑料制品，却是一个复杂且繁重的过程。

大多数塑料在一定条件下呈现“塑性”，利用塑料模具可将其模塑成各种各样的制品，而且很多几何形状复杂的生活用品和尺寸精度高的工业零件，只需要一次成型即可得到成品。

塑料制品的生产系统主要是由塑料的成型、机械加工、修饰和装配四个连续过程组成的，如图 1-1 所示。有些塑料在成型前需进行预处理（预压、预热、干燥等），因此，塑料制品生产的完整工序顺序为：塑料原料→预处理→成型→机械加工→修饰→装配→塑料制品。

在成型→机械加工→修饰→装配这四个基本工序中，成型是最重要的，是一切塑料制品和生产型材的必经过程。其他工序通常都根据制品的要求来确定。机械加工、修饰、装配有时统称为二次加工。

塑料成型是一种先进的加工方法。经塑料成型生产的制品，具有质量轻、强度好、耐腐蚀、绝缘性能好、色泽鲜艳、外观漂亮等优点；成型过程中设备操作简便，生产率高，生产过程易于实现机械化和自动化；塑料可加工成任意形状的塑料制品，在大批量生产条件下，成本较低。由于塑料成型在技术上和经济上的优良特点，因此，塑料成型在塑料制品的生产乃至塑料工业中占有重要地位。

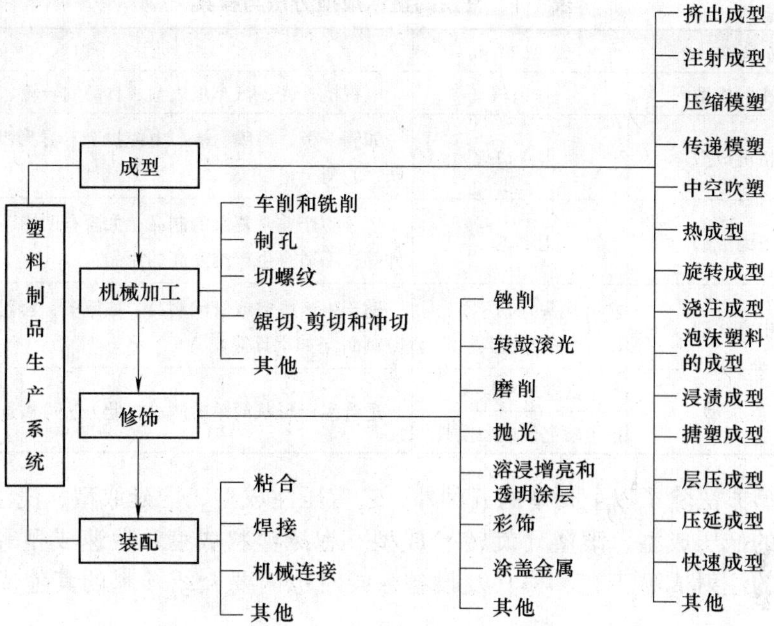

图 1-1 塑料制品生产系统的组成

1.3 塑料模塑成型方法和成型模具

塑料成型的种类很多，包括各种模塑成型、层压成型和压延成型等。其中模塑成型的种类较多，如注射成型、挤出成型、压缩模塑、传递模塑等，约占全部塑料制品加工量的90%以上。它们的共同特点是利用模具来成型具有一定形状和尺寸的塑料制品（简称塑件或制品）。

成型塑料制品的模具称为塑料成型模具（简称塑料模）。在现代塑料制品的生产中，正确的加工工艺、高效率的设备、先进的模具是影响塑料制品质量的三大重要因素，而塑料模对塑料加工工艺的实现，保证塑料制品的形状、尺寸及公差起着极其重要的作用。高效率全自动的设备也只有配备了适应自动化生产的塑料模才有可能发挥其效能，产品的生产和更新都是以模具制造和更新为前提的。由于工业塑料制品和日用塑料制品的品种和产量需求量很大，对塑料模也提出了越来越高的要求，促使塑料模的生产不断向前发展。

不同的塑料成型方法需要不同的塑料成型模具，不同的模具需要安装在不同的成型设备上进行生产。塑料成型设备的类型很多，主要有各种模塑成型设备和压延机等。模塑成型设备有挤出机、注射机、浇注机、中空成型机、发泡成型机、塑料液压机以及与之配套的辅助设备等。生产中应用最广的是注射机和挤出机，其次是液压机和压延机。挤出成型生产的制品质量约占塑料制品总质量的一半；注射成型生产的制品占25%～30%，并且这个比例还在扩大。就成型设备而言，注射机的产量最大。据统计，近10年来，全世界注射机的产量增加了10倍，每年生产的台数约占整个塑料成型设备产量的50%，成为塑料成型设备生产中增长最快、产量最多的机种。

表1-1所列为常用的成型加工方法与模具。

表 1-1 常用的塑料成型方法与模具

序 号	成型方法	成型模具	用 途
1	注射成型	注射模	电视机外壳、汽车仪表盘、食品周转箱、塑料盆、桶等
2	挤出成型	机头（口模）	如管、板、薄膜、棒、电缆护套、异形型材（百叶窗叶片、扶手）等
3	压缩成型	压缩模	适于生产非常复杂的制品，如含有凹槽、侧抽芯、小孔、嵌件等；不适合生产精度高的制品
4	中空吹塑	机头（口模） 吹塑模具	适于生产中空或管状制品，如瓶子、容器及形状较复杂的中空制品（如玩具等）
5	热成型	真空成型模具	适合生产形状简单的制品，此方法可供选择的原料较少
		压缩空气成型模具	

塑料的成型方法除了以上列举的五种外，还有压注成型、压延成型、浇注成型、玻璃纤维热固性塑料的低压成型、滚塑（旋转）成型、泡沫塑料成型、快速成型等。本书着重介绍应用最广泛的注射成型工艺、模具及设备，同时也简要介绍塑料的其他成型方法及模具设计。

1.4 塑料模塑成型技术发展动向

我国的塑料工业发展非常迅速，特别是近几年来，产量和品种都大大增加。目前，塑料的体积产量已和钢铁的产量持平。塑料工业的发展迅速带动了塑料成型机械和塑料模具的发展，高效率、自动化、大型、微型、精密、高寿命的模具在整个模具产量中所占的比重越来越大，但与先进国家相比还存在着较大差距。例如，国产模具精度低，寿命短，制造周期长；塑料成型设备较陈旧，规格品种少；塑料材料及模具材料性能差，远不能适应工业高速发展的需要。为改变我国塑料行业的落后状况，赶超世界先进水平，我们必须从以下几方面大力发展塑料成型技术。

1）加深塑料成型基础理论和工艺原理的研究，引进和开发新技术、新工艺，大力发展大型、微型、高精度、高寿命、高效率的模具，以适应不断扩大的塑料应用领域的需要。这需要在工艺设计、模具制造、材料研究、生产管理等方面协同发展才能实现。

先进的模具加工技术（采用数控铣床、仿形铣床、各种加工中心、坐标磨床、各种数控电加工机床等）、先进的型腔加工新工艺（超塑性成型和电铸成型型腔以及简易制模工艺等），以及模具装配与精密测量手段（用数控三坐标测量机测量形状复杂且易变形的模具零件）的不断开发和应用，对保证塑料模具的加工精度和缩短加工周期起着关键性的作用。

2）加强先进塑料成型设备的引进和开发工作，同时做好对先进技术的吸收和推广工作，努力提高国产塑料成型设备的质量、性能及扩大品种规格。

3）加强模具制造设备的研究和开发工作。鉴于我国现状，特别应加强旧设备的改造工作，以提高加工精度。

4）加强塑料材料性能研究，加强新型模具材料的开发与应用。尤其要加强使用后塑料的循环利用，推动绿色塑料在更广的范围中应用，加强节能减排和环境保护，实现塑料工业又好又快地发展。

5）大力推广模具标准化工作，使模具通用零件标准化、系列化、商品化，以适应大规模生产塑料成型模具的需要。近年来，我国在这方面已取得了可喜的进展，已经制定了塑料模国家标准。目前已有专门厂家生产各种规格的塑料模标准模架及顶杆、顶管等。

6）开展模具CAD/CAE/CAM技术的研究、推广和应用。

模具CAD/CAE/CAM一体化技术的应用提高了模具设计与制造的水平和质量，节省了时间，提高了生产率，产品成本也大幅度降低，且使设计人员从繁重的计算和绘图工作中解放出来。

运用CAD技术进行模具设计，由于计算机的快速运算和大容量的内存，使得复杂的曲面生成、快速作图以及丰富制模技术经验的综合、推广成为可能。运用计算机CAE技术进行的模内塑料流动模拟以及压力场、温度场的分析，为模具设计者的决策提供了更科学、更合理的依据，避免了设计的盲目性，使模具设计水平大大提高。

对某些无法用数学方式描述的形状，可以运用计算机反向（求）工程的方法获得，即首先将一些需要复制的样件进行三坐标测量，计算机在获得有关数据之后，通过相应软件得到与原型相同的三维曲面图形及其数据，而后运用获得的图形和数据进行模具设计和制作。

随着计算机辅助制造（CAM）技术的日益完善，CAM软件不但具有快速、复杂造型的功能，而且可提供大量切削经验数据，供编程和操作者参考使用。模具设计、制作过程中的经验、教训的记录、统计、分析及智能软件的编制离不开计算机技术，加工过程中的测量、计划编制、生产准备、工具管理、生产调度等都有计算机技术参与其中，计算机的精密控制使得模具的制造精度大幅度提高。

目前，我国已有一些注射模、挤塑模的软件处于试用阶段，也引进了一些国外的CAD/CAE/CAM技术，但推广应用的程度还远远落后于工业发达国家。因而，我们在引进先进技术的同时，更要注意对先进技术的推广工作。21世纪是“以塑代钢”的世纪，只有重视人才培养，重视科学知识教育和职业技能的培训，加强企业内部管理，提高整个行业的人员素质，才能不断将我国的模塑技术推向新的高度。

【思考与练习】

1. 用6个生活中的实例说明塑料制品的名称和成型方法。
2. 用3个生产中的实例说明塑料制品的名称和成型方法。

第 2 章　塑料成型工艺规程的编制

【教学目标】

本章主要学习塑料的组成及应用、塑料的加工适应性、塑料在成型过程中的物理和化学变化、塑料在成型过程中的流动塑料成型行为、塑料的性能、塑料制品成型的工艺性和塑料成型工艺规程的制订等内容。

通过完成任务，学会分析塑料产品的工艺性，学会确定塑料成型方法，获得编写塑料成型工艺规程的技能。

2.1　任务引入

塑料制品公司新开发的塑料盆如图 2-1 所示，材料为聚丙烯，制品壁厚为 1.5mm，年产 50 万个。要求确定塑料成型方法、成型工艺条件，编写塑料成型工艺规程。

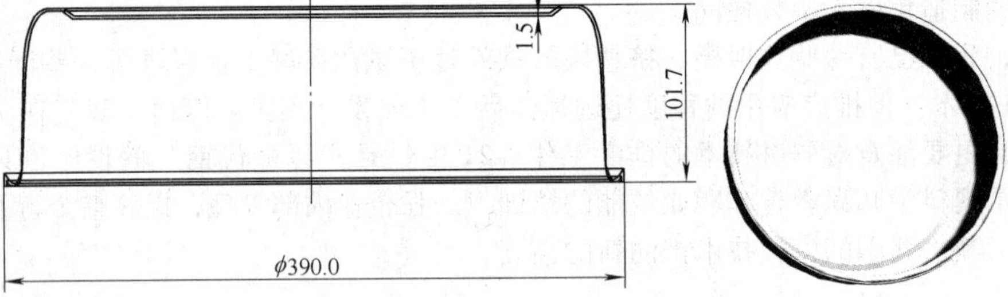

图 2-1　塑料盆

2.2　相关知识

2.2.1　塑料的组成及应用

塑料是以高分子聚合物为主要成分的混合物，在加热、加压条件下具有可塑性，常温下为柔韧的固体。高分子聚合物既存在于大自然中（称为天然树脂），又可以用化学方法人工合成（称为合成树脂）。在合成树脂中加入某些添加剂，则可以得到各种性能的不同品种的塑料。由于添加剂所占比例较小，塑料的性能主要取决于树脂性能。

高分子聚合物常用来制造合成树脂、合成橡胶和合成纤维。其中合成树脂的产量最大，应用最广。世界各国均把人均年消费合成树脂数量作为一个国家工业发展水平的重要标志。

1. 塑料的组成

塑料由树脂和添加剂组成。

(1) 树脂　树脂是塑料中主要的必不可少的成分，它决定了塑料的类型，影响着塑料的基本性能，如力学性能、物理性能、化学性能和电气性能等。它胶粘着塑料中的其他成分，使塑料具有可塑性或流动性，从而具有成型性能。

在大自然中存在着一些来自植物或动物分泌的有机物质，如桃油、松香、虫胶和琥珀等，称为天然树脂。天然树脂在受热后没有明显的熔点，能够逐渐变软。为了寻找天然树脂的代用品，人们模仿其成分，用化学人工合成的方法制取的树脂称为合成树脂。最初制造合成树脂的原料为农副产品，后改用煤，20世纪60年代以后则主要来自于石油。

目前，生产中使用的树脂主要是合成树脂。

(2) 添加剂　在合成树脂中加入某些添加剂，如填充剂、增塑剂、着色剂等，可以得到各种性能的不同品种的塑料。树脂在塑料中起决定性作用，是塑料的主体。

1) 填充剂。为了降低塑料的成本，有时在合成树脂中掺入一些廉价的填料。但在更多情况下，添加填充剂是为了改善塑料的性能，扩大塑料的应用范围。例如，在聚乙烯、聚氯乙烯树脂中加入钙质填料后，便可获得十分廉价的具有足够刚性和耐热性能的钙塑料，能使塑料的力学性能大幅度提高；在酚醛树脂中加入木屑等填料，可以获得机械强度高的胶木；加入云母、石英和石棉可提高塑料的耐热性和绝缘性。有的填料还可以使塑料具有树脂所没有的性能，如导电性、导磁性、导热性等。

填充剂可分为无机填充剂和有机填充剂。常用的填充剂的形态有粉状、纤维状和片状三种。粉状填充剂有木粉、纸浆、大理石、滑石粉、云母粉、石棉粉、石墨等，纤维状填充剂有石棉、玻璃纤维等，片状填充剂有纸棉布、玻璃布等。填充剂的用量通常为塑料组成成分的40%以下。填充剂与其他成分机械混合，相互之间不起化学作用。

2) 稳定剂。塑料在受热及紫外线、氧气的作用下会逐渐老化。因此，在大多数塑料中都要添加稳定剂，用以抑制和防止树脂在加工和使用过程中产生降解（俗称老化）。所谓降解，是指聚合物在热力、氧、水、光、射线等的作用下，大分子断链或化学结构发生有害变化的反应。根据作用的不同，稳定剂可分为热稳定剂和光稳定剂等。各种塑料由于内部结构不同，老化机理不一样，所用的稳定剂也就不同。例如，聚氯乙烯的成型温度高于树脂开始分解的温度，如不加入热稳定剂，当加工温度达到100℃以上时，高分子就开始分解，放出氯化氢，颜色逐渐变成黄色、棕色至黑色，性能变脆，产品已无使用价值。加入热稳定剂后即可防止上述现象发生，保证塑料顺利成型并延长其使用寿命。

有机锡化合物常用作聚氯乙烯的热稳定剂，它无毒，但价格昂贵。常在聚乙烯、聚丙烯、聚苯乙烯、聚碳酸酯等塑料中加入光稳定剂，以阻止树脂由于受到光的作用而引起降解。光稳定剂可分为紫外线吸收剂、光屏蔽剂等。羟基类衍生物、苯甲酸酯类及炭黑等常用作紫外线吸收剂。聚乙烯、聚丙烯、ABS等树脂在加工、储存和使用过程中会发生氧化而降解，需加入抗氧化剂。酚类及胺类有机物常用作抗氧化剂。稳定剂的含量一般为塑料的0.3%～0.5%。

3) 增塑剂。为了增加塑料的可塑性和柔软性，改善其成型性能，降低刚性和脆性，塑料中常加入增塑剂。常用的增塑剂是一些高沸点的液态有机化合物或低熔点的固态有机化合物。理想的增塑剂必须在一定范围内能与合成树脂很好地相溶，并具有不易挥发，化学稳定性好，耐热、耐光、无色、无臭、无毒等性能。增塑剂的加入会降低塑料的稳定性、介电性能和机械强度。塑料制品的老化现象就是由于增塑剂中的某些挥发物质逐渐从制品中逸出而导致的。因此，在增塑剂中应尽可能地减少增塑剂的含量，大多数塑料一般不添加增塑剂。常用的增塑剂有邻苯二甲酸二丁酯、邻苯二甲酸二辛酯等。

4）着色剂（别名色母）。合成树脂的本色大多是白色半透明或无色透明的。为使塑件美观，在工业生产中常利用着色剂来改变合成树脂的本色，从而得到颜色鲜艳漂亮的塑件。对着色剂要求有：着色能力强、色泽鲜艳、耐热、耐光。常用的着色剂分为染料（士林兰）和颜料两类，此外有发光着色剂、荧光粉、金属散片等。颜料有无机颜料和有机颜料两种，如颜色钠猩红、黄光硫靛红棕、颜料蓝、炭黑等是有机颜料，铬黄、绛红镉、氧化铬、铝粉末等是无机颜料。

5）润滑剂。润滑剂对塑料的表面起润滑作用，防止塑料在成型过程中粘附在成型设备或模具上，同时还能改善塑料熔体的流动性以及提高塑料制品表面的光亮度。常用的润滑剂有硬脂酸、石蜡、金属皂类（硬脂酸钙、硬脂酸锌）等。润滑剂的用量通常小于1%。

此外，在塑料中还可加入一些其他的添加剂，例如，阻燃剂可降低塑料的燃烧性，发泡剂可制成泡沫塑料，固化剂可使热固性合成树脂成型时完成交联反应而固化，防静电剂可使塑件具有适量的导电性能以消除静电现象。

另外，塑料还可制成“合金”，即把不同品种、不同性能的塑料用机械的方法均匀掺合在一起（共混改性），或者对不同单体的塑料进行化学处理（聚合改性），则可得到新性能的塑料。例如，ABS塑料就是由丙烯腈、丁二烯、苯乙烯三种组分组成的三元共聚物。

2. 塑料的分类

目前，塑料的品种已达到300多种，常用的有30多种。塑料的分类方法也很多。

（1）按成型性能分类　按塑料中合成树脂的分子结构及热性能的不同，塑料可分为热塑性和热固性两类。

热塑性塑料的分子结构呈链状或枝状，常称为线性聚合物，如图2-2a、b所示。这些分子通常互相缠绕但不联结在一起，这些缠绕在一起的分子既可相互吸引又可相互排斥，因而塑料具有弹性。高分子聚合物在受热时不像一般低分子物质那样具有明显的熔点，从长链的一端加热到另一端需要时间，所以需要经历一段软化或熔融的过程，因此塑料具有可塑性，此时可成型加工，冷却后固化，保持已成型的形状。如果再次加热，又可以软化并熔融，成为可流动的黏稠液体，可再次成型为一定形状的制品。在成型过程中，一般只有物理变化而没有化学变化。

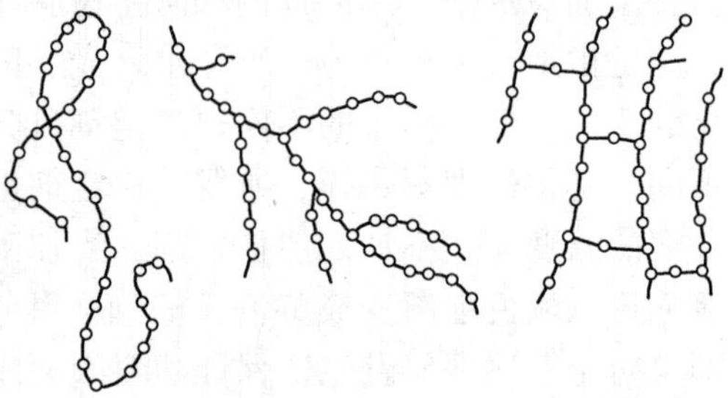

图2-2　高分子物质的结构示意图
a）链状结构　b）树枝状结构　c）网状结构

由于热塑性塑料具有上述特性，因此在塑料加工过程中产生的边角料及废料可以回收掺入原料中使用。

热塑性塑料又可分为结晶型塑料和无定形塑料两种。

结晶型塑料分子链排列整齐、稳定、紧密，而无定形塑料分子链排列则杂乱无章。因而结晶型塑料一般都较耐热、不透明和具有较高的力学强度，而无定形塑料则与此相反。属于结晶型的常用塑料有聚乙烯、聚丙烯、聚酰胺（尼龙）等，属于无定形的常用塑料有聚苯乙烯、聚氯乙烯、ABS 等。

热固性塑料在加热开始也具有链状或树枝状结构，因而具有可塑性和可熔性。当继续加热时，线型聚合物分子主链间形成化学键结合（称为交联反应），分子呈网状结构（图 2-2c）。当温度达到一定值后，交联反应进一步发展，分子变为体型结构，成为既不熔化又不熔解的物质（称为固化）。由于分子链之间产生了化学反应，所以当再次加热时，这类塑料便不再软化，不再具有可塑性，直至在很高的温度下被烧焦炭化。显然，热固性塑料的耐热性能比热塑性塑料好。常用的热固性塑料有酚醛、脲醛、三聚氰胺甲醛、不饱和聚酯。

热塑性塑料常采用注射、挤出或吹塑等方法成型。热固性塑料常采用压缩成型，有些也可以采用注射成型。

由于塑料的名称大都冗长繁琐，不便于表达，所以常用国际通用的英文缩写字母来表示。表 2-1 列出了常用塑料及树脂的缩写代号。

表 2-1　常用塑料及树脂的缩写代号

种　类	中文名称与缩写代号	
热塑性塑料	聚氯乙烯（PVC）	硬聚氯乙烯（RPVC）
		软聚氯乙烯（SPVC）
	聚乙烯（PE）	低密度聚乙烯（PE-LD）
		高密度聚乙烯（PE-HD）
		线性低密度聚乙烯（LLDPE）
		超低密度聚乙烯（VLDPE）
	聚苯乙烯（PS）	
	聚丙烯（PP）	
	聚甲醛（POM）	
	聚碳酸酯（PC）	
	丙烯腈-丁二烯-苯乙烯共聚物（ABS）	
	氯化聚醚（CPT）	
	聚甲基丙烯酸甲酯（PMMA，有机玻璃）	
	聚酰胺（尼龙）	尼龙 66（PA66）
		尼龙 6（PA6）
		尼龙 11（PA11）
	氟塑料	聚四氟乙烯（PTFE，俗称塑料王）
		聚三氟乙烯（PCTFE）
		聚偏氟乙烯（PVDF）
		聚氟乙烯（PVF）

种　类	中文名称与缩写代号	
热塑性塑料	聚砜	聚砜（PSU）、聚芳砜（PAS）
		聚醚砜（PESU）、聚苯砜（PPSU）
	线型聚酯树脂（PETP）	
	聚苯醚（PPO）	
	纤维素衍生物塑料	硝酸纤维素塑料（CN，赛璐珞）
		乙酸纤维素塑料（CA）
		乙基纤维素塑料（EC）
		羧甲基纤维素塑料（CMC）
热固性塑料	酚醛树脂	酚醛塑料粉（PF，又称电木粉或胶木粉）
		纤维状酚醛塑料
		层状酚醛塑料（玻璃布层酚醛塑料，又称为玻璃钢）
	氨基树脂	脲-甲醛树脂（脲醛塑料）（UF，脲醛压塑粉俗称电玉）
		三聚氰胺-甲醛塑料（MF）
	环氧树脂（EP）	
	不饱和或体型聚酯树脂（UP 等）	
	有机硅塑料（DSMC）	

（2）按用途分类　塑料按照性能和用途可分为通用塑料、工程塑料和特种塑料等。

1）通用塑料。通用塑料是指产量大、用途广、价格低、性能一般的塑料，通常用作非结构材料。目前，世界上公认的通用塑料有聚乙烯（PE）、聚丙烯（PP）、聚苯乙烯（PS）、聚氯乙烯（PVC）、酚醛塑料（PF）和氨基塑料六大类，其产量约占世界塑料总产量的80%。

2）工程塑料。工程塑料是指那些可用作工程结构材料的塑料，它的力学性能、耐磨性、耐蚀性及耐热性等均比通用塑料优良，因而在机械制造、轻工、电子、日用、宇航、导弹、核能等工程技术部门得到广泛应用。目前，工程上使用较多的塑料有ABS、聚酰胺（PA）、聚甲醛（POM）、聚碳酸酯（PC）、聚苯醚（PPO）、聚苯硫醚（PPS）、聚砜（PSU）、聚酰亚胺（PI）、聚醚醚酮（PEEK）以及各种增强塑料。

所谓增强塑料，是指塑料中加入玻璃纤维、布纤维等增强材料，以进一步改善塑料的力学性能（称为增强改性）。按塑料的类型不同，增强塑料可分为热固性增强塑料和热塑性增强塑料。热固性增强塑料又称为玻璃钢，热塑性增强塑料包括增强聚酰胺、增强聚碳酸酯、增强聚甲醛、碳纤维增强聚四氟乙烯等。

与未增强的塑料相比，增强塑料有如下优越性能：提高了力学性能，如拉伸强度、抗弯强度、疲劳强度、抗蠕变性、刚度和表面硬度等，达到甚至超过合金钢；改善了热性能，如提高了热变形温度，降低了线胀系数，提高了热导率，改善了阻燃性等；降低了吸水性，提高了尺寸稳定性；改善了电性能；抑制应力开裂等。但增强塑料制品的接缝强度和光泽度、透光率有所降低，有些增强塑料的力学性能、成型收缩率和线胀系数会出现不同程度的方向性。

除此以外，塑料还可通过其他方法改性，如填充改性、共聚改性、共混改性、电镀改性和低发泡改性等。由于开发新的塑料品种费用巨大，而改性塑料具有许多优越性能，因此，如何将现有塑料通过各种手段加以改性，以满足成型性能和使用性能的要求，是当前塑料工业发展中值得重视的课题。

3）特种塑料。特种塑料是指具有特殊功能、适合某种特殊用途的塑料，如医用塑料、光敏塑料、导磁塑料、超导电塑料、耐辐射塑料、耐高温塑料等。特种塑料又称为功能塑料，其主要成分是树脂，有些是专门合成的树脂，也有一些是采用上述通用塑料和工程塑料用树脂经特殊处理或改性后获得的具有特殊性能的树脂。

随着塑料应用范围的不断扩大，工程塑料和通用塑料之间的界限越来越难划分，例如聚氯乙烯（PVC）作为耐腐蚀材料已大量应用于化工机械中，显然，按用途分类，它也属于工程塑料。

3. 塑料的供应状态

塑料的供应状态是多种多样的。按成型加工方法可分为纤维料、层状料、模塑料和加工料，按塑料的形态可分为粉料、粒料、纤维料、层状料、溶液和分散体。

粉料和粒料在生产中用得比较多。粉料的配制通常是将塑料各组分分散在混合设备中，按照一定的工艺步骤混合即可。粒料的制造需通过塑炼和造粒。塑炼是指将通过混合的粉料置于塑炼设备中，借助加热和切应力作用使聚合物熔融，驱出挥发物等杂质，并进一步分散其中的不均匀组分；造粒是将经过塑炼后的物料通过粒化设备或装置使之成为粒料。粒料更有利于成型出性能一致的制品。

溶液的主要组分是树脂与溶剂，以及适量的增塑剂、稳定剂、色料和稀释剂等。塑料成型中所使用的溶液，有的是在树脂合成时特意制成的，有的则是在使用时，通过配制设备采用一定的方法配制而成的。由于溶剂在制品生产过程中已经挥发掉，所以以溶液为原料制成的制品中并不含溶剂。

分散体是指树脂与非水液体形成的悬浮体，通称为溶胶塑料或“糊”塑料。非水液体也称分散剂，它包括增塑剂（如邻苯二甲酸酯类等）和挥发性溶剂（如甲基异丁基甲酮等）两大类。除了树脂和非水液体外，溶胶塑料还可根据不同的使用目的加入各种添加剂，如稀释剂、稳定剂、填充剂、凝胶剂、着色剂等。加入的组分和比例不同，溶胶塑料的性质就会出现差异。将树脂、分散剂和其他添加剂一起加入球磨机或其他混合机械中混合，即可制得溶胶塑料。

纤维料是指树脂中加入纤维状填料，使之成为具有很高冲击强度的塑料。如石棉纤维酚醛塑料、玻璃纤维酚醛塑料和有机硅石棉压塑料等。

层状料是将各种片状填料浸渍树脂溶液（如酚醛树脂）制成的。根据填料不同又可分为纸层酚醛塑料、布层酚醛塑料、石棉布层酚醛塑料和玻璃布层酚醛塑料等，玻璃布层酚醛塑料又称为玻璃钢。

不同性能和形态的塑料适用于不同的成型加工方法，见表 2-2。

表 2-2　塑料的形态及适用的成型加工方法

类　型	序　号	塑料的形态	适用的成型加工方法
模塑料	1	粉料：如电木粉、电玉粉、聚四氟乙烯、聚氯乙烯	压缩成型、压注成型、注射成型、冷压烧结成型、压延成型、挤出成型、吹塑成型等
	2	粒料：如氨基压塑料、氨基注射料、聚苯乙烯、聚乙烯、聚丙烯、尼龙、聚甲醛等	注射成型、压缩成型、压注成型、挤出成型、吹塑成型等
	3	纤维料：如酚醛玻纤压塑料、氨基玻纤压塑料、有机硅石棉压塑料等	压缩成型、压注成型、注射成型等
	4	层状料：如浸渍纸、浸渍棉布、浸渍石棉布、浸渍玻璃布等	压缩成型、层压模塑、卷绕成型等
	5	分散体（塑料糊）：如 PVC 糊等	压延成型（生产人造革、壁纸等）、搪塑（生产玩具等）、滚塑（生产玩具、皮球等）、喷涂（金属表面的塑料涂层）等
	6	树脂溶液：如环氧树脂、有机硅树脂、酚醛树脂，不饱和聚酯、有机玻璃、浇注尼龙、醋酸纤维等	浇注成型、流延成型（生产薄膜）、低压成型等
加工料	1	热固性塑料板材：如纸层压板、布层压板、玻璃布层压板等	机械加工、粘接、铆接、螺栓联接等
	2	热固性塑料棒材：如纸、棉布、玻璃布等层压棒或卷绕棒	
	3	热固性塑料管材：如纸、棉布、玻璃布等层压管或卷绕管	
	4	热塑性塑料片材：如硬 PVC 片、软 PVC 片、PE 片、PP 片、ABS 片、PMMA 片等	热成型、粘接、焊接、印刷、烫印、镀膜等

（续）

类　型	序　号	塑料的形态	适用的成型加工方法
加工料	5	热塑性塑料板材：如硬 PVC 板、PMMA 板、PP 板、PE 板等	热成型、粘接、焊接、铆接、螺纹联接、机械加工等
	6	热塑性塑料棒材：如 PVC、PA、POM、PC、ABS、PE、PP、PS、PMMA、F-4 等棒	热成型、机械加工、焊接、粘接等
	7	热塑性塑料管材：如硬 PVC、软 PVC、PE、PP、ABS、PA、PC 等	热成型、机械加工、焊接、粘接等
	8	塑料薄膜：如软 PVC、PE、PP、PS、PA、F-4 等薄膜	热合、复合、印刷、镀膜、烫印等
	9	泡沫塑料型材：多制成板材，如 PVC、PS、PUR 等	机械加工、热切割等
	10	塑料溶液：如粘合剂、涂料等	粘接、喷涂等
	11	分散体：如涂料等	喷涂等

2.2.2　塑料的加工适应性

1. 塑料的物理状态

塑料在不同温度下具有不同的物理状态，处于不同状态下的塑料具有不同的性能，这些性能在很大程度上决定了塑料对加工的适应性。

下面以图 2-3 为例说明塑料的物理状态，其中 T_g 称为玻璃化温度，是塑料从玻璃态转变为高弹态（或相反）的临界温度，塑料在 T_g 以下处于玻璃态（或结晶态），呈坚硬固体状；T_f 称为粘流温度，是塑料从高弹态转变为粘流态（或相反）的临界温度，无定形塑料温度在 $T_g \sim T_f$ 之间处于高弹态，在不太大的外力作用下，可获得很大的弹性变形，当外力解除后，这种弹性变形会产生回复；塑料在温度 T_f（T_m）以上处于粘流态，在外力作用下具

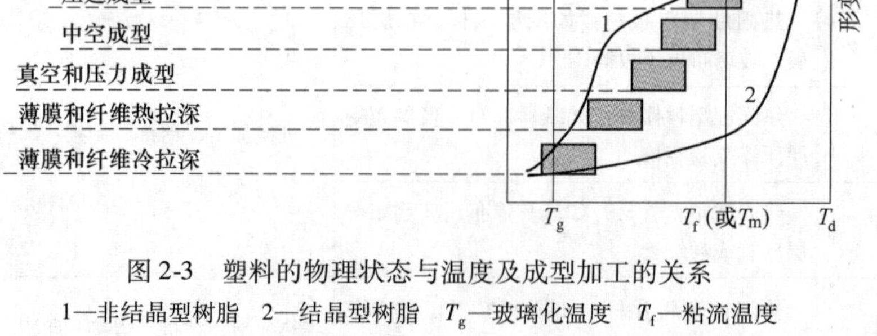

图 2-3　塑料的物理状态与温度及成型加工的关系

1—非结晶型树脂　2—结晶型树脂　T_g—玻璃化温度　T_f—粘流温度

T_m—结晶型塑料熔点　T_d—热分解温度

有流动性；T_m 则是结晶型塑料（分子排列规整有序）熔融和凝固之间的临界温度（熔点）；T_d 称为热分解温度，是塑料在高温下开始分解的临界温度。

2. 塑料的物理状态与成型加工的关系

由图2-3可知，处于玻璃态（或结晶态）的塑料（温度 T_g 以下）在外力作用下只能发生很小的弹性变形，不宜进行大变形成型加工，但可进行车、铣、刨、磨等切削加工。多数塑料的 T_g 通常都高于室温，只有少数塑料和橡胶的 T_g 低于室温，如高密度聚乙烯的玻璃化温度为-80℃。所有塑料在 T_g 以下还存在一个脆化温度 T_x，塑料在此温度下受力后很容易断裂，所以 T_x 是塑料使用的下限温度。

对于无定型塑料，在高弹态靠近塑料流动或软化温度 T_f 一侧的区域内，塑料的黏性很大，某些塑料可进行真空成型、压力成型、压延成型和弯曲成型等。此时的变形是可逆的，为了得到符合产品形状尺寸要求的塑件，在加工中要把塑件温度迅速冷却到 T_g 以下。对于结晶型聚合物（结晶型塑料），在外力作用下，可在 $T_g \sim T_m$ 的区域内进行薄膜或纤维的拉深。T_g 是大多数塑料加工的最低温度。

呈粘流态的塑料称为熔体，在 T_f 以上不高的温度范围内，可进行压延、挤出和吹塑成型等。在更高的温度下，较小的外力就能引起熔体的宏观流动，产生不可逆的形变，冷却后可将形变保留下来。在这个温度范围内常可进行熔融纺丝、注射成型、挤出成型和吹塑成型等加工，但温度过高则会引起制品飞边、翘曲等弊病。当温度高到分解温度 T_d 时还会导致塑料分解，产生有毒、有害气体，降低制品的内部质量或引起制品外观不良。

显然，对于大多数塑料而言，玻璃态是塑件的使用状态，T_g 是衡量塑件使用范围的重要标志之一。T_g 越高，塑件对环境温度适应性越强；T_f（T_m）和 T_d 可用来衡量塑料的成型性能，T_f（T_m）越低，越有利于熔融；T_f（T_m）~ T_d 的区间大时，塑料熔体的热稳定性好，可在较宽的温度范围内变形和流动，不易发生热分解。

以上讨论的是热塑性塑料的物理状态与温度及成型加工的关系。对于热固性塑料来说，在加热初期以及发生完全交联反应（固化）之前，热固性塑料其实就是热塑性塑料。只是热固性塑料的固化过程是在一定的压力下通过加热来完成的，固化完成后，成为不溶不熔材料，继续加热也不再熔化，直至发生降解。由于具有网状分子结构，热固性塑料比热塑性塑料更耐高温并具有更好的尺寸稳定性。

综上所述，塑料在一定的加工温度下具有可挤压性、可模塑性、可延性、可纺性、可机加工性等。本书仅讨论塑料的可挤压性和可模塑性。

图2-4所示为模塑窗口图。由图可见，成型温度过高虽然有利于成型，但会引起塑料分解，塑件的收缩率也会增大。成型温度过低则熔体粘度大，流动困难，且因弹性发展，明显地使塑件形状稳定性变差。适当增大压力，能改善熔体的流动性，但过高的压力会引起模具溢料，并增大塑件的内应力。压力过低又会造成充模不足。图中1、2、3、4四条曲线组成的模塑窗口 A 区才是模塑的最佳区域。除了模塑条件外，模具的结构尺寸也会影响塑料的成型，模具结构尺寸不当甚至会导致成型失败。

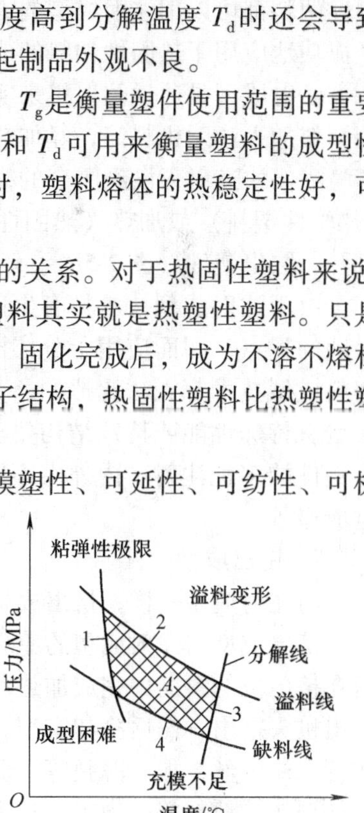

图2-4　模塑窗口图
A—成型区域　1—表面不良线
2—溢料线　3—塑料分解线　4—缺料线

生产中广泛用来判断塑料成型性能的方法是螺旋流动

试验。该试验通过一个刻有阿基米德螺旋槽的模型来进行。试验时熔体在注射压力的推动下由螺旋中央注入，熔体在流动过程中逐渐冷却并硬化为螺旋线状态固体。螺线的长度（单位为 cm）反映出各类塑料熔体流动性的差异。螺线越长，表明该熔体的流动性能越好。

2.2.3 塑料的主要成型方法

要将塑料加工成具有一定功能用途的塑料制品，除选用合适的塑料材料外，还必须考虑塑料的成型方法。塑料的成型仍以模塑成型方法为主，占全部塑件加工量的90%以上。

按成型过程中物理状态不同，塑料成型加工的方法可分为熔体成型与固相成型两大类。熔体成型也称为熔融成型，是把塑料加热至熔点以上，使之处于熔融态进行成型加工的一类方法。属于此类成型加工的方法主要有注射成型、压缩成型、传递成型、挤出成型、旋转成型、离心浇注成型、粉末成型等。固相成型是泛指在室温条件下对尚处于固态的热塑性坯材（至少低于熔点 10 ~ 20℃）施加机械压力作用，使其成为塑件的一种方法，如在常温下的塑料粉末压延薄膜、片材辊轧、冷拉和冲压成型以及坯料或粉末塑料的模压成型等均属此列。下面介绍六种主要的成型方法。

1. 注射成型

注射成型是热塑性塑料制品生产的一种重要方法。除少数热塑性塑料外，几乎所有的热塑性塑料都可以用注射成型的方法生产塑件。注射成型不仅用于热塑性塑料的成型，并且已经成功地应用于热固性塑料的成型。

注射成型是通过注射机来实现的。图 2-5 所示为注射机的注射成型原理图。粒状或粉状的塑料加入注射机料筒，经加热熔融后，由注射机的螺杆高压高速推动熔融塑料通过料筒前端喷嘴，快速射入已经闭合的模具型腔（图 2-5a）。充满型腔的熔体在受压情况下，经冷却（热塑性塑料）或加热（热固性塑料）固化而保持型腔所赋予的形状（图 2-5b），然后模具打开，取出塑件（图 2-5c）。

由于注射成型技术具有生产周期短、生产率高、容易实现自动化生产、塑件精度容易保证的特点，因而应用十分广泛。注射技术可成型塑件的品种之多和花样之繁是其他任何塑料成型技术都无法比拟的。为进一步扩大注射成型塑件的范围，还开发了一些专门用于成型有特殊性能或特殊结构要求塑件的专用注射技术，如高精度塑件的精密注射、复合色彩塑件的多色注射、内外由不同物料构成的夹芯塑件的夹芯注射和光学透明塑件的注射压缩成型等。

2. 挤出成型

与注射成型一样，挤出成型也是热塑性塑料制品的重要成型方法之一。

挤出成型与注射成型的原理类似。图 2-6 所示为挤出成型系统示意图，粒状或粉状的塑料在挤出机的料筒中完成加热和加压过程，熔体在挤压系统的作用下，通过具有一定形状的挤出机头挤出，然后冷却定型，借助牵引装置拉出，成为具有一定横截面形状的连续制品，如管、棒、丝、板、薄膜等，后经切断器定长切断，置于卸料槽中。挤出成型还可用于中空塑件型坯、粒料等的加工。挤出成型也可用于酚醛、脲甲醛等不含矿物质，以石棉、碎布等为填料的热固性塑料的成型，但能用挤出成型的热固性塑料的品种和挤出塑件的种类有限。

3. 压缩成型

压缩成型又称为压塑成型或压制成型，是热固性塑料的主要成型方法之一。

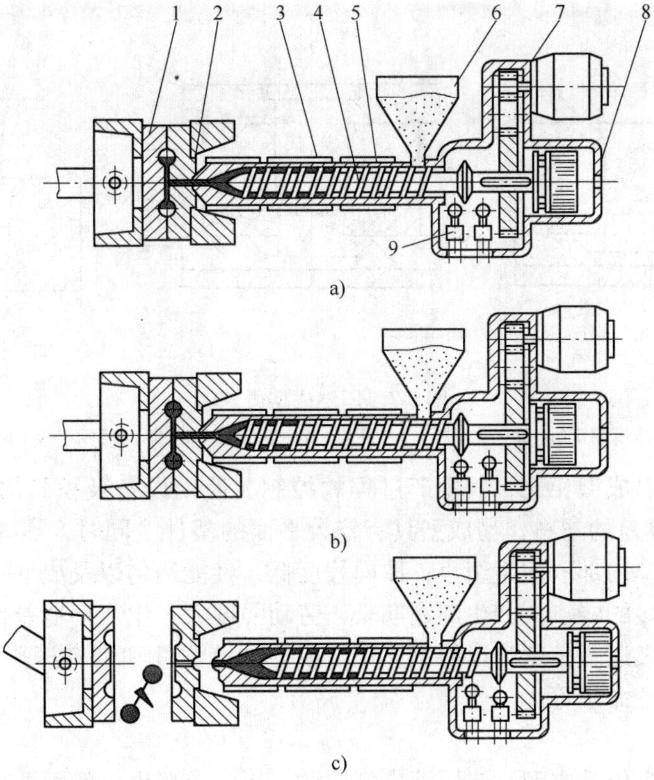

图 2-5　注射成型原理图

a）合模注射　b）保压、冷却　c）加料预塑，开模顶出塑件

1—模具　2—喷嘴　3—加热器　4—螺杆　5—料筒　6—料斗

7—螺杆传动装置　8—注射液压缸　9—行程开关

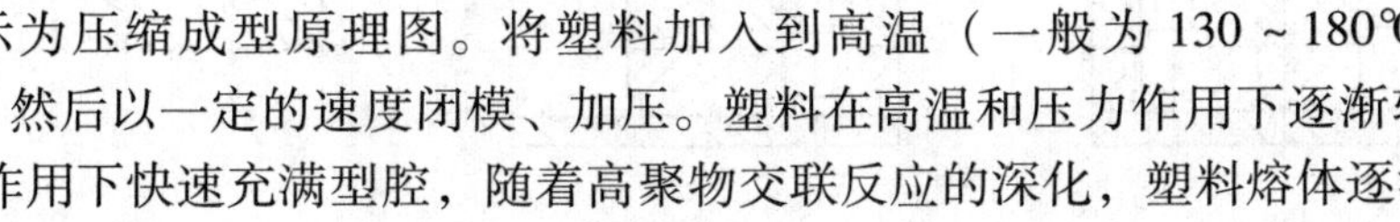

图 2-6　挤出成型系统示意图

1—挤出机　2—机头　3—冷却定型装置　4—牵引装置　5—切断器　6—卸料槽

图 2-7 所示为压缩成型原理图。将塑料加入到高温（一般为 130 ~ 180℃）的加料室（或型腔）内，然后以一定的速度闭模、加压。塑料在高温和压力作用下逐渐软化，呈粘流态，并在压力作用下快速充满型腔，随着高聚物交联反应的深化，塑料熔体逐渐失去流动性而成为不溶不熔的固体，最后打开模具取出塑件。

某些热塑性塑料也可用压缩模来成型，例如光学性能要求高的有机玻璃镜片，不宜高温注射成型的硝酸纤维汽车转向盘等。压制热塑性塑料时，需要加热加压使塑料具有流动性而充满型腔，随后需要降低模温，使塑件固化。由于模具必须交替加热和冷却，所以生产周期长、效率低。故对热塑性塑料只有在无法进行注射成型或注射成型达不到所需要求时才考虑使用压缩成型。

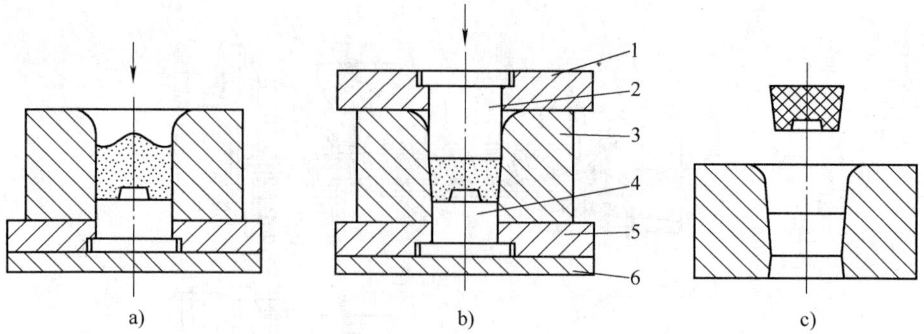

图 2-7　压缩成型原理图

1—上凸模固定板　2—上凸模　3—凹模　4—下凸模　5—下凸模固定板　6—垫板

压缩成型与注射成型相比，其生产过程的控制、使用设备及模具均较简单（无浇注系统），适于流动性较差的塑料，易成型具有较大平面的塑件。同时，热固性塑料压缩成型的塑件具有耐热性好，内部取向组织小，取向程度低，性能均匀以及成型收缩小、变形小等优点。但也有一些明显的弱点，如生产周期长，劳动强度大，生产环境差，不易实现自动化以及制品常带有溢料飞边，精度难以控制，难以成型厚壁塑件和带有深孔及形状复杂的塑件，模具易磨损，使用寿命短等。

4. 压注成型

压注成型又称为传递成型。与压缩成型一样，压注成型也是热固性塑料成型的主要方法之一。压注成型是为了改进压缩成型的缺点，在吸收了注射成型经验的基础上发展起来的一种成型方法。

图 2-8 所示为压注成型原理图。将塑料（最好是经预压成锭料和预热的塑料）加入模具的加料腔内（图 2-8a），使其受热成为粘流状态。在柱塞压力的作用下，粘流态的塑料经过模具浇注系统，进入并充满闭合的型腔。塑料在型腔内继续受热受压，经过一定时间的固化后（图 2-8b），打开模具取出塑料制品（图 2-8c）。

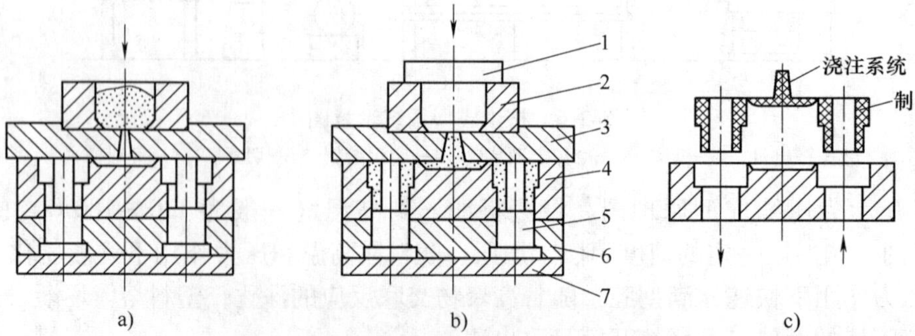

图 2-8　压注成型原理图

1—柱塞　2—加料腔　3—上模板　4—凹模　5—型芯　6—型芯固定板　7—垫板

显然，压注成型模具在塑料开始成型以前就已完全闭合，塑料的加热熔融是在加料腔内进行的。压力机在成型开始时只施压于加料腔内的塑料，使之通过浇注系统而快速射入型腔。当塑料完全充满型腔后，型腔内的压力与加料腔中的压力趋于平衡。该法适用于形状复杂或带有较多嵌件的热固性塑料制品。

5. 中空成型

中空成型又称吹塑成型，是制造中空制件和管筒型薄膜的方法。该法先用挤出机或注射机挤出或注射出管筒形状的熔融坯料，然后将此坯料放入吹塑模具内，向坯料内吹入压缩空气，使中空的坯料均匀膨胀直至紧贴模具内壁，冷却定型后开启模具取出中空制件（图2-9）。在工业生产中，如瓶、桶、球、壶、箱一类的热塑性塑料制件均可用此法制造。若将从挤出机中连续不断挤出的熔融塑料管内趁热通入压缩空气，把管筒胀大撑薄，然后冷却定型，则可以得到管型薄膜，将其截断可热封制袋。

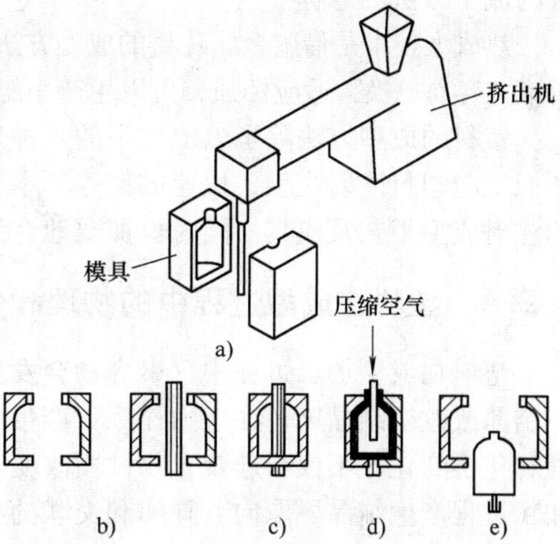

图2-9　中空成型原理图

6. 热成型

热成型属于固相成型，特点是塑料在熔融温度以下成型，在成型过程中塑料没有明显的流动状态。该方法多用于塑料板材的二次成型加工，如真空成型、压缩空气成型和压力成型等。绝大部分热塑性塑料制成片材后都可以进行热成型。

图2-10所示为热成型原理图。热成型是指将热塑性塑料片材加热，使之软化，再移到

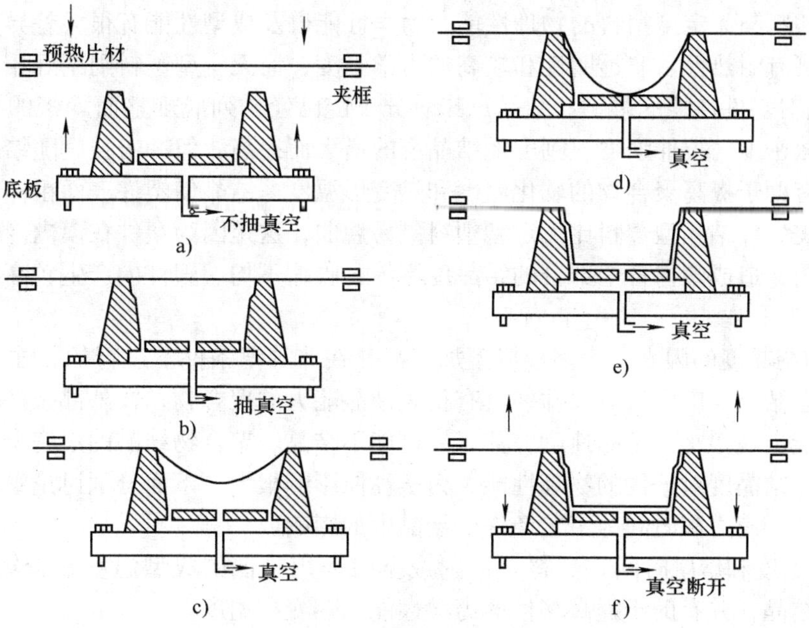

图2-10　热成型原理图

a）片材充分受热　b）片材与模唇接触　c）片材被吸入型腔

d）热片材开始与底模接触　e）继续抽真空　f）脱模

成型模具上方或模具里，靠真空、压缩空气或对模的压力，使之成型并冷却定型后，得到一定形状，经修剪而制得产品的方法。因此，热成型是真空成型、压力成型、对模成型及其组合的成型方法的总称。

热成型技术是借鉴金属片材的成型方法而发展的。由于加工速度快，自动化程度高，模具价廉并容易更换，适应性强，可以生产小艇、飞机和轿车零部件，也可以生产饮料杯等产品。

塑料的成型方法除了以上列举的六种外，还有压延成型、浇注成型、泡沫塑料压制成型和低发泡塑料注射成型、快速成型等。本书着重叙述在机械、电子、轻工工业中应用最广泛的注射成型工艺及模具，同时也扼要地介绍塑料的其他主要成型方法。

2.2.4　塑料在成型过程中的物理和化学变化

塑料在成型加工过程中，聚合物会发生一些物理和化学变化，如某些聚合物在一定条件下结晶或改变结晶度，在外力作用下产生分子取向，有时还会产生降解和交联反应。这些物理和化学变化，不仅引起聚合物性质改变，而且对加工过程也有影响。因此，了解聚合物在加工过程产生结晶、取向、降解和交联的特点以及加工条件对它们的影响，设法控制这些物理和化学变化，对塑料加工和应用有着很大的实际意义。

1. 塑料在成型过程中的物理变化

（1）结晶性　能够结晶的塑料，如聚乙烯（PE）、聚丙烯（PP）、聚四氟乙烯（PTFE）、尼龙（PA）、聚甲醛（POM）等，称为结晶型塑料。其中，低压聚乙烯、聚酰胺（尼龙）和聚甲醛有着很大的结晶能力，在加工过程中容易结晶，并有很高的结晶度。不易或不能结晶的塑料，如聚苯乙烯（PS）、ABS、有机玻璃（PMMA）、聚砜（PSU）、聚碳酸酯（PC）等，称为无定型塑料。

结晶型塑料与无定型塑料的物理性能、力学性能以及成型性能有很大差异，例如结晶型塑料一般都具有耐热性、非透明性和较高的力学强度，而无定型塑料则刚好相反。

1）结晶对塑件性能的影响。结晶意味着分子链已经排列成规整而紧密的构型，分子间作用力强，故密度、拉伸强度、刚度随结晶度的增大而提高，但冲击强度随结晶度的增大而下降；结晶有助于提高聚合物的软化温度和热变形温度；结晶使塑件表面粗糙度值降低，透明度减小或丧失。结晶型塑料比无定型塑料更易翘曲，这是因为塑件在模内冷却时，由于冷却速度不均匀，造成塑件各个部分的结晶度不等、收缩不均、塑件内产生较高内应力，从而引起翘曲。

2）影响结晶度的因素。大多数成型加工都是在非等温条件下进行的，非等温下的结晶过程称为动态结晶。应当注意，即使具有很大结晶能力的聚合物，在外部条件不充分的情况下，也有可能出现很小的结晶速度，甚至有可能不结晶。聚合物结晶的不完全性，通常用结晶度来表示。结晶度对塑件的物理性能、力学性能影响很大。下面分别讨论塑料在加工过程中加热和冷却、应力和时间等工艺条件对结晶度的影响。

① 熔融温度和熔融时间。塑料在注射成型时采用较低的成型温度和较短的注射时间，有利于促进结晶，并有助于提高塑件的力学性能和热变形温度。

② 温度及冷却速度对结晶度的影响。温度是聚合物结晶过程中最敏感的因素。图 2-11 所示为温度与结晶速度的关系曲线，由图可见，结晶速度在熔点附近为零，随温度下降逐渐达到最大值，再随温度下降而减小，接近玻璃化温度时又重新变为零。

熔体在从熔融温度 T_m 以上冷却到玻璃化温度 T_g 以下这一过程中的速度称为冷却速度。冷却速度对结晶影响最大，常可使结晶速度相差数倍甚至数十倍。

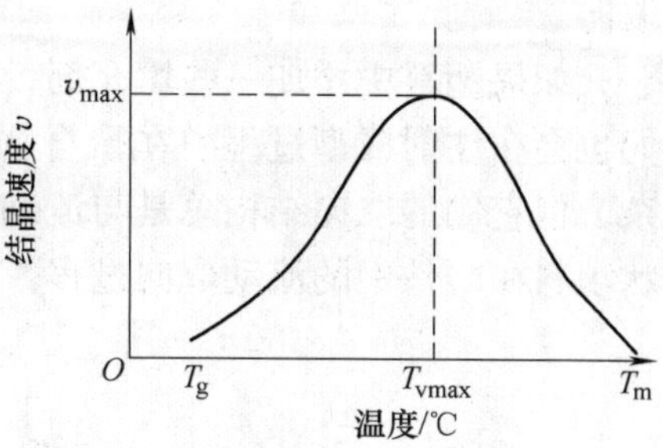

图 2-11　温度与结晶速度的关系

冷却速度的大小取决于熔体温度和模具温度的温差 ΔT。若熔体温度一定，则 ΔT 由模具温度 $T_{模}$ 决定。当冷却温差 ΔT 较小时，塑件的冷却速度慢（缓冷），塑件中容易形成大的球晶，导致塑件变脆，并使生产周期过长，且会因冷却程度不够使塑件扭曲变形。但冷却速度又不宜过快（急冷），若模具温度低于玻璃化温度 T_g 很多，将导致塑件因结晶不均而产生内应力，特别是聚乙烯、聚丙烯和聚甲醛等结晶能力强、玻璃化温度又很低的塑料，成型后会继续结晶（后结晶现象），导致塑件的性能和尺寸在使用和储存过程中发生变化。为了避免这种现象，成型后可对塑件进行退火处理，以加快后结晶速度，促使塑件内晶体结构尽快趋于完善，保证塑件出厂时的性能和尺寸。

塑料加工过程最好采用中等冷却速度，即将模具温度控制在玻璃化温度 T_g 与最大结晶速度的温度 T_{vmax} 之间。成型时，熔体首先在型腔表壁处冷却并形成一个薄壳，然后结晶从薄壳处开始，逐渐向塑件内部发展。由于冷却薄壳可起一定的绝热作用，故塑件内部熔体能在较长的时间内保持在结晶温度范围内，从而有利于促使塑件内部结晶，同时也能提高塑件内部的结晶度并促使结晶态趋于完整。因此，中速冷却成型后的塑件内结晶组织比较稳定，结晶应力较小，一般不会引起尺寸和形状变化，生产周期也较短。

③ 压力和应力对结晶度的影响。一般来讲，压力增大后，聚合物的结晶温度将有所提高，结晶度、密度将随之增大。

此外，应力和压力还会影响聚合物晶体的结构和形态。例如，使用螺杆式注射机时，因螺杆的旋转塑化作用，熔体受到强烈的剪切，故成型后塑件的结晶组织较均匀细密；而柱塞式注射机却无法得到这种均匀的微晶结构。另外，压力也能影响球晶的大小和形状，低压下生成大而完整的球晶，高压下则生成小而形状不很规则的球晶。

综上所述，成型时温度、压力、速度、时间等因素均会对结晶产生影响，生产中应针对这些问题和其他工艺因素进行综合考虑，否则将不利于聚合物结晶或不利于塑料成型。若注射压力控制不当引起聚合物结晶温度上升，即使此时注射温度仍然很高，成型流动也会由于提前结晶而受到较大阻力，严重时还会因为过早形成过多的晶体而使熔体的流变性质发生变化，出现剪切增稠现象。

（2）取向性　塑料在加工过程中会发生不同程度的取向。根据应力性质的不同，取向结构分为拉伸取向和流动取向两种类型。前者由拉应力引起，聚合物分子在受到外力拉伸时沿受力方向平行排列；后者是在切应力作用下，聚合物分子沿着熔体流动方向形成。取向的结构单元若只朝着一个方向，则称为单轴取向；若取向的结构单元同时朝两个方向，则称为双轴取向或平面取向，如图 2-12 所示。注射成型中，主要发生流动

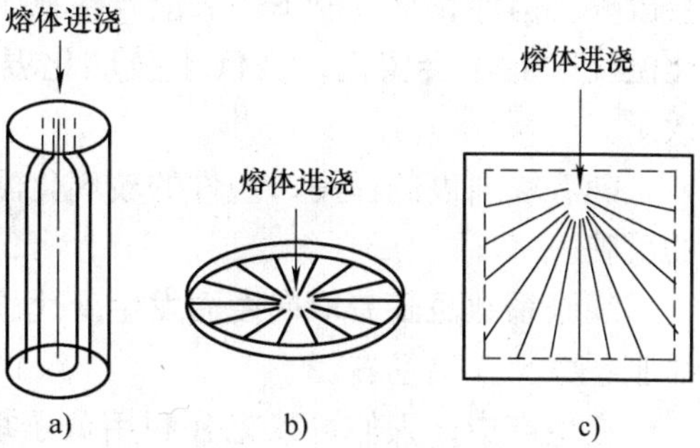

图 2-12　流动取向

a）单轴取向　b）、c）双轴取向或平面取向

取向。

如果塑料中添加一些填充剂，如短纤维状或粉末状不溶物（玻璃纤维、木粉等），则它们也会在注射成型过程中在聚合物中取向。虽然固体填充剂在模具型腔中的流动行为很复杂，但它们的取向结构总是与流动方向保持一致。图 2-13 所示为注射成型扇形薄片时纤维状填料在塑件中的流动取向过程。

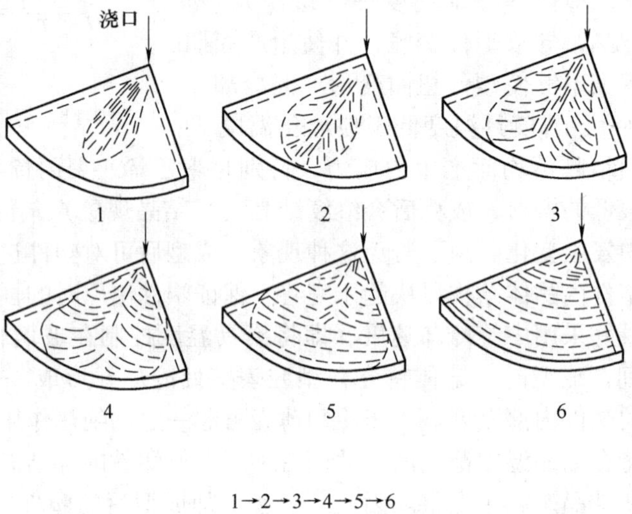

图 2-13　纤维状填料在扇形塑件中的流动取向

如图 2-13 所示，熔体的流线自浇口处沿半径方向散开，在扇形型腔的中心部分熔体的速度最快。当熔体前锋到达型腔表壁被迫改变流向时，熔体转向两侧形成垂直于半径方向的流动，熔体中纤维状填料也随着熔体流线改变方向，最后填料形成同心环式的排列，并在扇形塑件的边缘部位排列得最为明显。

1）取向对塑件性能的影响。对于非结晶聚合物而言，取向后聚合物会呈现明显的各向异性，即在取向方向上力学性能显著提高，而垂直于取向方向的力学性能明显下降。例如，在通常注射条件下，注射塑件在流动方向上的拉伸强度和冲击强度分别是垂直方向上的 1 ~ 3 倍和 1 ~ 10 倍。结晶型聚合物的力学性能也会因取向而呈现各向异性，但与非结晶型聚合物有所不同，结晶型聚合物取向后力学强度和密度都能在取向方向得到提高，弹性和韧性也会改善，但伸长率有所下降。应当注意，结晶型聚合物的取向作用只能在熔点温度以下玻璃化温度以上才会实现，当低于玻璃化温度时，聚合物不易发生剪切流动，也就没有取向效果。

随着取向度的提高，塑件的玻璃化温度上升，线收缩率增加，因此收缩程度是取向程度的反映。

线胀系数也随着取向度而发生变化，一般垂直于流动方向上的线胀系数比取向方向上的线胀系数大 3 倍左右。

在生产中，人们可以充分利用分子取向这一特点来改善塑件质量。例如，在设计模具时，应使塑件在使用时的受力方向与塑件取向方向一致。结晶型塑料的分子取向有利于提前结晶，因此必要时可通过调整工艺参数来提高分子的取向度，为结晶创造条件。取向还可以提高某些性脆塑料（如聚苯乙烯等）的韧性。此外，单轴取向在塑料单丝、纤维和薄膜生产中得到最充分应用，以提高单丝、纤维长度方向的强度和薄膜某方向的强度；双轴取向的薄膜或薄片在平面的任何方向上与未取向的材料相比，均有较高的拉伸强度、断裂伸长率和抗冲击能力。

由于取向会使塑件产生明显的各向异性，也会对塑件带来不利影响，因此塑件会在工作过程中由于解除取向（外力解除后，分子不再沿一个方向排列而处于随机状态）而改变尺寸、产生翘曲变形，甚至在垂直于取向方向产生裂纹等。对于结构复杂的塑件，一般应尽量使塑件中聚合物分子的取向现象减至最少。

2）影响取向的因素。影响聚合物分子取向的因素很多。

① 熔体温度。影响聚合物分子取向的主要因素是塑料熔体的加工温度，提高熔体加工温度会使它与凝固温度之间的区域增宽，聚合物分子松弛（大分子恢复原状的过程叫做大分子松弛）的时间加长，有助于产生解除取向效应。

② 模具温度。模具温度低，熔体的冷却速度加快，则冻结取向效应增强，而解除取向效应减弱。

③ 注射压力。在注射成型中，可提高熔体的切应力和剪切速率，有助于分子的取向。

④ 充模速度。快速充模时，塑件表层附近高度取向，而内部因温度的下降比正常充模时慢得多，解除取向能力增强，取向程度比表层附近轻微。慢速充模时，熔体与周围接触时间长，较多的热量被模具带走，在同样的注射温度下与快速充模相比，其取向程度增强。此外，慢速充模往往还需要较大的注射压力，故取向程度还将因此而提高。

⑤ 浇口冻结时间。在注射成型中，大浇口冷却较慢，浇口封闭得晚，熔体流动时间延长，取向作用加强，尤其是浇口处的取向更为明显。

⑥ 塑料。塑料的比热容大、热导率低都会降低熔体的冷却速度，有利于取向的解除。结晶型塑料容易使取向冻结，其取向度高于不定型塑料。

（3）残余应力　在实际生产中，出于对生产率的要求，充模后的塑料在短时间内冷却固化时，大分子只能简单地按照型腔形状比较松散地堆积在一起，而没有时间进行紧密排列，故脱模后塑件内将存在较大的内应力。即使采用生产中的缓冷措施，所得到的冷却速度对大分子的变形和重排来讲，仍然非常急剧。脱模后大分子还将随时间的发展继续进行变形和重排，以消除内应力，同时促使松散堆积的组织结构趋于紧密，这种现象称为应力松弛，生产中称为塑件的时效变形。

时效往往都会持续较长时间，有时甚至可以达到数月或数年，因此，塑件的尺寸和形状将在脱模后的使用或储存过程中发生变化，如不采取适当措施，则无法满足塑件的质量要求。

在 $T_g \sim T_f(T_m)$ 温度区间对注射成型塑件进行退火热处理，可以增强大分子的热运动，从而缩短大分子变形的松弛时间，以使塑件尺寸和形状能较快地稳定下来。对于某些塑件，还可以将它们浸泡在高温热水和某些溶剂（或水蒸气、溶剂蒸气）中进行溶胀退火，退火过程中溶剂分子的溶胀作用比普通退火更能缩短松弛时间。退火热处理还能改善塑件的物理性能和力学性能，这对于改善成型时容易形成残余应力的聚碳酸酯、聚苯醚和聚苯乙烯等塑件的质量具有特别重要的意义。

2. 塑料在成型过程中的化学变化

(1) 降解　塑料的加工通常是在高温和压力下进行的。因此，聚合物分子可能受到热和应力的作用或者微量水分、酸、碱等杂质及空气中氧的作用导致相对分子质量降低、大分子结构改变等化学变化。聚合物相对分子质量降低的过程称为聚合物的降解。

聚合物的降解通常都是有害的，轻度降解使聚合物变色，进一步的降解会使聚合物分解出低分子物质，导致相对分子质量降低，塑件出现气泡和流纹等弊病，削弱塑件的各项物理性能和力学性能。严重的降解会使聚合物焦化变黑，产生大量的分解物质。

对于塑料的成型加工而言，在正常操作情况下，热降解是主要的，由应力、氧气、水分与杂质引起的降解是次要的，但它们也都能通过温度对聚合物的降解产生重要影响。所谓热降解，是指聚合物在高温下受热时间过长，发生变色和分解等现象。

在工业生产中，为了尽量减少和避免聚合物降解，常采取如下措施：

1）严格控制原材料的技术指标，避免因原料不纯对降解发生催化作用。

2）生产前，应对成型物料进行预热干燥处理，严格控制含水量不超过工艺要求和塑件性能要求的数值，特别是ABS、有机玻璃、尼龙、聚碳酸酯、聚酯、聚砜等吸湿性强的塑料，使用前通常应使含水量（质量分数）降低到0.01%～0.05%。

3）制订合理的成型工艺及工艺参数，合理控制加工温度，特别是对于那些热稳定性较差，加工温度和分解温度比较接近的塑料，如聚氯乙烯、聚甲醛、尼龙66等，若加工温度控制不好则容易产生热降解。在注射成型中，一般加热的下限温度要超过熔点60～80℃，上限温度应低于热分解温度10～30℃。

4）采用结构良好的成型加工设备和模具。

5）对热、氧稳定性较差的聚合物或加工温度较高时，可考虑在配方中加入抗氧化剂、热稳定剂等，以加强聚合物对降解的抵抗能力。

(2) 聚合物的交联　如前所述，聚合物由线型结构转变为体型结构的化学反应过程称为交联。和线型聚合物相比，体型聚合物的机械强度、耐热性、耐溶剂性、化学稳定性和塑件的形状稳定性均有所提高。所以在一些对强度、工作温度、蠕变等要求较高的场合，体型聚合物有着广泛的应用。例如，采用压缩和压注等方法来生产热固性塑料塑件，就是典型的交联反应。在加工热塑性塑料时，由于加工条件不当或者原料不纯等，也可能在聚合物中产生交联反应，但这种交联是非正常的，在加工过程中应力求避免。

聚合物的交联度越高，说明交联反应进行的程度越深。在交联度提高的同时，聚合物逐渐失去了可溶性和可熔性。交联度不宜过高或过低，过高则引起聚合物发脆、变色和起泡；过低则机械强度、耐热性、电绝缘性等较差，塑件表面灰暗，容易产生细微裂纹，吸水量也大。

在塑料成型生产中，交联常用硬化或熟化代替。交联度过低称为“欠熟”或“硬化不足”，反之称为“过熟”或“硬化过度”。但所谓的“硬化得好”或“硬化得完全”，并不意味着交联反应完全，而是指成型固化过程中的交联反应发展到了一种最适宜的程度，在这种程度下，塑件能获得最佳的物理性能和力学性能。

常用的测定硬化程度的物理方法有热硬度测定法、超声波法等。

一般说来，加工温度高则交联速度快，硬化时间长则交联度高。加工过程中的流动、搅拌等都有利于加快交联反应速度，例如酚醛塑料采用注射成型的生产周期就比采用压缩成型的生产周期短。

2.2.5　塑料在成型过程中的流动行为

塑料的各种成型方法都必须依靠其自身的变形和流动来实现，塑料在成型过程中的变形和流动，是成型设备对其施加外力的结果。流动与变形是塑料成型加工中最基本的工艺特征。目前，关于塑料流动和变形行为的解释仍有很多是定性分析或经验性结论。了解一些基本概念和经验性结论，对正确确定成型工艺条件、设计合理的成型系统和模具结构以及提高塑件的质量都有着重要的指导作用。

1. 塑料在成型过程中的流动规律

塑料在一定的温度和压力条件下具有流动性。图 2-14 所示为流体在圆管内流动的示意图。图 2-14a 所示为层流，其特征是流体的质点沿着平行于流道轴线的方向相对运动，与边壁等距离的液层以同一速度向前移动，不存在任何宏观的层间质点运动，因而所有质点的流线均互相平行。图 2-14b 所示为湍流，又称紊流，其特征是流体的质点除向前运动外，还在主流动的横向上作不规则的任意运动，质点的流线呈紊乱状态。塑料熔体在加工过程中的流动基本上属于层流，层流可看成是一层层相邻的薄层液体沿外力作用方向进行的滑移。

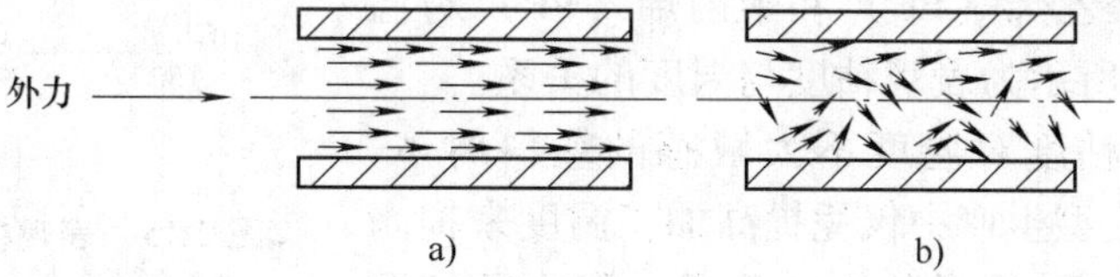

图 2-14　流体在圆管内流动
a）层流　b）湍流

成型时，塑料在外力作用下必然会产生与外力相平衡的力，称为应力。塑料成型技术中产生的应力主要有三种：切应力、拉应力和压缩应力。熔体在圆形管道或狭缝间隙间的流动产生切应力；熔体在挤出吹塑时被拉伸产生拉应力，拉应力有时与切应力同时出现，如熔体在锥形流道上的流动等；而压缩应力则是熔体受到压缩作用而产生的，在模压成型时压缩应力是较为主要的应力。

塑料熔体在应力作用下要发生与外力相适应的形变，称为应变。塑料在切应力作用下产生的应变称为切应变，以 γ 表示。应变随时间而变化，单位时间内的应变称为应变速度，以 $\dot{\gamma}$ 表示；单位时间内流体所产生的切应变则称为剪切速率，仍以 $\dot{\gamma}$ 表示，单位为 s^{-1}。

2. 塑料熔体的流动性能

粘度是描述塑料熔体流动行为的重要性能参数，用 η 表示。η 是一个比例常数，与液体分子结构有关，其值大小表征液体抵抗外力引起流动变形的能力，称为动力粘度（以下简称粘度）。当液体一定时，只有改变温度才能使 η 发生变化。不同流体的 η 值不同，其单位为 Pa · s。

在塑料熔体中，只有少数熔体的粘度对剪切速率不敏感，可近似视为牛顿型流体（η 为常数），如聚碳酸酯、氯乙烯-偏二氯乙烯共聚物、聚酰胺和聚对苯二甲酸乙二酯等。

多数熔体的粘度对剪切速率敏感，称为非牛顿型流体。为了区别于牛顿型流体，其粘度常用表观粘度 η_a 表示。某些非牛顿型流体的粘度随剪切速率的增加而升高（称为切力增稠现象)，如含有增塑剂的塑料糊、少数有填料的塑料熔体等。而另一些非牛顿型流体的粘度却随剪切速率的增大而降低（称为剪切稀化现象)。

由于大多数热塑性塑料在成型中都具有剪切稀化效应。因此，如何恰当控制各种因素，使剪切稀化效应保持在一个合理范围内便成为生产中的关键。也就是说，生产中必须根据塑料中聚合物的分子结构及性能，选择最佳成型温度、压力、速度以及模具结构等工艺条件，以保证塑料熔体不会因粘度过大而影响流动成型，同时也不会因粘度过小而影响塑件的成型质量。

3. 影响粘度的因素

粘度是描述塑料熔体在成型过程中流动与变形的最重要的参数。塑料的主要成分是高分子聚合物，因此，塑料熔体的粘度不仅与成型工艺条件（温度、压力等）有关，而且与聚合物的相对分子质量以及相对分子质量分布等有关。

1）温度的影响。不同熔体的粘度对温度的敏感程度并不相同。如醋酸纤维（CA)、聚苯乙烯（PS）比聚甲醛（POM)、聚乙烯（PE）和聚丙烯（PP）对温度更敏感。图 2-15 所示为表观粘度与温度的关系。

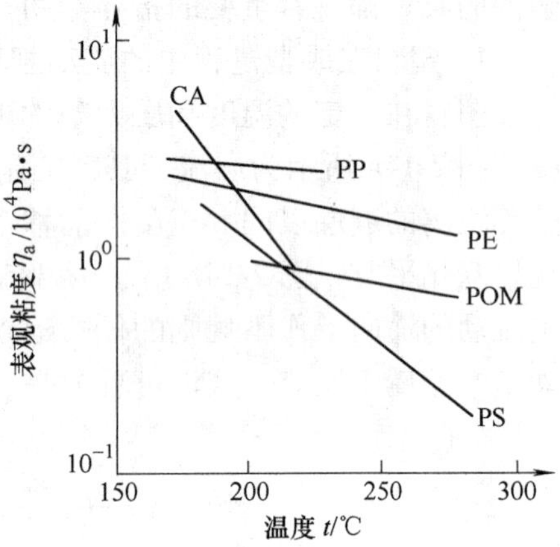

图 2-15　表观粘度与温度的关系

对于那些表观粘度对温度不太敏感的塑料熔体，如聚丙烯（PP)，成型生产中仅凭提高加工温度来提高其流动性，往往是一种错误的工艺手段。因为即使温度增加的幅度很大，其表观粘度却降低得有限，而且温度过高会引起熔体降解，导致塑件质量下降。对于那些对温度敏感的塑料熔体，只要不超过分解温度，提高加工温度便可增大熔体的流动性。

在注射成型生产中，对于粘度对剪切速率不太敏感的塑料，可通过升温降低熔体粘度以改善流动性。但应当注意，如果塑料粘度对温度非常敏感，则要求注射机和模具都必须具有精度很高的温度调节系统，否则，成型过程中料筒、喷嘴或模具中任何微小的温度变化，都有可能使塑料熔体的粘度发生较大改变，从而影响产品成型质量的稳定性。

实际上，任何聚合物在成型温度下长期受热，都会产生不同程度的降解，从而导致熔体粘度降低，所以在制订成型工艺时，必须综合考虑聚合物在料筒内的塑化时间以及注射时间。

2）压力的影响。在外部压力的作用下（挤压和注射压力一般为 10～150MPa)，塑料熔体的粘度随之增大。不同熔体的粘度对压力的敏感程度不同。例如，当压力从 56MPa 升高到 183MPa 时，高密度聚乙烯的粘度要增加 5.7 倍，而聚苯乙烯的粘度可增加 135 倍。图 2-16 所示为应力与温度恒定时粘度与压力的关系。

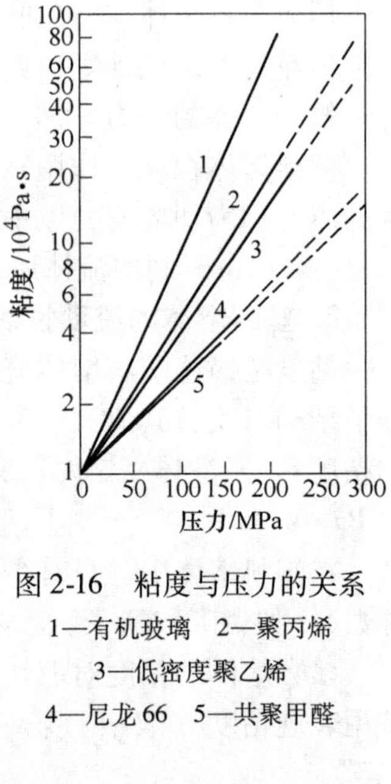

图 2-16　粘度与压力的关系
1—有机玻璃　2—聚丙烯
3—低密度聚乙烯
4—尼龙 66　5—共聚甲醛

由图 2-16 可知，粘度与压力成正比关系。注射成型时，单纯依靠增大注射压力来提高塑料熔体的流量或充模能力的方法并不恰当。过大的压力还会造成设备功率消耗过大以及设备过度磨损。如果生产中需要解决这类问题，可以通过提高温度和降低粘度来增大流量，以改善充模流动情况。反之，当需要增大粘度而又不宜采用降温措施时，则可以考虑提高压力的方法解决。在塑料正常的加工温度范围内，增加压力对粘度的影响和降低温度对粘度的影响有着相似性。例如，对于某些塑料，当压力增加到 100MPa 时，能得到相当于注射温度下降 30 ~ 50℃ 时的粘度。这种在生产过程中通过改变压力和温度都能获得的粘度变化效应称为压力-温度的等效应。

3）剪切速率的影响。不同种类的塑料对剪切速率的敏感程度有差别。在常用塑料中，聚苯乙烯（PS）、聚乙烯（PE）、聚丙烯（PP）和聚氯乙烯（PVC）等都属于对剪切速率较敏感的塑料。而聚甲醛（POM）、聚碳酸酯（PC）和聚酰胺（PA）等属于对剪切速率不敏感的塑料。在塑料加工中，对于粘度对剪切速率较敏感的塑料，可以通过调整剪切速率（或切应力）来改变熔体的粘度，此时，通过提高剪切速率来降低熔体的粘度比提高成型温度更为有效实用。提高剪切速率既可借助于增大注射压力，又可通过减小浇口尺寸实现，或者二者兼施。对于粘度对剪切速率不敏感的塑料，可通过调整对粘度影响更大的其他工艺参数（如温度）来改变熔体的粘度。

在塑料成型加工中，若熔体的粘度可以在较宽的剪切速率范围内选择，那么宁可选择在粘度对剪切速率不太敏感的剪切速率下成型。因为在这种情况下剪切速率的波动对熔体的流动性影响不大，不会造成塑件质量的显著差别。如图 2-17 所示，当剪切速率为 100 ~ 400s^{-1} 时，剪切速率很小的波动都会使塑料的粘度发生大幅度变化，导致塑件质量不稳定；选择在 400s^{-1} 以上的剪切速率范围内进行加工则较合适。

以上关于温度、压力、剪切速率、相对分子质量以及各种添加剂等因素对塑料熔体粘度的综合影响，可以简单地用图 2-18 来定性地说明粘度变化的趋势（箭头方向所示）。考虑到上述诸因素对粘度、成型过程和成型质量的影响，生产中应根据具体情况，正确确定成型工艺条件及设计合理的成型系统和模具结构，以保证成型能在最佳条件下进行。

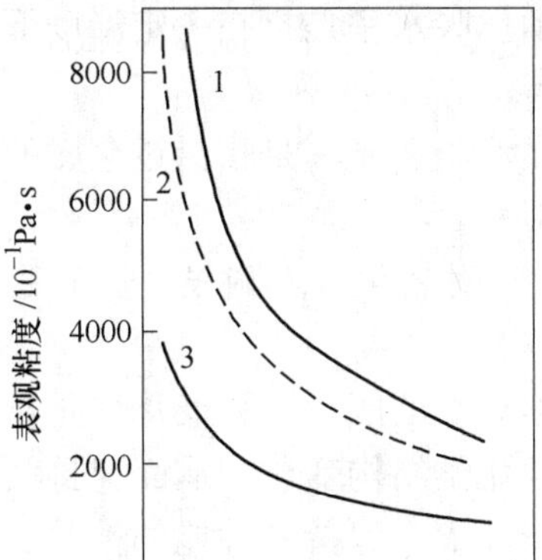

图 2-17　粘度与剪切速率的关系曲线

1—聚乙烯（PE，220℃）　2—聚乙烯（PE，287℃）

3—醋酸纤维素（CA，220℃）

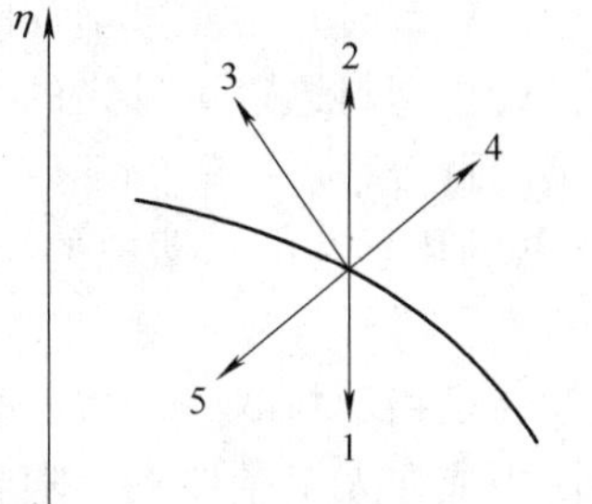

图 2-18　各种因素对塑料熔体粘度的影响

1—温度　2—压力　3—相对分子质量

4—填充料　5—增塑剂或熔剂

4）相对分子质量分布的影响。塑料是由许多不同质量的分子组成的，其分子质量是平均值，称为相对分子质量。对于加工人员来说，可用相对分子质量分布（大分子之间相对分子质量的差异）来评价所用原料。在注射成型中，相对分子质量分布对粘度的影响经常体现在塑件质量方面。相对分子质量分布较宽时，虽然能呈现粘度小、流动性好的特点，但成型出的塑件性能较差。要提高产品性能，需要尽量减少塑料中的低分子物质，并尽量使用相对分子质量分布较窄的物料。

4. 粘度的测试

测定塑料熔体粘度的仪器称为粘度计或流变仪。塑料在不同的切应力或剪切速率下测得的粘度数据不同，将这些数据绘制出的曲线称为流动曲线和流变曲线。塑料的流动曲线或流变曲线对于指导生产具有非常重要的意义。目前，往往采用试验的方法绘制流动曲线和流变曲线图供生产使用。利用这些试验还可对聚合物流变学中的某些理论进行修正，以便使用正确的理论指导生产。

2.2.6 塑料的性能

塑料的性能包括使用性能和工艺性能。使用性能反映了塑料的使用价值，工艺性能则反映了塑料的成型特性或加工性能。

1. 塑料的使用性能

塑料的使用性能包括物理性能、化学性能、力学性能、热性能、电性能等，可用一定的指标衡量并可用一定的实验方法测得。

1）塑料的物理性能。塑料的物理性能主要有密度、表观密度、透气性、透湿性、吸水性、透明性、透光率等。

密度是指单位体积塑料的质量，表观密度是指单位体积的试验材料（包括空隙在内）的质量。

透湿性是指塑料透过蒸汽的性质，可用透湿系数表示。透湿系数是指在一定温度下，试样两侧在单位压力差情况下，单位时间内在单位面积上通过的蒸汽量与试样厚度的乘积。

吸水性是指塑料吸收水分的性质，可用吸水率表示。吸水率是指在一定温度下，把塑料放在水中浸泡一定时间后质量增加的百分率。

透明性是指塑料透过可见光的性质，可用透光率表示。透光率是指透过塑料的光通量与入射光通量的百分率。

2）塑料的化学性能。塑料的化学性能有耐化学性、耐老化性、耐候性、光稳定性、抗霉性等。

耐化学性是指塑料耐酸、碱、盐、溶剂和其他化学物质的能力。耐老化性是指塑料暴露于自然环境中或在人工条件下，随着时间推移而不产生化学结构变化，从而保持其性能的能力。耐候性是指塑料暴露在日光、冷热、风雨等气候条件下，保持其性能的性质。光稳定性是指塑料在日光或紫外线照射下，抵抗褪色、变黑或降解等的能力。抗霉性是指塑料对霉菌的抵抗能力。

3）塑料的力学性能。塑料的力学性能主要有拉伸强度、压缩强度、弯曲强度、断裂伸长率、冲击强度、疲劳强度、耐蠕变性、摩擦因数及磨耗量、硬度等。

与金属相比，塑料的强度和刚度绝对值都比较小。未增强的塑料，通用塑料的拉伸强度一般为 20 ~ 50MPa，工程塑料的拉伸强度一般为 50 ~ 80MPa，很少有超过 100MPa 的品种。经玻璃纤维增强后，许多工程塑料的拉伸强度可以达到或超过 150MPa，但仍明显低于金属材料。如碳钢的抗拉强度可高达 1300MPa，高强度钢的抗拉强度可达 1860 ~ 2000MPa，而铝合金的抗拉强度也在 165 ~ 620MPa 之间。由于塑料密度小，若采用比强度和比刚度（分别为强度和刚度的绝对值与密度之比）与金属材料比较，塑料却不一定低于金属。用作结构材料时，比强度和比刚度最高的材料是高性能增强塑料，某些结构泡沫塑料的比刚度可与金属媲美。用高模量增强剂增强后，某些塑料的比刚度可以超过金属。

塑料是高分子材料，长时间受载与短时间受载有明显区别，主要表现在蠕变和应力松弛。

蠕变是指当塑料受到一个恒定载荷时，随着时间的延长，应变会缓慢地持续增大。所有的塑料都会不同程度地产生蠕变。耐蠕变性是指材料在长期载荷作用下，抵抗应变随时间变化的能力。它是衡量塑件尺寸稳定性的一个重要因素。分子链间作用力大的塑料，特别是分子链间具有交链的塑料，其耐蠕变性好。

应力松弛是指在恒定的应变条件下，塑料的应力随时间而逐渐减小。了解塑料的应力松弛现象具有重要的实际意义。例如，塑件作为螺纹紧固件，往往由于应力松弛而使紧固力变小甚至松脱，带螺纹的塑料密封件也会因应力松弛而失去密封性。设计人员应针对这类情况，选用应力松弛较小的塑料或采用相应的防范措施。

磨耗量是指两个彼此接触的固体（实验时采用塑料与砂纸）因为摩擦作用而使材料（塑料）表面造成的损耗。它可以用摩擦损失的体积来表示。

4）塑料的热性能。塑料的热性能主要包括线胀系数、热导率、玻璃化温度、耐热性、热变形温度、热稳定性、热分解温度、耐燃性、比热容等。

耐热性是指塑料在外力作用下，受热而不变形的性质，可用热变形温度或马丁耐热温度来量度。将试样浸在一种等速升温的适宜传热介质中，在简支梁式的静弯曲负荷作用下，测出试样弯曲变形达到规定值的温度，称为热变形温度。在加热炉内，使试样承受一定的弯曲应力并按一定速率升温，试样受热自由端产生规定的倾斜量的温度称为马丁耐热温度。马丁耐热温度和热变形温度测定的装置和方法不同，应用场合也不同。前者适用于量度耐热性小于 60℃的塑料的耐热性，后者适用于量度常温下硬质模塑材料和板材的耐热性。

热稳定性是指高分子化合物在加工或使用过程中受热而不分解变质的性质。将一定量的聚合物以一定压力压成一定尺寸的试片，然后将其置于专用的实验装置中，在一定温度下恒温加热一定时间，测量其质量损失，并以损失的质量和原来质量的百分率表示热稳定性的大小。

热分解温度是高分子化合物在受热时发生分解的温度。它是反映聚合物热稳定性的一个量值。它可以用压力法或试纸鉴别法测试。压力法是根据聚合物分解时产生气体，从而产生压力差的原理进行测试的；试纸鉴别是根据聚合物发生分解放出的气体使试纸变色的原理进行测试的。

耐燃性是指塑料接触火焰时抵制燃烧或离开火焰时阻碍继续燃烧的能力。

5）塑料的电性能。塑料的电性能主要包括介电常数、介电强度、耐电弧性等。

介电常数是指以绝缘材料（塑料）为介质与以真空为介质制成的同尺寸电容器的电容量之比。介电强度是指塑料抵抗电击穿能力的量度，其值为塑料击穿电压值与试样厚度之比，单位为 kV/mm。耐电弧性是指塑料抵抗由于高压电弧作用引起变质的能力，通常用电弧焰在塑料表面引起碳化至表面导电所需的时间表示。

表 2-3 列出了常用热塑性塑料的使用性能，表 2-4 列出了常用热固性塑料的使用性能，表 A-1 列出了常用热塑性塑料的物理性能和热性能，表 A-2 列出了常用热塑性塑料的化学性能，表 A-3 列出了某些常用热固性塑料的物理性能和化学性能。

表 2-3　常用热塑性塑料的使用性能

塑料名称	性　能	用　途
聚乙烯（PE）	耐腐蚀性、电绝缘性（尤其高频绝缘性）优良。可以氯化、辐照改性，可用玻璃纤维增强 高密度聚乙烯（HDPE）熔点、刚性、硬度和强度较高，吸水性小，有突出的电气性能和良好的耐辐射性 低密度聚乙烯（LDPE）柔软性、伸长率、冲击强度和透明性较好 超高分子量聚乙烯冲击强度高，耐疲劳、耐磨，用冷压烧结成型	HDPE 适于制作耐腐蚀零件和绝缘零件 LDPE 适于制作薄膜等 超高分子量聚乙烯，适于制作减摩、耐磨及传动零件
聚丙烯（PP）	密度小，强度、刚性、硬度、耐热性均优于 HDPE，可在 100℃左右使用。具有优良的耐蚀性、良好的高频绝缘性，不受湿度影响，但低温变脆，不耐磨，易老化	适于制作一般机械零件、耐腐蚀零件和绝缘零件
聚苯乙烯（PS）	电绝缘性（尤其是高频绝缘性）优良，无色透明，透光率仅次于有机玻璃，着色性、耐水性、化学稳定性良好；机械强度一般；但性脆，易产生应力碎裂，不耐苯、汽油等有机溶剂	适于制作绝缘透明件、装饰件及化学仪器、光学仪器等零件
聚苯乙烯改性有机玻璃（372）	透明性极好，力学强度较高，耐热、耐寒和耐气候性、耐蚀、绝缘性良好，综合性能超过聚苯乙烯；但质脆，易溶于有机溶剂，如作透光材料，其表面硬度稍低，容易擦毛	适于制作绝缘零件及透明和强度一般的零件
硬聚氯乙烯(RPVC)	力学强度高，电气性能优良，耐酸、碱力极强，化学稳定性好；但软化点低	适于制造棒、管、板、焊条、输油管及耐酸碱零件
软聚氯乙烯(SPVC)	伸长率大，力学强度、耐蚀性、电绝缘性均低于硬聚氯乙烯，且易老化	适于制作薄板、薄膜、电线电缆绝缘层、密封件等
丁苯橡胶改性聚苯乙烯（203A）	与聚苯乙烯相比，有较高的韧性和抗冲击强度，其余性能相似	适于制作各种仪表和无线电结构零件
苯乙烯-丙烯腈共聚物（AS）	冲击强度比聚苯乙烯高，耐热、耐油、耐蚀性好，弹性模量是现有热塑性塑料中较高的，具有很好地抵抗某些使聚苯乙烯应力开裂的烃类的能力	广泛用于制作耐油、耐热、耐化学腐蚀的零件及电信仪表的结构零件
苯乙烯-丁二烯-丙烯腈共聚物（ABS）	综合性能较好，冲击强度、力学强度较高，尺寸稳定，耐化学性、电性能良好，易于成型和机械加工，与 372 有机玻璃的熔接性良好，可作双色成型塑件，且表面可镀铬	适于制作一般机械零件、减摩耐磨零件、传动零件和电信结构零件
聚甲醛（POM）	综合性能良好，强度、刚度高，抗冲击、抗疲劳及蠕变性能较好，减摩耐磨性好，吸水小，尺寸稳定性好，但热稳定性差，易燃烧，长期在大气中曝晒会老化	适于制作减摩零件、传动零件，化工容器及仪器、仪表外壳

（续）

塑料名称	性　能	用　途
聚碳酸酯（PC）	具有突出的冲击强度，较高的弹性模量和尺寸稳定性；无色透明，着色性好，耐热性比尼龙、聚甲醛高，抗蠕变和电绝缘性较好，耐蚀性、耐磨性良好；但自润性差，不耐碱、酮、胺、芳香烃；有应力开裂倾向，高温易水解，与其他树脂相溶性差	适于制作仪表小零件、绝缘透明件和耐冲击零件
聚酰胺（PA）	坚韧、耐磨、耐疲劳、耐油、耐水、抗霉菌，但吸水性大 PA6 弹性好，冲击强度高，吸水性较大 PA66 强度高，耐磨性好 PA610 与 PA66 相似，但吸水性和刚性都较小 PA1010 半透明，吸水性较小，耐寒性较好	适于制作一般机械零件、减摩耐磨零件、传动零件，以及化工电器仪表零件
聚砜（PSU）	耐热耐寒性、抗蠕变及尺寸稳定性优良，耐酸、耐碱、耐高温蒸汽 聚砜硬度和冲击强度高，可在 -60~150℃下长期使用，在水、湿空气或高温下仍能保持良好的绝缘性，但不耐芳香烃和卤化烃。 聚芳砜耐热和耐寒，可在 -240~260℃下使用，硬度高，耐辐射	适于制作耐热件、绝缘件、减摩耐磨传动件、仪器仪表零件，计算机零件及抗蠕变结构零件
氯化聚醚（CPT）	具有突出的耐蚀性（略次于氟塑料），摩擦因数低，吸水性很小，尺寸稳定性高，耐热性比硬聚氯乙烯好，抗氧化性比尼龙好，可焊接、喷涂，但低温性能差	适于制作腐蚀介质中的减摩耐磨零件、传动零件，一般机械及精密机械零件
聚苯醚（PPO）	综合性能良好，拉伸、刚性、冲击、抗蠕变及耐热性较高，可在 120℃蒸汽中使用。电绝缘性优越，受温度及频率变化的影响很小，吸水性小，但有应力开裂倾向。改性聚苯醚可消除应力开裂，成型加工性好，但耐热性略差	适于制作耐热件、绝缘件、减摩耐磨件、医疗器械零件和电子设备零件
氟塑料	耐蚀性、耐老化及电绝缘性优越，吸水性很小 聚四氟乙烯对所有化学药品都能耐蚀，摩擦因数在塑料中最低，不粘，不吸水，可在 -195~250℃长期使用，但蠕变性大，不能直接进行注射成型 聚三氟氯乙烯耐蚀、耐热和电绝缘性略次于聚四氟乙烯，可在 -180~190℃下长期使用，可注射成型，在芳香烃和卤化烃中稍微溶胀 聚全氟乙丙烯除使用温度外，保留了聚四氟乙烯大部分的优点，且可挤压、模压及注射成型，自粘性好，可热焊	适于制作耐腐蚀件、减摩耐磨件、密封件、绝缘件、医疗器械零件以及用于国防科学尖端技术等方面
聚酰亚胺（PI）	综合性能优良，强度高，抗蠕变、耐热性好，可在 -200~260℃下长期使用，减摩耐磨性、电绝缘性优良，耐辐射，耐电晕，耐稀酸，但不耐碱、强氧化剂和高压蒸汽 均苯型聚酰亚胺成型困难，醚酐型聚酰亚胺可进行挤压、模压、注射成型	适于制作减摩耐磨零件、传动零件、绝缘零件、耐热零件，用作防辐射材料、涂料和绝缘薄膜
醋酸纤维素（EC）	强韧性很好，耐油、耐稀酸，透明有光泽，尺寸稳定性好，易涂饰、染色、粘合、切削，在低温下抗冲击强度和拉伸强度会降低	适于制作汽车、飞机、建筑用品，机械、工具用品，化妆品器具，照相、电影胶卷

表 2-4　常用热固性塑料的使用性能

塑料名称	型号举例	性　能	用　途
酚醛塑料	R131、R121、R132、R126 等	可塑性和成型工艺性良好。适宜压缩成型	主要用于制造日常生活和文教用品
	D131、D133、D138、D135	机电性能和物理化学性能良好，成型快，工艺性良好。适宜于压缩成型	用于制造日用电器的绝缘结构件
	T171、T661	力学性能良好，T661 还具有良好的导热性	用于制造特种要求的零件。T661 主要用于制造砂轮
氨基塑料	脲醛塑料	着色性好，色泽鲜艳，外观光亮，无特殊气味，不怕电火花，有灭弧能力，防霉性良好，耐水、耐热性比酚醛塑料弱	用于制造日用品、航空和汽车的装饰件、电器开关、灭弧器材及矿用电器等
有机硅塑料	浇注料	耐高低温、耐潮，憎水性好，电阻高，高频绝缘性好，耐辐射、耐臭氧	主要用于电工、电子元件及线圈的灌封与固定
	塑料粉		用于制造耐高温、耐电弧和高频绝缘零件
硅酮塑料		电性能良好，可在很宽的频率和温度范围内保持良好的性能，耐热性好，可在 -90 ~ 300℃下长期使用。耐辐射、防水、化学稳定性好，抗裂性良好。可低压成型	主要用于低压压注封装整流器、半导体管及固体电路等
环氧塑料	浇注料	强度高、电绝缘性优良、化学稳定性和耐有机溶剂性好，对许多材料的粘接力强，但性能受填料品种和用量的影响。脂环族环氧塑料的耐热性较高。适用于浇注成型和低压压注改形	主要用于电工、电子元件及线圈的灌封与固定，还可用来修复零件

2. 塑料的工艺性能

塑料与成型工艺、成型质量有关的各种性能，统称为塑料的工艺性能。了解和掌握塑料的工艺性能，对于正确设计塑件结构和尺寸，选择合适的成型方法，制订正确的工艺等以确保产品质量具有十分重要的意义。

（1）热塑性塑料的工艺性能

1）塑料的成型收缩。塑料通常是在高温熔融状态下充满模具型腔而成型的，当塑料冷却到室温后，其尺寸会发生一定变化。引起塑件尺寸变化的原因除了热胀冷缩外，还与成型时的许多工艺条件及模具因素有关。通过调整工艺参数或修改模具结构，可以缩小或改变塑件尺寸的变化情况，故生产中常常把这种变化特性称为成型收缩。

塑料成型收缩的大小可用塑件的实际收缩率 S 表示，即

$$S = \frac{a-b}{b} \times 100\% \tag{2-1}$$

式中　S——塑料成型收缩率；

a——成型温度时塑件的尺寸（mm）；

b——常温下塑件的尺寸（mm）。

由于成型温度时塑件的尺寸无法测量，所以常采用常温时的型腔尺寸代替。故有

$$S_{计} = \frac{c-b}{b} \times 100\% \tag{2-2}$$

式中 $S_{计}$——塑件的计算收缩率；

c——常温时型腔的尺寸（mm）。

成型收缩包括线尺寸收缩和后收缩两种形式，并具有方向性。

① 线尺寸收缩。由于热胀冷缩以及塑件内部的物理、化学或力学变化等原因，导致塑件脱模冷却到室温后发生的尺寸缩小现象称为线尺寸收缩。这种收缩在设计模具的成型零部件时必须予以考虑，以求通过设计对它进行补偿，避免塑件尺寸出现超差。

② 后收缩。塑件脱模后，各种残余应力的松弛将会产生时效变形，由时效变形引起塑件尺寸缩小的现象称为后收缩。一般来讲，塑件脱模后 10h 内的后收缩比较显著，24h 基本定型，但要达到最终状态，则需要很长时间，且热塑性塑料的后收缩比热固性塑料大。有时根据塑料的性能及工艺要求，塑件在成型后需进行热处理，热处理后也会引起塑件的尺寸变化。由成型后热处理引起的收缩称为后处理收缩。

③ 收缩的方向性。前面已讲过，塑料成型时高分子沿流动方向的取向效应会导致塑件的各向异性。由于各向异性的存在，塑件的收缩必然会因方向的不同而有差异。通常沿取向的方位强度高、收缩大，而与取向垂直的方位强度低、收缩小，这种现象称为收缩的方向性。同时，由于塑件各部位添加剂分布不均匀，密度不均匀，所以收缩不均匀。如果塑件各方向的收缩差很大，则意味着塑件收缩很不均匀。这就必然造成塑件翘曲、变形甚至开裂，影响塑件的形状精度。

综上所述，为了获得合格的塑件，设计模具时必须综合考虑塑料的收缩性及收缩的复杂性，特别注意有些尺寸在塑件收缩时还有伸长的可能。

2）塑料的流动性。塑料在一定的温度和压力下充满模具型腔的能力称为流动性，它是比较塑料成型加工难易程度的一项指标。通常用熔体流动速率和螺旋流动试验值表示。熔体指数是指热塑性树脂在一定温度和负荷下，其熔体在 10min 内通过标准毛细管的质量，以 g/10min 表示，是反映塑料在熔融状态下流动性的一个量值。图 2-19 所示为熔体流动速率测试仪。

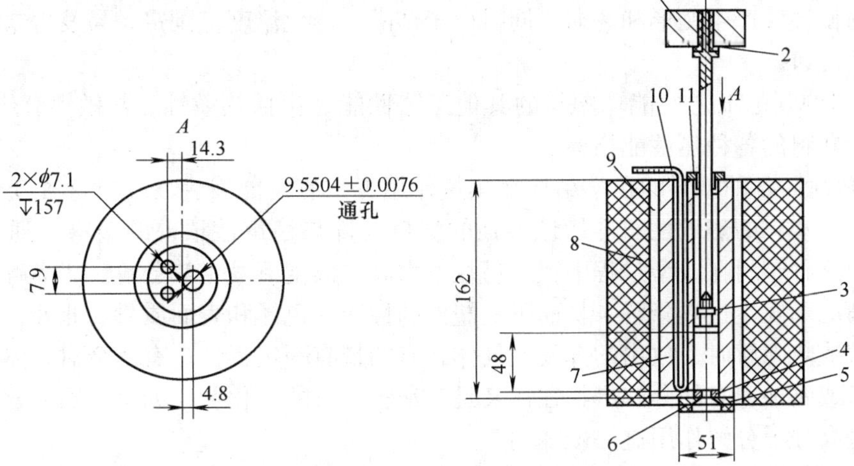

图 2-19 熔体流动速率测试仪

1—砝码 2—绝热衬套 3—活塞 4—出料模孔 5—托盘 6—绝热垫盘 7—炉体 8—隔热层 9—释热元件 10—温度计 11—导套

塑料的流动性不仅依赖于成型条件，还依赖于聚合物的性质。根据塑料流动性不同，一般将常用热塑性塑料分为三类：

① 流动性好的塑料。如聚酰胺、聚乙烯、聚苯乙烯、聚丙烯、醋酸纤维素和聚甲基戊烯等。

② 流动性中等的塑料。如改性聚苯乙烯（如 ABS 和 AS）、聚甲基乙烯酸甲酯、聚甲醛和氯化聚醚等。

③ 流动性差的塑料。如聚碳酸酯、硬聚氯乙烯、聚苯醚、聚砜、聚芳砜和氟塑料等。

影响成型塑料流动性的因素很多，除了前面介绍过的温度、压力和剪切作用以外，还与模具结构、表面粗糙度、塑料性质等有关。

塑料的流动性对塑件质量、模具设计以及成型工艺的影响很大。塑料的流动性过大或过小都不利于成型。因此，选用塑件材料时，应根据塑件的结构、尺寸及成型方法选择适当流动性的塑料。例如，对于注射成型用的热塑性塑料，如果塑件形状一般，通常要求熔体流动速率达到 1 ~ 2g/min；如果是薄壁塑件，则要求达到 3 ~ 6g/min；如果塑件既形状复杂又是薄壁，那么在保证塑件使用要求的前提下，还可以采用熔体流动速率更高一些的成型物料。此外，模具设计时应根据塑料流动性来考虑分型面和浇注系统及进料方向，选择成型温度也应考虑塑料的流动性。

3）塑料的结晶性。关于结晶与取向特性，前文已有介绍。下面仅根据模具设计和成型设备的选用对结晶型塑料成型提出一些注意事项。

① 相对于无定型塑料，结晶型塑料上升到成型温度时需要的热量更多，塑件在模内冷却固化结晶时放出的热量也多，因而必须注意成型设备的选用和模具的散热与冷却问题。

② 结晶型塑料粘流态与固态的密度差值大，成型收缩率也大，达到 0.5% ~ 3.0%，容易产生气孔和缩孔。

③ 结晶型塑料冷却速度快时结晶度低、收缩小，壁厚大时冷却慢、结晶度高、收缩大（但物理性能和力学性能好），因此，应根据塑件要求严格控制模温。

④ 结晶型塑料各向异性显著，易产生内应力，脱模后塑件内未结晶的分子有继续结晶的倾向，易使塑件产生变形和翘曲。同时由于结晶、熔化温度范围窄，易发生未熔塑料注入型腔或堵塞浇口。

4）塑料的其他工艺性能。塑料的其他工艺性能还包括热敏性、水敏性、应力敏感性、吸水性以及塑料的各种热性能指标。

① 热敏性。各种塑料的化学结构在热量作用下均有可能发生变化，这种变化对热量的敏感程度称为塑料的热敏性。热敏性很强的塑料（即热稳定性很差的塑料）通常简称为热敏性塑料。这种塑料在成型过程中很容易在不太高的温度下发生热分解、热降解或在加热时间较长的情况下发生过热降解，从而影响塑件的性能、色泽和表面质量。此外，塑料熔体在发生热分解或热降解时，放出的挥发性气体，有的带有一定毒性；有的会对人体、模具和设备产生刺激或腐蚀；有的分解产物往往又是该塑料分解的催化剂，如聚氯乙烯分解产生氯化氢，能促进高分子分解作用进一步加剧。

为了防止热敏性塑料在成型加工过程中发生分解现象，一方面在塑料中加入热稳定剂，另一方面应选择合适的成型设备，正确控制成型加工温度和加工周期。同时应及时消除分解产物，设备和模具应采取防腐蚀措施等。

常见的热敏性塑料有硬聚氯乙烯、聚偏氯乙烯、醋酸乙烯共聚物、聚甲醛和聚三氟氯乙烯等。

② 水敏性。塑料的水敏性是指它在高温下对水降解的敏感性。典型的水敏性塑料有聚碳酸酯等，即使含有少量水分，在高温高压下也容易发生分解。因此成型前必须进行干燥处理，以严格控制水分含量。

③ 应力敏感性。应力敏感性是指有的塑料对应力敏感，如聚苯乙烯、聚碳酸酯、聚砜等，质较脆，成型时容易产生内应力，成型后又容易在塑件中形成残余应力，因此在外力或在溶剂作用下容易开裂。为了防止应力开裂现象的发生，可在塑料中加入增强材料以提高塑件的抗裂性，还应注意对物料进行干燥处理并选择合适的工艺条件，以减小残余应力和增强抗裂性。此外，还可以从塑件的工艺性和模具结构方面想办法，如设计合理的塑件形状并尽量不设置嵌件，以减小应力集中；采用较大的脱模斜度、合理布置浇口位置和顶出零件位置，也有利于减小残余应力和脱模力；对塑件进行热处理以消除残余应力，也能提高它的抗破裂能力。必要时还可以注明塑件使用要求，禁止与溶剂接触，以免发生不正常的应力开裂。

④ 吸水性。由于各种塑料含有的添加剂不同，它们对水分的亲疏程度也不同，塑料大致可分为两类：一类是具有吸水或粘附水分倾向的塑料，如聚甲基丙烯酸甲酯、聚酰胺、聚碳酸酯、聚砜、ABS 等；另一类是既不吸水也不易粘附水分的塑料，如聚乙烯、聚丙烯、聚甲醛等。

显然，凡是具有吸水性倾向的塑料，尤其是聚酰胺、聚甲基丙烯酸甲酯等，如果在成型之前没有去除水分，那么在成型时，由于水分在成型设备的高温料筒中变为气体并促使塑料发生分解，导致塑料起泡和流动性下降，这样，不仅给成型增加难度，而且导致塑件的表面质量和力学性能下降。为保证成型顺利进行和塑件的质量，对吸水性和粘附水分倾向大的塑料，在成型前应进行干燥处理，以去除水分。必要时还应在注射机的料斗内设置红外线加热装置，以免干燥后的物料进入料筒前在料斗中再次吸湿或粘水。常用塑料成型前允许的含水量参见表 2-18。

⑤ 热性能。进行塑料模设计或者 CAD 分析时，塑料的热力学数据必不可少。在塑料注射成型时，主要考虑三个方面的问题，即比热容、线胀系数、热导率以及热变形温度。比热容是指 1kg 物质温度增加 1K 时所需的热量。线胀系数是指温度每变化 1℃时材料长度变化的百分率，单位为 10^{-5}/℃。热导率是指在稳定条件下，垂直于单位面积方向的每单位温度梯度通过单位面积上的热流量，单位为 W/（m·K）。

塑料的比热容大时，意味着它在料筒中塑化需要较多热量，应选择塑化能力高的注射机。热导率低，意味着成型后的塑件冷却速度慢，需要加强模具对塑料的冷却。热变形温度高，意味着能在较高的温度下使塑件脱模，有利于生产率的提高。通常比热容小、热导率高的塑料适于热流道注射模，若需要高速成型，除要求比热容小和热导率高之外，热变形温度也要求较高，否则不易缩短成型周期。

⑥ 熔体破裂。当一定熔融指数的塑料熔体在恒温下通过喷嘴孔时，其流速超过一定值后，挤出的熔体表面发生明显的横向凹凸不平或外形畸变，以至支离或断裂的现象称为熔体破裂。

熔体破裂是熔体在流道中产生失稳流动的结果。如图 2-9 所示，熔体流动无法保持稳定的层流，陷入一种弹性紊乱状态，各点的流速将会互相干扰，这种现象称为失稳流动。引起失稳流动的切应力和剪切速率分别称为临界切应力和临界剪切速率。

聚合物熔体在失稳状态下通过模内的流道后，将会变得粗细不均，没有光泽，表面出现粗糙的鲨鱼皮状（图2-20中右边的三个图形）。在这种情况下，如果继续增大切应力或剪切速率，熔体将呈现波浪形、竹节形或周期螺旋形，严重时将互相断裂成不规则的碎片或小圆柱块（图2-20中左边的三个图形），这种现象称为熔体破裂。熔体破裂会对塑件质量造成严重破坏，在模具设计时应予以充分重视，特别是在工艺参数的制订和制模材料的选用方面多下工夫。例如，对于熔融指数高的塑料，应增大喷嘴、流道和浇口截面，以减小压力和注射速度，从而防止出现熔体破裂。

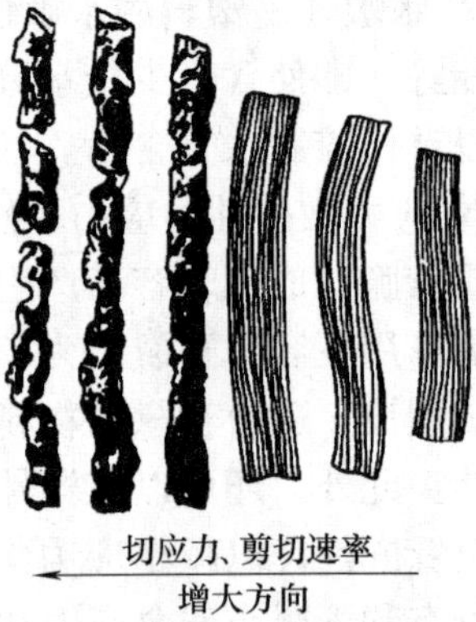

图2-20　聚氯乙烯在200℃和不同剪切速率下挤压时挤出物的形状

（2）热固性塑料的工艺性能

1）收缩性。影响热固性塑料收缩的因素与热塑性塑料的基本相同。

2）流动性。衡量热固性塑料的流动性指标通常为拉西格流动性。所谓拉西格流动性，是指将一定质量的塑料预压成圆锭，放在标准压模（图2-21）中，在一定的压力和温度条件下，测定塑料自模孔中挤出的光滑部位的长度（单位为mm），此即拉西格流动性。其值大，流动性好；反之，流动性差。每一品种的塑料通常分成三个不同等级的流动性（一级为25～80mm，二级为81～130mm，三级为131～180mm）。常用热固性塑料的拉西格流动性可查阅塑料模设计相关资料。

一般成型面积大、嵌件多、型芯及嵌件细长、有狭窄深槽以及薄壁、复杂形状的塑件，应选用流动性好的塑料。压注成型应选用拉西格流动性在150mm以上的塑料，注射成型应选用拉西格流动性在200mm以上的塑料。

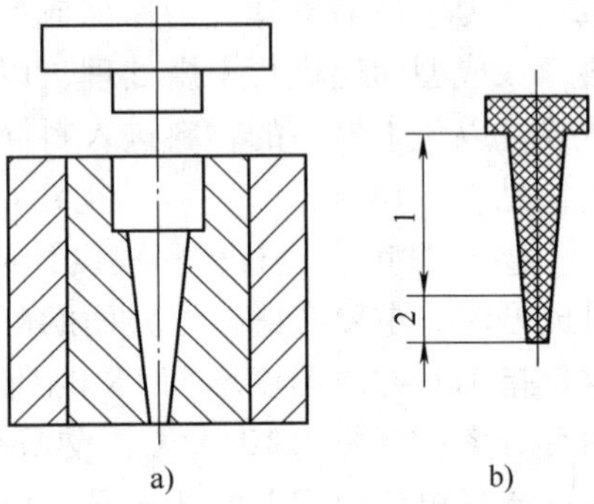

图2-21　拉西格流动性试验法示意图
a）模具　b）试样
1—光滑部分　2—粗糙部分

增强塑料的流动性比普通塑料的流动性低，在模塑过程中易产生树脂流失、纤维分头聚积等缺陷。塑料流动性对塑件的质量、模具设计以及成型工艺的影响很大。流动性过大，易造成溢料，填充型腔不紧密，塑件内部易产生疏松，使树脂与填料分别聚集，易粘模而造成脱模、清理困难等。若流动性太小，则造成型腔填充不足，成型困难。因此，应根据塑件的结构、尺寸及成型方法选择流动性适当的塑料。模具设计时应根据塑料流动性来考虑分型面和浇注系统尺寸及浇口开设位置。此外，选择成型温度等工艺条件时也应考虑塑料的流动性。

3）比体积和压缩率。比体积是单位质量（1g）的松散塑料所占的体积；压缩率是塑料体积与塑件体积之比，其值应大于1。

比体积和压缩率都表示了各种塑料的松散程度，它们都可以作为确定加料腔大小的依据。比体积和压缩率大，要求加料腔也大，且比体积和压缩率大，内部充气多，成型时排气困难，成型周期长，生产率低。比体积和压缩率小，情况则相反，对模压成型有利。但比体积和压缩率太小，如以容积法装料，则会造成加料量的不准确。

不同品种塑料的比体积和压缩率是不同的；同一种塑料，其比体积和压缩率与塑料形状、颗粒度及均匀性有关。

4）水分和挥发物的含量。塑料中的水分和挥发物来自两方面，一是生产过程中遗留下来及成型之前在运输、保管期间吸收的；二是成型过程中化学反应产生的副产物。如果塑料中的水分和挥发物过多又没及时处理，会产生如下问题：流动性大，易产生溢料，成型周期长，收缩率大，塑件易产生气泡、组织疏松、变形翘曲、波纹等弊病。若水分和挥发物的来源属于第一种，可在成型前进行预热干燥；而对于后者，包括预热干燥时未除去的部分，应在成型过程中设法去除，如在模具中开排气槽或进行压制操作时设排气工步等。

当然，塑料过于干燥会导致流动性不良，成型困难，所以不同塑料应按要求进行预热干燥，以控制水分的含量。

5）固化特征。热固性塑料的固化特征专指热固性塑料的交联反应。合理的固化时间和固化速度不仅与塑料的品种有关，而且还受到塑件的形状、壁厚及模具温度等的影响，为了使塑件不出现过熟或欠熟缺陷，应根据各种热固性塑料的交联特性，严格控制工艺条件和改善模具结构，以达到塑件性能所需要的交联程度。固化速度慢，生产率低；固化速度快，则不能成型大型及复杂的塑件。

表 2-5 列出了常用热塑性塑料的成型特性，表 2-6 列出了常用热固性塑料的成型性能。

表 2-5　常用热塑性塑料的成型特性

塑料名称	成型特性
聚苯乙烯（PS）	1）无定型塑料，吸湿性小，不易分解，性脆易裂，热膨胀系数大，易产生应力开裂 2）流动性较好，溢边值约为 0.03mm 3）塑件壁厚应均匀，不宜有嵌件（如有嵌件应预热）、缺口、尖角，各面应圆滑连接 4）可用螺杆或柱塞式注射机加工，喷嘴可用直通式或自锁式 5）宜采用高料温和模温、低注射压力，延长注射时间有利于降低内应力，防止缩孔、变形（尤其对厚壁塑件），但料温高易出现银丝，料温低或脱模剂多则透明性差 6）可采用各种形式的进料口，进料口与塑件应为圆弧连接，防止去除浇口时损坏塑件，脱模斜度宜取 2°以上；顶出均匀以防止脱模不良发生开裂、变形，可采用热流道系统
聚乙烯（PE）	1）结晶型塑料，吸湿性小 2）流动性极好，溢边值约为 0.02mm，流动性对压力变化敏感 3）可能发生熔融破裂，与有机溶剂接触可发生开裂 4）加热时间过长则发生分解、烧焦 5）冷却速度慢，因此必须充分冷却，宜设冷料穴，模具应有冷却系统 6）收缩率范围大，收缩值大，取向性明显。易变形、翘曲，结晶度及模具冷却条件对收缩率影响大，应控制模温，保持冷却均匀、稳定 7）宜采用高压低温注射方式，料温均匀，填充速度应较快，保压充分 8）不宜采用直接浇口，易增大内应力或产生收缩不匀，取向性明显，变形增大。应注意选择浇口位置与数量，防止产生缩孔、翘曲变形 9）质软易脱模，塑件有浅的侧凹槽时可强行脱模

（续）

塑料名称	成型特性
聚氯乙烯(PVC)	1）无定型塑料，吸湿性小，但为了提高流动性、防止发生气泡宜先干燥 2）流动性差，极易分解，特别在高温下与钢、铜金属接触更易分解，分解温度为200℃，分解时产生腐蚀性及刺激性气体 3）成型温度范围小，必须严格控制料温 4）采用螺杆式注射机及直通喷嘴；孔径宜大，以防止死角滞料，若产生滞料必须及时清除 5）模具浇注系统应粗短，浇口截面宜大，不得有死角滞料，模具应冷却，其表面应镀铬
聚丙烯（PP）	1）结晶型塑料，吸湿性小，可能发生熔体破裂，长期与热金属接触易发生分解 2）流动性极好，溢边值约为0.03mm 3）冷却速度快，浇注系统及冷却系统散热应适度 4）成型收缩范围大，收缩率大，易发生缩孔、凹痕、变形，取向性强 5）注意控制成型温度。料温低取向性明显，低温高压时更明显，模具温度低于50℃时塑件无光泽，易产生熔接痕、流痕；模具温度高于90℃时易发生翘曲、变形 6）塑件应壁厚均匀，避免缺口、尖角，以防止出现应力集中
改性聚甲基丙烯酸甲酯（372）	1）无定型塑料，吸湿性大，不易分解 2）质脆、表面硬度低 3）流动性中等，溢边值约为0.03mm，易发生填充不良、缩孔、凹痕、熔接痕 4）宜采取高压注射，在不出现缺陷的条件下宜取高料温、模温，可增加流动性，降低内应力和取向性，改善透明性及强度 5）模具浇注系统对料流的阻力应较小，脱模斜度应大，顶出均匀，表面质量应好，排气良好 6）防止出现气泡、银丝、熔接痕及滞料分解，混入杂质
聚酰胺（PA）	1）结晶型塑料，熔点较高，熔融温度范围较窄，熔融状态热稳定性差，料温超过30℃，滞留时间超过30min即易分解 2）较易吸湿，成型前应预热干燥，并应防止再吸湿，含水量不得超过0.3%（质量分数），吸湿后流动性下降，易出现气泡、银丝等缺陷，高精度塑件应经调湿处理，处理后发生尺寸胀大 3）流动性极好，溢边值一般为0.02mm，易溢料，会发生流延现象，用螺杆式注射机注射时喷嘴宜采用自锁式结构，并应加热，螺杆应带止回环 4）成型收缩率范围大、收缩率大，取向性明显，易发生缩孔、凹痕、变形等缺陷，成型条件应稳定 5）熔料冷却速度对结晶度影响较大，对塑件结构及性能有明显影响，故应正确控制模温（一般为20~90℃，视壁厚而定），模温低易产生缩孔、结晶度低等现象。对要求伸长率高、透明度高、柔软性较好的薄壁塑件宜取低模温；对要求硬度高、耐磨性好，以及在使用时变形小的厚壁塑件宜取高模温 6）成型条件对塑件成型收缩、缩孔、凹痕影响较大，料筒温度按尼龙品种、塑件形状及注射机类型而异，柱塞式注射机宜取高温，但一般料温不宜超过300℃。受热时间不得超过30min，料温高则收缩大，易出飞边。注射压力按注射机类型、料温、塑件形状尺寸、模具浇注系统而定。注射压力高易出飞边，收缩小，取向性强；注射压力低易发生凹痕、波纹。成型周期按塑件壁厚而定，厚则取长，薄则取短，注射时间及高压时间对塑件收缩率、凹痕、变形、缩孔影响较大。为了减少收缩、凹痕、缩孔，一般宜采取低模温、低料温、高注射压力的成型条件，以及采用白油作脱模剂 7）模具浇注系统形式及尺寸与加工聚苯乙烯时相似，但增大流道及浇口截面尺寸可改善缩孔及凹痕现象；收缩率一般按壁厚而定，厚壁取大值，薄壁取小值，模温分布应均匀，应注意防止出飞边，设置排气措施 8）塑件壁不宜取厚，并应均匀，脱模斜度不宜取小，尤其对厚壁及深高塑件更应取大

（续）

塑料名称	成型特性
聚碳酸酯（PC）	1）无定型塑料，热稳定性好，成型温度范围宽，超过330℃才呈现严重分解，分解时产生无毒、无腐蚀性气体 2）吸湿性极小，但水敏性强，含水量不得超过0.2%（质量分数），加工前必须进行干燥处理，否则会出现银丝、气泡及强度显著下降现象 3）流动性差，溢边值约为0.06mm，流动性对温度变化敏感，冷却速度快 4）成型收缩率小，如成型条件适当，则塑件尺寸可控制在一定公差范围内，塑件精度高 5）可能发生应力开裂，易产生应力集中（即内应力），应严格控制成型条件，塑件宜进行退火处理以消除内应力 6）熔融温度高，黏度高，对大于200g的塑件应采用螺杆式注射机成型，喷嘴应加热，喷嘴宜用敞开式延伸喷嘴 7）黏度高，但对剪切作用敏感。浇注系统宜设冷料穴。浇口附近有残余应力，必要时可采用调节式浇口，模具宜加热，模温一般取70～120℃为宜，应注意顶出均匀，模具应使用耐磨钢，并淬火 8）塑件壁不宜取厚，应均匀，避免有尖角，缺口及金属嵌件造成应力集中，脱模斜度宜取2°，若有金属嵌件应预热，预热温度一般为110～130℃ 9）料筒温度是影响塑件质量是一个重要因素，料温低时会造成缺料，表面无光泽，温度高时易溢边，出现银丝暗条，塑件变色有泡。注射压力宜高不宜低 10）模温对塑件质量影响很大，薄壁塑件宜取80～100℃，厚壁塑件宜取80～120℃。模温低则收缩率、伸长率、抗冲击强度大，抗弯、抗压、抗张强度低；模温超过120℃，塑件冷却慢，易变形粘模，脱模困难，成型周期长
聚甲醛（POM）	1）结晶型塑料，熔融温度范围很窄，熔融或凝固速度快，结晶化速度快。料温稍低于熔融温度即发生结晶，流动性下降 2）热敏性强，极易分解（但比聚氯乙烯稍弱，共聚物比均聚物稍弱），分解温度为240℃，但200℃时滞留30min以上也即发生分解，分解时产生有刺激性、腐蚀性气体 3）流动性中等，溢边值约为0.04mm，流动性对温度变化不敏感，但对注射压力变化敏感 4）结晶度高，结晶时体积变化大，成型收缩范围大，收缩率大 5）吸湿性低，水分对成型影响极小，一般可不进行干燥处理，但为了防止树脂表面吸附水分，不利成型，加工前应进行干燥并起预热作用，特别对大面积薄壁塑件，改善塑件表面光泽有较好效果，干燥条件一般为烘箱加热，温度为90～100℃，时间为4h，料层厚度为3cm 6）摩擦因数低，弹性高，浅侧凹槽可强迫脱模，塑件表面可带有皱纹花样，但易产生表面缺陷，如毛斑、折皱、熔接痕、缩孔、凹痕等 7）宜采用螺杆式注射机成型，余料不宜过多和滞留太长；一般塑件质量（包括主流道、分流道）不应超过注射机注射量的75%，或取注射容量与料筒容量之比为1:6～1:10，料筒、喷嘴等务必防止有死角、间隙而产生滞料，预塑时螺杆转速宜取低，并宜用单头、全螺纹、等距、压缩突变型螺杆 8）喷嘴孔径应取大，并采用直通式喷嘴，为防止流延现象，喷嘴孔可呈喇叭形，并设置单独控制的加热装置，以适当控制喷嘴温度 9）模具浇注系统对料流阻力要小，浇口宜小，要尽量避免死角积料，模具应加热，模温高时应防止滑动配合部件卡住，模具应选用耐磨、耐腐蚀材料，并淬硬、镀铬；要注意排气 10）必须严格控制成型条件，嵌件应预热（一般为100～150℃），料温取稍高于熔点（一般取170～190℃）即可，不宜轻易提高温度。模温对塑件质量影响较大，提高模温可改善表面凹痕，有助于熔料流动，塑件内外均匀冷却，防止缺料、缩孔、皱折，模温对结晶度及收缩也有很大影响，必须正确控制，一般取75～120℃，壁厚大于4mm时取90～120℃，壁厚小于4mm时取75～90℃；宜采用高压、高速注射，塑件可在较高温度时脱模，冷却时间可短，但为防止收缩变形、应力不匀，脱模后宜将塑件放在90℃左右的热水中缓冷或用整形夹具冷却 11）在料温偏高、喷嘴温度偏低、高压对空注射时易发生爆炸性伤人事故，分解刺激性易燃气体，应远离明火

（续）

塑料名称	成型特性
氯化聚醚（又称聚氯醚，CPT）	1）结晶型塑料，内应力小，即使有较小内应力在室温下也会自行消失，成型收缩小，尺寸稳定性好，宜成型高精度、形状复杂、多嵌件的中小型塑件 2）吸湿性极小，成型前不必预热，如物料表面有水分则可在80～100℃的烘箱中干燥1～2h即可 3）流动性中等，对温度变化敏感，树脂相对分子质量小的熔体黏度低，选低料温即可，反之亦然。成型温度为180～220℃，分解温度约为270℃，分解时会产生腐蚀性气体 4）可采用柱塞和螺杆式注射机加工，宜用直通式喷嘴，孔径可呈喇叭形，宜加热 5）树脂相对分子质量大、塑件壁厚、成型周期短时，一般取较高的料筒温度，并宜采用高压注射。模温对塑件性能的影响显著，模温高，结晶度增大，抗拉、抗弯、抗压强度均有一定程度的提高，坚硬而不透明，但冲击强度及伸长率下降；反之，模温低则柔韧而半透明。故模温应按要求选用，常取90～100℃，最低为50～60℃。成型周期对塑件性能无明显影响 6）成型时产生微量氯化氢等腐蚀性气体，熔体对金属粘附力强，模具应淬硬，表面镀铬抛光。浇注系统应首先考虑料流方向、阻力和压力损耗，宜取粗、短，对厚壁塑件更应注意
苯乙烯-丁二烯-丙烯腈共聚物（ABS）	1）无定型塑料，其品种很多，各品种的机电性能及成型特性也各有差异，应按品种确定成型方法及成型条件 2）吸湿性强，含水量应小于0.3%（质量分数），必须充分干燥，要求表面光泽的塑件应进行长时间预热干燥 3）流动性中等，溢边值约为0.04mm（流动性弱于聚苯乙烯、AS，但优于聚碳酸酯、聚氯乙烯） 4）比聚苯乙烯加工困难。宜取高料温、模温（对耐热、高抗冲击和中抗冲击型树脂，料温更宜取高）。料温对物料性能影响较大，料温过高易分解（分解温度为250℃左右，比聚苯乙烯易分解），对于精度要求较高的塑件，模温宜取50～60℃，要求光泽及耐热性的塑料，宜取60～80℃，注射压力应比加工聚苯乙烯稍高，采用柱塞式注射机时料温为180～230℃，注射压力为100～140MPa。螺杆式注射机则取160～220℃，70～100MPa为宜 5）设计模具时要考虑浇注系统来选择浇口位置和形式，顶出力过大或机械加工时塑件表面呈现“白色”痕迹（在热水中加热可消失），脱模斜度宜取2°以上
苯乙烯-丙烯腈共聚体（AS）	1）无定型塑料，吸湿性大，热稳定性好，不易分解 2）流动性比ABS好，不易出飞边 3）易发生裂纹，塑件应避免尖角、缺口。顶出均匀，脱模斜度宜取大 4）浇口处易出现裂纹
聚砜（PSU）	1）无定型塑料，易吸湿，含水量超过0.125%（质量分数）即可发生银丝、云母斑、气泡，甚至开裂，应充分干燥并在使用时防止再吸湿 2）宜用螺杆式注射机加工，喷嘴宜用直通式喷嘴并加热，加工前必须彻底清除对温度敏感的树脂，所以最好用聚苯乙烯、聚乙烯、聚丙烯进行清洗 3）成型性能与聚碳酸酯相似，热稳定性比聚碳酸酯差，分解温度约为360℃ 4）流动性差，对温度变化敏感，冷却速度快 5）要求成型加工温度高，宜用高压成型，压力低易产生波纹、气泡、凹痕，压力过高则脱模困难 6）模温视壁厚而定，一般取90～100℃，对加工复杂或长而薄、厚壁塑件则取140～150℃ 7）模具应有足够刚度和强度，浇注系统应短而粗，散热慢，阻力小宜取直接式、圆片式、扁平或扇形、侧向浇口，截面厚度宜取塑件壁厚的1/2～2/3，用针点浇口时直径应取大，浇口宜设在厚壁处，对薄长塑件宜用多点浇口

（续）

塑料名称	成型特性
聚苯醚(PPO)	1）无定型塑料，吸湿性小但宜干燥后加工，易分解（熔点为300℃，分解温度为350℃） 2）流动性差（介于聚碳酸酯和ABS之间），对温度变化敏感，凝固速度快，成型收缩小 3）宜用螺杆式注射机，直通喷嘴，孔径宜取3～6mm。并应加热，但应比前段料筒温度低10～20℃，防止漏料 4）料温在300～330℃时有足够流动性可供加工复杂及薄壁塑件，注射压力宜取高压，高速注射，保压及冷却时间不要太长 5）模温取100～150℃为宜，可防止过早冷却，提高充模速度，降低料温及注压，改善表面光泽，防止出现分层、熔接痕、皱纹及分解。模温低于100℃时，易对薄壁塑件造成充模不足、分层，模温高于150℃时易出现气泡、银丝、翘曲 6）模具主流道锥度宜大并采用拉料钩，浇注系统对料流阻力小，冷却慢，浇口宜厚，流道短粗，宜用直接浇口或扇形、扁平等浇口，用针点浇口时截面宜大，对长流道也可采用热流道结构
乙酸纤维素(CA)	1）无定型塑料，吸湿性大，要预热干燥 2）极易分解（比聚氯乙烯、聚甲醛稍缓），分解时对设备、模具有腐蚀性 3）流动性比聚苯乙烯稍差，对温度变化敏感 4）模具应镀铬，不得有死角滞料 5）宜用螺杆式注射机、直通喷嘴加工，仅防滞料分解
氟塑料(PTFE、FEP、PVDF)	1）结晶型塑料（三氟料结晶化速度快），吸湿性小，聚全氟丙乙烯易发生熔体破裂 2）热敏性塑料，极易分解，分解时产生有毒、腐蚀性气体，三氟料的分解温度为260℃，偏二氟乙烯的分解温度为340℃，必须严格控制成型温度 3）流动性差，熔融温度高（偏二氟乙烯成型较方便），成型温度范围窄；要高温、高压成型 4）宜用螺杆式注射机成型加工，模具要有足够的强度及刚度，应防死角滞料，浇注系统对料流阻力小，模具应加热，并淬硬镀铬
玻璃纤维增强塑料（GRP）	1）流动性差，熔融指数比普通料低30%～70%，易发生填充不良、熔接不良、玻璃纤维分布不匀等缺陷。成型时宜用高温、高压、高速，浇注系统截面应大，流程应平直而短，以利于纤维均匀分散，防止树脂纤维分头聚积，玻璃纤维裸露及局部烧伤 2）成型收缩小；异向性明显，塑件易发生翘曲变形 3）不易脱模，对模具磨损大；注射时料流对浇注系统、型芯等都有较大磨损，故脱模斜度应取大。模具应淬硬、抛光，易磨损部位应便于修换，并选用适当的脱模剂 4）成型时由于纤维表面处理剂易挥发成气体，模具应有排气槽和溢料槽，设在易出现熔接痕的部位，以防熔接不良、缺料和烧伤等

表2-6　常用热固性塑料的成型性能

塑料名称	成型性能
酚醛塑料	1）成型性较好，但收缩性及方向性一般比氨基塑料大，并含有水分挥发物。成型前应预热，成型过程中应排气。不预热者应提高模温和成型压力 2）模温对流动性影响较大，一般超过160℃时，流动性会迅速减弱 3）硬化速度一般比氨基塑料慢，硬化时放出的热量大。大型厚壁塑件的内部温度容易过高，容易发生硬化不均和过热

（续）

塑料名称	成型性能
氨基塑料	1）流动性好，硬化速度快，故预热及成型温度要适当，装料、锁模及加压速度要快 2）成型收缩率大，脲醛塑料等不宜压注大型塑件 3）含水分挥发物多，易吸湿、结块，成型时应预热干燥，并防止再吸湿，但过于干燥则流动性减弱。成型时有水分及分解物，有弱酸性，模具应镀铬，防止腐蚀，成型时应排气 4）成型温度对塑件质量影响较大。温度过高易发生分解、变色、气泡、开裂、变形、色泽不匀，温度低时流动性差，不光泽，故应严格控制成型温度 5）料细，比热容大，料中充气多，用预压锭成型大塑件时易发生波纹及流痕，故一般不宜采用 6）性脆，嵌件周围易应力集中，尺寸稳定性差 7）储存期长、储存温度高时，会引起流动性迅速减弱
有机硅塑料粉	1）流动性好，硬化速度慢，压塑成型时需要较高的成型温度 2）压塑成型后，需经过高温固化处理
硅酮塑料	1）流动性极好，易溢料，收缩小，但储存温度高时会使流动性迅速减弱 2）硬化速度慢，成型后需高温固化，并可能发生后收缩。塑件厚度大于10mm时，应逐渐升温和适当延长保温时间，否则易脆裂 3）用于封装集成电路等电子元件时，浇口位置及截面应注意防止熔料流速过快，或直接冲击细弱元件。主流道截面尺寸不宜过小，浇口相对方向宜开溢料槽
环氧塑料（浇铸料）	1）流动性好，硬化收缩小，但热刚性差，不易脱模 2）硬化速度快，硬化时一般不需排气，装料后应立即加压
玻璃纤维增强塑料	1）流动性比一般塑料差，但物料渗入力强，飞边厚，且不易去除，故选择分型面时，应注意飞边方向。上、下模及镶拼件宜取整体结构，若采用组合结构，其装配间隙不宜取大，上、下模可拆卸的成型零件宜取IT8～IT9级间隙配合 2）收缩小，收缩率一般取0.1%～0.2%，但有方向性，易发生熔接不良、变形、翘曲、缩孔、裂纹、应力集中、树脂填料分布不均现象。薄壁件易碎，不易脱模，大面积塑件易发生波纹及物料聚积 3）成型压力大，物料渗挤力大，模具型芯和塑件嵌件应有足够的强度，以防变形、位移与损坏，尤其对细长型芯及型腔间空隙较小时更应注意 4）比热容、压缩比都比一般塑料大，故模具设计时应取较大的加料室，一般物料体积取塑件体积的2～3倍 5）适宜于成型通孔，避免成型ϕ5mm以下的不通孔。大型塑件尽量不设计小孔。孔间距、孔边距宜取大，大密度排列的小孔不宜压塑成型。成型不通孔时，其底部应成半球面或圆锥面，以利于物料流动。孔径与孔深之比，一般取1:2～1:3 6）加压方向宜选塑件投影面积大的方向，不宜选尺寸精度高的部位和与嵌件、型芯轴线垂直的方向 7）模具应抛光、淬硬，选用耐磨钢材，脱模斜度宜取1°以上。顶杆应有足够的强度，顶出力分布均匀，顶杆不宜兼作型芯 8）快速成型料可在成型温度下脱模，慢速成型料的模具应有加热及强迫冷却措施

关于各种塑料的生产工艺、产品牌号、性能和用途等的详细资料，可参阅《合成树脂服务指南》或有关设计资料。

2.2.7　塑件的工艺性

要把塑料加工成具有一定功能、用途（满足使用要求）的塑件，除选用合适的塑料材料外，还必须考虑塑件的加工工艺性。良好的塑件工艺性是获得合格塑件的前提，也是模塑工艺得以顺利进行和成型模具达到经济合理要求的基本条件。

塑件的工艺性是指塑件对成型加工工艺的适应性，与成型模具设计有着密切联系，因此，在编制塑料成型工艺规程和设计模具之前，必须认真分析塑件的工艺适应性，从工艺角度分析塑件的材料选用、结构形状、尺寸、精度及表面质量等是否符合塑料成型的工艺要求。

下面主要讨论塑件中产量最大的注射、压缩、压注成型塑件设计的工艺性。

1. 塑料材料选用

材料选用是否满足使用要求和成型工艺要求，主要从以下几个方面考虑：

1）塑料的力学性能。如强度、刚性、韧性、弹性、弯曲性能、冲击性能以及对应力的敏感性等是否满足使用要求。

2）塑料的物理性能。如对使用环境温度变化的适应性、光学特性、绝热或电气绝缘的程度、精加工和外观的完美程度等是否满足使用要求。

3）塑料的化学性能。如对接触物（水、溶剂、油、药品）的耐性以及使用上的安全性等是否满足使用要求。

4）必要的精度。如收缩率的大小及各向收缩率的差异。

5）成型工艺性。如塑料的流动性、结晶性、热敏性等。

2. 尺寸、精度和表面质量

（1）塑件的尺寸　塑件的总体尺寸取决于塑料的流动性，对于流动性差的塑料（如玻璃纤维增强塑料）或薄壁塑件进行注射模塑和传递模塑时，塑件尺寸不宜过大，以免熔体不能充满型腔或形成熔接痕，从而影响塑件的外观和强度。此外，压缩模塑塑件尺寸受压力机最大压力及台面尺寸的限制；注射成型塑件的尺寸受注射机的公称注射量、锁模力和模板尺寸的限制。

（2）塑件的精度　和多数加工过程一样，模塑成型的塑件尺寸也有一个偏离公称尺寸的范围，称为塑件公差。塑件公差范围越窄，则塑件尺寸精度越高。精度的高低取决于成型工艺及使用的材料。

影响模塑精度的因素十分复杂，模具制造精度对其影响最大，其次是塑料收缩率的波动，同时由于磨损等原因造成模具尺寸不断变化，都会造成塑件尺寸不稳定。成型时工艺条件的变化，飞边厚度的变化以及脱模斜度都会影响塑件精度。因此，应合理确定塑件精度，在满足使用要求的前提下，尽可能选用低精度等级。

塑料模塑件尺寸公差的相关数据见表 2-7 和表 2-8（GB/T 14486—2008），该标准适用于注射、压塑、传递和浇注成型的塑料模塑件，不适用于挤塑、吹塑、烧结和发泡成型的制件。

按此标准，塑件的公差等级分为 7 级，其中 MT1 为精密级，只在特殊要求下使用。表 2-7 中只列出标准公差值，其公称尺寸的极限偏差可根据塑件的配合性质进行分配。孔类尺寸公差取表中数值并加“+”号，轴类尺寸公差取表中数值并加“-”号，中心距尺寸公差取表中数值的二分之一并加“±”号。

表 2-7　塑料模塑件尺寸公差（GB/T 14486—2008）　　（单位：mm）

公差等级	公差种类	公称尺寸												
		>0~3	>3~6	>6~10	>10~14	>14~18	>18~24	>24~30	>30~40	>40~50	>50~65	>65~80	>80~100	>100~120
标注公差的尺寸公差值														
MT1	*a*	0.07	0.08	0.09	0.10	0.11	0.12	0.14	0.16	0.18	0.20	0.23	0.26	0.29
	b	0.14	0.16	0.18	0.20	0.21	0.22	0.24	0.26	0.28	0.30	0.33	0.36	0.39
MT2	*a*	0.10	0.12	0.14	0.16	0.18	0.20	0.22	0.24	0.26	0.30	0.34	0.38	0.42
	b	0.20	0.22	0.24	0.26	0.28	0.30	0.32	0.34	0.36	0.40	0.44	0.48	0.52
MT3	*a*	0.12	0.14	0.16	0.18	0.20	0.22	0.28	0.30	0.34	0.40	0.46	0.52	0.58
	b	0.32	0.34	0.36	0.38	0.40	0.42	0.48	0.50	0.54	0.60	0.66	0.72	0.78
MT4	*a*	0.16	0.18	0.20	0.24	0.28	0.32	0.36	0.42	0.48	0.56	0.64	0.72	0.82
	b	0.36	0.38	0.40	0.44	0.48	0.52	0.56	0.62	0.68	0.76	0.84	0.92	1.02
MT5	*a*	0.20	0.24	0.28	0.32	0.38	0.44	0.50	0.56	0.64	0.74	0.86	1.00	1.14
	b	0.40	0.44	0.48	0.52	0.58	0.64	0.70	0.76	0.84	0.94	1.06	1.20	1.34
MT6	*a*	0.26	0.32	0.38	0.46	0.52	0.60	0.70	0.80	0.94	1.10	1.28	1.48	1.72
	b	0.46	0.52	0.58	0.66	0.72	0.80	0.90	1.00	1.14	1.30	1.48	1.68	1.92
MT7	*a*	0.38	0.46	0.56	0.66	0.76	0.86	0.98	1.12	1.32	1.54	1.80	2.10	2.40
	b	0.58	0.66	0.76	0.86	0.96	1.06	1.18	1.32	1.52	1.74	2.00	2.30	2.60
未注公差的尺寸允许偏差														
MT5	*a*	±0.10	±0.12	±0.14	±0.16	±0.19	±0.22	±0.25	±0.28	±0.32	±0.37	±0.43	±0.50	±0.57
	b	±0.20	±0.22	±0.24	±0.26	±0.29	±0.32	±0.35	±0.38	±0.42	±0.47	±0.53	±0.60	±0.67
MT6	*a*	±0.13	±0.16	±0.19	±0.23	±0.26	±0.30	±0.35	±0.40	±0.47	±0.55	±0.64	±0.74	±0.86
	b	±0.23	±0.26	±0.29	±0.33	±0.36	±0.40	±0.45	±0.50	±0.57	±0.65	±0.74	±0.84	±0.96
MT7	*a*	±0.19	±0.23	±0.28	±0.33	±0.38	±0.43	±0.49	±0.56	±0.66	±0.77	±0.90	±1.05	±1.20
	b	±0.29	±0.33	±0.38	±0.43	±0.48	±0.53	±0.59	±0.66	±0.76	±0.87	±1.00	±1.15	±1.30

公差等级	公差种类	公称尺寸											
		>120~140	>140~160	>160~180	>180~200	>200~225	>225~250	>250~280	>280~315	>315~355	>355~400	>400~450	>450~500
标注公差的尺寸公差值													
MT1	*a*	0.32	0.36	0.40	0.44	0.48	0.52	0.56	0.60	0.64	0.70	0.78	0.86
	b	0.42	0.46	0.50	0.54	0.58	0.62	0.66	0.70	0.74	0.80	0.88	0.96
MT2	*a*	0.46	0.50	0.54	0.60	0.66	0.72	0.76	0.84	0.92	1.00	1.10	1.20
	b	0.56	0.60	0.64	0.70	0.76	0.82	0.86	0.94	1.02	1.10	1.20	1.30
MT3	*a*	0.64	0.70	0.78	0.86	0.92	1.00	1.10	1.20	1.30	1.44	1.60	1.74
	b	0.84	0.90	0.98	1.06	1.12	1.20	1.30	1.40	1.50	1.64	1.80	1.94
MT4	*a*	0.92	1.02	1.12	1.24	1.36	1.48	1.62	1.80	2.00	2.20	2.40	2.60
	b	1.12	1.22	1.32	1.44	1.56	1.68	1.82	2.00	2.20	2.40	2.60	2.80

（续）

公差等级	公差种类	公称尺寸											
		>120 ~140	>140 ~160	>160 ~180	>180 ~200	>200 ~225	>225 ~250	>250 ~280	>280 ~315	>315 ~355	>355 ~400	>400 ~450	>450 ~500
标注公差的尺寸公差值													
MT5	*a*	1.28	1.44	1.60	1.76	1.92	2.10	2.30	2.50	2.80	3.10	3.50	3.90
	b	1.48	1.64	1.80	1.96	2.12	2.30	2.50	2.70	3.00	3.30	3.70	4.10
MT6	*a*	2.00	2.20	2.40	2.60	2.90	3.20	3.50	3.90	4.30	4.80	5.30	5.90
	b	2.20	2.40	2.60	2.80	3.10	3.40	3.70	4.10	4.50	5.00	5.50	6.10
MT7	*a*	2.70	3.00	3.30	3.70	4.10	4.50	4.90	5.40	6.00	6.70	7.40	8.20
	b	2.90	3.20	3.50	3.90	4.30	4.70	5.10	5.60	6.20	6.90	7.60	8.40
未注公差的尺寸允许偏差													
MT5	*a*	±0.64	±0.72	±0.80	±0.88	±0.96	±1.05	±1.15	±1.25	±1.40	±1.55	±1.75	±1.95
	b	±0.74	±0.82	±0.90	±0.98	±1.06	±1.15	±1.25	±1.35	±1.50	±1.65	±1.85	±2.05
MT6	*a*	±1.00	±1.10	±1.20	±1.30	±1.45	±1.60	±1.75	±1.95	±2.15	±2.40	±2.65	±2.95
	b	±1.10	±1.20	±1.30	±1.40	±1.55	±1.70	±1.85	±2.05	±2.25	±2.50	±2.75	±3.05
MT7	*a*	±1.35	±1.50	±1.65	±1.85	±2.05	±2.25	±2.45	±2.70	±3.00	±3.35	±3.70	±4.10
	b	±1.45	±1.60	±1.75	±1.95	±2.15	±2.35	±2.55	±2.80	±3.10	±3.45	±3.80	±4.20

注：*a* 为不受模具活动部分影响的公差值，*b* 为受模具活动部分影响的公差值。

塑件的尺寸精度还与塑料品种有关。根据塑料品种不同，各种塑料的公差等级可分为高精度、一般精度和低精度（未注公差）三个等级（表 2-8）。表中未被列出的塑料，可根据塑件成型后的尺寸稳定性参照表 2-8 选择公差等级。选择公差等级时，应考虑脱模斜度对尺寸公差的影响。

表 2-8　常用材料模塑件尺寸公差等级的选用（GB/T 14486—2008）

材料代号	模塑材料		公差等级		
			标注公差尺寸		未注公差尺寸
			高精度	一般精度	
ABS	（丙烯腈-丁二烯-苯乙烯）共聚物		MT2	MT3	MT5
CA	乙酸纤维素		MT3	MT4	MT6
EP	环氧树脂		MT2	MT3	MT5
PA	聚酰胺	无填料填充	MT3	MT4	MT6
		30% 玻璃纤维填充	MT2	MT3	MT5
PBT	聚对苯二甲酸丁二酯	无填料填充	MT3	MT4	MT6
		30% 玻璃纤维填充	MT2	MT3	MT5
PC	聚碳酸酯		MT2	MT3	MT5
PDAP	聚邻苯二甲酸二烯丙酯		MT2	MT3	MT5

（续）

材料代号	模塑材料		公差等级		
			标注公差尺寸		未注公差尺寸
			高精度	一般精度	
PEEK	聚醚醚酮		MT2	MT3	MT5
PE-HD	高密度聚乙烯		MT4	MT5	MT7
PE-LD	低密度聚乙烯		MT5	MT6	MT7
PESU	聚醚砜		MT2	MT3	MT5
PET	聚对苯二甲酸乙二酯	无填料填充	MT3	MT4	MT6
		30%玻璃纤维填充	MT2	MT3	MT5
PF	苯酚-甲醛树脂	无机填料填充	MT2	MT3	MT5
		有机填料填充	MT3	MT4	MT6
PMMA	聚甲基丙烯酸甲酯		MT2	MT3	MT5
POM	聚甲醛	≤150mm	MT3	MT4	MT6
		>150mm	MT4	MT5	MT7
PP	聚丙烯	无填料填充	MT4	MT5	MT7
		30%无机填料填充	MT2	MT3	MT5
PPE	聚苯醚；聚亚苯醚		MT2	MT3	MT5
PPS	聚苯硫醚		MT2	MT3	MT5
PS	聚苯乙烯		MT2	MT3	MT5
PSU	聚砜		MT2	MT3	MT5
PUR-P	热塑性聚氨酯		MT4	MT5	MT7
PVC-P	软质聚氯乙烯		MT5	MT6	MT7
PVC-U	未增塑聚氯乙烯		MT2	MT3	MT5
SAN	（丙烯腈-苯乙烯）共聚物		MT2	MT3	MT5
UF	脲-甲醛树脂	无机填料填充	MT2	MT3	MT5
		有机填料填充	MT3	MT4	MT6
UP	不饱和聚酯	30%玻璃纤维填充	MT2	MT3	MT5

（3）表面质量　塑件的表面质量包括有无斑点、条纹、凹痕、起泡、变色等缺陷，以及表面光泽性和表面粗糙度。

显然，表面缺陷必须避免，表面光泽性和表面粗糙度应根据塑件的使用要求确定，尤其是透明塑件，对表面光泽性和表面粗糙度有严格要求。

塑件的表面粗糙度，除了在成型时从工艺上尽可能避免冷疤、云纹等疵点外，主要是由模具的表面粗糙度决定的（一般模具的表面粗糙度值比塑件的表面粗糙度值低1~2级）。因此，设计塑件时，表面粗糙度应以刚刚能满足使用要求为宜，否则会造成模具加工成本提高。表2-9列出了不同加工方法和不同材料所能达到的表面粗糙度。

表 2-9　不同加工方法和不同材料所能达到的表面粗糙度　（单位：μm）

加工方法	材料		Ra 参数值范围											
			0.012	0.025	0.050	0.100	0.200	0.40	0.80	1.60	3.20	6.30	12.50	25
注射成型	热塑性塑料	PMMA（有机玻璃）		—	—	—	—	—	—	—				
		ABS		—	—	—	—	—	—	—				
		AS		—	—	—	—	—	—	—				
		聚碳酸酯			—	—	—	—	—	—				
		聚苯乙烯			—	—	—	—	—	—	—			
		聚丙烯				—	—	—	—	—				
		尼龙				—	—	—	—	—				
		聚乙烯				—	—	—	—	—	—	—		
		聚甲醛			—	—	—	—	—	—	—			
		聚砜					—	—	—	—	—			
		聚氯乙烯					—	—	—	—	—			
		聚苯醚					—	—	—	—	—			
		氯化聚醚					—	—	—	—	—			
		PBT					—	—	—	—	—			
	热固性塑料	氨基塑料					—	—	—	—	—			
		酚醛塑料					—	—	—	—	—			
		硅酮塑料					—	—	—	—	—			
压制和挤胶成型	氨基塑料						—	—	—	—	—			
	酚醛塑料						—	—	—	—	—			
	嘧胺塑料					—	—	—	—					
	硅酮塑料						—	—	—					
	DAP							—	—	—	—			
	不饱和聚酯							—	—	—	—			
	环氧塑料						—	—	—	—	—			
机械加工	有机玻璃			—	—	—	—	—	—	—	—	—		
	尼龙									—	—	—	—	
	聚四氟乙烯								—	—	—	—	—	
	聚氯乙烯									—	—	—	—	
	增强塑料									—	—	—	—	—

注：模塑增强塑料件的 Ra 值应相应增大两个档次。

3. 塑件的几何形状

塑件的几何形状与成型方法、模具结构、能否顺利脱模以及塑件质量等均有密切关系。塑件几何形状应在满足使用要求的前提下，尽量有利于模具结构简化，同时能适应成型工艺的要求。

（1）塑件的形状工艺性　塑件的内外表面形状应易于成型，塑件应尽量避免侧孔、侧凹或与塑件脱模方向垂直的孔。图 2-22a 所示的结构改为图 2-22b 所示的结构，图 2-22c 所示的结构改为图 2-22d 所示的结构后可避免复杂的侧向抽芯结构。图 2-22e 所示的结构需侧向分型，改为图 2-22f 所示的结构可简化模具结构，避免侧向分型。

当塑件侧壁的凹槽（或外凸）深度（或高度）较小并允许带有圆角时，可采用整体式凸模或凹模结构，利用塑料在脱模温度下具有足够弹性的特性，以强制脱模的方式将塑件脱出。如聚甲醛塑件，带有图 2-23 所示的内凹（或外凸）结构时，均可采用强制脱模。聚乙烯、聚丙烯等塑料也可采用类似方法，但多数情况下，带侧凹的塑件不宜采用强制脱模，以免损坏塑件。

塑件的形状应有利于分型面上飞边的去除，如图 2-24 所示。塑件的形状还要有利于提高塑件的强度和刚度。为此，薄壳状塑件可设计成球面或拱形曲面。如容器底或盖设计成图 2-25a、b 所示的形状，可大大增加其强度。容器的边缘设计成图 2-25c所示的形状可增强刚度，减少变形。

图 2-26a 所示为局部加厚侧壁尺寸，以预防侧壁翘曲。图 2-26c、d 所示是针对一些软塑料（如聚乙烯）矩形薄壁容器内凹翘曲（图 2-26b）而采取的预防措施，其中图 2-26c 是将塑件侧壁设计得稍微外凸，待内凹后刚好平直；图 2-26d 则是在不影响塑件使用要求的前提下将塑件各边均设计成弧形，从而使塑件不易发生翘曲变形。

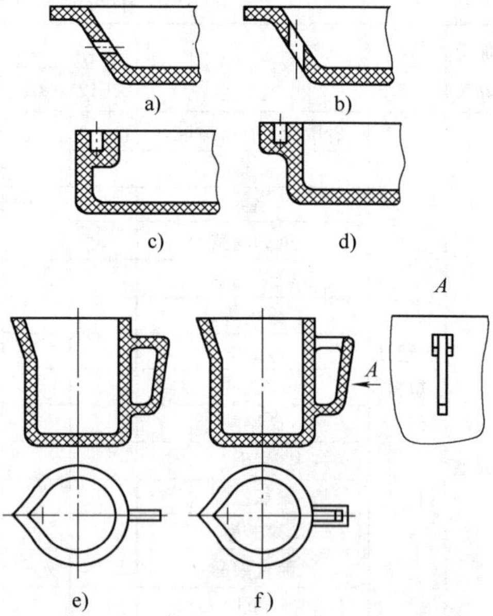

图 2-22　避免侧向分型与抽芯的结构

a)、c)、e) 原结构　b)、d)、f) 改进后的结构

图 2-27 所示为塑件紧固用凸耳。紧固用的凸耳或台阶应有足够的强度和刚度，以承受紧固时的作用力。因此，设计时台阶应逐步过渡，避免突然变化。图 2-27b 所示的台阶为逐步过渡，并以加强筋加强；图 2-27a 所示的凸耳结构不合理。

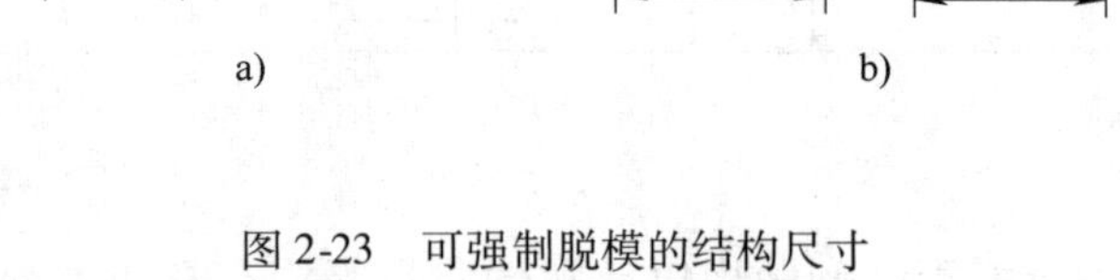

图 2-23　可强制脱模的结构尺寸

a) $\frac{A-B}{B}<5\%$　b) $\frac{A-B}{C}<5\%$

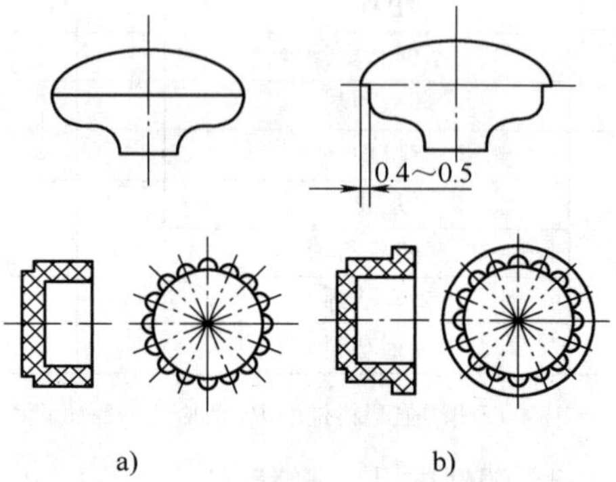

图 2-24　便于清除分型面上飞边的设计

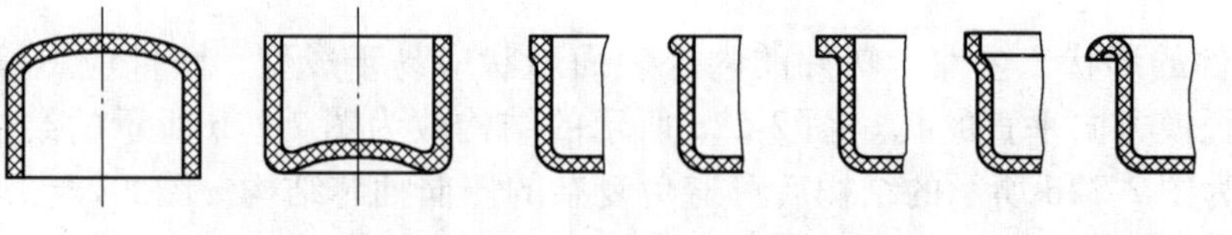

图 2-25　容器盖、底、边缘的增强设计

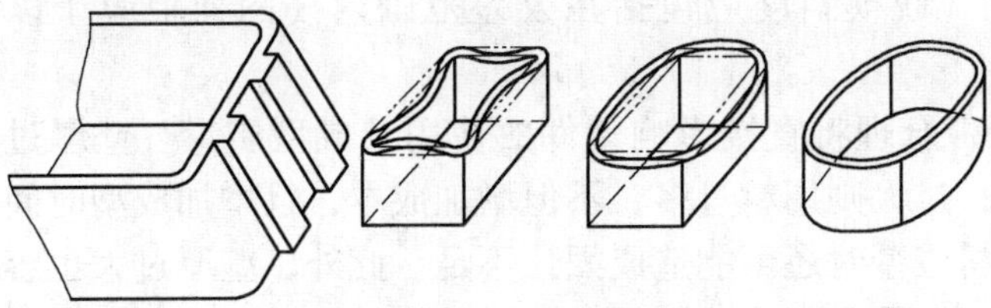

a)　b)　c)　d)

图 2-26　预防侧壁翘曲的措施

a）加厚侧壁　b）矩形薄壁容器内凹翘曲

c）、d）防止矩形薄壁容器内凹翘曲的措施

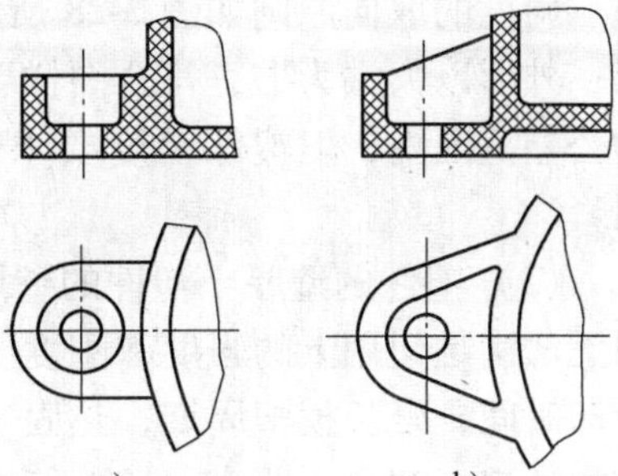

a)　b)

图 2-27　塑件紧固用凸耳

综上所述，塑件的形状必须有利于成型的顺利进行，有利于模具结构的简化及成本的降低，有利于生产率的提高和确保塑件质量。

（2）脱模斜度　由于塑件冷却后发生收缩，会紧紧包住模具型芯或型腔中凸出的部分，为了便于塑件从模具中脱出，与脱模方向平行的塑件表面应有足够的脱模斜度。

脱模斜度的大小主要取决于塑料的收缩率、塑件的形状和壁厚以及塑件的部位。常用塑件的脱模斜度可参照表 2-10 选取。

表 2-10　常用塑件的脱模斜度

塑件材料	脱模斜度	
	凹　模	型　芯
聚酰胺（通用）	20′～40′	20′～40′
聚酰胺（增强）	20′～50′	20′～50′
聚乙烯	20′～45′	25′～45′
聚甲基丙烯酸酯	35′～1°30′	30′～1°
聚苯乙烯	35′～1°30′	30′～1°
聚碳酸酯	35′～1°	30′～50′
ABS 塑料	40′～1°20′	35′～1°

从表 2-10 可以看出，在一般情况下，脱模斜度为 30′～1°30′，设计时根据具体情况确定。对于质较脆、较硬的塑料，脱模斜度可大一些；在满足塑件尺寸公差要求的前提下，脱模斜度可取得大一些，这样有利于脱模；塑料收缩率大时应选用较大的脱模斜度。热塑性塑料收缩率一般较热固性塑料大，故脱模斜度应相应大一些；当塑件壁较厚时，因成型收缩大，故应选用较大的脱模斜度；较高、较大的塑件，应选用较小的脱模斜度；塑件形状复杂、不易脱模的，宜取较大的脱模斜度；若塑件有特性要求或精度要求较高时，应取较小的脱模斜度，外表面斜度可小至 5′，内表面斜度可小至 10′～20′；塑件高度很小时，可以无脱模斜度；塑件上凸起或加强筋单边应有 4°～5°的斜度；侧壁带皮革花纹应有 4°～6°的斜度；开模时，为使塑件留在型芯一边，塑件内表面斜度应比外表面小，反之，为了让塑件留在凹模一边，则外表面的斜度应比内表面的小。

斜度的取向原则如图 2-28 所示，内孔以小端为准，符合图样要求，斜度由扩大方向取得；外形以大端为准，符合图样要求，斜度由缩小方向得到。一般脱模斜度值不包括在塑件的公差范围内，但塑件精度要求高的，脱模斜度应包括在公差范围内（图样上应予以说明）。

（3）塑件的壁厚　塑件的壁厚是否合理将直接影响塑件的使用及成型质量。壁厚过小则无法满足使用上的强度和刚度要求；过大则用料过多，不但增加成本，且增加成型时间和冷却时间，延长模塑周期，热固性塑料成型时还可能造成固化不足。此外，壁厚过大也容易产生气泡、缩孔、凹痕、翘曲等缺陷。塑件各部分壁厚应均匀一致，切忌截面厚薄悬殊的设计，否则会因为固化或冷却速度不同引起收缩不均匀，从而在塑件内部产生内应力，导致塑件产生翘曲、缩孔甚至开裂等缺陷。图 2-29a 所示为结构不合理的设计，图 2-29b 所示为结构合理的设计。有时为了使可能产生的熔接痕处于适当的位置，有意改变塑件的壁厚，如图 2-30所示，保证塑件顶部质量，增大顶部厚度，使熔体流动通畅，以避免熔接痕产生于顶部。

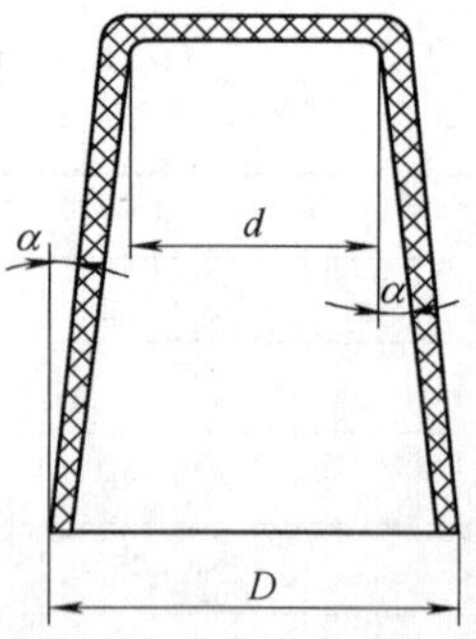

图 2-28　塑件斜度的取向

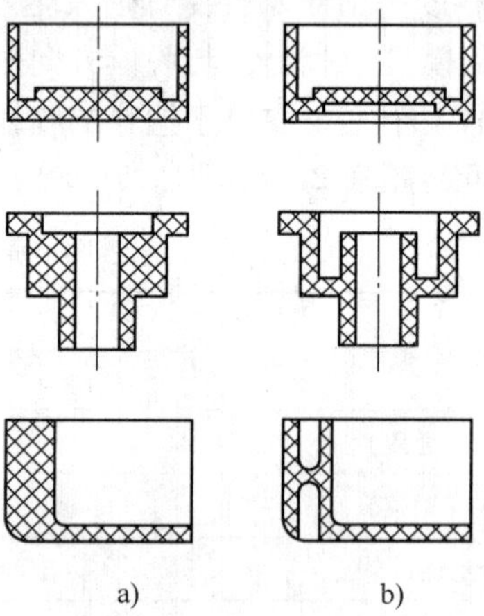

图 2-29　塑件的壁厚设计

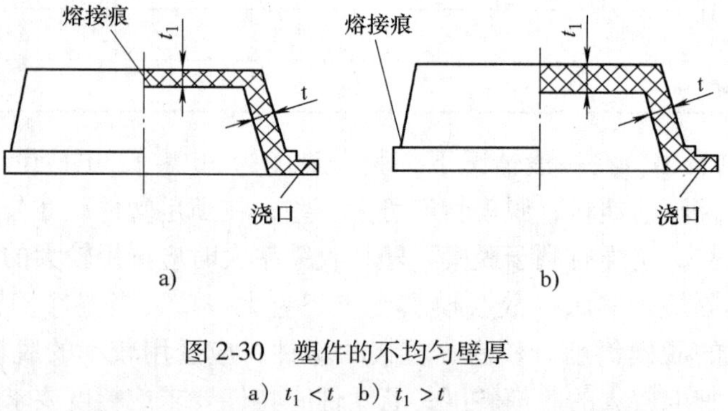

图 2-30　塑件的不均匀壁厚

a）$t_1 < t$　b）$t_1 > t$

热固性塑件的壁厚一般在 1 ~ 6mm 之间，小型件取 1. 6 ~ 2. 5mm，大型件取 3. 2 ~ 8mm。常用的热固性塑件的最小壁厚推荐值可参考表 2-11。热塑性塑料易于成型薄壁塑件，壁厚可达 0. 25mm，但一般不宜小于 0. 6 ~ 0. 9mm，常选取 2 ~ 4mm。常用的热塑性塑件的最小壁厚及常用壁厚值可参考表 2-12。

表 2-11　常用的热固性塑件的最小壁厚推荐值　（单位：mm）

塑件高度	最小壁厚		
	酚醛塑料	氨基塑料	纤维素塑料
≤40	0.7～1.5	0.9～1.0	1.5～1.7
>40～60	2.0～2.5	1.3～1.5	2.5～3.5
>60	5.0～6.5	3.0～3.5	6.0～3.0

表 2-12　常用热塑性塑件壁厚推荐值　（单位：mm）

塑料名称	最小壁厚	常用壁厚		
		小型塑件	中型塑件	大型塑件
尼龙（PA）	0.45	0.76	1.50	2.4～3.2
聚乙烯（PE）	0.60	1.25	1.60	2.4～3.2
聚苯乙烯（PS）	0.75	1.25	1.60	3.2～5.4
改性聚苯乙烯	0.75	1.25	1.60	3.2～5.4
有机玻璃（PMMA）	0.80	1.50	2.20	4.0～6.5
硬聚氯乙烯（RPVC）	1.20	1.60	1.80	3.2～5.8
聚丙烯（PP）	0.85	1.45	1.75	2.4～3.2
聚碳酸酯（PC）	0.95	1.80	2.30	3.0～4.5
醋酸纤维素（CA）	0.70	1.25	1.90	3.2～4.8
聚甲醛（POM）	0.80	1.40	1.60	3.2～5.4

（4）塑件的加强筋　为了确保塑件既有一定的强度和刚性，又不致截面过厚，可在塑件适当的位置设置加强筋或增设防止变形的结构。有的加强筋还能改善成型时熔体的流动状况。图 2-31 所示为采用加强筋减小壁厚的结构。图 2-31a、c 所示的结构壁厚大且不均匀，图 2-31b、d 所示的结构采用加强筋，壁厚均匀，既省料又提高了强度、刚度，避免了气泡、缩孔、凹痕、翘曲等缺陷。加强筋的尺寸如图 2-32 所示。加强筋的厚度应比壁厚小，否则壁面会因加强筋根部的内切圆处的缩孔而产生凹陷。

加强筋的高度不宜过高，以免筋部受力破损。为了得到较好的增强效果，可用数个高度较矮的筋来代替孤立的高筋。若能将若干个小筋连成栅格，则强度能显著提高。加强筋的设置方向除应与受力方向一致外，还应尽可能与熔体流动方向一致，以免料流受到搅乱，使塑件的韧性降低。

若塑件中需设置许多加强筋，其分布排列应相互错开，以免收缩不均匀引起破裂，图 2-33b 比图 2-33a 设计得合理。

图 2-34 所示为容器盖上加强筋的布置情况，其中图 2-34b 所示的结构减少了塑料的局部集中，避免产生缩孔和气泡。

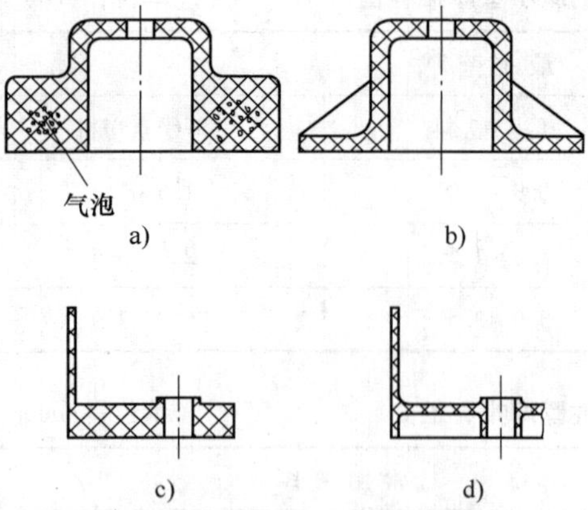

图 2-31　采用加强筋减小壁厚

a)、c) 原结构　b)、d) 改进后结构

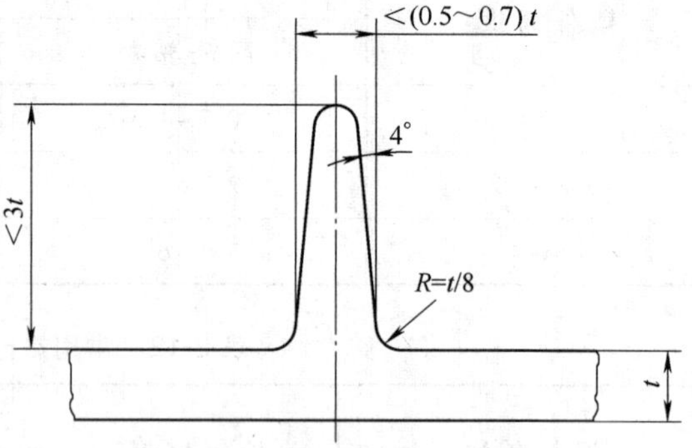

图 2-32　加强筋的尺寸

图 2-35 所示为塑件上设置多个加强筋的情况，加强筋之间中心距应大于两倍壁厚，且加强筋的端面不应与塑件支承面平齐，应留有一定间隙，否则会影响塑件的使用。

（5）塑件的支承面　以塑件整个底面作支承面，一般来说是不合理的，因为塑件稍有变形就会造成底面不平。为了更好地起支承作用，常采用边框或底脚（三点或四点）作为支承面，如图 2-36b、c 所示。

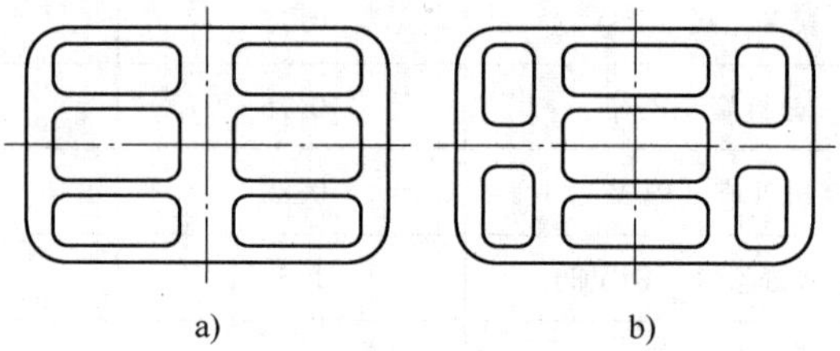

图 2-33　加强筋交错布置

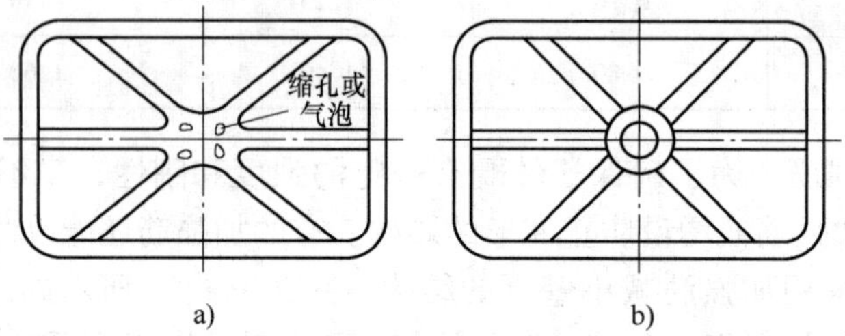

图 2-34　加强筋布置

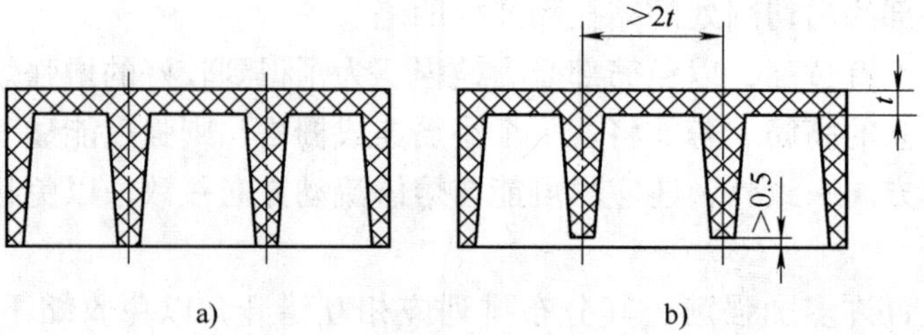

图 2-35　多个加强筋设计

a) 不合理　b) 合理

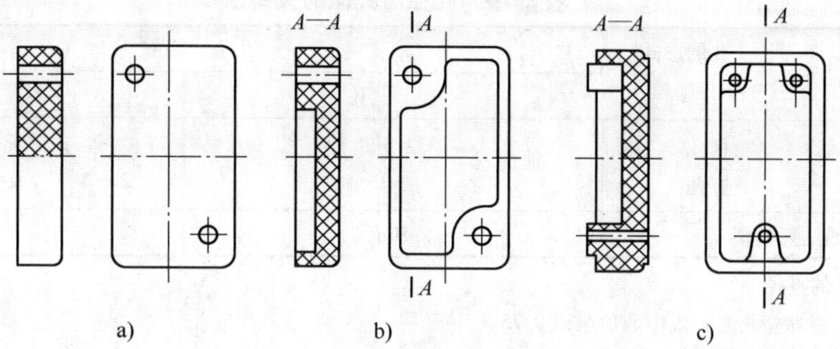

图 2-36　塑件的支承面
a）不合理　b）、c）合理

（6）塑件的圆角　塑件上所有转角应尽可能采用圆弧过渡，以免形成尖角引起应力集中和降低塑件强度。采用圆弧过渡还能改善熔体在型腔中的流动状态，有利于充满型腔及便于塑件的脱模。若塑件结构无特殊要求，各连接处的圆角半径应不小于 0.5～1mm。塑件内外表面拐角处的圆角半径可按图 2-37 确定。对于使用要求上必须以尖角过渡或分型面处型芯与型腔配合处不便作成圆角的，则仍以尖角过渡。

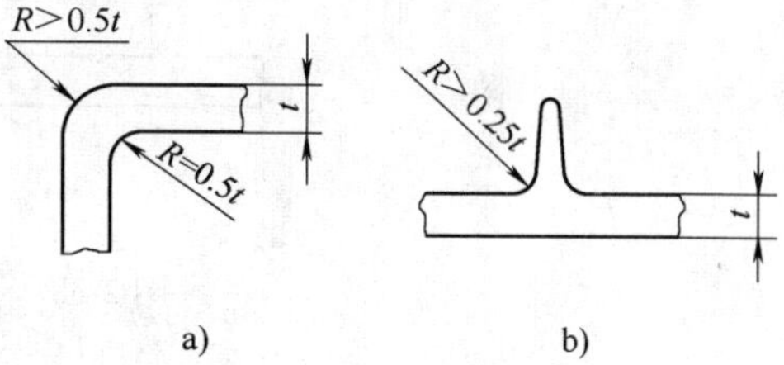

图 2-37　塑件上圆角半径确定

（7）塑件上孔的设计　塑件上常见的孔有通孔、不通孔、螺纹孔和形状复杂的孔等。塑件上的孔是用模具的型芯成型的，因此，孔的形状应力求简单，以免增加模具制造的难度。孔的位置应尽可能开设在不减弱塑件机械强度的部位，孔与孔之间、孔与壁之间均应有足够的距离（见表 2-13），孔径与孔深也有一定关系（见表 2-14）。如果使用时要求两个孔的间距或孔的边距小于表 2-14 中规定的数值（图 2-38a），可将孔设计成图 2-38b 所示的结构形式。塑件上紧固用孔和其他受力孔四周可采用凸边予以加强，如图 2-39 所示。

表 2-13　不同孔径所对应的孔边距　（单位：mm）

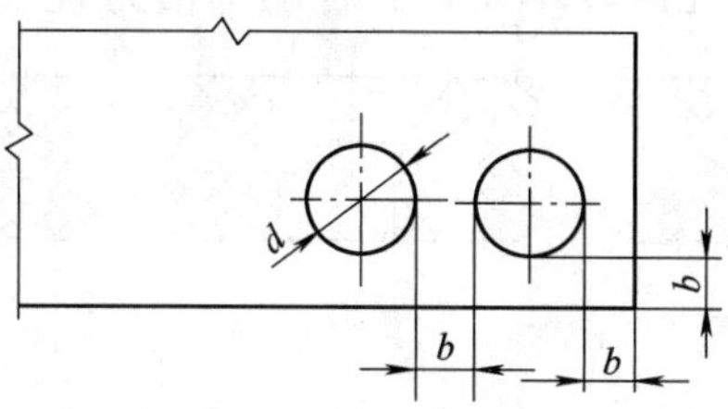

孔径 d	<1.5	1.5～3	3～6	6～10	10～18	18～30
孔间距、孔边距 b	1～1.5	1.5～2	2～3	3～4	4～5	5～7

注：1. 表中数据为热固性塑料的数据，热塑性塑料的值为热固性塑料值的 75%。
2. 增强塑料宜取大。
3. 两孔径不一致时，则以两孔的孔径查表。

表 2-14　孔径与孔深的关系

成型方式 \ 孔的形式		孔的深度 通孔	孔的深度 不通孔
压缩模塑	横孔	2.5d	<1.5d
	竖孔	5d	<2.5d
挤出或注射模塑		10d	4～5d

注：1. d 为孔的直径。
　　2. 采用纤维状塑料时，表中数值乘以 0.75。

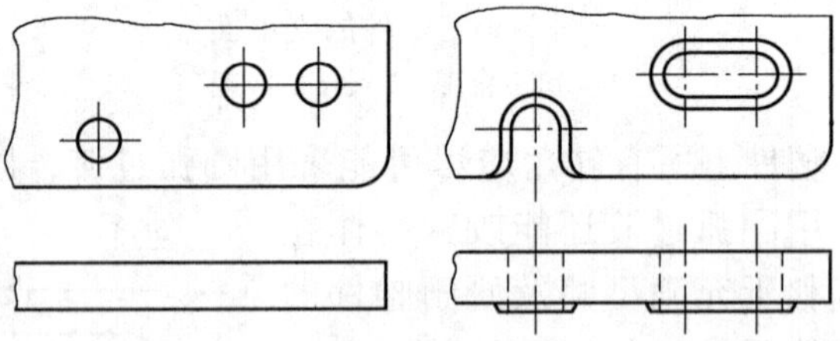

a)　　b)

图 2-38　孔间距与孔边距的改进设计

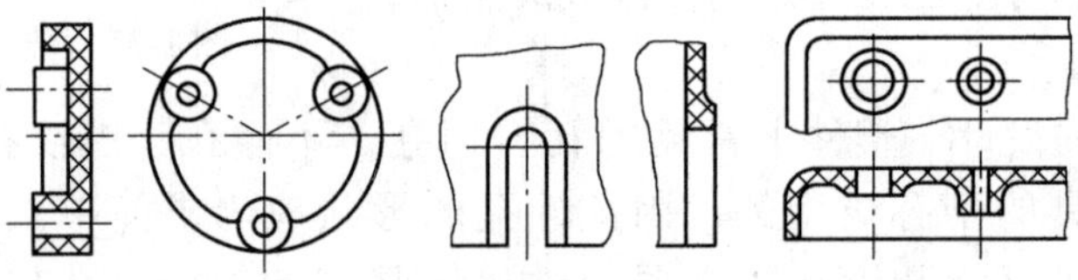

a)　　b)　　c)

图 2-39　孔的加强

固定孔建议采用图 2-40a 所示的沉头螺钉孔形式，一般不采用图 2-40b 所示的沉头螺钉孔形式。如果必须采用图 2-40b 所示的形式，则应采用图 2-40c 所示的结构，以便设置型芯。不通孔只能用一端固定的型芯成型。对于与熔体流动方向垂直的孔，当孔径在 1.5mm 以下时，为了防止型芯弯曲，孔深以不超过孔径的两倍为宜。

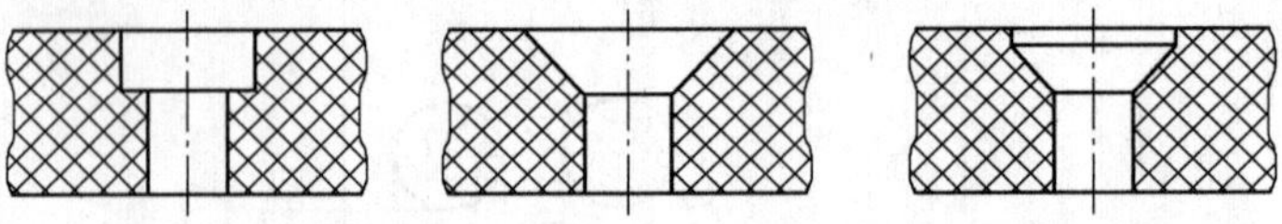

a)　　b)　　c)

图 2-40　固定孔的形式

互相垂直的孔或斜交的孔，在压缩模塑塑件中不宜采用；在注射模塑和传递模塑中可以采用，但两个孔的型芯不能互相嵌合（图 2-41a），应采用图 2-41b 所示的结构。成型时，小孔型芯从两边抽芯后，再抽大孔型芯。

对于某些斜孔或形状复杂的孔，可考虑采用图 2-42 所示的拼合型芯成型，以避免侧向抽芯。

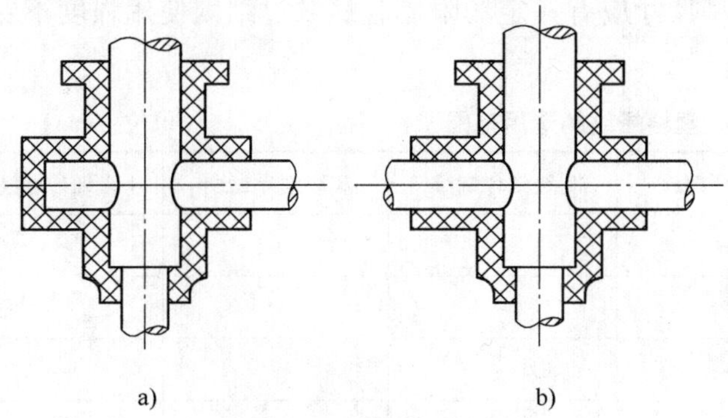

图 2-41　互相垂直的孔的设计
a）不正确　b）正确

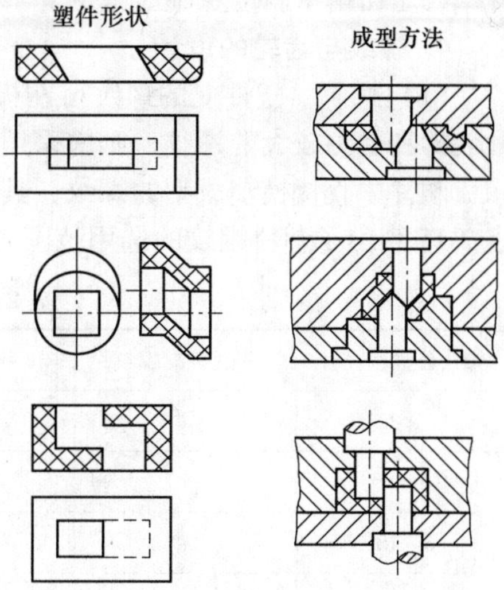

图 2-42　复杂孔的设计

（8）塑件的标记、花纹、符号及文字　由于使用上的需要或某些特殊要求，塑件上有时需要带有文字、符号或花纹（如凸纹、凹纹、皮革纹等）。塑件上多采用凸型文字、符号或花纹（图 2-43a），因为模具上的凹型标志及花纹易于加工。如果塑件上不允许有凸起，或需在文字符号上涂色时，可将凸起的标志设在凹坑内，如图 2-43b 所示。此种结构形式的凸字在塑件抛光或使用时不易损坏，模具设计时可采用镶块结构，在镶块中刻凹字，然后镶入模体中，制造较方便。

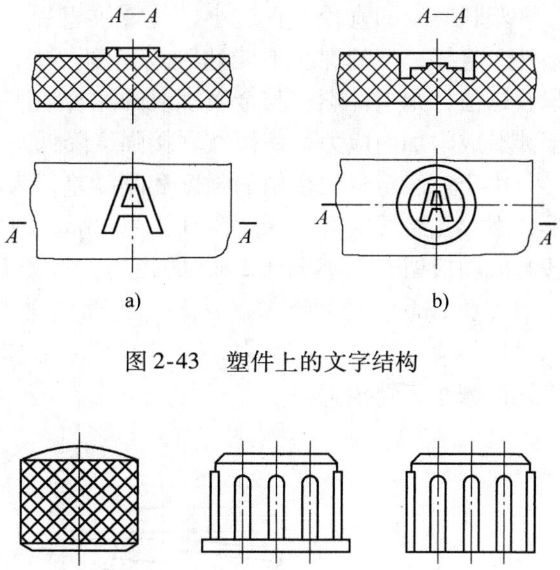

图 2-43　塑件上的文字结构

塑件上的文字、符号等凸出的高度应不小于 0.2mm，线条宽度应不小于 0.3mm，一般以 0.8mm 最为适宜，两线条之间的距离应不小于 0.4mm，边框可比字体高出 0.3mm 以上，字体或符号的脱模斜度应大于 10°。

塑件外表面有条形花纹的手轮、手柄、按钮等，其条纹的方向应与脱模的方向一致，条纹的间距应尽可能大些，以便于塑件脱模和模具制造。图 2-44a、d 所示结构塑件脱模困难，模具结构复杂；图 2-44c 所示结构的分型面处飞边不易去除；图 2-44b 所示结构则易于去除分型面处的圆形飞边；图 2-44e 所示结构脱模方便，模具结构简单，制造方便，且飞边易于去除。塑件侧表面的

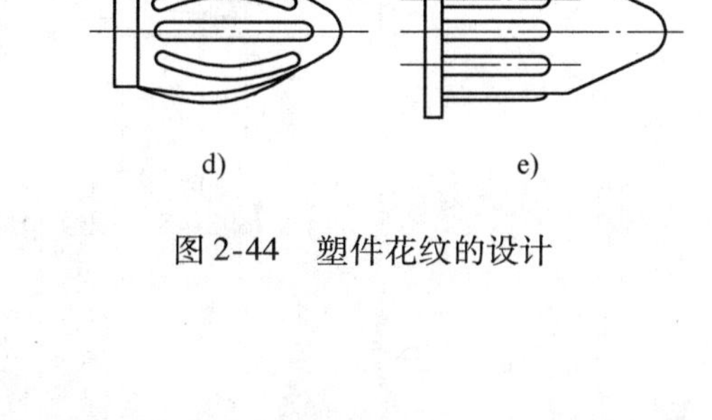

图 2-44　塑件花纹的设计

皮革纹是由侧壁斜度保证脱模的。

4. 螺纹与齿轮的设计

（1）螺纹　塑件上的螺纹可在模塑时直接成型，也可以模塑后进行机械加工。对于经常装拆和受力较大的螺纹，则应采用金属螺纹嵌件。

塑件中直接模塑成型的螺纹，其牙型尺寸应有一定的限制，螺纹过细则使用强度不够。表2-15列出了塑料螺纹的选用范围。

表2-15　塑料螺纹的选用范围　（单位：mm）

螺纹公称直径 d	普通标准螺纹	1级细牙螺纹	2级细牙螺纹	3级细牙螺纹	4级细牙螺纹
<3	+	-	-	-	-
3～6	+	-	-	-	-
6～10	+	+	-	-	-
10～18	+	+	+	-	-
18～30	+	+	+	+	-
30～50	+	+	+	+	+

注：表中“+”为建议采用的范围，“-”为建议不采用的范围。

塑料螺纹的直径不宜过小，外螺纹直径不宜小于4mm，内螺纹直径不宜小于2mm。在塑件上直接成型的螺纹不能达到高精度要求，一般低于MT8。如果模具上螺纹的螺距未考虑收缩值，则塑件螺纹与金属螺纹的配合长度一般不大于螺纹直径的1.5～2倍。否则会因干涉造成附加内应力，使螺纹联接强度降低。

由于一般塑料比金属的强度和刚度差，为了防止塑件螺纹始端和末端在使用中崩裂或变形，螺纹孔始端应有一深度为0.2～0.8mm的台阶孔，螺纹末端也不宜与垂直底面接触，一般与底面应留有不小于0.2mm的距离，如图2-45b所示。同理，塑件外螺纹的始端与顶面应留有0.2mm以上的距离，末端与底面也应留有0.2mm的距离（图2-45a）。螺纹的始端和末端均不应突然开始或结束，而应有过渡部分 l，l 值可按表2-16选取。螺纹在过渡长度内将逐渐减小直至消失。

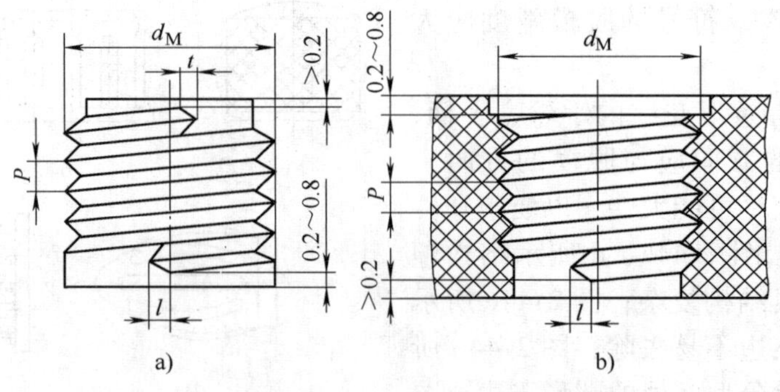

图2-45　螺纹始端和末端的过渡结构

表 2-16　塑料螺纹始末部分长度尺寸　（单位：mm）

螺纹直径 d	螺距 P		
	<0.5	0.5～1.0	>1
	始末部分过渡长度 l		
≤10	1	2	3
>10～20	2	2	4
>20～34	2	4	6
>34～52	3	6	8
>52	3	8	10

当同一塑件同一轴线上有两段螺纹时，应使两段螺纹方向相同、螺距相等，如图 2-46a 所示。当方向相反或螺距不等时，则应采用两段螺纹型芯组合在一起的方法成型，成型后分段拧下，如图 2-46b 所示。

（2）齿轮　塑料齿轮不但用于精密机械的齿轮传动，而且正在逐步应用到较大功率的机械传动中。由于塑料齿轮运行平稳，噪声低，惯性小，抗腐蚀和成本低，且可在无润滑条件下工作，因此，塑料齿轮在机械、电子、仪表等领域应用越来越多。用作齿轮的塑料有尼龙、聚碳酸酯、聚甲醛、聚砜等。为了使塑料齿轮适应注射成型工艺，齿轮的轮缘、辐板和轮毂应有一定的厚度，如图 2-47 所示。同时，齿轮各部分尺寸一般应满足以下关系：轮缘宽度 t 最小应为齿高 h 的 3 倍；辐板厚度 H_1 应等于或小于轮缘厚度 H；轮毂厚度 H_2 应等于或大于轮缘厚度 H，并相当于 D；轮毂外径 D_1 最小应为轴孔直径 D 的 1.5～3 倍。

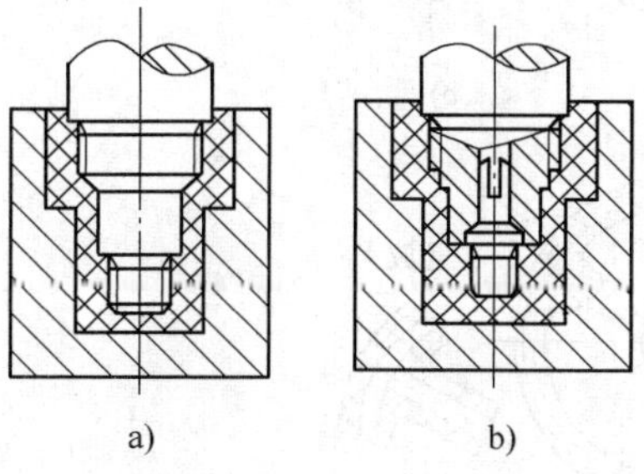

图 2-46　具有两段同轴螺纹的塑件

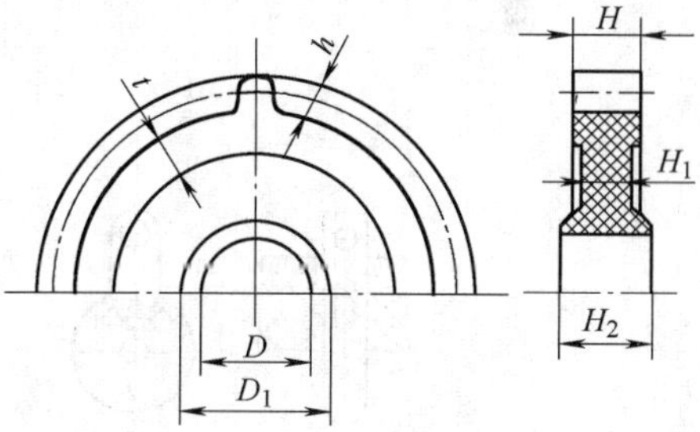

图 2-47　齿轮各部分尺寸

为了减小尖角处的应力集中及齿轮在成型时内应力的影响，应尽量避免截面的突然变化，尽可能加大圆角及过渡圆弧的半径。为了避免装配时产生内应力，轴与孔的配合应尽可能不采用过盈配合，而采用过渡配合。图 2-48 所示为轴与齿轮孔采用过渡配合的两种形式，其中采用月形孔配合（图 2-48a）比采用两个销孔（图 2-48b）固定好。

较小的齿轮（齿顶圆直径在 50mm 以下、齿宽在 1.5～3.5mm 范围内）一般为薄片形，以无轮毂无轮缘的齿轮效果最好。较大的齿轮应采用整体辐板结构，辐板应对称布置，辐板变形将影响齿轮精度。图 2-49a 所示为在辐板上开孔的结构，因孔在成型时很少向中心收缩，故会使齿轮歪斜。若改成图 2-49b 所示的薄肋形式，则能保证轮缘向中心收缩。由于塑料不同收缩率也不同，故相互啮合的塑料齿轮宜用相同塑料制成。

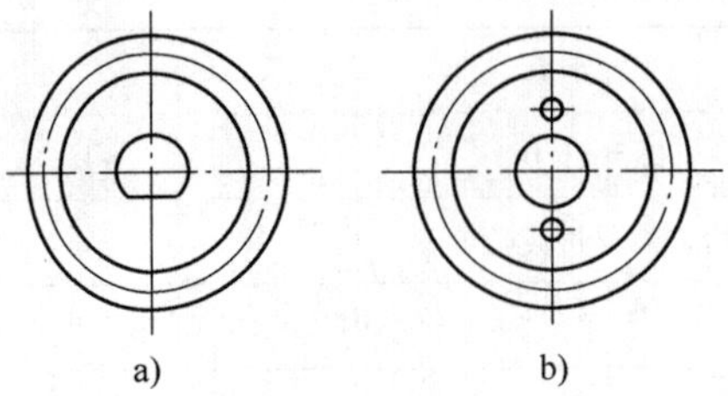

图 2-48　塑料齿轮的固定形式

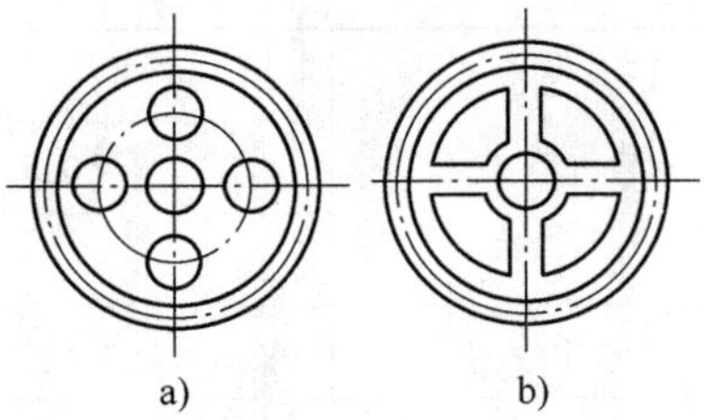

图 2-49　塑料齿轮辐板的形式

5. 带嵌件塑件的设计

在塑料成型过程中，将金属或非金属零件嵌入其中，与塑料成为不可卸的整体，此嵌入的零件则称为嵌件。塑件中镶入嵌件的目的是为了增强塑件局部的强度、硬度、耐磨性、导电性、导磁性等，或者是增加塑件尺寸及形状的稳定性，或是降低材料的消耗。嵌件的材料一般为金属材料，也有用非金属材料的，如玻璃木材和已成型的塑料等。

（1）嵌件的类型　常用的嵌件如图 2-50 所示。图 2-50a 所示为圆筒形嵌件，有通孔和不通孔，有螺纹套、轴套和薄壁套管等，其中以带螺纹孔的嵌件最为常见；图 2-50b 所示为圆柱形嵌件，如螺杆、轴销、接线柱等；图 2-50c 所示为片状嵌件，常用作塑件内的导体和焊片；图 2-50d 所示为汽车转向盘中的细杆状贯穿嵌件，可提高转向盘的强度和硬度。

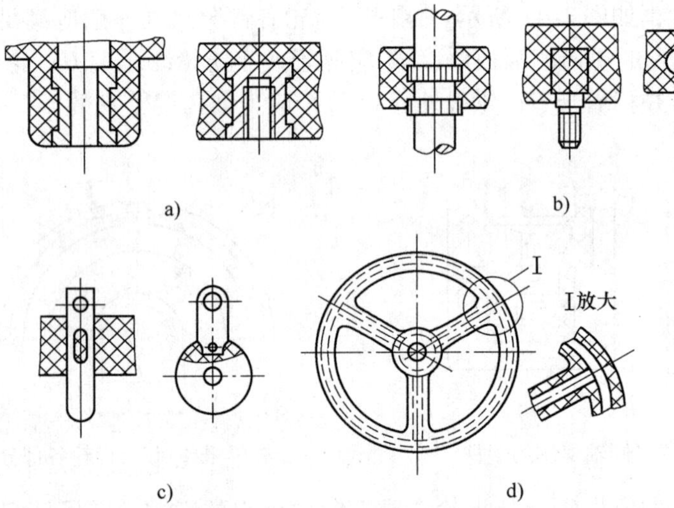

图 2-50　常见的嵌件种类

（2）带嵌件塑件的设计　设计带嵌件的塑件时，主要应解决塑件的强度、嵌件固定的可靠性及模塑过程中嵌件定位的稳定性等问题。而嵌件的结构设计及其与塑件的配合关系则是解决以上问题的关键。

1）嵌件周围塑料层的设计。由于嵌件的设置使嵌件周围塑料中产生内应力，内应力大小与嵌件材料、塑料特性和塑料膨胀系数差异以及嵌件结构有关。因此，嵌件周围覆盖的塑料层，必须具有足够的厚度以防塑件开裂。表 2-17 列出了嵌件周围塑料层厚度的推荐值，供设计时参考。

表 2-17　金属嵌件周围塑料层厚度的推荐值　（单位：mm）

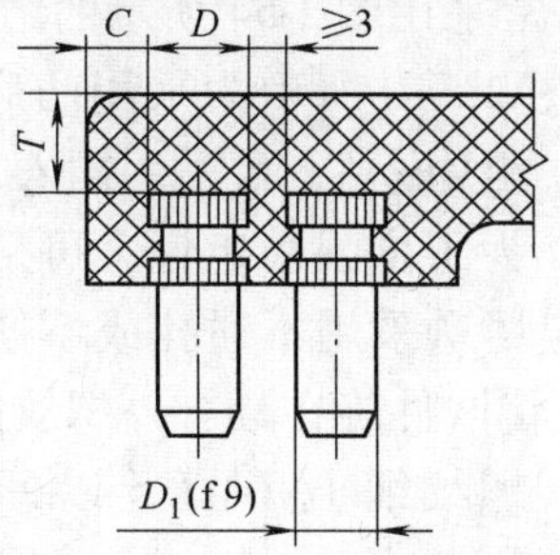

D	<4	4 ~ 8	8 ~ 12	12 ~ 16	16 ~ 25
T	1	1.5	2.0	2.5	3.0
C	1.5	2.0	3.0	4.0	5.0

2）嵌件在塑件上的位置设计。嵌件通常设置在塑件的凸耳和其他凸出部位，如图 2-51 所示。

3）嵌件材料及嵌入部分的结构设计。嵌件材料与塑件材料的膨胀系数应尽可能接近，否则会因收缩率相差太大而产生较大的收缩应力，导致塑件开裂。为了保证嵌件牢固地固定在塑件中，在受力时也不会转动或脱出，嵌件嵌入部分表面必须设计有适当的凸状或凹状部分（图 2-52a）。如图 2-51a 所示，嵌入部分表面为滚花结构（适于小件）；图 2-52b 所示为嵌入部分压扁的结构，该结构用于导电部分必须保证有一定横截面的场合；板、片状嵌件嵌入部分采用切口、冲孔打弯方法固定（图 2-52a）；薄壁管状嵌件可将端部翻边以便固定（图 2-52c）。

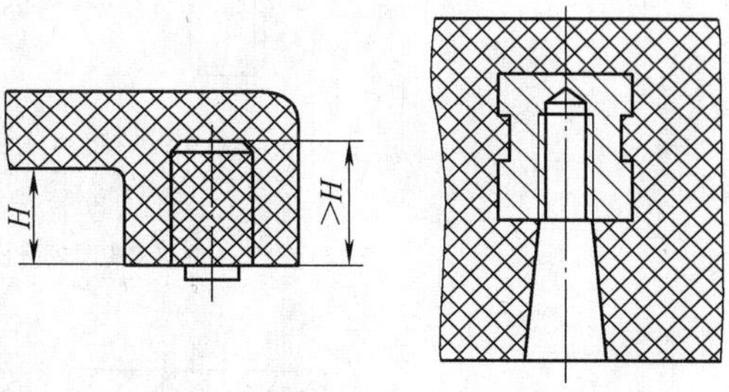

a)　　b)

图 2-51　嵌件的设置位置及尺寸要求

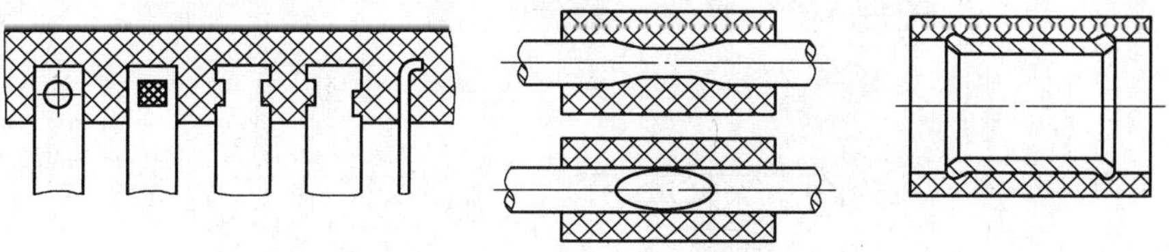

a)　　b)　　c)

图 2-52　嵌件嵌入部分的结构形式

圆柱形或套管形嵌件嵌入部分的尺寸推荐如下（图 2-53）：

$H=D$，$h=0.3H$，$h_1=0.3H$，$d=0.75D$。特殊情况下，H 最大不超过 $2D$。嵌件各转角部位应以圆角过渡。

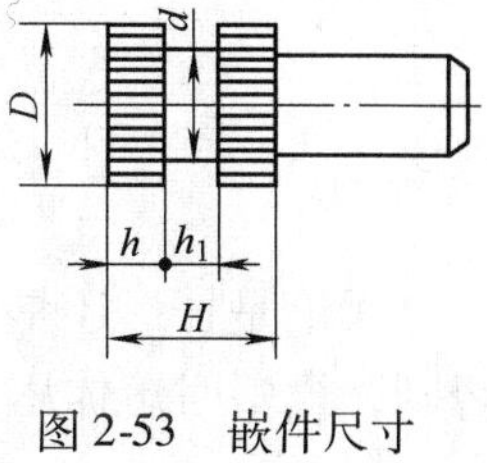

图 2-53　嵌件尺寸

4）嵌件在模具中的定位与固定。嵌件在模具中必须正确定位和可靠固定，以防模塑时发生歪斜或变形。此外，还应防止模塑时塑料挤入嵌件上的预留孔或螺纹中，影响嵌件使用。

嵌件固定的方式很多，如圆柱形嵌件一般插入到模具的孔内固定。为了增加嵌件固定的稳定性和防止塑料挤入螺纹线中，常采用图2-54所示的结构及配合，图2-54a所示为采用光杆与模具孔间隙配合（H9/f9）；图2-54b所示为采用凸肩；图2-54c所示为采用凸出的圆环。对于圆环形嵌件中没有通孔的螺纹嵌件，可采用插入式方法定位，即将嵌件直接插在模具的圆形光杆上，如图2-55所示。为了增强稳定性，可采用外部凸合或内部凸阶与模具密切配合（图2-55b、c、d）。嵌件应尽量采用不通孔或不通螺纹孔的结构，以便用插入式方法定位。对于通孔的螺纹嵌件，可将嵌件旋在具有外螺纹的插入嵌件上（图2-55e）再放入模具中定位。当注射压力不大时，螺纹细小（M3.5以下）的通孔嵌件也可直接插在光杆上，从而简化了复杂的操作过程。

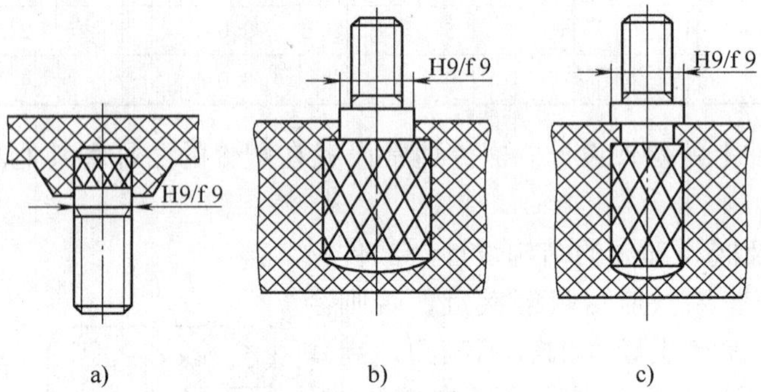

图2-54 圆柱形嵌件在模具内的固定方法

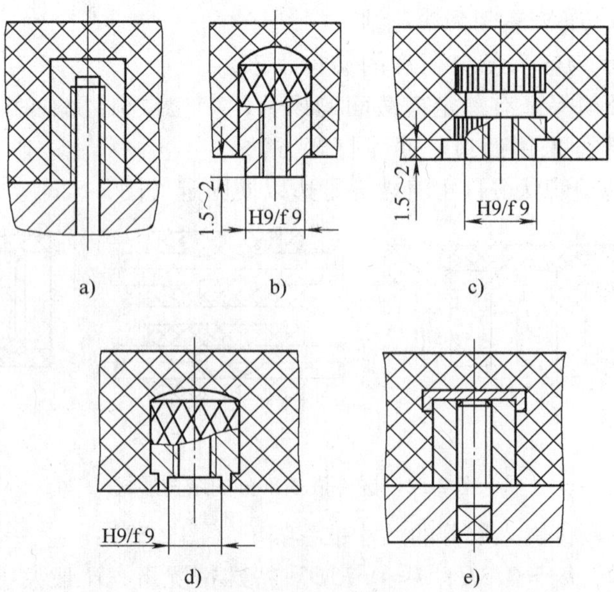

图2-55 圆环形嵌件在模具内的固定方法

无论是杆形还是环形嵌件，在模具中伸出的自由长度均不应超过定位部分直径的两倍。否则，模塑时熔体压力会使嵌件产生位移或变形。当嵌件过高或使用细杆状或片状的嵌件时，应在模具上设支柱，以免嵌件弯曲，如图 2-56 所示。

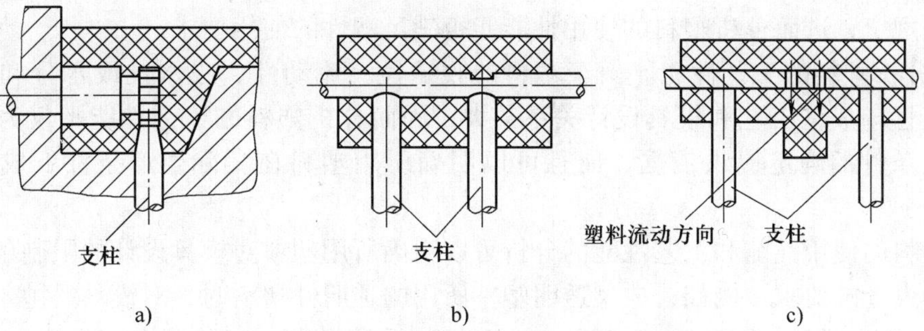

图 2-56　细长嵌件在模具内的支承方法

综上所述，嵌件的设置需要考虑的问题很多，加之嵌件在模塑时不可避免地造成对熔体流动的阻力，从而影响熔体流动状态及充模情况，且生产率低，生产过程不易实现自动化，因此，在设计塑件时，如果可能则尽量避免采用嵌件。

2.2.8　塑料成型工艺规程的制订

在塑料成型生产中，塑料原料、成型设备和成型所用模具是三个必不可少的物质条件。必须运用一定的技术方法，使这三者联系起来形成生产能力，这种技术方法称为塑料成型工艺。对于一个以制品为生产对象的塑料加工厂，其主要技术任务之一就是根据设备条件和塑料原料，正确地制订塑料成型工艺规程以及合理地设计成型模具，以保证生产能够正常进行并具有较低的生产成本和较高的经济效益。

根据塑件要求及塑料的工艺特性，正确选择成型方法，确定成型工艺过程及成型工艺条件，合理设计塑料模具，以保证成型工艺顺利进行，保证塑件达到要求的一系列工作通常称为塑料成型工艺规程的制订。塑料成型工艺规程是塑料成型生产中的一种具有指导性的工艺文件，工艺规程是组织生产的重要依据，必须严格执行。塑料成型工艺规程编制的大致步骤如下：

1）分析塑件。

2）确定成型方法。

3）确定塑料模具类型和模具结构形式。

4）选择成型设备、工具及量具。

5）选择成型工艺条件。

6）选择塑件检测方法。

7）规定安全技术措施。

8）制订工艺文件。

制订塑料成型工艺规程的主要步骤说明如下：

1. 分析塑件

塑件分析通常包括两方面的内容，即塑件所用塑料的分析和塑件结构、尺寸及公差、技术标准的分析。必须检查所用塑料的品种和型号是否标注明确。

（1）塑料的分析

1）分析塑料的使用性能。首先了解塑件是否对所用塑料的生产厂家、塑料级别、颜色等有明确规定，进而分析塑料的使用性能能否满足塑件的使用要求。

2）分析塑料的工艺性能。由于塑料的收缩性、流动性、吸水性或水分和挥发物含量等工艺特性与成型工艺和模具设计关系甚大，因而分析塑料的工艺性能不仅为成型工艺过程及工艺条件的确定提供依据，而且可以明确所用塑料在实际生产条件下成型加工的可能性。

对塑料的使用性能和工艺性能的分析可以明确所用塑料对模具设计的限制条件，从而提出对模具设计的要求。例如，成型透明塑件所用的透明性塑料时，对模具的抛光和脱模方法都有一定要求；塑料的流动性对模具浇注系统的设计也有一定的要求。此外，塑料的物理、化学性能和工艺性能等将直接影响成型设备的选用。

（2）塑件结构、尺寸及公差、技术标准的分析

1）分析塑件结构是否满足成型工艺性要求。塑件结构工艺性好，则意味着成型容易、质量高和成本低。否则，不仅给成型工艺和模具设计带来困难，使塑件成本提高和质量下降，有时甚至无法成型。

2）分析塑件尺寸、公差及技术标准。模具的尺寸和公差确定与零件尺寸公差和塑料的收缩率等因素有关。为降低模具制造成本，在满足使用要求的前提下应尽量放宽塑件的尺寸公差。对于那些表面无特殊要求的塑件或即使有些擦伤也无妨的塑件，其表面粗糙度不应提出过高要求。对于塑件的壁厚，在满足强度和成型需要的前提下，壁尽量薄些为宜。

总之，通过塑件结构、尺寸及公差和技术标准等的分析，不仅可以明确塑件成型加工的难易程度，找出成型工艺及模具设计的难点所在，而且对于不合理的结构及要求可以在满足使用要求的前提下，提出修改意见。

2. 确定塑件的成型方法及工艺流程

在塑件分析的基础上，根据塑料的特性及塑件的要求可以确定塑件的一般成型方法，并根据塑件的结构、尺寸、生产批量、使用条件和成型设备等因素，提出切实可行的成型方案。通过分析比较，找出最佳的成型方法。例如某些热固性塑件，既可以用压缩模塑，又可以用传递模塑和注射成型，则应根据生产的具体条件确定塑件的最佳成型方法。

在确定了塑件的成型方法后，就应确定其工艺流程。确定塑件的工艺流程必须充分考虑塑料的特性，保证必要的成型工序，安排好上、下工序的联系，以取得最满意的技术经济效果。塑件的工艺流程不仅包括塑件的成型过程，还包括成型前的准备和成型后的后处理及二次加工。

成型前的准备是指成型前对原料进行预处理等一系列的工作，如原料是否着色，原料和嵌件等是否加热或预热，是否使用脱模剂等。成型前的加热，对于热塑性塑料与热固性塑料的作用不同。热塑性塑料成型前的加热主要起干燥作用，而热固性塑料成型前的加热通常具有干燥和预热的双重作用，而且主要是预热。因而塑料在成型前究竟是否需要加热，不仅根据塑料的吸水性或水分和挥发物的含量，还要根据成型的需要、塑料的质量及生产率而定。

塑件成型后的后处理是指对已成型的塑件进行热处理。热固性塑料根据其性能，有的需

要在成型后进行热处理，有的为了提高生产率，缩短固化时间，以“后烘”的方法补偿硬化的不足；热塑性塑料通常进行退火处理或调湿处理。

塑件的二次加工是指对已经成型的塑件再进行加工，以达到塑件的最终要求。塑件二次加工的范围很广，如在塑件上进行彩印、烫金、电镀等；把塑料片材进一步加工成各种形状的薄壳、容器；把塑料薄膜热合成口袋、雨衣等；把塑料板材焊接和粘接成化工容器；还有机械加工等，均属于塑料的二次加工。安排塑件的工艺流程时，应根据需要把相关的加工方法安排在适当的环节。

3. 选择设备和工具

不同的成型方法使用的成型设备不同，当成型方法确定后，必须进行成型设备的选择与校核。对于注射模塑，应按塑件成型所需的塑料总体积（或质量）选择相应最大注射量的注射机，然后进行其他参数的校核；对于挤出模塑，应根据挤出塑件的形状、尺寸及生产率来选用；对于压缩模塑，应根据模压成型压力和型腔布置等计算出总压力，以选择压力机的公称压力，然后进行其他参数的校核。

除了模塑工序用的设备需要选用外，还要选择其他工序的设备，然后按工序注明所用设备的型号和规格。

各工序所用的工具名称、规格也应在工艺文件中注明。

4. 确定成型的工艺条件

热固性塑料和热塑性塑料的各种成型方法都应在适当的工艺条件下才能成型出合格的塑件。影响塑料成型工艺的因素很多，需要控制的工艺条件也不少，而且各工艺条件之间关系又很密切，所以必须根据塑料的特性和实际情况全面分析，初步确定较为合理的工艺条件，然后在试模过程中从基本工艺条件入手，根据模具特点、成型过程的实际情况和塑件的检验结果，对工艺条件逐步进行调整，及时予以修正。

各种成型方法以及各工序需要确定的工艺条件的项目虽有差别，但总的来说，温度（包括料温和模温）、压力和时间是主要的因素，特别是温度对成型质量的影响最大。因此，一般模塑方法对温度、压力和时间都有明确的规定。

在上述各项确定之后，还要确定每道工序的质量标准和检验项目及检验方法。

5. 编制工艺文件

编制工艺文件的目的是把上述工艺规程制订的内容和参数汇总并以适当的工艺文件的形式确定下来，以作为生产准备和生产过程的依据。

目前，生产中最主要的工艺文件是塑料零件工艺过程卡片。生产纲领不同，工艺卡片所包含的内容有所不同，但基本内容必须具备。

2.2.9　注射成型工艺过程

完整的注射成型工艺过程包括成型前的准备工作、注射过程和塑件的后处理。注射成型工艺过程的确定是注射工艺规程制订的中心环节。

1. 成型前的准备工作

为了使注射成型顺利进行并保证塑件质量，生产前应进行原料预处理、清洗料筒、预热嵌件和选择脱模剂等一系列准备工作。

（1）原料预处理　生产前对成型物料所要进行的预处理工作大体包括以下三项内容。

1）分析检验成型物料的质量。根据注射成型对物料的工艺特性要求，检验物料的含水量、外观色泽、颗粒情况、有无杂质，并测试其热稳定性、流动性和收缩率等指标。如果检测中出现问题，应及时采取措施解决。对于粉状物料，在注射成型前，经常还需将其配制成粒料，因此其检验工作应放在配料后进行。

2）塑料着色。向成型物料中添加一种称为色母或着色剂的物质，借助这种物质改变塑料原有的颜色或赋予塑料特殊光学性能的技术称为着色。

着色剂按其在塑料中的分散能力，可分为染料和颜料两大类。染料具有着色力强、色彩鲜艳和色谱齐全的特点，但由于对热、光和化学药品的稳定性比较差，在塑料中较少应用。当塑料成型温度不高又希望塑件透明时，可采用耐热性较好的蒽醌类和偶氮类染料。颜料是塑料的主要着色剂，无机颜料对热、光和化学药品的稳定性都比较高而且价格低廉，但色泽不十分鲜艳，只能用于不透明塑件的着色；有机颜料的着色特性介于染料和无机颜料之间，对热、光和化学药品的稳定性不及无机颜料，但经有机颜料着色后的塑件色彩较鲜艳，用低浓度的有机颜料着色可得到彩色的半透明塑件。

粉状或粒状热塑性塑料的着色，可以用直接法和间接法两种工艺实现。直接法着色也称一步法着色或干法着色，其主要特点是将细粉状着色剂与本色塑料简单掺混后即直接用于成型，或经塑炼造粒后再用于成型。间接着色法又称为二步着色法或色母料着色法，主要特点是不直接用着色剂而用称为“色母料”（颜料浓度高）的塑料粒子与本色塑料粒子按比例称量后放入混合机，经充分搅拌混合后送往成型设备使用。

色母料着色法具有着色步骤简单、着色剂在物料中容易均匀分散，塑件色泽鲜艳和无颜料粉尘污染环境等明显优点。此外，这种着色方法还能使采用热风料斗干燥着色粒料成为可能，因而有利于实现着色塑件成型过程的全自动化。由于色母料粒子与本色塑料粒子仅经过简单的混合，当用无混炼功能或只需混炼功能很差的成型设备（如柱塞式注射机）成型颜色均一性要求高的塑件时，成型物料不能采用此法着色。

3）预热干燥。对于吸湿性或粘水性强的成型物料（聚酰胺等），应根据注射成型工艺允许的含水量要求进行适当的预热干燥。目的是为了除去物料中过多的水分及挥发物，以防止成型后塑件出现气泡和银纹等缺陷，同时也可以避免注射时发生水降解。对于吸湿性或粘水性不大的成型物料，如果包装储存较好，也可不必预热干燥。

预热干燥成型物料的方法很多，通常可在空气循环干燥箱中进行，但要注意放在干燥盘上的物料厚度以 18 ~ 19mm 为宜，最厚不要超过 30mm，以利于空气循环流通。对于多品种、小批量物料，也可采用循环热风、红外线及远红外线等较为简单的设备预热干燥；对于大批量物料可采用抽湿干燥机或采用负压沸腾干燥法；对于高温下易氧化变色的塑料（如聚酰胺等），可采用真空干燥法。除了上述方法外，还可采用料斗干燥新工艺，这种方法不仅能使干燥设备与注射机相连，简化生产工序，而且还兼起除湿作用。干燥温度不宜过高，时间不宜过长，如果温度超过玻璃化温度或熔点，会使塑料结块造成成型时加料困难，对于热稳定性差的塑料，还会导致变色、降解。干燥后的物料应马上使用，否则要加以妥善储存，以防受潮。

表 2-18 列出了部分塑料成型前允许的含水量，表 2-19 和表 2-20 分别列出了空气循环干燥箱和料斗干燥的工艺条件。

表2-18　部分塑料成型前允许的含水量

材料名称	允许的含水量（%）	材料名称	允许的含水量（%）
聚酰胺PA-6	0.10	聚碳酸酯	0.01～0.02
PA-66	0.10	聚苯醚	0.10
PA-9	0.05	聚砜	0.05
PA-11	0.10	ABS（电镀级）	0.05
PA-610	0.05	ABS（通用级）	0.10
PA-1010	0.05	纤维素塑料	0.20～0.50
聚甲基丙烯酸甲酯	0.05	聚苯乙烯	0.10
聚对苯二甲酸乙二醇酯	0.05～0.10	高冲击强度聚苯乙烯	0.10
聚对苯二甲酸丁二醇酯	0.01	聚乙烯	0.05
硬聚氯乙烯	0.08～0.10	聚丙烯	0.05
软聚氯乙烯	0.08～0.10	聚四氟乙烯	0.06

表2-19　部分塑料在空气循环干燥箱中的干燥工艺条件

塑料	温度/℃	时间/h	塑料	温度/℃	时间/h
软聚氯乙烯	70～80	3～4	聚苯醚	95～110	2～4
硬聚氯乙烯	70～80	3～4	聚甲醛	110	2
聚碳酸酯	120	6～8	聚对苯二甲酸乙二醇酯	130	3～4
ABS	85～95	4～5	聚对苯二甲酸丁二醇酯	110～120	3～4
聚砜	120～140	3～4	聚甲基丙烯酸甲酯	90～95	6～87

表2-20　部分塑料在料斗中的干燥工艺条件

塑料	温度/℃	时间/h	塑料	温度/℃	时间/h
聚乙烯	70～80	1	聚碳酸酯	100～120	2～3
聚氯乙烯	65～75	1	聚甲基丙烯酸甲酯	70～85	2
聚苯乙烯	70～80	1	ABS	70～85	2
聚丙烯	70～80	1	AS	70～85	2
高冲击强度聚苯乙烯	70～80	1	纤维素塑料	70～90	2～3
聚酰胺	90～100	2.5～3.5			

（2）料筒的清洗　生产中如需改变塑料品种、更换物料、调换颜色，或发现成型过程中出现了热分解或降解反应，均应对注射机的料筒进行清洗。通常，柱塞式料筒存料量大，必须将料筒拆卸清洗。对于螺杆式注射机，通常采用直接换料、对空注射法清洗。

换料清洗时，必须掌握料筒中的塑料和欲换的新塑料的特性，然后采用正确的清洗步骤。对空注射清洗时，应注意以下事项：

1）新塑料成型温度高于料筒内残存塑料的成型温度时，应将料筒温度升高到新料的最低成型温度，然后加入新料（也可以是新料的回料），连续“对空注射”，直到残存塑料全部清洗完毕，再调整温度进行正常生产。

2）新塑料的成型温度比料筒内残存塑料的成型温度低时，应将料筒温度升高到残存塑料的最佳流动温度后切断电源，用新料或新料的回料在降温下进行清洗。

3）如果新料成型温度高，而料筒中残存塑料又是热敏性塑料（如聚氯乙烯、聚甲醛和聚三氟氯乙烯等），则应选择流动性好、热稳定性高的塑料（如聚苯乙烯、低密度聚乙烯等）作为过渡料，先换出热敏性塑料，再用新料或新料的回料换出热稳定性好的过渡料。

4）两种物料成型温度相差不大时，不必改变温度，先用新料的回料，后用新料，连续“对空注射”即可。

目前研制成功一种新的料筒清洗剂，是一种粒状无色高分子热弹性材料，100℃时具有橡胶特性，但不熔融或粘接，它通过料筒，可以像软塞一样把料筒内的残料带出，这种清洗剂主要适用于成型温度在 180～280℃内的各种热塑性塑料以及中小型注射机的料筒清洗。中小型注射机的清洗剂用量为 50～200g。

（3）嵌件的预热　为了满足装配和使用强度的要求，塑件内常要嵌入金属嵌件。由于金属和塑料的收缩率差别较大，因而在塑件冷却时，嵌件周围产生较大的内应力，导致嵌件周围强度下降和出现裂纹。因此，除了在设计塑件时加大嵌件周围的壁厚外，成型前对金属嵌件进行预热也是一项有效措施。

嵌件的预热应根据塑料的性能和嵌件大小而定。对于成型时容易产生应力开裂的塑料（聚碳酸酯、聚砜、聚苯醚等），其塑件的金属嵌件，尤其较大的嵌件一般都要预热。对于成型时不易产生应力开裂的塑料，且嵌件较小时，则不必预热。预热的温度以不损坏金属嵌件表面所镀的锌层或铬层为限，一般为 110～130℃。对于表面无镀层的铝合金或铜嵌件，预热温度可达 150℃。

（4）脱模剂的选用　注射成型时，塑件的脱模主要依赖于合理的工艺条件和正确的模具设计，但由于塑件本身的复杂性或工艺条件暂不稳定，在试模时可使用脱模剂帮助脱模。实际上，在正常的生产情况下，应尽量不使用脱模剂。

常用的脱模剂有硬脂酸锌、液体石蜡（白油）和硅油等。除了硬脂酸锌不能用于聚酰胺之外，对于一般塑料，均可使用上述三种脱模剂。其中尤以硅油脱模效果最好，只要对模具施用一次，即可长效脱模，但价格很贵。硬脂酸锌通常用于高温模具，而液体石蜡多用于中低温模具。对于含有橡胶的软塑件或透明塑件不宜采用脱模剂，否则将影响塑件的透明度。使用脱模剂时，喷涂应合理、适量，以免影响塑件的外观和质量。

2. 注射成型过程

完整的注射成型过程包括加料、塑化、注射、保压、冷却和脱模等步骤，但就塑料在注射成型中的实质变化而言，只包括塑料的塑化和熔体充满型腔与冷却定型两大过程。

（1）塑料的塑化　塑化进行得如何直接关系到塑件的产量和质量。对塑化的要求是：在规定时间内塑化出足够数量的熔融塑料；塑料熔体在进入塑料模型腔之前应达到规定的成型温度，而且熔体各点温度应均匀一致，避免局部温度过低或过高。

要达到上述要求必须掌握塑料的特性，正确控制工艺条件，恰当选择注射机类型及螺杆结构。塑料特性与塑化质量关系很大，热敏性塑料对注射机类型和工艺条件比较敏感，应特别引起注意；吸水性强的塑料如果干燥工作没有做好，对塑化也有影响；料筒温度、螺杆转速等对塑化影响甚大。

总之，塑料的塑化是一个比较复杂的物理过程，涉及固体塑料输送、熔化、熔体输送等许多理论和实际问题，涉及注射机类型、料筒和螺杆结构，工艺条件的控制等。在实际生产中必须重视这一过程的分析与控制，以保证塑件质量和生产过程的稳定。

（2）熔体充满型腔与冷却定型　塑料在料筒内经加热达到流动状态后，进入型腔后的流动可分为充模、压实、倒流和冷却四个阶段。在连续的四个阶段中，熔体温度将不断下降，而压力则按图 2-57 所示的曲线变化。

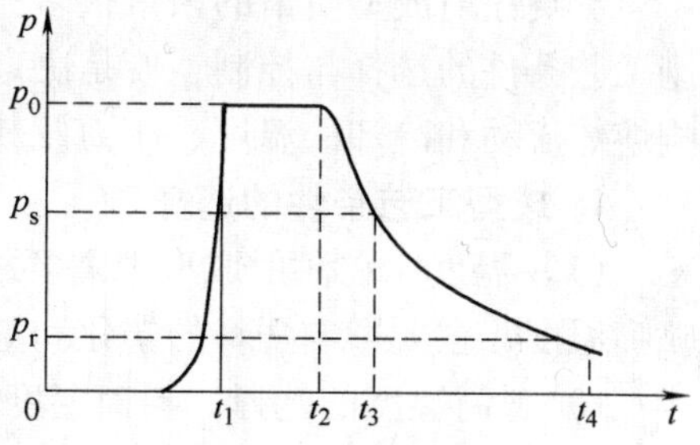

图 2-57　模塑周期中塑料压力变化曲线

p_0——型腔内的最大压力

p_s——浇口冻结时的压力

p_r——脱模时的残余应力

由图可见，当型腔充满熔体（$t = t_1$）时，熔体压力迅速上升，达到最大值 p_0。在时间 $t_1 \sim t_2$ 阶段，塑料仍处于螺柱的压力下，熔体会继续流入型腔内以弥补因冷却而产生的空隙。由于塑料仍在流动，而温度又在不断下降，定向分子（分子链的一端在型腔壁固化，另一端沿流动方向排列）容易被凝结，所以这一阶段是大分子定向形成的主要阶段。这一阶段的时间越长，分子定向的程度越高。从螺杆后退开始到结束（$t_2 \sim t_3$），由于型腔内的压力比流道内高，会发生熔体倒流，从而使型腔内压力迅速下降。倒流一直进行到浇口处熔体凝结时为止。若螺杆后退开始时浇口处的熔体就已凝结或注射机喷嘴中装有止回阀，则倒流阶段不存在，也就不会出现 $t_2 \sim t_3$ 段压力迅速下降的情况。塑料凝结时的压力和温度是决定塑件平均收缩率的重要因素，而压实阶段的时间又直接影响着这些因素。从浇口处的塑料完全凝结到顶出塑件（$t_3 \sim t_4$），为凝结后的塑件冷却阶段，在这一阶段，塑件逐渐冷却到具有一定刚度和强度时脱模。脱模时塑件内有残余应力，若残余应力过大，会造成塑件开裂、损伤和卡模等。显然，这一阶段的冷却情况对塑件的脱模、表面质量和挠曲变形有很大影响。因此，模具冷却系统的设计十分重要。

3. 塑件的后处理

塑件脱模后常需要进行适当的后处理，以便改善和提高塑件的性能和尺寸稳定性。塑件的后处理主要是指退火或调湿处理。

退火处理是指使塑件在定温的加热液体介质或热空气循环烘箱中静置一段时间。退火时的热量，能加速塑料中大分子松弛，从而消除或降低塑件成型后的残余应力。对于结晶型塑件，可利用退火对它们的结晶度大小进行调整，或加速二次结晶和后结晶的过程。此外，退火还可以对塑件进行解取向，并降低塑件硬度和提高韧性。生产中的退火温度一般都在塑件的使用温度以上 10 ~ 20℃ 至热变形温度以下 10 ~ 20℃ 之间进行选择和控制。退火时间与塑料品种和塑件厚度有关，如无数据资料，也可按每毫米厚度约需 30min 的原则估算。退火后应使塑件缓冷至室温。

有些塑件（如尼龙等）在高温下与空气接触会氧化变色或容易吸收水分而膨胀，此时需进行调湿处理，即将刚脱模的塑件放在热水中处理，这样既可隔绝空气，进行无氧化退火，又可使塑件快速达到吸湿平衡状态，使塑件尺寸稳定下来，以免塑件尺寸在使用过程中发生更大的变化。

应当指出，并非所有塑件都要进行后处理。通常，只是对于带有金属嵌件、使用温度范围变化较大、尺寸精度要求较高和壁厚大的塑件才有必要。

2.2.10　注射成型工艺条件的选择

影响注射成型质量的因素很多，但在塑料原材料、注射机和模具结构确定之后，注射成型工艺条件的选择与控制，便是决定成型质量的主要因素。注射成型最重要的工艺条件是影响熔体流动和冷却的温度、压力及其相应的作用时间。

1. 成型工艺条件的选择

（1）温度　在注射成型中需要控制的温度有料温和模温。料温主要取决于料筒温度和喷嘴温度，主要影响塑料的塑化和塑料充满型腔；而模温主要影响充满型腔和冷却固化。

1）料筒温度的选择。料筒温度的选择与塑料的特性及其他因素有关。

① 塑料的粘流温度或熔点。塑料的种类不同，其粘流温度或熔点也是不同的。对于无定型塑料，料筒末端的温度应控制在它的粘流温度（T_f）以上；对于结晶型塑料，则应控制在熔点（T_m）以上。但不论无定型或结晶型塑料，料筒温度均不能超过塑料本身的分解温度（T_d）。也就是说，料筒温度应控制在粘流温度（或熔点）与分解温度之间（$T_f \sim T_d$或$T_m \sim T_d$）。对于粘流温度与分解温度之间范围较窄的塑料（如硬聚氯乙烯），为防止塑料分解，料筒温度应取偏低一些，即取稍高于粘流温度。但温度低，流动性差，成型加工困难。如硬聚氯乙烯，即使料筒温度取接近T_d温度，并在高压作用下成型，其流动性仍较差。对于粘流温度与分解温度之间范围较宽的塑料（如聚苯乙烯、聚乙烯、聚丙烯），料筒温度可以比粘流温度高得多一些。

塑料在高温下，会产生氧化降解。一般来说，温度越高，时间越长（即使在温度不十分高的情况下），降解量越大，尤其是热敏性塑料（如聚甲醛、聚氯乙烯、聚三氟氯乙烯等）。因此，对于热敏性塑料，必须特别注意控制料筒的最高温度和在料筒中停留的时间。

②聚合物的相对分子质量及相对分子质量的分布。同一种塑料，平均相对分子质量高，相对分子质量分布较窄，熔体粘度大，料筒温度应高些；而平均相对分子质量低，分布宽的，熔体粘度低，料筒温度可低些。玻璃纤维增强塑料随着玻璃纤维含量的增加，熔体流动性下降，因而料筒温度要相应地提高。

③注射机的类型。在柱塞式注射机中，塑料的加热仅靠筒壁和分流梭表面传热，而且料层较厚，升温较慢，因此，料筒的温度要高些。在螺杆式注射机中，塑料受到螺杆的搅拌混合，获得较多的剪切摩擦热，料层较薄，升温较快，因此，料筒温度可以低于柱塞式10～20℃。

④塑件及模具结构特点。对于薄壁塑件，其相应的型腔狭窄，熔体充模的阻力大，冷却快，为了提高熔体流动性，便于充满型腔，料筒温度应选择高些。相反，对于厚壁塑件，料筒温度可取低一些。对于形状复杂或带有嵌件的塑件，或熔体充模流程较长，曲折较多的，料筒温度也应取高一些。

料筒的温度分布，一般从料斗一侧（后端）起至喷嘴（前端）止，是逐步升高的。湿度较高的塑料可适当提高料筒后端温度。螺杆式注射机料筒中的塑料，由于受螺杆剪切摩擦作用，有助于塑化，故料筒前段的温度可以略低于中段，以防塑料过热分解。塑件注射量大于注射机额定注射量的75%或成型物料不预热时，料筒后段温度应比中段、前段低5～10℃。

2）喷嘴温度的选择。喷嘴温度通常比料筒的温度低，以防熔体在直通式喷嘴上可能发生流延现象。虽然喷嘴温度低，但当塑料熔体由狭小喷嘴经过时，会产生摩擦热，使进入模具的熔体温度升高，在快速注射时尤其是这样。喷嘴温度也不能太低，否则，喷嘴处的塑料可能产生凝固而将喷嘴堵死，或将凝料注入型腔成为零件的一部分而影响塑件的质量。

料筒和喷嘴的温度还应与其他工艺条件结合起来考虑，如采用较高的注射压力，料筒温度应稍低些。相反，料筒温度应高些。如果成型周期长，塑料在料筒中受热时间长，料筒温度应稍低些。如果成型周期较短，则料筒温度应高些。

由此可见，选择料筒和喷嘴温度需要考虑的因素很多。生产中可根据经验数据，结合实际条件，初步确定适当的温度，然后通过对熔体的“对空注射”和塑件的直观分析进行检查，如果料流均匀、光滑、无泡、色泽均匀，则说明料温合适；如果料流毛糙、有银丝或变色，则说明料温不合适，进而需要对料筒和喷嘴的温度进行调整。常用塑料适用的料筒和喷嘴温度可参考表 2-23。

3）模具温度的确定。模具温度是指和塑件接触的型腔表壁温度，它直接影响熔体的充模流动行为、塑件的冷却速度和成型后的塑件性能等。

一般来讲，提高模具温度可以改善熔体在模内的流动性，增加塑件的密度和结晶度，以及减小充模压力和塑件中的应力。但塑件的冷却时间、收缩率和脱模后的翘曲变形将会延长或增大，且生产率也会因冷却时间延长而下降。反之，若降低模温，虽能缩短冷却时间和提高生产率，但在温度过低的情况下，熔体在模内的流动性能将会变差，并使塑件产生较大的应力或明显的熔接痕等缺陷。此外，除了型腔表壁的表面粗糙度之外，模温还是影响塑件表面质量的因素，适当地提高模温，塑件的表面粗糙度值也会随之下降。

模具温度 $T_{模}$ 依靠通入其内部的冷却或加热介质控制（对模温控制要求不严时，可以采用空气冷却而不用通入任何介质），其具体数值是决定塑件冷却速度的关键。冷却分为缓冷（$T_{模} > T_g$）、中速冷却（$T_{模} = T_g$）和急冷（$T_{模} < T_g$）三种方式，采用何种方式与塑料品种和塑件的形状尺寸及使用要求有关，需要在生产中灵活掌握。例如，对于结晶型塑料采取缓冷或中速冷却时有利于结晶，可提高塑件的密度和结晶度，塑件的强度和刚度较大，耐磨性也较好，但韧性和伸长率却会下降，收缩率也会增大，而急冷时的情况则与此相反。对于无定型塑料，如果流动性较好且容易充模，通常可采用急冷方式，这样可缩短冷却时间，提高生产率。

部分塑料适用的模具温度可参考表 2-23 选取，也可按照下述原则选择或控制。

① 为了保证塑件具有较高的形状和尺寸精度，避免塑件脱模后发生较大的翘曲变形，模温必须低于塑料的热变形温度（可查阅附录中的相关表格）。

② 为了改变聚碳酸酯、聚砜和聚苯醚等高粘度塑料的流动和充模性能，并力求使它们获得致密的组织结构，需要采用较高的模具温度。反之，对于粘度较小的聚乙烯、聚丙烯、聚氯乙烯、聚苯乙烯和聚酰胺等塑料，可采用较低的模温，这样可缩短冷却时间，提高生产率。

③ 对于厚壁塑件，因充模和冷却时间较长，若模温过低，很容易使塑件内部产生真空泡和较大的应力，所以不宜采用较低的模具温度。

④ 为了缩短成型周期，确定模具温度时可采用两种方法。一种方法是把模具温度取得尽可能低，以加快冷却速度缩短冷却时间。另一种方法则使模温保持在比热变形温度稍低的状态下，以求在比较高的温度下将塑件脱模，而后由其自然冷却，这样做也可以缩短塑件在

模内的冷却时间。具体采用何种方法，需要根据塑料品种和塑件的复杂程度确定。

（2）压力　注射成型需要选择与控制的压力包括注射压力、保压压力和塑化压力。其中，注射压力又与注射速度相辅相成，对塑料熔体的流动和充模具有决定性作用；保压压力和保压时间密切相关，主要影响型腔压力以及最终的成型质量；塑化压力的大小影响物料的塑化过程、塑化效果和塑化能力，并与螺杆转速有关。

1）塑化压力。所谓塑化压力，是指采用螺杆式注射机时，螺杆顶部熔体在螺杆转动后退时所受到的压力，塑化压力又称为背压。背压的大小可以通过液压系统中的溢流阀进行调整。

塑化压力的大小对熔体实际温度、塑化效率及成型周期等均有影响。在其他条件相同的情况下，增大塑化压力会提高熔体温度及温度的均匀性，有利于色料的均匀混合，有利于排除熔体中的气体。但塑化压力一般应在保证塑件质量的前提下，以低些为好，通常很少超过2MPa。

塑化压力的大小应根据塑料品种而定，对于热敏性塑料（如聚氯乙烯、聚甲醛、聚三氟氯乙烯等)，塑化压力应低些，以防塑料过热分解；而对于聚乙烯等热稳定性高的塑料，塑化压力高些不会有分解的危险；对于熔体粘度大的塑料（如聚碳酸酯、聚砜、聚苯醚等)，塑化压力高，螺杆传动系统容易超载；注射成型熔体粘度很低的塑料（如聚酰胺）时，塑化压力要低些，否则塑化效率将很快降低。

此外，在选择或控制背压时，还应注意所采用喷嘴的结构和加料方式。若采用直通结构喷嘴和后加料方式时，背压高容易出现流延现象，因此应采用较小的背压；采用阀式喷嘴和前加料方式时，背压可大一些。

背压数值的设定与控制需要通过调节注射液压缸上的背压表来实现。表压与背压的关系为

$$表压 =（背压 \times 螺杆截面积）/ 注射液压缸的截面积$$

生产中有时为了提高塑化效果，需要增大背压，同时引起塑化能力的降低，此时可采用提高螺杆转速的方法进行补偿。由于螺杆转速增大后，物料所受摩擦剪切作用增大，因此剪切产生的热量有所增加。为了防止料筒内塑料熔体因过热而分解（热降解)，可适当降低料筒外加热器的加热功率。在实际生产中经常需要把背压与螺杆转速综合起来考虑。一般来说，在不影响生产率的前提下，螺杆转速宜低，尤其对热敏性塑料或熔体粘度大的塑料更是如此。

2）注射压力。注射压力是指柱塞或螺杆顶部对塑料所施加的压力。其作用是克服熔体从料筒流向型腔的流动阻力，提供充模速度以及对熔料进行压实等。注射压力的大小和保压时间的长短对熔体充模和塑件的质量影响极大。

适当选取注射压力很重要。注射压力的大小与塑料品种、塑件的复杂程度、塑件的壁厚、喷嘴的结构形式、模具浇口的尺寸以及注射机类型等许多因素有关，尤其是浇注系统的结构和尺寸。例如，充模时如果注射压力不太高且浇口尺寸又比较大时，熔体流动比较平稳，这时因模具温度比熔体温度低，对熔体有冷却作用，故容易使熔体在浇口附近的型腔处形成堆积，料流长度将会因此而变短，从而导致型腔难以充满。与此相反，当注射压力很大且浇口又比较小时，熔体在型腔内将会产生喷射流动，料流首先冲击型腔表壁而后才能扩散，于是很容易在塑件中形成气泡和银纹，严重时还会因摩擦热过大而烧伤塑件。由此可

知，要使熔体在注射成型中具有较好的流动性和充模能力，并保证塑件成型质量，一定要选择适中的注射压力。在可能的情况下，适当提高注射压力将有助于提高充模速度及料流长度，有利于提高塑件的熔接强度及减小收缩率。但注射压力增大后，塑件中的应力也可能随之增大，从而影响塑件脱模后的形状和尺寸的稳定性。注射压力通常取40～200MPa。表2-21列出了部分塑料的注射压力。

表2-21　部分塑料的注射压力　（单位：MPa）

塑　料	注射条件		
	易流动的厚壁塑件	中等流动程度的一般塑件	难流动的薄壁窄浇口塑件
聚乙烯（PE）	70～100	100～120	120～150
聚氯乙烯（PVC）	100～120	120～150	>150
聚苯乙烯（PS）	80～100	100～120	120～150
ABS	80～110	100～130	130～150
聚甲醛（POM）	85～100	100～120	120～150
聚酰胺（PA）	90～101	101～140	>140
聚碳酸酯（PC）	100～120	120～150	>150
聚甲基丙烯酸甲酯（PMMA）	100～120	210～150	>150

在确定注射压力时，除了熔体粘度高、冷却速度快的塑料以及成型薄壁和长流程的塑件（不采用高的注射压力不能充满型腔），或者成型玻璃纤维增强塑料的塑件（不用高压，其表面可能不均匀、不光滑）外，一般应尽量采用低的注射压力。对于流动性好的塑料及形状简单的厚壁塑件，注射压力可小于70MPa。对于粘度低的塑料（如聚苯乙烯等），且塑件形状不太复杂以及精度要求一般时，注射压力可取70～100MPa。对于高、中粘度的塑料（如改性聚苯乙烯、聚碳酸酯、聚乙烯等），且对塑件精度有一定要求，但塑件形状不太复杂时，注射压力可取100～140MPa。对于高粘度塑料（如聚甲基丙烯酸甲酯、聚苯醚、聚砜等），当塑件壁薄、流程长、形状复杂以及精度要求较高时，其注射压力可取140～180MPa。对于优质、精密、微型塑件，注射压力可取180～250MPa，甚至更高。

此外，注射压力还与塑料的流动比有关。所谓流动比，是指熔体自喷嘴出口处开始流至模具中最远的距离与塑件厚度的比值。不同的塑料具有不同的流动比范围，并受注射压力的影响，常用塑料的流动比允许值见表2-22。如果实际设计的模具流动比大于表2-22中的数值，而注射压力又小于表中数值，塑件就难以成型。流动比的计算方法可参见本书第3章式（3-5）。

表2-22　常用塑料的流动比允许值

塑料名称	注射压力/MPa	流动比（L/t）允许值
聚乙烯（PE）	150	280～250
	60	140～100
聚丙烯（PP）	120	280
	70	240～200
聚苯乙烯（PS）	90	300～280

（续）

塑料名称	注射压力/MPa	流动比（L/t）允许值
聚酰胺（PA）	90	360～200
聚甲醛（POM）	100	210～110
硬聚氯乙烯（RPVC）	130	170～130
	90	140～100
	70	110～70
软聚氯乙烯（SPVC）	90	280～200
	70	240～160
聚碳酸酯（PC）	130	180～120
	90	130～90

由于影响注射压力的因素很多，关系较复杂，实际生产中可以从较低注射压力开始注射试成型，再根据塑件的质量酌量增减，最后确定注射压力的合理值。

必须指出，有的塑件由于结构特点和尺寸大小等因素，在注射过程中注射压力是变化的，尤其是大型复杂的塑件，如电视机外壳等。各种塑件都有一个最佳的压力变化规律，经试模调整正确之后即可固定下来，重复生产同一塑件均按这种压力变化规律进行注射成型。

随着注射成型技术的发展，近年来，国内外成功地采用了计算机注射流动模拟软件，对注射压力进行优化设计。

在注射成型工艺参数中，注射速率与注射压力是密切相关、相辅相成的。当其他工艺条件和塑料品种一定时，注射压力越大，注射速率也就越快。注射速率是用来表示熔体充模快慢特性的指数，是指将公称注射量的熔体在注射时间内射出，单位时间内所达到的流速（cm^3/s）。注射速率或注射时间的选定很重要，直接影响到熔体的流动、充模及其塑件质量。注射速率低，熔体充模时间长，塑件易产生熔接痕，甚至不能充满复杂的型腔。合理地提高注射速率，能缩短生产周期，减小塑件的尺寸公差，能在较低的模温下获得优良的塑件。但是，注射速率过高，当熔体流经喷嘴或浇口时，易产生大量的摩擦热，使塑料发生热解和变色，还可能在型腔内引起喷射流动，导致塑件质量变差。另外，型腔中的空气由于被急剧压缩产生热量，在排气口处有可能出现塑件的烧伤现象，从而直接影响塑件的表面质量。

实际生产中，注射速率常常要通过试模确定。当塑件和模具结构一定时，正式生产之前，先采用慢速低压注射，然后根据注射出的塑件调整注射速率，使之达到合理的数值。

3）保压压力。熔体充满模具型腔后，需要一定的保压时间。保压的目的是：对型腔内的熔体进行压实，使塑料紧贴于模壁以获得精确的形状，使不同时间和不同方向进入型腔同一部位的塑料熔合成一个整体，补充冷却收缩。在生产中，压实时的压力可等于注射压力，也可适当降低。压力高，可得到密度较高、尺寸收缩小、力学性能较好的塑件，但脱模后的塑件内残余应力较大，压缩强烈的塑件在压力解除后还会产生较大的回弹，可能卡在型腔内，造成脱模困难。因此压力应适当，可根据塑件使用要求灵活处理保压压力的选择与控制问题。

要达到压实的效果，除了注意适当降低流道的冷却速度和增加保压时间外，还要注意加料量。加料量应保证每次注射成型时，当熔体充满型腔后，料筒前端还剩有一定的熔体作为传压介质和满足压实和补缩的需要。

（3）时间（成型周期） 注射成型周期是指完成一次注射成型工艺过程所需的时间，它包含着注射成型过程中所有的时间问题，直接关系到生产率的高低。注射成型周期的时间组成如图 2-58 所示。

- 成型周期
  - 注射时间
    - 充模时间（柱塞或螺杆前进时间）
    - 保压时间
  - 闭模冷却时间（柱塞后撤或螺杆转动后退的时间均包括在内）
  - 其他时间（指开模、脱模、擦拭脱模剂、安放嵌件和闭模等时间）

（保压时间与闭模冷却时间合称：总冷却时间）

图 2-58 注射成型周期的时间组成

在整个成型周期中，注射时间和冷却时间最重要。它不仅是成型周期的主要组成部分，而且对塑件的质量有决定性的影响。注射时间中的充模时间与充模速率成反比，而充模速率取决于注射速率。为保证塑件质量，应正确控制充模速率。对于熔体粘度高、玻璃化温度高、冷却速率快的塑件和玻璃纤维增强塑件、低发泡塑件应采用快速注射（即高压注射）。

生产中，充模时间不长，一般不超过 10s。注射时间中的保压时间（即压实时间）在整个注射时间内所占的比例较大，一般为 20 ~ 120s，壁厚特别大的可达 5 ~ 10min。其值不仅与塑件的结构尺寸有关，而且与料温、主流道及浇口大小有密切关系。合理、恰当的保压时间应在保压压力和注射温度条件确定后，根据塑件的使用要求试验确定。具体办法是先用较短的保压时间成型塑件，脱模后检查塑件质量，然后逐次延长保压时间进行试验，直到塑件质量达到使用要求为止。如果工艺条件正常，主流道及浇口尺寸合理，通常以塑件收缩率波动范围最小为保压时间的最佳值。

冷却时间主要取决于塑件的壁厚、模具的温度、塑料的热性能和结晶性能。冷却时间的长短应以保证塑件脱模时不引起变形为原则，一般为 30 ~ 120s。冷却时间过长，不仅增长了成型周期，有时还会造成塑件脱模困难，强行脱模会导致塑件应力过大而破裂。为了缩短冷却时间，生产中有时采用这种方法，即不待塑件全部冷却到脱模温度，而只要塑件从表层向内有一定厚度的塑料冷却到脱模温度，同时具有一定刚度可以避免塑件翘曲变形时，便可开启模具取出塑件，然后使塑件在模外自行冷却，或浸浴在热水中逐渐冷却。

成型周期中的其他时间与生产自动化程度和生产组织管理有关，应尽量缩短这些时间，以缩短成型周期，提高劳动生产率。常用热塑性塑料成型周期中的时间可参考表 2-23 确定。

2. 常用塑料的成型工艺条件与应用实例

通过分析可以看出，注射成型工艺条件的正确选择对保证注射成型的顺利进行和塑件质量是至关重要的。同时又可以看出，影响这些工艺条件的因素比较复杂，它们之间的关系又十分密切。因此，要准确地确定成型工艺条件，既要对工艺条件的影响因素及其相互关系有较深入的了解，又要有较丰富的实践经验。尽管如此，在实际生产中往往还得通过对塑件的直观分析或“对空注射”进行检查，然后酌情调整原定工艺条件并加以修正。

表 2-23 列出了常用热塑性塑料注射成型的工艺条件，表 2-24 列出了热塑性塑料注射模塑产生废品的类型及原因。

表 2-23　常用热塑性塑料注射成型的工艺条件

项目	塑料名称	醋酸纤维素	硬聚氯乙烯	增强尼龙	聚丙烯	聚碳酸酯	聚砜	聚甲醛	ABS	聚苯醚	高密度聚乙烯
	注射机类型	柱塞式	螺杆式								
温度/℃	料筒温度（后）	150~170	160~170	230~240	160~170	240~270	250~270	160~170	180~200	230~240	140~160
	料筒温度（中）	—	165~180	270~280	200~220	260~290	280~300	170~180	210~230	250~280	180~200
	料筒温度（前）	170~190	170~190	250~260	180~200	240~280	310~330	180~190	200~210	260~290	240~470
	喷嘴温度	150~180	150~170	250~260	170~190	230~250	290~310	170~180	180~190	250~280	290~300
	模具温度	40~70	30~60	110~120	40~80	90~110	130~150	90~120	50~70	110~150	30~60
压力/MPa	注射压力	60~130	80~130	80~130	70~120	110~140	80~200	80~130	70~90	80~200	70~100
时间/s	注射时间	15~45	15~60	20~60	20~60	20~80	30~90	20~90	15~30	30~90	15~60
	高压时间	0~3	0~5	2~5	0~5	0~5	0~5	0~5	3~5	0~5	0~5
	冷却时间	15~45	15~60	20~60	15~50	20~50	30~60	20~60	15~30	30~60	15~60
	总周期	40~100	40~130	50~130	40~120	50~130	65~160	50~160	40~70	70~160	40~140
螺杆转速/r·min^{-1}			20~30	20~40	30~60	20~40	28	28	30~60	28	30~60
收缩率（%）		1~1.5	1~1.5	0.7~1	1~3	0.5~0.7	0.6~1	2~3	0.4~0.7	0.7~1	1.5~3
后处理	方法			油，盐水		红外灯，烘箱	红外灯，甘油，烘箱	红外灯，烘箱		红外灯，甘油	
	温度/℃			100~110		100~130	110~130	140~145	70	150	
	时间/h			4		2~8 或 1~2h/mm	4~8	4	2~4	<4	
	备注		含增塑剂 10 份以下	玻璃纤维含量 30%			特性粘度 0.6 左右	共聚甲醛			

表 2-24　热塑性塑料注射模塑产生废品的类型及原因

名称	制品缺陷（图示）	注射机或成型条件问题	模具或材料（塑料原料）问题
飞边	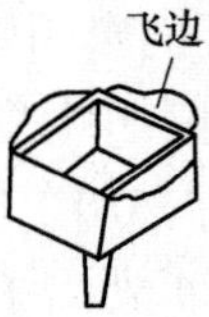	1. 注射压力太大 2. 锁模力不够 3. 加料量过大 4. 料温过高 5. 保压时间过长	1. 模具配合面不严 2. 成型期间塑料原料黏性太低

（续）

名称	制品缺陷（图示）	注射机或成型条件问题	模具或材料（塑料原料）问题
填充不满	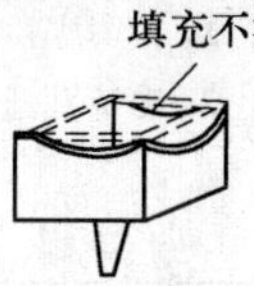	1. 注射机的注射能力不够 2. 加料量不够 3. 注射压力太低 4. 料温太低导致塑料熔体流动不好 5. 注射速度太慢 6. 注射机喷嘴有异物阻塞	1. 浇口平衡不好（对于一模多腔模具） 2. 模具温度太低 3. 排气不良 4. 流道、浇口过小 5. 浇口、流道有异物阻塞 6. 塑料原料的流动性不好
熔接痕	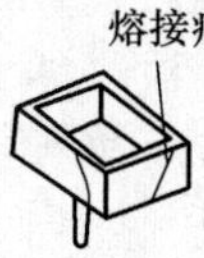	1. 料温过低 2. 注射压力过低 3. 注射速度过慢 4. 注射机喷嘴温度过低	1. 模具温度较低 2. 浇口的数目与位置不合适 3. 塑料原料不够干燥 4. 塑料原料的流动性差
流痕		1. 料温太低导致塑料流动性不好 2. 注射速度较低 3. 注射机喷嘴过小 4. 保压压力不够	1. 模具温度过低 2. 模具冷却不良 3. 塑料原料的流动性差
弯曲		1. 注射压力过高 2. 保压压力过高 3. 保压时间过长 4. 注射速度过慢	1. 脱模斜度设计不当 2. 顶出机构设计不当 3. 模具温度过高 4. 模具冷却不充分
黑斑		1. 料温过高，局部过热 2. 喷嘴内有杂质 3. 保压时间过长	1. 型腔内有杂质 2. 通过浇口时，摩擦热过高 3. 塑料原料分解
喷痕	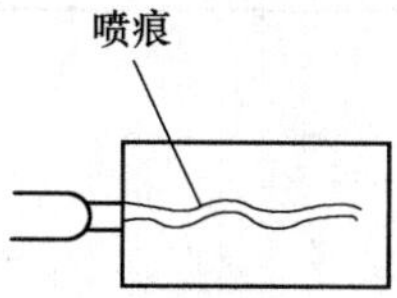	1. 喷嘴温度过低 2. 料温过低 3. 注射速度过快	1. 浇口位置不合适 2. 浇口尺寸不合适 3. 模具温度过低
银线		1. 塑化不良（注射机塑化能力不够） 2. 料温过高导致塑料过热分解 3. 注射速度过快 4. 注射压力过大 5. 背压过低	1. 模具温度过低 2. 排气不良 3. 浇口布局不好 4. 型腔设计不好 5. 塑料原料不够干燥

（续）

名称	制品缺陷（图示）	注射机或成型条件问题	模具或材料（塑料原料）问题
局部开裂	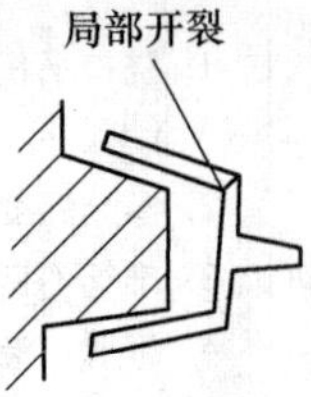	1. 注射压力过高 2. 保压压力过高 3. 保压时间过长 4. 加料量不足 5. 料温偏高	1. 模具温度过高 2. 喷嘴孔过大于流道孔
云纹（气纹）	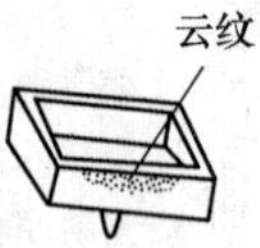	1. 喷嘴温度过低 2. 塑料熔化不匀，局部过热 3. 注射速度过高或过低	1. 模具温度过高或过低 2. 流道或浇口尺寸过小 3. 模具型腔（型芯）表面有水或油 4. 塑料原料的烘干温度或时间不够 5. 塑料原料中润滑剂挥发
缩孔		1. 注射压力过低 2. 保压时间过短 3. 注射时间过短 4. 加料量不够 5. 料温偏高	1. 模具温度偏离或不均 2. 浇口偏小 3. 流道过于窄小，产生较大阻力 4. 制品壁过厚或不均 5. 塑料原料收缩率过大
龟裂		1. 注射压力过高 2. 料温过低导致流动性不好 3. 保压压力过高 4. 保压时间过长	1. 模具温度过低 2. 型腔设计不良 3. 塑料原料黏性不良 4. 塑料原料退火不良
空洞	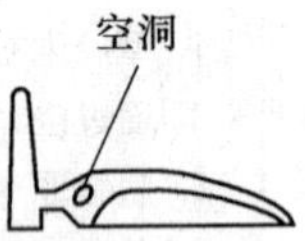	1. 注射压力过低 2. 保压压力不够 3. 注射速度过快或过慢 4. 保压时间短	1. 模具排气不好 2. 壁厚设计不均 3. 浇口位置不好 4. 浇口、流道尺寸过小 5. 塑料原料收缩率大

2.3　任务实施

完成图 2-1 所示的塑料成型工艺规程编制任务。

1. 塑件的分析

（1）塑料的分析　塑料的分析包括两个方面的内容：即使用性能和工艺性能。分析塑料的使用性能可判断塑料能否满足塑件的使用要求；分析塑料的工艺性能可为成型工艺过程及工艺条件的确定提供依据，同时可以明确所用塑料在实际生产条件下成型加工的可能性。

塑料盆采用聚丙烯为原料，属热塑性塑料。表 2-25 所列为分析的内容及结论。

表2-25 聚丙烯材料使用性能及工艺性能分析表

分析项目			结论
使用性能	塑料品种	聚丙烯，属于热塑性塑料	塑料盆采用聚丙烯塑料能满足使用要求
	结构特点	线型结构，结晶型塑料	
	使用温度	-15~100℃	
	性能特点	密度小，强度、刚性、硬度、耐热性均优于高密度聚乙烯，具有优良的耐蚀性和良好的高频绝缘性，不受湿度影响，但低温变脆，不耐磨，易老化	
	用途	适于制作一般机械零件、耐蚀零件和绝缘零件	
工艺性能	1. 结晶型塑料，吸湿性强，可能发生熔体破裂，长期与热金属接触易分解 2. 流动性良好，溢边值约为0.03mm 3. 成型收缩范围大，收缩率大，易发生缩孔、凹痕、变形，取向性强 4. 注意控制成型温度，料温低取向性明显，尤其高压低温时更明显。模具温度低于50℃以下塑料无光泽，易产生熔接痕、流痕；90℃以上时易发生翘曲、变形 5. 塑件应壁厚均匀，避免缺口、尖角，以防止应力集中		1. 结晶聚合物，冷却时伴随结晶有明显体积收缩，应注意控制模具温度、熔融温度、保压时间等，以减少收缩 2. 熔体粘度的变化与温度关系不大，而主要与剪切速率有关。要改善其流动性，调节压力比调节温度重要 3. 冷却速度快，浇注系统及冷却系统散热应适度 4. 分子取向在低温、高压注射更容易发生，需注意选择适当的成型温度和注意模温 5. 聚丙烯的吸水率小，加工前不必干燥；但为了提高制品质量，可于80~100℃预热

（2）塑件结构、尺寸及公差、技术标准的分析　塑料盆内、外表面形状简单，易于成型；壁厚均匀，平均为1.5mm，属于薄壳类零件；尺寸精度要求较低；表面质量要求较高，表面应光泽、无缺陷。

塑件尺寸公差可查表2-7和表2-8确定，塑件的表面粗糙度可查表2-9确定。

2. 确定成型方法和工艺流程

根据塑件的结构（内、外表面形状简单，易于成型）、尺寸（直径为390mm）、生产批量（年产量50万件）等要求，可采用注射成型工艺。

3. 成型工艺条件的确定

查表2-23或塑料模具设计手册确定成型工艺参数：温度、压力、时间（成型周期）等，结果如下：

1）注射成型温度：180~220℃。

2）注射压力：70~120MPa。

3）模具温度：40~60℃。

4）成型周期：40~50s。

4. 填写塑料成型工艺卡片

塑料盆注射成型工艺卡片见表2-26。

表 2-26　塑料盆注射成型工艺卡片

<table>
<tr><td colspan="3">(厂名)</td><td colspan="2" rowspan="2">塑料注射成型工艺卡片</td><td>资料编号</td><td></td></tr>
<tr><td>车间</td><td colspan="2"></td><td>共　页</td><td>第　页</td></tr>
<tr><td>零件名称</td><td colspan="2">塑料盆</td><td>材料牌号</td><td>聚丙烯</td><td>设备型号</td><td>*</td></tr>
<tr><td>装配图号</td><td colspan="2"></td><td>材料定额</td><td></td><td>每模制件数</td><td>1 件</td></tr>
<tr><td>零件图号</td><td colspan="2"></td><td>单件质量</td><td>* g</td><td>工装号</td><td></td></tr>
<tr><td colspan="4" rowspan="14">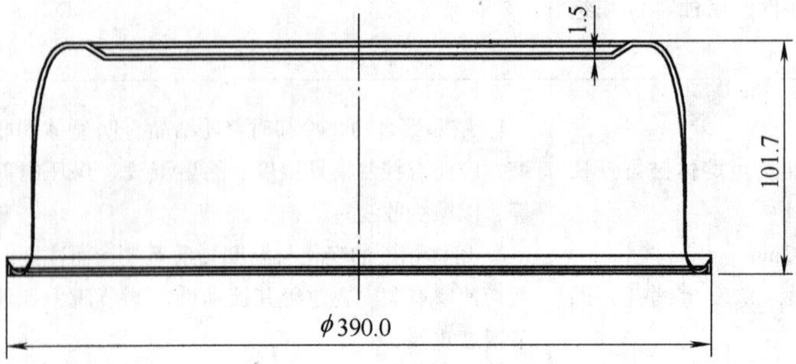
</td><td rowspan="3">材料干燥</td><td>设备</td><td></td></tr>
<tr><td>温度/℃</td><td>80 ~ 100</td></tr>
<tr><td>时间/h</td><td>1 ~ 2</td></tr>
<tr><td rowspan="4">料筒温度/℃</td><td>料筒后段</td><td>160 ~ 180</td></tr>
<tr><td>料筒中段</td><td>200 ~ 220</td></tr>
<tr><td>料筒前段</td><td>180 ~ 200</td></tr>
<tr><td>喷嘴</td><td>170 ~ 190</td></tr>
<tr><td colspan="2">模具温度/℃</td><td>40 ~ 80</td></tr>
<tr><td rowspan="3">时间/s</td><td>注射</td><td>0 ~ 5</td></tr>
<tr><td>保压</td><td>20 ~ 30</td></tr>
<tr><td>冷却</td><td>15 ~ 30</td></tr>
<tr><td rowspan="3">压力/MPa</td><td>注射压力</td><td>70 ~ 120</td></tr>
<tr><td>保压压力</td><td>50 ~ 60</td></tr>
<tr><td>塑化压力</td><td>2 ~ 6</td></tr>
<tr><td rowspan="2">后处理</td><td>温度/℃</td><td colspan="2"></td><td rowspan="2">时间定额/min</td><td>辅助</td><td>0.5</td></tr>
<tr><td>时间/min</td><td colspan="2"></td><td>单件</td><td>0.5 ~ 1</td></tr>
<tr><td>检验</td><td colspan="6"></td></tr>
<tr><td>编制</td><td>校对</td><td>审核</td><td>组长</td><td>车间主任</td><td>检验组长</td><td>编制</td></tr>
<tr><td></td><td></td><td></td><td></td><td></td><td></td><td></td></tr>
<tr><td>备注</td><td colspan="6">1. 由于 PP 塑料成型收缩率波动范围较大，若需严格控制塑件尺寸，成型时应按试模工艺严格控制工艺参数，确保收缩率波动范围小于 0.9%
2. 表中数据在试模时适当调整
3. 成型时应按试模工艺严格控制工艺参数</td></tr>
</table>

注：“ * ”表示后续设计完成后填写的内容。

【思考与练习】

1. 塑料的成型方法有哪些？各有何特点？
2. 塑料的主要成分是什么？各成分的作用是什么？
3. 热塑性塑料和热固性塑料的本质区别是什么？写出你知道的热塑性塑料和热固性塑料制品的名称及采用的材料。常用的热塑性塑料和热固性塑料有哪些（分别写出中文名称和缩写代号）？
4. 什么是粘度？η 和 η_a 的区别是什么？影响粘度的因素有哪些？
5. 塑料熔体的粘度随剪切速率的变化对塑料成型加工有何指导意义？
6. 温度、压力和时间如何影响塑料熔体？

7. 塑料熔体流出流道或浇口时会发生什么变化?

8. 什么是失稳流动? 什么是熔体破裂? 应如何克服?

9. 聚合物结晶的特点是什么? 结晶对塑料性能有何影响? 在塑料加工过程中有哪些因素影响结晶? 结晶型塑料与无定型塑料在加热熔融、冷却凝固和尺寸收缩等方面有什么差别?

10. 何为聚合物取向? 取向对塑料的性能有何影响?

11. 什么是内应力? 塑件中内应力的存在对塑件质量有何影响?

12. 什么是熔接痕? 熔接痕对塑件质量有何影响?

13. 为什么有的塑料热稳定性好, 有的热稳定性差? 举例说明塑料热稳定性对塑件质量的影响。

14. 什么是过熟? 什么是欠熟? 它们对塑件质量有何影响?

15. 什么是塑料的使用性能? 什么是塑料的工艺性能? 各包含哪些内容?

16. 用哪些指标衡量塑料的流动性? 它对成型有何影响?

17. 为什么塑料制品的收缩称为成型收缩? 成型收缩对塑件质量有何影响?

18. 在编制塑料成型工艺规程和设计模具之前, 为什么要认真分析塑件的工艺性? 塑件的工艺性包括哪些内容?

19. 影响塑件尺寸精度的因素有哪些?

20. 试确定注射塑件（材料 PC）上的孔类尺寸 80mm、轴类尺寸 60mm（材料 PA-1010）和中心距尺寸 30mm（材料 PP）的公差。

21. 塑件的表面质量受哪些因素影响?

22. 塑件上为何要设计脱模斜度? 脱模斜度值的大小与哪些因素有关?

23. 塑件的壁厚过薄或过厚会导致制件产生哪些缺陷?

24. 为何要采用加强筋? 设计加强筋时应遵守哪些原则?

25. 塑件转角处为何要采用圆弧过渡? 哪些情况不宜设计为圆角?

26. 为什么要尽量避免塑件上具有侧孔或侧凹? 可强制脱模的侧凹的条件是什么?

27. 塑件上带有的螺纹可用哪些方法获得? 每种方法的优缺点如何?

28. 为什么有的塑件要设置嵌件? 设计塑件的嵌件时需要注意哪些问题?

29. 简述聚丙烯塑料成型工艺特点。

30. 简述聚碳酸酯塑料成型工艺特点。

31. 为什么成型前要对某些物料进行干燥处理? 料斗干燥工艺有何优点?

32. 清洗料筒常用什么方法? 应注意哪些问题?

33. 为什么要预热嵌件?

34. 何为倒流? 倒流对塑件质量有何影响?

35. 何为脱模条件? 影响塑件正常脱模的因素有哪些?

36. 何为退火? 其作用是什么? 何为调湿处理? 其作用是什么?

37. 注射机料筒温度分几段控制? 应如何确定?

38. 模具温度对注射成型有何影响? 选择模具温度的原则是什么?

39. 注射压力高低对熔体流动充模及制件质量有何影响?

第 3 章　单分型面注射模设计

【教学目标】

本章主要介绍热塑性塑料单分型面注射模设计的基本内容。

通过典型模具设计工作任务训练，学生应初步掌握设计单分型面注射模的基本技能，为更好地适应生产一线的模具技术和管理工作打下基础。

3.1 任务引入

批量生产图 3-1 所示的放大镜模型，选用 PP 塑料，试设计一套单分型面注射模。设计流程如图 3-2 所示。通过训练，学生应掌握单分型面注射模设计的基本原则，熟悉注射成型工艺的设计，会设计并绘制单分型面注射模总装配图及非标准模具零件图，会编写设计计算说明书。

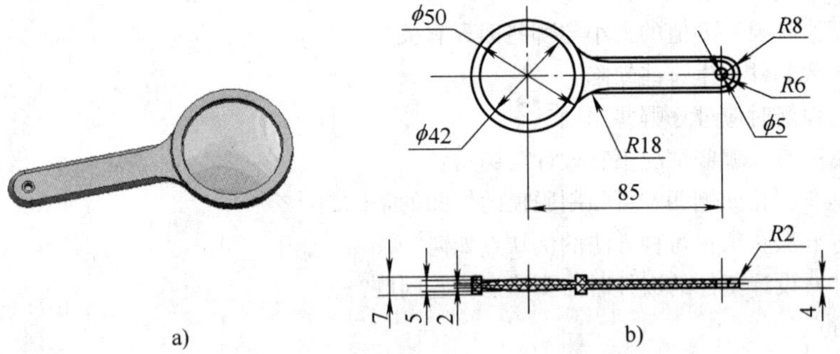

技术要求

1. 未注圆角 R1。
2. 未注尺寸参照三维图。
3. 镜面尺寸公差按 GB/T 14486—2008 高级精度，其余按低级精度制造。

图 3-1　放大镜模型制件

a）三维图　b）二维图

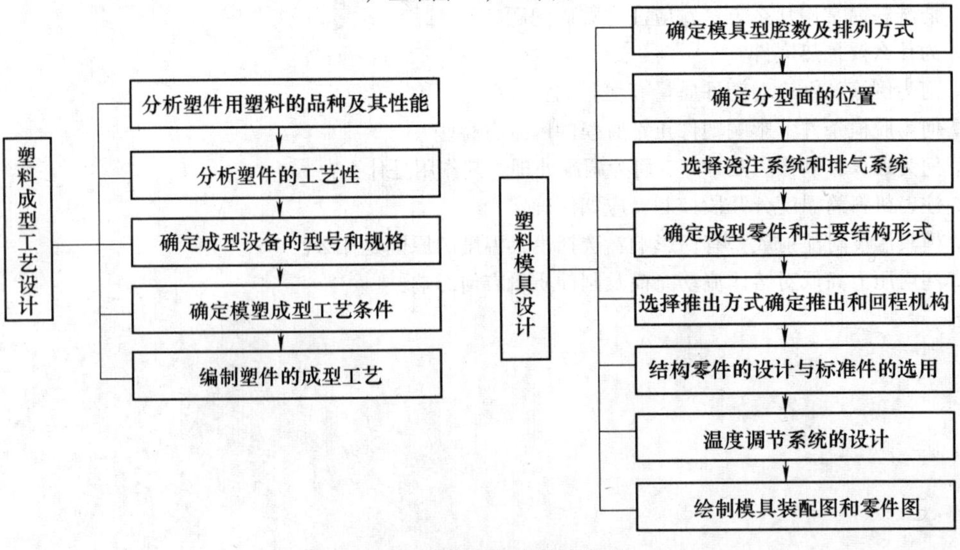

图 3-2　注射模设计的基本流程

3.2　相关知识

3.2.1　典型单分型面注射模结构

1. 注射模的分类及组成

（1）注射模的分类　注射模的种类很多，通常可按以下方式进行分类。

1）按成型的塑料材料，可分为热塑性塑料注射模和热固性塑料注射模。

2）按注射机的类型，可分为立式注射机用注射模、卧式注射机用注射模、角式注射机用注射模。

3）按注射模的结构特征，可分为单分型面注射模、双分型面注射模、侧向分型与抽芯注射模、有活动镶件的注射模、注射模自动卸螺纹注射模和无流道注射模等。

4）按浇注系统结构形式可分为普通浇注系统注射模、热流道浇注系统注射模。

5）按成型技术可分为精密注射模、气辅成型注射模、双色注射模、注射压缩模等。

（2）单分型面注射模的组成　不同类型的注射模，其结构和复杂程度各不相同，但其基本结构都由定模和动模两部分组成。其中定模安装在注射机的固定模板上，动模安装在注射机的移动模板上，由注射机的合模系统带动动模运动，完成动模、定模的开合及塑件的推出。

按模具上各个部分的功能和作用来分，注射模一般由以下几个部分组成，如图 3-3 所示。

1）成型部分。成型零部件是指组成模具型腔直接形成塑件的零件。凸模形成塑件的内表面形状，凹模形成塑件的外表面形状。合模后凸模和凹模便构成了模具的型腔。在图 3-3 所示的模具中，型腔是由动模板 1、定模板 2、凸模 7 等形成的。

2）浇注系统。熔融塑料从注射机喷嘴进入模具型腔所流经的通道称为浇注系统。浇注系统由主流道、分流道、浇口及冷料穴等组成，它直接影响塑件能否成型及塑件的质量。

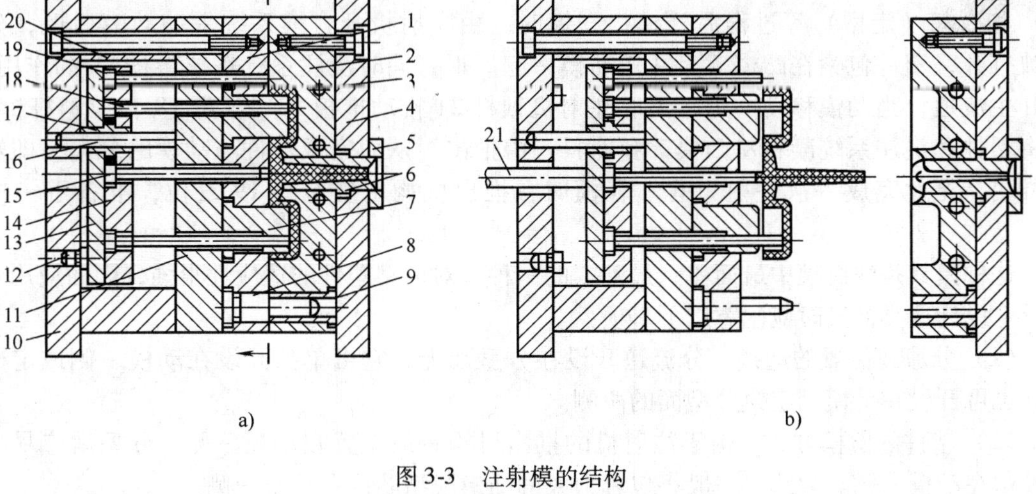

图 3-3　注射模的结构

a）闭模状态　b）开模状态

1—动模板　2—定模板　3—冷却水道　4—定模座板　5—定位圈　6—浇口套　7—凸模　8—导柱　9—导套　10—动模座板　11—支承板　12—限位柱　13—推板　14—推杆固定板　15—拉料杆　16—推板导柱　17—推板导套　18—推杆　19—复位杆　20—垫块　21—注射机顶杆

3）导向机构。合模导向机构用于保证动模、定模合模时正确对合和推出机构运动平稳。为了确保动模、定模之间的正确导向与定位，需要在动模、定模部分采用导柱、导套（图 3-3 中件 8、件 9）或在动模、定模部分设置互相吻合的内外锥面导向。推出机构的导向通常由推板导柱和推板导套（图 3-3 中件 16、件 17）组成。

4）推出机构。推出机构是模具分型后将塑件从模具中推出的装置。一般情况下，推出机构由推杆、复位杆、推杆固定板、推板、主流道拉料杆及推板导柱和推板导套等组成。图 3-3中的推出机构由推板 13、推杆固定板 14、拉料杆 15、推板导柱 16、推板导套 17、推杆 18 和复位杆 19 等组成。

5）温度调节系统。为了满足注射工艺对模具温度的要求，必须对模具的温度进行控制，所以模具常常设有冷却或加热的温度调节系统。冷却系统一般在模具上开设冷却水道（图 3-3 中件 3），加热系统则在模具内部或四周安装加热元件。

6）排气系统。排气系统是指在注射过程中，为将型腔内的空气及塑料制品在受热和冷凝过程中产生的气体排出去而开设的气流通道。排气系统通常是在分型面处开设排气槽，有的也可利用活动零件的配合间隙或透气金属块排气。

7）支承零部件。用来安装固定或支承前述各部分机构的零部件均称为支承零部件。它们与导向机构组装构成注射模的基本骨架。

此外，为了将型腔中的空气及注射成型过程中塑料本身挥发出来的气体排出模外，常常需要开设排气系统。对于一些大型深壳塑料制品，脱模时制品内腔表面与型芯表面之间形成真空，制品难以脱模，需要设置引气装置。

2. 单分型面注射模的工作原理

单分型面注射模又称为二板式注射模，这种模具只在动模板和定模板之间存在一个分型面，其典型结构如图 3-3 所示，其工作原理及过程如下：

合模时，在导柱 8 和导套 9 的引导下动模与定模正确对合，并在注射机提供的锁模力作用下，动定模紧密贴合；注射时，塑料熔体由模具浇注系统进入型腔，经过保压（补缩）和冷却（定型）等过程后开模；开模时，由注射机开合模系统带动动模后退，分型面被打开，塑件包紧在凸模 7 上并随动模一起后退，同时浇注系统在拉料杆 15 的作用下，离开主流道；当动模移动一定距离后注射机顶杆 21 推动推板 13、推杆 18 和拉料杆 15 分别将塑件和浇注系统凝料从凸模 7 和冷料穴中推出，从而完成塑件与动模的分离，即塑件被推出，至此完成一次注射过程。合模时，推出机构由复位杆 19 复位，准备下一次注射。

这种模具是注射模中最简单、最基本的一种，对成型塑件的适应性很强，因而应用十分广泛。设计这类模具时应注意以下事项：

（1）分流道位置的选择　分流道开设在分型面上，它可单独开设在动模一侧或定模一侧，也可开设在动模、定模分型面的两侧。

（2）塑件的留模方式　由于注射机的推出机构一般设置在动模一侧，分型后应尽量将塑件留在动模一侧。为此，一般将包紧力大的凸模或型芯设在动模一侧。

（3）拉料杆的设置　为了将主流道浇注系统凝料从模具浇口套中拉出，避免下一次成型时堵塞流道，动模一侧必须设有拉料杆或拉料穴。

（4）导柱的设置　单分型面注射模的合模导柱既可设置在动模一侧，也可设置在定模一侧，根据模具结构的具体情况而定，通常设置在型芯凸出分型面最长的那一侧。需要指出的是，标准模架的导柱一般都设置在动模一侧。

（5）推杆的复位　推杆有多种复位方法，常用的机构有复位杆复位和弹簧复位两种形式。

总之，单分型面注射模是一种最基本的注射模结构，根据具体塑件的实际要求，单分型面注射模也可增添其他部件，如嵌件、螺纹型芯或活动型芯等，在这种基本形式的基础上可演变出各种复杂的结构。

3.2.2　分型面的选择与浇注系统的设计

在模具结构设计之前通常首先要确定模具分型面确定型腔数目，设计浇注系统和排气系统。分型面是决定模具结构的重要因素。浇注系统分为普通浇注系统和热流道浇注系统，其中普通浇注系统包括主流道、分流道和浇口等。浇注系统的分流道一般开设在动模和定模的分型面上，因此分型面的选择与浇注系统的设计密切相关。分型面与浇注系统确定后，塑件在模具中的位置也就确定了。

1. 分型面的选择

（1）分型面的形状　模具上用以取出塑件和浇注系统凝料的可分离的接触表面称为分型面。分型面是决定模具结构形式的重要因素，直接影响塑料熔体的流动、充填性能及塑件的脱模。

分型面按其数目可分为单分型面、双分型面和多分型面。分型面按其形状可分为平直面、垂直面、斜平面、阶梯面、曲面，如图 3-4 所示。其中平直分型面结构简单，加工方便，经常采用。

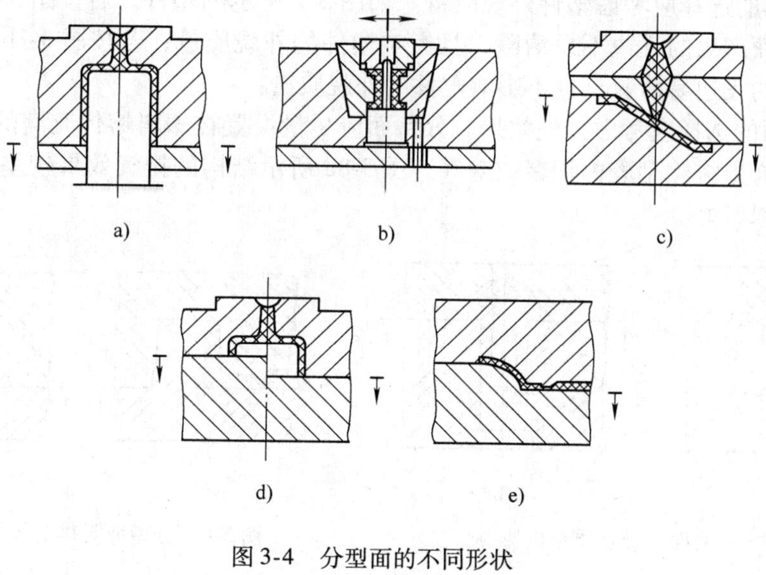

图 3-4　分型面的不同形状

a）平直分型面　b）垂直分型面　c）倾斜分型面　d）阶梯分型面　e）曲面分型面

在图样上表示分型面的方法是在分型面投影的延长线上画出一小段直线表示分型面的位置，为更清楚地表示出开模方向，可用箭头表示开模方向或模板可移动的方向，若其中一方不动，另一方作移动，用符号“⊢”表示，若双向移动，则用符号“⊣⊢”表示（图 3-4）。如果是多分型面，则用大写字母（如“*A—A*”、“*B—B*”、“*C—C*”，也可用罗马数字）表示开模的前后顺序。

（2）分型面的选择原则　分型面的选择是一个比较复杂的问题，影响因素比较多。选择分型面一般应遵循以下原则：

1）分型面应设置在塑件外形最大轮廓处，否则塑件无法取出。

2）分型面应设置在动模一侧，方便塑件顺利脱模。如图 3-5 所示的塑件，若按图 3-5a 所示方式分型，则塑件收缩后包在定模型芯上，分型后塑件留在定模内，这样应该在定模一侧设置推出机构，从而增加了模具的复杂程度；若按图 3-5b 所示方式分型，则塑件留在动模一侧。

3）分型面的选择应保证塑件的精度要求。图 3-6 所示为一双联齿轮，若按图 3-6a 所示的方式设置分型面，两部分齿轮分别在动模、定模内成型，则合模精度的影响会导致齿轮的同轴度误差增大；若按图 3-6b 所示的方式分型，则能有效提高其同轴度精度。

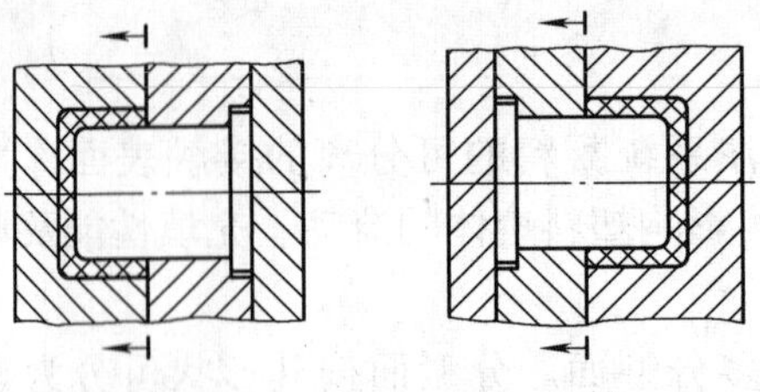

a)　　b)

图 3-5　分型面对脱模的影响

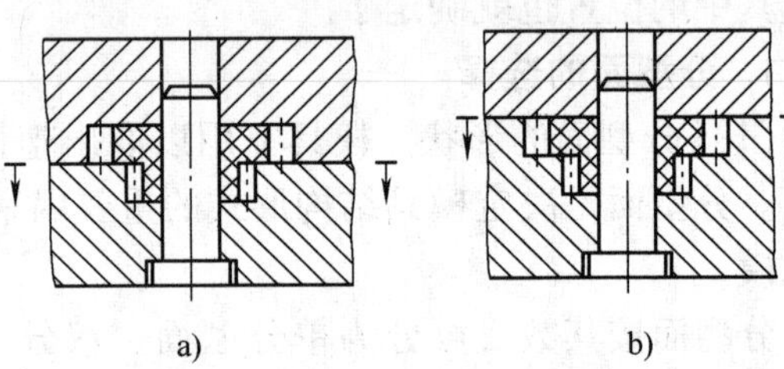

a)　　b)

图 3-6　分型面对塑件精度的影响

4）分型面的选择应考虑塑件外观质量。如图 3-7 所示的塑件，若按图 3-7a 所示的方式分型，则分型面产生的飞边不易清除，且影响塑件的外观质量；若按图 3-7b 所示的方式分型，则所产生的飞边易清除，且不影响塑件的外观质量。

5）分型面的选择应考虑排气效果。分型面应尽量设置在塑料熔体充满的末端处，这样分型面就可以有效排除型腔内积聚的空气。图 3-8a 所示结构的排气效果较差，图 3-8b 所示结构的排气效果较好。

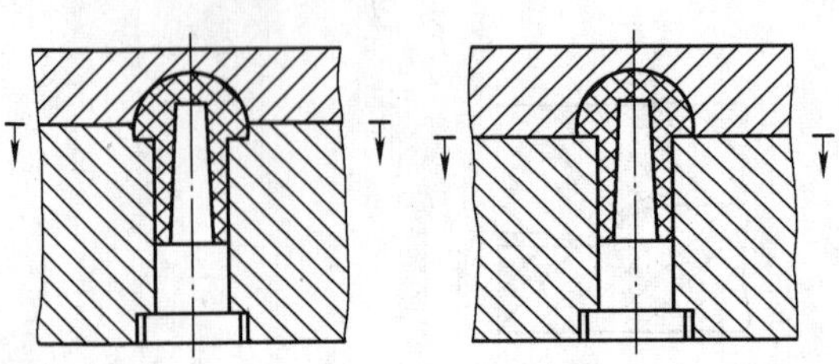

a)　　b)

图 3-7　分型面对外观质量的影响

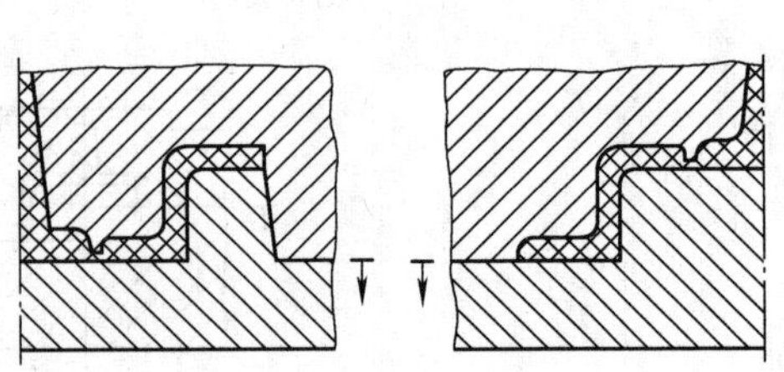

a)　　b)

图 3-8　分型面对排气效果的影响

6）尽可能满足制品的使用要求。在注射成型过程中，脱模斜度、飞边、推杆及浇口痕迹等工艺缺陷是难免的。选择分型面时，应尽量避免工艺缺陷对制件的使用功能造成影响。如图 3-9 所示，图 3-9a 中制件两端尺寸差异过大，图 3-9b 所示的结构分别在动模、定模设计型腔，可减小制件轴向上壁厚的差异。

7）有利于防止溢料。注射机一般都规定其允许使用的最大成型面积及锁模力，当二者受限时，应尽量减小塑件在垂直于开合模方向（铅垂方向）上的投影面积，以减小所需的锁模力。图 3-10 所示为弯板结构制品模具，图 3-10a 所示的结构比图 3-10b 所示的结构成型时所需的锁模力小，能防止溢料。

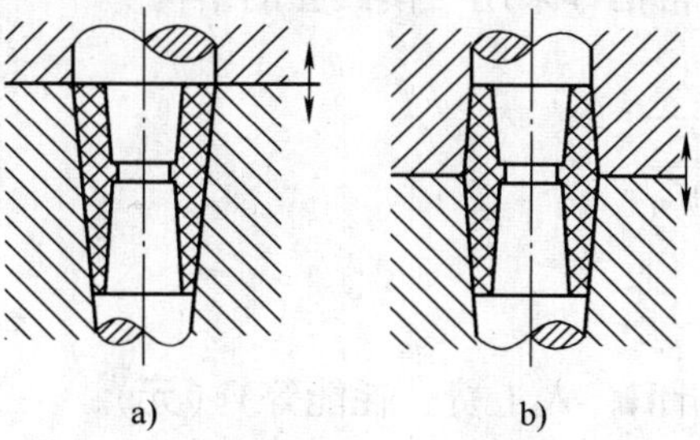

图 3-9　分型面满足塑件的使用要求

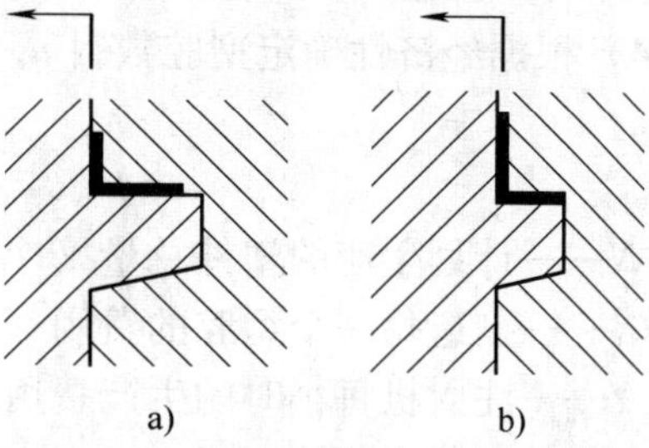

图 3-10　分型面对锁模力的影响

除此之外，选择分型面时，还要考虑模具零件制造的难易程度，以及侧向抽芯方便与否。总之，影响分型面的因素很多，设计时在保证塑件质量的前提下，模具的结构越简单越好。

2. 型腔数目的确定

设计模具时需要确定最经济的型腔数目。型腔数目确定的常用方法有四种：即根据注射机的最大注射量确定型腔的数目；根据注射机锁模力确定型腔数目；根据成型件的精度确定型腔数目和根据经济性确定型腔数目。

（1）根据注射机的最大注射量确定型腔数目 n_1（一般不超过注射机最大注射量的 80%）

$$n_1 \leqslant \frac{km_{max} - m_j}{m_i}$$

式中　k——最大注射量的利用系数，一般取 0.8；

m_{max}——注射机的最大注射量（cm^3 或 g）；

m_j——浇注系统及飞边的体积或质量（cm^3 或 g）；

m_i——单个塑件的体积或质量（cm^3 或 g）。

（2）根据注射机锁模力确定型腔数目 n_2

$$n_2 = \frac{(F/p_c) - B}{A}$$

式中　F——注射机锁模力（N）；

p_c——塑料熔体对型腔的平均成型压力（N/m^2）；

A——单个塑件在模具分型面上的投影面积（m^2）；

B——浇注系统（流道、浇口）的投影面积（m^2）。

（3）根据成型件的精度确定型腔数目 n_3

$$n_3 = 2500 \frac{x}{\Delta L} - 24$$

式中　x——塑件的尺寸公差（mm）；

L——塑件的基本尺寸（mm）；

Δ——单腔注射模加工时，各种塑件的尺寸公差；POM 取 ±0.2%，PA 取 ±0.3%，PC、PVC、ABS 取 ±0.05%。

根据经验，每增加一个型腔，塑件的尺寸精度降低 4%。模具型腔数越多，制造精度越低，塑件精度也越低。因此，对于高精度塑件，通常推荐采用一模四腔的结构。

（4）根据经济性确定型腔数目 n_4

$$n_4 = \sqrt{\frac{NYt}{3600C_1}}$$

式中 N——计划生产的塑件总量（个）；

C_1——制造每一个型腔的费用（元）；

Y——注射机每小时的生产费用（包括设备折旧、人工费、耗能等）（元）；

t——注射成型周期（min）。

综上所述，模具的型腔数目必须取 n_1、n_2、n_3 中的最小者（取整数），n_4 供参考。当型腔数目接近 n_4 时，表明取得较佳的经济效果。

3. 浇注系统的设计

浇注系统是模具中由注射机喷嘴到型腔之间的一段进料通道，其设计直接影响塑件的质量及成型效率。浇注系统的作用是：将塑料熔体均匀地送到每个型腔，并将注射压力有效地传送到型腔的各个部位，以获得形状完整、质量优良的塑件。浇注系统分为普通浇注系统和热流道浇注系统两大类，以下仅介绍普通浇注系统的相关内容。

（1）普通浇注系统的组成及设计原则

1）普通浇注系统的组成。普通浇注系统一般由主流道、分流道、浇口和冷料穴四部分组成。常见的注射模浇注系统如图 3-11 所示。

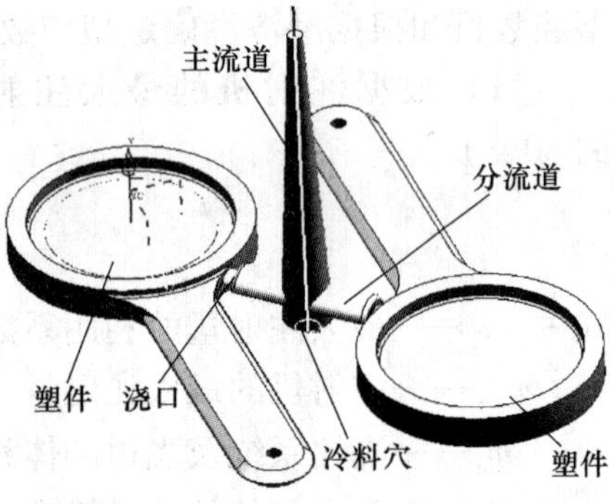

图 3-11 注射模浇注系统的组成

主流道是指从注射机喷嘴与模具接触处开始到分流道或型腔为止的塑料熔体的流动通道。分流道是指主流道末端与浇口之间塑料熔体的流动通道。浇口是连接分流道与型腔的塑料熔体通道，一般情况下是浇注系统中截面尺寸最小的部位。冷料穴是为储存料流中的前锋冷料而设置的，一般设置在主流道末端。有时分流道的末端也设置冷料穴。

按照主流道的轴线与分型面的关系，普通浇注系统可分为直浇注系统和横浇注系统。在卧式和立式注射机中，主流道轴线垂直于分型面，属于直浇注系统，如图 3-11 所示。在角式注射机中，主流道轴线平行于分型面，属于横浇注系统。

2）普通浇注系统的设计原则。浇注系统的设计是注射模设计的一个重要环节，它对塑件的性能、尺寸精度、成型周期以及模具结构、塑料的利用率等都有直接的影响，设计时应遵循以下原则。

① 充分考虑塑料熔体的流动性和结构工艺性。设计浇注系统时应利用塑料熔体的流动特性和塑件的结构工艺性，并进行相应的校核，保证塑料熔体以尽可能低的表观粘度和较快的速度充满模具的整个型腔。

② 热量和压力损失要小。尽量缩短浇注系统的长度，减少流道的弯折。

③ 确保均衡进料。尽可能使模具的各个型腔同时进料、同时充满，以保证塑件质量。

④ 排气性好。浇注系统应顺利平稳地引导塑料熔体充满型腔，使浇注系统和型腔内原有的气体排出，避免因排气不良而造成气泡、烧焦等成型缺陷。

⑤ 塑料耗量要少。在满足各型腔充满的前提下，浇注系统的容积应尽量小，以减少塑料耗量，降低生产成本。

（2）普通浇注系统的设计

1）主流道的设计。主流道一般位于模具中心线上，它与注射机喷嘴的轴线重合。主流道一般设计得比较粗大，以利于熔体顺利地向分流道流动；但又不能过大，否则会造成塑料消耗增多。反之，主流道也不宜过小，否则熔体的流动阻力增大，压力损失增大，不利于充模。因此，主流道的尺寸必须恰当。通常对于粘度大的塑料或尺寸较大的塑件，主流道的截面尺寸应设计得大一些；对于粘度小的塑料或尺寸较小的制品，主流道的截面尺寸应设计得小一些。

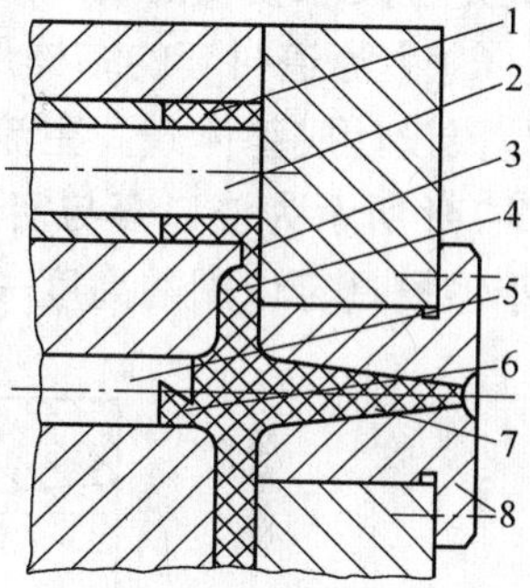

图3-12　常见的注射模浇注系统

1—塑件　2—型芯　3—浇口　4—分流道　5—拉料杆　6—冷料穴　7—主流道　8—浇口套

在卧式或立式注射机用模具中，主流道垂直于分型面。主流道的结构形式如图3-12所示，与注射机喷嘴的连接如图3-13所示。其设计要点如下：

① 主流道需设计成锥角 $\alpha = 2° \sim 6°$ 的圆锥形，表面粗糙度值 $Ra \leqslant 1.6\mu m$。

② 为使塑料熔体完全进入主流道而不溢出，主流道与注射机喷嘴的对接处应设计成半球形凹坑（图3-13）；同时为便于凝料的取出，其半径 $R = r + (1 \sim 2)$ mm，其小端直径 $D = d + (0.5 \sim 1)$ mm，通常取 $D = 3 \sim 6$mm（D 值可见表3-1）。主流道长度 L 由定模板厚度确定，L 一般不超过60mm，否则凝料难以取出。主流道大端与分流道相接处应有过渡圆角，通常 $r' = 1 \sim 3$mm，以减小料流转向时的阻力。

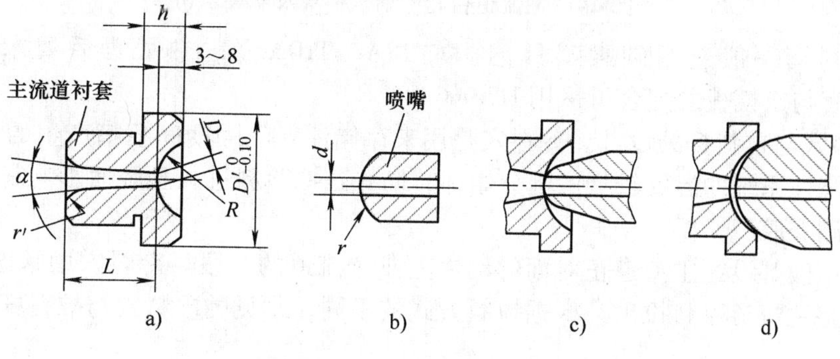

图3-13　主流道衬套及其与注射机喷嘴的关系

③ 由于主流道要与高温塑料和喷嘴反复接触和碰撞，所以主流道部分常设计有可拆卸的主流道衬套（俗称浇口套），尤其是当主流道需要穿过几块模板时，更应设置主流道衬套，否则在模板接触面可能溢料，致使主流道凝料难以取出。

表 3-1 主流道 *D* 的推荐值 （单位：mm）

塑料品种	注射机最大注射量 /g						
	10	30	60	125	250	500	1000
PE、PS	3	3.5	4	4.5	4.5	5	5
ABS、PMMA	3	3.5	4	4.5	4.5	5	5

④ 为使所安装的模具与注射机对中，模具上应设有定位圈，注射机固定模板定位孔与模具定位圈取较松的间隙配合 h11/b11 或 0.1～0.4mm 的小间隙。

⑤ 主流道衬套的结构形式及安装定位如图 3-14a～c 所示，小型模具可将主流道衬套与定位圈设计成整体式。主流道衬套用螺钉固定于定模座板上，如图 3-14d 所示；图 3-14e 和图 3-14f 所示为浇口套与定位圈设计成两个零件的形式，以台阶的形式固定在定模座板上。中小型模具定位圈的高度一般取 8～10mm，大型模具定位圈的高度一般取 12～15mm。

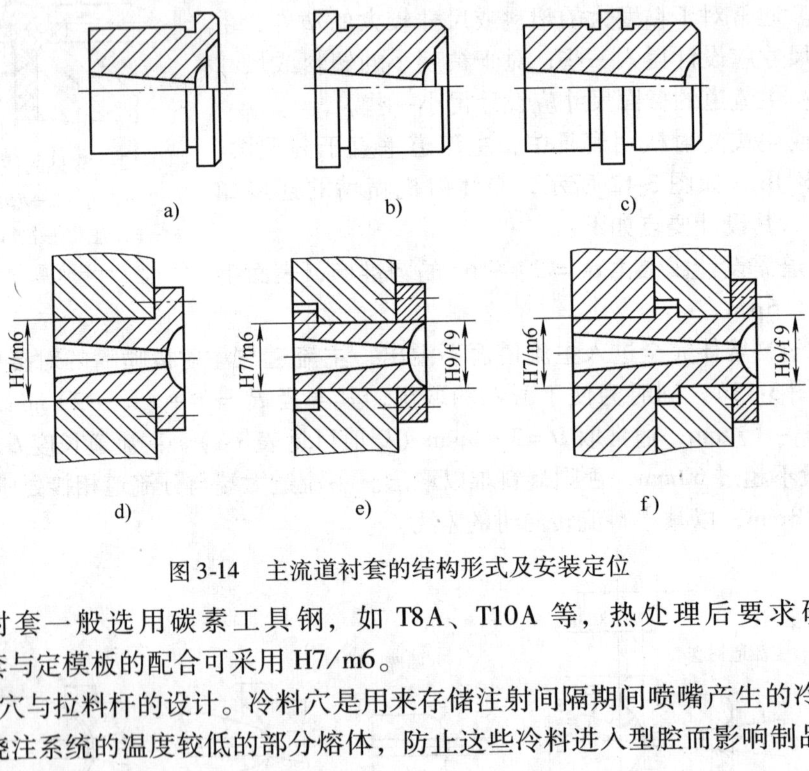

图 3-14 主流道衬套的结构形式及安装定位

主流道衬套一般选用碳素工具钢，如 T8A、T10A 等，热处理后要求硬度为 52～56HRC，衬套与定模板的配合可采用 H7/m6。

2）冷料穴与拉料杆的设计。冷料穴是用来存储注射间隔期间喷嘴产生的冷凝料头和最先注入模具浇注系统的温度较低的部分熔体，防止这些冷料进入型腔而影响制品质量，并使熔体顺利充满型腔。

冷料穴一般都设在主流道正对面的动模上或分流道的末段。冷料穴中常设有拉料结构，以便开模时将主流道凝料拉出。根据拉料方式的不同，常见的冷料穴与拉料杆的结构有以下几种。

① 底部带有拉料杆的冷料穴。冷料穴的底部设有拉料杆，如图 3-15 所示。其中图 3-15a 所示为 Z 形，图 3-15b 所示为球头形，图 3-15c 所示为菌头形，图 3-15d 所示为分流锥形。其中带 Z 形拉料杆的冷料穴应用较普遍，其拉料杆和推杆固定在推杆固定板上。带球头形、菌头形拉料杆的冷料穴，其拉料杆固定在型芯固定板上，凝料在推件板推出塑件的同时从拉料杆上强制脱出，因而一般用于推件板脱模的注射模中。分流锥形拉料杆的尖锥可起分流作

用，但无储存冷料的作用，它靠塑料收缩的包紧力将主流道拉住。分流锥形拉料杆常用于单型腔模成型带有中心孔的制品。

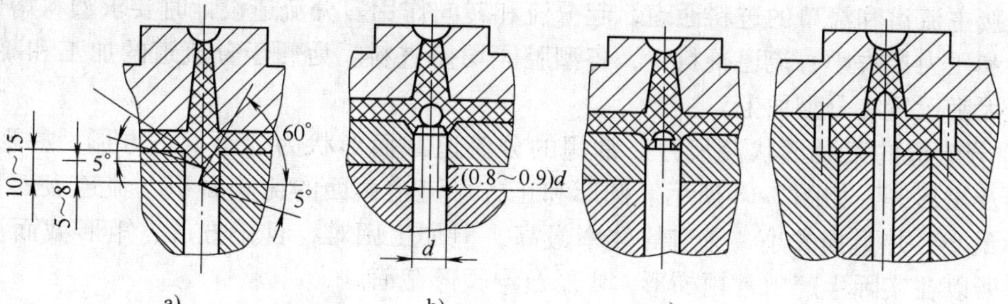

图3-15 卧式注射机用模具的冷料穴

a）Z形 b）球头形 c）菌头形 d）分流锥形

② 底部带有推杆的冷料穴。这类冷料穴的底部设有推杆，推杆安装在推杆固定板上，如图3-16所示。图3-16a所示为倒锥形冷料穴，图3-16b所示为环槽形冷料穴，开模时倒锥或圆环槽可起拉料作用，然后利用推杆强制推凝料。不难理解，这两种结构形式适用于韧性塑料，由于在取下凝料时无需作横向移动，故易实现自动化生产。

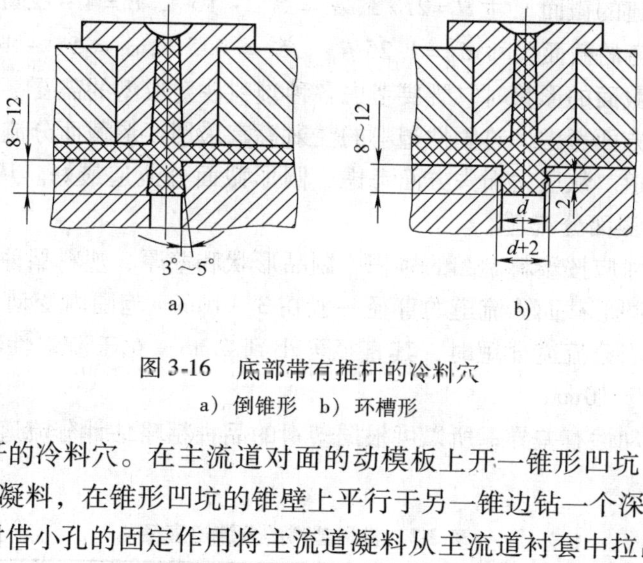

图3-16 底部带有推杆的冷料穴

a）倒锥形 b）环槽形

③ 底部无拉料杆的冷料穴。在主流道对面的动模板上开一锥形凹坑，起容纳冷料的作用。为了拉出主流道凝料，在锥形凹坑的锥壁上平行于另一锥边钻一个深度不大的小孔，如图3-17所示。开模时借小孔的固定作用将主流道凝料从主流道衬套中拉出。推出时推杆顶在制品上或分流道上，这时冷料头先朝小孔的轴线移动，然后被全部拔出。为了使凝料产生

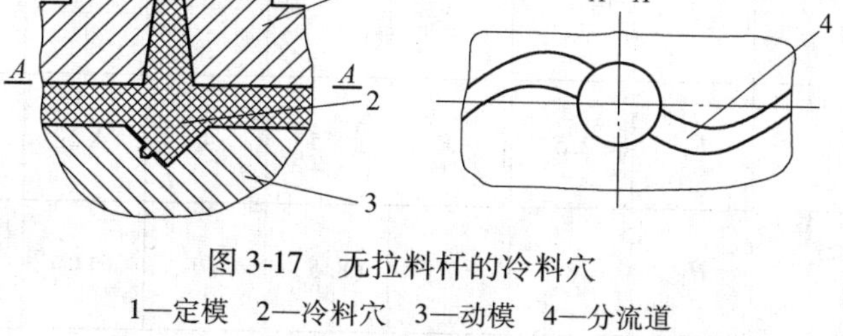

图3-17 无拉料杆的冷料穴

1—定模 2—冷料穴 3—动模 4—分流道

斜向移动，分流道设计成 S 形或类似的带有挠性的形状。

3）分流道的设计。多型腔或单型腔多浇口（塑件尺寸大）的模具应设置分流道。分流道为连接主流道和浇口的进料通道，起分流和转向作用。分流道设计时要求塑料熔体流动时的热量和压力损失小，流道凝料少，各型腔能均衡进料。为便于分流道的加工和凝料脱模，分流道大都设置在分型面上。

① 分流道的截面形状及尺寸。常用的分流道截面形状为圆形、正方形、梯形、U 形、半圆形及矩形等，如图 3-18 所示。圆形和正方形流道截面的比表面积（流道表面积与体积之比）最小，热量损失小，流道的效率最高，但加工困难，且正方形、矩形截面流道不易脱模，所以在实际生产中常用梯形、U 形及半圆形截面。

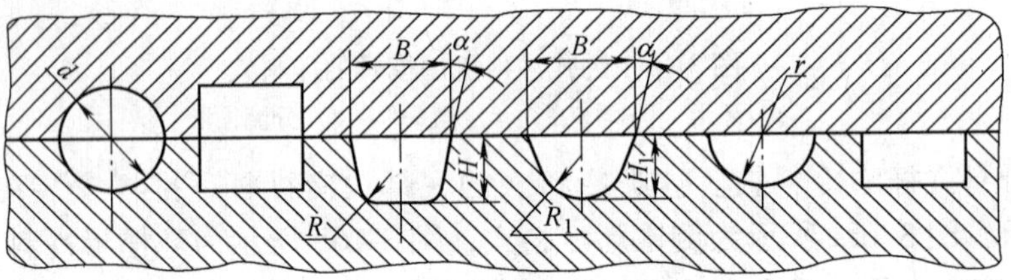

图 3-18　分流道的截面形状

梯形截面分流道的截面尺寸 $H=2B/3$，$\alpha=5°\sim10°$，$B=4\sim12\text{mm}$。

U 形截面分流道的截面尺寸 $H_1=1.25R_1$，$R_1=0.5B$，$\alpha=5°\sim10°$。

选择分流道横截面的形状时，既要考虑各种塑料注射成型的需要，又要考虑制造的难易程度。从传热面积方面考虑，热固性塑料的注射模宜采用矩形截面分流道，而热塑性塑料宜采用圆形截面分流道。从压力损失方面考虑，圆形截面分流道最好。从便于加工方面考虑，宜采用 U 形、梯形截面分流道。

分流道截面尺寸应按塑料制品的体积、制品形状和壁厚、塑料品种、注射速率、分流道长度等因素确定。圆形截面分流道的直径一般在 3 ~ 10mm 范围内变动；对于流动性很好的聚乙烯、尼龙等，当分流道很短时，其直径可小到 2mm；对于流动性特别差的塑料，其分流道截面直径可大于 10mm。

由于塑料的流动性有差异，所以可根据塑料的品种粗略估计分流道的直径。常用塑料的分流道直径见表 3-2 。

表 3-2　常用塑料的分流道直径　　（单位：mm）

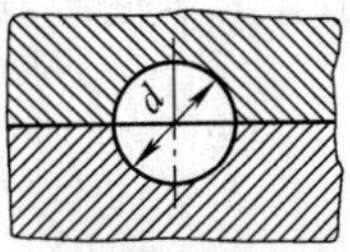	d	5	6	(7)	8	(9)	10	11	12
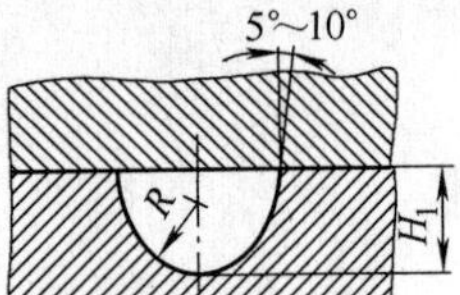	R_1	2.5	3	(0.5)	4	(4.5)	5	5.5	6
	H_1	6	7	(8.5)	10	(11)	12.5	13.5	15

（续）

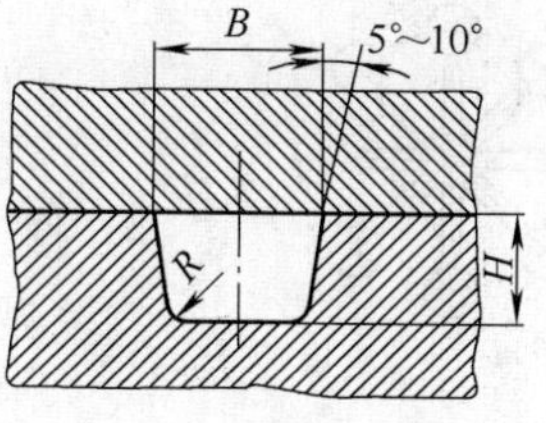

	B	5	6	（7）	8	（9）	10	11	12
	R	1～5	1～5	（1～5）	1～5	（1～5）	1～5	1～5	1～5
	H	3.5	4	（4.5）	5	（6）	6.5	7	8

对于壁厚小于3mm，质量在200g以下的塑件，也可采用以下经验公式确定分流道直径（计算数据仅限于直径在3.2～9.5mm以内的分流道）

$$D = 0.2654\sqrt{m}\sqrt[4]{L} \tag{3-1}$$

式中　D——分流道直径（mm）；

m——塑件质量（g）；

L——分流道长度（mm）。

对于高粘度物料，如硬PVC和丙烯酸塑料，可将按式（3-1）计算所得的分流道直径扩大25%左右。其他截面形状的分流道，可将其等效为圆形截面来处理（参见有关的塑料模设计手册）。

分流道长度一般在8～30mm之间，也可根据型腔数量和布置取得更长一些，但不宜小于8mm，否则会给修剪带来困难。

分流道和浇口的连接部分如图3-19所示，图3-19a、b所示为在分流道与浇口的连接处采用斜面和圆弧过渡，有利于熔体的流动，降低料流的阻力；图3-19c所示为分流道与浇口在宽度方向的连接情况。其中 $\alpha_1 = 0.5° \sim 45°$，$\alpha_2 = 30° \sim 45°$，$R_1 = 1 \sim 2\text{mm}$，$L = 0.7 \sim 2\text{mm}$，$R_2 = 0.5 \sim 2\text{mm}$，$R = D/2$。

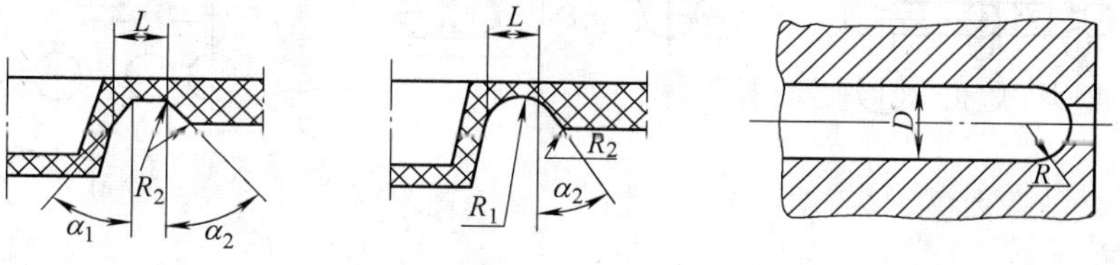

a)　　b)　　c)

图3-19　分流道与浇口的连接形式

② 分流道的布置形式。分流道的布置有平衡式和非平衡式两种。

平衡式布置是指主流道到各型腔各段通道的长度、截面形状、尺寸都对应相同，如图3-20所示。这种布置形式的优点是容易实现均衡送料和各型腔同时充满，使各型腔的塑件力学性能基本一致，但是这种形式的分流道比较长。图3-20a～d所示的型腔呈圆形排列，图3-20e、f所示的型腔为H形排列。为了获得精度较高的塑料制品，多型腔注射模除达到料流平衡外，还必须达到热平衡。

非平衡式布置是指分流道到各型腔浇口的长度不相等的布置形式，如图3-21所示。这种布置形式在型腔较多时，可缩短流道的总长度，但为了实现各个型腔同时充满的要求，必须将浇口开成不同的尺寸。有时往往需要多次修改，才能达到各型腔同时充满的目的。所以，精度要求特别高的塑件不宜采用非平衡式布置。

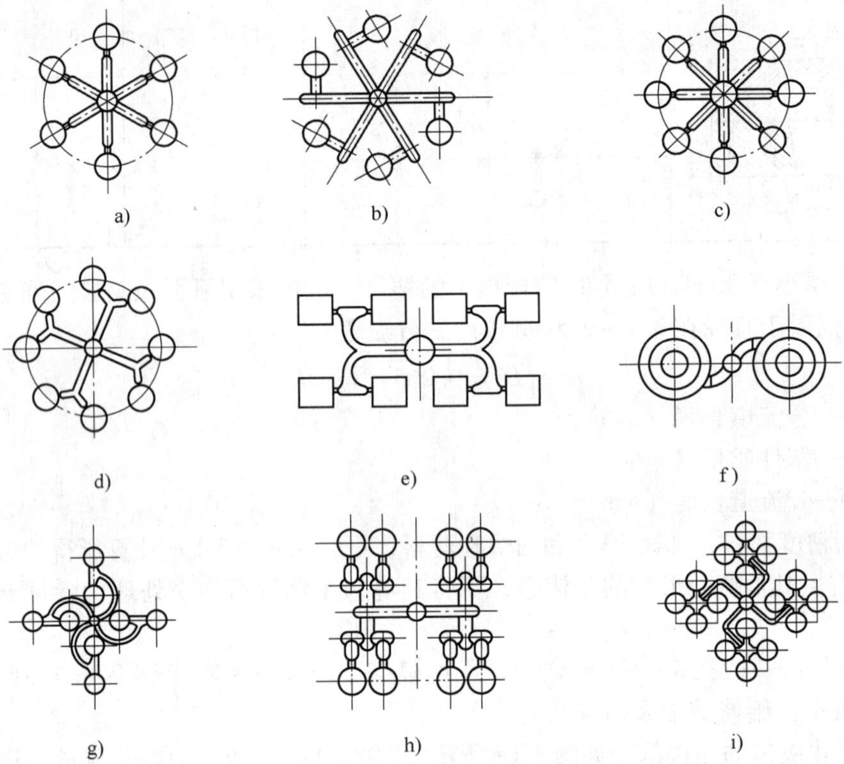

图 3-20　分流道的平衡式布置形式

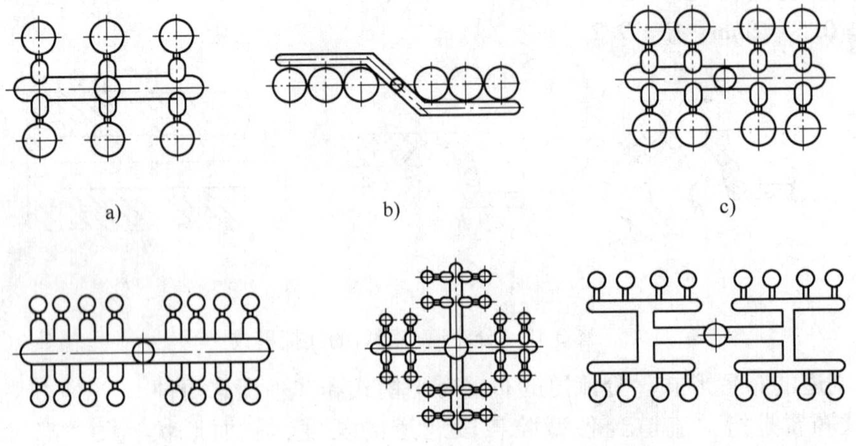

图 3-21　分流道的非平衡式布置形式

4）浇口的设计。浇口也称进料口，是连接分流道与型腔的熔体通道。浇口是浇注系统中最关键的部分，浇口的设计与位置的选择恰当与否，直接关系到塑件的质量。

① 浇口的形式、尺寸及特点。浇口的形式很多，按浇口截面尺寸大小和结构特点，浇口可分为限制性浇口和非限制性浇口两大类；按浇口位置可分为中心浇口和边缘浇口；按浇

口形状可分为扇形、盘形、轮辐式、薄片式、点浇口、潜伏式、护耳式等。

a. 直接浇口。直接浇口又称为中心浇口、主流道型浇口、非限制性浇口。熔体直接由主流道进入型腔，流程短，进料快，流动阻力小，传递压力好，保压补缩作用强，有利于排气和消除熔接痕。同时浇注系统耗料少，模具结构简单且紧凑，制造方便。采用直接浇口的模具为单型腔模具，适用于成型深腔的壳体形或箱形制品，不宜用于成型平薄或容易变形的制品；适合于各种塑料的注射成型，尤其对热敏性塑料及流动性差的塑料成型有利，但对结晶型塑料或容易产生内应力和变形的塑料成型不利。成型薄壁制品时，根部直径 d 不超过制品壁厚的两倍。

b. 侧浇口（边缘浇口、矩形浇口、标准浇口）。侧浇口又称边缘浇口、矩形浇口，国外称之为标准浇口。侧浇口一般开设在模具的分型面上，从制品侧面边缘进料。它能方便地调整浇口尺寸，控制剪切速率和浇口封闭时间，是被广泛采用的一种浇口形式。它的截面形状通常采用矩形，在正常流速和壁厚 t 的情况下，中小型制件的进料口宽度一般可取（3～10）t，大型制件的进料口宽度可取 $10t$ 以上。进料口长度取 0.7～2mm。浇口与塑件连接部位成 $R0.5$mm 的圆角或 $C0.5$ 的倒角，浇口和分流道连接部位的斜度一般为 30°～45°。

侧浇口的尺寸也可以按以下经验公式计算，即

$$b=\frac{(0.6\sim0.9)\sqrt{A}}{30} \tag{3-2}$$

$$t=\frac{1}{3}b \tag{3-3}$$

式中　b——侧浇口的宽度（mm）；

　　A——塑件的外侧表面积（mm^2）；

　　t——侧浇口的厚度（mm）。

侧浇口的另一种形式是搭接式，浇口开设在塑件的端部，采用这种形式的浇口主要是为了防止在塑件外侧留有浇口痕迹。

c. 扇形浇口。扇形浇口面向型腔沿进料方向的截面宽度逐渐变大，截面厚度逐渐变小，通常在与型腔的接合处形成长 1～1.3mm 的台阶，塑料熔体经过台阶进入型腔。采用扇形浇口，使塑料熔体在宽度方向上的流动得到更均匀的分配，故塑件的内应力较小；还可避免流纹及定向效应带来的不良影响，并减少了带入空气的可能性。这对最大限度地消除浇口附近的缺陷有较好的效果，因此适用于成型横向尺寸较大的薄片状塑件及平面面积较大的扁平塑件。但浇口痕迹较明显且去除较困难。

设计扇形浇口时，需注意浇口的截面积不能取得比分流道的截面积大，否则熔体的流量对接难以连续。另外，由于浇口的中心部分与浇口边缘部分的通道长度不同，因而熔体在其中的压力降与填充速度也不一致，为此可进行一定的结构改进，即可适当加深浇口两边缘部分的深度。

d. 平缝浇口。平缝浇口又称为薄片式浇口。它和扇形浇口一样，都属于侧浇口的变异形式。这类浇口的截面宽度很大，厚度很小，几何上成为一个条状狭缝口，与特别开设的平行流道相连。塑料熔体经平行流道扩散而得到均匀分配，从而以较低的线速度经浇口平稳地流入型腔。

采用平缝浇口能降低塑件的内应力，避免或减少塑件内部气泡及因定向而引起的翘曲，

能有效地控制聚乙烯等塑件的变形。它主要用来成型大面积的扁平塑件，但成型后的浇口去除加工量较大，提高了产品成本，且浇口痕迹明显。

e. 点浇口。点浇口又称为针点式浇口、橄榄形浇口或菱形浇口。它是一种典型的限制性浇口，浇口尺寸小，能有效地提高熔体的剪切速率并产生较大的剪切热，从而导致熔体表观粘度下降，流动性增强，有利于填充。适用于粘度低及粘度对剪切速率敏感的塑料（如PS、ABS、POM、PE、PP 等）。

点浇口的去除浇口残留痕迹小，易于取得浇注系统的平衡，也利于自动化生产。开模后可自动拉断，成型时可减少熔接痕，但压力损失较大，制品收缩大，而且模具应设计成双分型面（三板式）模，以便脱出流道凝料。

点浇口截面为圆形，直径为0.3～2mm（常见为0.5～1.8mm），视塑料性质和制件质量大小而定。台阶长度为0.5～2mm，常见为0.8～1.2mm。计算点浇口尺寸的经验公式为

$$d=(0.14\sim0.20)\sqrt[4]{\delta^2 A} \tag{3-4}$$

式中　d——点浇口的直径（mm）；

A——型腔表面积（mm^2）；

δ——塑件在浇口处的壁厚（mm）。

f. 潜伏式浇口。潜伏式浇口又称为剪切浇口，由点浇口演变而来。这类浇口的分流道位于分型面上，而浇口本身设在模具内的隐蔽处，塑料熔体通过型腔侧面斜向注入型腔，因而塑件外表不受损伤，不致因浇口痕迹而影响塑件的表面质量及美观效果。浇口采用圆形或椭圆形截面，可参考点浇口尺寸设计，取锥角$\beta=10°\sim20°$，倾斜角$\alpha=45°\sim60°$，推杆上进料口宽度$b=0.8\sim2$mm。在推出塑件时，由于浇口及分流道成一定斜向角度与型腔相连，形成了能切断浇口的刃口，这一刃口所形成的剪切力可以将浇口自动切断，且需有较强的冲击力，因此对过于强韧的塑料不宜采用（如PS），适用于软塑料（如PE、PP、POM、ABS等）。

潜伏式浇口有三种形式：潜伏式浇口开设在定模部分的形式，潜伏式浇口开设在动模部分的形式，潜伏式浇口开设在推杆的上部而进料口开设在推杆上端的形式。

g. 环形浇口。环形浇口主要适用于成型圆筒形塑件。采用这类浇口，塑料熔体在充模时进料均匀，各处料流速度大致相同，熔体流动状态好，型腔内气体易排出，避免了使用侧浇口时容易在塑件上产生的熔接痕；但浇口去除较难，浇口痕迹明显。

与环形浇口功能相似的还有轮辐式浇口和爪形浇口，但它们去除浇口比环形浇口容易。

h. 护耳式浇口。护耳式浇口又称为分接式浇口。小尺寸浇口虽有一系列优点，但塑料熔体充模时易产生喷射流动而引起塑件缺陷，同时，小浇口附近有较大的内应力而导致塑件强度降低及出现翘曲变形。采用护耳式浇口，可以有效地克服这些成型缺陷。从分流道来的塑料熔体，通过浇口的挤压、摩擦，再次被加热，从而改善了塑料熔体的流动性。离开浇口的高速喷射料流冲击在耳槽内壁，熔体的线速度因耳槽的阻挡而减小，并且流向也改变，有助于其均匀地进入型腔，同时，依靠护耳还弥补了浇口周边收缩所产生的变形。

护耳式浇口一般为矩形截面，其尺寸与侧浇口相同。它主要适用于聚碳酸酯、ABS、聚氯乙烯、有机玻璃等热稳定性差及熔融粘度高的塑料，注射压力应为其他浇口形式的两倍左右。一般在不影响塑件使用要求时可将护耳保留在塑件上，从而减少了去除浇口的工作量，当塑件宽度很大时，可采用多个护耳。

表 3-3 列出了常见的浇口形式、尺寸及特点。

表 3-3　浇口的形式及特点

序号	名　称	简　图	尺　寸	特　点
1	直接浇口（主流道型浇口、非限制性浇口）	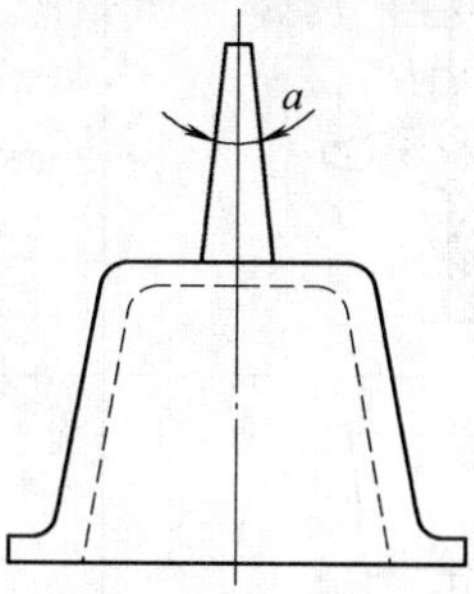	$\alpha = 2° \sim 4°$	塑料流程短，流动阻力小，进料速度快，适用于高粘度类大而深的塑件（如 PC、PSU 等）。浇口凝固时间长，去浇口不便
2	侧浇口（边缘浇口、矩形浇口、标准浇口）	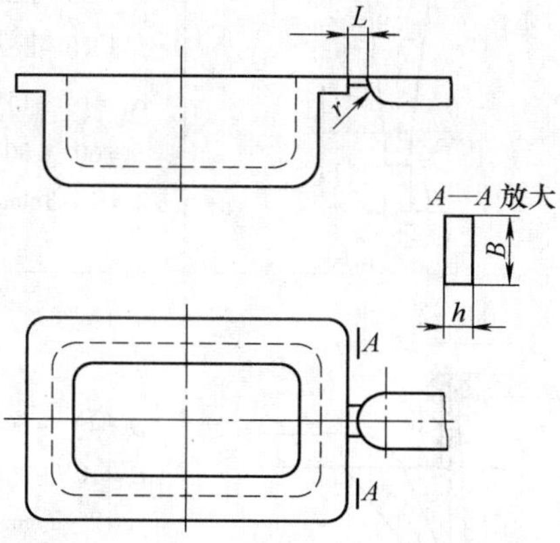	$B = 1.5 \sim 5\text{mm}$ $h = 0.5 \sim 2\text{mm}$ $L = 0.5 \sim 2\text{mm}$ $r = 0.5 \sim 2\text{mm}$	浇口流程短，截面小，去除容易，模具结构紧凑，加工维修方便，能方便地调整充模时剪切速率和浇口的冻结时间，便于浇口修整和凝料去除，适用于各种形状的塑件
3	扇形浇口	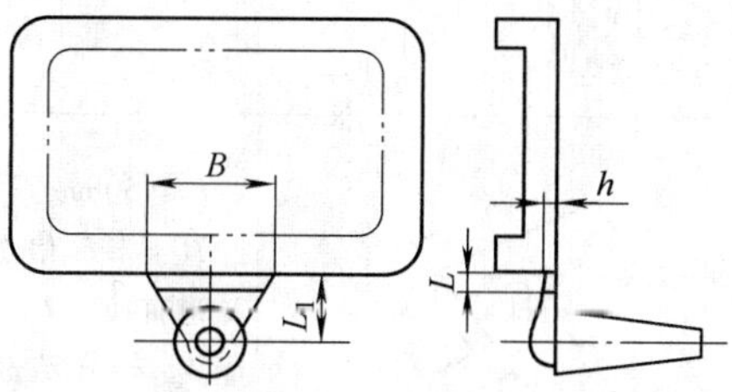	$h = 0.25 \sim 1.6\text{mm}$ B 为塑件长度的 1/4 $L = (1 \sim 1.3)h$ $L_1 = 6\text{mm}$	浇口中心部分与两侧的压力损失基本相等，塑件的翘曲变形小，型腔排气性好。适用于宽度较大的薄片塑件。浇口去除较困难，浇口痕迹明显
4	平缝浇口	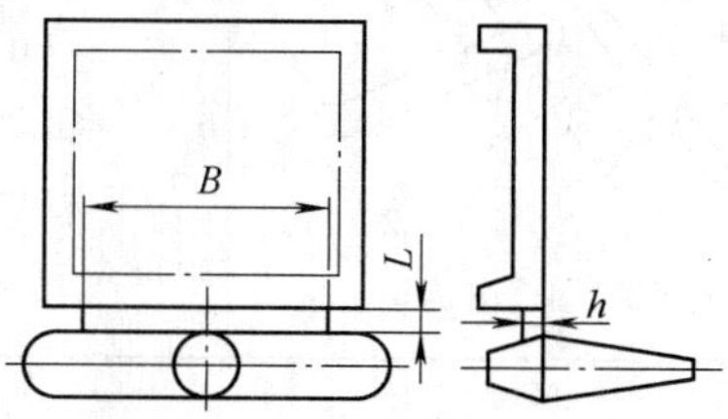	$h = 0.2 \sim 1.5\text{mm}$ B 为型腔长度的 1/4 至全长 $L = 1.2 \sim 1.5\text{mm}$	适用于大面积扁平塑件，进料均匀，流动状态好，避免熔接痕
5	盘形浇口	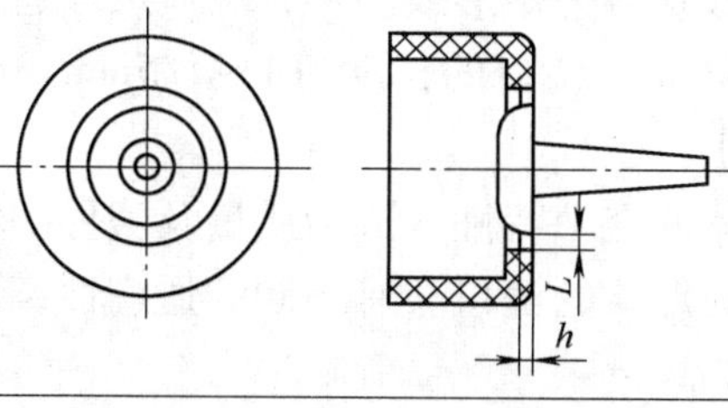	$h = 0.25 \sim 1.6\text{mm}$ $L = 0.8 \sim 1.8\text{mm}$	适用于圆筒形或中间带孔的塑件，进料均匀，流动状态好，避免熔接痕

（续）

序号	名称	简图	尺寸	特点
6	轮辐式浇口	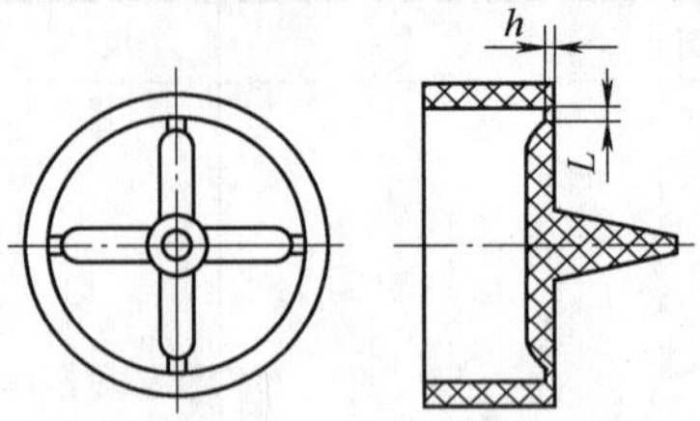	h=0.5～1.5mm 宽度视塑件大小而定 L=1～2mm	浇口去除方便，适用范围与环形浇口相同，但塑件可能留有熔接痕
7	点浇口（橄榄形浇口、菱形浇口）	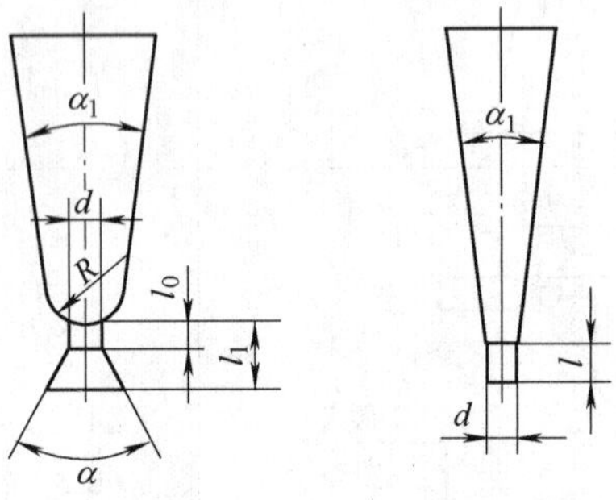	d=0.5～1.5mm l=1.0～1.5mm l_0=0.5～1.5mm l_1=1.0～1.5mm α_1=6°～15° α=60°～90° R=1～3mm	截面小，塑件剪切速率高，开模时浇口可自动拉断，适用于盒形及壳体类塑件
8	潜伏式浇口（隧道式）	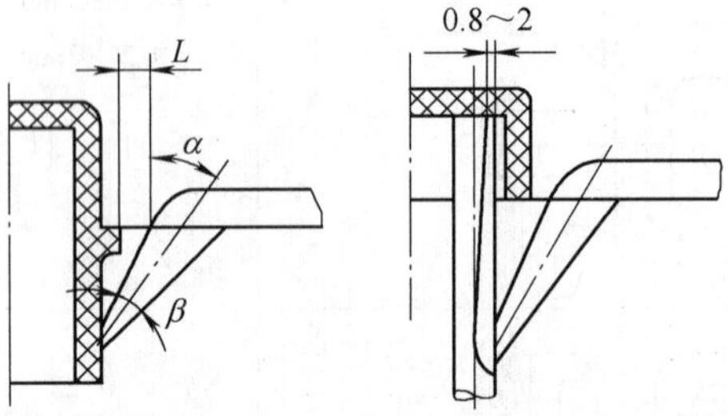	α=40°～60° β=10°～20° L=2～3mm	属于点浇口的变异形式，浇口可自动切断，塑件表面不留痕迹，模具结构简单。不适用于强韧的塑料或脆性塑料
9	护耳式浇口	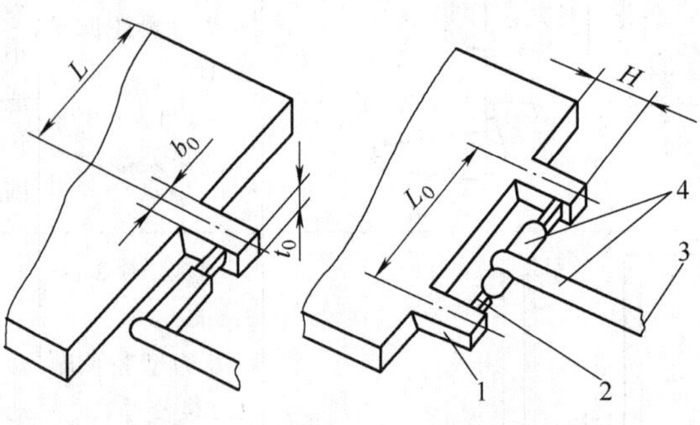1—耳槽 2—浇口 3—主流道 4—分流道	L≤150mm H=1.5倍分流道直径 b_0=分流道直径 t_0=（0.8～0.9）壁厚 L_0=150～300mm	具有点浇口的优点，可有效地避免喷射流动，适于热稳定性差、粘度高的塑料

浇口的设计是十分重要的，截面形状常为矩形或圆形，浇口尺寸通常根据经验估算，浇口截面面积为分流道截面面积的3%～9%，浇口的长度为1～1.5mm。在设计时往往先取较小的浇口尺寸以便试模后逐步加以修正。

另外，不同的浇口形式对塑料熔体的充填特性、成型质量及塑件的性能会产生不同的影响。各种塑料因其性能的差异而对不同形式的浇口会有不同的适应性，设计模具时可参考表3-4所列的常用塑料所适应的浇口形式。

表 3-4　常用塑料所适应的浇口形式

塑料种类＼浇口形式	直接浇口	侧浇口	护耳式浇口	平缝浇口	点浇口	潜伏式浇口	环形浇口
硬聚氯乙烯（RPVC）	☆	☆	☆				
聚乙烯（PE）	☆	☆			☆		
聚丙烯（PP）	☆	☆			☆		
聚碳酸酯（PC）	☆	☆			☆		☆
聚苯乙烯（PS）	☆	☆			☆	☆	
橡胶改性苯乙烯						☆	
聚酰胺（PA）	☆	☆			☆	☆	☆
聚甲醛（POM）	☆	☆	☆	☆	☆	☆	
丙烯腈-苯乙烯	☆	☆	☆		☆		☆
ABS	☆	☆	☆	☆	☆	☆	☆
丙烯酸酯	☆	☆	☆				

注：“☆”表示塑料适用的浇口形式。

② 浇口位置的选择原则。浇口设计很重要的一方面是位置的确定，浇口位置选择不当会导致塑件产生变形、熔接痕、凹陷、裂纹等缺陷。一般说来，浇口位置选择要遵循以下原则：

a. 浇口位置的设置应使塑料熔体填充型腔的流程最短，料流变向最少。如图 3-22a 所示的浇口位置，塑料流动距离长，曲折较多，能量、压力损失大，因而充型条件差，改用图 3-22b、c 所示的浇口形式与位置，就能很好地弥补上述缺陷。

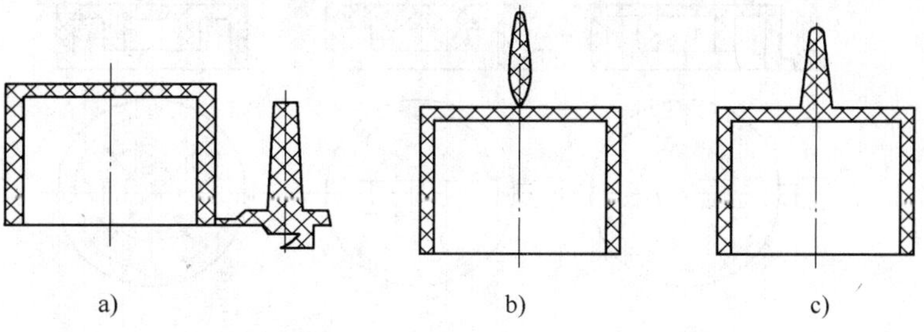

图 3-22　浇口位置对填充的影响

b. 浇口位置的设置应避免熔体破裂。小浇口正对着一个宽度较大的型腔，则高速料流流过浇口时，由于受到很高的剪切力作用，将会产生喷射和蠕动（蛇形流）等熔体断裂现象。这些喷出的高度定向的细丝或断裂物很快冷却变硬，与后进入型腔的熔体不能很好地熔合而使制品出现明显的熔接痕。有时熔体直接从型腔一端喷到型腔的另一端，造成折叠，使制品形成波纹状痕迹。图 3-23 所示为熔体喷射造成制品的缺陷。此外，喷射还会使型腔中空气难以排出，形成气泡。克服上述缺陷的方法是加大浇口截面尺寸或采用护耳式浇口，或采用冲击型浇口（图 3-24），即浇口设置在正对型腔壁或粗大型芯的方位，使高速料流直接冲击在型腔和型芯壁上，从而改变流向，降低流速，平稳地充满型腔，使熔体破裂的现象消失。

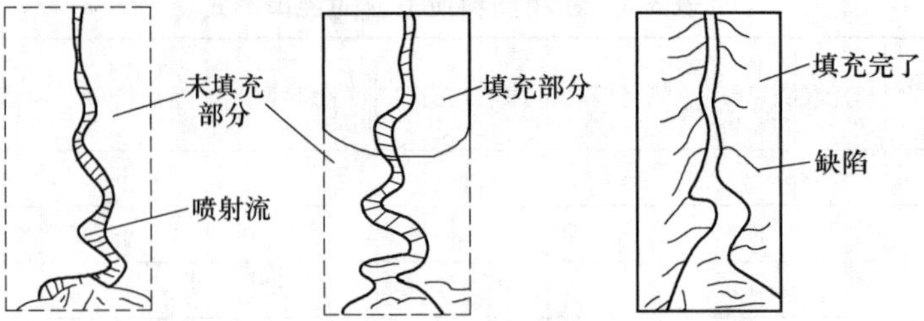

图 3-23　熔体喷射造成制品的缺陷

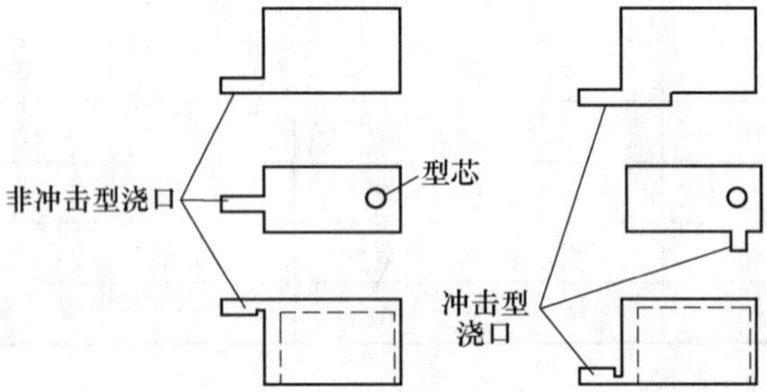

图 3-24　冲击型浇口克服熔体喷射现象

c. 应有利于排气和补缩。图 3-25a 采用侧浇口，成型时顶部会形成封闭气囊，在塑件顶部常留下明显的熔接痕；图 3-25b 同样采用侧浇口，但顶部增厚或侧壁减小，料流末端在浇口对面分型面处，排气效果优于前者；图 3-25c 采用点浇口，分型面处最后充满。

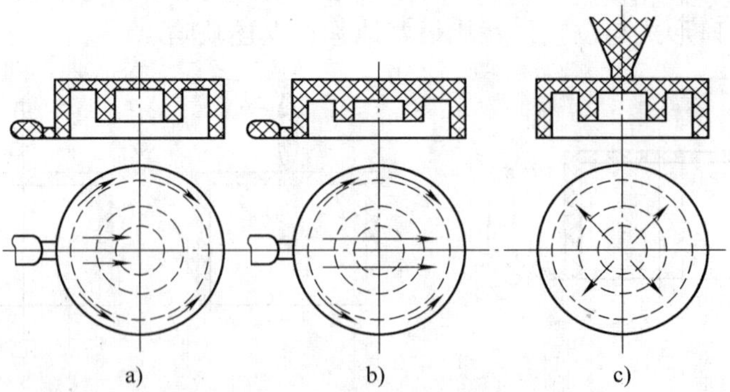

图 3-25　浇口应有利于排气

浇口设在厚壁处，有利于补缩，可避免产生缩孔、凹痕。当制品的壁厚相差较大时，为了有效地传递压力、防止缩孔，浇口的位置应开设在制品截面最厚处，以利于熔体填充及补料。图 3-26 所示制品厚薄不均匀，图 3-26a 所示的浇口位置由于收缩时得不到补料，制品会出现凹痕；图 3-26b 所示的浇口位置选在厚壁处，可以克服凹痕的缺陷；选用图 3-26c 所示的直接浇口，可以大大改善熔体充模条件，提高制品质量，但去除浇口比较困难。

d. 避免塑件变形。如图 3-27a 所示的大平面形塑件，只用一个中心浇口，塑件会因内应力较大而发生翘曲变形；而图 3-27b 所示的结构采用多个点浇口，就可以克服翘曲变形缺陷。

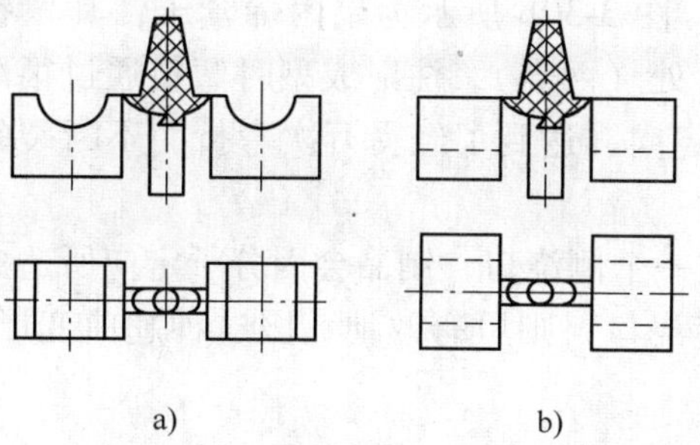

图 3-26　浇口位置对制品收缩的影响

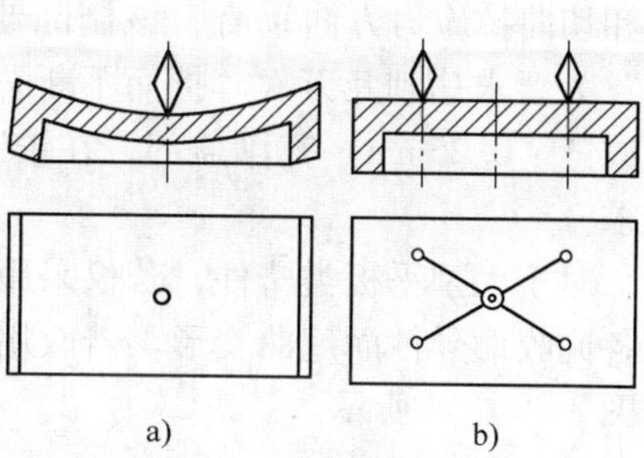

图 3-27　避免塑件变形

e. 减少或避免产生熔接痕，提高熔接痕的强度。由于浇口位置的原因，塑料熔体充填型腔时会造成两股或两股以上的熔体料流的汇合，汇合温度较低，在塑件上就会形成熔接痕，降低塑件的熔接强度，影响塑件外观，在成型玻璃纤维增强塑料制件时尤其严重。如无特殊需要最好不要开设一个以上的浇口，以免增加熔接痕，如图 3-28 所示。图 3-28a 所示为方环形塑件，开设两个侧浇口，在塑件上有两处可能会产生熔接痕；而图 3-28b 所示为同一塑件开设一个侧浇口，则只有一处可能会产生熔接痕。为了提高熔接强度，可以在料流汇合之处的外侧或内侧设置一冷料穴（溢流槽），将料流前端的冷料引入其中，如图 3-28c 所示。另外，熔接痕的方向也应多加注意，如图 3-29a 所示的塑件，熔接痕与小孔位于一条直线，塑件强度较差；改用图 3-29b 所示的形式布置，则可提高塑件的强度。

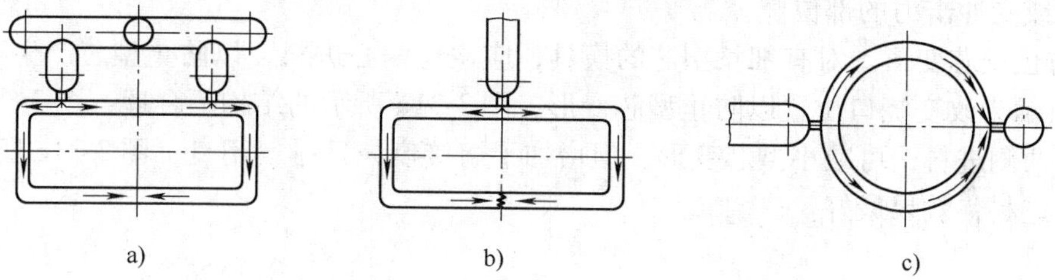

图 3-28　浇口数量对熔接痕的影响

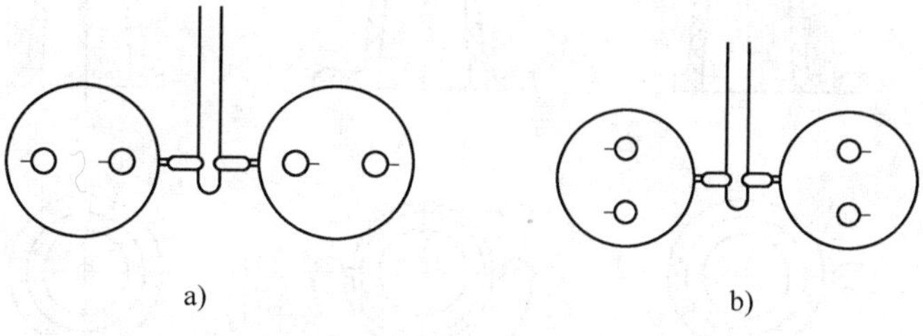

图 3-29　熔接痕方位对塑件性能的影响

f. 应考虑高分子取向对塑料制品性能的影响。塑料熔体在充填模具型腔期间，会在其流动方向上出现聚合物分子和填料的取向。垂直于流向和平行于流向之处的强度和应力所引起的开裂倾向是有差别的，往往垂直于流向的方位强度低，容易产生应力开裂，在选择浇口位置时，应充分注意这一点。图 3-30a 所示是口部带有金属嵌件的聚苯乙烯制品，由于成型收缩使金属嵌件周围的塑料层产生很大的切向拉应力。如果浇口开设在位置 *A*，则高分子定向和切向拉应力方向垂直，该制品使用不久即开裂。图 3-30b 所示为聚丙烯盒子，其“铰链”处要求达到几万次弯折而不断裂，把浇口设在 *A* 处（两点），注射成型时塑料通过很薄的铰链（0.25mm）充满盖部，在铰链处产生高度的定向，达到了经受万次弯折而不断裂的要求。

对于大型平板类塑件，若仅采用一个中心浇口或一个侧浇口，制品会因分子定向所造成的各向收缩异性而翘曲变形。若改用多点浇口或平缝浇口，则可有效地克服这种翘曲变形，如图 3-30c、d 所示。

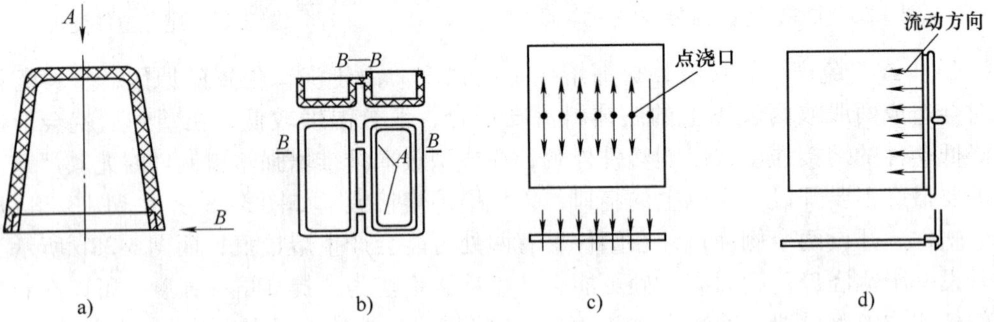

图 3-30　浇口设置对取向作用的影响

g. 考虑塑件受力状况。塑件浇口处残余应力大，强度差，故浇口不能设置在塑件承受弯曲载荷或受冲击力的部位。

h. 防止型芯变形。对有细长型芯的模具，应避免偏心进料，以防止型芯产生弯曲变形。图 3-31 所示为改变浇口位置以防止型芯变形，图 3-31a 所示的结构不合理，图 3-31b 所示的结构采用两侧进料，可减小型芯变形，但增加了熔接痕，且排气不良；图 3-31c 所示的结构采用中心进料，效果最好。

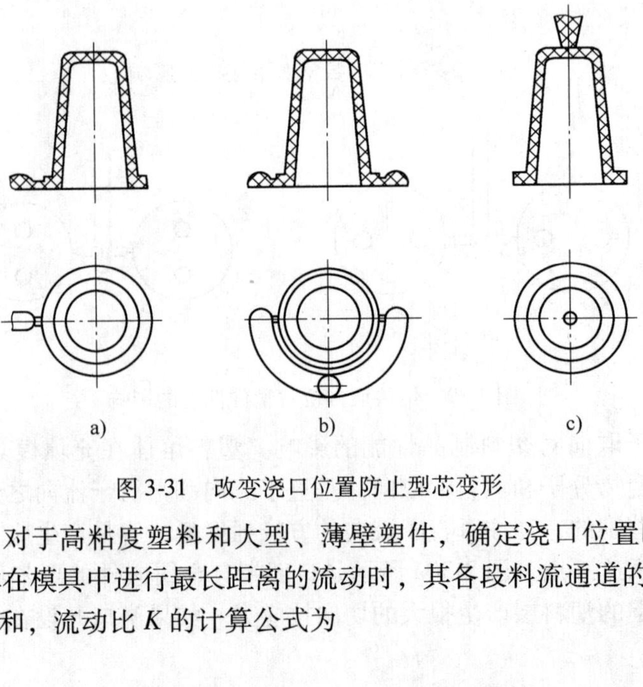

图 3-31　改变浇口位置防止型芯变形

i. 校核流动比。对于高粘度塑料和大型、薄壁塑件，确定浇口位置时要进行流动比校核。流动比是指熔体在模具中进行最长距离的流动时，其各段料流通道的流程长度 L_i 与其对应截面厚度 t_i 比值之和，流动比 K 的计算公式为

$$K = \sum_{i=1}^{n} \frac{L_i}{t_i} \leqslant \Phi \tag{3-5}$$

式中　L_i——各段料流通道的流程长度（mm）；

t_i——各段流道的厚度或直径（mm）；

Φ——塑料的流动比允许值，其值可查表 2-22。

流动比的允许值随熔体性质、温度、注射压力、浇口种类等因素的不同而变化，由实践得到的几种常用塑料的流动比允许值范围见表 2-22。若计算得到的流动比大于允许值，则需改变浇口位置，或增加塑件壁厚，或采用多浇口进料等方式来减小流动比。

3.2.3　成型零件的设计

直接与塑料接触构成制品形状的零件称为成型零件，其中构成制品外形的成型零件称为凹模，构成制品内部形状的成型零件称为型芯。成型零件工作时直接与塑料熔体接触，要承受熔融塑料流的高压冲刷、脱模摩擦等，因此，成型零件不仅要有正确的几何形状、较高的尺寸精度和较低的表面粗糙度值，而且还要有合理的结构和较高的强度、刚度及较好的耐磨性。

塑料制件注射成型后的结构与尺寸精度主要取决于注射模成型零件的尺寸。设计注射模的成型零件时，应根据塑件的尺寸计算成型零件的工作尺寸，确定型腔的组合方式，对关键的部位要进行强度和刚度校核。

成型零件是决定塑件几何形状和尺寸的零件。它是模具的主要部分，主要包括凹模、型芯及镶件等。

1. 成型零件的结构设计

（1）凹模的设计　凹模有整体式和组合式两类。

1）整体式凹模。整体式凹模如图 3-32 所示，这种凹模结构简单，成型出塑件的质量较好，模具强度高，不易变形。但机加工工艺性差，热处理不方便，内尖角处易开裂，维修困难，所以只适用于形状简单的塑件成型。但近几十年来，随着数控加工设备的发展，整体式成型零件的应用也相应增多。

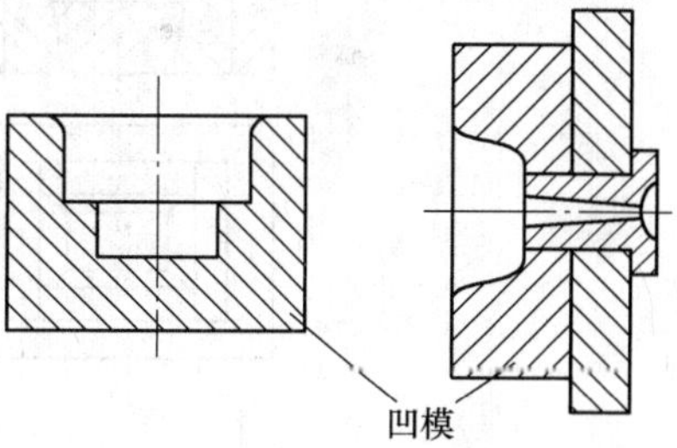

图 3-32　整体式凹模

2）组合式凹模。组合式凹模是指凹模由两个或两个以上的零件组合而成。这种凹模加工工艺性好，但装配调整困难，有时塑件表面会留有拼接的痕迹。组合式凹模主要用于形状复杂的塑件成型。组合式凹模可分为整体嵌入式、局部镶拼式和四壁拼合式。

① 整体嵌入式凹模。对于多型腔模具，一般情况都是将每个型腔单独加工，然后压入模板中，凹模与模板采用小间隙配合或过渡配合，如图 3-33 所示。图 3-33a ~ c 是反装式，其中图 3-33b、c 所示的型腔有方向性，用圆柱销或平键止转定位；图 3-33d、e 是正装式，可省去支承板。

② 局部镶拼式凹模。对于形状复杂或易损坏的凹模，将难以加工或易损坏的部分设计成镶件形式，嵌入型腔主体中，以方便加工和更换，常用结构如图 3-34 所示。嵌入部分与凹模采用过渡配合 H7/m6。

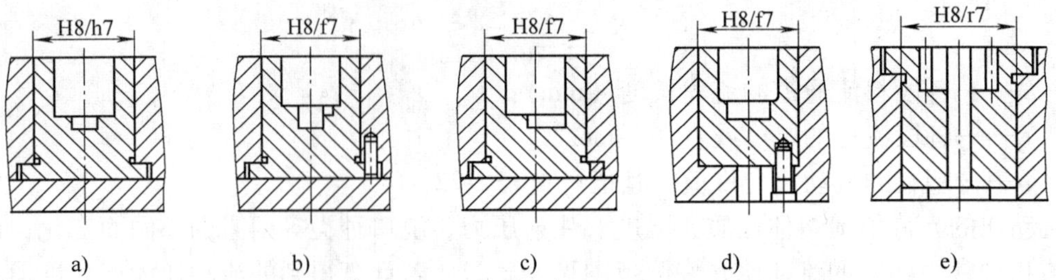

图 3-33　整体嵌入式凹模及固定

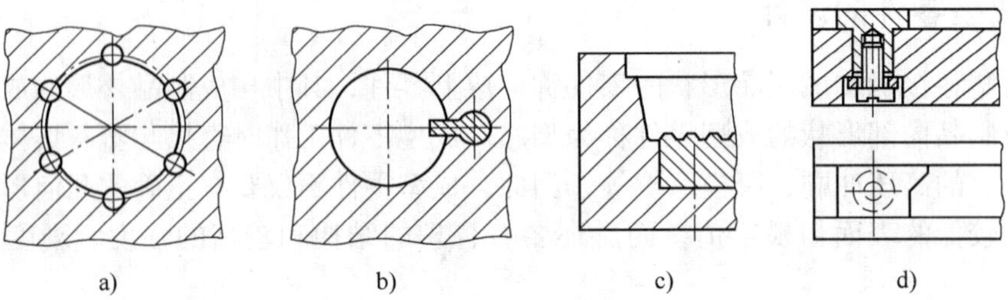

图 3-34　局部镶拼式凹模

③ 四壁拼合式凹模。对于大型的复杂凹模，可以采用将凹模四壁单独加工后镶入模套中，然后再和底板组合的方式，如图 3-35 所示。

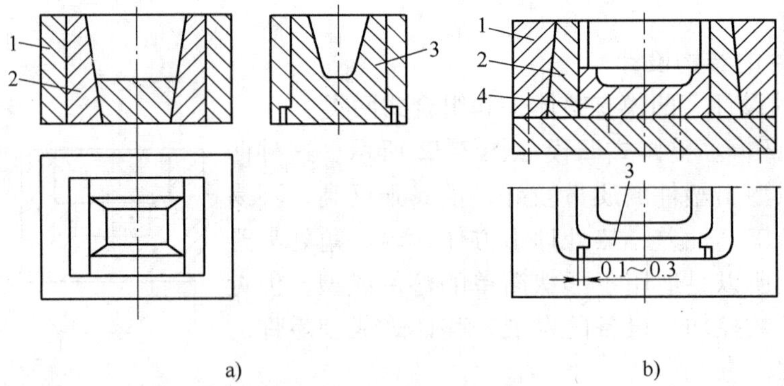

图 3-35　四壁拼合式凹模

1—模套　2、3—侧拼块　4—底拼块

3）凹模的技术要求

① 凹模的材料。对于一般结构形状较简单的凹模，常采用 T8、T10、T10A 钢；对于一般形状比较复杂的凹模，常采用 T10A、CrWMn、5CrMnMo、12CrMo、CrWV、5CrNiMo、9Mn2V 钢；对于成型用模套，常用 T8、T10、T10A、CrWMn 钢；对于加强用模套，则常用 45、50 钢或 T8、T10 钢。

② 凹模的热处理。对于一般结构形状比较简单的凹模，热处理硬度要求达 45～50HRC；对于一般结构形状比较复杂的凹模，则要求热处理硬度达 40～45HRC；一般拼块硬度达 45～50HRC；成型模套硬度达 40～45HRC；模套硬度达 35～40HRC。

③ 凹模的表面粗糙度。凹模表面粗糙度值 Ra 一般应达 0. 2 ~ 0. 1μm，当塑件表面粗糙度要求较低或塑料流动性不良时应达 0. 10 ~ 0. 025μm，组合结构的配合面 Ra 应达 0. 8μm，拼块间接合面 Ra 应达 0. 8μm，凹模或模套上、下面 Ra 为 0. 8μm，其余 Ra 为 6. 3 ~ 3. 2μm。

④ 凹模的表面处理。成型表面镀铬，镀铬层深度为 0. 015 ~ 0. 02mm，镀铬后应抛光，达到上述表面粗糙度要求。

⑤ 凹模的加工。凹模套锥度和模块锥度等要求配合严密的部位，设计时均应考虑采用配制加工方法，以保证配合精度。

（2）型芯的设计　型芯是成型塑件内表面的凸状零件，分为整体式和组合式两类。

1）整体式型芯。如图 3-36 所示，将型芯与模板制成一体，其结构牢固，但工艺性较差，同时模具材料耗费多。这类型芯主要用于形状简单的单型腔模具中。

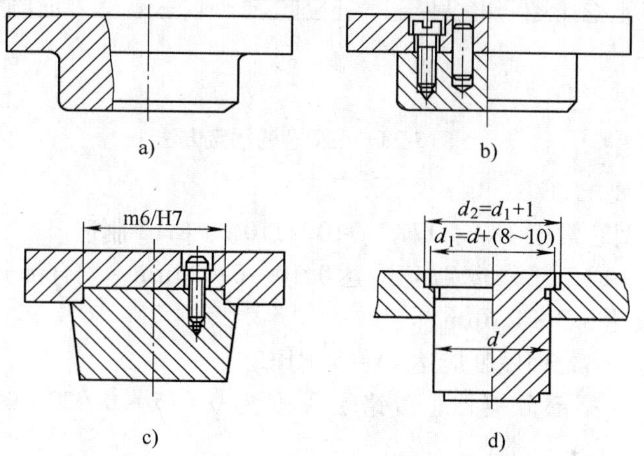

图 3-36　整体式型芯

2）组合式型芯。如图 3-37 所示，将型芯单独加工后镶入模板中，这样可以节约贵重模具材料，便于加工，尺寸精度容易保证。当型芯结构复杂或加工困难时，将型芯分成容易加工的几个部分，然后镶拼起来装入模板中，其相互之间的配合也采用 H7/m6。图 3-37a 所示的型芯，如采用整体式结构，必然造成加工困难，改用两个小型芯的镶拼结构，分别单独加工，则可使加工工艺大大简化；但当两个小型芯位置十分接近时，由于型芯孔之间的壁很薄，热处理时容易开裂。如采用图 3-37b 所示的结构，仅镶嵌一个小型芯，则可克服上述缺点。如图 3-37c 所示的结构，其中有两处长方形凹槽，如采用整体式结构，则难以排气，加

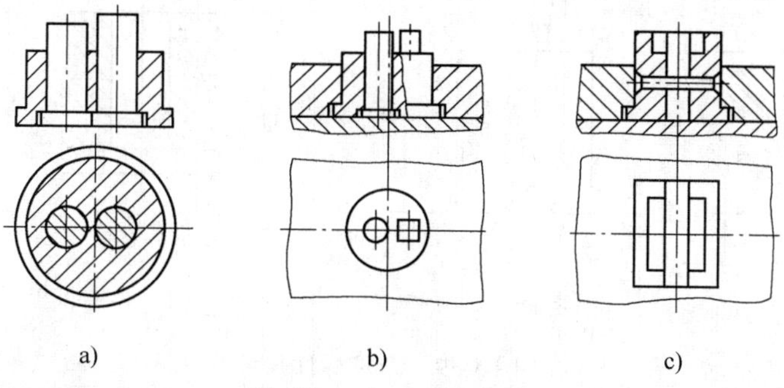

图 3-37　组合式型芯

工相对困难，改用三块镶块分别加工后用铆钉铆合，就可以消除以上缺陷。

3）小型芯。小型芯的固定方法如图 3-38 所示。最简单的固定方式是压入式，如图 3-38a所示；图 3-38b 所示的形式是从正面镶入模板后在反面铆接；图 3-38c 所示为最常用的台阶式固定形式；若固定的模板太厚，可采用图 3-38d 所示的形式，下面采用一圆柱垫块；图 3-38e 所示为采用螺钉压紧的结构。图 3-38c ~ e 中型芯与固定板的配合可采用 H7/m6。

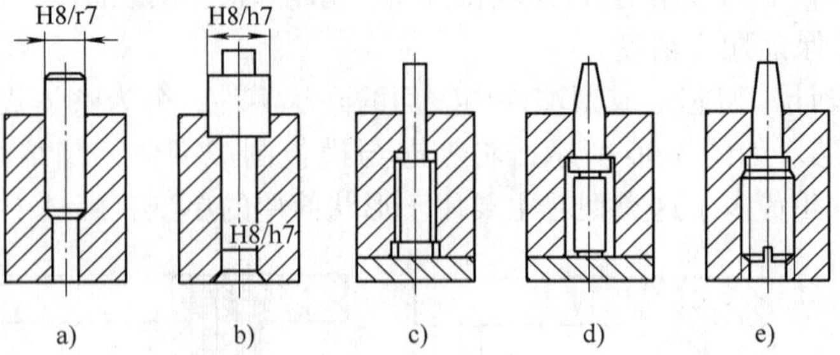

图 3-38　小型芯的固定方法

4）型芯的技术要求

① 型芯材料。型芯常用 T8A、T7A、T10、T10A、Cr12 制造。

② 表面粗糙度。成型部分的 Ra 值应达 0. 10 ~ 0. 025μm，配合部分的 Ra 值应达 0. 8μm，其余部分的 Ra 值应达 6. 3 ~ 1. 6μm。

③ 热处理硬度。热处理硬度应达 45 ~ 50HRC。

④ 表面处理。成型部分镀铬，镀铬层深度为 0. 015 ~ 0. 020mm，镀铬后应进行抛光处理。

⑤ 配合加工。对有些零件上要求具有同轴度很高的孔位或必须经过配合加工才能保证满足同轴度要求时，必须采用配合加工。

⑥ 合理标注尺寸。当型芯采用台肩固定时，其尺寸标注应满足塑件尺寸要求。图 3-39a 所示的结构装配后不可能保证型芯 A 面与 B 面齐平，并与上模间产生空隙。改用图 3-39b 所示的尺寸标注法，型芯凸肩的底面 A' 在组装后保证高出 B' 平面，然后一起磨平，这样即可保证达到平齐要求。

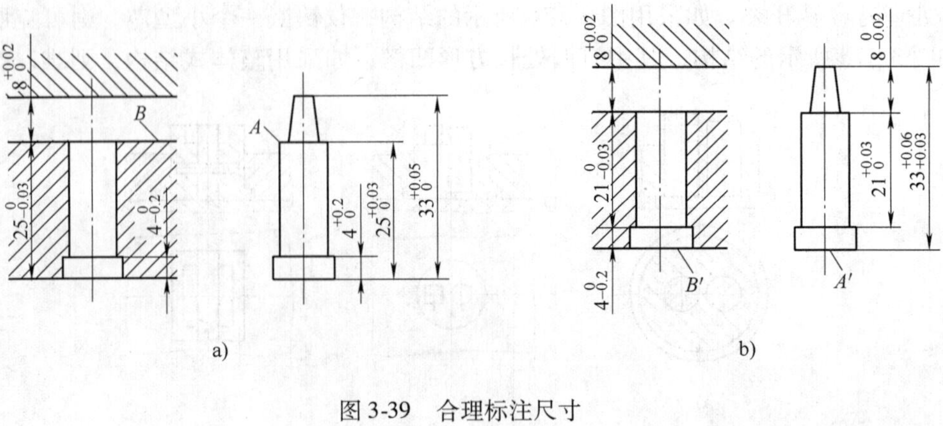

图 3-39　合理标注尺寸

2. 成型零件的工作尺寸

成型零件的工作尺寸是指凹模和型芯直接构成塑件的尺寸。由于影响塑件尺寸的因素很多，特别是塑料收缩率的影响，所以其计算过程比较复杂。

1）影响成型零件尺寸的因素

① 成型收缩。塑件成型后的收缩率波动范围较大，且与多种因素有关。在计算工作尺寸时，通常按平均收缩率计算，即

$$\bar{S}=\frac{S_{max}+S_{min}}{2}\times 100\% \tag{3-6}$$

式中　$\bar{S}$、S_{max}、S_{min}——塑件的平均收缩率、最大收缩率、最小收缩率。

② 模具成型零件的制造公差。它直接影响塑件的尺寸公差，成型零件的精度高，则塑件的精度也高。模具设计时，成型零件的制造公差 δ_z 可选为塑件公差 Δ 的 1/3 ~ 1/4，或选 IT7 ~ IT8，表面粗糙度 Ra 值为 0.05 ~ 0.8μm。

③ 模具成型零件的磨损。模具在使用过程中由于塑料熔体、塑件对模具的作用，成型过程中可能产生的腐蚀气体的锈蚀以及模具维护时重新打磨抛光等，均有可能使成型零件发生磨损。在计算成型零件工作尺寸时，磨损量 δ_c 应根据塑件的产量、塑件品种、模具材料等因素来确定。一般说来，对于中小型塑件，最大磨损量 δ_c 可取塑件公差 Δ 的 1/6；对于大型塑件，则取小于塑件公差 Δ 的 1/6。

此外，模具安装、配合的误差以及塑件的脱模斜度等都会影响塑件的尺寸精度。

2）成型零件工作尺寸的计算。成型零件的工作尺寸是根据塑件成型收缩率、成型塑件的制造公差和模具成型零件磨损量等来确定的。常用的方法是平均收缩率法，如图 3-40 和表 3-5 所示。

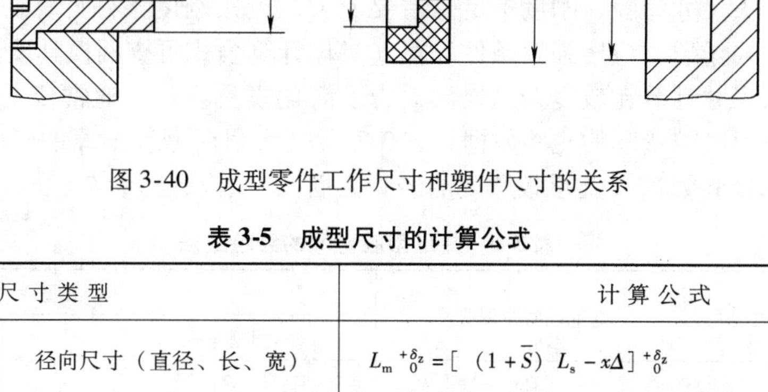

图 3-40　成型零件工作尺寸和塑件尺寸的关系

表 3-5　成型尺寸的计算公式　（单位：mm）

尺寸类型		计算公式
型腔	径向尺寸（直径、长、宽）	$L_m{}^{+\delta_z}_{0}=[(1+\bar{S})L_s-x\Delta]^{+\delta_z}_{0}$
	深度	$H_m{}^{+\delta_z}_{0}=[(1+\bar{S})H_s-x'\Delta]^{+\delta_z}_{0}$

（续）

尺寸类型		计算公式
型芯	径向尺寸（直径、长、宽）	$l_{m}{}_{-\delta_z}^{0}=[(1+\overline{S})l_s+x\Delta]_{-\delta_z}^{0}$
	高度	$h_{m}{}_{-\delta_z}^{0}=[(1+\overline{S})h_s+x'\Delta]_{-\delta_z}^{0}$
中心距		$C_m\pm\frac{1}{2}\delta_z=[(1+\overline{S})C_s]\pm\frac{1}{2}\delta_z$

注：表中各尺寸极限偏差的标注必须符合图 3-40 所示格式，若不符合，在代入公式之前必须向规定标注形式转化。

表 3-5 中各公式符号注释如下：

L_m、l_m——型腔、型芯径向工作尺寸（mm）；

L_s、l_s——塑件的径向极限尺寸（mm）；

H_m、h_m——型腔、型芯高度工作尺寸（mm）；

H_s、h_s——塑件高度极限尺寸（mm）；

C_m——模具中心距（mm）；

C_s——塑件中心距（mm）；

$\overline{S}$——塑件的平均收缩率；

Δ——塑件的尺寸公差（mm）；

x——修正系数，取 $x=1/2\sim3/4$，公差值大取小值，中小型塑件一般取 $x=3/4$；

x'——修正系数，取 $x=1/2\sim2/3$，尺寸较大、精度较低时取小值，反之取大值；

δ_z——模具制造精度，取 $\delta_z=(1/3\sim1/5)\Delta$，尺寸较大、精度较低时取大值，反之取小值。

按平均收缩率法计算模具工作尺寸有一定误差，这是因为上述公式中的 δ_z 及 x 的值凭经验确定。为保证塑件实际尺寸在规定的公差范围内，尤其是对于尺寸较大且收缩率波动范围较大的塑件，需要对成型尺寸进行校核。

3. 型腔和底板的确定

在塑料注射过程中，型腔所承受的力是十分复杂的。在塑料熔体的压力作用下，型腔将产生内应力及变形。如果型腔壁厚和底板厚度不够，当型腔中产生的内应力超过型腔材料的许用应力时，型腔即发生强度破坏。与此同时，刚度不足则发生过大的弹性变形，从而产生溢料和影响塑料制品尺寸及成型精度，也可能导致脱模困难等，可见模具对强度和刚度都有要求。通常对于大尺寸型腔，刚度不足是主要矛盾，应按刚度条件计算；对于小尺寸型腔，强度不够则是主要矛盾，应按强度条件计算（具体计算公式可查阅模具设计资料）。

型腔、底板尺寸计算比较复杂且繁琐，为了简化模具设计，通常依据经验数据来确定。表 3-6 所列为矩形型腔壁厚的经验数据，表 3-7 所列为圆形型腔壁厚的经验数据，表 3-8 所列为型腔底板的经验数据（支承板厚度的经验数据），供设计时参考。

表 3-6　矩形型腔壁厚的经验数据　（单位：mm）

矩形型腔内壁短边	整体式型腔侧壁厚	镶拼式型腔	
		凹模壁厚	模套壁厚
~40	25	9	22
>40 ~50	25 ~30	9 ~10	22 ~25
>50 ~60	30 ~35	10 ~11	25 ~28

（续）

矩形型腔内壁短边	整体式型腔侧壁厚	镶拼式型腔	
		凹模壁厚	模套壁厚
>60~70	35~42	11~12	28~35
>70~80	42~48	12~13	35~40
>80~90	48~55	13~14	40~45
>90~100	55~60	14~15	45~50
>100~120	60~72	15~17	50~60
>120~140	72~85	17~19	60~70
>140~160	85~95	19~21	70~80

表3-7　圆形型腔壁厚的经验数据　（单位：mm）

圆形型腔内壁直径	整体式型腔壁厚	组合式型腔	
		型腔壁厚	模套壁厚
~40	20	8	18
>40~50	25	9	22
>50~60	30	10	25
>60~70	35	11	28
>70~80	40	12	32
>80~90	45	13	35
>90~100	50	14	40
>100~120	55	15	45
>120~140	60	16	48
>140~160	65	17	52
>160~180	70	19	55
>180~200	75	21	58

表3-8　支承板厚度 *h* 的经验数据　（单位：mm）

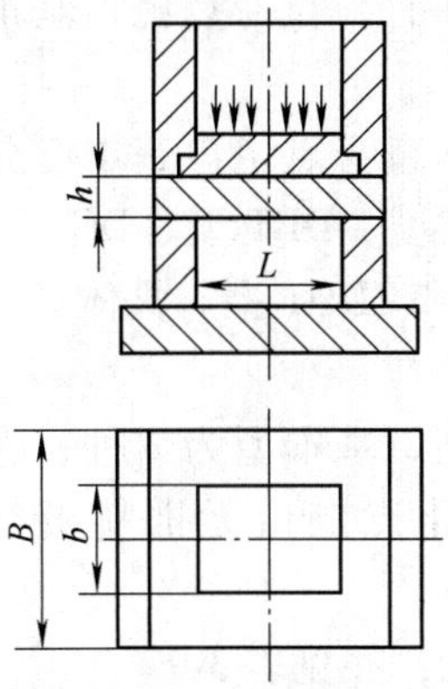

B	h		
	b≈L	b≈1.5L	b≈1.5L
≤102	(0.12~0.13) b	(0.1~0.11) b	0.08b
>102~300	(0.13~0.15) b	(0.11~0.12) b	(0.08~0.09) b
>300~500	(0.15~0.17) b	(0.12~0.13) b	(0.09~0.1) b

注：当压力 $p \geqslant 49$MPa、$L \geqslant 1.5b$ 时，取表中数值乘以1.25~1.35；当压力 $p < 49$MPa、$L \geqslant 1.5b$ 时，取表中数值乘以1.5~1.6。

对于大型模具，两支架之间的跨度很大，导致底板厚度必然很厚。为避免模具过重和浪费材料，在结构允许的情况下，可在底板下面加支承柱或支承块，这样可大大减小底板厚度，且支承柱还可为模具内推板导向。图3-41a 所示为增加一个支承块，图3-41b 所示为按 1∶1.2∶1 的跨度比增加两个支承块。增加支承后底板厚度可适当减薄。

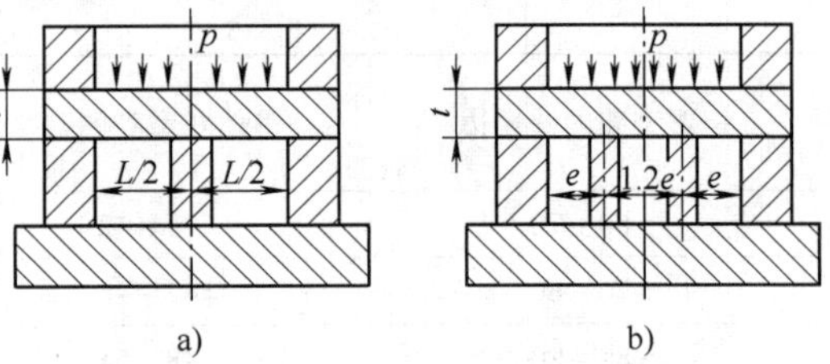

图3-41　底板下加支承的结构

3.2.4　注射模模架的选择

模架是设计、制造塑料注射模的基础部件。选择标准模架，可以简化模具的设计与制造，一旦某一型号模架确定下来，各模板尺寸、螺钉大小与安装位置、导套（导柱）的安放位置等也就确定了，大大节约了模具设计和制造的时间以及费用，同时也提高了模具中易损零件的互换性，便于模具的维修。不仅如此，而且能在标准模架的基础上实现模具制图的标准化、模具结构的标准化以及工艺规范的标准化。标准模架外形如图3-42 所示。

图3-42　标准模架外形图

1. 标准模架组合形式

塑料注射模模架（GB/T 12555—2006）以其在模具中的应用方式不同可分为直浇口与点浇口两种形式；模架按结构特征分为36 种主要结构，其中直浇口模架为12 种，点浇口模架为16 种，简化点浇口模架为8 种。

（1）直浇口模架　直浇口模架为12 种，其中直浇口基本型为4 种、直身基本型为4 种、直身无定模座板型为4 种。

直浇口基本型分为A 型、B 型、C 型和D 型，其组合形式如图3-43 所示。

直身基本型分为ZA 型、ZB 型、ZC 型和ZD 型，直身无定模座板型分为ZAZ 型、ZBZ 型、ZCZ 和ZDZ 型，具体见GB/T 12555—2006《塑料注射模模架》。

（2）点浇口模架　点浇口模架共16 种，其中点浇口基本型为4 种，直身点浇口基本型为4 种，点浇口无推料板型为4 种，直身点浇口无推料板型为4 种。

点浇口基本型分为DA 型、DB 型、DC 型和DD 型（图3-44），直身点浇口基本型分为ZDA 型、ZDB 型、ZDC 型和ZDD 型，点浇口无推料板型分为DAT 型、DBT 型、DCT 型和DDT 型，直身点浇口无推料板型分为ZDAT 型、ZDBT 型、ZDCT 型和ZDDT 型。具体见GB/T 12555—2006《塑料注射模模架》。

（3）简化点浇口模架　简化点浇口模架共8 种，其中简化点浇口基本型为2 种，直身简化点浇口型为2 种，简化点浇口无推料板型为2 种，直身简化点浇口无推料板型为2 种。

（4）基本型模架组合尺寸　基本型模架组合尺寸如图3-45 所示，并见表3-9。

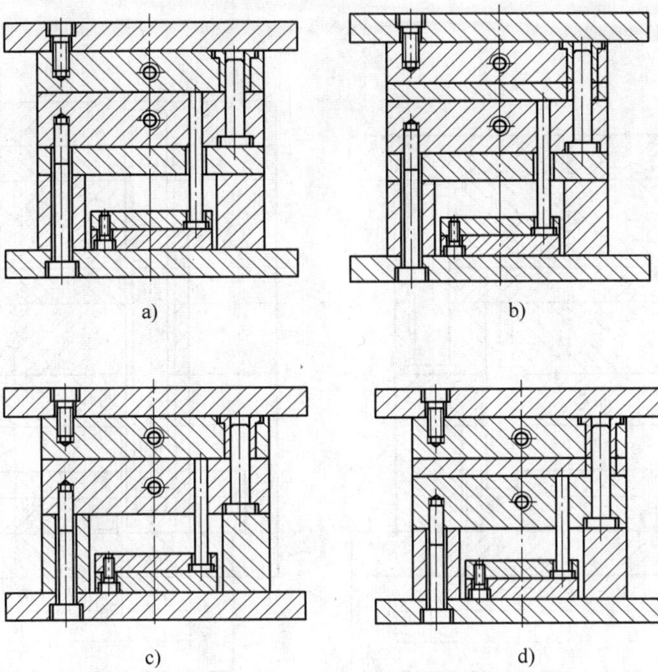

图 3-43　直浇口基本型模架组合形式

a）A 型：定模二模板，动模二模板　b）B 型：定模二模板，动模二模板，加装推件板

c）C 型：定模二模板，动模一模板　d）D 型：定模二模板，动模一模板，加装推件板

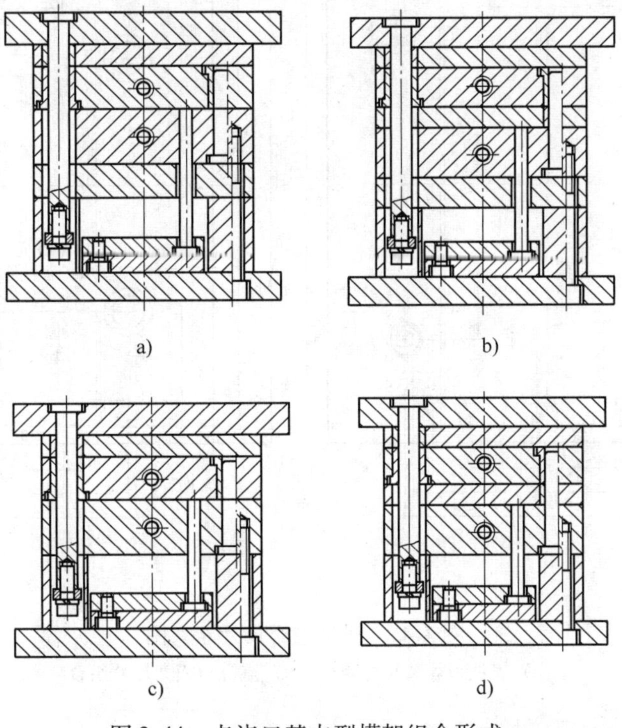

图 3-44　点浇口基本型模架组合形式

a）DA 型　b）DB 型　c）DC 型　d）DD 型

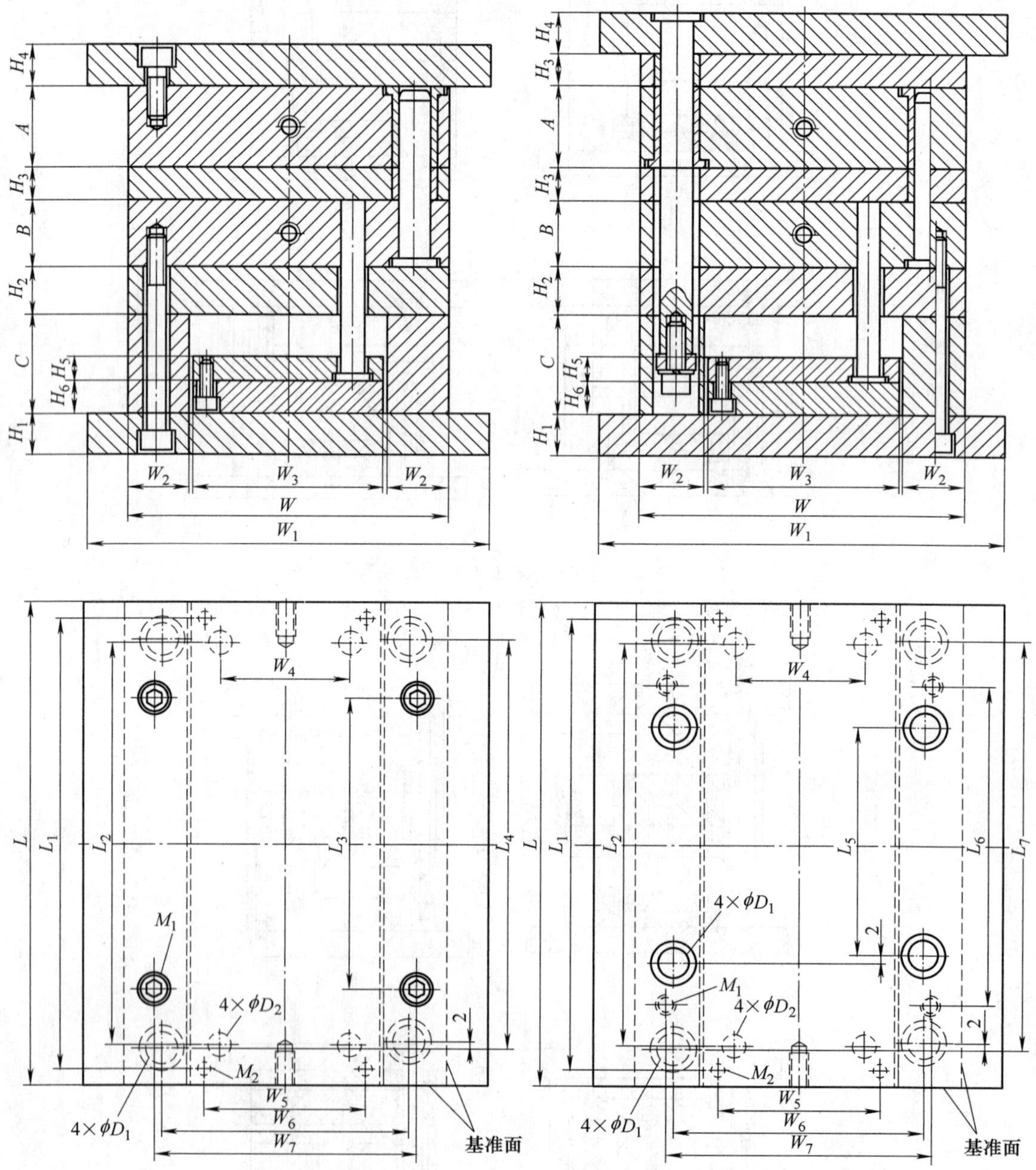

a)　　b)

图 3-45　模架组合尺寸示意图

a）直浇口模架尺寸组合　b）点浇口模架尺寸组合

表 3-9　基本型模架组合尺寸　（单位：mm）

代号	系列										
	1 515	1 518	1 520	1 523	1 525	1 818	1 820	1 823	1 825	1 830	1 835
W	150					180					
L	150	180	200	230	250	180	200	230	250	300	350
W_1	200					230					
W_2	28					33					
W_3	90					110					
A、B	20、25、30、35、40、45、50、60、70、80					25、30、35、40、45、50、60、70、80					
C	50、60、70					60、70、80					
H_1	20					20					
H_2	30					30					
H_3	20					20					
H_4	25					30					
H_5	13					15					
H_6	15					20					
W_4	48					68					
W_5	72					90					
W_6	114					134					
W_7	120					145					
L_1	132	162	182	212	232	160	180	210	230	280	330
L_2	114	144	164	194	214	138	158	188	208	258	308
L_3	56	86	106	136	156	64	84	114	124	174	224
L_4	114	144	164	194	214	134	154	184	204	254	304
L_5	—	52	72	102	122	—	46	76	96	146	196
L_6	—	96	116	146	166	—	98	128	148	198	248
L_7	—	144	164	194	214	—	154	184	204	254	304
D_1	16					20					
D_2	12					12					
M_1	4 × M10					4 × M12					6 × M12
M_2	4 × M6					4 × M8					

（续）

代号	系列											
	2 020	2 023	2 025	2 030	2 035	2 040	2 323	2 325	2 327	2 330	2 335	2 340
W	200						230					
L	200	230	250	300	350	400	230	250	270	300	350	400
W_1	250						280					
W_2	38						43					
W_3	120						140					
A、B	25、30、35、40、45、50、60、70、80、90、100						25、30、35、40、45、50、60、70、80、90、100					
C	60、70、80						70、80、90					
H_1	25						25					
H_2	30						35					
H_3	20						20					
H_4	30						30					
H_5	15						15					
H_6	20						20					
W_4	84	80					106					
W_5	100						120					
W_6	154						184					
W_7	160						185					
L_1	180	210	230	280	330	380	210	230	250	280	330	380
L_2	150	180	200	250	300	350	180	200	220	250	300	350
L_3	80	110	130	180	230	280	106	126	144	174	224	274
L_4	154	184	204	254	304	354	184	204	224	254	304	354
L_5	46	76	96	146	196	246	74	94	112	142	192	242
L_6	98	128	148	198	248	298	128	148	166	156	246	296
L_7	154	184	204	254	304	354	184	204	224	254	304	354
D_1	20						20					
D_2	12	15					15					
M_1	4 × M12			6 × M12			4 × M12		4 × M14		6 × M14	
M_2	4 × M8						4 × M8					

注：更多代号及尺寸可查阅 GB/T 12555—2006。

2. 模架的标记方法

GB/T12555—2006 规定模架的标记为：模架、基本型号、系列代号、定模板厚度 A、动模板厚度 B、垫块厚度 C、拉杆导柱长度和本标准代号（GB/T 12555—2006）。

示例1：模板宽200mm、长250mm，$A=50$mm，$B=40$mm，$C=70$mm 的直浇口 A 型模架标记为：

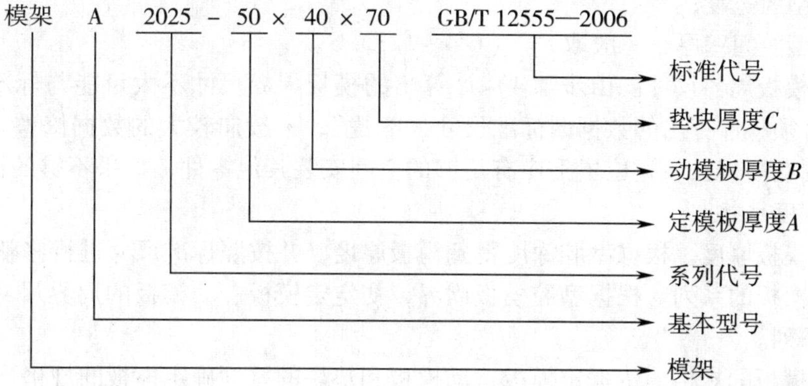

示例2：模板宽300mm、长300mm，$A=50$mm，$B=60$mm，$C=90$mm，拉杆导柱长度200mm 的点浇口 B 型模架标记为：

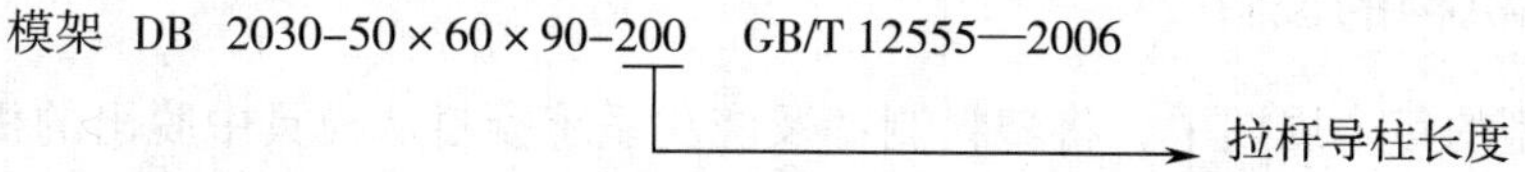

其他标记同示例1。

模架的型号是以每一组合形式代表一个型号；模架的系列是在同一型号中，根据定模板、动模板的周界尺寸（宽×长）来划分的；模架的规格是按照同一系列中，根据定模板、动模板和垫块的厚度划分的。

3. 标准模架的选用

标准模架的选用取决于制件尺寸的大小、形状、型腔数、浇注形式、模具的分型面数、制件脱模方式、推板行程、定模和动模的组合形式、注射机规格以及模具设计者的设计理念等有关因素。

1）确定模架组合形式。根据制件成型所需要的结构来确定模架的结构组合形式。

2）确定模架的类型。根据浇口和推出结构的特点来确定模架的类型。

3）确定型腔侧壁厚度和支承板厚度。模板的壁厚用理论计算法或表3-6、表3-7中的经验数据来计算或确定，支承板厚度可查表3-8中的经验数据。

4）计算型腔模板周界。如图3-46所示，整体式模板尺寸可以按以下公式计算：

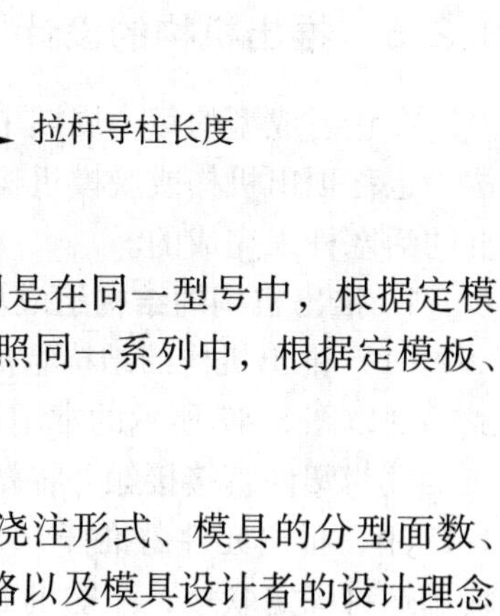

图3-46　型腔模板的长和宽

型腔模板的长度：

$$L = S' + A + t + A + S'$$

型腔模板的宽度：

$$N = S + B + t + B + S$$

式中　L——型腔模板长度；

N——型腔模板宽度；

S'、S——模板长度、宽度方向上侧壁的厚度，应考虑导柱、复位安装空间；

A——型腔长度；

B——型腔宽度；

t——型腔间壁厚，一般取 $t=(1/4 \sim 1/3)S$。

5）确定模板周界尺寸。由步骤4）计算出的模板周界尺寸不太可能与标准模板的尺寸相等，所以必须将计算出的数据向标准尺寸“靠拢”，一般向较大的数据修整。另外，在修整时需考虑到在模板长、宽位置上应有足够的空间安装其他零件，如果不够的话，需要增加模板长度和宽度尺寸。

6）确定模板厚度。根据型腔深度得到模板厚度，并按照标准尺寸进行修整。

7）确定模板的系列。根据型腔模板周界，初定定模板、动模板的周界尺寸（宽×长），选择模板的系列。

8）确定模板的规格。依据定模板、动模板和垫块的厚度确定模板的规格。

9）检验所选模架。对所选模架还需检查模架与注射机之间的关系，如闭合高度、开模空间等，如不适，还需重新选择。

3.2.5　推出机构的设计

在注射成型的每个周期中，将塑料制件及浇注系统凝料从模具中脱出的机构称为推出机构，也称顶出机构或脱模机构。推出机构的动作通常是由安装在注射机上的机械顶杆或液压缸的活塞杆来完成的。

1. 推出机构的结构组成与分类

（1）推出机构的结构组成及工作原理　推出机构一般由推出、复位和导向三大元件组成。现以图3-47所示的常用推出机构为例具体说明推出机构的组成与作用。

凡与塑件直接接触并将塑件从模具型腔中或型芯上推出脱下的元件，称为推出元件。图3-47中，推出元件由推杆16和拉料杆13组成，它们固定在推杆固定板8和推板9之间，两板用螺钉固定联接，注射机上的顶出力作用在推板上。推出过程包括开模、推出、取件、闭模、推出机构复位等过程。推出零件包括推杆、复位杆、推杆固定板和推板等。推杆将塑件从型芯中推出；复位杆在闭模过程中使推杆复位；推杆固定板和推板连接，固定所有推杆和复位杆，传递推出力并使整个推出机构协调运动。

为了使推出过程平稳，推出零件不致弯曲或卡死，常设有推出系统的导向机构，即图3-47中的推板导柱14和推板导套15。

为了使推杆回到原来位置，需设计复位装置，即复位杆11，它的头部设计到动模、定模的分型面上，合模时，定模迫使复位杆后移，就将推杆及顶出装置恢复到原来的位置。拉料杆13的作用是开模时将浇注系统冷料拉到动模一侧。

限位钉12有两个作用：一是使推板与动模座板之间形成间隙，以保证平面度和清除废料及杂物对推出机构的影响；另一作用是通过调节支承钉的厚度来调整推杆的位置及推出的距离。

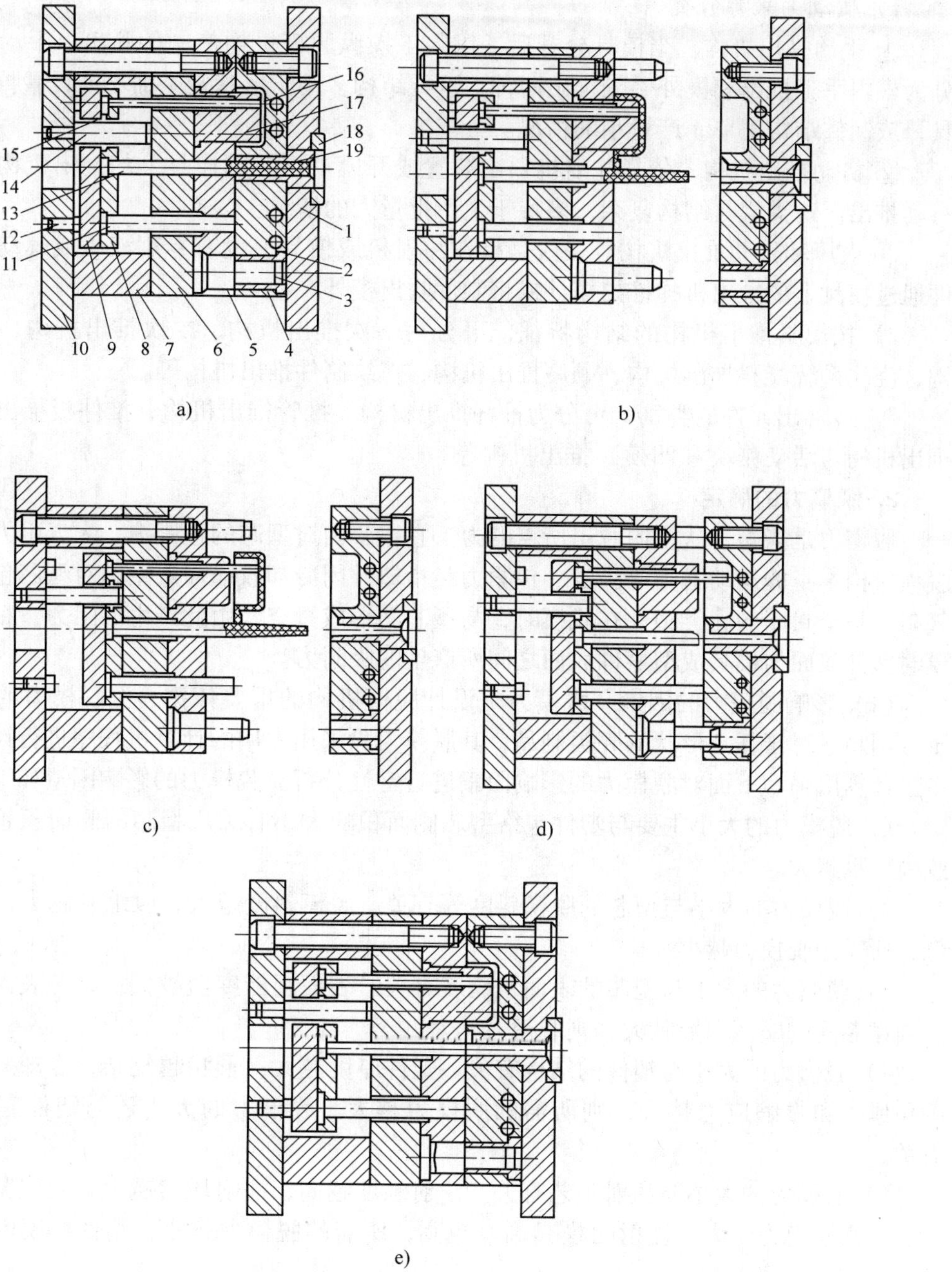

图 3-47 注射模的推出机构

a）注射 b）开模 c）推出塑件 d）复位 e）合模

1—定模座板 2、15—导套 3、14—导柱 4—凹模 5—动模板 6—动模垫板 7—垫块 8—推杆固定板 9—推板 10—动模座板 11—复位杆 12—限位钉 13—拉料杆 16—推杆 17—凸模 18—定位圈 19—浇注套

（2）推出机构的结构分类 推出机构可按动力来源分类，也可按推出元件的类别和推出机构的结构特征进行分类。

1）按动力来源分类

① 手动推出机构。当模具分开后，用人工操纵脱模机构使制件脱出。手动推出机构可分为模内手工推出和模外手工推出两种。这类结构多用于形状复杂而不能设置推出机构的模具，或制件结构简单，产量小的情况。

② 机动推出机构。依靠注射机顶出装置或开模动作驱动模具上的推出机构，实现制件自动推出。这类模具结构复杂，多用于生产批量大的情况。

③ 液压和气动推出机构。一般是指在注射机或模具上设有专用液压或气动装置，将制件通过模具上的推出机构推出模外或将制件吹出模外。

2）按模具推出机构的结构特征，可分为一次推出机构、二次推出机构、定模推出机构、浇注系统凝料推出机构、顺序推出机构、螺纹制件推出机构等。

3）按推出元件的类别，可分为推杆推出机构、推管推出机构、推件板推出机构、推块推出机构与活动镶块（凹模）推出机构等。

2. 脱模力的确定

脱模力是指塑件从模内脱出所需的力。它主要由对型芯的包紧力、大气阻力、粘附力和脱模机构本身的运动阻力等决定。包紧力是指塑件因冷却收缩而产生的对型芯包紧的力。大气阻力是指封闭的壳类塑件在脱模时，与型芯间形成真空，由此产生的阻力。粘附力是指脱模时塑件表面与模具成型零件表面之间所产生的吸附力。

（1）影响脱模力的因素　脱模力是设计脱模机构的重要依据，但脱模力的计算与测量十分困难。对于任意形状的壳类制品，其脱模力除采用专用的计算机程序进行计算外，很难手工计算出来。下面对脱模力的影响因素进行定性分析。脱模力的影响因素如下：

1）脱模力的大小主要与塑件包络型芯侧面积的大小有关。型芯的侧面积越大，所需的脱模力也越大。

2）脱模力的大小与型芯的脱模斜度等有关。脱模斜度越大，收缩率越大，脱模温度越低，所需的脱模力越小。

3）脱模力的大小与型芯的表面粗糙度有关。表面粗糙度值越低，型芯表面越粗糙，塑料与型芯间的摩擦因数越大，则脱模力越大。

4）脱模力的大小与塑件的结构有关。塑件厚度越大，形状越复杂，冷却凝固时所引起的包紧力和收缩应力越大，则所需的脱模力越大。脱模力的大小还与塑件底部是否有孔有关。

5）脱模力的大小与注射工艺有关。注射温度越高，注射压力越大，则包紧型芯的力越大，所需脱模力越大；注射时模具温度越高，所需的脱模力越小；塑件在模内停留时间越长，所需的脱模力越大。

6）脱模力的大小与成型塑件的塑料品种有关。不同的塑料品种，由于分子结构不一样，收缩率越大，弹性模量 E 越大（硬性塑料），所需的脱模力也越大。

另外，同一型腔中多个凹凸形状之间由于相对位置引起塑料收缩应力、塑件与模具型腔之间粘附力、大气压力和塑件对型芯的真空反压（非通孔类）等因素的影响，在脱模力计算过程中有时也不可忽略。

（2）脱模力的计算　一般情况下，塑件在开始脱模时，所需克服的阻力最大，即所需的脱模力最大。塑件脱模时的受力分析如图 3-48 所示。

F 的估算公式为

$$F = F_Z + F_Q \quad (3\text{-}7)$$

其中

$$F_Z = pA(\mu\cos\alpha - \sin\alpha)$$

$$F_Q = 0.1A_1$$

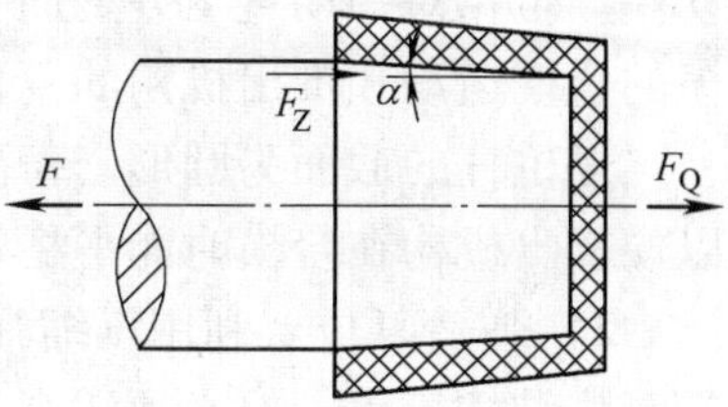

图 3-48　塑件脱模时的受力分析

式中　F——脱模力（N）；

F_Z——塑料收缩产生的对型芯的包紧力造成的抽芯阻力（N）；

F_Q——真空负压造成的抽芯阻力（N），0.1 是经验数据；

μ——塑料与钢的摩擦因数，PC、POM 取 $\mu=0.1\sim0.2$，其余材料取 $\mu=0.2\sim0.3$；

p——塑料对型芯的单位面积上的包紧力，一般情况下，模外冷却的塑件 $p=24\sim39\text{MPa}$，模内冷却的塑件 $p=8\sim12\text{MPa}$；

A——塑件包容型芯的面积（mm^2）；

α——脱模斜度，$\alpha=0.5°\sim1.5°$；

A_1——垂直于抽芯方向的投影面积（mm^2）。

3. 推出机构的设计原则

1）推出机构应设置在动模一侧。由于推出机构的动作是通过注射机上的顶杆来驱动的，所以一般情况下，推出机构设在动模一侧。正因如此，在分型面设计时应尽量使塑件能留在动模一侧。

2）保证推出时塑件不变形或损坏。为了保证塑件在推出过程中不变形、不损坏，设计时应仔细分析塑件对模具的包紧力和粘附力的大小，合理选择推出方式及推出位置。

3）机构简单，动作可靠。推出机构应可靠、灵活，制造方便，机构本身要有足够的强度、刚度和硬度，以承受推出过程中各种力的作用，确保塑件顺利地脱模。

4）良好的塑件外观。推出塑件的位置应尽量设在塑件内部，以免推出痕迹影响塑件的外观质量。

5）合模时正确复位。设计推出机构时，还必须考虑合模时机构能正确复位，即恢复到推出之前的初始位置，并保证不与其他模具零件相干涉。

4. 推出机构的导向与复位

（1）推出机构的导向装置　推出机构在注射机工作时，每开合模一次，就往复运动一次，除了推杆、推管和复位杆与模板的滑动配合以外，其余部分均处于浮动状态。推杆固定板与推杆应由导向零件来支承。为了保证制件顺利脱模、各推出部件运动灵活以及推出元件可靠复位，防止推杆在推出过程中出现歪斜和扭曲现象，必须有导向装置配合使用。

（2）推出机构的复位机构　推出机构在开模推出制件后，为下一次注射成型做准备，必须使推出机构复位，以便恢复完整的型腔，因此应设计复位装置。复位装置分为复位杆复位装置、弹簧复位装置及其他先复位机构。

1）复位杆复位。使推出机构复位最简单、最常用的方法是在推杆固定板上安装复位杆，也称回程杆。

复位杆端面设计在动模、定模的分型面上。塑件脱模时，复位杆一同推出；合模时，复位杆先与定模分型面接触，在动模向定模逐渐合拢过程中，推出机构被复位杆顶住，从而与动模产生相对移动直至分型面合拢，推出机构就回复到原来的位置。这种结构中的动模、定模的合模运动和推出机构的复位是同时完成的，如图 3-47 所示。

复位杆的截面为圆形。每副模具一般设置 4 根复位杆，应对称设在推杆固定板的四周，以便推出机构在合模时能平稳复位。

2）弹簧复位。利用压缩弹簧的回复力使推出机构复位，其复位先于合模动作完成。弹簧复位结构简单，但必须注意弹簧要有足够的弹力，弹簧如失效，则要及时更换。

3）先复位机构。利用专门设置的结构使推出机构在模具合模初始阶段提前复位的机构。

5. 推出机构主要零部件的设计

常见结构形式有推杆推出机构、推件板推出机构、推管推出机构、活动镶块及凹模推出机构和联合推出机构等。

（1）推杆的设计　用推杆（尤其是圆推杆）推出制品是推出机构中最简单、最常用的一种设计。推杆推出机构如图 3-47 所示。它因制造简单，更换方便，滑动阻力小，脱模效果好，设置的位置自由度大，在生产中得以广泛应用。但因推杆和制品接触面积小，易引起应力集中，从而可能损坏制品或使制品变形，因此不宜用于斜度小和脱模阻力大的管形和箱形制品的脱模。

在设计推杆推出机构时应考虑以下问题。

1）推杆的形状及尺寸。因制品的几何形状及型腔、型芯结构不同，所以设置在型腔、型芯上的推杆截面形状也不尽相同，常见的推杆截面形状如图 3-49 所示。在整体式型腔或镶件底部设置推杆时采用圆形最为方便；在型腔或镶件的拼合处设置推杆时，可采用方形或矩形；其他的推杆则是根据模具设置工作截面的几何形状。

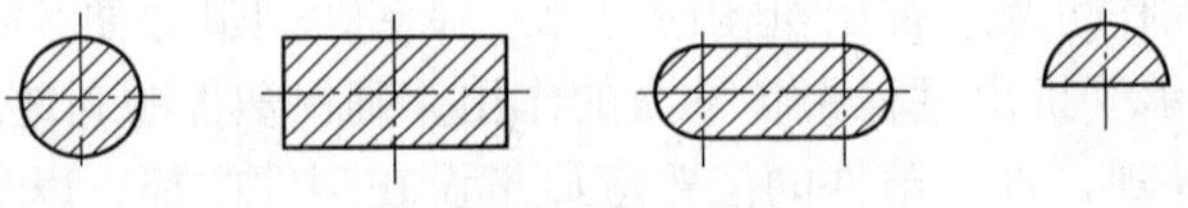

a)　b)　c)　d)

图 3-49　推杆截面形状

常用推杆的形状如图 3-50 所示。图 3-50a 所示为直通式推杆，尾部采用台肩固定，通常在 $d>3$mm 时采用，是最常用的形式；图 3-50b 所示为阶梯式推杆，由于工作部分比较细，故在其后部加粗以提高刚性，一般直径小于 2.5 ~ 3mm 时采用；图 3-50c 所示为顶盘式推杆，也称锥面推杆，它加工比较困难，装配时与其他推杆不同，从动模型腔插入，端部用螺钉固定在推杆固定板上，它的推出面积比较大，适合于推出深筒形塑件。

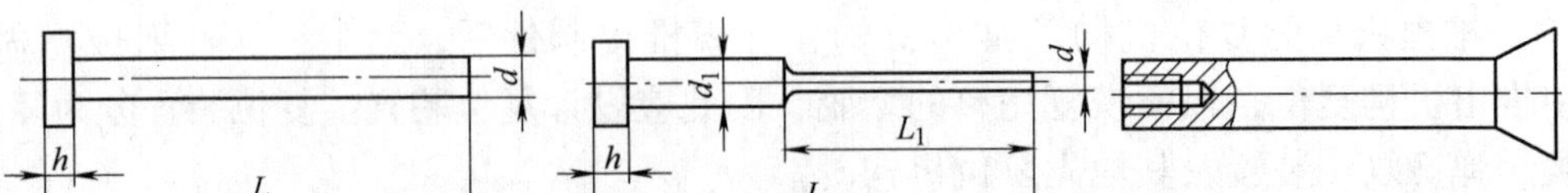

a)　b)　c)

图 3-50　推杆形状

a）直通式推杆　b）阶梯式推杆　c）顶盘式推杆

2）推杆的固定与配合

① 推杆的固定。推杆的固定如图 3-51 所示。图 3-51a 所示的形式最为常用，在推杆固定板上制有台阶孔，可将推杆装入其中。这种形式强度高，不易变形，但在推杆数量较多的情况下，台阶孔深度的一致性很难保证，为此，有时采用图 3-51b 所示的形式，将厚度磨削一致的垫圈或垫块安放在推板与推杆固定板之间。图 3-51c 所示为推杆后端用螺塞固定的形式，适用于推杆数量不多又省去推板的场合；图 3-51d 所示为较粗推杆（如顶盘式推杆）镶入固定板后采用螺钉固定的形式。

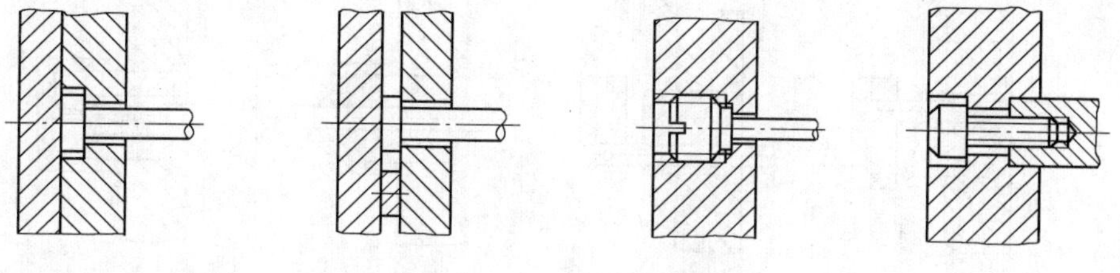

图 3-51　推杆的固定

② 推杆的配合。推杆的配合形式通常按图 3-52 确定，这样既可降低加工要求，又能在多推杆的情况下，不会因推杆孔加工时产生的偏差而发生卡死现象。

推杆工作部分与模板或型芯上推杆孔的配合常采用 H8/f8、H9/f9 的间隙配合，视推杆直径的大小与塑料品种的不同而定。推杆直径小，塑料流动性差，可以取 H9/f9。反之采用 H8/f8。

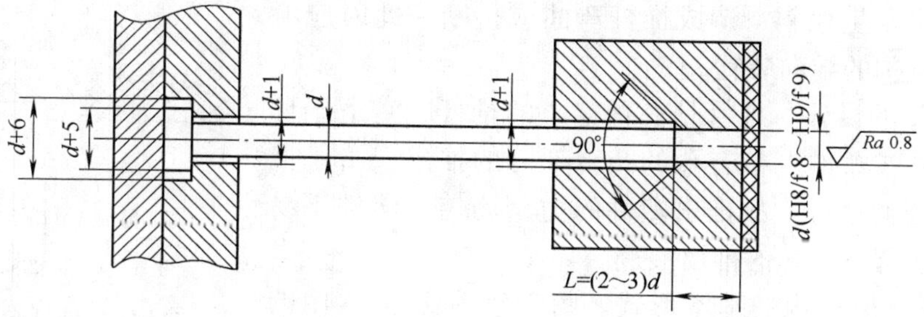

图 3-52　推杆的配合形式

推杆与推杆孔的配合长度视推杆直径而定，当 $d<5$mm 时，配合长度可取 12～15mm；当 $d>5$mm 时，配合长度可取（2～3）d。推杆工作端配合部分的表面粗糙度值 $Ra\leqslant 0.8\mu m$。

③ 推杆的材料与热处理要求。推杆的材料常用 T8A、T10A 等碳素工具钢或 65Mn 弹簧钢等，前者的热处理要求硬度为 50～54HRC，后者的热处理要求硬度为 46～50HRC。自制推杆常采用前者，而市场上出售的推杆标准件以后者居多。

3）推杆位置的选择

① 推杆应设置在脱模阻力最大的地方。如图 3-53a 所示的模具，因塑件对型芯的包紧力在四周最大，可在塑件内侧附近设置推杆，如果塑件深度较大，还应在塑件的端部设置推杆。有些塑件内有较深且脱模斜度较小的凸起，因收缩应力的原因会产生较大的脱模阻力，

则该处必须设置推杆，如图 3-53b 所示。

② 推杆位置选择应保证塑件推出时受力均匀。当塑件各处的脱模阻力相同时，推杆需均匀布置，以便推出时运动平稳且塑件不变形。

③ 推杆位置选择时应注意塑件的强度和刚度。推杆应尽可能地选择在塑件的厚壁和凸缘等处，尤其是薄壁塑件，否则很容易使塑件变形甚至损坏，如图 3-53c 所示。

④ 推杆位置的选择还应考虑推杆本身的刚性。当细长推杆受到较大的脱模力时，推杆就会失稳变形，如图 3-53d 所示。此时必须增大推杆的直径或增加推杆的数量。

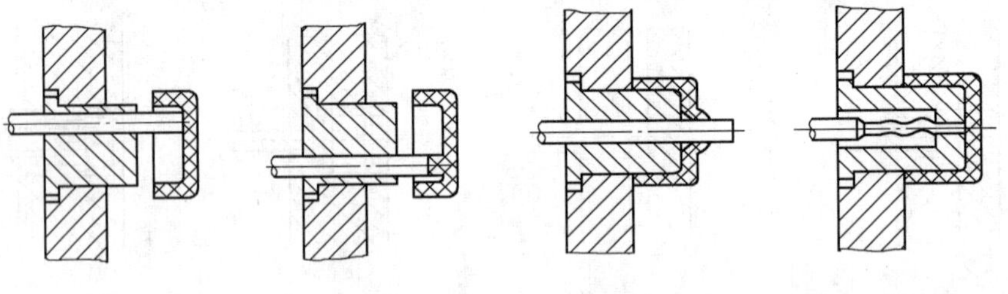

a)　　b)　　c)　　d)

图 3-53　推杆位置的选择

⑤ 推杆的工作端面在合模注射时是型腔底面的一部分，推杆的端面如果低于该处型腔底面，在塑件上会出现凸台，若端面高出该处型腔底面，塑件上则会出现凹痕，影响塑件的使用或美观。因此，通常推杆装入模具后，其端面应与相应处型腔底面平齐或略高出型腔底面 0.05 ~ 0.1mm，如图 3-54 所示。

若推出机构中的推杆较细、较多或推出力不均匀，推出后推杆可能发生偏斜，造成推杆弯曲或折断，此时应考虑设计推出机构的导向装置。

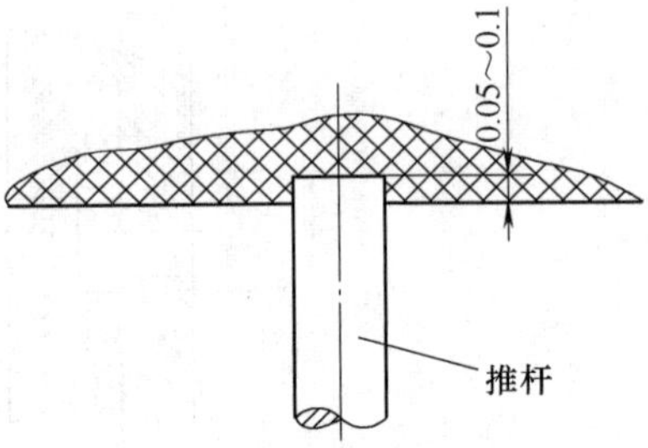

图 3-54　推杆端面与型腔、型芯表面的关系

（2）推管的设计　推管是一种空心的推杆，它适于环形、筒形塑件或塑件上带有孔的凸台部分的推出。由于推管整个周边接触塑件，故推出塑件的力量均匀，塑件不易变形，也不会留下明显的推出痕迹。

1）推管推出机构的基本形式。图 3-55 所示为常用的推管推出机构。图 3-55a 所示为推管固定在推杆固定板上，而中间型芯固定在动模座板上的形式。这种结构定位准确，推管强度高，型芯维修和更换方便；缺点是型芯太长。图 3-55b 所示为用键将型芯固定在动模板上的形式，这种形式适用于型芯较大的场合。但由于推管要让开键，所以必须在其上开槽，因此推管的强度会受到一定影响。图 3-55c 所示为型芯固定在动模板上，推管在动模板内移动的形式。这种形式的推管较短，刚性好，制造方便，装配容易，但支承板需要较大的厚度，适于推出距离较短的场合。另外，在动模板内的推板和推管固定板上一定要设置复位杆，否则推管推出后，合模时无法复位。

2）推管的固定与配合。在推管推出机构中，推管的精度要求较高，间隙控制较严。

推管的固定与推杆的固定类似，推管固定端外侧与推管固定板之间采用单边 0.5mm 的大间隙配合。

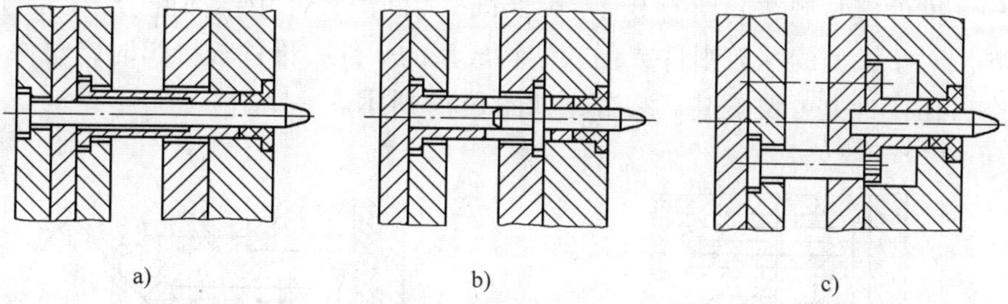

图3-55　推管推出机构

推管工作部分的配合是指推管与型芯之间的配合和推管与成型模板的配合，如图3-56所示，推管的内径与型芯的配合长度应比推出行程大3～5mm，当直径较小时选用H8/f7的配合，当直径较大时选用H7/f7的配合；推管外径与模板上孔的配合长度为推杆直径 D 的1.5～2倍，当直径较小时采用H8/f8的配合，当直径较大时选用H8/f7的配合。

为了保证推管在推出时不擦伤型芯及相应的成型表面，推管的外径应比塑件外径尺寸单边小0.5mm左右，推管的内径应比塑件的内径单边大0.2～0.5mm。

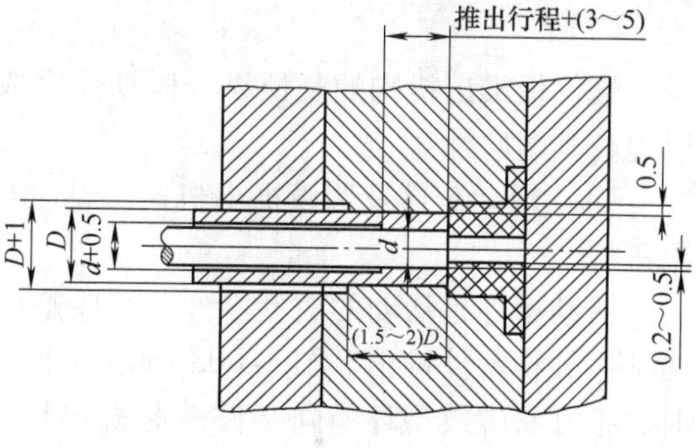

图3-56　推管的尺寸要求

推管推出机构推出工作均衡、可靠，且在制品上不留痕迹，但对成型部分软质塑料如聚乙烯、软聚氯乙烯等制件，不宜采用单一的推管脱模，尤其是对薄壁深筒形制件更是如此，通常要采用联合推出机构才能达到理想效果。联合推出机构是指对同一制件采用多种不同推出零件一起推出的机构。

（3）推件板的设计　推件板推出机构是指在型芯的根部安装一块与之相配合的模板，在塑件的整个周边端面上进行推出，其工作过程与推杆推出机构类似。这种推出机构作用面积大，推出力大且均匀，运动平稳，并且在塑件上无推出痕迹，所以推件板推出机构适用于薄壁容器、壳形塑件及外表面不允许留有推出痕迹的塑件。

常用的推件板推出机构如图3-57所示。为了减少推件板与型芯的摩擦，可采用图3-58

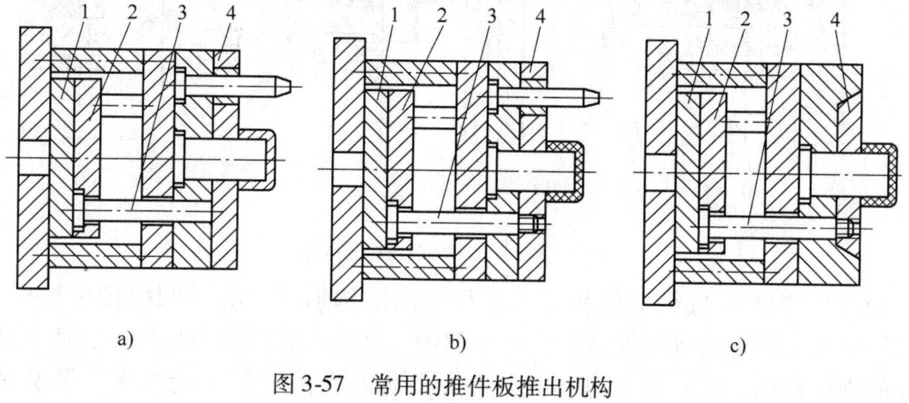

图3-57　常用的推件板推出机构

1—推板　2—推杆固定板　3—推杆　4—推件板

所示的结构，推件板与型芯间留有 0.2～0.25mm 的间隙，并用锥面配合，以防止推件板因偏心而溢料。对于大型的深腔塑件或用软塑料成型的塑件，推件板推出时，塑件与型芯间容易形成真空，在模具上可设置进气装置，如图 3-59 所示。

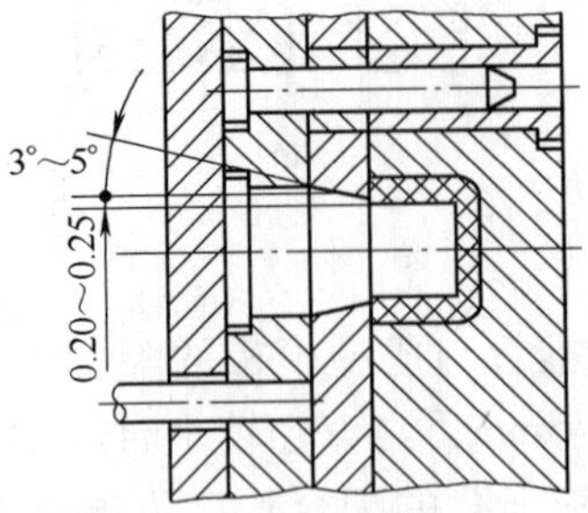

图 3-58　推件板与凸模锥面的配合形式

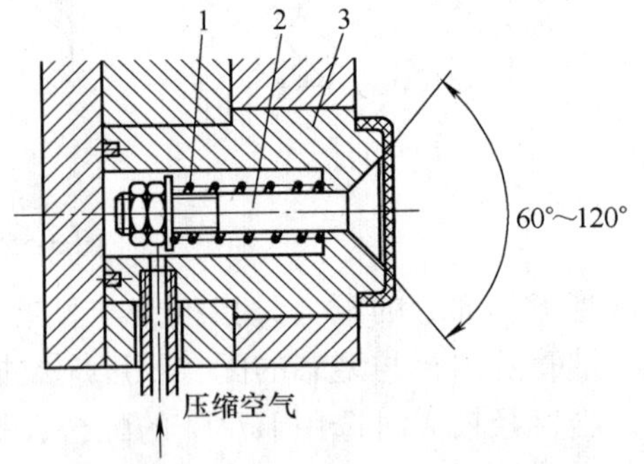

图 3-59　推件板推出机构的进气装置
1—弹簧　2—阀杆　3—型芯

推件板推出机构的复位靠合模动作完成，不需设置复位杆。推件板一般需经淬火处理，以提高其耐磨性。

（4）活动镶件及凹模推出机构　活动镶件及凹模推出机构也是一种相对比较简单的推出机构。

活动镶件是活动的成型零件。某些塑件因结构的原因不宜采用前述推出机构，则可利用活动镶件将塑件推出。图 3-60a 所示为利用螺纹型环（即活动镶块）作为推出零件，工作时，推杆将螺纹型环连同塑件一起推出模外，然后手工或用专用工具转动螺纹型环取出塑件，因活动镶件后端设置推杆，故采用了弹簧先复位。图 3-60b 所示是活动镶块与推杆采用螺纹联接的形式，推出一定距离后，手工将塑件从活动镶块上取下。活动镶件与安装孔的配合如图 3-60c 所示，一般采用 H8/f8 的配合，配合长度为 5～10mm，其后制出 3°～5°的斜度。

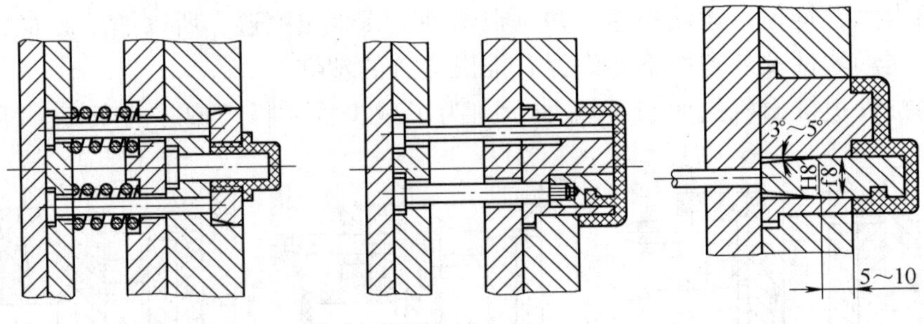

a)　b)　c)

图 3-60　活动镶件推出机构

图 3-61 所示为凹模板将塑件从型芯上推出的结构形式，称为凹模推出机构。推出后，要手工或用其他专用工具将塑件从凹模板中取出。这种形式的推出机构，实质上就是推件板上有型腔的推出机构，不过在设计时要注意，凹模板上的型腔不能太深，脱模斜度不能太小，否则开模后人工难以从凹模板上将塑件取下。另外，推杆与凹模板一定要用螺纹联接，

否则取塑件时凹模板会从动模导柱上滑出来。

有些塑件在模具设计时，往往不能采用上述单一的简单推出机构，否则塑件就会变形或损坏，因此，就要采用两种或两种以上的推出形式，这种推出机构称为多元推出机构。图3-62a所示为推杆与推管联合推出机构，图3-62b所示为推板与推管联合推出机构。

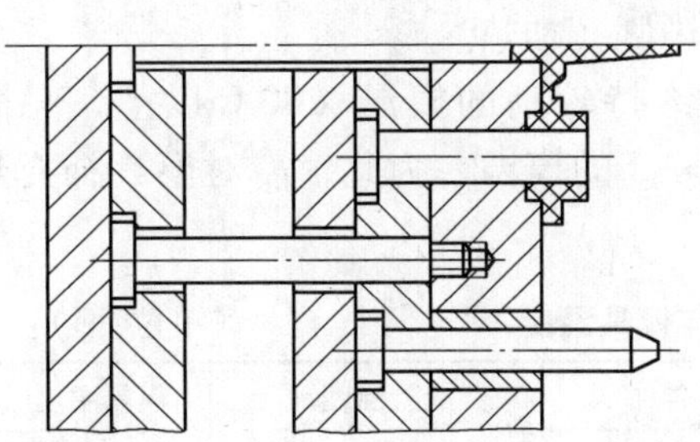

图3-61　凹模推出机构

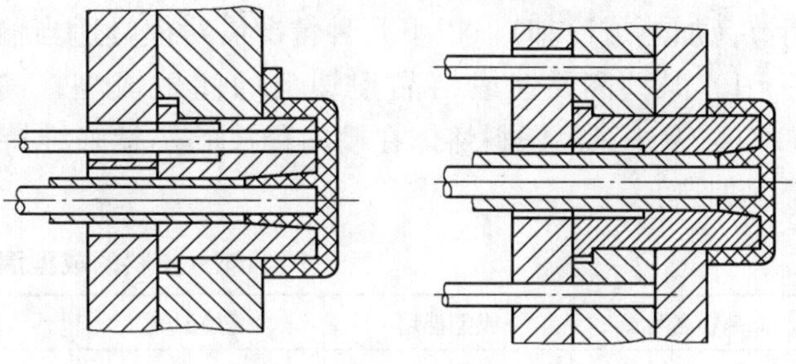

图3-62　多元推出机构

3.2.6　模具温度调节系统的设计

模具温度（模温）是指模具型腔和型芯的表面温度。不论是热塑性塑料还是热固性塑料成型，模具温度对塑料熔体的充模流动、固化定型、生产率及塑件的形状和尺寸精度都有重要的影响。模具温度调节是指对模具进行冷却或加热，必要时两者兼有，从而达到控制模温的目的。

1. 模具温度调节系统的概念

（1）模具温度调节系统的重要性　在模具中设置温度调节系统的目的，就是要通过控制模具温度，使注射成型具有良好的产品质量和较高的生产率。

模温过低，熔体流动性差，塑料成型性能差，塑件轮廓不清晰，表面产生明显的银丝、云丝，甚至充不满型腔或形成熔接痕，塑件表面不光泽，缺陷多，机械强度降低。对于热固性塑料，模温过低造成固化程度不足，降低塑件的物理、化学和力学性能。热塑性塑料注射成型时，在模温过低，充模速度又不高的情况下，塑件内应力增大，易引起翘曲变形或应力开裂，尤其是对刚度大的工程塑料。但在采用允许的低模温时，则有利于减小塑料的成型收缩率，从而提高塑件的尺寸精度，并可缩短成型周期。对于柔性塑料（如聚烯烃等），采用低模温有利于塑件尺寸稳定。

模温过高，成型收缩率大，脱模后塑件变形大，并且易造成溢料和粘模。对于热固性塑料，则会产生过热导致的变色、发脆、强度低等。但对于结晶型塑料，使用高温有利于结晶过程的进行，避免在存放和使用过程中尺寸发生变化。对于粘度大的刚性塑料，使用高模温，可大大降低其应力开裂程度。

模具温度不均匀，型芯和型腔温差过大，塑件收缩不均匀，导致塑件翘曲变形，影响塑件的形状及尺寸精度。因此，为保证塑件质量，模温必须适当、稳定、均匀。

据统计，对于注射模塑，注射时间约占成型周期的5%，冷却时间约占成型周期的80%，推出（脱模）时间约占成型周期的15%。可见，模塑周期主要取决于冷却定型时间。

可通过调节塑料和模具的温差缩短冷却时间。在保证塑件质量和成型工艺顺利进行的前提下，通过降低模具温度来缩短冷却时间，是提高生产率的主要途径。

在成型过程中，塑料模具是一个热交换器，要保持模具自身热量的平衡，模具一般应设置温控系统。由于各类塑料的性能和成型工艺要求不同，模具温度的范围也不同。为此，设计模具时，应根据塑料品种和模具尺寸大小等不同情况，考虑采用不同方式对模具进行温度调节（加热或冷却）。以下几种情况需对模具适当输入热量（加热）。

1）某些高黏性或结晶型塑料的注射成型，需要维持较高的模温（80℃以上，见表3-10），无法只靠塑料熔体在模内释放的热量来维持其较高的模温，为此，需对模具补充热量（加热）。

表 3-10　部分塑料的成型温度与模具温度　（单位：℃）

塑料名称	成型温度	模具温度	塑料名称	成型温度	模具温度
LDPE	190 ~ 240	20 ~ 60	PS	170 ~ 280	20 ~ 70
HDPE	210 ~ 270	20 ~ 60	AS	220 ~ 280	40 ~ 80
PP	200 ~ 270	20 ~ 60	ABS	200 ~ 270	40 ~ 80
PA6	230 ~ 290	40 ~ 60	PMMA	170 ~ 270	20 ~ 90
PA66	280 ~ 300	40 ~ 80	硬 PVC	190 ~ 215	20 ~ 60
PA610	230 ~ 290	36 ~ 60	软 PVC	170 ~ 190	20 ~ 40
POM	180 ~ 220	90 ~ 120	PC	250 ~ 290	90 ~ 110

2）对于热固性塑料的注射与压缩成型，模具需要较高的温度，以促使塑料在模内完成交联反应，为此必须对模具进行加热。

3）大型模具工作前必须将模具预热到某一适宜温度。如果只靠注入塑料熔体将模具加热升温，既费时又费物，极不经济。因此，在间断操作或更换模具时，大型注射模都应有加热系统。

4）热流道模具技术的应用日益普遍，为使塑料熔体在模具流道内始终保持熔融状态，必须考虑对流道板进行加热。

多数情况下，由于模具不断地被注入的熔融塑料加热，模温升高，靠模具自身散热不能使模具保持较低的温度，一般应加设冷却装置。

模具设置的温控系统应使型腔和型芯保持在规定的温度范围之内，并使模温均匀，以便成型工艺顺利进行，保证塑件尺寸稳定，变形小，表面质量好，物理和力学性能良好。

总之，要得到优质产品，必须对模具进行温度控制，正确合理地设计模具温度调节系统，对产品质量和生产率有很大影响。

（2）模具温度调节系统设计的基本要求

1）温度调节系统应具备的功能是：能使型腔和型芯的温度保持在规定的范围内，并保持均匀的模具温度，以使塑料的物理、化学和力学性能良好。

具有不同性能的塑料，在成型时对模具温度的要求是不同的。粘度低的塑料，宜采用较低的模具温度；粘度高的塑料，必须考虑熔体充模和减少制件应力开裂的需要，模具温度较高为宜；对于结晶型塑料，模具温度必须考虑对其结晶度及物理、化学和力学性能的影响。

2）根据塑料品种、成型方法及模具尺寸大小，正确确定模温的调节方法。热固性塑料的注射成型和压缩、压注成型，一般在较高的温度下进行，要求模具温度较高，因而必须设置加热系统对模具进行加热；对于热塑性塑料，根据尺寸大小等不同情况进行温度调节。

2. 冷却系统的设计

设置冷却效果良好的冷却水回路是缩短成型周期、提高生产率最有效的方法。如果不能实现均匀、快速冷却，则会使制件内部产生应力而导致产品变形或开裂，所以应根据制件的形状、壁厚及塑料的品种，设计、制造出能实现均匀、快速冷却的冷却回路。

(1) 冷却系统的设计原则

1) 冷却水道离凹模型腔壁不宜太远或太近，以免影响冷却效果和模具的强度。距离一般为冷却水道直径的 1.5 ~ 2 倍，如图 3-63 所示。冷却水道的直径可按表 3-11 所列的经验值选取。

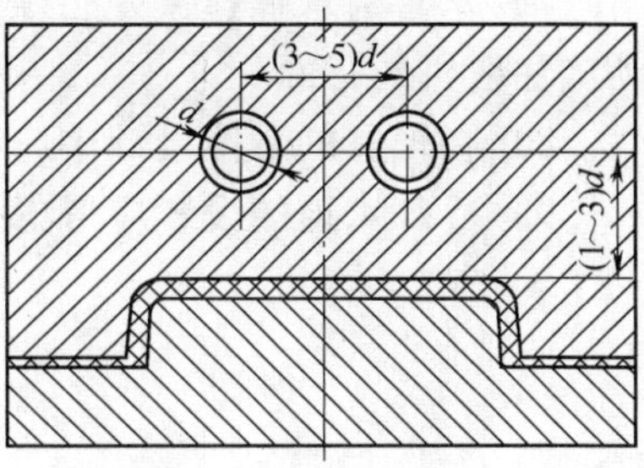

图 3-63　冷却孔的位置

注：d = 18 ~ 141mm。

表 3-11　冷却水道直径经验值　（单位：mm）

塑件壁厚	冷却水道直径
$t \geqslant 2$	$d \leqslant 8 \sim 10$
$2 < t \leqslant 4$	$d \leqslant 10 \sim 12$
$4 < t \leqslant 6$	$d \leqslant 12 \sim 14$

2) 在模具结构允许的情况下，冷却水道的孔径应尽量大，冷却回路的数量应尽量多，这样冷却会更均匀。

3) 浇口处加强冷却。浇口附近的温度最高，离浇口距离越远温度越低。因此，浇口附近应加强冷却，在其附近设置冷却水道的入口，如图 3-64 所示。

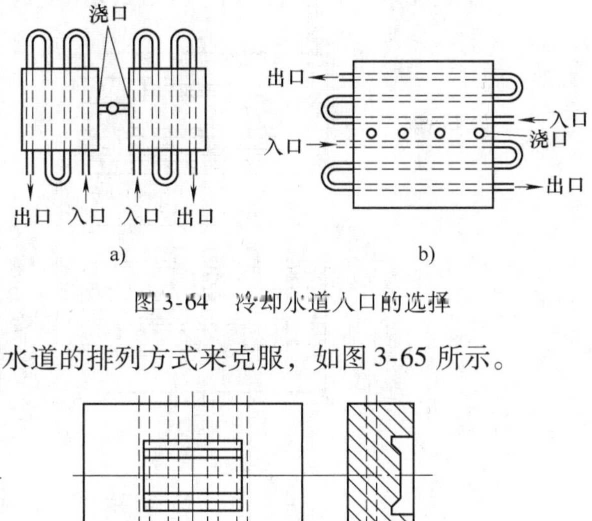

图 3-64　冷却水道入口的选择

4) 降低入水与出水的温差。冷却水道较长时，入水与出水的温差较大，会导致模具的温度分布不均匀，可以通过改变冷却水道的排列方式来克服，如图 3-65 所示。

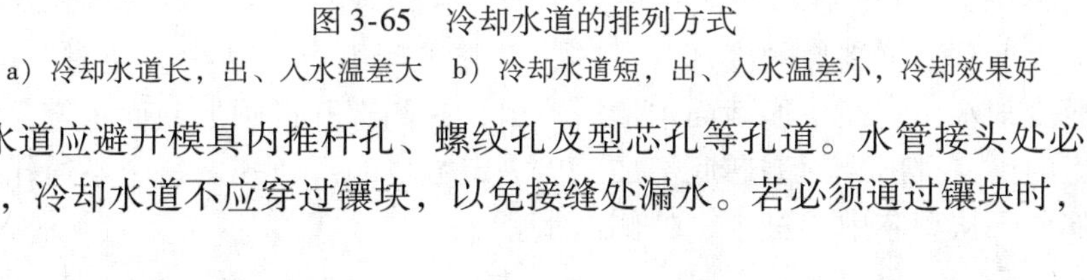

图 3-65　冷却水道的排列方式

a) 冷却水道长，出、入水温差大　b) 冷却水道短，出、入水温差小，冷却效果好

5) 冷却水道应避开模具内推杆孔、螺纹孔及型芯孔等孔道。水管接头处必须密封，防止漏水。另外，冷却水道不应穿过镶块，以免接缝处漏水。若必须通过镶块时，则应加镶套管密封。

6）凹模和凸模要分别冷却，要保证冷却的平衡，而且对凸模内部的冷却要注意对水道穿过凸模与模板接缝处进行密封，以防漏水。

7）水管与水嘴连接处必须密封，水管接头的部位要设置在不影响操作的方向上，通常朝向注射机的背面。

8）在模具的总体设计中应给冷却水道留有足够的空间。

9）冷却水道的设置应考虑节水因素，应设冷却水循环供应系统，如图 3-66 所示。

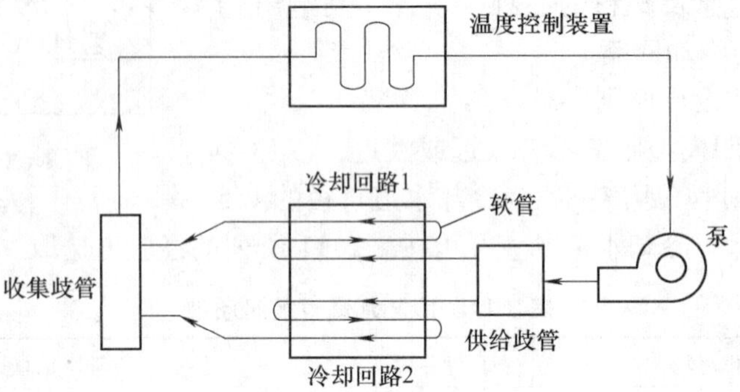

图 3-66　冷却水循环供应系统

（2）常见冷却系统的结构

1）直流式和直流循环式。如图 3-67 所示，这种形式结构简单，加工方便，但模具冷却不均匀。适用于成型面积较大、型腔较浅的塑料制品。

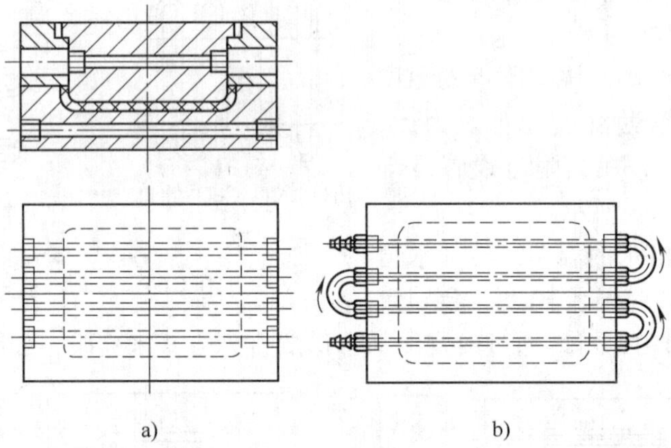

图 3-67　直流式和直流循环式冷却装置

2）循环式。图 3-68a 所示为间歇循环式，冷却效果较好，但出、入口数量较多，加工费时；图 3-68b、c 所示为连续循环式，冷却槽加工成螺旋状，且只有一个入口和出口，其冷却效果比图 3-68a 稍差。这些形式均适用于型芯和型腔的冷却，对深型腔制件模具的冷却困难。为便于大型深型腔制件的冷却，型芯、型腔采用组合式结构，如图 3-69 所示。型腔从浇口附近通冷却水，流经矩形截面水槽后流出，其侧部开设圆形截面水道，绕型腔一周后从分型面附近的出口排出。而型芯底部加工出一定数量的不通孔，每个不通孔用隔板分成底部相连的两部分，从型芯中心进水，外侧出水。

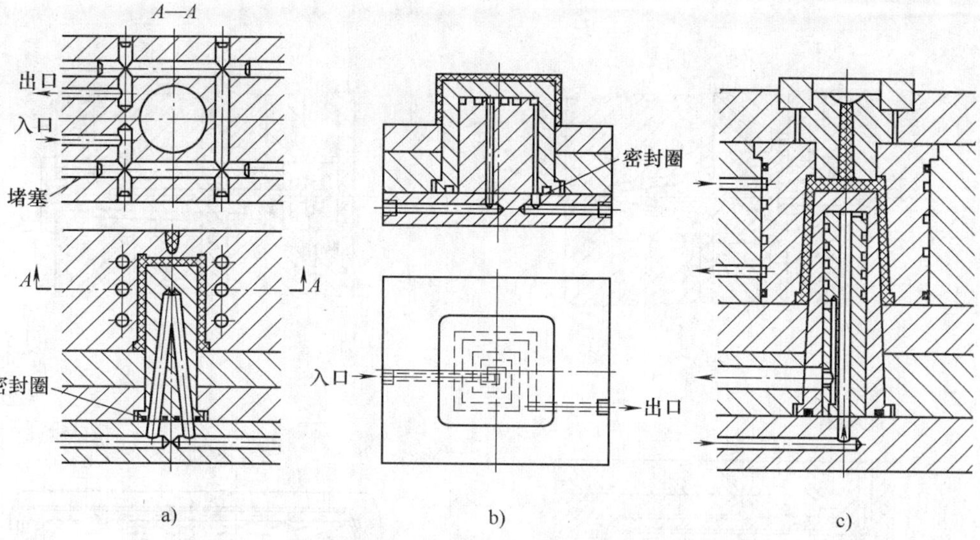

图 3-68　循环式冷却装置

a）间歇循环式　b）、c）连续循环式

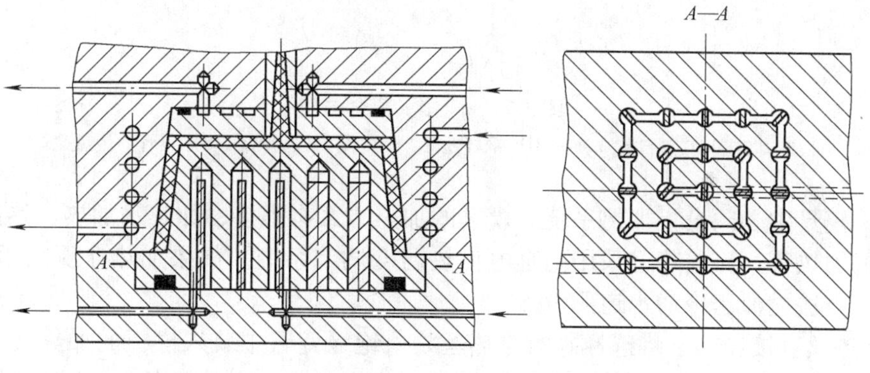

图 3-69　大型深腔类之间循环式冷却装置

3）喷流式。如图 3-70 所示，以水管代替型芯镶件，结构简单，成本较低，冷却效果较好。这种形式既可用于小型芯的冷却，也可用于大型芯的冷却。

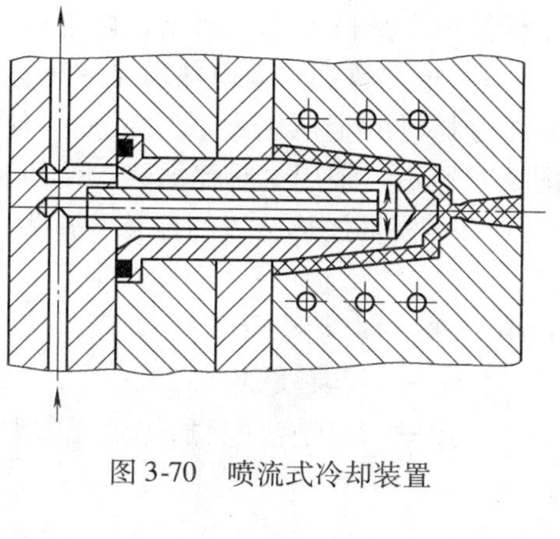

图 3-70　喷流式冷却装置

4）间接式。图 3-71a 所示为冷却水喷射在铍铜制成的细小型芯的后端，靠铍铜良好的导热性能进行冷却。图 3-71b 所示为在细小型芯中插一根与之配合接触很好的铍铜杆，将其另一端加工出翅片，以扩大散热面积，提高水流的冷却效果。图 3-71c 所示是在细小型芯中插热管，把热量传递到模具外部，热管的传热原理如图 3-71d 所示。

3. 加热系统的设计

（1）设计方法　当注射成型工艺要求模具温度在 80℃以上，对大型模具进行预热，或者采用热流

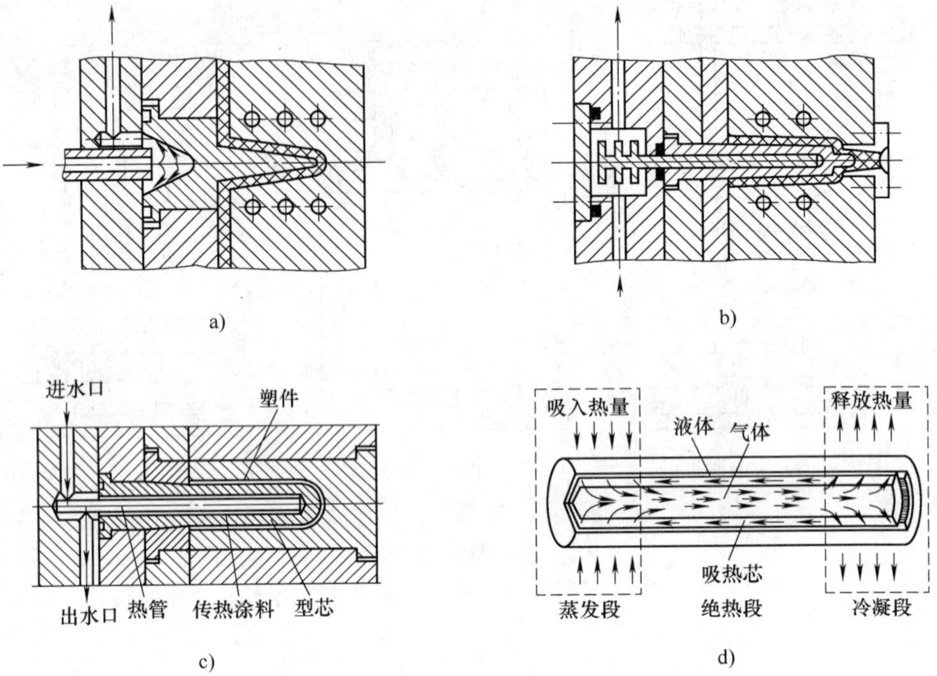

图 3-71　间接式冷却装置

a）冷却铍铜型芯后端　b）采用铍铜杆翅片　c）采用热管冷却　d）热管的传热原理

道模具时，模具中必须设置加热系统。模具的加热方式有很多，如热水加热、热油加热、蒸汽加热和电加热等。目前普遍采用的是电加热温度调节系统，如果加热介质采用各种流体，那么其设计方法类似于冷却水道的设计。

1）电热丝直接加热。将选择好的电热丝放入绝缘瓷管中装入模板的加热孔中，通电后即可对模具进行加热。这种加热方法结构简单，成本低廉，但电热丝与空气接触后易氧化，寿命较短，同时存在安全隐患。

2）电热圈加热。将电热丝绕制在云母片上，再装夹在特制的金属外壳中，电热丝与金属外壳之间用云母片绝缘，如图 3-72 所示，将它围在模具外侧对模具进行加热。其优点是结构简单，更换方便，缺点是耗电量大。这种加热装置更适合于压缩模和压注模。

3）电热棒加热。电热棒是一种标准的加热元件，是由具有一定功率的电阻丝和带有耐热绝缘材料的金属密封管组成的，使用时只要将其插入模具上的加热孔内通电即可，如图 3-73所示。采用电热棒加热，使用和安装都很方便。

（2）模具加热装置的计算　首先计算模具加热所需的电功率，即

$$P = gm \tag{3-8}$$

式中　P——电功率（W）；

m——模具质量（kg）；

g——每千克模具加热到成型温度时所需的电功率（W/kg），见表 3-12。

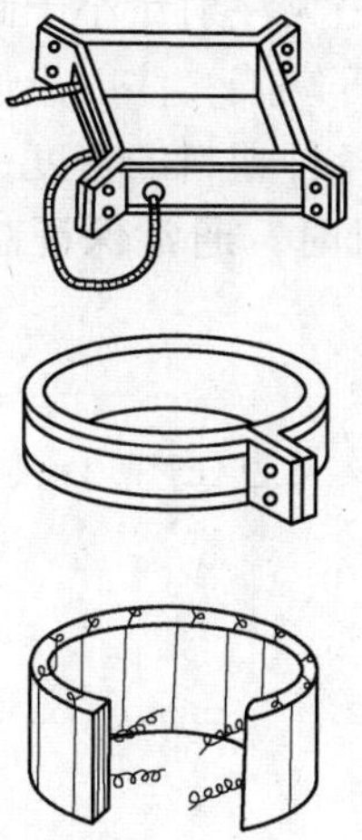

图 3-72　电热圈的形式

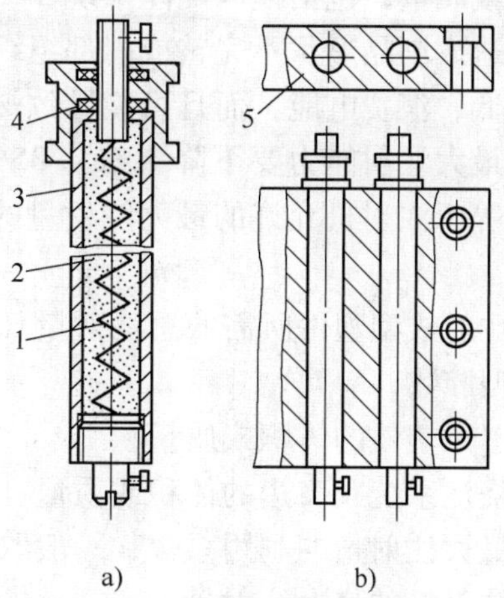

图 3-73　电热棒及其安装

1—电阻丝　2—耐热填料

3—金属密封管　4—耐热绝缘垫片　5—加热板

表 3-12　不同类型模具的 g 值　（单位：W/kg）

模具类型	用加热棒	用加热圈
小型	35	60
中型	30	50
大型	25	40

总的电功率确定之后，可根据电热板的尺寸确定电热棒的数量，进而计算每根电热棒的功率。假设电热棒采用并联法，则有

$$P_r = P/n \tag{3-9}$$

式中　P_r——每根电热棒的功率（W）；

n——电热棒的数量。

根据 P 值可查相关手册确定电热棒尺寸。在选择电热棒时，所选电热棒的直径和长度应与安装加热元件的空间相符合。如果不符合，要反复计算。如果买不到合适的电热棒，则要自行设计和制造电热元件。

3.2.7　注射模与注射机的相互适应性

模具设计时，设计者必须根据塑件的结构特点、塑件的技术要求确定模具结构，模具的结构与注射机之间有着必然的联系。

注射模是安装在注射机上使用的，模具与注射机应当相互适应。注射量的大小、锁模力的大小、模具定位圈尺寸、模板的外围尺寸及推出机构的设置等必须参照注射机的类型及相关尺寸进行设计，否则，模具就无法与注射机合理匹配，注射过程也就无法正常进行。

1. 最大注射量的校核

最大注射量是指注射机在对空注射的条件下，注射螺杆或柱塞作一次最大注射行程时注射装置所能达到的最大注射量。设计模具时，应满足注射成型塑件所需的总注射量小于所选注射机的最大注射量。注射成型塑件所需的总注射量是指注射机每一个成型周期向模具内注入的熔体体积或质量，包括模内浇注系统和飞边所用的熔体量。若最大注射量小于制品所需注射量，就会造成制品形状不完整或内部组织疏松，制品强度下降等缺陷；注射量过大，注射机利用率降低，浪费电能，而且可能导致塑料分解。另外，由于各种塑料的密度、压缩比不同，注射机最大注射能力要下降 10% ~35%。因此，选择注射机时，通常保证制品所需注射量小于或等于注射机允许的最大注射量的 80%，即

$$m = nm_i + m_j \leqslant km_{max} \tag{3-10}$$

式中　m——注射成型塑件所需的总注射量（包括制品、浇注系统及飞边在内）；

n——型腔数；

m_i——单个塑件的体积或质量；

m_j——浇注系统及飞边的体积或质量；

k——最大注射量的利用系数，一般取 $k=0.8$；

m_{max}——注射机的最大注射量。

一般来说，仅对最大注射量进行校核。但对热敏性塑料，如果每次注射量太小，则塑料在料筒内停留时间会过长，导致塑料高温分解，从而降低制品的质量和性能，因此，应注意注射机的最小注射量，最小注射量通常应大于额定注射量的 20%，额定注射量即注射机额定最大注射量。

注意：柱塞式注射机的最大注射量是以一次注射聚苯乙烯的最大质量为标准的。由于各种塑料的密度和压缩率不同，因此最大注射量也不同，精确计算需要考虑各种塑料的密度和压缩率的影响。而螺杆式注射机是以体积表示最大注射量的，与塑料的品种无关。

2. 锁模力的校核

锁模力 F_0 是指熔体注射时注射机的锁模装置对模具所施加的最大夹紧力。当熔体充满型腔时，注射压力在型腔内所产生的作用力会使模具沿分型面胀开，为此，注射机的锁模力 F_0 必须大于型腔内熔体压力 p 与塑料制品及浇注系统在分型面上的不重合投影面积之和的乘积，以不发生溢料和涨模现象。单分型面的模具应满足

$$F = (nA + A_j)p \leqslant F_0 \tag{3-11}$$

式中　F——注射压力在型腔内所产生的作用力；

F_0——注射机的额定锁模力；

n——型腔数；

A——单个塑件在模具分型面上的投影面积；

A_j——浇注系统在模具分型面上的投影面积；

p——塑料熔体对型腔的平均成型压力，见表 3-13。

表 3-13　型腔内熔体的平均成型压力　（单位：MPa）

制品特点	平均成型压力 p	举　例
容易成型的制品	24.5	PE、PP、PS 等壁厚均匀的日用品、容器等
一般制品	29.4	在较高温度下成型的薄壁容器类制品
中等粘度的塑料，有精度要求的制品	34.2	ABS、PMMA 等精度要求较高的工程结构件，如壳体、齿轮等
高粘度塑料，高精度、难以充模的制品	39.2	用于高精度的齿轮或凸轮等

型腔内熔体压力的大小及其分布与很多因素有关。在工程实际中，可用型腔内熔体平均压力来校核。熔体经过注射机的喷嘴和模具的浇注系统后，其压力损失很大，型腔的平均成型压力通常只有注射压力的 20% ~40%。

当型腔的平均成型压力 p 确定后，式（3-11）可以转化为注射机最大成型面积的校核公式，即

$$A_z = nA + A_j \leqslant A_0 \tag{3-12}$$

式中　A_z——塑料制品及浇注系统在分型面上的投影面积之和；

n——型腔数；

A——单个塑料制品在分型面上的投影面积之和；

A_j——浇注系统在分型面上的投影面积之和；

A_0——注射机允许的最大成型面积，$A_0 = F_0/p$。

注意，塑料制品在分型面上的投影面积若与浇注系统在分型面上的投影面积有重叠，计算时不重复计算重叠面积。

3. 注射压力的校核

注射压力的校核就是校验注射机的最大注射压力能否满足塑件成型的需要。只有在注射机额定的注射压力内才能调整出某一制件所需要的注射压力，因此，注射机的最大注射压力要大于该制件所要求的注射压力。即

$$p_z \leqslant p_0 \tag{3-13}$$

式中　p_0——注射机的最大注射压力（MPa）；

p_z——塑料制品成型时所需的注射压力（MPa）。

成型时所需的注射压力由注射机类型、喷嘴形式、塑料的流动性、浇注系统及型腔的流动阻力等因素确定。

目前，可借助注射模模拟计算机软件对注射成型过程进行仿真，获得注射压力的预算值。注射模模拟计算机软件很多，如 Moldflow 等。

4. 安装部分的相关尺寸校核

不同型号和尺寸的注射机，其安装模具部位的形状和尺寸各不相同。为了使注射模能顺利安装在注射机上，并生产出合格的塑料制品，设计模具时必须校核注射机上与模具安装有关的尺寸。校核的内容通常包括主流道衬套尺寸、定位圈尺寸、模具的最大厚度和最小厚度、模板上安装螺孔的尺寸等。

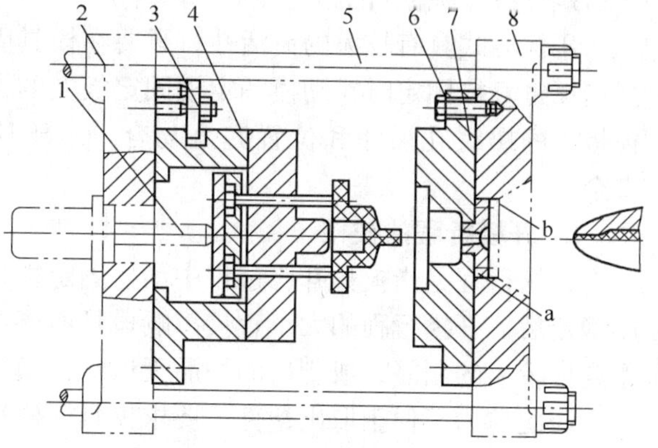

图 3-74　模具与注射机的关系

1—注射机顶杆　2—注射机动模固定板　3—压板　4—动模　5—注射机拉杆　6—螺钉　7—定模　8—注射机定模固定板

（1）主流道衬套尺寸　注射机喷嘴前端孔径 d 和球面半径 r 与模具主流道衬套的小端直径 D 和球面半径 R（图 3-13a、b）一般应满足 $R = r + (1 \sim 2)\text{mm}$、$D = d + (0.5 \sim 1)\text{mm}$，以保证注射成型时在主流道衬套处不形成死角，无熔料积存，并便于

主流道凝料的脱模。

直角式注射机的喷嘴头多为平面，模具主流道始端与喷嘴头相接触处也应做成平面。

（2）定位圈尺寸　模具定模板上定位圈是凸出的（图 3-74 中 a 处），应与注射机固定模板上的定位孔（图 3-74 中 b 处）按较松的间隙配合（H11/h11）或留有 0.1mm 的间隙，以保证模具主流道中心线与注射机喷嘴中心线重合，否则将产生流延现象，并造成流道凝料脱模困难。小型模具的定位圈高度取 8 ~ 10mm，大型模具的定位圈高度取 10 ~ 15mm。

（3）模具轮廓尺寸与注射机装模空间的关系　模具轮廓包括模具的长度、宽度和厚度。注射模的动模、定模闭合后，动模板与定模板外表面沿闭合方向的长度称为模具厚度或模具闭合高度。注射机的动模和定模固定板之间的距离都具有一定的调节量 ΔH，因此，对安装使用的模具厚度有一定的限制。注射机规定的模具最大与最小厚度是指模板闭合后达到规定锁模力时动模板和定模板的最大与最小距离。实际模具厚度 H_m 必须在注射机允许安装的最大厚度 H_{max} 及最小厚度 H_{min} 之间，即

$$H_{min} \leqslant H_m \leqslant H_{max} \tag{3-14}$$

$$H_{max} = H_{min} + \Delta H$$

式中　H_m——模具闭合高度；

H_{min}——注射机允许的模具最小厚度；

H_{max}——注射机允许的模具最大厚度；

ΔH——注射机调模机构可调整的长度。

若不满足式（3-14），将无法获得规定的锁模力。

为使模具安装时可以穿过拉杆空间而在动模、定模固定板上固定，模具的长度与宽度应与注射机拉杆间距相适应。

实际生产过程中，如果模具闭合高度 H_m 小于注射机允许安装的最小厚度 H_{min}，则可以通过增设垫板予以调整，使其满足校核公式 $H_{min} \leqslant H_m \leqslant H_{max}$。

（4）动模、定模固定板上安装尺寸　注射机动模、定模固定板的形状如图 3-75 所示。模具在注射机动模、定模固定板上的安装方式可分为螺钉直接固定和螺钉压板压紧两种方式，螺钉或压板数目常为 2 ~ 4 个。

压板方式具有较大的灵活性，只要在模具固定板需安放压板的外侧附近有螺纹孔即可。当用螺钉直接固定时，动模和定模固定板上的螺纹孔尺寸和位置应分别与注射机动模板和定模板上的螺纹孔尺寸和位置完全吻合。对于质量较大的大型模具，用螺钉直接固定比较安全。

5. 开模行程的校核

开模行程是指模具开合过程中动模固定板的移动距离，因此也称为合模行程。当模具厚度确定后，开模行程的大小直接影响模具所能成型的制品高度。开模行程太小，模具无法成型高度较大的制品，成型后的制品无法从动模、定模之间脱出。

因此，为了便于取出塑件，要求模具开模后有足够的开模距离，而注射机的开模行程是有限的，因此模具设计时必须进行注射机开模行程的校核。

对于带有不同形式合模机构的注射机，其最大开模行程有的与模具厚度有关，有的则与模具厚度无关。

（1）注射机最大开模行程与模具厚度无关时的校核　对于具有液压-机械合模机构的注

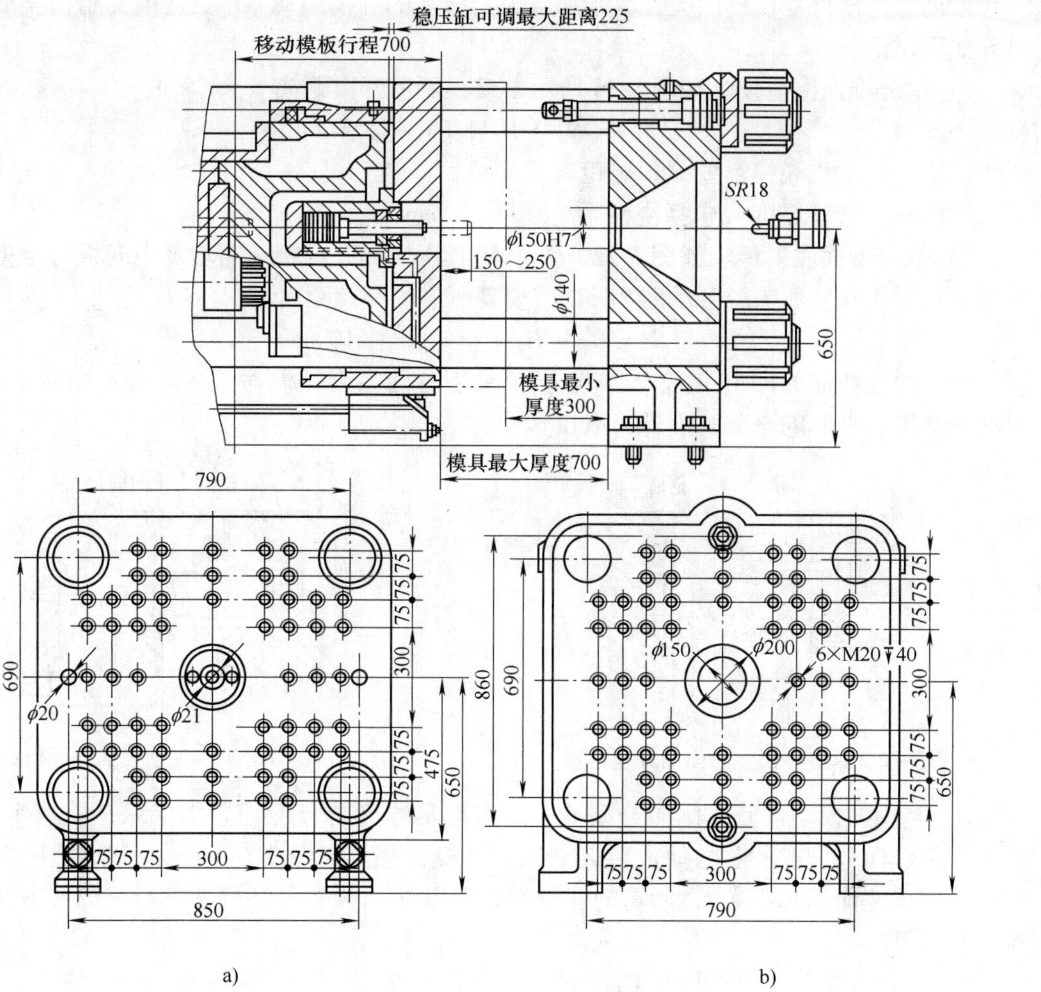

图 3-75　XS-ZY-1000 卧式注射机模板技术参数
a）动模板　b）定模板

射机（如 XS-ZY-30 型、XS-ZY-60 型、XS-ZY-350 型、XS-ZY-1000 型和 G54-S200 型等），其最大开模行程与连杆机构（或移模缸）的最大行程有关，不受模具厚度影响。故校核时只需使注射机最大开模行程大于模具所需的开模距离即可，即

$$S_{max} \geqslant S \tag{3-15}$$

式中　S_{max}——注射机的最大开模行程；

S——模具所需的开模距离。

（2）注射机最大开模行程与模具厚度有关时的校核　对于直角式注射机（如 XS-ZY-250 型）和全液压式合模机构的注射机（如 SYS-20 型、SYS-45 型），其最大开模行程等于注射机移动模板与固定模板之间的最大开模行程减去模具厚度，故其校核公式为

$$S_k - H_m \geqslant S_{max} \tag{3-16}$$

式中　S_k——注射机移动模板与固定模板之间的最大距离（mm）；

H_m——模具厚度（mm）。

可见，开模行程校核的关键在于求出模具所需的开模距离 S，根据模具结构类型的不同可作如下讨论：

1）单分型面注射模。如图 3-76 所示，模具所需开模距离 S 为

$$S = H_1 + H_2 + (5 \sim 10)\text{mm} \tag{3-17}$$

式中　H_1——塑件脱模需要的顶出距离（mm）；

H_2——塑件厚度（包括浇注系统凝料）（mm）。

2）双分型面注射模。如图 3-77 所示，模具所需的开模距离需增加中间板与定模板间为取出浇注系统凝料所需分开的距离 a，故模具所需的开模距离为

$$S = H_1 + H_2 + a + (5 \sim 10)\text{mm} \tag{3-18}$$

塑件脱模所需的推出距离 H_1 常等于模具型芯的高度，但对于内表面为阶梯状的塑件，有些不必推出型芯的全部高度即可取出塑件。

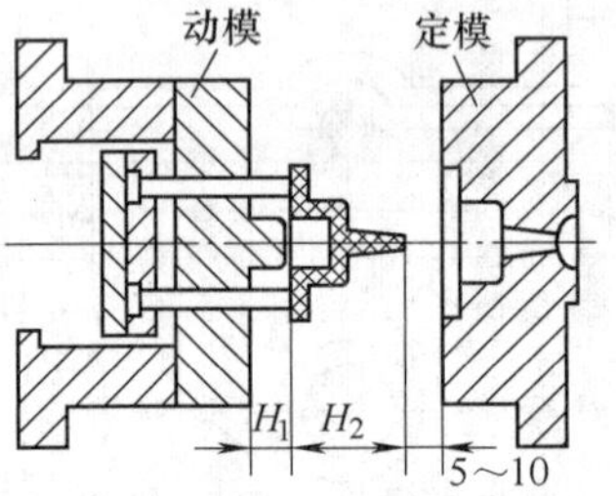

图 3-76　单分型面注射模的开模行程

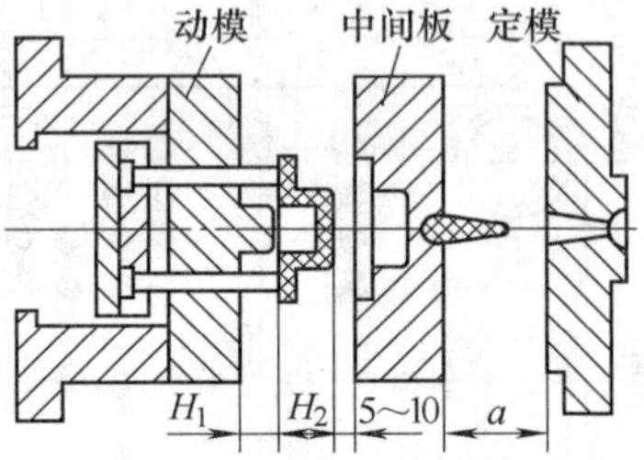

图 3-77　双分型面注射模的开模行程

3）利用开模动作完成侧向分型抽芯。当模具的侧向分型抽芯需依靠开模动作实现时，还需根据侧向分型或抽芯的抽拔距离来确定开模行程。如图 3-78 所示的斜导柱侧向抽芯机构，为完成侧向抽芯距离 l，所需的开模距离设为 H_c。模具所需的开模距离可按下述两种情况进行计算

$$\text{当 } H_c > H_1 + H_2 \text{ 时，取 } S = H_c + (5 \sim 10)\text{mm}$$

$$\text{当 } H_c < H_1 + H_2 \text{ 时，取 } S = H_1 + H_2 + (5 \sim 10)\text{mm}$$

应当注意，注射成型带螺纹的制件并需要利用开模运动完成脱卸螺纹的动作时，若要校核注射机最大开模行程，应考虑从模具中旋出螺纹部分所需的开模距离。

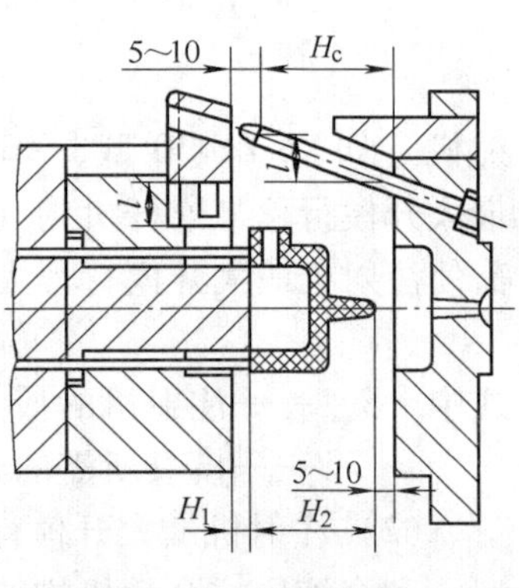

图 3-78　斜销侧向抽芯机构开模行程校核

6. 注射机顶出装置的校核

各种型号注射机顶出装置的结构形式、最大顶出距离是不同的。设计模具时，必须了解注射机顶出装置的类别、顶杆直径和顶杆位置。国产注射机的顶出装置大致可分以下几类：

1）中心顶杆机械顶出，如直角式 SYS-45 型、SYS-60 型，卧式 XS-ZY-60 型，立式 SYS-30 型等注射机。

2）两侧双顶杆机械顶出，如卧式 XS-ZY-30 型、XS-ZY-125 型。

3）中心顶杆液压顶出与两侧双顶杆机械顶出联合作用，如卧式 XS-ZY-250 型、XS-ZY-500 型等。

4）中心顶杆液压顶出与其他开模辅助液压缸联合作用，如 XS-ZY-1000 型等。

在设计模具推出机构时，应弄清所使用的注射机顶出装置的类型，并校核注射机顶出机构的顶出形式、最大的顶出距离、顶杆直径、双顶杆中心距等，保证模具的推出机构与注射机的顶出机构相适应。在两侧顶出时模具推板的面积应能覆盖注射机的双顶杆，注射机的最大顶出距离应保证能将塑件从模具中脱出。

3.2.8　模具工程图绘制方法

模具工程图由装配图和零件图两部分组成。要求根据模具结构草图绘制正式装配图。所绘制装配图应能清楚地表达各零件之间的相互关系，应有足够说明模具结构的投影图及必要的剖面、剖视图。还应画出塑件图，确定模具材料，填写零件明细栏和提出技术要求等。

注射模装配图要求按照国家制图标准绘制，见表 3-14。

表 3-14　模具装配图的绘制要求

内　容	要　求
布置图面及选定比例	1）遵守 GB/T 14689—2008 的规定 2）手工绘图比例最好为 1:1，直观性好。采用计算机绘图时，其尺寸必须按照机械制图要求进行缩放
模具绘图顺序	1）主视图：一般应按模具工作位置画出。绘制装配图时，按照先内后外、由上而下的顺序，即塑件图、型芯、型腔、镶块、动模板等 2）俯视图：将模具沿注射方向“去掉”定模，沿着注射方向从上往下看已“去掉”定模的动模，绘制俯视图，其俯视图和主视图应对应画出 3）模具工作位置的主视图一般应按模具闭合状态画出，有时也可以是半开半闭状态。绘图应与计算工作联合进行，画出各部分模具零件结构图，并确定模具零件的尺寸。如发现模具不能保证工艺的实施，则需更改工艺设计
模具装配图的布置	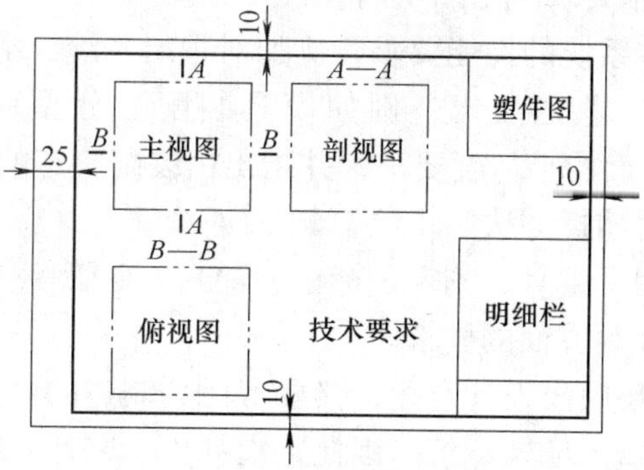
模具装配图主视图的绘图要求	1）用主视图和俯视图表示模具结构，主视图上尽可能将模具的所有零件画出，可采用全剖视或阶梯剖视补充表示，如果还表达不清，可以考虑添加左视图 2）在剖视图中剖切到凸模和推杆等最小一级旋转体（旋转体内部没有镶件）时，其剖面不画剖面线；有时为了图面结构清晰，非旋转形的凸模也可不画剖面线 3）绘制的模具要处于闭合状态，也可半开半闭 4）俯视图可只绘出动模或定模、动模各半的视图。需要时再绘制一左视图以及其他剖视图和部分视图 5）装配图应标注模具的最大外形尺寸、定位圈外径等与设备安装、取件有关的尺寸和模具主要零部件间的配合要求

（续）

内　容	要　求
模具装配图上的塑件图	1）塑件图是经过模塑成型后所得到的塑件图形，一般画在装配图的右上角（复杂的塑件图可绘制在另一张图纸上），并注明名称、材料、材料收缩率、绘图比例、厚度及必要的尺寸、精度等级、生产批量 2）塑件图的比例一般与模具装配图的比例一致，特殊情况下可以缩小或放大。塑件图的方向应与模塑成型方向一致（即与塑件在模具中的位置一致），若在特殊情况下不一致，则必须用箭头注明模塑成型方向
模具装配图中的技术要求	在模具装配图中，要简要注明对该模具的要求和注意事项、技术条件。技术条件包括所选设备型号、模具闭合高度以及模具打的印记、模具的装配要求（参照国家标准，正确地拟订所设计模具的技术要求和必要的使用说明）
模具装配图上应标注的尺寸	1）模具闭合尺寸、外形尺寸、特征尺寸（与成型设备配合的定位尺寸）、装配尺寸（安装在成型设备上的螺钉孔中心距）、极限尺寸（活动零件移动的起止点） 2）编写明细栏
标题栏和明细栏	标题栏和明细栏放在装配图右下角，若图面不够，则可另立一页，其格式应符合国家标准（GB/T 10609.1—2008，GB/T 10609.2—2009）规定
模具装配图常见的习惯画法	1）内六角圆柱头螺钉和圆柱销的画法。同一规格、尺寸的内六角圆柱头螺钉和圆柱销，在模具装配图中的剖视图中可各画一个，引出一个件号，当剖视图中不易表达时，也可从俯视图中引出件号。内六角圆柱头螺钉和圆柱销在俯视图中分别用双圆（螺钉头外径和窝孔）及单圆表示，当剖视图位置比较小时，螺钉和圆柱销可各画一半。在装配图中，螺钉过孔一般情况下要画出 2）直径尺寸大小不同的各组孔的画法。直径尺寸大小不同的各组孔可用涂色、符号、阴影线区别

模具装配图的技术要求包括以下内容：

1）对于模具某些系统的性能要求，例如对顶出系统、滑块抽芯结构的装配要求等。

2）对模具装配工艺的要求，例如模具装配后分型面贴合面的贴合间隙应不大于0.05mm，模具上、下面的平行度要求，并指出由装配决定的尺寸和对该尺寸的要求。

3）模具的使用、装拆方法。

4）发蓝处理、模具编号、刻字、标记、油封、保管等要求。

5）有关试模及检验方面的要求。

模具零件图既要反映出设计意图，又要考虑到制造的可能性及合理性，零件图设计的质量直接影响模具的制造周期及造价。因此，设计出工艺性好的零件图可以减小废品率，方便制造，降低模具成本，提高模具的使用寿命。

目前，大部分模具零件已标准化，供设计时选用，这有利于简化模具设计，缩短设计及制造周期，可以集中精力设计非标准件。在生产中，标准件不需绘制，模具装配图中的非标准件均需绘制零件图。有些标准件（如上、下模座）需补充加工的地方太多时，也要求画出，并标注加工部位的尺寸公差。模具非标准零件图应标注全部尺寸、公差、表面粗糙度、材料及热处理、技术要求等。模具零件图是模具零件加工的唯一依据，它应包括制造和检验零件的全部内容，因而设计时必须满足绘制模具零件图的要求，详见表3-15。

表 3-15　模具零件图的绘制要求

任　务	要　求
准确且充分的视图	所选的视图应准确且充分地表达零件内部和外部的结构形式和尺寸，而且视图及剖视图的数量应为最少
具备制造和检验零件的数据	零件图中的尺寸是制造和检验零件的依据，故应慎重细致地标注。尺寸既要完备，同时又不重复。在标注尺寸前，应研究零件的加工和检测的工艺过程，正确选定尺寸的基准面，做到设计、加工、检验基准统一，避免基准不重合造成的误差。零件图的方位应尽量按其在装配图中的方位画出，不要任意旋转和颠倒，以防画错，影响装配
图形要求	一定要按比例画，允许放大或缩小。视图选择合理，投影正确，布置得当。为了便于装配，图形尽可能与装配图一致，且应清晰
标注加工尺寸公差及表面粗糙度	1）标注尺寸要求统一、集中、有序、完整。标注尺寸的顺序为：先标主要零件尺寸和脱模斜度，再标注配合尺寸，然后标注其他尺寸。在非主要视图上先标注配合尺寸，后标注其他尺寸 2）所有的配合尺寸或精度要求较高的尺寸都应标注尺寸公差及几何公差，未注尺寸公差按 IT14 制造。模具零件（如凸模、凹模、镶块等）的工作部分尺寸按计算值标注 3）模具零件在装配图中的加工尺寸应标注在装配图上，如必须在零件图上标注时，应在有关的尺寸附近注明“配作”、“装配后加工”等字样或在技术要求中说明 4）因装配需要留有一定的装配余量时，可在零件图上标注出装配链补偿量及装配后所要求的配合尺寸、公差和表面粗糙度等。两个相互对称的模具零件，一般应分别绘制图样；如绘在一张图样上，必须标明两个图样代号 5）模具零件整体加工，分切后成对或成组使用的零件，只要分切后各部分形状相同，则视为一个零件，编一个图样代号，绘在一张图样上，有利于加工和管理 6）模具零件整体加工，分切后尺寸不同的零件，也可绘在一张图样上，但应用引出线标明不同的代号，并用表格列出代号、数量及质量 7）一般来说，零件表面粗糙度等级可根据各表面的工作要求及精度等级来确定。把应用最多的一种表面粗糙度标于图样右下角，其他表面粗糙度符号在零件各表面分别标出
技术要求	凡是图样或符号不便于表达，而在制造时又必须保证的条件和要求都应注明在技术要求中，其内容因不同的零件、不同的要求及不同的加工方法而不同。其中主要应注明： 1）对材料的要求。如热处理方法及热处理表面所应达到的硬度等 2）表面处理，表面涂层以及表面修饰（如锐边倒钝、清砂）等要求 3）未注圆角半径的说明，个别部位的修饰加工要求 4）其他特殊要求

3.2.9　模具材料的选用

塑料注射模具结构复杂，其组成零件多种多样，各个零件在模具中所处的位置、作用不同，对材料的性能要求就有所不同。选择优质、合理的材料，是生产高质量模具的保证。

（1）成型零件材料选用的要求

1）机械加工性能良好。

2）抛光性能优良。

3）耐磨性和抗疲劳性能好。

4）具有耐蚀性。

（2）注射模钢种的选用　热塑性塑料注射模成型零件的毛坯，型腔和主型芯以板材和模块作为供应原件，常用 50 或 55 调质钢，硬度为 250～280HBW，易于切削加工，旧模修复时的焊接性能较好，但抛光性和耐磨性较差。

小型芯和镶件常以棒材作为供应原件，采用淬火变形小、淬透性好的高碳合金钢，经热处理后在磨床上直接研磨至镜面精度。常用 9CrWMn、Cr12MoV 和 3Cr2W8V 等钢种，淬火后回火硬度不小于 55HRC，有良好的耐磨性；也可采用高速工具钢基体的 65Nb（65Cr4W3Mo2VNb）新钢种，或价廉但淬火性能差的 T8A、T10A 钢。

20 世纪 80 年代，我国开始引进国外生产的钢来制造注射模。主要是美国 P 系列的塑料模钢种和 H 系列的热锻模钢种，如 P20（我国牌号为 3Cr2Mo，下同）、H13（我国牌号为 4Cr5MoSiV1，下同）。我国已生产专用的塑料模具钢，并以模板和棒料的形式供应。

钢种时应按塑件的生产批量、塑料品种及塑件精度与表面质量要求确定，见表 3-16。常用模具零件材料的适用范围与热处理方法见表 3-17。

表 3-16　注射模具钢的选用

塑料与塑件	型腔注射次数	适用钢种	塑料与塑件	型腔注射次数	适用钢种
PP、HDPE 等一般塑料	约 10 万次	50、55 正火	精密塑件	20 万次以上	PMS、SM1、5NiSCa
	约 20 万次	50、55 调质	玻璃纤维增强塑料	约 10 万次	PMS、SM2
	约 30 万次	P20		20 万次以下	25CrNi3MoA1 氮化、H13 氮化
	约 50 万次	5NiSCa	PC、PMMA、PS 透明塑料		PMS、SM2
工程塑料	10 万左右	P20	PVC 和阻燃塑料		PCR

注：PMS 表示镜面塑料模具钢，PCR 表示耐蚀模具钢，SM1、SM2 表示易切削预硬型塑料模具钢。

表 3-17　常用模具零件材料的适用范围与热处理方法

模具零件	使用要求	模具材料	热处理		说　明
导柱、导套	表面耐磨，有韧性，抗弯曲，不易折断	20、20Mn2B	渗碳淬火	≥55HRC	
		T8A、T10A	表面淬火		
		45	调质、表面淬火、低温回火		
成型零件	强度高，耐磨性好，热处理变形小，有时还要求耐腐蚀	9Mn2V、9CrSi、GCr15、CrWMn、9CrWMn	淬火、低温回火		用于塑件批量大，强度、耐磨性要求高的模具
		4Cr5MoSiV、Cr6WV、Cr12MoV、4Cr5MoSiV1	淬火、中温回火		用于塑件批量大，强度、耐磨性要求高的模具，热处理变形小，抛光性能较好
		5CrMnMo、5CrNiMo、3Cr2W8V	淬火、中温回火	≥46HRC	用于成型温度高、成型压力大的模具

（续）

模具零件	使用要求	模具材料	热处理		说明
成型零件	强度高，耐磨性好，热处理变形小，有时还要求耐腐蚀	T8、T8A、T10、T10A、T12、T12A	淬火、低温回火		用于塑件形状简单、尺寸不大的模具
		38CrMoAlA	调质、氮化		用于耐磨性要求高并能防止热咬合的活动成型零件
		45、50、55、40Cr、42CrMo、35CrMo、40MnB、40MnVB、33CrNi3MoA、37CrNi3A、30CrNi3A	调质、淬火（或表面淬火）	≥55HRC	用于塑件批量生产的热塑性塑料模具
		10、15、20、12CrNi2、12CrNi3、12CrNi4、20Cr、20CrMnTi、20CrNi4	渗碳淬火		容易切削加工或采用塑性加工方法制作小型模具的成型零部件
		铍铜			导热性优良，耐磨性好，可铸造成形
		锌基合金、铝合金			用于塑件试制或中小批量生产中的模具成型零件，可铸造成形
		球墨铸铁	正火或退火	正火≥200HBW，退火≥100HBW	用于大型模具
主流道衬套	耐磨性好，有时要求耐腐蚀	45、50、55以及可用于成型零件的其他模具材料	表面淬火	≥55HRC	
顶杆、拉料杆等	具有一定的强度和耐磨性	T8、T8A、T10、T10A	淬火、低温回火		
		45、50、55	淬火	≥45HRC	
各种模板、推板、固定板、模座等	具有一定的强度和刚度	45、50、40Cr、40MnB、40MnVB、45Mn2	调质	≥200HBW	
		Q235、Q275			
		HT200			仅用于模座
		球墨铸铁			用于大型模具

（3）国外模具材料概况　我国塑料模具用钢目前还缺乏专用钢种，生产部门通常采用一般工具钢，如T10A、CrWMn、Cr12MoV钢等。这些钢由于切削加工性一般较差，难以制造复杂型腔的模具，而且一旦热处理变形超差即难以修复使用。因此，近年来模具制造业常采用退火或正火状态的45钢及预硬钢做塑料模具用钢。但是这些远不能满足塑料模具日益发展的需要，因此常参考国外塑料模具钢并结合我国的具体生产条件进行选用。

目前，我国塑料模具行业正处于高速发展阶段，许多外国公司在中国投资办厂，这一方面带来了先进的模具设计、制造技术，另一方面也为整个模具行业带来了许多新的术语，在模具材料领域，出现了大量的外来牌号的钢材，这些模具钢材主要来自美国、日本、德国、瑞典、奥地利等国家，如美国芬可乐（FINKL），日本大同（DAIDO）、日立（HITACHI），瑞典一胜百（ASSAB），德国撒斯特（SAARSTAHL），奥地利百禄（BOHLER）等公司都有自己开发的较具代表性的优质模具钢材，如美国的 P20、H13，大同公司的 NAK80、DC53，日立公司的 S50C、SKD61，撒斯特公司的 1.2311、1.2738，一胜百公司的 DF-2、718、S136、8407，百禄公司的 M202、M310 等。下面对一些常用的钢材作简单介绍。

P20 是一种预加硬塑料模具钢，出厂硬度为预加硬度 30HRC，可以不进行热处理，不易变形，其组织结构均匀，切削性能和抛光性能优异，适合电加工，可用于一般要求的塑料模具，是应用较为广泛的一种塑料模具钢，也适合制作大型复杂模具。

NAK80 是日本大同公司的代表钢种之一，它的出厂硬度可以达到 40HRC，且表面及内部的硬度均匀，切削性能和电加工性能极佳，可以直接加工成为模具（加工后无需热处理）。另外，其抛光性能良好，组织稳定，模具长期使用后仍能维持相当高的精度。NAK80 可以用于高硬度长期使用的精密模具、对于表面粗糙度要求较高的镜面模具或透明产品的型具的型芯用料。

DC53 是大同公司生产的一种特殊模具钢，通常被认为是日立公司生产的 SKD11 的改良版本，出厂硬度为退火后 255HBW，具有硬度高（淬火高温回火后硬度可达 62～63 HRC），韧性好（是 SKD11 的 2 倍），切削性能和研磨性能好，强度高，耐磨性优良，淬透性高，易于线切割等特点，可制作滑块型芯、斜顶等需要耐磨、耐冲击的成型零件。

SKD61 钢是一种空冷硬化的热作模具钢，也是所有热作模具钢中使用最为广泛的钢材之一。它具有较强的热硬性和硬度，在中温条件下（300～400℃）具有很好的强度、韧性、热疲劳性和一定的耐磨性，常用于制作模具的顶针、拉料杆、弹簧导杆、镶件等。

718 是瑞典一胜百公司的代表产品之一，其出厂硬度一般可达 330～370HBW，硬度均匀，制成模具不易变形，且容易抛光。因其表面无氧化黑皮，故材料利用率高，可以节省加工费用。另外，因为含硫量低，故适合电火花加工。718 可用于制作大型家电产品、计算机外设等模具的动模型芯或要求生产量达 50 万件以上模具的型芯。718H 具有比 718 更高的硬度，常用于滑块、斜顶等需要良好耐磨性的零件。

S136 钢含铬量高，抗腐蚀，淬火后硬度大于 50HRC，可以预硬至 31～35HRC，镜面加工性能良好，可以不进行热处理，不易变形，且抛光性能极佳。它可以用于制作各种对表面质量要求较高的塑料产品模具的型芯，例如照相机镜头、放大镜等，还可以用作在生产时有腐蚀性气体产生的塑料（例如 PVC）制品的模具型芯。

8407 是和 SKD61 相近似的材料，其出厂硬度约为 185HBW，具有高温作业时强度高、韧性优、抗热裂性好的特点，其组织致密，切削性能和抛光性能优良，并且具有良好的等向性能（即钢材的纵向与横向强度一致），常用来制作塑料模具的动模型芯、动模镶件、斜顶等。

S50C 是一种优质碳素结构钢（俗称黄牌钢），相当于我国的 50 钢，钢质纯净，具有良好的抛光性能，调质后强度、塑性、韧性适当，又因为价格便宜，常用于制作模具中一般用途的零件，如模具的模架零件、滑块斜楔、定位零件等。

DF-2 俗称油钢，为锰铬钨合金钢，是高品质不变形冷作工具钢，韧性好，淬透性好，淬硬后有高硬度且尺寸稳定、耐磨，常用于各种需要耐磨的结构零件，如滑座、导板等。

M310 是和 S136 相近似的材料，M202 是和 P20 近似的材料。

为了方便查阅，表 3-18 列出了国外部分牌号的钢种。

表3-18 国外部分塑料模具钢对照表

名称	供应商	注释	出厂硬度	碳	硅	铬	镍	锰	钼	钒	钨	与之相似的各国牌号				
				w_C	w_{Si}	w_{Cr}	w_{Ni}	w_{Mn}	w_{Mo}	w_V	w_W	奥地利	日本	瑞典	德国	美国
P20	FINKL	塑料模具钢	预硬至280~320HBW	0.34	0.8	1.8	0.5	1.56	0.5	0.07		M202	MUP	618	1.2311	M202
NAK80	DAIDO	P21真空重熔	预硬至40HRC	0.13	—	0.1	3.25	1.6	0.28	Cu 1.0	Al 1.1	—	—	—	—	—
NAK55	DAIDO	P21+硫真空重熔	预硬至370~400HBW	0.15	0.3	—	3.0	1.5	0.3	Cu 1.0	Al 1.0	—	—	—	—	—
P20HH	FINKL	P20改良型	预硬至330~370HBW	0.33	0.3	1.85	0.6	0.9	0.5	—	—					
718H	ASSAB	P20改良型	预硬至330~380HBW	0.38	0.3	2.0	1.0	1.4	0.2	—	—	—	—	—	—	—
718	ASSAB	预硬塑料模具钢	预硬至290~330HBW	0.33	0.3	1.8	0.9	0.8	0.2	—	—	M238	PDS58		1.2738	P20+Ni
H13	FINKL	热作模具钢	预硬至40HRC	0.4	1.0	5.0	—	0.4	1.1	1.0	—	—	SKD61	8407	1.2344	W302
DC53	DAIDO	冷作钢（铬钢）	退火至255HBW	0.85	0.9	8.0	—	0.5	2.4	0.5	—	—	SKDII			D2
DC11	DAIDO	冷作钢（铬钢）	退火至255HBW	1.6	0.4	13.0	0.5	0.6	1.2	0.5	—	—	SKDll		X165CR-MOV12	D2
S50C	HITACHI	黄牌钢	退火至241HBW	0.5	0.37	0.25	0.25	0.8	—	—	—	—	—	—	CK50	AISI1050
S136	ASSAB	抗腐蚀塑料模具钢	退火至215HBW	0.38	0.8	13.6	—	0.5		0.3	—	M310	SUS420J2	—	1.2083	420
S136H	ASSAB	抗腐蚀塑料模具钢	预硬至31~35HRC	0.38	0.8	13.6	—	0.5		0.3	—	M300	—	—	1.2316	—
8407	ASSAB	热作模具钢	退火至185HBW	0.37	1.0	5.3	—	0.4	1.4	0.1	—	M302	SKD61	—	1.2344	H13
DF-2	ASSAB	耐磨油钢	退火至185HBW	0.95	—	0.6	—	1.1	—	0.1	0.6	K460	SKS3	—	1.2510	0.1

3.3 任务实施

完成图 3-1 所示塑件的模具设计任务。

1. 塑料成型工艺规程的编制

塑料成型工艺规程编制包括塑件的分析（塑料原料的分析，塑件结构、尺寸及公差、技术标准的分析）、确定成型方法和工艺流程、确定成型条件和填写塑料成型工艺规程等内容（参见第 2 章任务实施的案例）。该塑件采用注射成型，其注射成型工艺卡片见表 3-19。

表 3-19　注射成型工艺卡片

<table>
<tr><td colspan="2">（厂名）</td><td colspan="2" rowspan="2">注射成型工艺卡片</td><td>资料编号</td><td></td></tr>
<tr><td>车间</td><td></td><td>共　页</td><td>第　页</td></tr>
<tr><td>零件名称</td><td>放大镜模型</td><td>材料牌号</td><td>PP</td><td>设备型号</td><td>XS-ZY-125 *</td></tr>
<tr><td>装配图号</td><td></td><td>材料定额</td><td></td><td>每模制件数</td><td>2</td></tr>
<tr><td>零件图号</td><td></td><td>单件质量</td><td>29g *</td><td>工装号</td><td></td></tr>
<tr><td colspan="3" rowspan="14">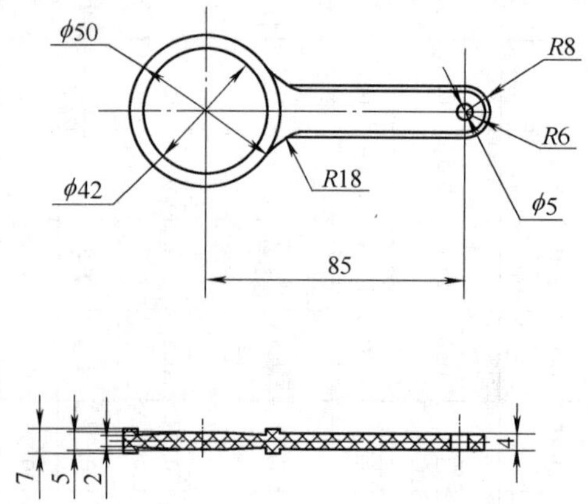</td><td rowspan="3">材料干燥</td><td>设备</td><td></td></tr>
<tr><td>温度/℃</td><td>80 ~ 100</td></tr>
<tr><td>时间/h</td><td>1 ~ 2</td></tr>
<tr><td rowspan="4">料筒温度/℃</td><td>料筒后段</td><td>160 ~ 180</td></tr>
<tr><td>料筒中段</td><td>180 ~ 200</td></tr>
<tr><td>料筒前段</td><td>200 ~ 220</td></tr>
<tr><td>喷嘴</td><td>170 ~ 190</td></tr>
<tr><td colspan="2">模具温度/℃</td><td>40 ~ 80</td></tr>
<tr><td rowspan="3">时间/s</td><td>注射</td><td>2 ~ 5</td></tr>
<tr><td>保压</td><td>10 ~ 30</td></tr>
<tr><td>冷却</td><td>15 ~ 30</td></tr>
<tr><td rowspan="3">压力/MPa</td><td>注射压力</td><td>70 ~ 100</td></tr>
<tr><td>保压压力</td><td>40 ~ 60</td></tr>
<tr><td>塑化压力</td><td>2 ~ 6</td></tr>
<tr><td rowspan="2">后处理</td><td>温度/℃</td><td></td><td rowspan="2">时间定额/min</td><td>辅助</td><td>0. 5</td></tr>
<tr><td>时间/min</td><td></td><td>单件</td><td>0. 5 ~ 1</td></tr>
<tr><td>检验</td><td colspan="5"></td></tr>
</table>

编制	校对	审核	组长	车间主任	检验组长	编制

备注：由于 PP 塑料成型收缩率波动范围较大，若需严格控制塑件尺寸，成型时应按试模工艺严格控制工艺参数，确保收缩率波动范围小于 0. 9%

注：1. “ * ” 表示后续设计完成后填写的内容。

2. 表中数据在试模时适当调整。

2. 初步选择注射成型设备

初选注射机规格通常依据注射机允许的最大注射量、锁模力及塑件外观尺寸等因素确定。习惯上只有一个作为设计依据，其余都作为校核依据（具体计算过程此处略）。

初选螺杆式注射机的型号时，一般满足注入模具塑料总量小于或等于注射机允许的最大注射量的 80%。按注射量可选择 XS-ZY-60 型，但考虑注射机装模高度的限制，为可靠起见初选 XS-ZY-125 型注射机。

查阅《模具设计手册》，对注射机有关参数进行汇总，见表 3-20。

表 3-20　注射机的主要技术参数

项目			规格	项目	规格
结构形式			卧式	最大注射量/cm^3	125
注射方式			螺杆式	锁模力/kN	900
喷嘴	球半径/mm		12	注射压力/MPa	119
	孔直径/mm		$\phi 4$	最大注射面积/cm^2	320
定位圈直径/mm			$\phi 100$	拉杆空间/mm × mm	360 × 360
顶出	中心顶出	孔径/mm		模具最大厚度/mm	300
	两侧顶出	孔径/mm	$\phi 22$	模具最小厚度/mm	200
		孔距/mm	230	最大开模行程/mm	300
模板尺寸/mm × mm			420 × 450	机器外形尺寸/mm × mm × mm	3340 × 750 × 1550

3. 分型面的确定与浇注系统的设计

（1）确定型腔数目及布置型腔　型腔数目应以塑件精度、经济性和具体生产条件为依据，经综合分析确定。对于高精度塑件，型腔数目不宜超过 4 腔，大型、深型腔类塑件则常采用一模一腔。

按注射机的最大注射量确定型腔数 n_1，根据式（3-10），移项得

$$n_1 \leqslant \frac{km_{\max} - m_{\mathrm{j}}}{m_{\mathrm{i}}} = \frac{0.8 \times 125 - 0.3}{27} \approx 3.7$$

式中　k——最大注射量的利用系数，一般取 $k = 0.8$；

$m_{\max}$——注射机的最大注射量（cm^3）；

m_{j}——浇注系统及飞边的体积（cm^3）；

m_{i}——单个塑件的体积（cm^3）。

结论：根据理论计算结果可设计成二腔模具，但综合考虑成型过程中模具的受力、型腔的布局、模具的加工成本、制造难度等因素，最终设计为一模两腔，型腔布局如图 3-79 所示。

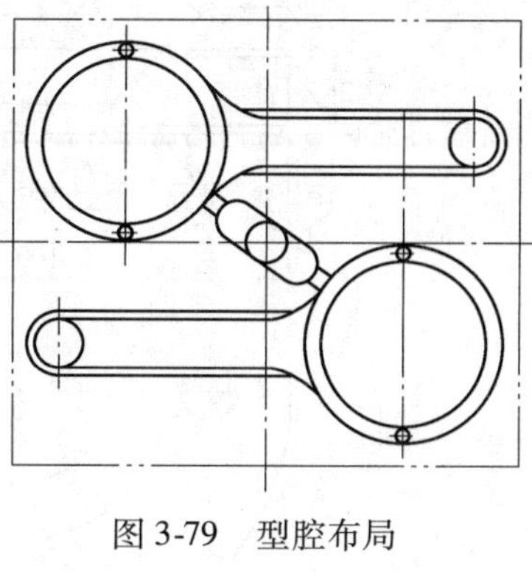

图 3-79　型腔布局

（2）选择分型面　分型面的选择很重要，它对塑件的质量、操作的难易程度、模具结构及制造影响很大。

该塑件结构简单，最大投影面在塑件中部，为便于塑件脱模，分型面的选取如图 3-80 所示。

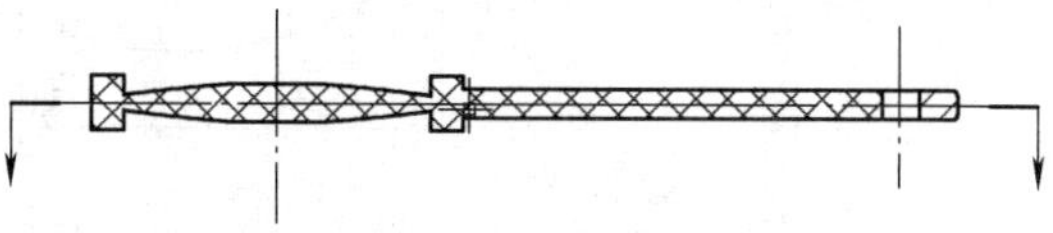

图 3-80　分型面的选取

（3）设计浇注系统

1）主流道的设计。主流道形状和尺寸直接影响熔体的流动速度和充模时间。由于主流道要与高温塑料和喷嘴反复接触和碰撞，容易损坏，所以一般不将主流道直接开在模板上，而是将它单独设在一个浇口套中。

为了便于凝料从主流道中拔出，主流道设计成圆锥形，其锥度一般在2°~6°之间，该浇口套锥角 $\alpha=3°$，内壁表面粗糙度 *Ra* 值为0.4μm，抛光时沿轴向进行，以便于浇注系统凝料从其中顺利拔出。同时为了使熔料顺利进入分流道，在主流道出料端设计 $r=3$mm 的圆弧过渡。浇口套球半径应比喷嘴球半径大1~2mm，已知设备喷嘴球半径为12mm，故取浇口套球半径为13mm；料流入口端直径大于注射机喷嘴直径0.5~1mm，取 ϕ4.5mm；主流道长度 *L* 由模板尺寸确定，不宜过长。浇口套的其余结构、尺寸按 GB/T 4169.19—2006 设计，如图3-81所示。

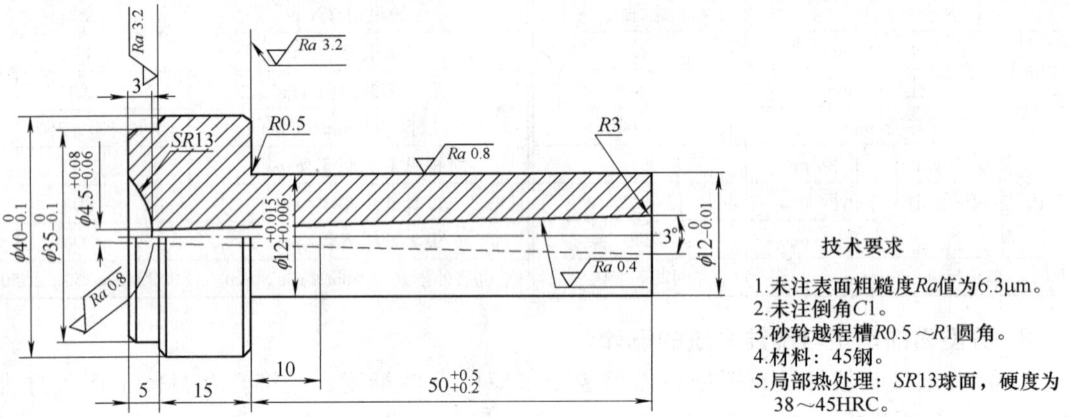

图3-81　浇口套

定位圈结构、尺寸取决于设备固定座板上模具定位孔直径（XS-ZY-125 注射机定位圈尺寸为 ϕ100mm）和浇口套对应部分直径（ϕ35mm），其余结构、尺寸按 GB/T 4169.18—2006 设计，如图3-82所示。定位圈规格表示为

定位圈　100　GB/T 4169.18—2006

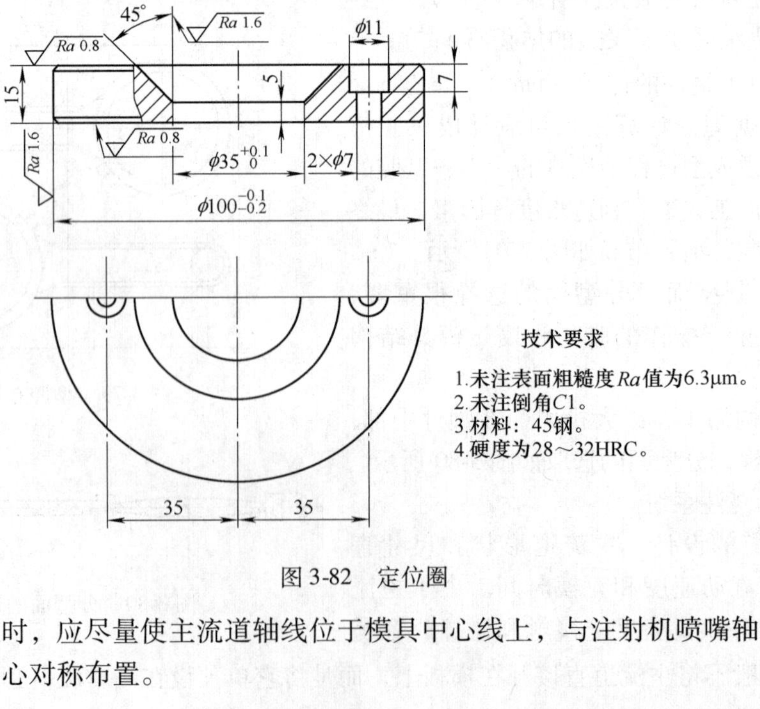

图3-82　定位圈

设计主流道时，应尽量使主流道轴线位于模具中心线上，与注射机喷嘴轴线重合，型腔也以此轴线为中心对称布置。

2）分流道的设计。在设计分流道时，应考虑尽量减少塑料熔体在流道中的热量和压力损失，同时使流道中的塑料量最小；塑料熔体能在相同的温度、压力条件下，从各个浇口尽可能同时进入并充满型腔；从流动性、传热性等方面考虑，分流道的表面积应尽可能小。

由于分流道中圆形和正方形流道的效率最高，故选用圆形分流道。

查阅相关参考资料中分流道尺寸计算经验公式或表 3-2 所列的各种塑料的分流道直径，可取 PP 塑料的分流道直径为 ϕ6mm。

3）浇口的设计

① 浇口形式的选择。根据对该塑件结构的分析及已确定的分型面的位置，可选择的浇口形式有几种方案，其分析见表 3-21。

表 3-21　浇口形式的选择

类　型	图　示	特征分析
侧浇口		侧浇口一般开设在分型面上，可根据塑件的形状、特点灵活地选择塑件的某个边缘进料。能方便地调整熔体充模时的剪切速率和浇口封闭时间。侧浇口容易加工，便于试模后修正，浇口去除较方便；但注射压力损失大，保压补缩作用小，成型壳类件时排气困难，易出现熔接痕、缺料、缩孔等缺陷
点浇口		点浇口是一种尺寸很小、截面为圆形的浇口。开模时浇口可以自动拉断，利于自动化操作，浇口除去后残留痕迹小。对于投影面积大或易于变形的塑件，采用多个点浇口可提高成型质量。但注射压力损失大，收缩大，塑件易变形。浇口尺寸太小时，料流易产生喷射。可采用双分型面模具或单分型面热流道模具

综合分析塑料的成型性能、浇口和模具的结构后，可确定成型该塑件的模具采用侧浇口。

②浇口尺寸的确定。查表 3-3 或参考资料，根据侧浇口尺寸要求（宽度 $B=1.5\sim5$mm，高度 $h=0.5\sim2$mm，长度 $L=0.5\sim2$mm），依次初步设计浇口尺寸 $B=2$mm，高度 $h=0.5$mm，长度 $L=2$mm，如图 3-83 所示。各尺寸在试模过程中应进一步调整到位。

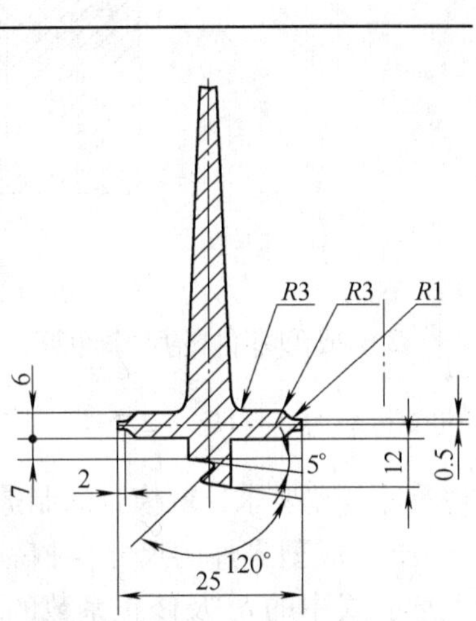

图 3-83　浇口及冷料穴的设计

4）冷料穴的设计。冷料穴有 Z 形、球头形、菌头形和倒锥头形等，其中 Z 形拉料杆的冷料穴应用较普遍，其拉料杆或推杆固定在推杆固定板上，但当塑件被推出后作侧向移动时不能采用，而带球头形、菌头形拉料杆的冷料穴，其拉料杆固定在型芯固定板上，凝料在推件板推出塑件的同时从拉料杆上强制脱出；而分流锥形拉料杆靠塑料收缩的包紧力将主流道拉住，不适于该塑件结构。因此，该模具应采用带Z形拉料杆的冷料穴，尺寸如图3-83所示。

4. 排气系统的设计

在大多数情况下，可利用模具分型面之间的间隙自然排气，模具成型零件均以镶块形式进行加工，在装配过程中通过产生的间隙进行排气，不需要刻意开设排气槽排气。

由于该塑件整体较薄，排气量较小，最后充满的地方位于分型面，因此可利用分型面进行排气。此外，推杆与模板的配合间隙也能起到排气的作用。其配合间隙不能超过PP塑料的溢料值（0.03mm）。

5. 注射模具成型零件的设计

成型零件的设计

1）成型零件的结构设计。整体式型腔是直接在型腔板上进行加工的，具有较高的强度和刚度。但零件尺寸较大时加工和热处理都较困难。整体式型芯结构牢固，成型塑件质量好，但尺寸较大，消耗贵重模具钢多，不便于加工和热处理。整体式结构适用于形状简单的中小型塑件。

组合式型腔是由许多拼块镶制而成的，机械加工和热处理比较容易，能满足大型塑件的成型需要。组合式型芯可节省贵重模具钢，便于机加工和热处理，修理更换方便。同时也有利于型芯冷却和排气的实施。

该塑件属片类零件，总体要求不高，形状简单，最大尺寸为158mm，但有许多曲面过渡，塑件镜面的表面粗糙度 Ra 值为0.2μm，其余表面的表面粗糙度 Ra 值为1.6μm。若采用整体式型腔，则浪费模具材料，机械加工和热处理都较困难。所以成型型腔采用整体嵌入式。图3-84所示为型腔组合模板结构。

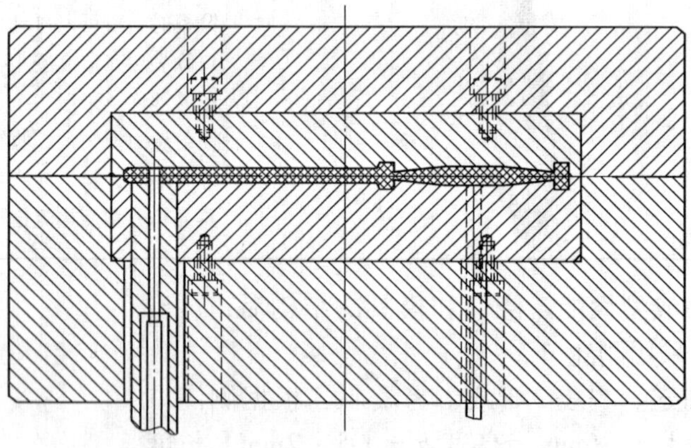

图3-84　型腔组合模板结构

2）成型零件的尺寸计算。该塑件的成型零件尺寸均按平均值法计算。查有关手册得PP的收缩率为 $S=1\%\sim2.5\%$，故平均收缩率为 $\bar{S}=\dfrac{S_{max}+S_{min}}{2}=\dfrac{1\%+2.5\%}{2}=1.75\%$，根据塑件尺寸公差要求，取模具的制造公差为 $\delta_z=\Delta/3$。型腔、型芯的主要工作尺寸计算见表3-22。

3）成型零件的尺寸校核。按平均收缩率法计算模具工作尺寸有一定误差，这是因为在上述公式中的 δ_z 及修正系数的取值是凭经验确定的，为保证塑件实际尺寸在规定的公差范围内，尤其是对于尺寸较大且收缩率波动范围较大的塑件，需要对成型尺寸进行校核。其校

表 3-22 型腔、型芯的主要工作尺寸 （单位：mm）

类别	模具零件名称	塑件尺寸公差	计算公式	工作尺寸
型腔的计算	型腔径向尺寸	$\phi 50_{-0.94}^{\ 0}$	$L_{m\ 0}^{+\delta_z} = \left[(1+\bar{S})L_s - \frac{3}{4}\Delta\right]_0^{+\delta_z}$	$\phi 50.2_{\ 0}^{+0.31}$
		$R8_{-0.38}^{\ 0}$		$R7.9_{\ 0}^{+0.13}$
	型腔高度尺寸	$1_{-0.26}^{\ 0}$	$H_{m\ 0}^{+\delta_z} = \left[(1+\bar{S})H_s - \frac{2}{3}\Delta\right]_0^{+\delta_z}$	$0.9_{\ 0}^{+0.09}$
		$2_{-0.26}^{\ 0}$		$2.0_{\ 0}^{+0.09}$
		$2.5_{-0.12}^{\ 0}$		$2.6_{\ 0}^{+0.04}$
		$3.5_{-0.32}^{\ 0}$		$3.6_{\ 0}^{+0.11}$
	内凸对应的型腔尺寸	$\phi 42_{\ 0}^{+0.94}$	$l_{m\ -\delta_z}^{\ \ 0} = \left[(1+\bar{S})l_s + \frac{3}{4}\Delta\right]_{-\delta_z}^{0}$	$\phi 43.4_{-0.31}^{\ 0}$
		$R18_{-0.54}^{\ 0}$		$R19.8_{-0.18}^{\ 0}$
型芯的计算	型芯径向尺寸	$\phi 5_{\ 0}^{+0.32}$	$l_{m\ -\delta_z}^{\ \ 0} = \left[(1+\bar{S})l_s + \frac{3}{4}\Delta\right]_{-\delta_z}^{0}$	$\phi 5.6_{-0.11}^{\ 0}$
	型芯高度尺寸	$4_{\ 0}^{+0.32}$	$h_{m\ -\delta_z}^{\ \ 0} = \left[(1+\bar{S})h_s + \frac{2}{3}\Delta\right]_{-\delta_z}^{0}$	$4.5_{-0.11}^{\ 0}$
孔距	型孔之间的中心距	85 ± 0.74	$C_m \pm \frac{1}{2}\delta_z = (1+\bar{S})C_s \pm \frac{1}{2}\delta_z$	86.5 ± 0.37

核的条件是塑件成型尺寸公差应小于塑件的尺寸公差，即

径向尺寸 $(S_{max} - S_{min})\ L_s$（或 l_s） $+\delta_z + \delta_c < \Delta$ （$\delta_c = \Delta/6$）

深度及高度径向尺寸 $(S_{max} - S_{min})\ H_s$（或 h_s） $+\delta_z < \Delta$ （$\delta_c = \Delta/6$）

对于尺寸 $\phi 50_{-0.94}^{\ 0}$mm，有

$$1.5\% \times 50 + \frac{0.94}{3} + \frac{0.94}{6} = 1.22 > 0.94$$

对于尺寸 $\phi 42_{\ 0}^{+0.94}$mm，有

$$1.5\% \times 42 + \frac{0.94}{3} + \frac{0.94}{6} = 1.10 > 0.94$$

对于尺寸 $2.5_{-0.12}^{\ 0}$mm，有

$$1.5\% \times 2.5 + \frac{0.12}{3} + \frac{0.12}{6} = 0.10 < 0.12$$

对于尺寸（85 ± 0.74）mm，有

$$1.5\% \times 85 + \frac{0.28}{3} + \frac{0.28}{6} = 1.415 < 2.96$$

收缩率波动为1.5%时，该塑件成型尺寸公差应小于塑件所允许的尺寸公差，但在实际校核过程中发现该塑件部分成型尺寸公差大于塑件所允许的尺寸公差，经调整后收缩率波动为0.9%时刚好满足，则

对于尺寸 $\phi 50_{-0.94}^{\ 0}$mm，有

$$0.9\% \times 50 + \frac{0.94}{3} + \frac{0.94}{6} = 0.92 < 0.94$$

对于尺寸 $\phi 42_{\ 0}^{+0.94}$mm，有

$$0.9\% \times 42 + \frac{0.94}{3} + \frac{0.94}{6} = 0.85 < 0.94$$

对表3-22所列的尺寸按照上述公式一一校核，由于 δ_c 是模具寿命，δ_z 是模具制造精度，

模具的加工精度一般为 IT6 ~ IT7，不宜再提高以免造成加工困难，因此只能调整收缩率差值。所以当模具加工完成后，在试模过程中应把模具成型参数调至制件成型最佳值，并严格控制塑料收缩率波动范围（$S_{max}-S_{min}<0.9\%$）来满足塑件的尺寸精度。

6. 注射模结构类型及模架的选用

（1）确定模架组合形式及类型　根据前述任务分析，放大镜模型属片类零件，总体要求不高，形状简单，成型零件型腔采用整体嵌入式，塑件为一模两腔形式，采用侧浇口，浇口套规格为 12 ×50　GB/T 4169.19—2006，为满足浇口套的规格，定模采用两板式，动模单板式，因此可以选用国标模架 2006 中直浇口 C 型模架。

（2）确定型腔侧壁厚度　成型零件型腔采用整体嵌入式（图 3-84），模板为矩形结构，工作区域约为 100mm ×117mm。查表 3-6 可知，凹模壁厚为 15 ~ 17mm，模套壁厚为 50 ~ 60mm。

（3）计算型腔模板周界　参考整体式模板尺寸可以按以下公式计算：

型腔模板长度　　$L=S'+A+S'=(35+117+35)\text{ mm}=187\text{mm}$

型腔模板宽度　　$N=S+B+S=(35+100+35)\text{ mm}=170\text{mm}$

式中　L——型腔模板长度（mm）；

N——型腔模板宽度（mm）；

S'、S——模板长度方向、宽度方向侧壁厚度，考虑导柱、复位安装空间，取 35mm；

A——型腔长度；

B——型腔宽度。

（4）确定模板周界尺寸　由步骤（3）计算出的型腔模板周界尺寸向 GB/T 12555—2006 直浇口模具类型所对应的尺寸圆整，取模板长度和宽度尺寸为 180mm ×180mm。

（5）确定模板厚度　成型零件型腔采用整体嵌入式，考虑冷却管道的安装空间和推出机构所需空间，A 板、B 板、C 板初步确定为 40mm、60mm、60mm。

（6）确定模板的规格　依据定模板、动模板和垫块的厚度，取模板宽为 180mm，长为 180mm，$A=40\text{mm}$，$B=60\text{mm}$，$C=60\text{mm}$，直浇口 C 型模架，如图 3-85 所示。标记为：

模架 C　1818 －40 ×60 ×60　GB/T 12555—2006

（7）检验所选模架　对所选模架还需检查模架与注射机之间的关系（表 3-23），如闭合高度、开模空间等，若不合适，还需重新选择。

表 3-23　模架与注射机之间的关系校核　（单位：mm）

设备参数		模架规格		校核结论
拉杆空间	360 ×360	模具外形尺寸	180 ×230	模具外形尺寸满足要求
模板尺寸	420 ×450			
最大开合模行程	300	取件所需空间	70	取件空间满足要求
最大模厚	300	模具闭合高度	210	闭合高度满足要求
最小模厚	200			

结论：选用标准模板规格：模架 C 1818 －40 ×60 ×60 GB/T 12555—2006，可以满足要求。

7. 设计注射模具调温系统

塑料模具的温度直接影响塑件的成型质量和生产率。由于各种塑料的性能和成型工艺不同，模具温度也要求不同。因此，在设计塑料模具时必须考虑用加热或冷却装置来调节模具

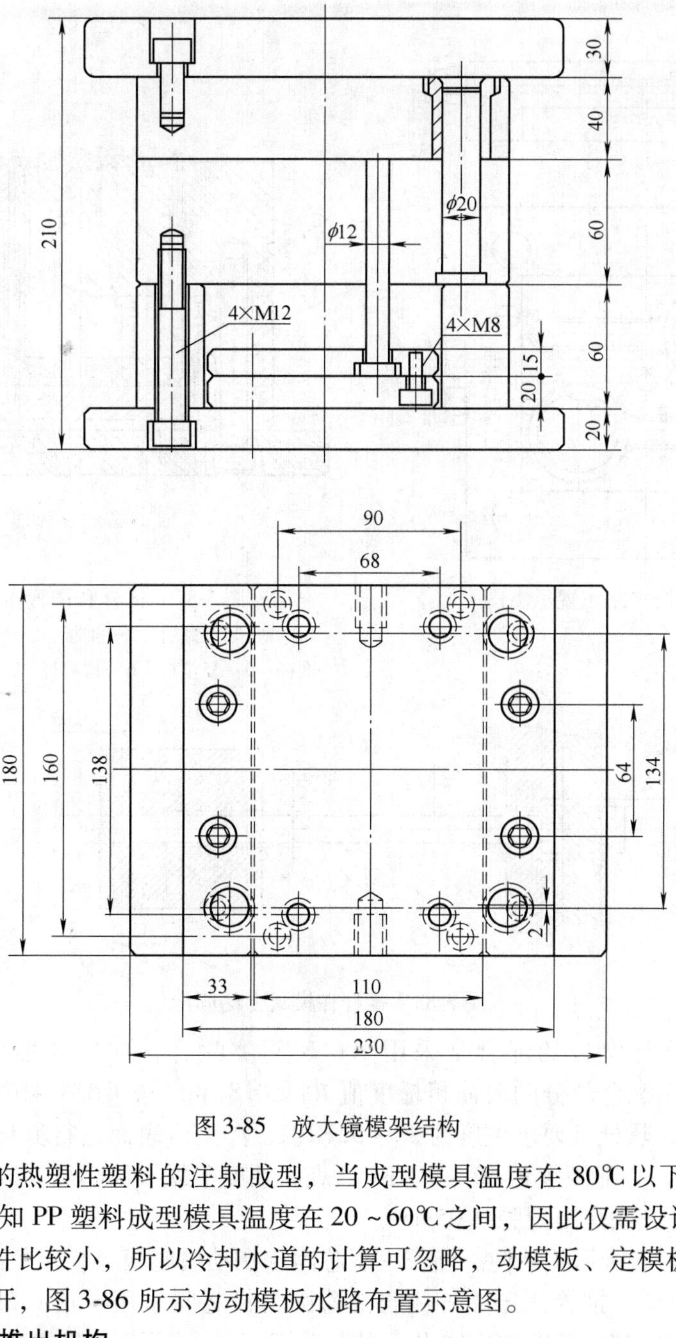

图 3-85　放大镜模架结构

的温度。对于一般的热塑性塑料的注射成型，当成型模具温度在 80℃ 以下时仅需考虑冷却装置。查表 3-10 可知 PP 塑料成型模具温度在 20 ~ 60℃之间，因此仅需设计冷却系统。

由于放大镜塑件比较小，所以冷却水道的计算可忽略，动模板、定模板只设计两条直通水路即可，注意避开，图 3-86 所示为动模板水路布置示意图。

8. 设计注射模推出机构

（1）确定推出机构方式　由于该塑件结构简单，脱模力较小，采用推杆和推管同时推出，成型 ϕ5mm 小孔的型芯设置在动模一侧，保证塑件留在动模一侧。小型芯直接固定在动模板上，周边采用推管推出，如图 3-87 所示。

放大镜镜片边框外径为 ϕ50mm，内径为 ϕ42mm，推杆设置在边框两边，左右各一根，采用直通式（图 3-50），推杆工作端面直径为 ϕ3.5mm。尾部采用台肩固定。推杆固定板上孔的直径应为 ϕ6mm；推杆台阶部分的直径为 ϕ9mm；推杆固定板上的台阶孔直径为

ϕ10mm，如图 3-88 所示。

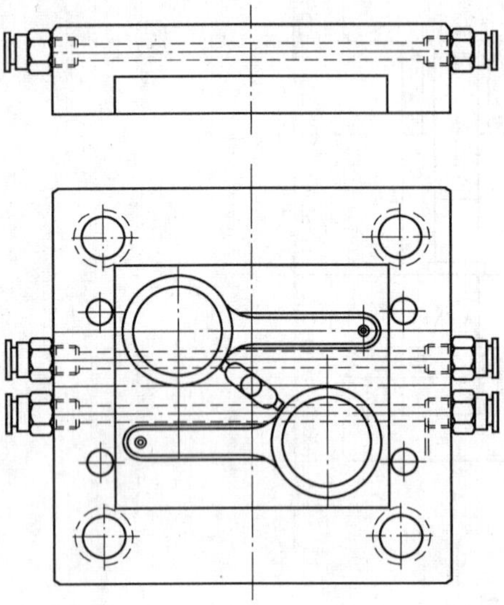

图 3-86　动模板水路布置示意图

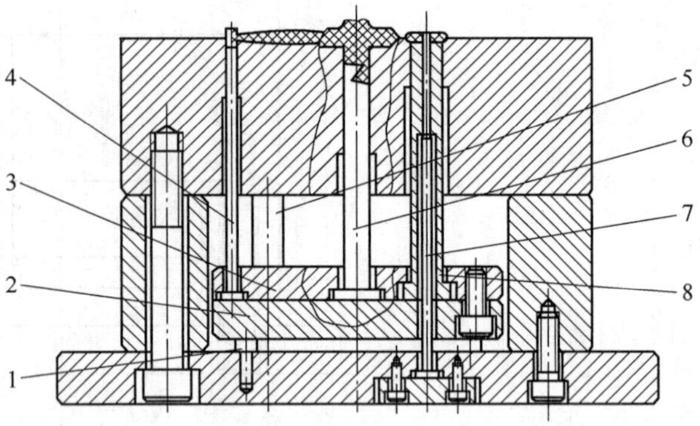

图 3-87　推杆和推管同时推出
1—限位螺钉　2—推板　3—推杆固定板
4—推杆　5—复位杆　6—拉料杆　7—小型芯　8—推管

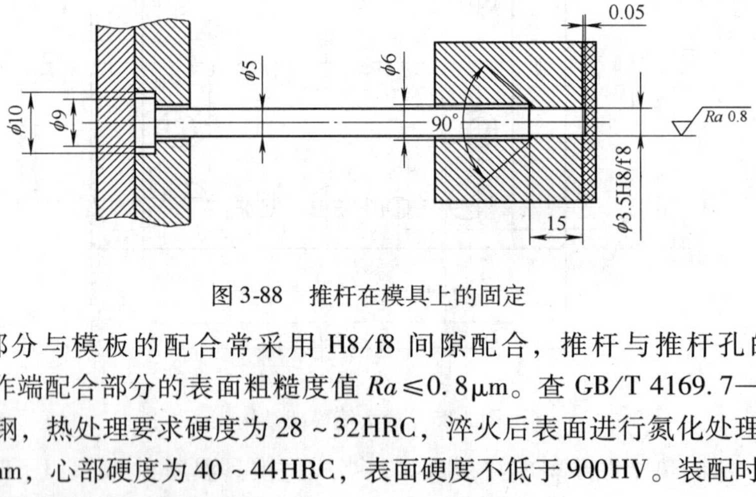

图 3-88　推杆在模具上的固定

推杆工作部分与模板的配合常采用 H8/f8 间隙配合，推杆与推杆孔的配合长度为 15mm；推杆工作端配合部分的表面粗糙度值 $Ra \leqslant 0.8\mu m$。查 GB/T 4169.7—2006，推杆的常用材料为 45 钢，热处理要求硬度为 28 ~ 32HRC，淬火后表面进行氮化处理，渗氮层厚度为 0.08 ~ 0.15mm，心部硬度为 40 ~ 44HRC，表面硬度不低于 900HV。装配时推杆端面应与相应处型腔底面平齐或高出型腔 0.05mm。

推管采用图 3-87 所示的结构。细长小型芯固定在动模座板上，定位准确，推管强度高，型芯维修和更换方便。推管固定端外侧与推管固定板之间采用单边 0.5mm 的大间隙配合。推管的内径与型芯的配合长度应比推出行程大 3 ~ 5mm，选用 H8/f7 配合；推管外径 ϕ12mm 与模板上孔的配合长度为推杆直径 ϕ5mm 的 1.5 ~ 2 倍，采用 H8/f8 配合。材料选择同推杆。

（2）推出力计算及推杆尺寸的校核　由于该塑件结构简单，脱模力较小，采用推杆和推管同时推出，不存在强度、刚度不足的问题，因而无需计算推出力及校核推杆尺寸。

9. 模具工程图绘制及材料选择

（1）模具总装图　根据前面已确定的模架、模具零件结构及模具总装图要求（表 3-14）绘制模具工程图，如图 3-89 所示。

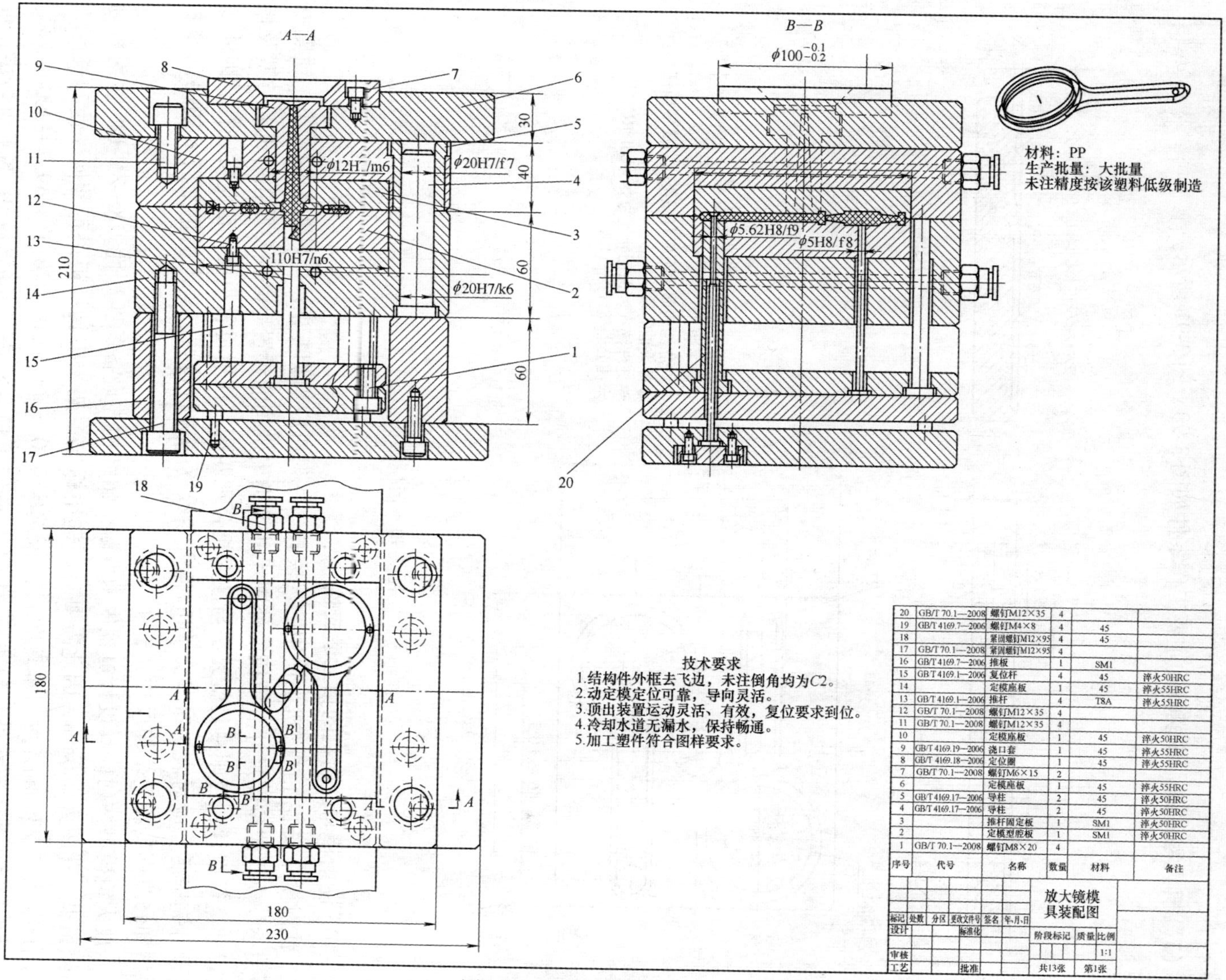

序号	代号	名称	数量	材料	备注
20	GB/T 70.1—2008	螺钉M12×35	4		
19	GB/T 4169.7—2006	螺钉M4×8	4	45	
18		紧固螺钉M12×95	4	45	
17	GB/T 70.1—2008	紧固螺钉M12×95	4		
16	GB/T 4169.7—2006	推板	1	SM1	
15	GB/T 4169.1—2006	复位杆	4	45	淬火50HRC
14		定模座板	1	45	淬火55HRC
13	GB/T 4169.1—2006	推杆	4	T8A	淬火55HRC
12	GB/T 70.1—2008	螺钉M12×35	4		
11	GB/T 70.1—2008	螺钉M12×35	4		
10		定模座板	1	45	淬火50HRC
9	GB/T 4169.19—2006	浇口套	1	45	淬火55HRC
8	GB/T 4169.18—2006	定位圈	1	45	淬火55HRC
7	GB/T 70.1—2008	螺钉M6×15	2		
6		定模座板	1	45	淬火55HRC
5	GB/T 4169.17—2006	导柱	2	45	淬火50HRC
4	GB/T 4169.17—2006	导柱	2	45	淬火50HRC
3		推杆固定板	1	SM1	淬火50HRC
2		定模型腔板	1	SM1	淬火50HRC
1	GB/T 70.1—2008	螺钉M8×20	4		

图3-89　模具工程图

（2）明细栏及模具材料　根据 GB/T 12555—2006 及表 3-18 常用模具零件材料的适用范围与热处理方法或其他设计资料，结合塑件生产批量确定模具各零件所用材料及热处理要求。

（3）模具零件图　该模具的主要工作零件如图 3-90、图 3-91 所示。

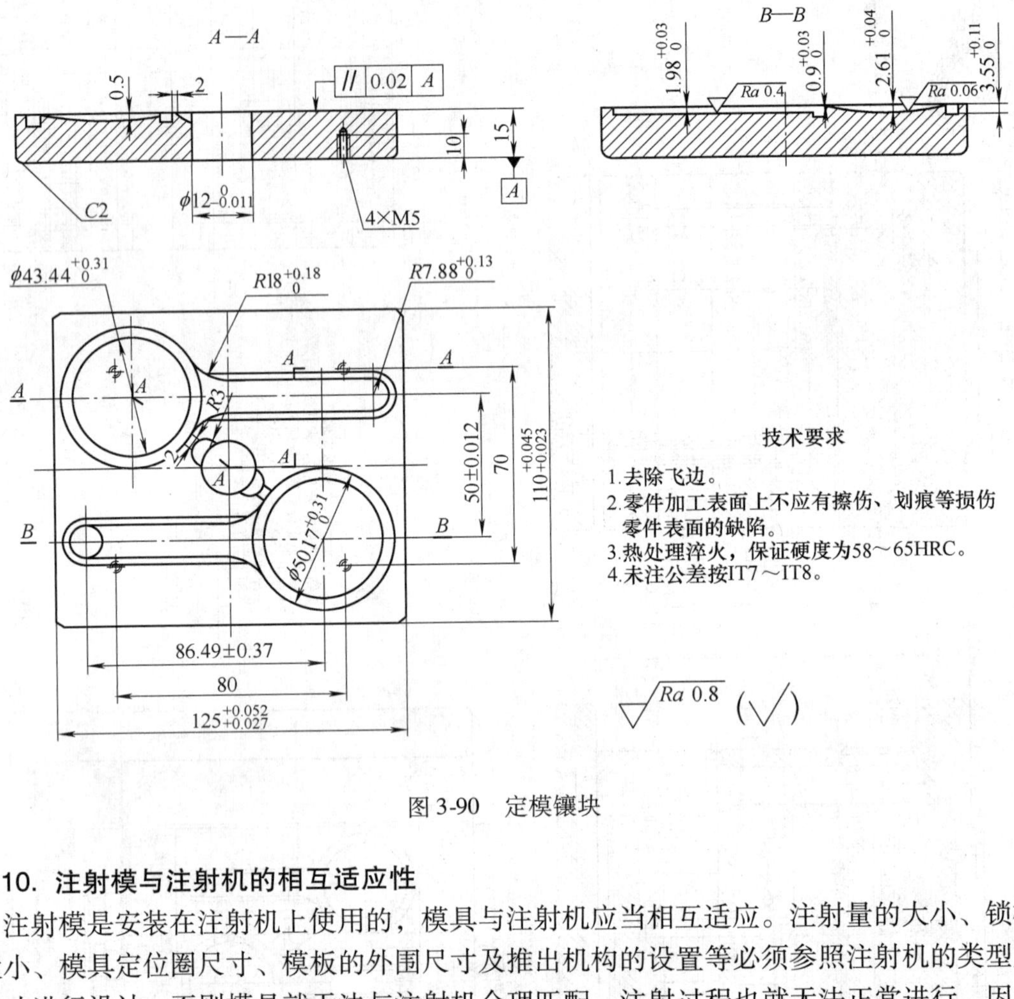

图 3-90　定模镶块

10. 注射模与注射机的相互适应性

注射模是安装在注射机上使用的，模具与注射机应当相互适应。注射量的大小、锁模力的大小、模具定位圈尺寸、模板的外围尺寸及推出机构的设置等必须参照注射机的类型及相关尺寸进行设计，否则模具就无法与注射机合理匹配，注射过程也就无法正常进行。因此模具设计完毕后，应对表 3-21 中所列的各个参数逐一进行校核。若不满足则需重新选定设备规格和修改模具相应结构尺寸。

放大镜模型注射模具设计过程中未考虑推出结构与设备的匹配性，XS-ZY-125 注射机为两侧顶出，孔距为 230mm，因此需要对所选用标准模架中模具推板进行替换，使其长度方向的尺寸大于 230mm，为可靠起见，推板选配 110 × 300 × 20　GB/T 4169. 7—2006 型号。表 3-21 中其余各参数在设备的选择、模架的确定、模具相应尺寸的设计中都予以考虑，此处略。

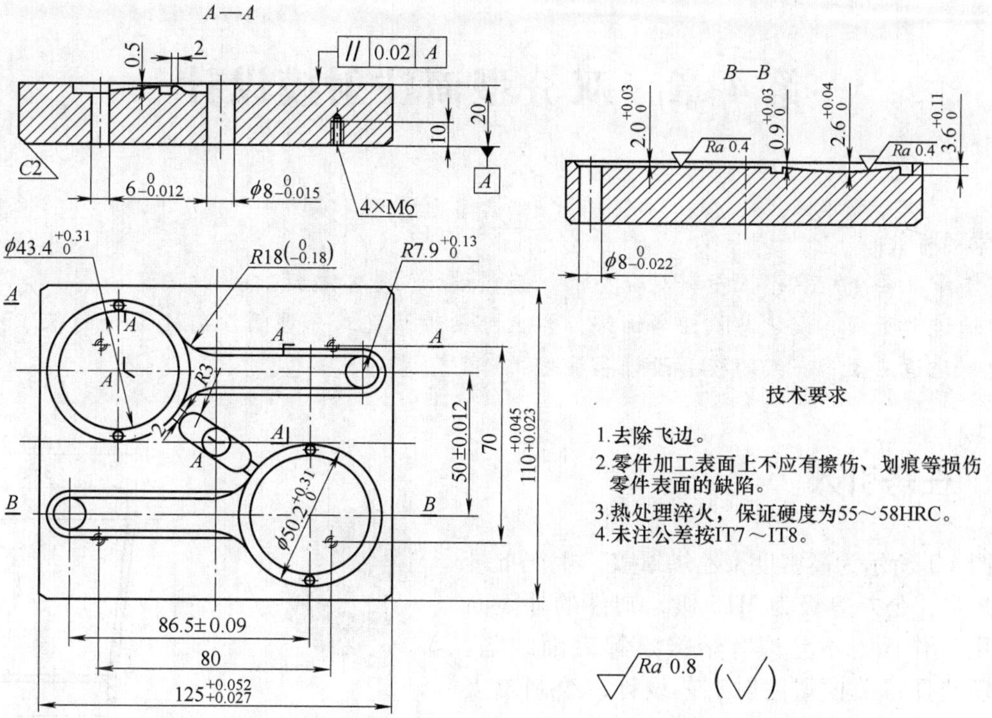

图 3-91　动模镶块

【思考与练习】

1. 注射模结构一般由哪几部分组成？各组成部分的主要作用是什么？

2. 注射模按结构特征可分为哪几类？举例叙述工作原理。

3. 合模导向装置有哪些类型？主要起什么作用？

4. 模架选择的一般步骤有哪些？

5. 温度调节系统的作用是什么？

6. 普通浇注系统由哪几部分组成？

7. 塑料模的凹模结构形式有哪些？

8. 什么是推杆推出机构？推杆适用于哪些场合？

9. 小批量生产塑料制件（药杯）如图 3-92 所示，试设计一套注射成型模具。

（1）绘制注射模装配图及非标准模具零件图。

（2）编写设计计算说明书。

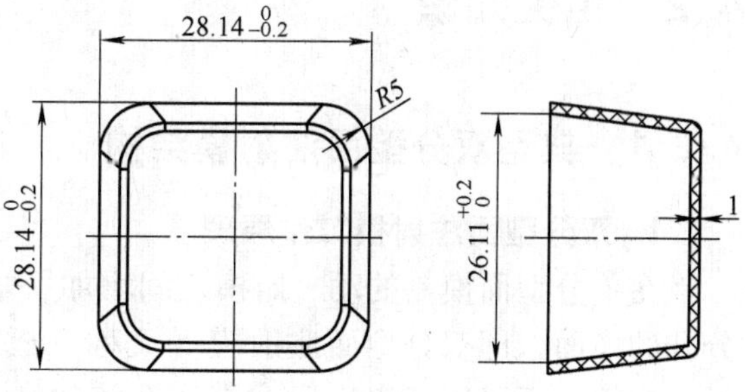

图 3-92　药杯塑件图

第 4 章　双分型面注射模设计

【教学目标】

本章主要介绍热塑性塑料双分型面注射模设计的基本技能。

通过典型模具设计工作任务训练，学生可初步掌握双分型面注射模设计的基本技能，为更好地适应生产一线的模具设计和管理工作打下基础。

4.1　任务引入

图 4-1 所示为高密度聚乙烯罩盖，生产批量为大批量，公差等级为 MT5 级，塑件的外表面为使用工作面，不允许有熔接痕等表面缺陷。请合理选择罩盖模塑注射工艺设计，绘制罩盖注射模总装配图及非标准模具零件图。

通过训练，掌握双分型面注射模设计的基本原则，会设计并绘制双分型面注射模总装配图及非标准模具零件图。

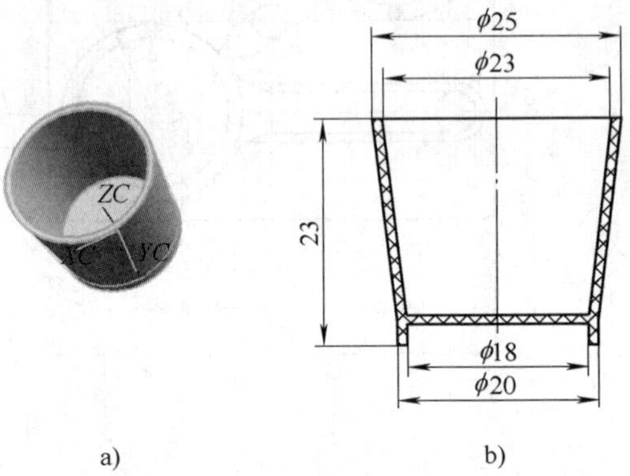

图 4-1　罩盖制件

a）三维图　b）二维图

4.2　相关知识

4.2.1　典型双分型面注射模结构

1. 双分型面注射模工作原理

在单分型面模具的动、定模之间增加一个可以相对移动的中间板，就形成了有两个可以分开的模面，即双分型面注射模（又称三板式模具）。如图 4-2 所示，其中件 12 即为中间板，它常用于采用点浇口形式浇注系统的注射模，增加的一个分型面用于取出浇注系统的凝料。

其工作原理和过程如下：合模及注射过程同单分型面模具一样。开模时，动模后移，由于弹簧 7 的作用，迫使中间板与动模一起后移，即 *A—A* 分型面先分型，主流道凝料随之拉出；当限位销 6 后移分型距 *s* 后与定距拉板 8 接触时，中间板 12 停止移动，动模继续后移，*B—B* 分型面分型，由于塑料包紧在型芯 9 上，浇注系统凝料就在浇口处与塑件分离，然后在 *A—A* 分型面自然脱落或人工取出；动模继续后移，当动模移动一定距离后，注射机的顶杆推动推板 16 时，推出机构开始工作，塑件由推件板 4 从型芯 9 上推出，塑件由 *B—B* 分型面取出。

2. 设计注意事项

（1）浇口的形式 三板式点浇口注射模的点浇口截面面积较小，直径只有 0.5 ~ 1.5mm。由于浇口截面面积过小，导致熔体流动阻力过大。

（2）导柱的设置 三板式点浇口注射模应在定模一侧设置导柱，用于对中间板的导向和支承。若加长该导柱的长度，则可以对动模部分进行导向，因此动模部分就可以不设置导柱。如果是推件板推出机构，则动模部分也需设置导柱。

（3）分型距离 由于双分型面注射模在开模过程中要进行两次分型，必须采取顺序定距分型机构，即定模部分先分开一定距离，然后主分型面分型。一般 A 分型面分型距离为

$$S = S' + (3 \sim 5) \tag{4-1}$$

式中 S——A 分型面分型距离（mm）；

S'——浇注系统凝料在合模方向上的长度（mm）。

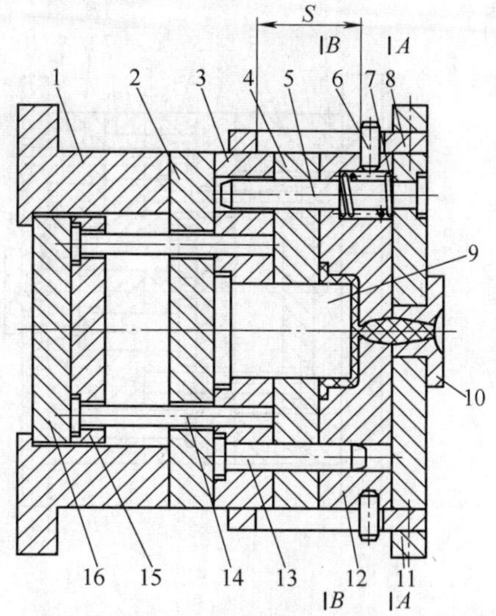

图 4-2 双分型面注射模

1—模脚 2—支承板 3—动模板（型芯固定板） 4—推件板 5、13—导柱 6—限位销 7—弹簧 8—定距拉板 9—型芯 10—浇口套 11—定模板 12—中间板 14—推杆 15—推杆固定板 16—推板

双分型面注射模的结构复杂，制造成本较高，适用于点浇口形式浇注系统的注射模。

3. 双分型面注射模的分型装置

双分型面注射模在定模部分必须设置顺序定距分型装置。图 4-2 所示的结构为弹簧分型拉板定距的两次分型机构，适用于一些中小型模具。在分型机构中，弹簧至少有 4 个，弹簧的两端应并紧且磨平，弹簧的高度应一致，并对称布置于分型面上模板的四周，以保证分型时中间板受到的弹力均匀，移动时不被卡死。定距拉板一般采用 2 块，对称布置于模具两侧。

图 4-3 所示是弹簧分型拉杆定距双分型面注射模。其工作原理与弹簧分型拉板定距式双分型面注射模基本相同，只是定距方式不同，即采用拉杆端部的螺母来限定中间板的移动距离。限位拉杆还常兼作定模导柱，此时它与中间板应按导向机构的要求进行配合导向。

4.2.2 双分型面注射模浇注系统的设计

设计双分型面注射模的浇注系统时，其主流道和分流道设计与二板式注射模是相同的，不同之处在于浇口设计。双分型面注射模的浇口类型基本均为点浇口。

点浇口又称为针浇口或菱形浇口，一般设置在塑件的顶端，是一种尺寸很小的特殊形式的直接浇口。由于浇口的尺寸很小，熔融塑料通过点浇口时，具有很高的剪切速率，同时由于摩擦的作用，熔体温度也略有提高。因此，对于表观粘度随剪切速率变化很敏感的塑料和粘度较低的塑料（如聚甲醛、聚乙烯、聚丙烯、聚苯乙烯等）来说，采用点浇口是很理想的，可以获得浇口颈外观清晰、表面光泽的塑件。另外，开模时浇口凝料可自动拉断，有利于自动化操作，而且浇口凝料去除后塑件表面残留的痕迹很小，基本上不影响塑件的外观质

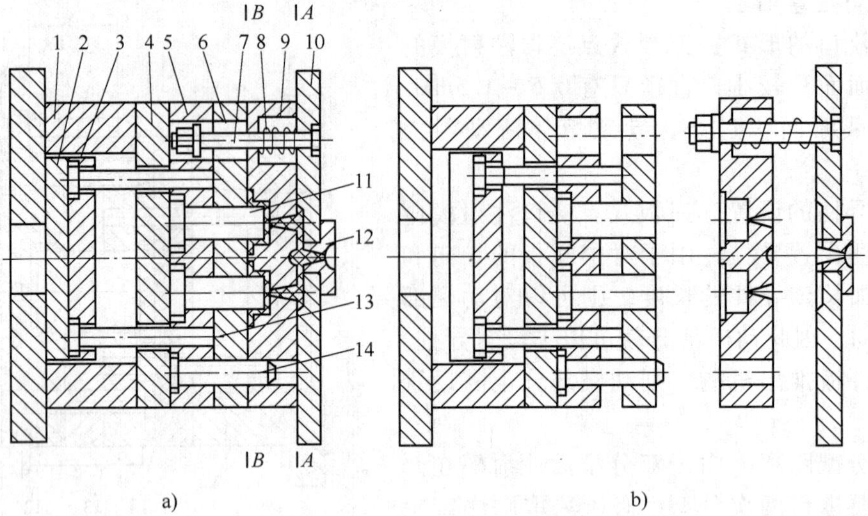

图 4-3　弹簧分型拉杆定距的三板式注射模

1—垫块　2—推板　3—推杆固定板　4—支承板　5—型芯固定板
6—推件板　7—限位拉杆　8—弹簧　9—中间板　10—定模座板
11—型芯　12—浇口套　13 —复位杆　14—导柱

量。但由于浇口小，料流阻力大，所以要求较高的注射压力。塑件收缩大，易变形。

点浇口的截面形状通常为圆形，其典型结构及尺寸如图 4-4 所示。其中，图 4-4a 所示为常用结构；图 4-4b、c 中点浇口与塑件相接处采用倒角或圆角过渡，减小了塑料的冷凝速度，有利于补料，效果较好，但制造较困难，同时点浇口拉断时不致损坏塑件的表面，并减

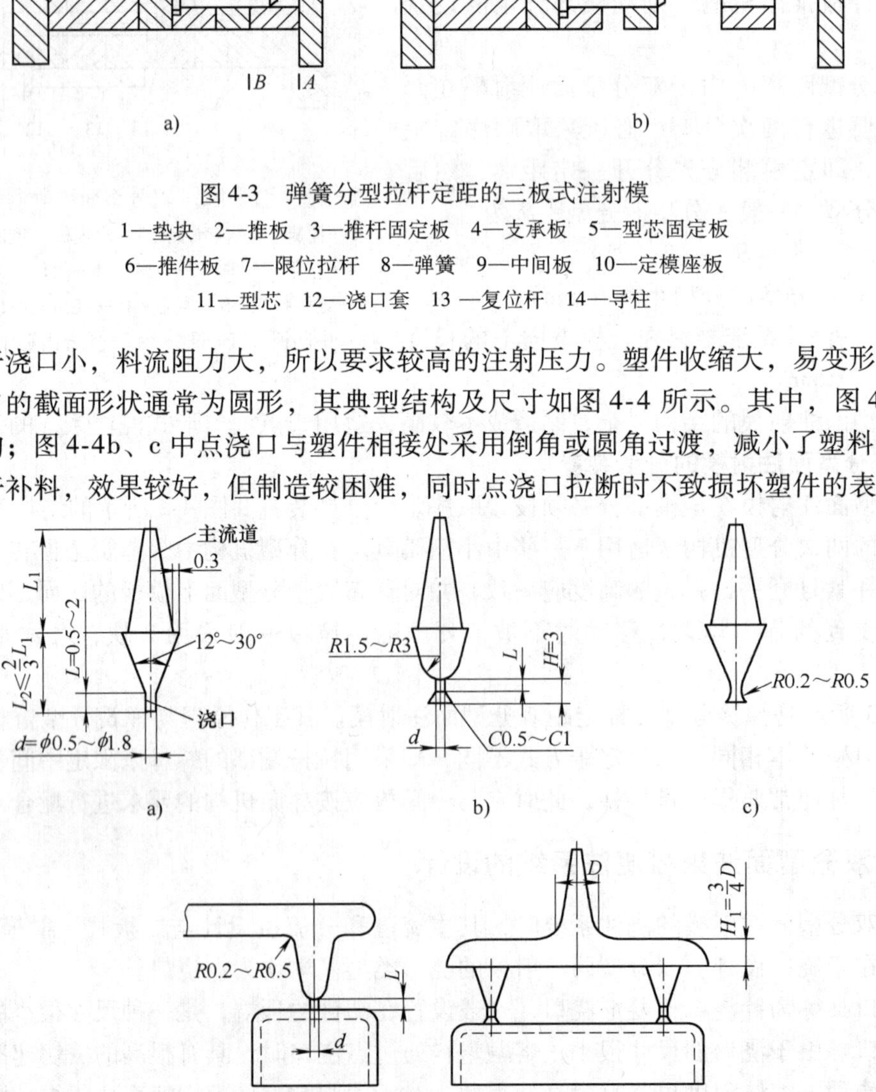

图 4-4　点浇口的典型结构及尺寸

小流动阻力和减轻浇口的磨损；图4-4d所示为一模多腔时点浇口与分流道相接的情况；对于大型塑件的成型，可以设置多个浇口同时进料，这样浇口可缩短流程，加快进料速度，降低流动阻力，减少翘曲变形，如图4-4e所示。

对于薄壁塑件，由于在点浇口附近的型腔剪切速率过高，会造成塑料分子的高度方向局部应力增大，甚至发生开裂现象。这时在不影响塑件使用的条件下，可将浇口对面的塑件壁厚增加并呈圆弧形过渡，如图4-5所示，同时该圆弧槽还可起储存冷料的作用。

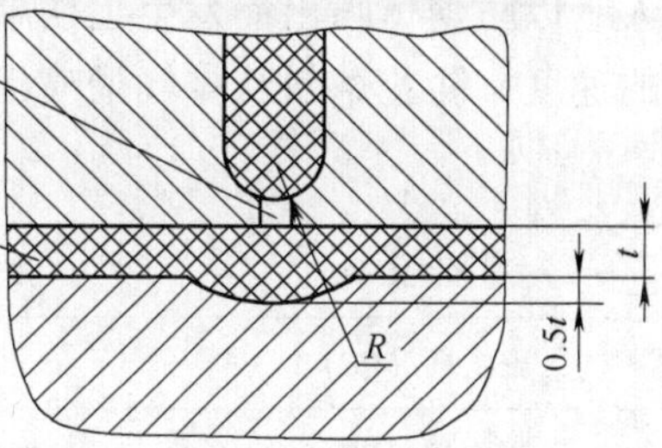

图4-5　薄壁塑件用点浇口形式

4.2.3　排气与引气系统的设计

1. 排气系统的设计

排气系统的作用是将浇注系统、型腔内的空气以及塑料熔体分解产生的气体及时排出模外。如果排气不良，则会在塑件上形成气泡、银纹、熔接痕等缺陷，使表面轮廓不清，甚至无法充满型腔。还会因气体被压缩而产生高温，使塑件出现焦痕。

（1）分型面及配合间隙自然排气　对形状简单的小型模具，可直接利用分型面或推杆、活动型芯、活动镶件与模板的间隙配合进行自然排气。如图4-6所示。

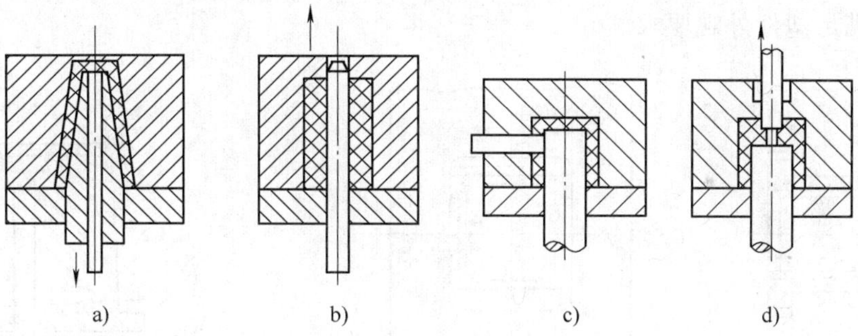

图4-6　间隙配合自然排气

a）推杆间隙排气　b）型芯配合间隙排气　c）侧型芯间隙排气　d）拼合型芯间隙排气

（2）加工排气槽排气

1）分型面上开设排气槽。这是注射模排气的主要形式。分型面上开设排气槽的形式与尺寸如图4-7所示。通常在分型面型腔一侧开设排气槽，槽深为0.01～0.03mm，槽宽为1.5～6mm，以不产生飞边为限，排气槽深度与塑料流动性有关，见表4-1。排气槽最好开设

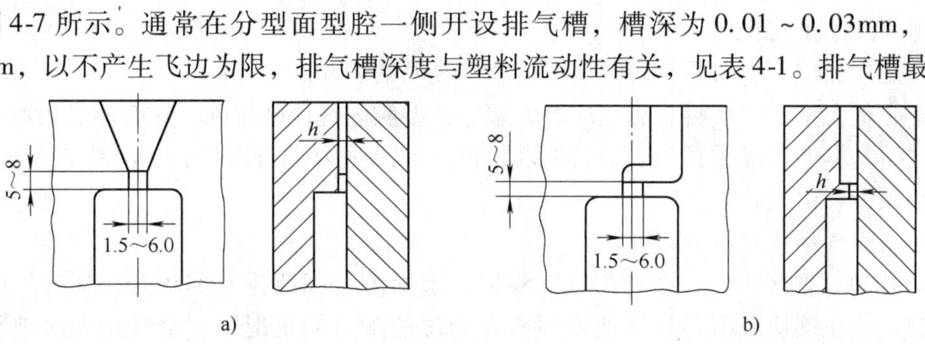

图4-7　分型面上的排气槽

在靠近嵌件、制品壁最薄和最后充满的部位，以防止产生熔接痕。排气口不应正对着操作工人，以防熔体喷出而发生工伤事故。排气槽做成曲线形状，且逐渐增宽，以降低气体溢出时的速度，防止熔料从排气槽喷出而引发人身事故。

表 4-1　分型面上排气槽的深度　（单位：mm）

塑料品种	排气槽深度	塑料品种	排气槽深度
聚乙烯（PE）	0.02	聚酰胺（PA）	0.01
聚丙烯（PP）	0.01～0.02	聚碳酸酯（PC）	0.01～0.03
聚苯乙烯（PS）	0.02	聚甲醛（POM）	0.01～0.03
ABS	0.03	丙烯酸共聚物	0.03

2）配合间隙加工排气槽。对于中小型模具，除了利用分型面及配合间隙自然排气外，可以将型腔最后充满的地方做成组合式结构，在过盈配合面上加工出如图 4-8 所示的排气槽。排气槽深度一般为 0.03～0.04mm，视成型塑料的流动性而定。

（3）透气金属排气　若型腔最后充满部分不在分型面上，且附近又无配合间隙可排气时，可在型腔最后充满部分的位置放置一块透气金属块（简称排气塞，用多孔粉末冶金渗透排气），并在烧结金属块开设排气通道，如图 4-9 所示。透气金属块应有足够的承压能力，表面粗糙度满足塑件外观要求。

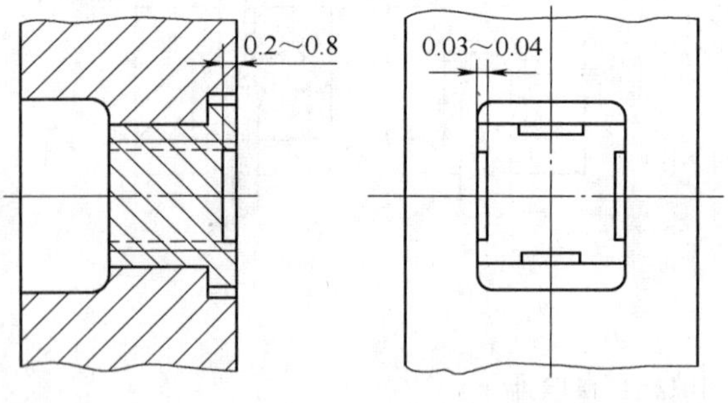

图 4-8　配合间隙尺寸

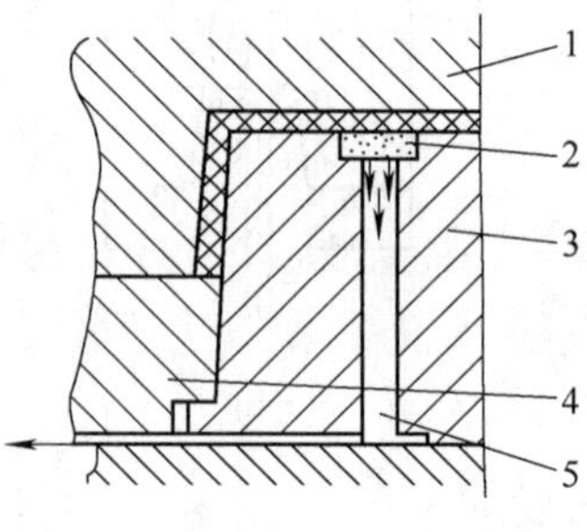

图 4-9　利用排气塞排气

1—型腔　2—透气金属块
3—型芯　4—型芯固定板　5—通气孔

2. 引气系统的设计

排气是制品成型的需要，而引气则是制品脱模的需要。

对于一些大型深壳塑料制品，注射成型后，型腔内气体被排除，这时制品内腔表面与型芯表面之间基本上形成了真空，制品难以脱模。如果采取强行脱模，制品势必变形或损坏，因此，必须设置引气装置。

常见的引气形式有以下两种。

（1）相拼式侧隙引气　在利用成型零件分型面配合间隙排气的场合，其排气间隙即为引气间隙。但在镶块或型芯与其他成型零件为过盈配合的情况下，空气是无法被引入型腔的，如果配合间隙放大，则镶块的位置精度将受到影响，所以只能在镶块侧面的局部开设引气槽，引气槽不仅开设在型腔与镶块的配合面之间，而且必须延续到模外，以保证气路畅通。与制品接触的部分引气槽槽深不应大于 0.05mm，以免溢料堵塞，而其延长部分的深度为 0.2 ~0.8mm，如图 4-10a 所示。这种引气方式结构简单，但引气槽容易堵塞。

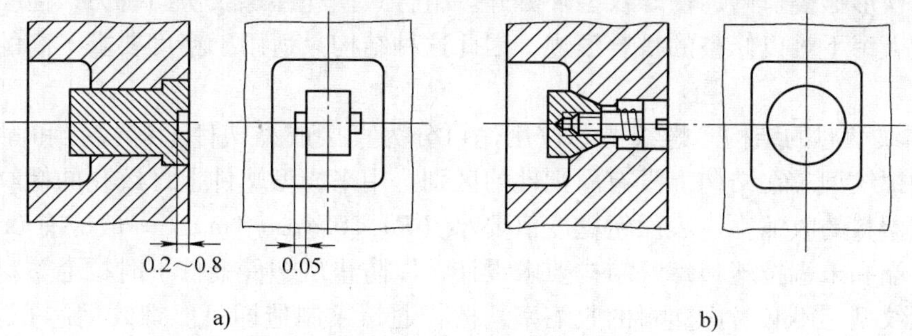

图 4-10　引气装置

（2）气阀式引气　这种引气方式主要依靠阀门的开启与关闭，如图 4-10b 所示。开模时制品与型芯之间真空力将阀门吸开，空气便能引入，而当熔体注射充模时，由熔体的压力将阀门紧紧压住，处于关闭状态。由于接触面为锥形，所以不产生缝隙。这种引气方式比较理想，但阀门的锥面加工要求较高。当型腔内不具有镶块时，气阀的顶部可做成与型腔平齐，作为型腔的一部分。引气阀不仅可装在型腔上，还可装在型芯上，或在型腔、型芯上同时安装，可根据制品脱模需要和模具结构而定。

4.2.4　螺纹成型零件的设计

螺纹型环和螺纹型芯是分别用来成型塑件上外螺纹和内螺纹的活动镶件。成型后，螺纹型环和螺纹型芯的脱卸方法有两种，一种是模内自动脱卸，另一种是模外手动脱卸。这里仅介绍模外手动脱卸的螺纹型环和螺纹型芯的结构及固定方法。

1. 螺纹成型零件的结构设计

（1）螺纹型环的结构　螺纹型环常见的结构如图 4-11 所示。图 4-11a 所示是整体式的螺

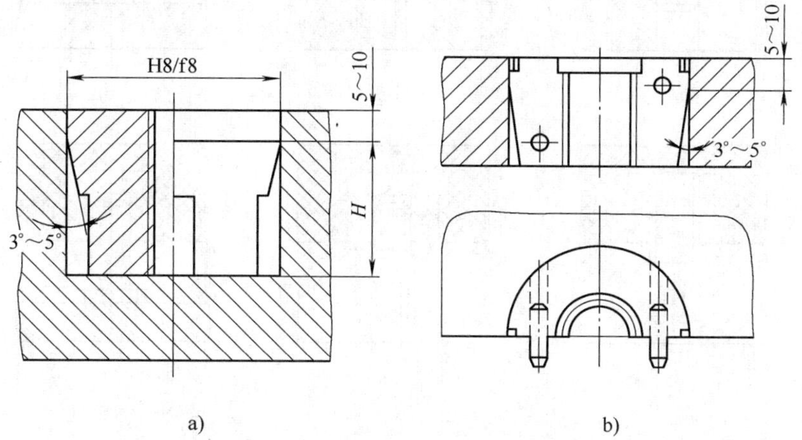

图 4-11　螺纹型环的结构图

纹型环，型环与模板的配合为 H8/f8，配合段长 5 ~ 10mm，为了安装方便，配合段以外制出 3° ~ 5°的斜度，型环下端可铣削成方形，以便用扳手从塑件上拧下；图 4-11b 所示是组合式型环，型环由两个半瓣拼合而成，两个半瓣之间用定位销定位。成型后用尖劈状卸模器楔入型环两边的楔形槽撬口内，使螺纹型环分开。组合式型环卸螺纹快而省力，但会在成型的塑料件外螺纹上留下难以修整的拼合痕迹，因此这种结构只适用于精度要求不高的粗牙螺纹的成型。

（2）螺纹型芯的结构　螺纹型芯按用途可分为直接成型塑件上螺纹孔和固定螺母嵌件两种。两种螺纹型芯在结构上没有原则性的区别。用来成型塑件上螺纹孔的螺纹型芯在设计时必须考虑塑料的收缩率，表面粗糙度值要小（$Ra<0.4\mu m/1m$），一般应有 0.5°的脱模斜度，螺纹始端和末端按塑料螺纹结构要求设计，以防止从塑件上拧下时拉毛塑料螺纹。而固定螺母的螺纹型芯不必考虑塑料的收缩率，按普通螺纹制造即可。螺纹型芯安装在模具上，成型时要可靠定位，不能因合模振动或料流冲击而移动；且开模时能与塑件一道取出，便于装卸；螺纹型芯与模板内安装孔的配合为 H8/f8。

螺纹型芯在模具上的安装形式如图 4-12 所示，其中图 4-12a ~ c 所示是成型内螺纹的螺纹型芯；图 4-12d ~ f 所示是安装螺纹嵌件的螺纹型芯。图 4-12a 所示为利用锥面定位和支承的形式；图 4-12b 所示为利用大圆柱面定位和台阶支承的形式；图 4-12c 所示为用圆柱面定位和垫板支承的形式；图 4-12d 所示为利用嵌件与模具的接触面起支承作用，以防止型芯受压下沉的形式；图 4-12e 所示为将嵌件下端以锥面镶入模板中，以增加嵌件的稳定性，并防止塑料挤入嵌件的螺纹孔中；图 4-12f 所示为将小直径螺纹嵌件直接插入固定在模具上的光杆上，因螺纹牙沟槽很细小，塑料仅能挤入一小段，并不妨碍使用，这样可省去模外脱卸螺纹的操作。螺纹型芯的非成型端应制成方形或将相对两边铣成两个平面，以便在模外用工具将其旋下。

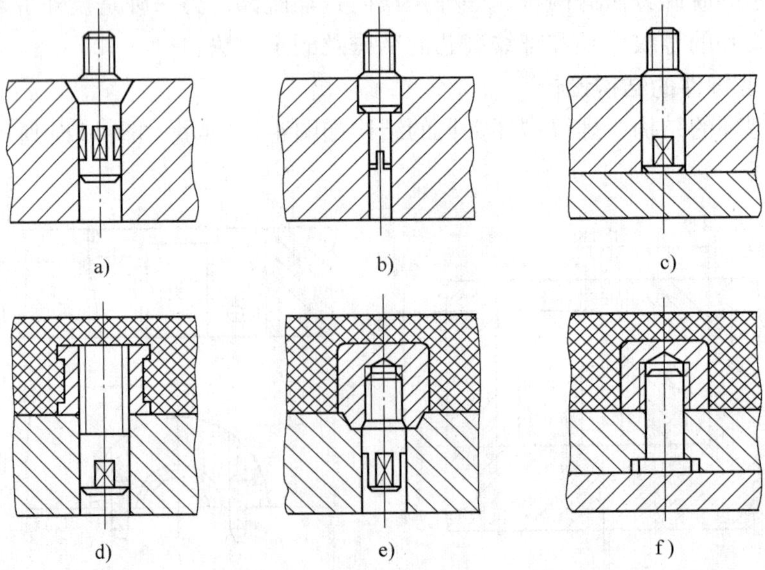

图 4-12　螺纹型芯的安装形式

2. 螺纹成型零件的技术要求

（1）螺纹型芯与螺纹型环

1）材料及热处理。常采用T8A、17A钢，热处理后硬度达40~45HRC。

2）表面粗糙度。成型部分的表面粗糙度值 $Ra=0.20\sim0.10\mu m$，配合部分的表面粗糙度值 $Ra=0.8\sim0.4\mu m$，其余部分的表面粗糙度值 $Ra=6.3\sim1.6\mu m$ 。

3）表面处理。成型部分表面镀铬，镀铬层深度为0.015~0.020mm，镀铬后应进行抛光处理。

（2）嵌件杆及嵌件环

1）材料及热处理。常采用12、T10A钢，热处理硬度达40~45HRC。

2）表面粗糙度。与嵌件配合部分及安装孔配合部分的表面粗糙度值 $Ra=0.80\sim0.40\mu m$，其余部分的表面粗糙度值 $Ra=6.3\sim1.6\mu m$。

3. 螺纹型环和螺纹型芯工作尺寸的计算

螺纹塑件从模具中成型出来后，径向和螺距尺寸都会收缩变小，为了使螺纹塑件与标准金属螺纹有较好的配合，提高成型后塑件螺纹的旋入性能，在设计成型塑件的螺纹型环或型芯的径向尺寸时都应考虑收缩率的影响。

螺纹型环的工作尺寸属于型腔类尺寸，而螺纹型芯的工作尺寸属于型芯类尺寸。螺纹联接的种类很多，配合性质也各不相同，影响塑件螺纹联接的因素比较复杂，因此要满足塑料螺纹配合的准确要求是比较难的。目前尚无塑料螺纹的统一标准，也没有成熟的计算方法。

由于螺纹中径是决定螺纹配合性质的最重要参数，它决定着螺纹的可旋入性和联接的可靠性，所以计算模具螺纹大、中、小径的尺寸时，均以塑性螺纹中径公差 $\Delta_{中}$ 为依据。制造公差都采用了中径制造公差 δ_z，其目的是提高模具制造精度。下面介绍普通螺纹型环和型芯工作尺寸的计算公式。

（1）螺纹型环的工作尺寸

1）螺纹型环大径为

$$D_{m大}{}^{+\delta_z}_{0} = [(1+\bar{S})D_{s大} - \Delta_{中}]^{+\delta_z}_{0} \tag{4-2}$$

2）螺纹型环中径为

$$D_{m中}{}^{+\delta_z}_{0} = [(1+\bar{S})D_{s中} - \Delta_{中}]^{+\delta_z}_{0} \tag{4-3}$$

3）螺纹型环小径为

$$D_{m小}{}^{+\delta_z}_{0} = [(1+\bar{S})D_{s小} - \Delta_{中}]^{+\delta_z}_{0} \tag{4-4}$$

式中 $D_{m大}$——螺纹型环大径的公称尺寸；

$D_{m中}$——螺纹型环中径的公称尺寸；

$D_{m小}$——螺纹型环小径的公称尺寸；

$D_{s大}$——塑件外螺纹大径的公称尺寸；

$D_{s中}$——塑件外螺纹中径的公称尺寸；

$D_{s小}$——塑件外螺纹小径的公称尺寸；

$\bar{S}$——塑料的平均收缩率；

$\Delta_{中}$——塑件螺纹中径公差，目前我国尚无专门的塑件螺纹公差标准，可参照金属螺纹公差标准中精度最低者选用，其值可查表GB/T 197—2003；

δ_z——螺纹型环中径的制造公差，其值可取 $\Delta_{中}/5$ 或查表4-2。

表 4-2 螺纹型环和螺纹型芯的直径制造公差 δ_z （单位：mm）

粗牙螺纹	螺纹直径	M3 ~ M12	M14 ~ M33	M36 ~ M45	M46 ~ M68
	中径制造公差	0.02	0.03	0.04	0.05
	大、小径制造公差	0.03	0.04	0.05	0.06
细牙螺纹	螺纹直径	M4 ~ M22	M24 ~ M52	M56 ~ M68	
	中径制造公差	0.02	0.03	0.04	
	大、小径制造公差	0.03	0.04	0.05	

（2）螺纹型芯的工作尺寸

1）螺纹型芯大径为

$$d_{m大}{}_{-\delta_z}^{\ 0} = [(1+\bar{S})d_{s大} + \Delta_{中}]_{-\delta_z}^{\ 0} \tag{4-5}$$

2）螺纹型芯中径为

$$d_{m中}{}_{-\delta_z}^{\ 0} = [(1+\bar{S})d_{s中} + \Delta_{中}]_{-\delta_z}^{\ 0} \tag{4-6}$$

3）螺纹型芯小径为

$$d_{m小}{}_{-\delta_z}^{\ 0} = [(1+\bar{S})d_{s小} + \Delta_{中}]_{-\delta_z}^{\ 0} \tag{4-7}$$

式中 $d_{m大}$——螺纹型芯大径的公称尺寸；

$d_{m中}$——螺纹型芯中径的公称尺寸；

$d_{m小}$——螺纹型芯小径的公称尺寸；

$d_{s大}$——塑件内螺纹大径的公称尺寸；

$d_{s中}$——塑件内螺纹中径的公称尺寸；

$d_{s小}$——塑件内螺纹小径的公称尺寸；

$\Delta_{中}$——塑件螺纹中径公差；

δ_z——螺纹型芯的中径制造公差，其值取 $\Delta_{中}/5$ 或查表 4-2。

（3）螺纹型环和螺纹型芯的螺距工作尺寸 螺纹型环和螺纹型芯的螺距尺寸都采用下式计算，即

$$P_m \pm \delta_z/2 = P_s(1+\bar{S}) \pm \delta_z/2 \tag{4-8}$$

式中 P_m——螺纹型环或螺纹型芯的螺距公称尺寸；

P_s——塑件外螺纹或内螺纹的螺距公称尺寸；

δ_z——螺纹型环或螺纹型芯的螺距制造公差，其值可查表 4-3。

表 4-3 螺纹型环或螺纹型芯的螺距制造公差 δ_z （单位：mm）

螺纹直径	配合长度 L	制造公差 δ_z
3 ~ 10	~ 12	0.01 ~ 0.03
12 ~ 22	12 ~ 20	0.02 ~ 0.04
24 ~ 68	>20	0.03 ~ 0.05

在螺纹型环或螺纹型芯的螺距计算中，由于考虑到塑件的收缩，计算所得到的螺距带有不规则的小数，加工这种特殊的螺距很困难，可采用下面的方法解决这一问题。

用收缩率相同或相近的塑件外螺纹与塑件内螺纹相配合时，计算螺距尺寸可以不考虑收缩率；当塑料螺纹与金属螺纹配合时，如果螺纹配合长度 $L < \dfrac{0.432\Delta_{中}}{S}$ 时，可不考虑收缩率；一般在小于 7 ~ 8 牙的情况下，也可以不计算螺距的收缩率，因为在螺纹型芯中径尺寸

中已考虑了增加中径间隙来补偿塑件螺距的累积误差。

当螺纹配合牙数较多，螺纹螺距收缩累积误差很大时，必须计算螺距的收缩率。加工带有不规则小数的特殊螺距的螺纹型环或型芯时，可以采用在车床上配置特殊齿数的变速交换齿轮等方法来进行。

4. 牙型角

如果塑料均匀地收缩，则不会改变牙型角的度数，螺纹型环或螺纹型芯的牙型角应尽量制成接近标准数值，即米制螺纹为 60°，寸制螺纹为 55°。

4.2.5　合模导向机构的设计

合模导向装置是保证动模、定模或上模、下模合模时，正确地定位和导向的零件。合模导向装置主要有导柱导向和锥面定位两种形式，通常采用导柱导向定位，如图 4-13 所示。

1. 导向机构的作用及原则

（1）导向机构的作用

1）导向作用。开模时，首先是导向零件接触，引导动模、定模或上模、下模准确闭合，避免型芯先进入型腔造成成型零件的损坏。

2）定位作用。模具闭合后，保证动模、定模或上模、下模位置正确，保证型腔的形状和尺寸精度。导向装置在模具装配过程中也会起到定位作用，便于模具的装配和调整。

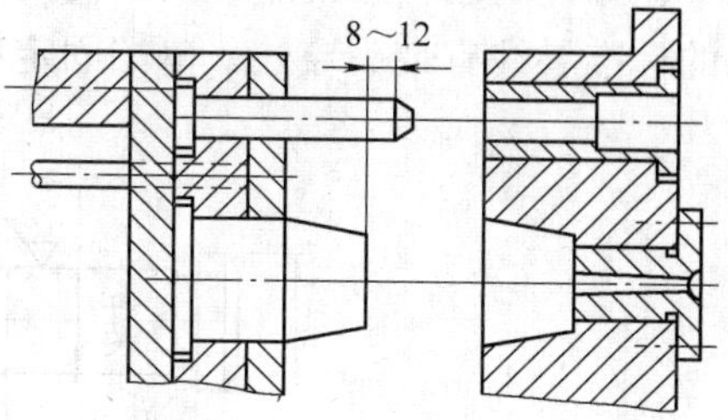

图 4-13　导柱导向机构

3）承受一定的侧向压力。塑料熔体在充型过程中可能产生单向侧向压力或受成型设备精度低的影响，工作过程中导柱将承受一定的侧向压力。

（2）导向零件的设计原则

1）导向零件应合理地均匀分布在模具的周围或靠近边缘的部位，其中心至模具边缘应有足够的距离，以保证模具的强度，防止压入导柱和导套时发生变形。

2）根据模具的形状和大小，一副模具一般需要 2～4 个导柱。对于小型模具，无论是圆形还是矩形的，通常只用两个直径相同且对称分布的导柱，如图 4-14a、d 所示。如果模具

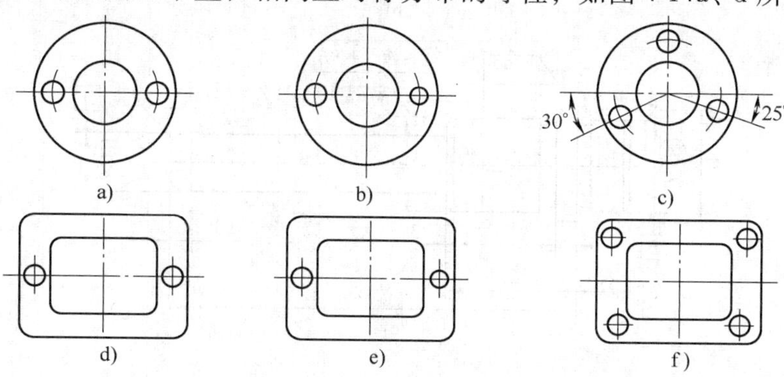

图 4-14　导柱的布置形式

a）圆形模架对称导柱　b）圆形模架不等直径导柱　c）圆形模架不对称导柱
d）矩形模架对称导柱　e）矩形模架不等直径导柱　f）矩形模架不对称导柱

的凸模与型腔合模有方位要求，则用两个直径不同的导柱，如图 4-14b、e 所示；也可采用不对称导柱形式，如图 4-14c 所示。对于大中型模具，为了简化加工工艺，可采用 3 个或 4 个直径相同的导柱，但分布位置不对称，或导柱位置对称，但中心距不同，如图 4-14f 所示。

3）导柱先导部分应做成球状或带有锥度；导套前端应倒角，一般倒角半径为 1 ~ 2mm。导柱工作部分长度应比型芯端面高出 6 ~ 12mm，以确保其导向与引导作用。

4）导柱与导套应有足够的耐磨性，多采用低碳钢经渗碳淬火处理，其硬度为 48 ~ 55HRC，也可采用 T7 或 T10 碳素工具钢，经淬火处理。导柱工作部分表面粗糙度 *Ra* 值为 0.4μm，固定部分的表面粗糙度 *Ra* 值为 0.8μm；导套内、外圆柱面的表面粗糙度 *Ra* 值为 0.8μm。

5）各导柱、导套（导向孔）的轴线应保证平行，否则将影响合模的准确性，甚至损坏导向零件。

2. 导柱的设计

导柱的结构形式随模具结构的大小及塑料制件生产批量的不同而不同。塑料注射模常用的标准导柱有带头导柱、单端固定有肩导柱和双端固定有肩导柱，如图 4-15 所示。

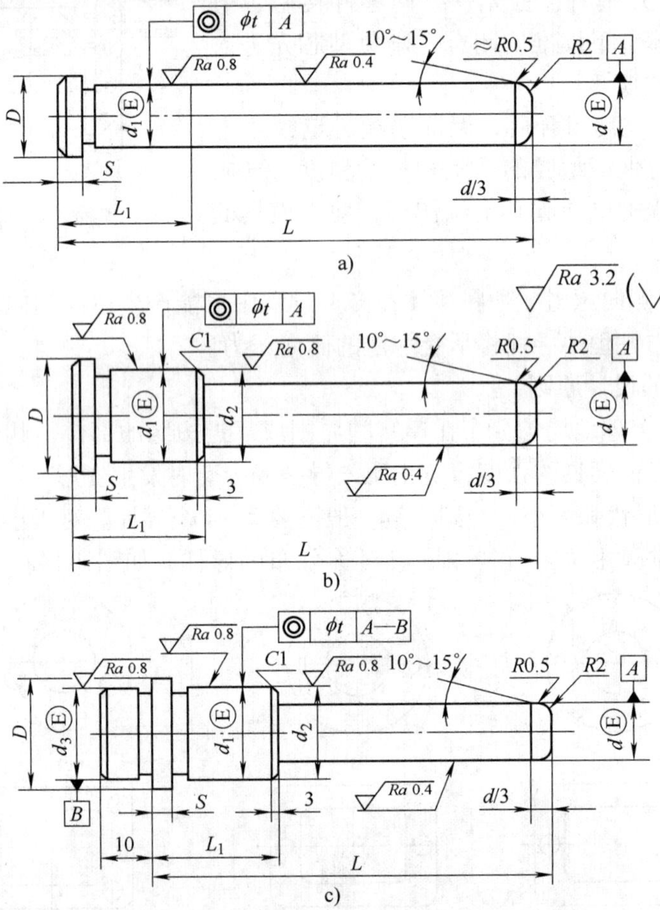

图 4-15　导柱的结构形式

a）带头导柱　b）单端固定有肩导柱　c）双端固定有肩导柱

导柱与导套的配合形式有多种，如图 4-16 所示。在小批量生产时，带头导柱通常不需要导套，导柱直接与模板导向孔配合，如图 4-16a 所示，也可以与导套配合，如图 4-16b、c 所示。带头导柱一般用于简单模具。有肩导柱一般与导套配合使用，如图 4-16d、e 所示，导套外径与导柱直径相等，便于导柱固定孔和导套固定孔的加工。如果导柱固定板较薄，则可采用双端固定有肩导柱，其固定部分有两段，分别固定在两块模板上，如图 4-16f 所示。有肩导柱一般用于大型或精度要求高、生产批量大的模具。根据需要，导柱的导滑部分可以加工出油槽。

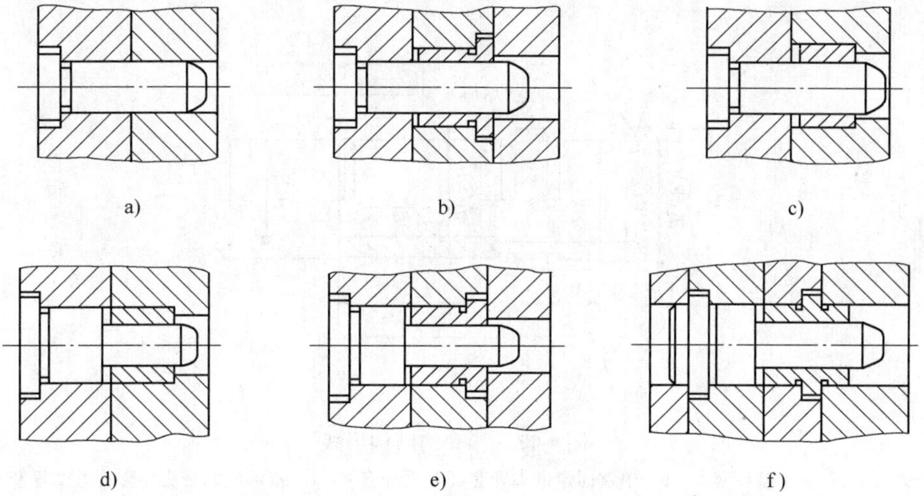

图 4-16　导柱与导套的配合形式

a）带头导柱与模板导向孔直接配合　b）带头导柱与带头导套配合　c）带头导柱与直导套配合
d）有肩导柱与直导套配合　e）有肩导柱与带头导套配合　f）导柱与导套分别固定在两块模板中配合

3. 导套的设计

注射模常用的标准导套有直导套和带头导套两大类，如图 4-17 所示。

直导套的固定方式如图 4-18 所示，图 4-18a 所示为开缺口固定，图 4-18b 所示为开环形槽固定，图 4-18c 所示为侧面开孔固定。

导套的配合精度：直导套采用 H7/r6 过盈配合镶入模板，带头导套采用 H7/m6 或 H7/k6 过渡配合镶入模板。

4. 锥面定位结构的设计

导柱、导套导向定位，虽然对中性好，但由于导柱与导套有配合间隙，导向精度不可能高。当要求对合精度很高或侧压力很大时，必须采用锥面导向定位的方法。

（1）定模板、动模板之间的定位零件　定模板、动模板之间的定位机构常用于大型模架（模宽在 400mm 以上），承受模具在生产时的侧向压力，提高模具的配合精度和生产寿命。这种机构又包括锥面定位块、锥面定位柱、边锁和定模板、定模板原身定位角。

1）锥面定位块。锥面定位块装配于动模板、定模板之间，使用数量为 4 个，对称或对角布置效果最好。其装配图和外形图如图 4-19a 所示。定位块两斜面的倾斜角度取 5° ~10°。

2）锥面定位柱。锥面定位柱的装配位置、作用以及使用场合与锥面定位块完全相同，数量为 2 ~4 个。其装配图和外形图如图 4-19b 所示。

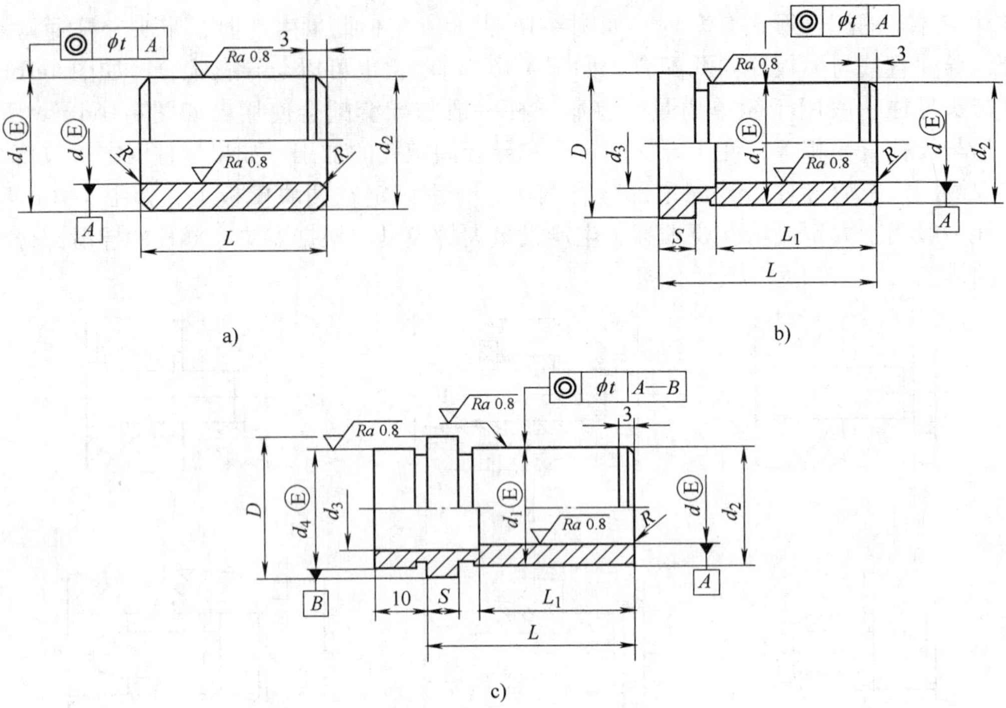

图 4-17　导套的结构形式

a）直导套（Ⅰ型导套）　b）单端固定带头导套（Ⅱ型导套）　c）双端固定带头导套（Ⅱ型导套）

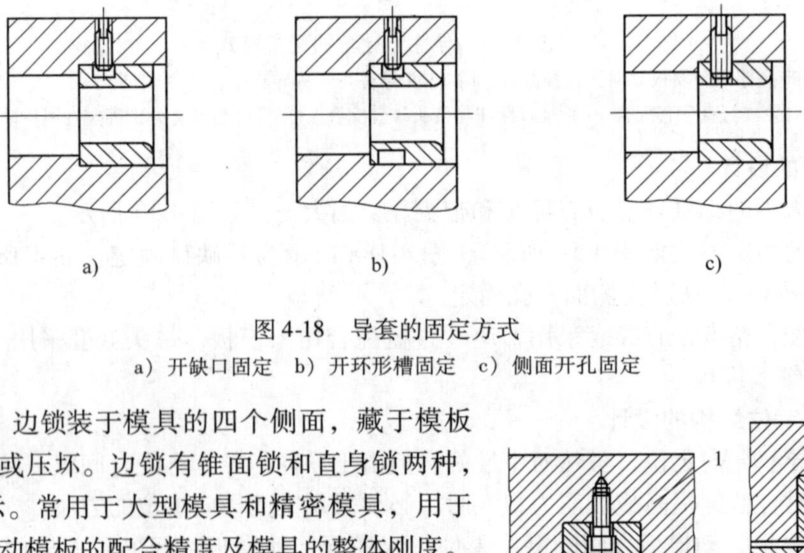

图 4-18　导套的固定方式

a）开缺口固定　b）开环形槽固定　c）侧面开孔固定

3）边锁。边锁装于模具的四个侧面，藏于模板内，防止碰坏或压坏。边锁有锥面锁和直身锁两种，如图 4-20 所示。常用于大型模具和精密模具，用于提高定模板、动模板的配合精度及模具的整体刚度。

（2）模架原身锥面定位　在成型精度要求高的大型、深腔、薄壁塑件时，型腔内侧向压力可能引起型腔或型芯的偏移。如果这种侧向压力完全由导柱承担，会造成导柱折断或咬死，这时除了设置导柱导向外，应增设锥面定位机构，如图 4-21 所示。图中是动模板环抱型腔模板的结构，成型时，定位锥面会贴

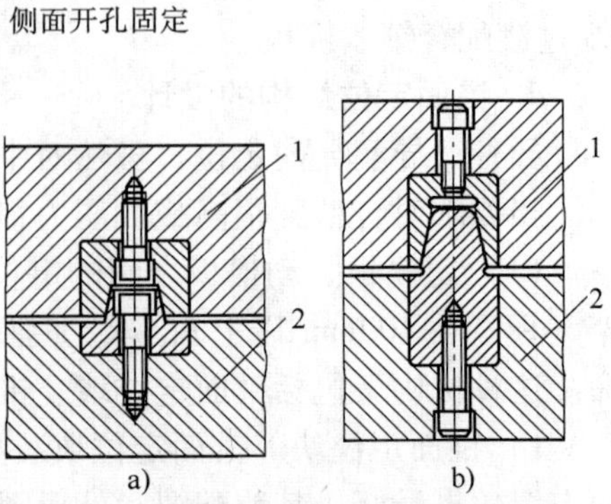

图 4-19　定模板、动模板之间的定位零件

a）锥面定位块　b）锥面定位柱

1—定模板　2—动模板

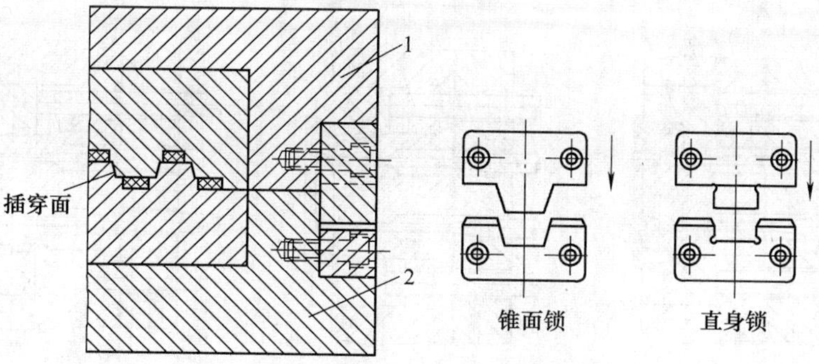

图4-20　边锁

1—定模板　2—动模板

得更紧。锥面角度取小值有利于定位，但会增大所需的开模阻力，因此锥面的单面斜度一般可在5°~20°范围内选取。

锥面定位有两种形式。一种是两锥面间留有间隙，将淬火镶块（图4-21中右上图）装在模具上，使它与两锥面配合，阻止型腔或型芯的偏移。另一种是两锥面配合（图4-21中右下图），锥面角度越小越有利于定位。但考虑到开模力，锥面角也不宜过小，一般取5°~20°，配合高度在15mm以上，两锥面都要进行淬火处理。在锥面定位机构设计中要注意锥面配合形式，如果是型芯模块环抱型腔模块，型腔模块无法向外胀开，在分型面上不会形成间隙，这是合理的结构。

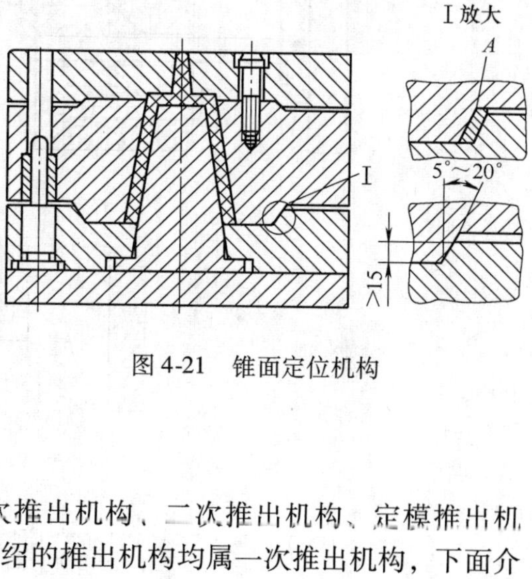

图4-21　锥面定位机构

4.2.6　其他推出机构

按模具推出机构的结构特征分类，可分为一次推出机构、二次推出机构、定模推出机构、顺序推出机构、螺纹制件推出机构等，前文介绍的推出机构均属一次推出机构，下面介绍其他各类推出机构的结构和工作原理。

1. 二次推出机构

当塑件形状特殊或生产自动化需要，在一次脱模动作后，塑件仍难于从型腔中取出或不能自动脱落时，必须增加一次脱模动作，才能使塑件脱模，这类脱模机构称为二次推出机构。

在图4-22所示的二次推出机构中，推杆1、凹模型腔4实现一次脱模，使塑件与主型芯分离；阶梯推杆2独立运动实现二次推出，使塑件与凹模型腔4分离，实现二次推出。

图4-23所示为弹簧式二次推出机构，结构简单，模具结构紧凑，但弹簧易失效，需及时更换。开模后利用弹簧1实现一次推出，然后由推杆3完成二次推出。

2. 顺序推出机构

通常尽可能使塑件留在模具动模一侧，但有时因塑件形状特殊而不一定留于动模，或因某种特殊需要要求模具在分型时必须先使定模分型，然后再使动模、定模分型，这两种情况

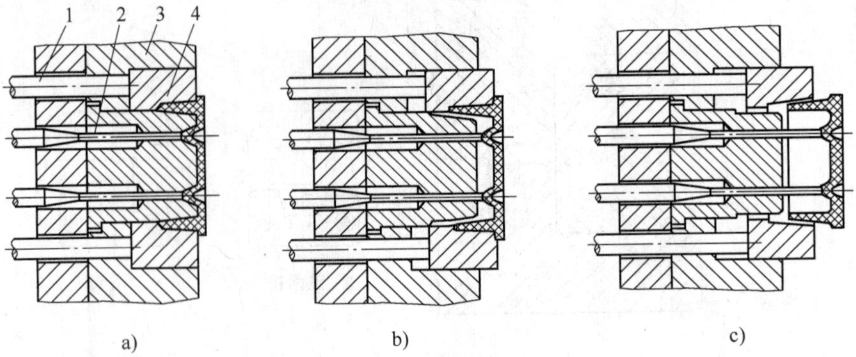

图 4-22　二次推出过程

1—推杆　2—阶梯推杆　3—型芯　4—凹模型腔

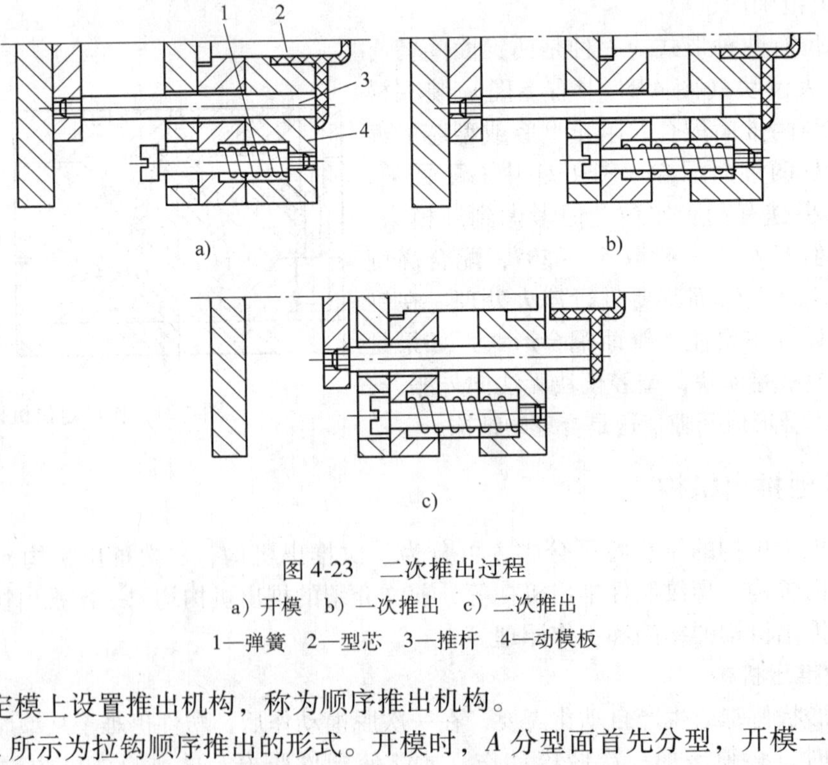

图 4-23　二次推出过程

a）开模　b）一次推出　c）二次推出

1—弹簧　2—型芯　3—推杆　4—动模板

均需考虑在定模上设置推出机构，称为顺序推出机构。

图 4-24a 所示为拉钩顺序推出的形式。开模时，*A* 分型面首先分型，开模一定距离，拉钩动模 1 在压板 3 作用下摆动而脱钩，中间板 2 受定距螺钉 4 限制而停止运动，于是从 *B* 面分型脱模。

图 4-24b 所示为弹簧顺序推出机构，合模时弹簧 5 受压缩，开模过程中，首先在弹簧力作用下，使 *A*—*A* 分型面分型，分开至一定距离，限位螺钉 6 限制中间板的移动，模具从 *B*—*B* 分型面分型脱模。

图 4-24c、d 所示为双向推出机构，其中图 4-24c 所示结构利用杠杆 7 的作用实现塑件与定模脱模；图 4-24d 所示结构紧凑、简单，但弹簧易失效，用于脱模阻力不大和推出距离不长的场合。

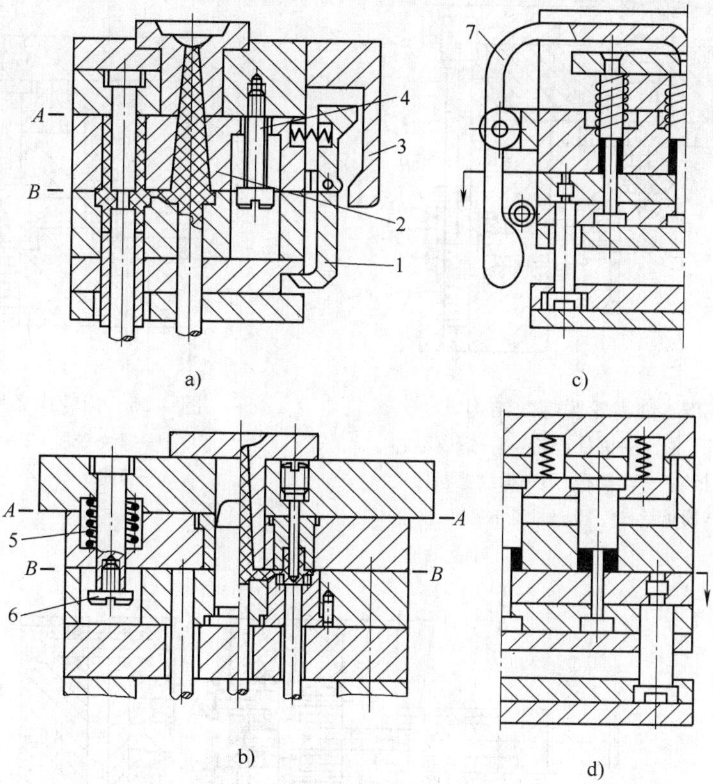

图 4-24　顺序与双向推出机构

a）拉钩顺序脱模　b）弹簧顺序推出　c）双向推出机构　d）双向推出机构

1—拉钩动模　2—中间板　3—压板　4—定距螺钉　5—弹簧　6—限位螺钉　7—杠杆

3. 带螺纹塑件的推出机构

弹性好的软塑料可采用推件板强制脱螺纹，当采用螺纹型芯或螺纹型环成型塑件的内、外螺纹时，小批量生产可采用机外装卸螺纹的方法，大批量生产应采用模内机动脱螺纹机构。

机动脱螺纹通常将开合模的往复运动转变成旋转运动，从而使塑件上的螺纹脱出，也可以在注射机上设置专用的开合模丝杠。

图 4-25 所示为锥齿轮脱螺纹结构。开模时，齿条导柱 9 带动齿轮轴 10 上的齿轮旋转，通过锥齿轮 1、2 带动圆柱齿轮 3、4 和螺纹型芯 5 及螺纹拉料杆 8 旋转，使螺纹型芯 5 旋转并移动，从而脱开塑件。

图 4-26 所示为齿轮齿条脱螺纹结构。开模时，齿条导柱 2 带动螺纹型芯 1 旋转，并沿套筒螺母 3 作轴向移动，实现脱螺纹动作。

图 4-27 所示为角式注射机螺纹旋出机构，主动齿轮轴 2 的端部为方轴，插入开合模丝杠 1 的方孔内，开模时，丝杠 1 带动模具上的主动齿轮轴 2 旋转，通过齿轮 3 脱卸螺纹型芯 4。在弹簧作用下，定模型腔部分随塑件移动一定距离（定距螺钉 6 限定距离）后停止移动，螺纹型芯 4 一边旋转，一边将塑件从型腔中拉出。

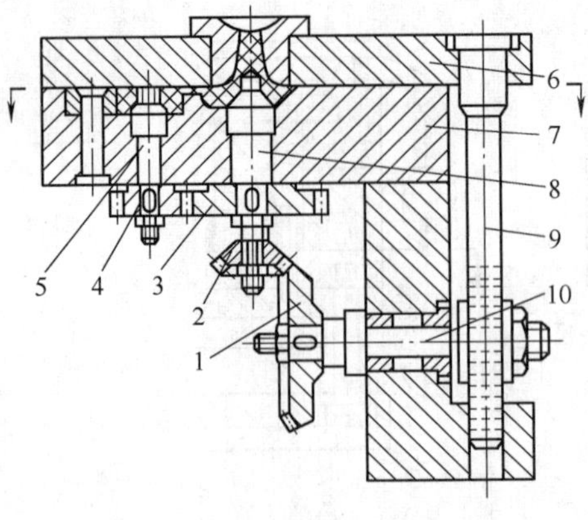

图 4-25　锥齿轮脱螺纹结构

1、2—锥齿轮　3、4—圆柱齿轮　5—螺纹型芯　6—定模底板　7—动模板　8—螺纹拉料杆　9—齿条导柱　10—齿轮轴

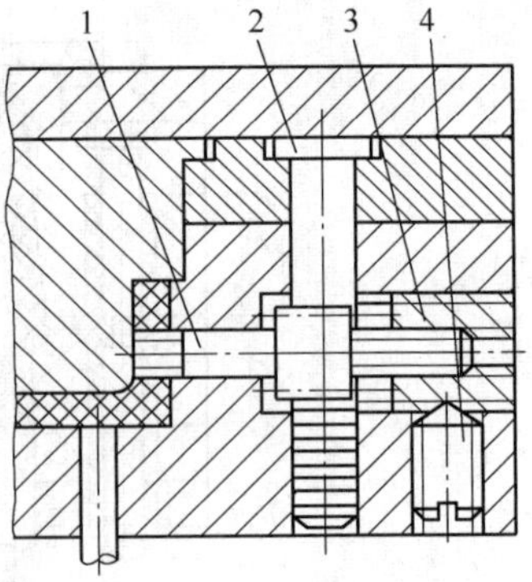

图 4-26　齿轮齿条脱螺纹结构

1—螺纹型芯　2—齿条导柱　3—套筒螺母　4—紧定螺钉

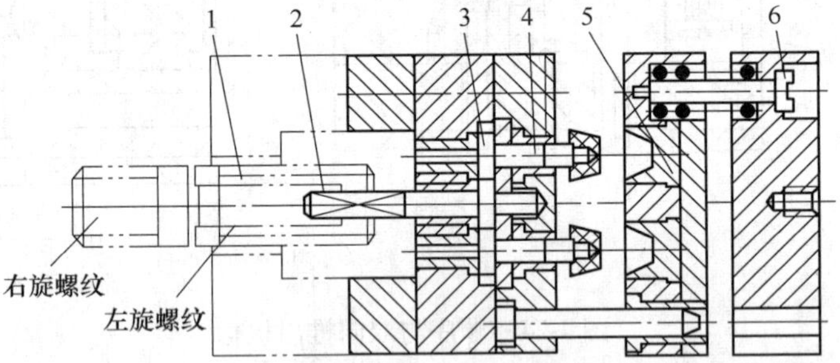

图 4-27　角式注射机螺纹旋出机构

1—开合模丝杠　2—主动齿轮轴　3—齿轮　4—螺纹型芯　5—凹模型腔　6—定距螺钉

4. 点浇口流道的推出机构

当塑料模的浇注系统采用点浇口时，由于浇口与塑件的连接面积较小，在开模时易在浇口处拉断，而使浇口与塑件分离，则浇注系统的凝料应单独从模具中脱出，这时必须考虑点浇口流道的推出机构，其结构形式如图 4-28 所示。

图 4-28a 所示为用定模推板拉断点浇口的结构，开模时，由于弹簧顶销 5 的作用，*A—A* 分型面先分型，主流道凝料从定模拉出，当限位螺钉 8 与定模推件板 6 接触时，浇注系统凝料与塑件在浇口处拉断，与此同时，*B—B* 分型面分型，浇注系统由定模推件板 6 从凹模型腔中推出，最后 *C—C* 分型面分型，塑件由推管 2 推出脱模，弹簧顶销 5 的作用是将浇口凝料从定模推板孔中推出。

图 4-28b 所示为利用侧凹拉断点浇口的结构，开模时，由于分流道末端斜孔料限制，使浇注系统在浇口处与塑件断开，同时在动模板上设置了倒锥度拉料杆 9，使主流道凝料脱出定模板 11，并将分流道凝料拉出斜孔。当第一次分型结束后，拉料杆 9 从浇注系统的主流道末端退出，从而使浇注系统的凝料自动下落。

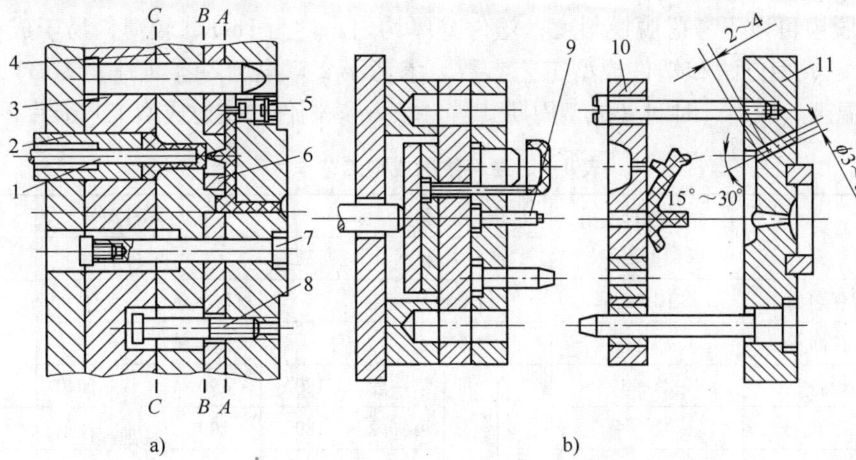

图4-28　点浇口流道的推出机构

a）定模推板拉断点浇口的结构　b）侧凹拉断点浇口的结构

1—型芯　2—推管　3—动模板　4—定模型腔板　5—弹簧顶销　6—定模推件板

7—限位拉杆　8—限位螺钉　9—倒锥度拉料杆　10—中间板　11—定模板

4.2.7　标准模架的选择

三板式注射模采用点浇口形式，有两个分型面，适合的点浇口模架类型有 DA 型、DB 型、DC 型和 DD 型，还有其他 20 种点浇口模架类型（见 GB/T 12555—2006）。三板式模架的选择步骤与二板式模架的选择步骤相同，也需根据推出机构类型和成型零件的固定方式确定一种点浇口模架类型，然后根据型腔尺寸和布局确定模板周界尺寸，以及根据型腔受力情况确定 A 板、B 板和 C 板的尺寸。

所选模架的标记包括下列内容：如模板宽 200mm 、长 200mm、$A=50$mm、$B=60$mm 、$C=90$mm，拉杆导柱长度为 200mm 的点浇口 DB 型模架标记为：

模架　DB2020-50×60×90—200　GB/T 12555—2006

4.3　任务实施

完成图 4-1 所示的高密度聚乙烯罩盖塑件的模具设计任务。

1. 塑料成型工艺规程的编制

（1）分析塑料原料性能　查阅资料，对制件材料（HDPE）的使用性能、工艺性能进行分析（具体内容略）。

由分析可知：高密度聚乙烯罩杯制件为日常生活用品，公差等级为 MT5 级，属高级精度，塑件的外表面为使用工作面，不允许有熔接痕等表面缺陷。采用 HDPE 材料，产品的使用性能基本能满足要求，但在成型时，要注意选择合理的成型工艺，采用高压低温注射。

（2）分析塑件结构工艺性　查阅塑料模塑件尺寸公差（GB/T 14486—2008）和塑料件表面粗糙度（GB/T 14234—1993）确定塑件尺寸公差和表面粗糙度，并参考第 2 章案例内容分析该塑件的结构工艺性（具体内容略）。该塑件为回转体零件，结构简单；总体为锥台形状，外形脱模可以不考虑脱模斜度；塑件壁厚均匀，均为1mm，较薄，易于成型。

（3）确定成型方法和塑件成型工艺参数　参考第2章案例内容（查表2-23），确定成型工艺参数：温度、压力、时间（成型周期）等，填入该制件的注射成型工艺卡片，见表4-4。

表4-4　罩杯注射成型工艺卡片

	塑料零件注射成型工艺卡片	产品型号		零件图号	第　页
		产品名称	罩杯	零件名称	共　页

材料名称	HDPE	材料牌号		材料颜色	无色	每台件数	4 *
零件净重	1.7g/件 *	零件毛重		消耗定额			

设备		XS—ZY—125 *		注射成型工艺	料筒温度/℃	第一段	180	190	注射时间/s	闭模	1	5
模具	编号					第二段	180	200		注射	0	5
	型腔数量	4 *				第三段	140	160		冷却	15	60
	顶出高	20mm				第四段				起模	5	15
	总高	230mm *				喷嘴	150	180		总时间	30	120
					压力/MPa	注射	60	100	模温/℃		30	60
嵌件	图号	名称	数量			保压	15	60	螺杆类型			
					螺杆转速		30～60r/min		加料刻度		脱模剂	

	原料干燥处理	使用设备	红外线灯烘箱	零件成型后处理		工序号	工序内容	工艺装备	工时	
描图		翻料时间				1	塑料烘干		准终	单件
		干燥温度/℃	70	热处理方式		2	注射成型			
描校		干燥时间/h	2～4	加热温度		3	检验			
				加热时间		4	包装			
底图				保温时间						
				冷却方式						

											编制（日期）	审核（日期）	会签（日期）
装订号													
	标记	处数	更改文件号	签字	日期	标记	处数	更改文件号	签字	日期			

注：1. “*”表示后续设计完成后填写内容。

2. 表中数据在试模时适当调整。

3. 成型时应按试模工艺严格控制工艺参数，确保收缩率波动范围小于1.0%，以便于控制塑件尺寸公差。

综合分析HDPE成型性能，可得出以下结论：

1）该塑件适合采用注射成型方法加工。

2）由于聚乙烯不宜用直接进料口，为防止翘曲变形及其他表面缺陷，适宜采用点浇口。采用点浇口进料一般都采用三板式模具结构。

3）塑件底部有ϕ18mm、深2mm的凹槽，可以采用局部镶拼式的凹模结构。

4）考虑到塑件为MT5级精度，对收缩率波动较大的HDPE而言，塑件精度要求较高，设计时在保证塑件尺寸精度的前提下可以考虑采用一模四件的模具结构，以提高生产率。

5）推出机构可以采用简单的推杆推出机构。

2. 初步选择注射成型设备

注射机规格通常依据注射机允许的最大注射量、锁模力及塑件外观尺寸等因素确定。习惯上一个作为设计依据，其余都作为校核依据（内容参见 3. 2. 7）。

初选螺杆式注射机型号，一般满足注入模具塑料总量小于或等于注射机允许的最大注射量的 80%。查《塑料模具设计手册》，可选择 SZ-125/630 注射机（有关参数见表 4-5）。

表 4-5　注射机主要技术参数

项　目		规　格	项　目	规　格
结构形式		卧式	最大注射量/cm^3	125
注射方式		螺杆式	锁模力/kN	630
喷嘴	球半径/mm	15	注射压力/MPa	126
	孔直径/mm	ϕ4	最大注射面积/cm^2	320
定位圈直径/mm		ϕ125	拉杆空间/mm × mm	370 × 320
中心顶出孔径/mm		ϕ22	模具最大厚度/mm	300
模板尺寸/mm × mm		420 × 450	模具最小厚度/mm	150
机器外形尺寸/mm × mm × mm		3340 × 750 × 1550	最大开模行程/mm	270

3. 分型面的确定

（1）确定型腔数目及布置　按注射机的最大注射量确定型腔数 n_1，即

$$n_1 \leqslant \frac{km_{\max} - m_j}{m_i} = \frac{0.8 \times 125 - 12}{17.1} \approx 5.1$$

式中　k——最大注射量的利用系数，一般取 $k = 0.8$；

$m_{\max}$——注射机的最大注射量（cm^3）；

m_j——浇注系统及飞边体积（cm^3）；

m_i——单个塑件的体积（cm^3）。

结论：根据理论计算结果可设计成五腔模具，但综合考虑成型过程中模具的受力、塑件的精度等级、型腔的布局、模具的加工成本、制造难度等因素，最终设计为一模四腔，型腔布局如图 4-29 所示。

（2）选择分型面　分型面的选择很重要，它对塑件的质量、操作的难易程度、模具结构及制造的影响很大。该塑件结构简单，最大投影面在塑件端部，为便于塑件脱模，因此分型面的选择如图 4-30 所示。

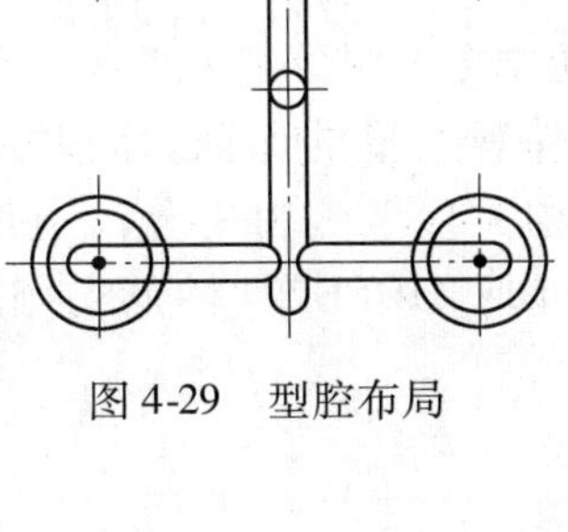

图 4-29　型腔布局

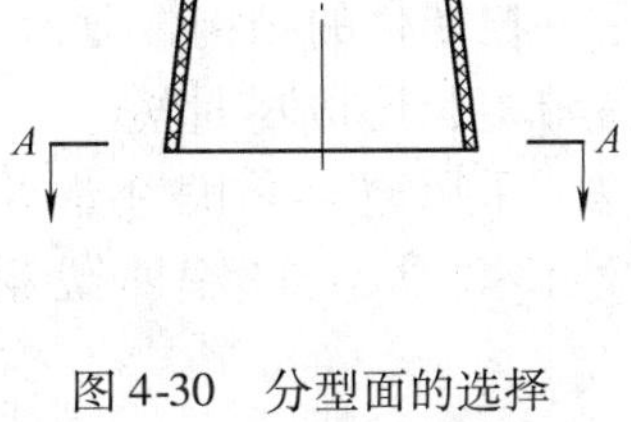

图 4-30　分型面的选择

4. 浇注系统的设计

（1）主流道的设计　主流道形状和尺寸直接影响熔体的流动速度和充模时间。由于主流道要与高温塑料和喷嘴反复接触和碰撞，容易损坏，所以一般不将主流道直接开在模板上，而是将它单独设在一个浇口套中。

为了便于凝料从主流道中拔出，主流道设计成圆锥形，其锥度一般在 2° ~ 4°之间，该浇口套锥角 $\alpha = 3°$，内壁表面粗糙度 Ra 值为 0.4μm，抛光时沿轴向进行，以便于浇注系统的凝料从其中顺利拔出。同时为了使熔料顺利进入分流道，在主流道出料端设计 $r = 3\text{mm}$ 的圆弧过渡。浇口套球半径应比喷嘴球半径大 1 ~ 2mm，已知设备喷嘴球半径为 15mm，故浇口套球半径取 16mm，料流入口端直径大于注射机喷嘴直径 0.5 ~ 1mm，取 $\phi4.5\text{mm}$，主流道长度 L 由模板尺寸确定，不宜过长。浇口套其余结构、尺寸及技术要求按 GB/T 4169.19—2006 设计，如图 4-31 所示。

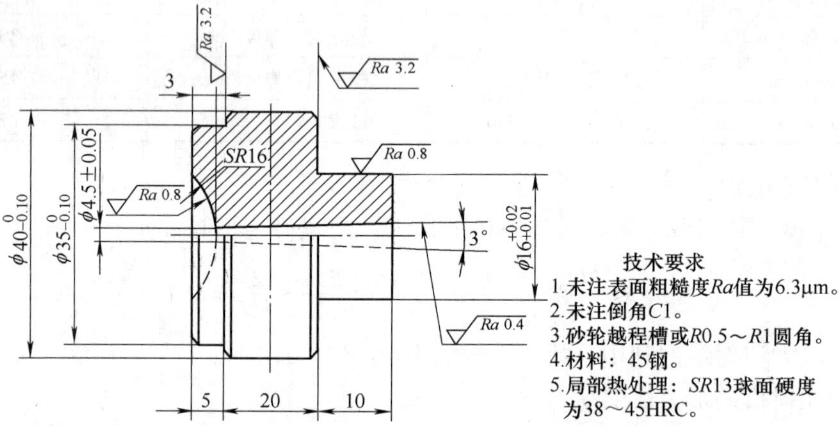

图 4-31　浇口套

定位圈结构、尺寸取决于设备固定座板上模具定位孔直径（SZ-125/630 注射机定位圈尺寸为 ϕ 125mm）和浇口套对应部分直径（ ϕ 35mm），其余结构、尺寸及技术要求按 GB/T 4169.18—2006 设计，如图 4-32 所示。

设计主流道时，应尽量使主流道轴线位于模具中心线上，与注射机喷嘴轴线重合，型腔也以此轴线为中心对称布置。

（2）分流道的设计　在设计分流道时，应考虑尽量减少塑料熔体在流道中的热量和压力损失，同时使流道中的塑料量最小；塑料熔体能在相同的温度、压力条件下，从各个浇口尽可能同时进入并充满型腔；从流动性、传热性等方面考虑，分流道的表面积应尽可能小。

模具是一模四件的结构，分流道应采用平衡布置方式，如图 4-29 所示，且设有二级分流道，各流道长度应尽量短，以利于塑件的成型和外观质量的保证。同时从便于加工的方面考虑，采用截面形状为半圆形的分流道。查阅相关参考资料中分流道尺寸计算经验公式或表 3-2 所列的各种塑料的分流道直径，可取 HDPE 塑料的分流道直径为 $\phi4.5\text{mm}$。

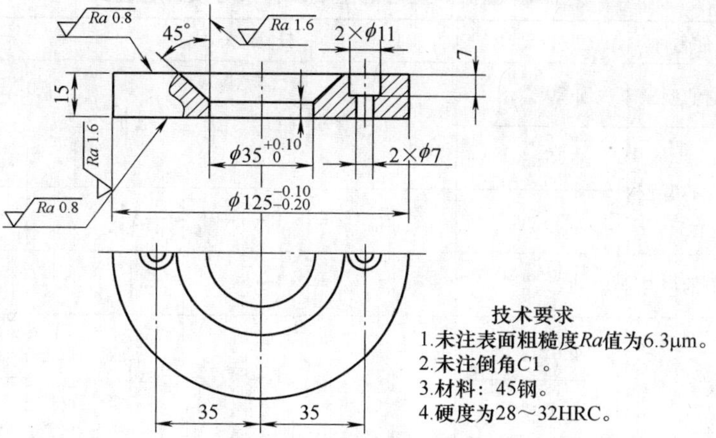

图 4-32　定位圈

（3）浇口的设计

1）浇口形式。由于罩盖材料为聚乙烯，不宜采用直接进料口形式，同时要防止塑件翘曲变形及其他表面缺陷。综合对塑料成型性能和浇口的分析，可确定成型该塑件的模具应采用点浇口形式，如图 4-33 所示。

2）进料口位置。根据塑件外观质量的要求以及型腔的安放方式，进料位置设计在塑件底部中心位置最为合适，既实现进料均衡，又不影响塑件外观质量。

3）浇口尺寸。查阅相关资料可知，浇口圆柱长度 $l = 1\text{mm}$，圆柱直径 $d = 1\text{mm}$，引导部分锥角 $\alpha = 10°$。

4）冷料穴设计。注射时，先进入注射模的塑料，因接触冷模而使料温下降，若让这部分温度已经下降的塑料流入型腔，则会影响塑件质量，所以需要设置冷料穴。由于分流道较长，可在塑料前进方向的延长线处设置冷料穴。

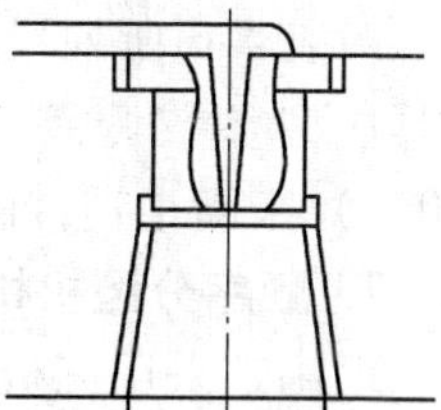

图 4-33　浇口形式

5. 排气系统的设计

由于该塑件整体较薄，排气量较小，且在型腔顶部进料，最后充满的地方位于分型面，因此可利用分型面进行排气。推杆与模板的配合间隙也能起到排气的作用，但其配合间隙不能超过 HDPE 塑料的溢料值（0.02mm）。

6. 注射模成型零件的设计

（1）成型零件的结构设计

1）型腔部分。由于塑件底面有凸起，且壁厚只有 1mm，故从模具零件加工工艺性方面考虑，采用局部镶入式结构。

2）型芯部分。塑件内部为回转体，适合采用整体镶入式凸模。

（2）成型零件的尺寸计算　该塑件的成型零件尺寸均按平均值方法计算。查阅有关手册可知 HDPE 的收缩率为 1.5% ~3.0%，平均收缩率为 2.25%。根据塑件尺寸公差要求，模具的制造公差为 $\delta_z = \Delta/4$。型腔、型芯的主要工作尺寸及计算公式见表 4-6。

表 4-6　型腔、型芯的主要工作尺寸及计算公式　　（单位：mm）

类　别	模具零件名称	塑 件 尺 寸	计 算 公 式	工 作 尺 寸
型腔的计算	小端对应的型腔	$\phi 20_{-0.44}^{\ 0}$	$L_{m}{}_{\ 0}^{+\delta_z}=\left[(1+\bar{S})\ L_s-\frac{3}{4}\Delta\right]_{0}^{+\delta_z}$	$\phi 20.12_{\ 0}^{+0.11}$
	大端对应的型腔	$\phi 25_{-0.50}^{\ 0}$		$\phi 25.19_{\ 0}^{+0.125}$
		$23_{-0.44}^{\ 0}$	$H_{m}{}_{\ 0}^{+\delta_z}=\left[(1+\bar{S})\ H_s-\frac{2}{3}\Delta\right]_{0}^{+\delta_z}$	$\phi 23.22_{\ 0}^{+0.11}$
型芯的计算	内凸对应的型芯	$\phi 23_{\ 0}^{+0.44}$	$l_{m}{}_{-\delta_z}^{\ 0}=\left[(1+\bar{S})\ l_s+\frac{3}{4}\Delta\right]_{-\delta_z}^{0}$	$\phi 23.85_{-0.11}^{\ 0}$
	大型芯	$\phi 18_{\ 0}^{+0.38}$	$l_{m}{}_{-\delta_z}^{\ 0}=\left[(1+\bar{S})\ l_s+\frac{3}{4}\Delta\right]_{-\delta_z}^{0}$	$\phi 18.69_{-0.10}^{\ 0}$
		$\phi 20_{\ 0}^{+0.44}$		$\phi 20.74_{-0.11}^{\ 0}$

（3）成型零件的尺寸校核　由于 HDPE 的收缩率波动范围较大，需要对塑件的成型尺寸进行校核。其校核的条件是塑件成型的尺寸公差应小于塑件的尺寸公差，即

对于尺寸 $\phi 25_{-0.50}^{\ 0}$mm，有

$$1.5\%\times 25+\frac{0.50}{4}+\frac{0.50}{6}=0.58>0.50$$

收缩率波动在 1.5% 时，该塑件的成型尺寸公差应小于塑件所允许的尺寸公差，但实际校核过程中发现该塑件部分的成型尺寸公差大于塑件所允许的尺寸公差，经调整后收缩率波动为 1.0% 时刚好满足，则对于尺寸 $\phi 25_{-0.50}^{\ 0}$mm，有

$$1.0\%\times 25+\frac{0.50}{4}+\frac{0.50}{6}=0.46<0.50$$

对表 4-6 所列尺寸按照上述公式进行一一校核。当模具加工完成后，在试模过程中应把模具成型参数调到制件成型的最佳值，并严格控制塑料收缩率波动范围（$S_{max}-S_{min}<1.0\%$）来满足塑件的尺寸精度。

7. 顺序分型机构的选用

已确定采用三板模结构，模具有两个分型面。因此必须实现顺序定距分型与推出，以使塑料制品顺利脱模。

在设计罩盖注射模的分型机构时，为使模具结构紧凑，采用了弹簧分型拉杆定距的顺序定距分型机构。

8. 模架的选用及校核

（1）模架的选用　三板式注射模由于采用点浇口，有两个分型面，因此根据 GB/T 12555—2006 可选择点浇口式模架。在点浇口模架中，DAT 型模架最适合罩盖注射模结构的需要。考虑到一模四件的型腔布置以及模具内的弹簧分型拉杆定距的顺序定距分型机构也需要占据一定的空间，故选定规格为 200mm × 200mm 的模架。*A*、*B*、*C* 板分别为 40mm、20mm、80mm，以满足罩盖注射模的需要（具体步骤略）。

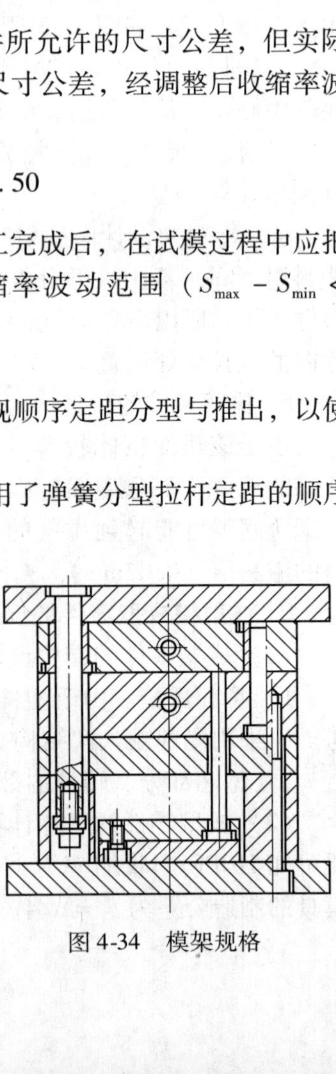

图 4-34　模架规格

罩盖注射模选用 DAT 2020 – 40 × 20 × 80 GB/T 12555—2006 模架，如图 4-34 所示。

（2）模架的校核

1）模具轮廓尺寸与注射机装模空间的校核。

① 注射机 SZ-125/630 要求模具最大厚度为 300mm，模具最小厚度为 150mm。罩盖模具设计闭合厚度为 230mm，介于两者之间，符合注射机的要求。

② 罩盖模具定位圈尺寸、浇口套设计均按注射机喷嘴尺寸参数设计，符合注射机的要求。

2）开模行程的校核。注射机 SZ-125/630 为“液压-机械”合模方式，因此注射机最大开模行程与模具厚度无关。罩盖注射模为双分型面注射模，开模行程需要增加取出浇注系统凝料时，定模座板与中间板的分离距离为 a，此时校核公式为

$$S = H_1 + H_2 + a + (5 \sim 10)\text{mm}$$

其中制品推出距离 $H_1 = 20\text{mm}$，制品总高度 $H_2 = 24\text{mm}$，定模座板与中间板的分离距离 $a = 50\text{mm}$，计算结果为 $S = H_1 + H_2 + a +$ （5 ~ 10） mm = 94mm + （5 ~ 10） mm，S 小于模板最大行程 300mm ，注射机满足开模要求。

3）模具顶出装置的校核。制品的推出距离要求为 20mm。罩盖注射模设计垫块高 80mm，推板厚 20mm，推杆固定板厚 16mm。因此，模具的推出距离实际为（80 - 20 - 16） mm = 44mm > 20mm，满足塑件推出要求。

对所选模架还需检查模架与注射机之间的关系，也可按表 4-7 进行校核。

表 4-7　模架与注射机之间关系的校核　（单位：mm）

设备参数		模架规格		校核结论
拉杆空间	370 × 320	模具外形尺寸	200 × 250	模具外形尺寸满足要求
模板尺寸	420 × 450			
最大开合模行程	270	取凝料所需空间	50	取件空间满足要求
		取件所需空间	20	
最大模厚	300	模具闭合高度	230	闭合高度满足要求
最小模厚	150			

结论：模架 DAT 2020 - 40 × 20 × 80 GB/T 12555—2006 可以满足要求。

由于罩壳塑件壁厚较薄，所以忽略冷却系统的设计。

9. 注射模推出机构的设计

由于该塑件结构简单，脱模斜度大，脱模力较小，故采用推杆推出。具体设计可参考第 3 章案例。

10. 模具工程图的绘制及材料的选择

（1）模具装配图　根据前面所确定的模架、模具零件结构及模具装配图的要求（表 3-14）绘制模具工程图，如图 4-35 所示。

根据 GB/T 12555—2006 常用模具零件材料的适用范围与热处理方法或其他设计资料，结合塑件生产批量确定模具各零件所用材料及热处理要求。

（2）模具零件图　该模具的主要工作零件如图 4-36、图 4-37 所示。

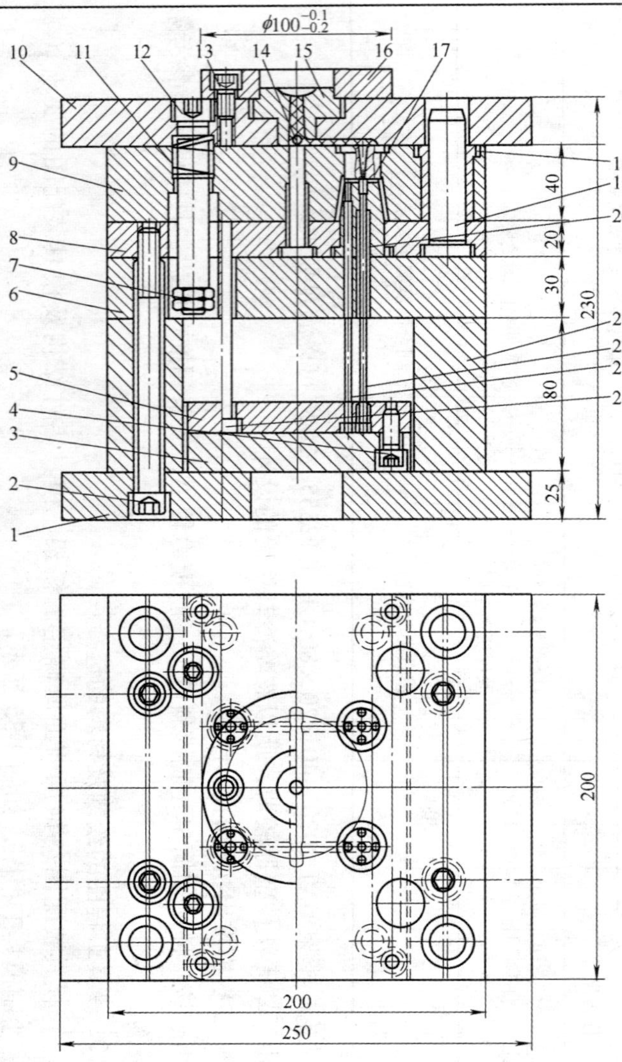

技术要求

1.装配过程中零件不允许磕碰划伤和锈蚀。
2.零件装配前必须清理和清洗干净，不得有飞边、氧化皮、锈蚀、切屑、油污、着色剂和灰尘等。
3.螺钉、螺栓和螺母紧固时严禁打击或用不适合的旋具和扳手，紧固后螺钉槽、螺母和螺钉、螺栓头部不得损坏。
4.同一零件用多件螺钉(螺栓)紧固时，各螺钉(螺栓)需交叉、对称、逐步、均匀拧紧。
5.模具采用DAT 2020−40×20×80 GB/T 12555—2006模架。

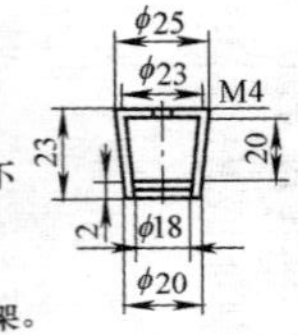

塑件技术要求

1.生产批量：大批量。
2.未注公差取MT5级精度。
3.塑件表面为使用工作面，应无熔接痕等表面缺陷。

序号	代号	名称	数量	材料	单件质量	总计质量	备注
24	GB/T 4169.1—2006　φ12.5×125	复位杆	4	T8A			
23	GB/T 4169.1—2006　φ2×135	推杆2	16	T8A			
22	GB/T 4169.1—2006　φ3×130	推杆1	4	T8A			
21	GB/T 4169.1—2006　40×200×50	垫块	2	45			
20		型芯	4	T12A			
19	GB/T 4169.4—2006　φ20×50	导柱	4				
18	GB/T 4169.3—2006　φ20×32	导套	4				
17		凹模镶件	4	T12A			
16		定位圈	1	45			
15		浇口套	1	T8A			
14		球头拉料杆	4	45			
13	GB/T 5281—1985　M16×102	内六角圆柱头轴肩头螺钉	4				
12	GB/T 2089—2009　φ1×16	圆柱螺旋压缩弹簧	4				
11		开槽螺柱限位螺钉	4	45			
10		定模座板	1	45			
9		定模板	1	45			
8		动模板	1	45			
7	GB/T 6172.1—2000　M6×120	六角薄螺母	8				
6		支承板	1	45			
5		推杆固定板	1	45			
4	GB/T 70.1—2008　M8×30	内六角圆柱头螺钉	4				
3		推板	1	45			
2	GB/T 70.1—2008　M12×150	内六角圆柱头螺钉	4				
1		动模座板	1	45			

标记	处数	分区	更改文件号	签名	年.月.日		(单位名称)
设计			标准化			阶段标记 / 质量 / 比例 4:1	罩盖注射模装配图
审核							
工艺			批准			共13张　第1张	WXIT−ZG/SM−00

图4-35　模具工程图

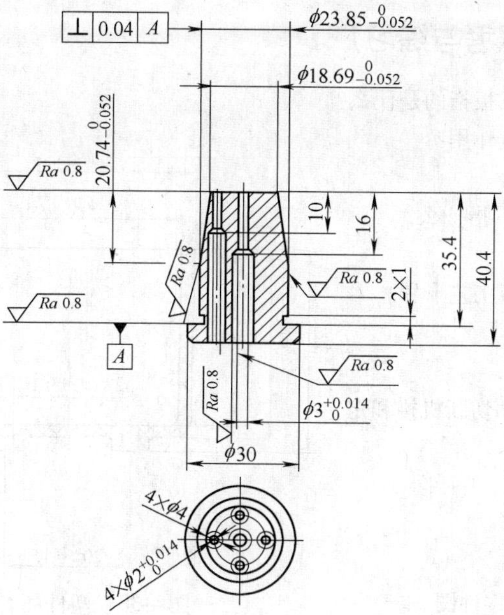

技术要求

1.去除飞边。
2.零件加工表面上不应有划痕、擦伤等损伤零件表面的缺陷。
3.未注倒角均为C1 。

Ra 3.2 (√)

图 4-36　型芯

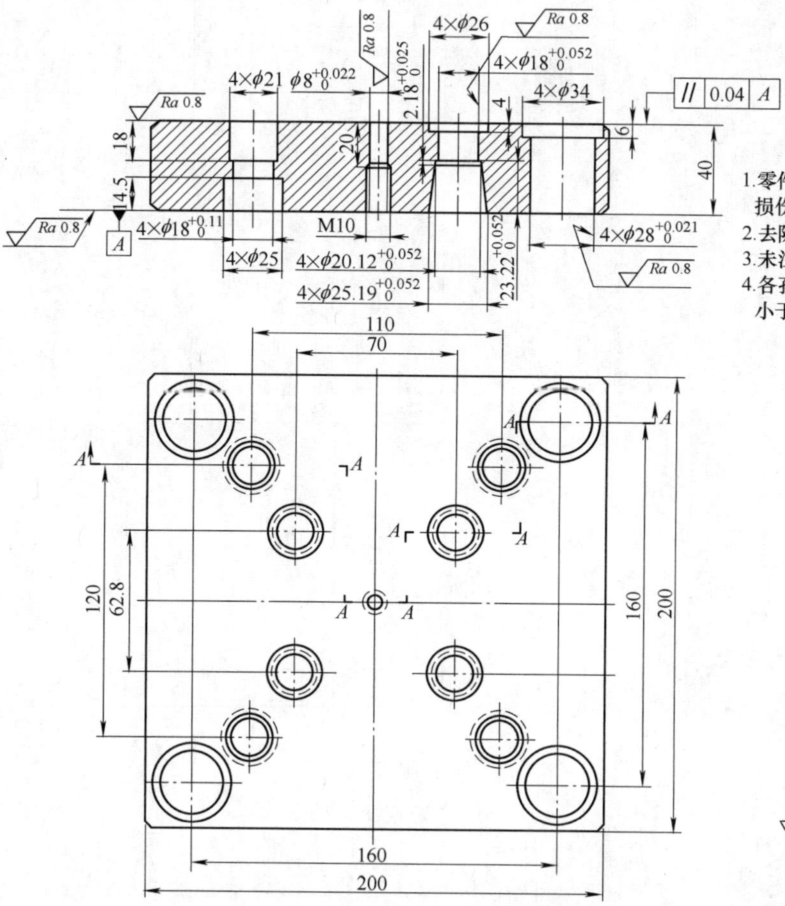

技术要求

1.零件加工表面上不应有划痕、擦伤等损伤零件表面缺陷。
2.去除飞边。
3.未注倒角均为C2。
4.各孔中心相对A面的垂直度误差小于0.04。

Ra 1.6 (√)

图 4-37　动模镶块

【思考与练习】

1. 双分型面注射模又称为三板式注射模，三板指的是什么？
2. 双分型面注射模有两个分型面，各有什么作用？
3. 双分型面注射模应使用什么浇口？
4. 导柱定距式双分型面注射模中的“定距”指什么？
5. 塑件图如图 4-38 所示，完成以下任务：

（1）设计塑料注射成型工艺，填写注射成型工艺卡片。

（2）选择注射模分型面。

（3）设计注射模成型零件。

（4）设计注射模浇注系统（设计点浇口自动切断机构和定距分型机构）。

（5）选择注射模模架。

（6）设计注射模温控系统。

（7）设计注射模推出机构。

（8）用 CAD 绘制注射模总装配图和非标准零件图。

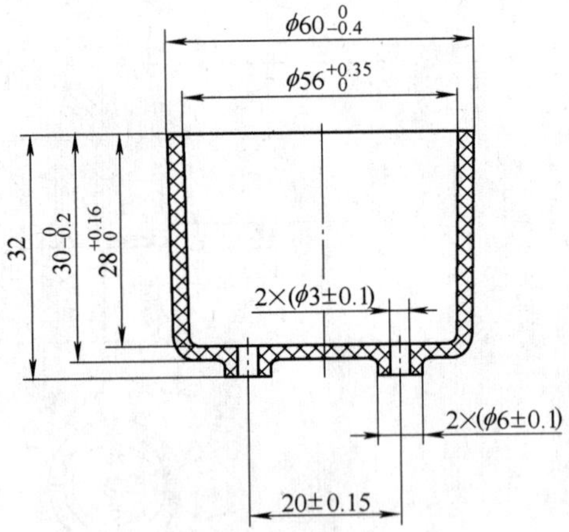

图 4-38　塑件图

第 5 章　侧向分型与抽芯注射模设计

【教学目标】

本章介绍侧向分型与抽芯注射模设计的基本技能。

通过典型模具设计工作任务训练，学生可初步掌握侧向分型与抽芯注射模的基本技能，为更好地适应生产一线的模具设计和管理工作打下基础。

5.1　任务引入

通过成型图 5-1 所示的外壳，设计一副侧向抽芯注射模具。材料为 ABS，生产批量为小批量，要求塑件外观美观，无斑点，未注公差等级取 MT5 级。要求完成外壳模塑注射工艺设计，绘制外壳注射模总装配图及非标准模具零件图。

本章的教学案例与第 2 章的教学案例相比，塑件只多了一个侧孔，因此在模具设计上有许多重复的内容，在本章只介绍不同的内容。现以一个带有侧孔的塑件为例来具体阐述侧向抽芯注射模的设计过程。

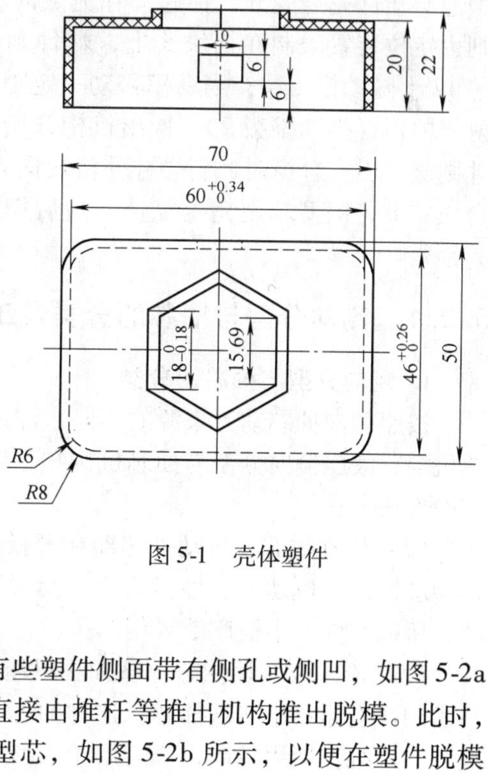

图 5-1　壳体塑件

5.2　相关知识

一般塑件的脱模方向都与开闭模方向相同。但有些塑件侧面带有侧孔或侧凹，如图 5-2a 所示，脱模方向与开、闭模方向不一致，塑件无法直接由推杆等推出机构推出脱模。此时，模具上成型侧孔或侧凹处应制成可侧向移动的活动型芯，如图 5-2b 所示，以便在塑件脱模推出之前先将侧向成型零件抽出，然后再把塑件从模内推出，否则就无法脱模。

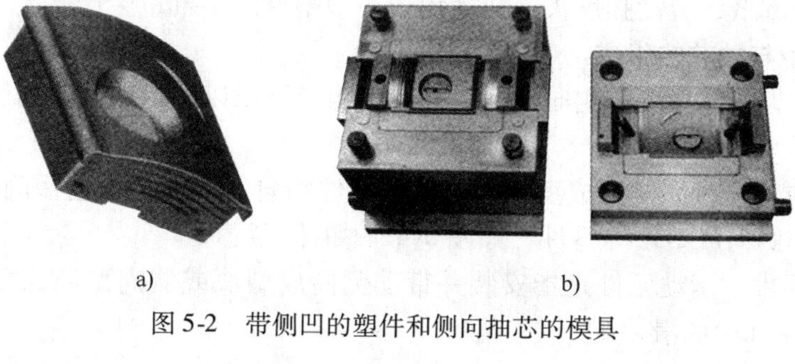

a)　　b)

图 5-2　带侧凹的塑件和侧向抽芯的模具

带动侧向成型零件作侧向分型抽芯和复位的整个机构称为侧向分型与抽芯机构。对于成型侧向凸台的情况，常称为侧向分型；对于成型侧孔或侧凹的情况，常称为侧向抽芯。但在一般的设计中，侧向分型与侧向抽芯常混为一谈，不加分辨，统称为侧向分型抽芯，甚至只称为侧向抽芯。

斜导柱侧向分型抽芯注射模是一种比较常用的侧向分型与抽芯的结构形式，如图 5-3 所示。开模时，在分型面分型的同时，由于斜导柱 10 的限制作用，滑块 11 随动模后退的同时在动模板 4 的导滑槽内向外侧移动，即实现侧抽芯，直至侧型芯与塑件完全脱开。抽芯动作完成时，滑块 11 则由定位装置限制在挡块 5 上，塑件则包紧在型芯 12 上随动模后移；当动模移动一定距离后，注射机的顶杆推动推板 20，推出机构开始工作，塑件则被推出；合模时，斜导柱使滑块向内侧移动，合模结束，侧型芯则完全复位，最后楔紧块 9 将其锁紧。

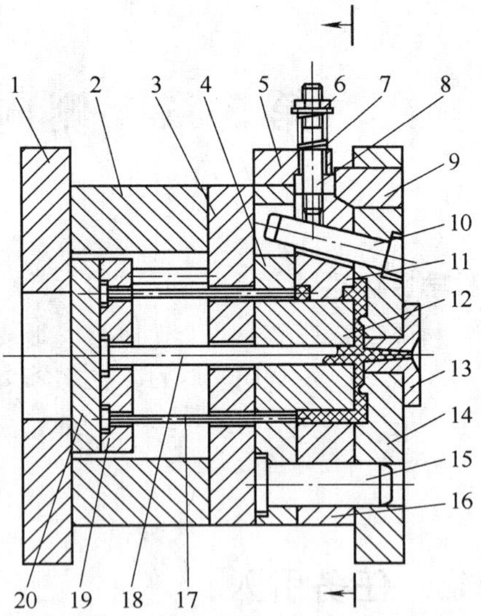

图 5-3　斜导柱侧向分型抽芯注射模
1—动模座板　2—垫块　3—支承板　4—动模板　5—挡块　6—螺母　7—弹簧　8—滑块拉杆　9—楔紧块　10—斜导柱　11—滑块　12—型芯　13—浇口套　14—定模板　15—导柱　16—动模板　17—推杆　18—拉料杆　19—推杆固定板　20—推板

5.2.1　侧向分型与抽芯的分类及工作原理

1. 侧向分型与抽芯的分类

按照侧向抽芯动力来源的不同，注射模的侧向分型与抽芯机构可分为机动侧向分型与抽芯机构、液压侧向分型与抽芯机构和手动侧向分型与抽芯机构三大类。常用的侧向分型与抽芯的方法有：

（1）机动抽芯　机动抽芯即在开模时利用注射机的开模力，通过一定的传动机构将活动型芯抽出。机动抽芯抽拔力大，劳动强度小，生产率高，操作方便，容易实现自动化生产，所以在生产中被广泛采用。

（2）液压或气动抽芯　该方法以压力油或压缩空气作为抽芯动力，通过液压缸或气缸活塞的往复运动来实现抽芯。这种抽芯方式抽拔力大，抽芯距也较长，但需配置专门的液压或气动系统，费用较高，多适用于大型塑料模具的抽芯。

（3）手动抽芯　手动抽芯是指用手工工具抽出活动型芯。手工抽芯模具结构简单，制造方便，但生产率低，劳动强度大，只适用于小型塑件的小批量生产。

2. 侧向分型与抽芯的组成

图 5-4 所示为斜导柱机动侧向分型与抽芯机构，下面以此为例，介绍侧向抽芯机构的组成与作用。

（1）侧向成型元件　侧向成型元件是成型塑件侧向具有凹凸（包括侧孔）形状的零件，包括侧向型芯和侧向成型块等零件，如图 5-4a 中的侧型芯 5。

（2）运动元件　运动元件是指安装并带动侧向成型块或侧向型芯在模具导滑槽内运动的零件，如图 5-4a 中的滑块 8。

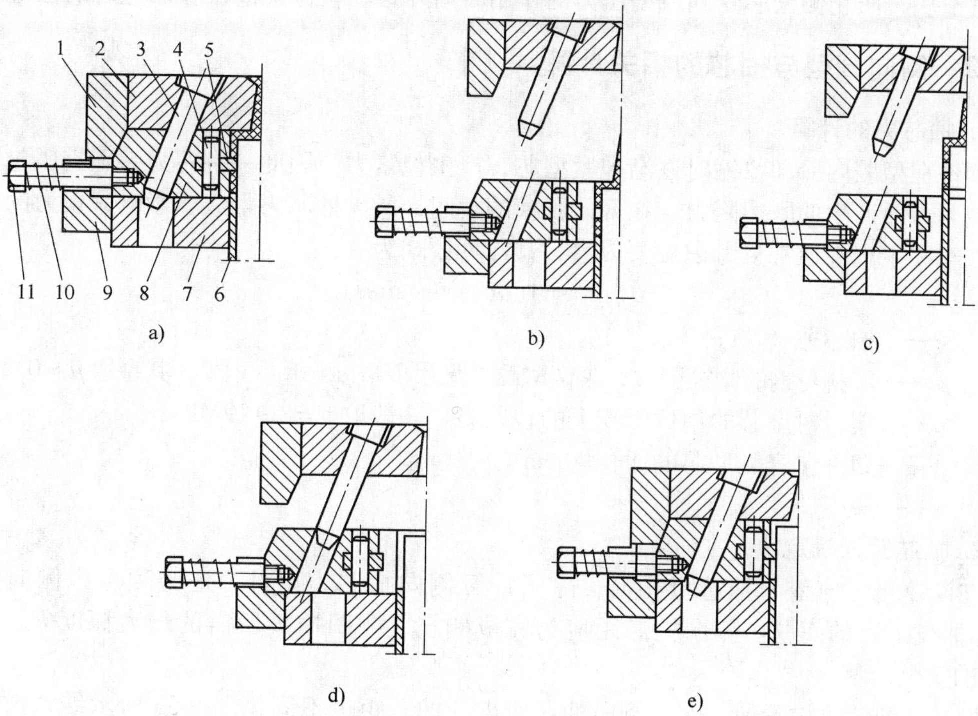

图5-4　斜导柱侧向分型与抽芯机构

a）闭模注射状态　b）开模后的状态　c）推出制品状态

d）闭模过程中斜导柱重新插入滑块时的状态　e）闭模完成时的状态

1—锁紧块　2—定模座板　3—斜导柱　4—销钉　5—侧型芯　6—推管

7—动模板　8—滑块　9—限位挡块　10—弹簧　11—螺钉

（3）传动元件　传动元件是指开模时带动运动元件作侧向分型或抽芯，合模时又使之复位的零件，如图5-4a中的斜导柱3。

（4）锁紧元件　为了防止注射时运动元件受到侧向压力而产生位移所设置的零件称为锁紧元件，如图5-4a中的锁紧块1。

（5）限位元件　为了使运动元件在侧向分型或侧向抽芯结束后停留在所要求的位置上，以保证合模时传动元件能顺利使其复位，必须设置运动元件在侧向分型或侧向抽芯结束时的限位元件，如图5-4a中的弹簧拉杆挡块机构的限位挡块9、弹簧10、螺钉11等。

3. 侧向分型与抽芯的原理

图5-4a所示的模具处于闭合注射状态。斜导柱3固定在定模座板2上，滑块8可以在动模板7的导滑槽内滑动，侧型芯5用销钉4固定在滑块8上。开模时，开模力通过斜导柱3作用于滑块8上，迫使滑块8在动模板槽内向左滑动，直至斜导柱全部脱离滑块，即完成抽芯动作，如图5-4b所示。限位挡块9、弹簧10及螺钉11组成定位装置，使滑块8保持抽芯后的最终位置，以确保合模时斜导柱能准确地进入滑块的斜孔，使滑块再次回到成型位置。随后制品由推出机构中的推管6推离型芯，如图5-4c所示。模具闭合时，斜导柱3插入滑块的斜孔，使抽芯机构复位，如图5-4d所示。最终依靠锁紧块1完成模具闭合，如图5-4e所示。滑块受到型腔内熔体压力的作用，有产生位移的可能，因此锁紧块1用于注射

时锁紧滑块，防止侧型芯受到成型压力的作用时向外移动，保证滑块在成型时的位置。

5.2.2 侧向分型与抽芯的相关计算

1. 抽芯力的计算

塑件在型腔内冷却收缩时逐渐包紧型芯，产生包紧力。因此，抽芯力必须克服包紧力和由于包紧力而产生的摩擦阻力。在开始脱模的瞬间，所需抽芯力最大。影响脱模力的因素较多，在实际生产中通常只考虑主要因素，其计算公式为

$$F_c = pA(\mu\cos\alpha - \sin\alpha)$$

式中 F_c——抽芯力（N）；

μ——塑料与钢的摩擦因数，聚碳酸酯、聚甲醛取 $\mu=0.1\sim0.2$，其余取 $\mu=0.2\sim0.3$；

p——塑料对型芯的单位面积上的包紧力，一般取 $p=8\sim12\text{MPa}$；

A——塑件包容侧型芯的面积（mm^2）；

α——脱模斜度（°）。

2. 抽芯距的确定

在设计侧向分型与抽芯机构时，除了计算侧向抽芯力以外，还必须考虑侧向抽芯距（也称抽拔距）的问题。侧向抽芯距应为完成侧孔、侧凹抽拔所需的最大深度 h 加上 2～3mm 的安全余量。

模具侧抽芯机构不同，完成侧向抽芯所需的抽芯距也不同，图 5-5a 所示结构所需的抽芯距为

$$S = S' + (2\sim3)\text{mm} \tag{5-1}$$

式中 S——抽芯距（mm）；

S'——塑件上侧凹、侧孔的深度或侧向凸台的高度（mm）。

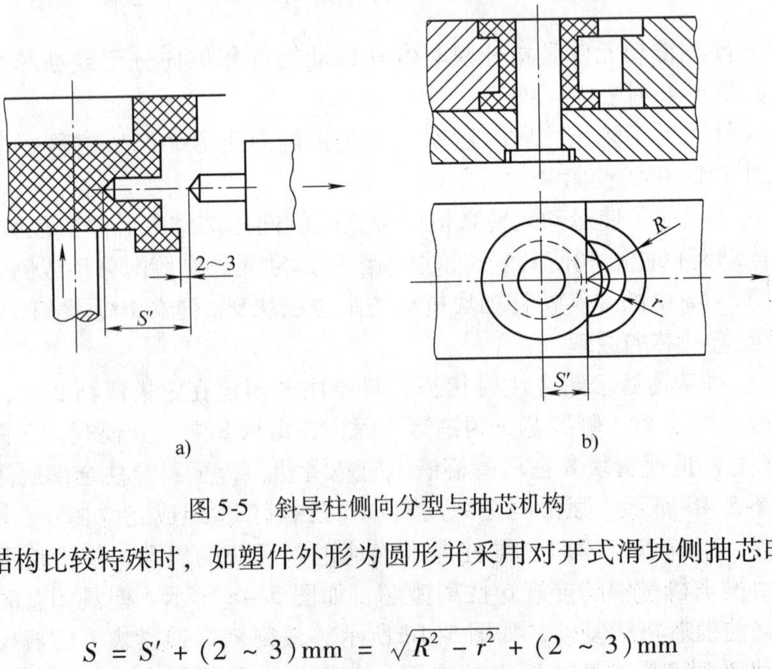

a) b)

图 5-5 斜导柱侧向分型与抽芯机构

当塑件的结构比较特殊时，如塑件外形为圆形并采用对开式滑块侧抽芯时（图 5-5b），其抽芯距为

$$S = S' + (2\sim3)\text{mm} = \sqrt{R^2 - r^2} + (2\sim3)\text{mm} \tag{5-2}$$

式中　R——外形最大圆的半径（mm）；

　　　r——阻碍塑件脱模的外形最小圆半径（mm）。

5.2.3　侧向分型与抽芯的结构设计

斜导柱侧向抽芯机构在生产现场使用较为广泛，其零件与机构的设计计算方法也较为典型。

1. 斜导柱的设计

（1）斜导柱的结构及技术要求　斜导柱的形状如图5-6所示。工作端可以是半球形也可以是锥台形，由于车削半球形较困难，所以绝大部分斜导柱设计成锥台形。设计成锥台形时，其斜角θ应大于斜导柱的倾斜角α，一般$\theta=\alpha+(2°\sim3°)$，否则其锥台部分也会参与侧抽芯，导致侧滑块停留位置不符合设计计算的要求。固定端可设计成图5-6a或图5-6b所示的形式。

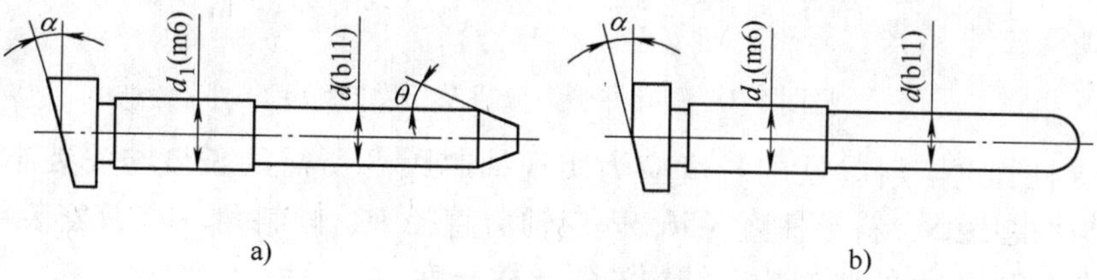

图5-6　斜导柱的形式

斜导柱固定端与模板之间的配合采用H7/m6，与滑块之间的配合采用H11/b11或0.5～1mm的间隙，当分型抽芯有延时要求时，甚至可以放大到1mm以上。斜导柱的材料多为T8A、T10A等碳素工具钢，也可以采用20钢渗碳处理，热处理要求硬度不低于55HRC，表面粗糙度Ra值小于等于0.8μm。

（2）斜导柱倾斜角α　斜导柱倾斜角α（图5-7a）是决定其抽芯工作效果的重要因素。倾斜角的大小关系到斜导柱所承受弯曲力和实际达到的抽拔力，也关系到斜导柱的有效工作长度、抽芯距和开模行程。倾斜角α实际上就是斜导柱与滑块之间的压力角。α应小于25°，一般在12°～22°内选取。在这种情况下，锁紧块的倾斜角$\alpha'=\alpha+(2°\sim3°)$，以防止侧型芯受到成型压力的作用时向外移动，斜导柱变形。

（3）斜导柱直径d　斜导柱的受力分析如图5-7所示，根据材料力学理论可推导出斜导柱直径d的计算公式为

$$d=\sqrt[3]{\frac{FL_w}{0.1[\sigma_w]\cos\alpha}} \tag{5-3}$$

式中　d——斜导柱直径（mm）；

　　　F——抽出侧型芯的抽拔力（N）；

　　　L_w——斜导柱的弯曲力臂（mm）；

　　　$[\sigma_w]$——斜导柱的许用弯曲应力，可查阅有关手册，对于碳素钢可取$[\sigma_w]=3\times10^8$Pa；

　　　α——斜导柱倾斜角。

斜导柱直径的理论计算比较麻烦，在实际设计过程中往往依据有关经验数据表格确定。

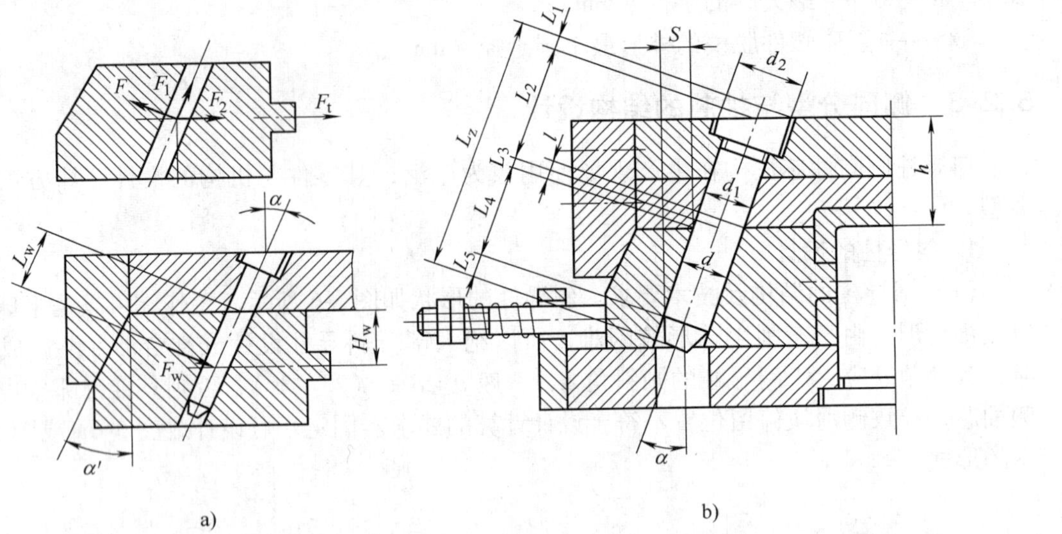

图 5-7　斜导柱受力分析及长度的确定

（4）斜导柱长度　斜导柱的长度应为实现抽芯距 S 所需的长度与安装结构长度之和。斜导柱长度与抽芯距 S、斜导柱直径 d、固定轴肩直径 D、倾斜角 α 以及安装导柱的模板厚度 h 有关。图 5-7b 所示的侧向抽芯结构的斜导柱长度为

$$L_z = L_1 + L_2 + L_3 + L_4 + L_5$$

$$= \frac{d_2}{2}\tan\alpha + \frac{h}{\cos\alpha} + \frac{d}{2}\tan\alpha + \frac{S}{\sin\alpha} + (10 \sim 15)\text{mm} \tag{5-4}$$

式中　d_2——斜导柱固定部分的大端直径（mm）；

h——斜导柱固定板厚度（mm）；

S——抽芯距（mm）；

d——斜导柱直径（mm）；

α——斜导柱倾斜角。

2. 滑块的设计

滑块分为整体式和组合式两种。组合式的型芯安装在滑块上，这样可以节省钢材，且加工方便，因而应用广泛。型芯与滑块的连接形式如图 5-8 所示，图 5-8a、b、d 所示为较小型芯的固定形式；图 5-8c 所示为燕尾槽固定形式，用于较大型芯；型芯为薄片时，可用图 5-8e 所示的通槽固定形式；对于多个型芯，可采用图 5-8f 所示的固定板固定形式。

滑块材料一般采用 45 钢或 T8、T10 钢，热处理硬度达到 40HRC 以上。

3. 导滑槽的设计

在侧抽芯过程中，滑块必须在导滑槽内平稳移动。滑块的导滑形式如图 5-9 所示。图 5-9a、e 所示为整体式；图 5-9b、c、d 所示为组合式，加工方便。

导滑槽常采用 45 钢，调质热处理后硬度为 28 ~ 32HRC。盖板的材料用 T8A、T10A 或 45 钢，热处理后硬度可达 50HRC 以上。滑块与导滑槽的配合为 H8/f8，配合部分的表面粗糙度 Ra 值小于等于 0.8μm；滑块长度 l 应大于滑块宽度的 1.5 倍，抽芯完毕，留在导滑槽内的长度不小于 $2l/3$。

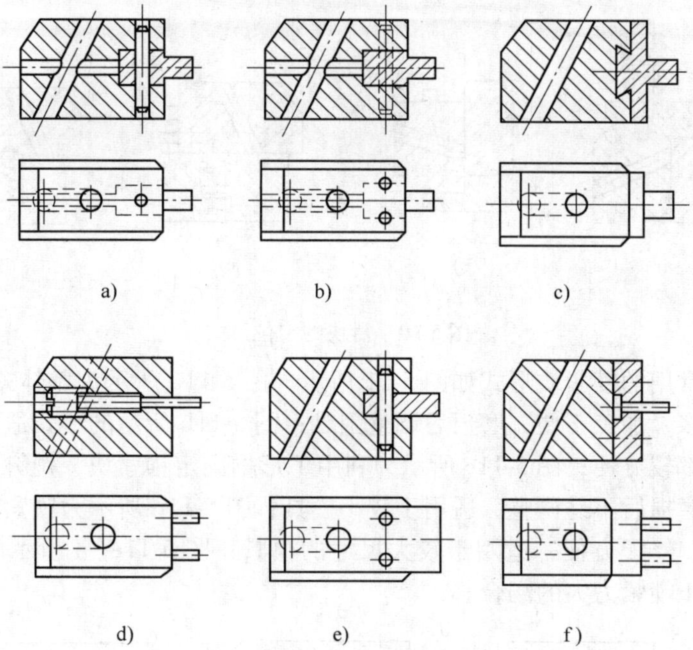

图5-8　型芯与滑块的连接形式

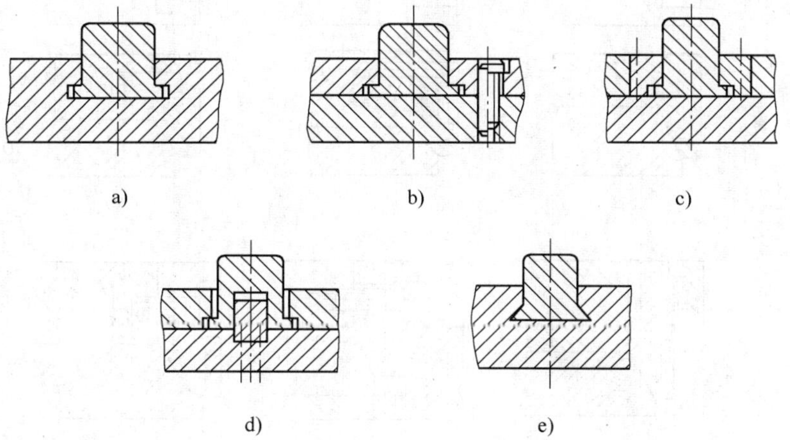

图5-9　滑块的导滑形式

4. 滑块定位装置的设计

滑块定位装置用于保证开模后滑块停留在刚脱离斜导柱的位置上，使合模时斜导柱能准确地进入滑块的孔内，顺利合模。滑块的定位形式如图5-10所示。图5-10a所示结构为靠弹簧力使滑块停留在挡块上的形式，适用于各种抽芯的定位，定位比较可靠，经常采用；图5-10b所示结构为滑块利用自重停靠在限位挡块上的形式，结构简单，适用于向下方抽芯的模具；图5-10c、d所示结构为弹簧、止动销和弹簧、钢球定位的形式，结构比较紧凑，适于水平抽芯。

5. 锁紧块的设计

锁紧块的作用就是锁紧滑块，以防在注射过程中活动型芯受到型腔内塑料熔体的压力作

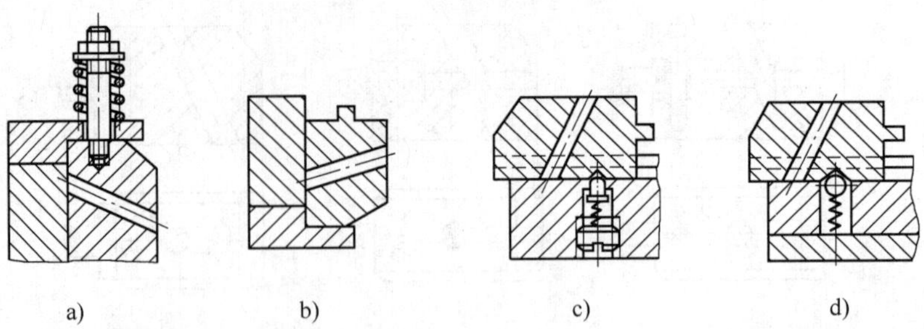

图 5-10　滑块的定位形式

用而产生位移。常用的锁紧块形式如图 5-11 所示。图 5-11a 所示为整体式，结构牢固可靠，刚性好，但耗材多，加工不便，磨损后调整困难；图 5-11b 所示的形式适用于锁紧力不大的场合，制造调整都较方便；图 5-11c 所示为利用 T 形槽固定锁紧块，销钉定位，能承受较大的侧向压力，但磨损后不易调整，适用于较小模具；图 5-11d 所示为锁紧块整体嵌入模板的形式，刚性较好，修配方便，适用于较大尺寸的模具；图 5-11e、f 所示的结构对锁紧块进行了加强，适用于锁紧力大的场合。

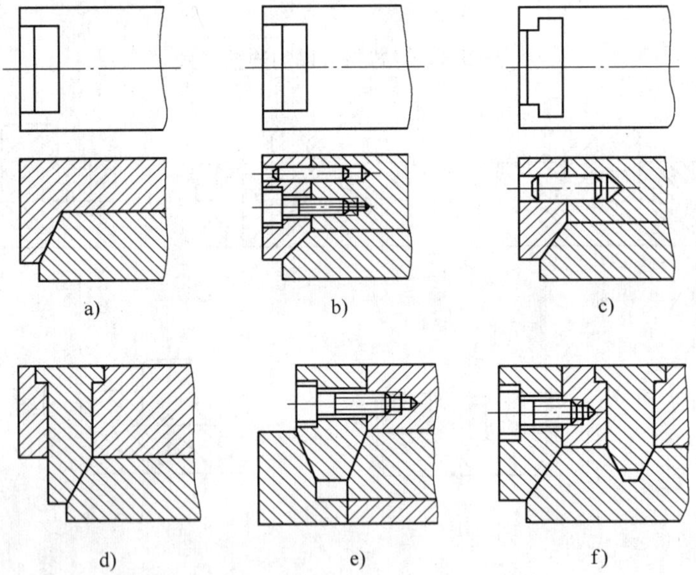

图 5-11　锁紧块的形式

5.2.4　常见的侧向分型与抽芯机构

侧向分型与抽芯机构按照结构形式的不同又可分为斜导柱侧向分型与抽芯机构、弯销侧向分型与抽芯机构、斜滑块侧向分型与抽芯机构和齿轮齿条侧向分型与抽芯机构等。

1. 斜导柱侧向分型与抽芯机构

斜导柱和侧滑块在模具上的不同安装位置，组成了侧向分型与抽芯机构的不同应用形式。各种不同的应用形式具有不同的特点和需要注意的问题，在设计时应根据塑件的具体情况和技术要求合理选用。

（1）斜导柱固定在定模、侧滑块安装在动模　斜导柱固定在定模、侧滑块安装在动模的结构是斜导柱侧向分型与抽芯机构的模具中应用最广泛的形式，如图 5-12 所示。

图 5-12a 所示为注射结束的合模状态。开模时，动模部分向后移动，塑件包在凸模上随着动模一起移动，在斜导柱 7 的作用下，侧滑块 5 带动侧型芯 8 在导滑槽内向上侧作侧向抽芯。与此同时，在斜导柱 11 的作用下，侧向成型块 12 在导滑槽内向下侧作侧向分型。侧向分型与抽芯结束，斜导柱脱离侧滑块，如图 5-12b 所示。此时侧滑块 5 在弹簧 3 的作用下拉紧在限位挡块 2 上；侧向成型块 12 由于自身的重力紧靠在挡块 14 上，以便再次合模时斜导柱能准确地插入侧滑块的斜导孔中，迫使其复位。

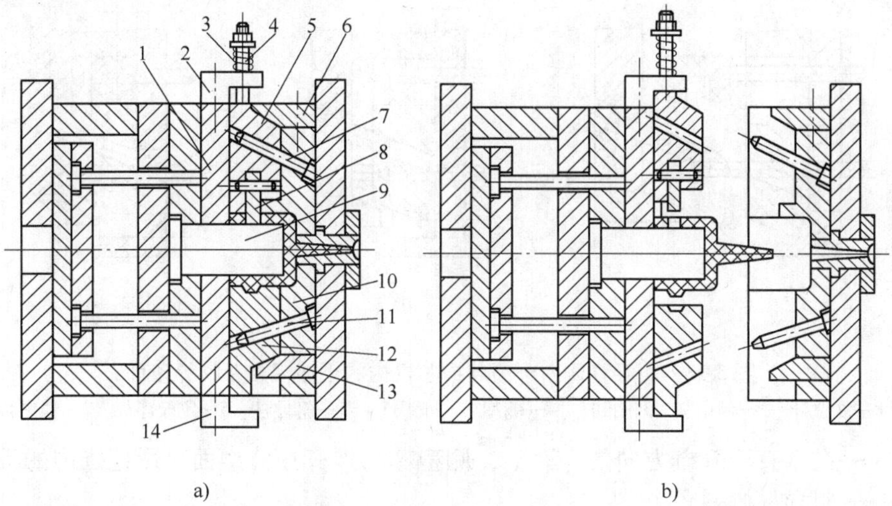

图 5-12　斜导柱侧向分型与抽芯机构

1—推件板　2、14—挡块　3—弹簧　4—拉杆　5—侧滑块　6、13—锁紧块　7、11—斜导柱　8—侧型芯　9—凸模　10—定模板　12—侧向成型块

在斜导柱固定在定模、侧滑块安装在动模的模具结构中，如果采用推杆（推管）推出机构并依靠复位杆使推出机构复位，则很可能产生滑块复位先于推出机构复位的现象，将导致滑块上的侧型芯与模具中的推出元件发生碰撞，造成活动侧型芯或推杆损坏的事故。这种情况称为干涉现象。图 5-13a 所示的推杆在侧型芯投影面下，图 5-13b 所示为侧型芯复位时，推杆还未完全退回，则会发生侧滑块与推杆的碰撞。

在模具结构允许时，应尽量避免侧型芯在分型面的投影范围内设置推杆。如果受到模具结构的限制必须在侧型芯下设置推杆时，应首先考虑能否使推杆推出塑件后仍低于侧型芯的最低面（这一点往往很难做到）。当这一条件不能满足时，就必须满足避免干涉的临界条件或采取措施使推出机构先复位，然后才允许侧型芯滑块的复位，这样才能避免干涉。

1）避免侧型芯与推杆（推管）干涉的条件。图 5-13c、d、e 所示为分析发生干涉临界条件的示意图。在不发生干涉的临界状态下，侧型芯已经复位了 S'，还需复位的长度为 $S-S'=S_c$，而推杆需复位的长度为 h_c，如果完全复位，应有如下关系，即

$$h_c\tan\alpha \geqslant S_c \tag{5-5}$$

式中　h_c——在完全合模状态下推杆端面离侧型芯的最近距离；

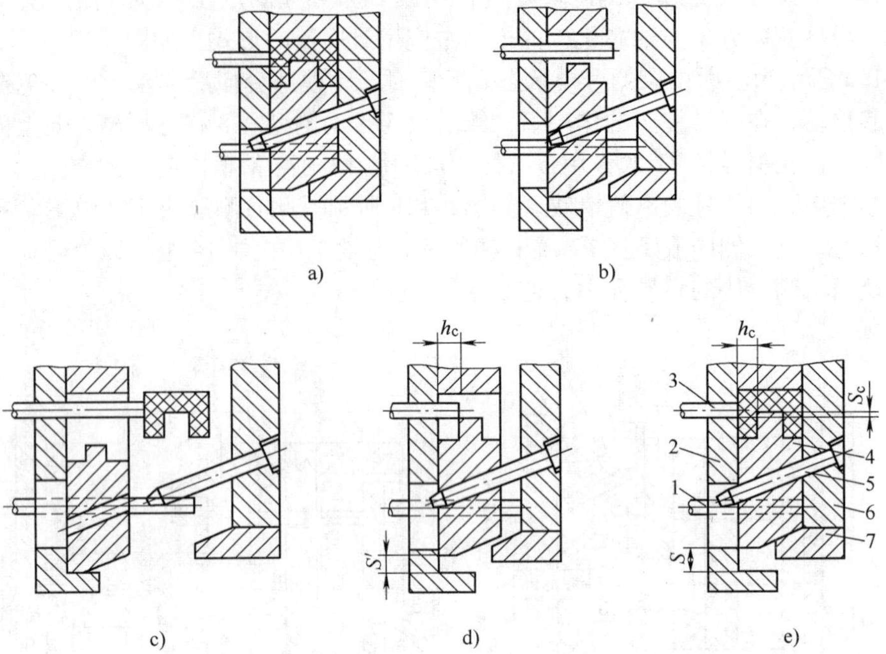

图 5-13　斜导柱侧向分型与抽芯机构的干涉现象及临界条件

1—复位杆　2—动模板　3—推杆　4—侧型芯（滑块）　5—斜导柱　6—定模座板　7—锁紧块

S_c——在垂直于开模方向的平面上，侧型芯与推杆在分型面投影范围内的重合长度；

α——斜导柱倾斜角。

一般情况下，只要使 $h_c \tan\alpha - S_c \geqslant 0.5\text{mm}$ 即可避免干涉的临界条件，如果实际的情况无法满足这个条件，则必须设计推杆的先复位机构。

2）推杆的先复位机构。

① 弹簧式先复位机构。弹簧式先复位机构是利用弹簧的弹力使推出机构在合模之前进行复位的，弹簧安装在推杆固定板和动模垫板之间，如图 5-14 所示。图 5-14a 中弹簧安装在复位杆上，图 5-14b 中弹簧安装在另外设置的簧柱上，图 5-14c 中弹簧安装在推杆上。一般设置 4 根弹簧，并且尽量均匀分布在推杆固定板的四周，以便让推杆固定板受到均匀的弹力而使推杆顺利复位。

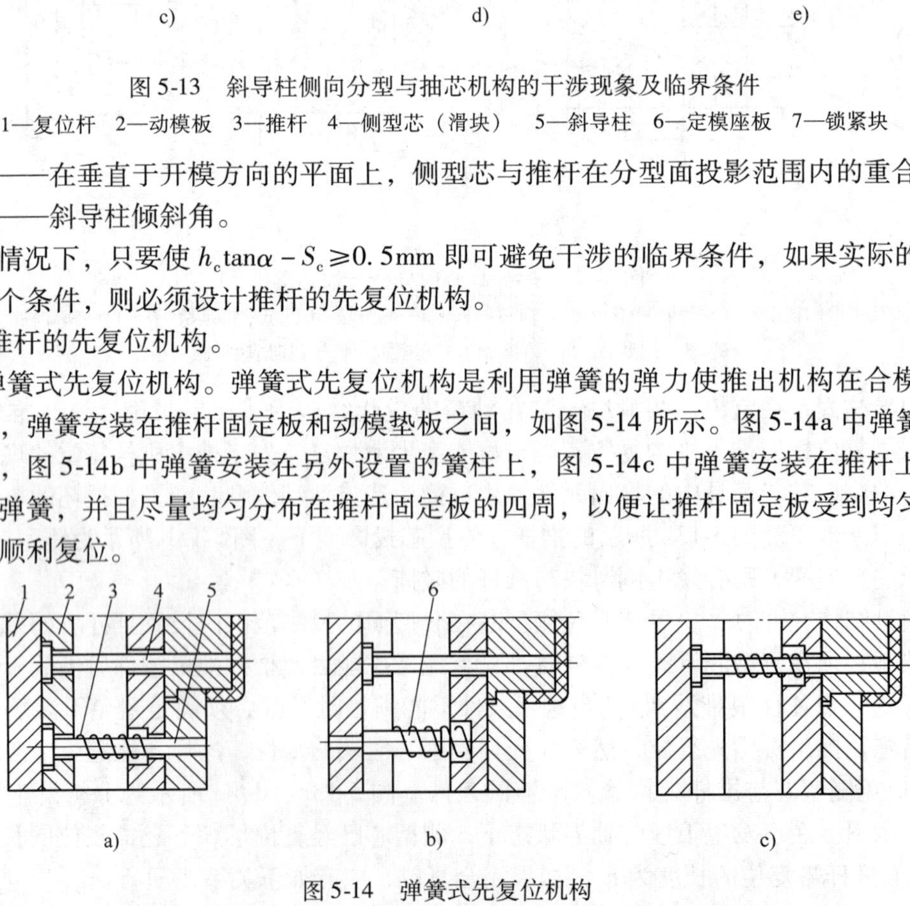

图 5-14　弹簧式先复位机构

a）复位杆带弹簧先复位　b）簧柱带弹簧先复位　c）推杆带弹簧先复位

1—推板　2—推杆固定板　3—弹簧　4—推杆　5—复位杆　6—簧柱

开模推出塑件时，塑件包在凸模上一起随动模部分后退，完成开模运动。注射机顶杆推动模具推板 1，弹簧被压缩。一旦开始合模，注射机推杆与模具推板脱离接触，在弹簧回复力的作用下推杆迅速复位，因此在斜导柱还未驱动侧型芯滑块复位时，推杆便复位结束，从而避免了与侧型芯的干涉。

弹簧先复位机构具有结构简单、安装方便等优点，但弹簧的力量较小且容易疲劳失效，可靠性差，一般只适用于复位力不大的场合，并需要定期更换弹簧。

② 楔杆三角滑块式先复位机构。楔杆三角滑块式先复位机构如图 5-15 所示，三角滑块 3 两面均有 45°斜面。合模时，在固定在定模板上的楔杆 6 的作用下，三角滑块 3 在推管固定板 1 的滑槽内向下移动的同时迫使推管固定板 1 向左移动，使推管 2 先于侧型芯滑块 4 复位，从而避免两者发生干涉。

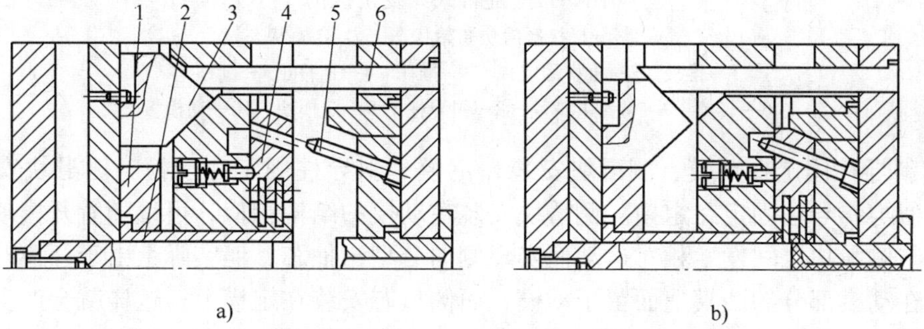

图 5-15　楔杆三角滑块式先复位机构

a）楔杆接触三角滑块的初始状态　b）合模状态

1—推管固定板　2—推管　3—三角滑块　4—侧型芯滑块　5—斜导柱　6—楔杆

③ 楔杆摆杆式先复位机构。如图 5-16 所示，合模时楔杆 6 压迫摆杆 3 上的滚轮，迫使摆杆沿逆时针方向旋转，并同时压迫推杆固定板 2 带动推杆 5 先于侧型芯滑块进行复位，从而避免两者发生干涉。

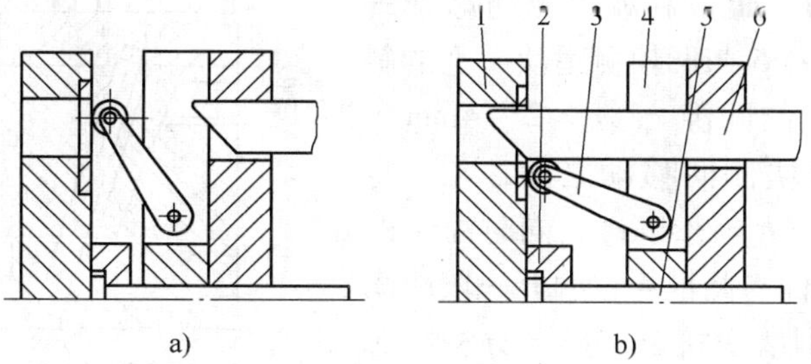

图 5-16　楔杆摆杆式先复位机构

a）开模状态　b）合模状态

1—推板　2—推杆固定板　3—摆杆　4—支承板　5—推杆　6—楔杆

④ 连杆式先复位机构。如图 5-17 所示，连杆 4 以固定在动模板 10 上的圆柱销 5 为支点，连杆一端用转销 6 安装在侧型芯滑块 7 上，另一端与推杆固定板 2 接触。合模时，斜导柱 8 一旦开始驱动侧型芯滑块 7 复位，则连杆 4 必须发生绕圆柱销 5 作沿顺时针方向的旋

转，迫使推杆固定板2带动推杆3迅速复位，从而避免两者发生干涉。

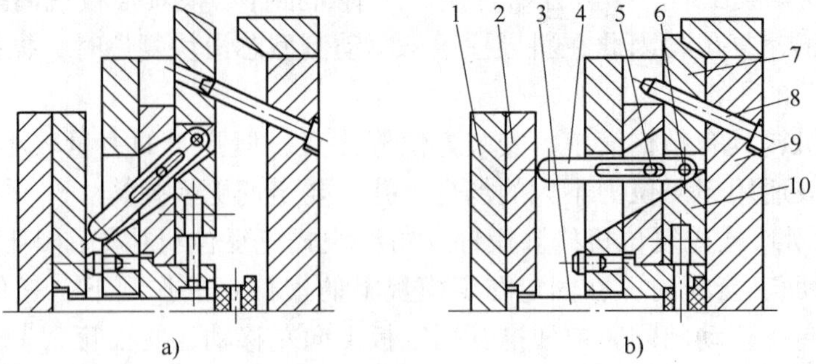

图5-17　连杆式先复位机构

a）斜导柱接触滑块初始状态　b）合模状态

1—推板　2—推杆固定板　3—推杆　4—连杆　5—圆柱销

6—转销　7—侧型芯滑块　8—斜导柱　9—定模块　10—动模板

（2）斜导柱固定在动模、侧滑块安装在定模　斜导柱固定在动模、侧滑块安装在定模的结构看似与斜导柱固定在定模、侧滑块安装在动模的结构相似，可以随着开模动作的进行使斜导柱与侧滑块之间发生相对运动而实现侧向分型与抽芯，但实际上由于开模时一般要求塑件包紧在动模部分的凸模上而留于动模，而侧型芯安装在定模上，这样就会产生以下几种情况：一种情况是侧抽芯与开模同时进行，由于侧型芯在开模方向的阻碍作用，使塑件从动模部分的凸模上强制脱下而留于定模，侧抽芯结束后，塑件无法从定模型腔中取出；另一种情况是由于塑件包紧于动模凸模上的力大于侧型芯使塑件留于定模型腔的力，所以可能会出现塑件被侧型芯撕裂或细小的侧型芯被折断的现象，导致模具损坏或无法工作。从以上分析可知，斜导柱固定在动模、侧滑块安装在定模的模具结构特点是侧抽芯与开模动作不能同时进行，或是先侧抽芯后开模，或是先脱模后侧抽芯。

图5-18所示是先脱模后抽芯的结构。该模具不需设置推出机构，凹模制成可侧向移动的对开式侧滑块，斜导柱5与凹模侧滑块3上的斜导孔之间存在着较大的间隙 c（$c=2\sim4\text{mm}$），开模时，在凹模侧滑块侧向移动之前，动、定模先分开一段距离 h（$h=c/\sin\alpha$），同时由于凹模侧滑块的约束，塑件与凸模4也脱开一段距离 h，然后斜导柱才与侧滑块接触，侧向分型抽芯动作开始。这样的模具结构简单，加工方便，但塑件需要人工从对开式侧滑块之间取出，包括要从浇口套中拔出，操作不方便，劳动强度较大，生产率也较低，因此仅适合于小批量的简单模具。

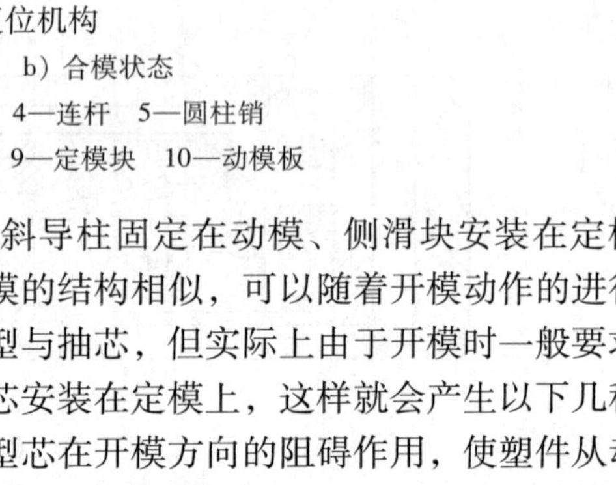

图5-18　斜导柱在动模、滑块在定模的结构

1—定模座板　2—导滑槽　3—凹模侧滑块

4—凸模　5—斜导柱　6—动模板　7—动模座板

（3）斜导柱与侧滑块同时安装在定模　在斜导柱与侧滑块同时安装在定模的结构中，一般情况下斜导柱固定在定模座板上，侧滑块安装在定模板上的导滑槽内，为了满足斜导柱

与侧滑块两者之间的相对运动，必须在定模座板与定模板之间增加一个分型面，因此需要采用定距顺序分型机构。开模时，主分型面暂不分型，而让定模部分增加的分型面先定距分型，让斜导柱驱动侧滑块进行侧抽芯，抽芯结束后再由主分型面分型。由于斜导柱与侧型芯同时设在定模部分，设计时斜导柱可适当加长，侧抽芯时让侧滑块始终不脱离斜导柱，所以不需设置侧滑块的定位装置。

图 5-19 所示为摆钩式定距顺序分型的斜导柱抽芯机构，合模时，在弹簧 7 的作用下，由转轴 6 固定于定模板 10 上的摆钩 8 钩住固定在动模板 11 上的挡块 12。开模时，由于摆钩 8 钩住挡块，模具首先从 *A—A* 分型面分型，同时在斜导柱 2 的作用下，侧型芯滑块 1 开始侧向抽芯，侧抽芯结束后，固定在定模座板上的压块 9 的斜面压迫摆钩 8 作逆时针方向的摆动而脱离挡块 12，在定距螺钉 5 的限制下 *A—A* 分型面分型结束。动模继续后退，*B—B* 分型面分型，塑件随凸模 3 保持在动模一侧，然后推件板 4 在推杆 13 的作用下使塑件脱模。

（4）斜导柱与侧滑块同时安装在动模　斜导柱与侧滑块同时安装在动模的结构，一般可以通过推件板推出机构来实现斜导柱与侧型芯滑块的相对运动。在图 5-20 所示的斜导柱侧抽芯机构中，斜导柱固定在动模板 2 上，侧型芯滑块安装在推件板 3 的导滑槽内，合模时靠设置在定模座板上的锁紧块 6 锁紧。开模时，侧型芯滑块 5 和斜导柱 4 一起随动模部分后退，当推出机构工作时，推杆 1 推动推件板 3 使塑件脱模的同时，侧型芯滑块 5 在斜导柱的作用下在推件板 3 的导滑槽内向两侧滑动而侧向抽芯。这种结构的模具，由于斜导柱与侧滑块同在动模的一侧，设计时同样可适当加长斜导柱，使斜滑块在侧抽芯的整个过程中不脱离斜导柱，因此也就不需设置侧滑块定位装置。另外，这种利用推件板推出机构来实现斜导柱与侧滑块相对运动的侧抽芯机构，主要适合于抽芯距和抽芯力均不太大的场合。

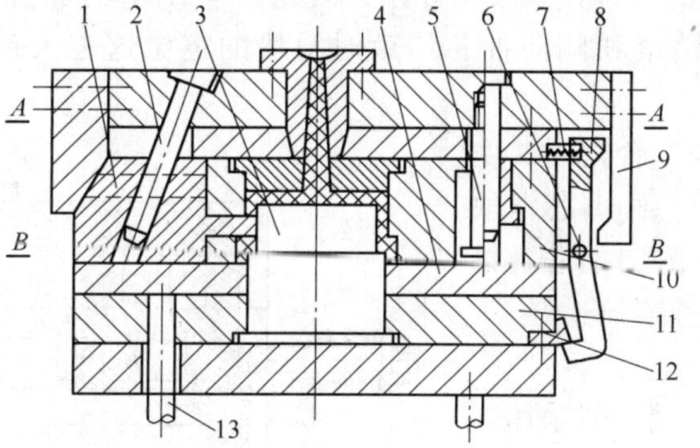

图 5-19　斜导柱与侧滑块同在定模的结构

1—侧型芯滑块　2—斜导柱　3—凸模　4—推件板
5—定距螺钉　6—转轴　7—弹簧　8—摆钩　9—压块
10—定模板　11—动模板　12—挡块　13—推杆

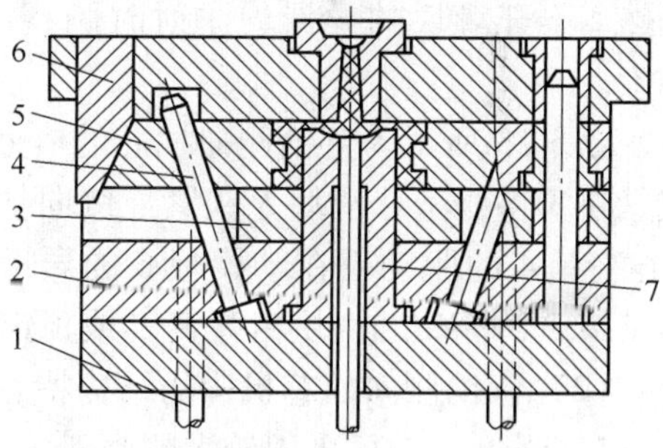

图 5-20　斜导柱与滑块同在动模的结构

1—推杆　2—动模板　3—推件板
4—斜导柱　5—侧型芯滑块
6—锁紧块　7—凸模

（5）斜导柱的内侧抽芯　图 5-21 所示为靠弹簧的弹力进行定模内侧抽芯的结构。开模后，在弹簧 2 的弹性作用下，定模部分先从 *A* 分型面分型，同时斜导柱 4 驱动侧型芯滑块 5 作塑件的内侧抽芯，内侧抽芯结束后，侧型芯滑块在小弹簧 3 的作用下靠在型芯 6 上而定位，同时限位螺钉 1 限位；继续开模，*B* 分型面分型，塑件被带到动模，推出机构工作时，推杆将塑件推出模外。

图 5-22 所示为斜导柱动模内侧抽芯的结构。斜导柱 5 固定在定模板 6 上，侧型芯滑块 4

安装在动模板1上。开模时，塑件包紧在凸模3上随动模部分向后移动，斜导柱驱动侧型芯滑块在动模板的导滑槽内移动而进行内侧抽芯，最后推杆2将塑件从凸模3上推出。这类模具设计时应重点考虑侧型芯滑块脱离斜导柱时的定位问题。图5-22所示为将侧型芯滑块4设在模具位置的上方，利用侧滑块的重力定位。

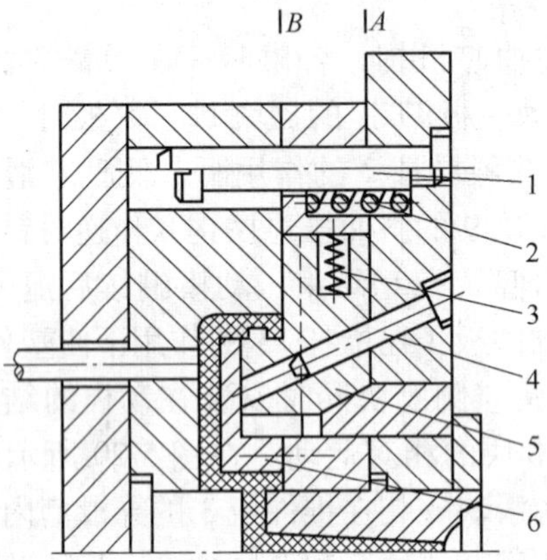

图5-21　斜导柱定模内侧抽芯的结构
1—限位螺钉　2—弹簧　3—小弹簧
4—斜导柱　5—侧型芯滑块　6—型芯

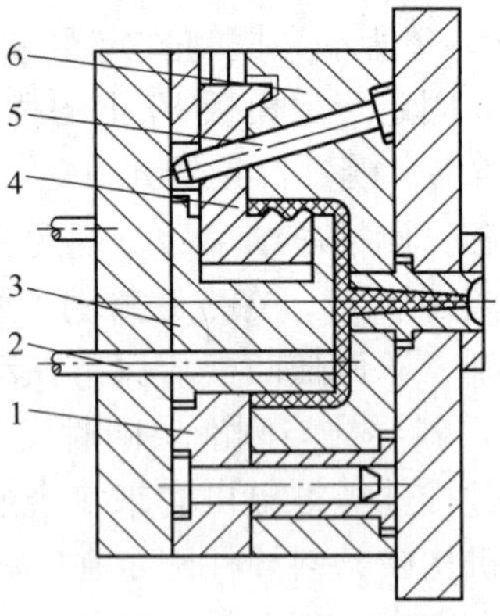

图5-22　斜导柱动模内侧抽芯的结构
1—动模板　2—推杆　3—凸模
4—侧型芯滑块　5—斜导柱　6—定模板

2. 弯销侧向抽芯机构

（1）弯销侧向抽芯机构的工作原理　弯销侧向抽芯机构的工作原理和斜导柱侧向抽芯机构相似，所不同的是在结构上以矩形截面的弯销代替了斜导柱，因此，弯销侧向抽芯机构仍然离不开滑块的导滑、注射时侧型芯的锁紧和侧向抽芯结束时滑块的定位这三大设计要素。

图5-23所示为弯销侧向抽芯的典型结构。合模时，由锁紧块3将侧型芯滑块5锁紧。侧向抽芯时，侧型芯滑块5在弯销4的驱动下在动模板6的导滑槽内侧向抽芯，抽芯结束后，侧型芯滑块由弹簧（或顶销）装置定位。

（2）弯销侧向抽芯机构的结构特点

1）强度高，可采用较大的倾斜角α。弯销一般采用矩形截面，其抗弯截面系数比斜导柱的大，因此抗弯强度较高，可以采用较大的倾斜角α，在开模距相同的条件下，使用弯销可获得比斜导柱大的抽芯距。由于弯销的抗弯强度较高，所以当注射塑料对侧型芯总压力不大时，可在其前端设置一个支承块，弯销本身即可对侧型芯滑块起锁紧作用，这样有利于简化模具结构。但当熔料对侧型芯总压力较大时，仍应考虑设置锁紧块，用来锁紧弯销或直接锁紧滑块。

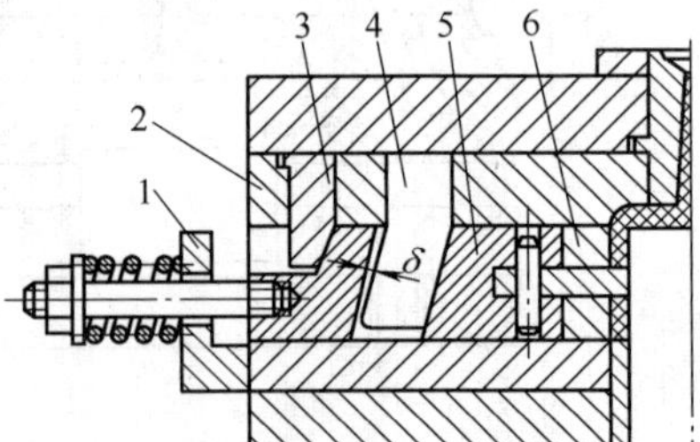

图5-23　弯销侧向抽芯结构
1—挡块　2—定模板　3—锁紧块
4—弯销　5—侧型芯滑块　6—动模板

2）可以延时抽芯。由于塑件特殊或模具结构的需要，弯销还可以延时侧向抽芯。如图5-24所示，弯销1的工作面与侧型芯滑块2的斜面可设计成离开一段较长的距离l，这样根据需要，在开模分型时，弯销可暂不工作，直至接触滑块后，侧向抽芯才开始。

3）可以分段抽芯。如图5-25所示，被抽的侧型芯3较长，且塑件的包紧力也较大，因此采用了变角度弯销抽芯。在开模过程中，弯销1首先由较小的倾斜角 α_1 起作用，以便具有较大的起始抽芯力，带动侧滑块2移动距离 S_1 后，再由侧斜角 α_2 起作用，以抽拔较长的抽芯距离 S_2，从而完成整个侧抽芯动作，侧抽芯的总距离为 $S=S_1+S_2$。

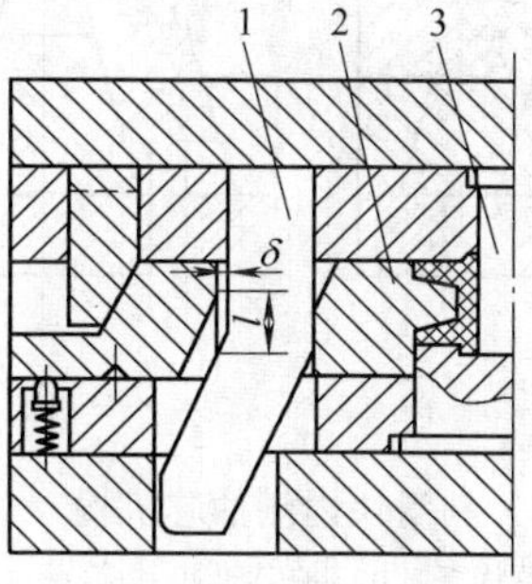

图5-24　弯销延时抽芯

1—弯销　2—侧型芯滑块　3—型芯

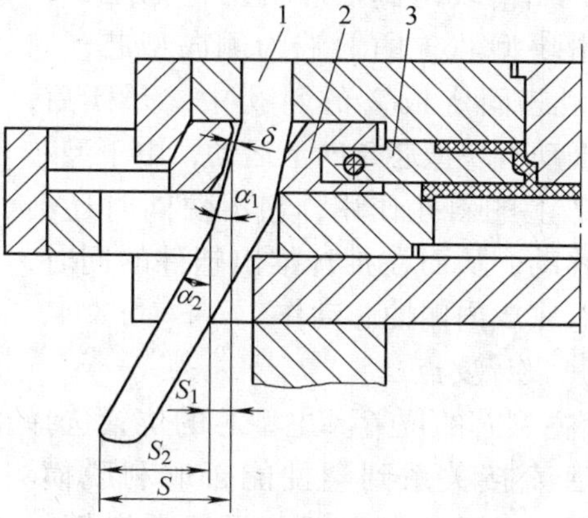

图5-25　变角度弯销侧向抽芯

1—弯销　2—侧滑块　3—侧型芯

（3）弯销在模具上的安装方式　弯销在模具上可安装在模外，也可安装在模内，但一般安装在模外，这样在安装配置时方便可见。

3. 斜滑块侧向抽芯机构

当塑件的侧凹较浅，所需的抽芯距不大，但侧凹的成型面积较大，而需要较大的抽芯力时，可以采用斜滑块机构进行侧向抽芯。它的特点是利用推出机构的推力，驱动滑块斜向运动，在塑件被推出的同时，由滑块完成侧向抽芯动作。

斜滑块侧向抽芯机构比斜导柱侧向抽芯机构简单，通常可分为外侧分型（或抽芯）和内侧抽芯两种类型。

（1）斜滑块外侧分型机构　如图5-26所示，塑件是一个线圈骨架，外侧带有深度浅但面积大的侧凹，斜滑块本身就是瓣合式凹模镶块，型腔由两个斜滑块组成。

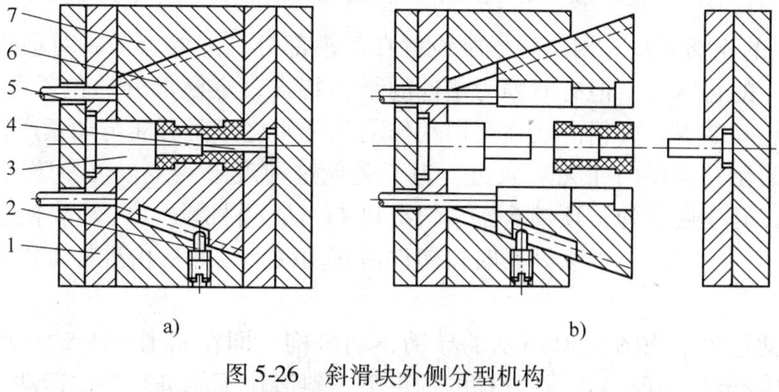

a)　　　　b)

图5-26　斜滑块外侧分型机构

a）合模状态　b）分型后推出状态

1—动模型芯固定板　2—限位螺钉　3—动模型芯　4—定模型芯　5—推杆　6—斜滑块　7—模套

开模后，在推杆 5 的作用下斜滑块 6 向右运动的同时实现侧向分型。与此同时，塑件也从主型芯上脱出，其中限位螺钉 2 是为了防止斜滑块从模套中脱出而设置的。这种机构主要适用于塑件对主型芯的包紧力较小、侧凹的成型面积较大的场合，否则斜滑块很容易把塑件的侧凹拉坏。

（2）斜滑块内侧抽芯机构　如图 5-27 所示，滑块型芯 3 的上端为侧向型芯，它安装在型芯固定板 2 的斜孔中，开模后，推杆 1 推动滑块型芯 3 向上运动，由于型芯固定板 2 上的斜孔作用，斜滑块同时还会向内侧移动，从而在推杆推出塑件的同时，滑块型芯完成内侧抽芯动作。

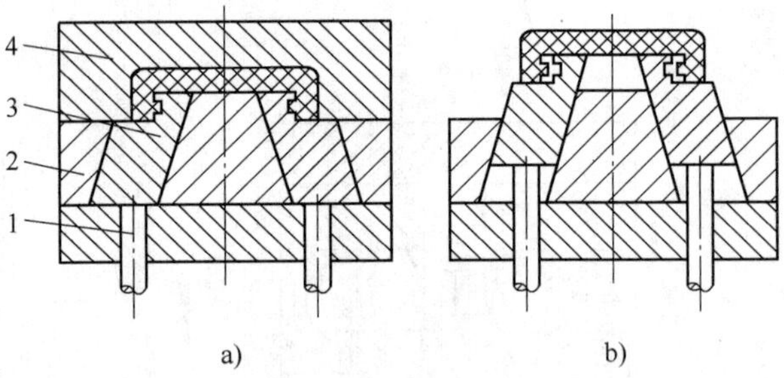

图 5-27　斜滑块内侧抽芯机构

a）合模状态　b）抽芯推出状态

1—推杆　2—型芯固定板　3—滑块型芯　4—型腔

（3）设计要点

1）主型芯的位置。主型芯的位置选择恰当与否直接关系到塑件能否顺利脱模。如图 5-28a 所示，将主型芯设置在定模一侧，开模后主型芯立即从塑件中抽出，然后斜滑块才能分型，所以塑件很容易在斜滑块上粘附于某处塑料收缩率较大的部位，从而不能顺利脱模。如果将主型芯位置改设在动模上，如图 5-28b 所示，则主型芯在塑件脱模过程中具有导向作用，所以在斜滑块分型过程中不会粘附，脱模顺利。

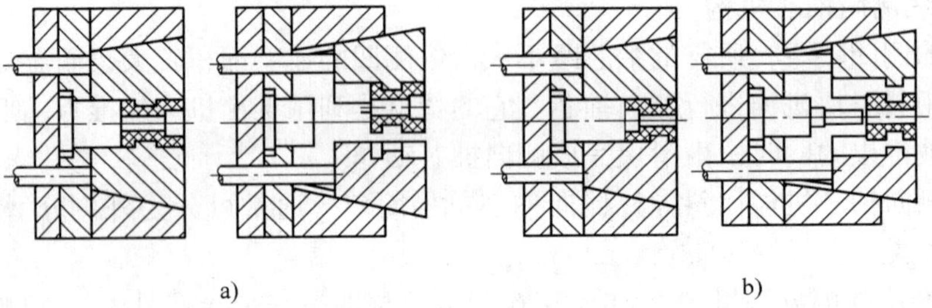

图 5-28　主型芯位置的选择

a）主型芯在定模上，脱模不顺利　b）主型芯在动模上，脱模顺利

2）斜滑块的止动方法。斜滑块通常设置在动模部分，并要求塑件对动模部分的包紧力大于对定模部分的包紧力。但有时因为塑件的结构特殊，定模部分的包紧力大于动模部分，此时如果没有止动装置，则斜滑块在开模动作刚刚开始之时便可能与动模产生相对运动，导致塑件损坏或滞留在定模内而无法取出。为了避免这种现象发生，可参照图 5-29 设置弹簧顶销止动装置，开模后，弹簧顶销 6 压紧斜滑块 4，防止斜滑块 4 与动模模套 3 分离，使定模型芯 5 先从塑件中抽出；继续开模时，塑件留在动模上，然后由推杆 1 推动斜滑块侧向分型并推出塑件。

斜滑块止动还可采用图 5-30 所示的导销止动机构，即在斜滑块上钻一圆孔与固定在定模上的导销间隙配合。开模后，在导销的约束下，斜滑块不能进行侧向运动，所以开模动作也就无法使斜滑块与动模之间产生相对运动；继续开模时，导销与斜滑块上的圆孔脱离接触，动模内的推出机构将推动斜滑块侧向分型并推出塑件。

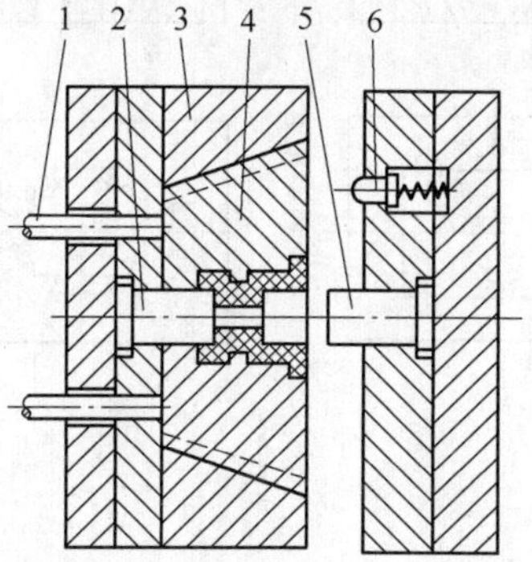

图 5-29　弹簧顶销止动装置

1—推杆　2—动模型芯　3—动模模套
4—斜滑块　5—定模型芯　6—弹簧顶销

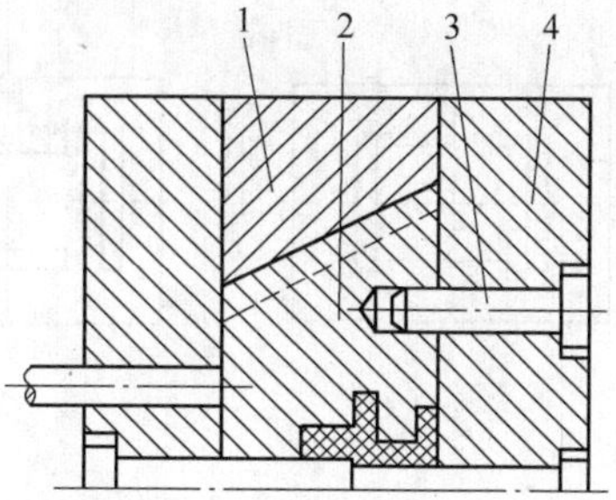

图 5-30　导销止动装置

1—模套　2—斜滑块
3—导销　4—定模板

3）斜滑块的组合形式。根据塑件需要，斜滑块通常由 2 ~ 6 块组合而成，在某些特殊情况下，斜滑块还可以分成更多的块。设计时应考虑分型与抽芯方向的要求，并尽量保证塑件具有较好的外观质量，不要使塑件表面留有明显的镶拼痕迹。另外，还应使斜滑块的组合部分具有足够的强度。常用的斜滑块组合形式如图 5-31 所示。

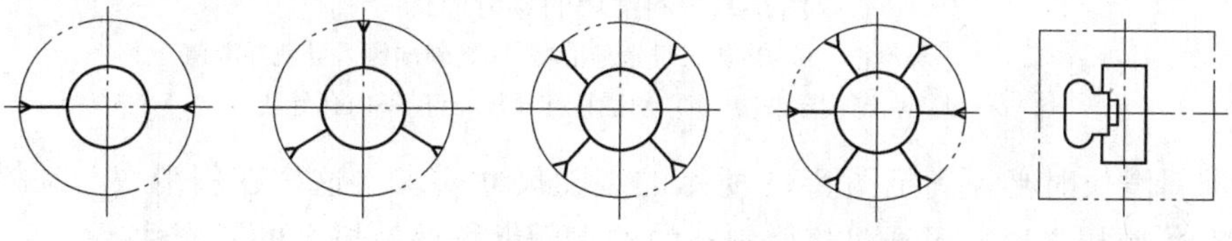

图 5-31　斜滑块的组合形式

4）导滑的形式。斜滑块的导滑形式如图 5-32 所示，按照导滑部分的特点，图 5-32a ~ d 分别称为 T 形导滑槽、镶拼式导轨导滑槽、斜向镶入导轨导滑槽和燕尾式导滑槽。其中，前三种加工比较简单，应用广泛，最后一种加工比较复杂，但因占用面积较小，故在斜滑块的镶拼块较多时也可以使用。图 5-32e 所示为以圆柱孔作为斜滑块的导轨，其制造方便，精度容易保证，仅用于局部抽芯的情况。图 5-32f 所示为用型芯的拼块作为斜滑块的导轨，在内侧抽芯时常采用。

斜滑块的导滑部位均应采用间隙配合，配合间隙可参考斜导柱式机构中滑块与滑槽的配合间隙（H8/g7 或 H8/h8）进行设计。

5）斜滑块的推出行程 L 与倾斜角 α。推出行程的计算与斜导柱式机构中抽芯运动所需的开模距的计算相似，由于斜滑块的强度较高，其倾斜角可比斜导柱倾斜角大一些，最大可达到 40°，但最好不超过 30°。在同一副模具中，如果塑件各处的侧凹深浅不同，则所需的斜滑块推出行程也不相同，为了使斜滑块间运动保持一致，可将各处的斜滑块设成不同的倾斜角。最后，为保证斜滑块推出后不脱离滑槽和保证合模时准确复位，斜滑块应有 $2L/3$ 在滑槽内，并设置限位挡销。

6）装配要求及推力问题。为了保证斜滑块在合模时拼合紧密，避免在注射成型时产生

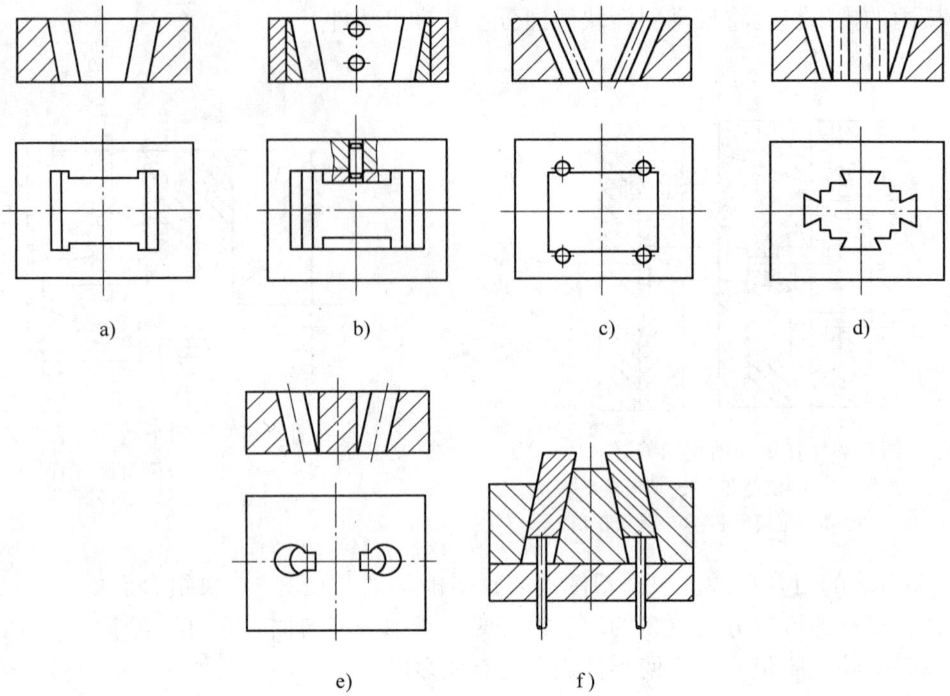

图 5-32　斜滑块的导滑形式

a）T 形导滑槽　b）镶拼式导轨导滑槽　c）斜向镶入导轨导滑槽
d）燕尾式导滑槽　e）斜圆柱孔导轨　f）斜向孔导轨

飞边，装配斜滑块时必须满足图 5-33 所示的装配尺寸要求。这样在斜滑块与动模（或导滑槽）之间有了磨损之后，可通过修磨斜滑块的端面继续保持拼合的紧密性。

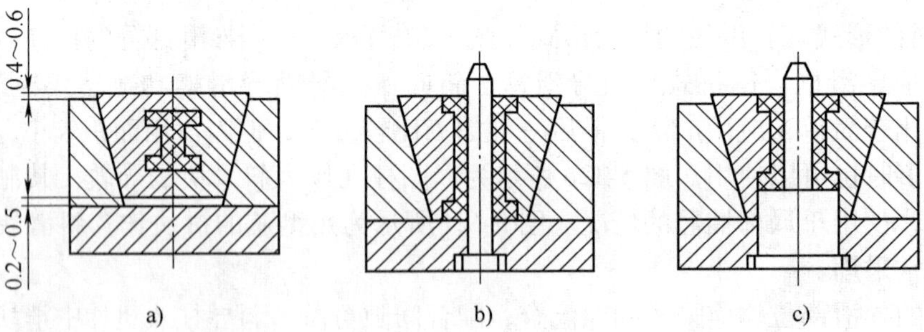

图 5-33　斜滑块的装配要求

a）斜滑块装配间隙　b）滑块底面磨损修整难　c）滑块底面磨损修整容易

采用推杆直接推动斜滑块运动时，由于存在加工制造误差，往往会出现推力不均匀的现象，严重时能使塑件损坏。解决这一问题的办法是在推杆与斜滑块之间加设一个推板，使斜滑块推力均匀。

4. 斜导槽侧向抽芯机构

斜导槽侧向抽芯机构是由固定于模外的斜导槽板与固定于侧型芯滑块上的圆柱销联接所形成的，如图 5-34 所示。斜导槽板 5 用 4 个螺钉和 2 个销钉安装在定模外侧，开模时，侧型芯滑块 4 的侧向移动是受固定在它上面的圆柱销在斜导槽内的运动轨迹所限制的。当槽与开模方向没有斜度时，滑块无侧向抽芯动作；当槽与开模方向成一定角度时，滑块可以侧向抽芯；槽与开模方向角度越大，则侧向抽芯的速度越大；槽越长，侧向抽芯的抽芯距也就越长。由此可以看出，斜导槽侧向抽芯机构设计时比较灵活。

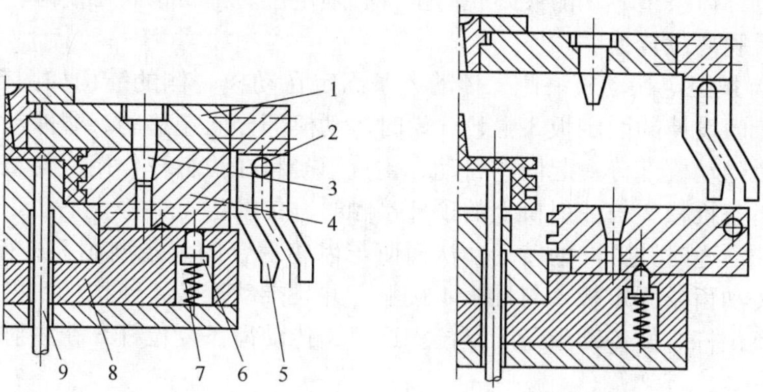

a)　　　　b)

图 5-34　斜导槽侧向抽芯机构

a）合模状态　b）抽芯后推出状态

1—定模板　2—滑销　3—止动销　4—侧型芯滑块

5—斜导槽板　6—顶销　7—弹簧　8—动模板　9—推杆

斜导槽侧向抽芯机构抽芯动作的整个过程，实际上是受斜导槽的形状所控制的。图 5-35 所示为斜导槽的三种不同形式。

图 5-35a 所示的形式为开模便开始侧向抽芯，但这时斜导槽倾斜角 α 应小于 25°。

图 5 35b 所示的形式为开模后，滑销先在直槽内运动，因此有一段延时抽芯动作，直至滑销进入斜槽部分，侧向抽芯才开始。

图 5-35c 所示的形式为先在倾斜角 α_1 较小的斜导槽内侧向抽芯，然后进入倾斜角 α_2 较大的斜导槽内侧向抽芯，这种形式适用于抽芯距较大的场合。由于起始抽芯力较大，第一段的倾斜角一般在 12°～25°范围内选取，一旦侧型芯与塑件松动，以后的抽芯力就比较小，因此第二段的倾斜角可适当增大，但仍应小于 40°。图中第一段抽芯距为 S_1，第二段抽芯距为 S_2，总的抽芯距为 S。斜导槽的宽度一般比圆柱销直径大 0.2mm。

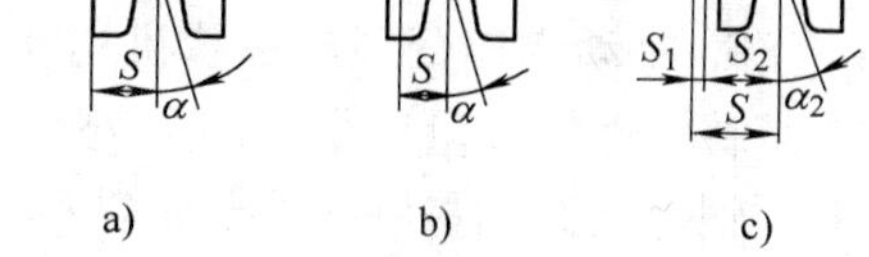

a)　　b)　　c)

图 5-35　斜导槽的形式

a）开模即抽芯　b）延迟抽芯

c）抽芯力逐渐增大

斜导槽板与滑销通常用 T8、T10 钢等材料制造，热处理要求与斜导柱相同，一般硬度为 55HRC，表面粗糙度 Ra 值小于等于 0.8μm。

5. 齿轮齿条侧向抽芯机构

齿轮齿条侧向抽芯机构可以获得较大的抽芯距和抽芯力，可满足斜向抽芯的要求，但一般不用于中小型模具。

（1）传动齿条固定在定模一侧　图 5-36 所示为传动齿条固定在定模上的侧向抽芯机构。塑件上的斜孔由齿条型芯 2 成型。开模时，固定在定模板 3 上的导柱齿条 5 通过齿轮 4 带动齿条型芯 2 实现抽芯动作。开模至最终位置时，导柱齿条 5 与齿轮 4 脱开。为了保证齿条型芯 2 的准确复位，齿条型芯 2 的最终脱离位置必须定位。弹簧销 8 可使齿轮 4 始终保持在导柱齿条 5 的最后脱离位置上。

（2）传动齿条固定在动模一侧　传动齿条固定在动模一侧的结构如图 5-37 所示。传动齿条 1 固定在专门设计的固定板 3 上，开模时，动模部分向左移动，塑件包在齿条型芯 7 上从型腔中脱出后随动模部分一起向左移动，主流道凝料在拉料杆作用下与塑件连在一起向左移动。当传动齿条推板 2 与注射机上的顶杆接触时，传动齿条 1 静止不动，动模部分继续后退，使齿轮 6 作沿逆时针方向的转动，从而使与齿轮啮合的齿条型芯 7 进行斜侧方向抽芯。当抽芯完毕，传动齿条固定板 3 与推板 4 接触，并且推动推板 4 使推杆 5 将塑件推出。合模时，传动齿条复位杆 8 使传动齿条 1 复位。这里，传动齿条复位杆 8 在注射时还起到锁紧块的作用。

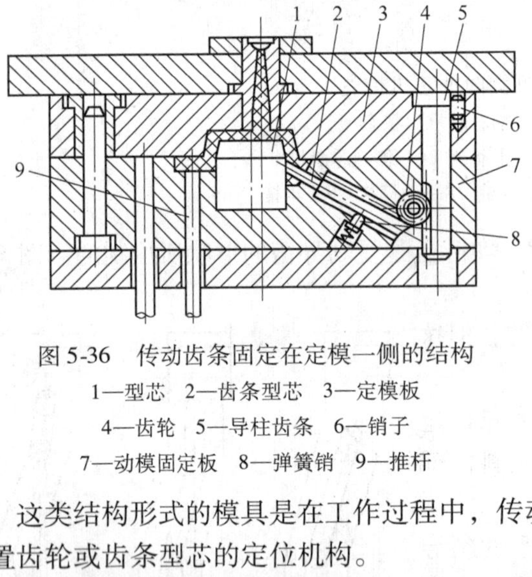

图 5-36　传动齿条固定在定模一侧的结构

1—型芯　2—齿条型芯　3—定模板
4—齿轮　5—导柱齿条　6—销子
7—动模固定板　8—弹簧销　9—推杆

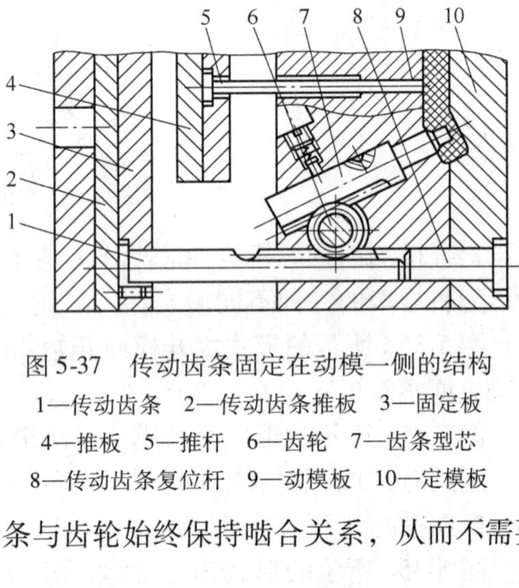

图 5-37　传动齿条固定在动模一侧的结构

1—传动齿条　2—传动齿条推板　3—固定板
4—推板　5—推杆　6—齿轮　7—齿条型芯
8—传动齿条复位杆　9—动模板　10—定模板

这类结构形式的模具是在工作过程中，传动齿条与齿轮始终保持啮合关系，从而不需要设置齿轮或齿条型芯的定位机构。

6. 手动侧向分型与抽芯机构

在塑件的批量很小或产品处于试制状态，或者采用机动抽芯十分复杂难以实现的情况下，塑件上的某些侧向凹凸常常采用手动方法进行侧抽芯。手动侧向分型机构可分为两类，一类是模内手动侧抽芯，另一类是模外手动侧抽芯。模外手动侧抽芯机构实质上就是带有活动镶件的注射模结构。注射前，先将活动镶件以 H8/f8 的配合在模具内安放定位，注射后脱模，活动镶块随塑件一起被推出模外，然后用手工的方法将活动镶块从塑件上取下，准备下一次注射时使用。

模内手动侧向分型与抽芯机构是指在开模前或开模后尚未推出塑件以前用手工完成模具上的侧向分型与抽芯动作，然后把塑件推出模外。

7. 液压（或气动）侧向抽芯机构

液压（或气动）侧向抽芯是通过液压缸（或气缸）活塞及控制系统来实现的。当塑件侧向有很深的三通管道时，侧向抽芯力和抽芯距很大，用斜导柱、斜滑块等侧向抽芯机构无法解决，往往优先考虑采用液压（或气动）侧向抽芯机构（在有液压或气动源时）。

图 5-38 所示为液压缸（或气缸）固定于定模省去锁紧块的侧向抽芯机构，它能完成定模部分的侧向抽芯工作。液压缸（或气缸）在控制系统控制下于开模前必须将侧向型芯抽出，然后再开模；只有在合模结束后，液压缸（或气缸）才能驱使侧型芯复位。

图 5-39 所示为液压缸（或气缸）固定于动模、具有锁紧块的侧向抽芯机构，它能完成动模部分的侧向抽芯工作。开模后，当锁紧块脱离侧型芯后首先由液压缸（或气缸）抽出侧型芯，然后推出机构才能使塑件脱模。合模时，侧型芯由液压缸（或气缸）先复位，然后推出机构复位，最后锁紧块锁紧。

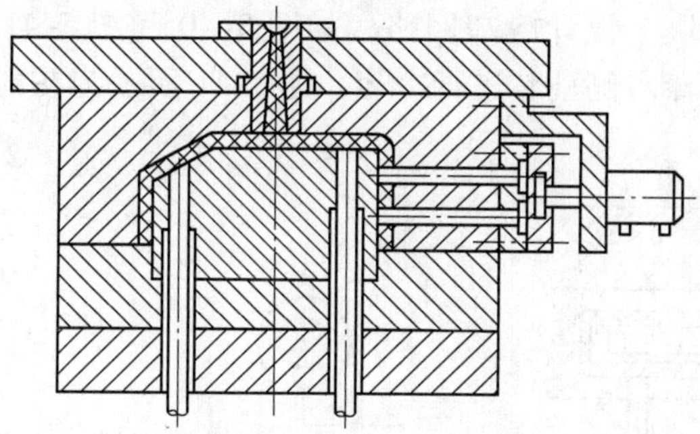

图 5-38　定模部分的液压（气动）侧向抽芯机构

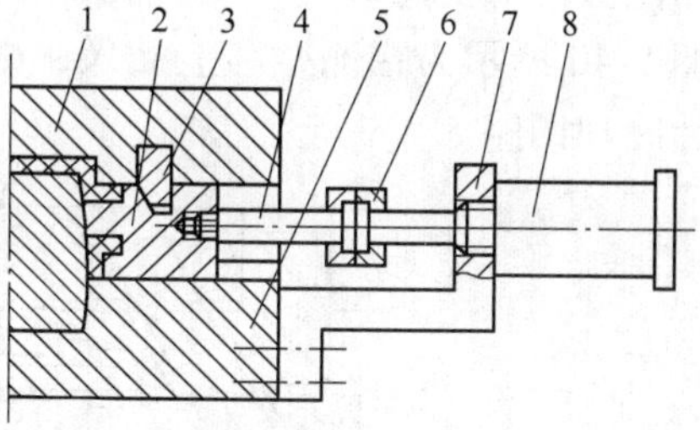

图 5-39　动模部分的液压（气动）侧向抽芯机构

1—定模板　2—侧型芯　3—锁紧块　4—拉杆　5—动模板　6—连接器　7—支架　8—液压缸

5.2.5　模具分型面的选择

当塑件上有侧凹或侧孔时，要使塑件顺利脱模，必须在侧凹或侧孔处也开设分型面。带有侧凹或侧孔的塑件，根据侧凹或侧孔数目的多少及复杂程度的不同，具有两个或两个以上的分型面，而且至少有两个分型面不在同一个方向上。对于此类塑件，选择分型面时，除需考虑顺利脱模外，一般还需考虑以下原则，见表 5-1。

表 5-1　侧抽芯注射模分型面的选择原则

序　号	图　示		选 择 原 则
1	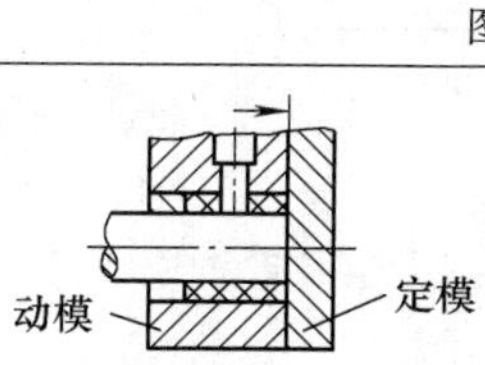 合理	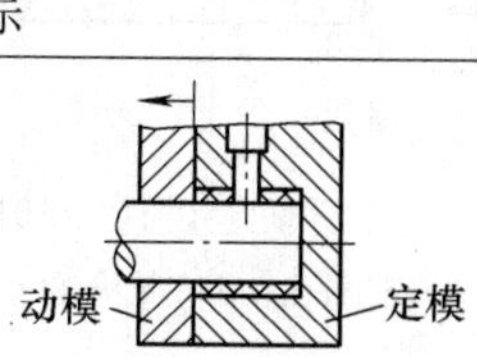 不合理	当塑件有侧抽芯时，应尽可能放在动模部分，避免定模抽芯
2	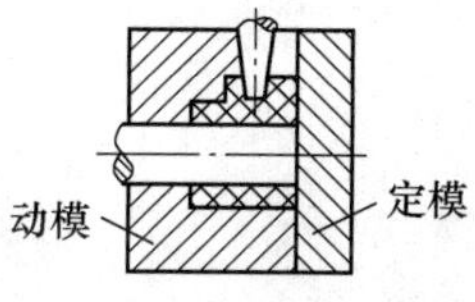 合理	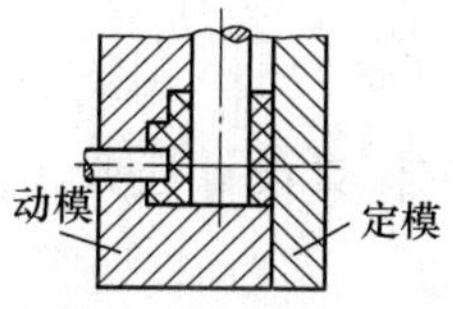 不合理	当塑件有多组抽芯时，应尽量避免大端侧向抽芯。因为除了液压抽芯机构能获得较大的抽芯距离外，一般的侧向分型抽芯的抽芯距离较小，故在选择分型面时，应将抽芯或分型距离大的放在开模方向上

（续）

序　号	图　　示		选择原则
3	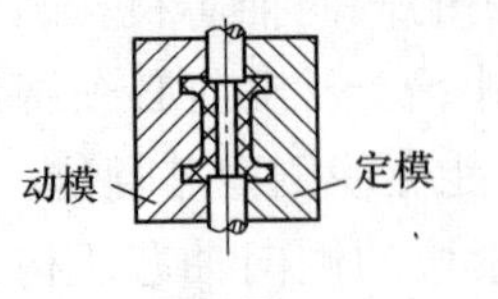 合理	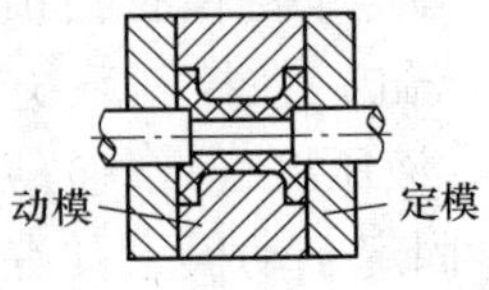 不合理	大型线圈骨架塑件的成型采用拼块形式，当拼块的投影面积较大时，会造成锁模不紧，产生溢料。因此最好将型腔设于动、定模上，在受力小的侧面进行抽芯

5.2.6　侧型芯的冷却

当侧型芯需要冷却时，可以在侧型芯和滑块上设计冷却回路，如图 5-40 和图 5-41 所示。图 5-40 所示为在侧型芯上插入一根镀铜芯棒对侧型芯进行冷却，图 5-41 所示为在滑块上设计冷却回路。

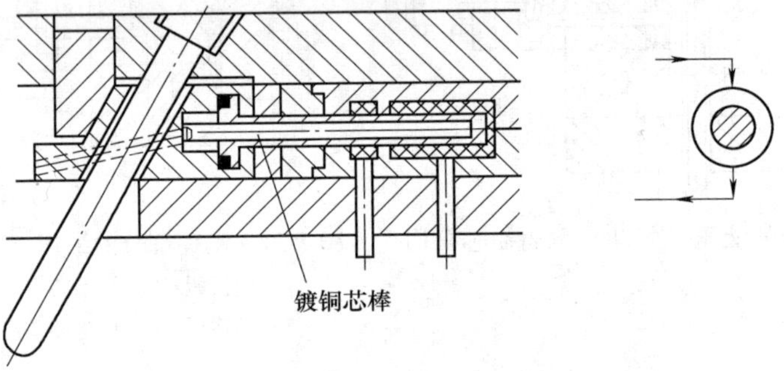

图 5-40　侧型芯的冷却

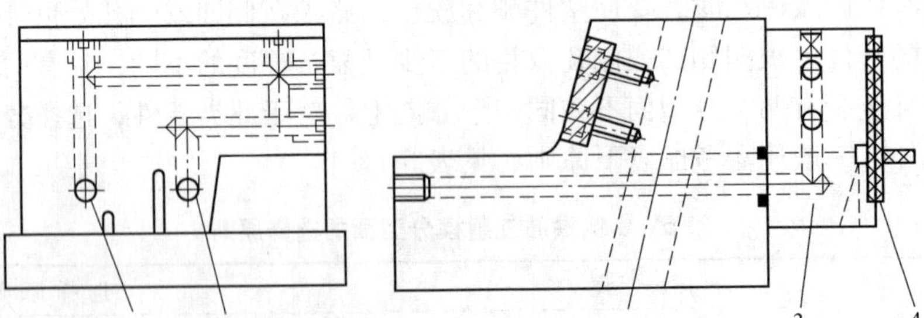

图 5-41　在滑块上设计冷却回路

1—出水孔　2—进水孔　3—滑块镶块　4—塑件

5.3　任务实施

完成图 5-1 所示的 ABS 壳体塑件的模具设计任务。

1. 塑料成型工艺规程的编制

注射成型工艺条件的选择可查表 2-23，确定外壳塑件的注射成型工艺见表 5-2。

表 5-2　外壳注射成型工艺卡片

<table>
<tr><td colspan="2" rowspan="2">（厂名）
车间</td><td colspan="2" rowspan="2">塑料注射成型工艺卡片</td><td>资料编号</td><td></td></tr>
<tr><td>共　页</td><td>第　页</td></tr>
<tr><td>零件名称</td><td>外壳</td><td>材料牌号</td><td>ABS</td><td>设备型号</td><td>XS-ZY-125</td></tr>
<tr><td>装配图号</td><td></td><td>材料定额</td><td></td><td>每模塑件数</td><td>1 件</td></tr>
<tr><td>零件图号</td><td></td><td>单件质量</td><td>11g</td><td>工装号</td><td></td></tr>
<tr><td colspan="3" rowspan="14">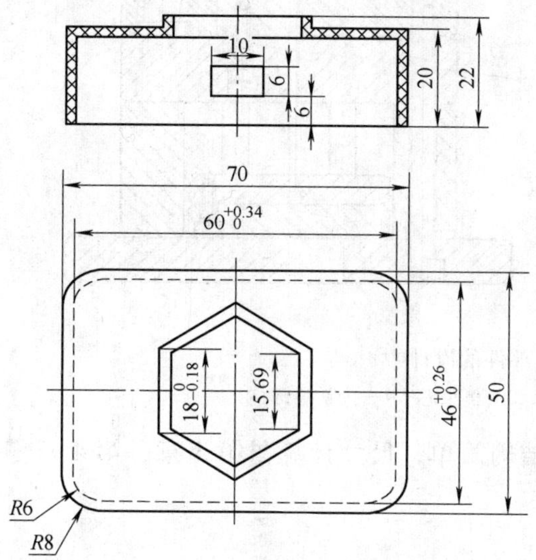
</td><td rowspan="3">材料干燥</td><td>设备</td><td>红外线烘箱</td></tr>
<tr><td>温度/℃</td><td>90～110</td></tr>
<tr><td>时间/h</td><td>2～3</td></tr>
<tr><td rowspan="4">料筒温度/℃</td><td>料筒一区</td><td>150～170</td></tr>
<tr><td>料筒二区</td><td>165～180</td></tr>
<tr><td>料筒三区</td><td>180～200</td></tr>
<tr><td>喷嘴</td><td>170～180</td></tr>
<tr><td colspan="2">模具温度/℃</td><td>60～80</td></tr>
<tr><td rowspan="3">时间/s</td><td>注射</td><td>2～5</td></tr>
<tr><td>保压</td><td>5～10</td></tr>
<tr><td>冷却</td><td>5～15</td></tr>
<tr><td rowspan="3">压力/MPa</td><td>注射压力</td><td>60～100</td></tr>
<tr><td>保压压力</td><td>40～60</td></tr>
<tr><td>塑化压力</td><td>2～6</td></tr>
<tr><td rowspan="2">后处理</td><td>温度/℃</td><td>红外线烘箱 70～90</td><td rowspan="2">时间定额/min</td><td>辅助</td><td>0.5</td></tr>
<tr><td>时间/min</td><td>16～20</td><td>单件</td><td>0.5～1</td></tr>
<tr><td>检验</td><td colspan="5"></td></tr>
</table>

编制	校对	审核	组长	车间主任	检验组长	编制

2. 初步选择注射成型设备

初步选取螺杆式注射成型机：SZ-125/630，有关参数见表 4-5。

3. 分型面的选择和浇注系统的设计

本例中的零件并不复杂，为一普通方形壳件，其中一个侧面有一方形孔，考虑到塑件顺利脱模，因此设计一模一件，其分型面如图 5-42 所示。

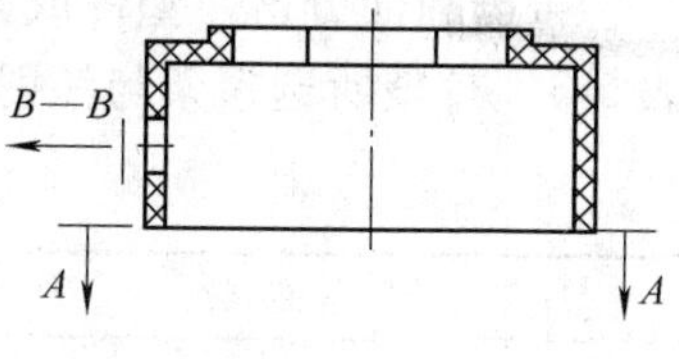

图 5-42　外壳分型面

该塑件的浇注系统选用轮辐式浇口，五点进料（具体设计略）。

4. 成型零部件的设计

（1）成型零件的结构设计　成型零件的结构设计如图 5-43 所示。考虑到零件的加工工艺性以及塑件的大小，动模部分的主型芯采用整体直通嵌入式结构，使用螺钉（零件 4）拉紧固定。型腔部分设计的难点在于塑件上六边形凸起的外形成型，本例中考虑采用组合式型腔，塑件的主体外形直接由定模板成型，而六边形的部分由镶入定模板上的一个小型芯来成型。小型芯采用台肩固定。

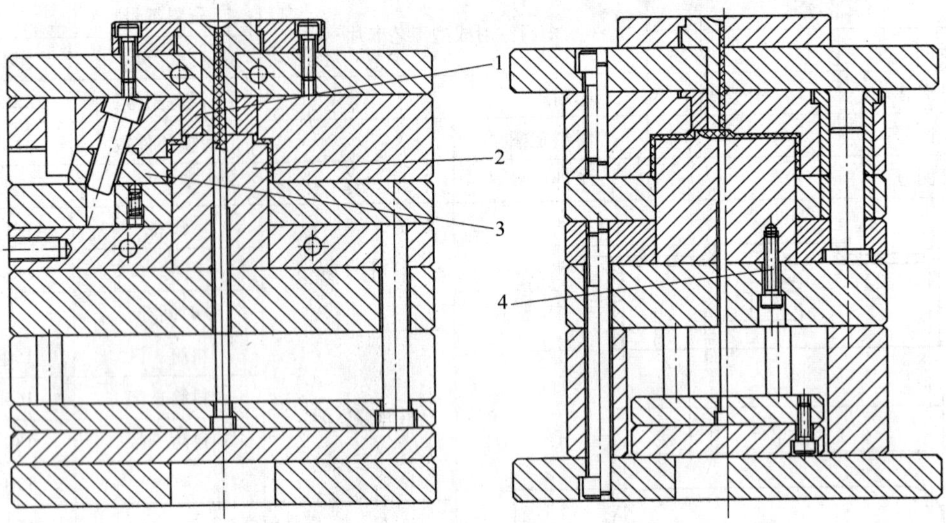

图 5-43　成型零部件的设计

1—定模小型芯　2—动模主型芯　3—侧型芯　4—拉紧螺钉

（2）成型零件的尺寸计算与校核　该塑件结构简单，尺寸计算与第 3 章、第 4 章零件相同。

5. 注射模结构类型及模架的选用

该塑件属薄壳类塑件，包紧力较大，采用推杆推出时塑件变形较大，甚至开裂。因此本例的模具推出方式采用推件板推出；根据型腔的排布形式（一模一腔）和前面所确定的分型面、浇注系统特征，选用直浇口 B 型模架，即动模、定模各自都由两个模板组成，中间加装推件板。

塑件最大外形尺寸为 50mm × 70mm × 22mm，按照模架的选用步骤（计算同前），初步确定模具长为 150mm，宽为 200mm，即模架 A 1520 系列，具体 *A*、*B*、*C* 板厚度结合成型零件结构、凹模底板厚度等确定。初步选定为

模架　A　1520-50 × 35 × 40　GB/T 12555—2006

根据前面分析，塑件成型初选螺杆式注射成型机：SZ-125/630，设备的主要技术参数见表 5-3。校核所选模架与注射机之间的关系，结论见表 5-3。

表 5-3　模架与注射机之间关系的校核　　（单位：mm）

设备参数		模架规格		校核结论
拉杆空间	370 × 320	模具外形尺寸	200 × 200	模具外形尺寸满足要求
模板尺寸	420 × 450			
最大开合模行程	270	取件所需空间	52	取件空间满足要求
最大模厚	300	模具闭合高度	230	闭合高度满足要求
最小模厚	150			

结论：选用标准模板规格：模架 A　1520-50 × 35 × 40　GB/T 12555—2006 可以满足

要求。

6. 设计注射模具的调温系统

本例调温系统的设计与第 3 章、第 4 章零件相同，具体参见总装配图。

7. 侧抽芯机构的设计

塑件侧孔形状简单，成型侧孔尺寸为 6mm × 10mm，塑件壁厚为 2mm，所需侧向抽芯距和抽芯力均较小，所以直接选用最常用的斜导柱侧抽芯机构，且选用斜导柱在定模、滑块在动模的形式来成型侧孔，侧抽芯机构的总体结构形式如图 5-44 所示。斜导柱侧抽芯机构的

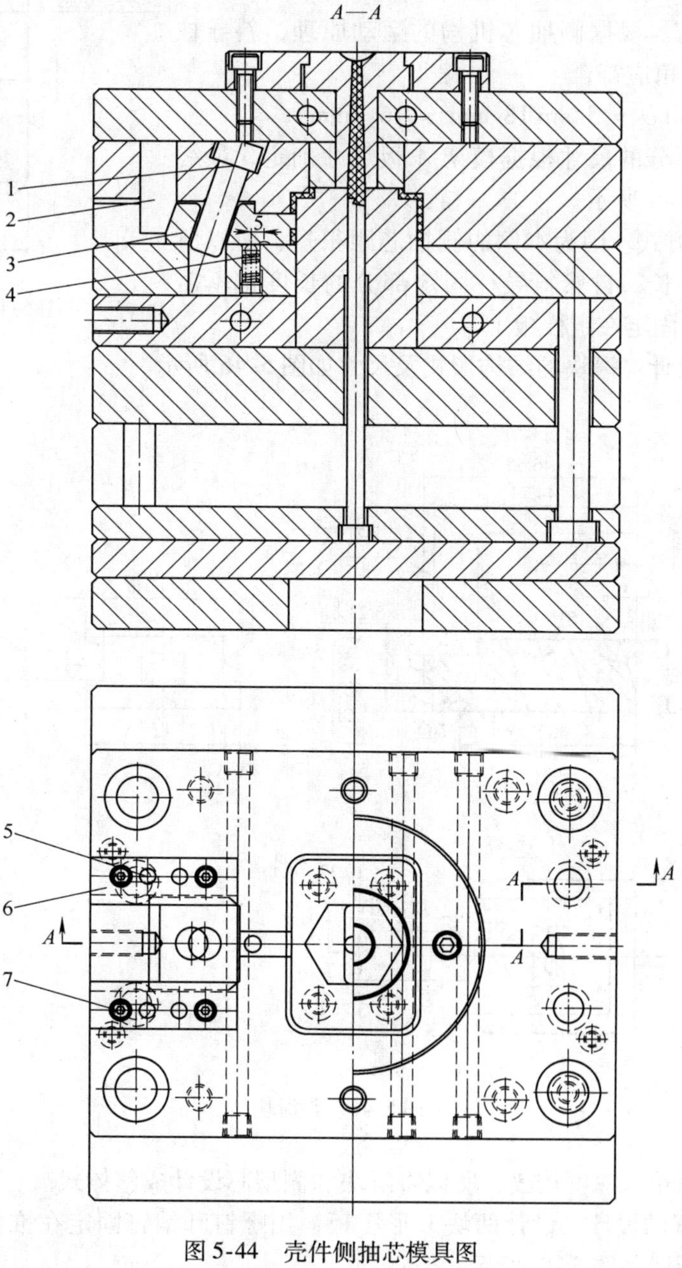

图 5-44　壳件侧抽芯模具图

1—斜导柱　2—楔紧块　3—滑块　4—定位装置　5—压板螺钉　6—压板　7—压板销钉

设计过程如下：

（1）确定抽芯距

$$S = 侧孔深度 + 3\text{mm} = (2+3)\text{mm} = 5\text{mm}$$

（2）设计斜导柱

1）直径 d。因侧孔形状较小、深度不深且形状简单，斜导柱直径按经验取为 12mm。

2）倾斜角。模具所需抽芯距不大，所以斜导柱的倾斜角设计为 18°。

3）有效长度 l。根据侧抽芯机构的运动原理，斜导柱的有效长度和倾斜角应符合

$$l = S/\sin\alpha = 5/\sin 18^\circ \text{mm} = 16.2\text{mm}$$

斜导柱其他部分的尺寸根据模架 A 板尺寸确定，最终的结构尺寸如图 5-45 所示。

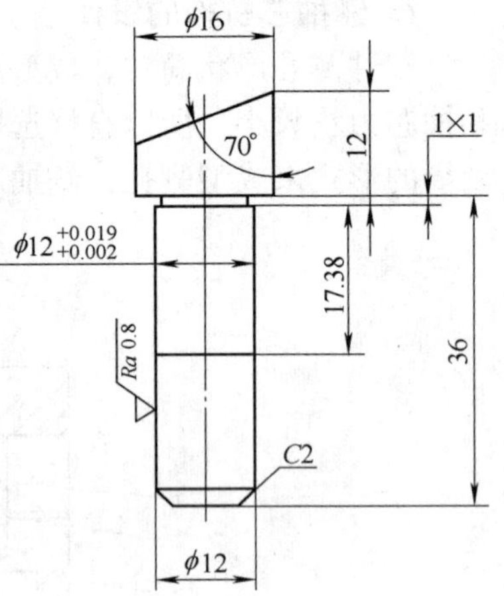

图 5-45　斜导柱

4）安装固定方式。因为本例的侧抽芯距很短，所以所需的斜导柱长度不长，自然斜导柱固定部分的长度也不需很长，可将斜导柱固定在定模板上。

（3）滑块的设计　滑块的结构形式及尺寸如图 5-46 所示。

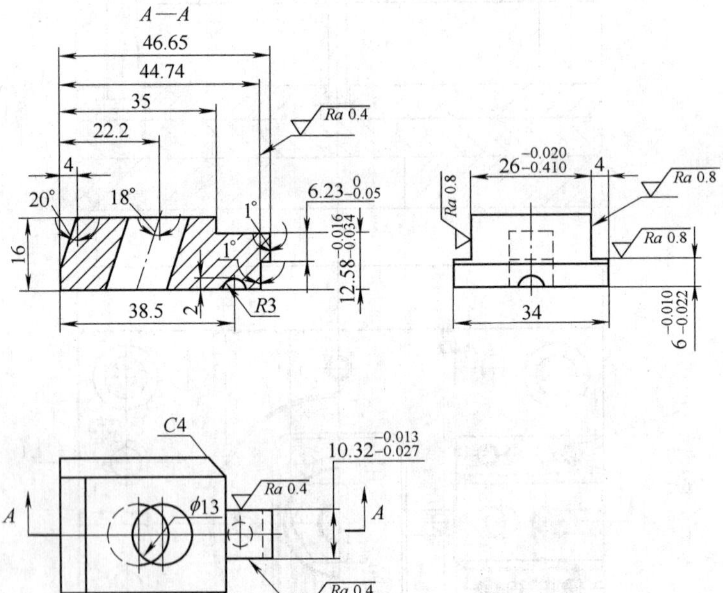

图 5-46　斜滑块

因侧孔形状简单、深度较浅，所以将滑块和侧型芯设计成整体式。

（4）导滑装置的设计　设计两块 L 形压板，用螺钉和销钉固定在推件板上，形成 T 形导滑槽，其结构形式如图 5-47 所示。

（5）限位装置的设计　直接选用标准结构形式的限位钉。因滑块尺寸较小，只设计一颗限位钉即可。设计时需要注意的一个问题是，模具合模后，限位钉和滑块上的限位孔之间的距离应该等于抽芯距，如图5-44所示。

（6）楔紧块的设计　楔紧块与滑块配合的斜面的倾斜角应比斜导柱安装的倾斜度大2°~3°，最终取值为20°，单侧设计台肩，安装在定模板上，如图5-48所示。

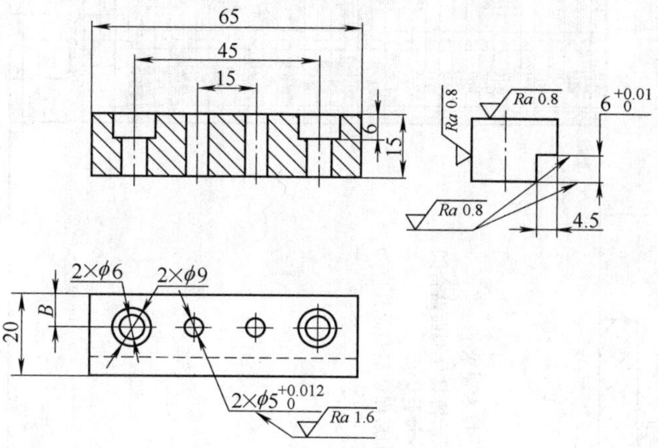

图5-47　压板

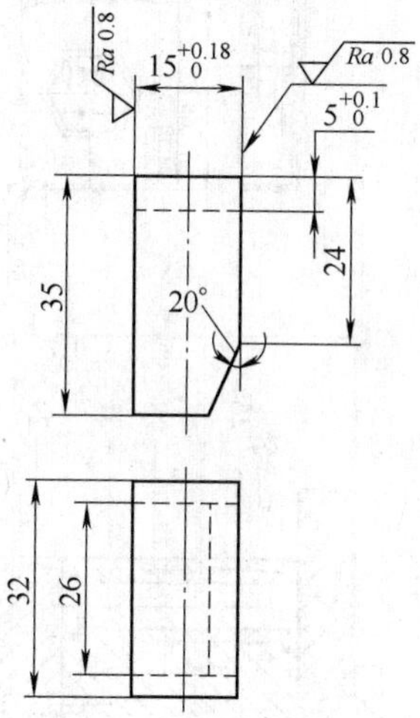

图5-48　楔紧块

8. 推出机构设计

本例模具的主型芯位于动模一侧，开模后，塑件包紧型芯留在动模一侧，所以只在动模部分设计推出机构即可。且塑件为壳类零件，表面不允许留有推出痕迹，所以采用推件板推出方式。既然使用推件板推出，就不存在干涉现象，也就不必设计先行复位机构了。

9. 绘制模具工程图

根据已确定的模架、模具零件结构及模具总装配图要求绘制模具工程图，如图5-49所示。根据GB/T 12555—2006及常用模具零件材料的适用范围与热处理方法或其他设计资料，结合塑件生产批量确定模具各零件所用材料及热处理要求，并填入明细栏中。

10. 注射模与注射机的相互适应性

注射模是安装在注射机上使用的，模具与注射机应当相互适应。注射量的大小、锁模力的大小、模具定位圈尺寸、模板的外围尺寸及推出机构的设置等必须参照注射机的类型及相关尺寸进行设计，否则，模具就无法与注射机合理匹配，注射过程也就无法正常进行。因此模具设计完毕应对初选设备各个参数逐一进行校核。若不满足则需重新选定设备规格和修改模具相应结构尺寸。

特别注意，本例模具有侧向抽芯机构，需校核开模行程，注射机活动模板的行程除能满足取出塑件和浇注系统凝料外，还需满足侧向分型抽芯的要求。

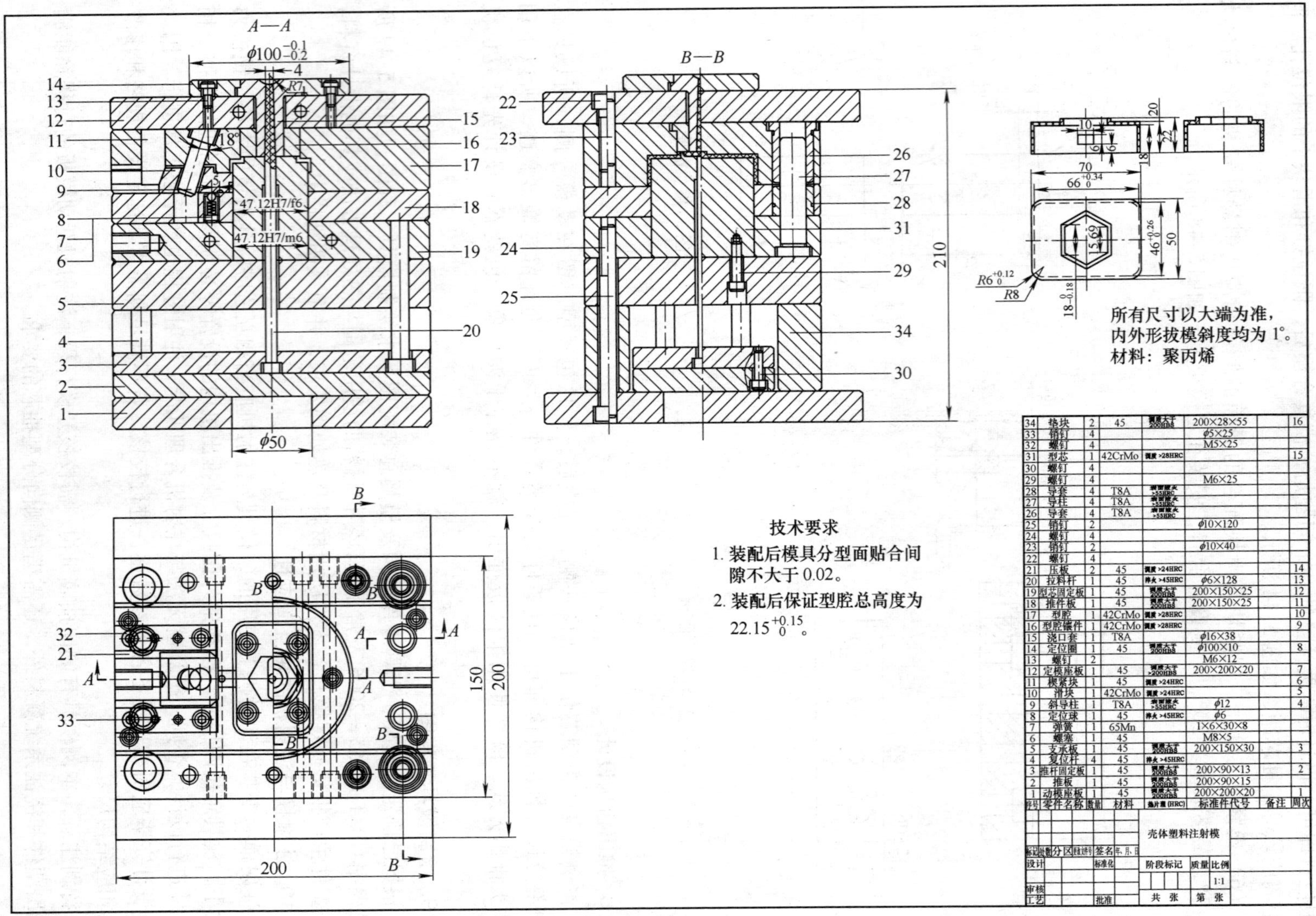

序号	零件名称	数量	材料	热处理(HRC)	标准件代号	备注	周次
34	垫块	2	45	调质大于200HBS	200×28×55		16
33	销钉	4			ϕ5×25		
32	螺钉	4			M5×25		
31	型芯	1	42CrMo	调质>28HRC			15
30	螺钉	4					
29	螺钉	4			M6×25		
28	导套	4	T8A	表面淬火>55HRC			
27	导柱	4	T8A	表面淬火>55HRC			
26	导套	4	T8A	表面淬火>55HRC			
25	销钉	2			ϕ10×120		
24	螺钉	4					
23	销钉	2			ϕ10×40		
22	螺钉	4					
21	压板	2	45	调质>24HRC			14
20	拉料杆	1	45	淬火>45HRC	ϕ6×128		13
19	型芯固定板	1	45	调质大于200HBS	200×150×25		12
18	推件板	1	45	调质大于200HBS	200×150×25		11
17	型腔	1	42CrMo	调质>28HRC			10
16	型腔镶件	1	42CrMo	调质>28HRC			9
15	浇口套	1	T8A		ϕ16×38		
14	定位圈	1	45	调质大于200HBS	ϕ100×10		8
13	螺钉	2			M6×12		
12	定模座板	1	45	调质大于>200HBS	200×200×20		7
11	楔紧块	1	45	调质>24HRC			6
10	滑块	1	42CrMo	调质>24HRC			5
9	斜导柱	1	T8A	表面淬火>55HRC	ϕ12		4
8	定位球	1	45	淬火>45HRC	ϕ6		
7	弹簧	1	65Mn		1×6×30×8		
6	螺塞	1	45		M8×5		
5	支承板	1	45	调质大于200HBS	200×150×30		3
4	复位杆	4	45	淬火>45HRC			
3	推杆固定板	1	45	调质大于200HBS	200×90×13		2
2	推板	1	45	调质大于200HBS	200×90×15		
1	动模座板	1	45	调质大于200HBS	200×200×20		1

图5-49 模具工程图

【思考与练习】

1. 斜导柱侧向抽芯机构由哪几部分组成？各部分的作用是什么？请绘制草图加以说明，并注上配合精度。

2. 侧滑块脱离斜导柱时的定位装置有哪几种形式？并说明各自的使用场合。

3. 什么是侧向抽芯时的干涉现象？如何避免侧向抽芯时发生干涉现象？简述各类先复位机构的工作原理。

4. 弯销侧向抽芯机构的特点是什么？

5. 简述斜导槽侧向抽芯机构的特点，画出斜导槽的三种形式，并分别指出其侧向抽芯的特点。

6. 斜滑块侧向抽芯可分为哪几种形式？简述斜滑块侧向抽芯时的设计注意事项。

7. 阐述传动齿条固定在定模一侧与动模一侧两种形式的齿条齿轮抽芯机构的工作原理，并说明设计要点。

8. 大批量生产塑料防护罩（图 5-50），材料为 ABS，试设计一副采用斜导柱侧向抽芯机构的注射成型模具。

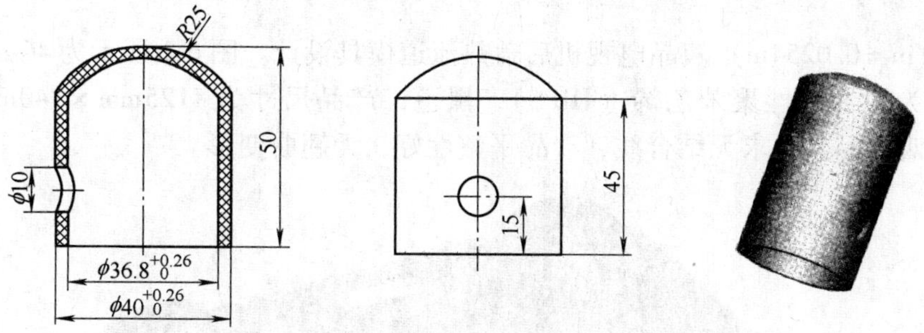

图 5-50　防护罩

1）绘制注射模具总装配图及非标准模具零件图。

2）编写设计计算说明书。

第 6 章　热流道模具设计

【教学目标】

通过对本章内容的学习，学生应掌握热流道模具成型原理及热流道模具结构，了解热流道模具设计程序，了解热流道模具结构设计时应注意的问题，掌握热流道模具与注射机的关系，掌握热流道模具浇注系统的设计方法。

6.1　任务引入

46in（1in = 0.0254m）液晶电视机后盖热流道模具设计。图 6-1 所示为 46in 液晶电视机后盖，材料为耐冲击性聚苯乙烯（HIPS），黑色，产品尺寸为 1125mm × 740mm × 110mm；该产品为外观产品，要求无结合线，产品平整性好，无翘曲变形。

图 6-1　46in 液晶电视机后盖

6.2　相关知识

6.2.1　热流道模具的结构组成

热流道注射成型法于 20 世纪 50 年代问世，经历了一段较长时间地推广后，其市场占有率逐年上升，20 世纪 80 年代中期，美国的热流道模具占注射模具总数的 15% ~17%，欧洲为 12% ~15%，日本约为 10%。但到了 20 世纪 90 年代，美国生产的塑料注射模具中热流道模具已占 40% 以上，在大型塑件的注射模具中则占 90% 以上。

利用加热或者绝热以及缩短喷嘴至型腔距离等方法，使浇注系统里的融料在注射和开模过程中始终保持熔融状态，在开模取出塑件时无需取出浇注系统凝料而能连续生产的模具，称为热流道模具，又称为无流道模具。

1. 热流道模具的优点

热流道模具在当今世界各工业发达国家和地区均得到极为广泛的应用。这主要因为热流道模具拥有如下显著特点。

（1）缩短塑件成型周期　因为没有浇道系统冷却时间的限制，所以塑件成型固化后便可及时顶出。许多用热流道模具生产的薄壁塑件成型周期可在5s以内。

（2）节省塑料原料　在纯热流道模具中因为没有冷凝料，所以无生产废料。这对于塑料价格高的应用项目意义尤其重大。事实上，国际上主要的热流道生产厂商均在世界上石油及塑料原料价格昂贵的年代得到了迅猛的发展。因为热流道技术是减少废料、降低材料费的有效途径。

（3）减少废品，提高产品质量　在热流道模具成型过程中，塑料熔体温度在流道系统里得到准确的控制，塑料以更均匀、一致的状态流入各型腔，从而得到品质一致的塑件。热流道成型的塑件浇口质量好，脱模后残留应力低，塑件变形小，所以市场上很多高质量的产品均由热流道模具生产。

（4）消除后续工序，有利于生产自动化　经热流道模具成型后，无需修剪浇口及回收加工冷凝料等工序，有利于实现自动化生产。国外很多生产厂家均将热流道与自动化结合起来，以大幅度提高生产率。

（5）扩大注射成型工艺应用范围　许多先进的塑料成型工艺是在热流道技术基础上发展起来的，如PET预成型制作、在模具中多色共注、多种材料共注工艺、STACK MOLD等。

2. 热流道模具的缺点

尽管与冷流道模具相比，热流道模具有许多显著的优点，但其缺点概括起来有以下几点：

（1）模具成本上升　热流道元件价格比较高，若产量小，则不经济。因此，对于许多发展中国家，热流道系统价格高是影响热流道模具广泛使用的主要问题之一。

（2）热流道模具制作工艺设备要求高　热流道模具需要精密加工机械作保证。热流道系统与模具的集成与配合要求极为严格，否则模具在生产过程中会出现很多严重问题。如塑料密封不好会导致塑料溢出从而损坏热流道元件而中断生产，喷嘴镶件与浇口相对位置不好会导致塑件质量严重下降等。

（3）操作维修复杂　与冷流道模具相比，热流道模具操作维修复杂。如使用操作不当极易损坏热流道零件，使生产无法进行，造成巨大经济损失。对于热流道模具的新用户，需要较长时间来积累使用经验。

3. 热流道模具的组成

尽管世界上有许多热流道生产厂商和多种热流道产品系列，但一个典型的热流道系统均由如下几大部分组成：

（1）热流道板　外加热式多型腔加热流道注射模的关键是热流道板以及加热或绝热的设计。图6-2所示为用于四个浇口的十字形的热流道板。主流道与分流道的截面多为圆形，其直径为5～15mm，分流道内壁应光滑，分流道端孔需采用比孔径大的细牙管螺纹管塞和铜制密封垫圈（或聚四氟乙烯密封垫圈）堵住，以免塑料熔体泄漏，热流道板上钻有孔，孔内插入管式加热器，使流道内的塑料在工作过程中始终保持熔融状态；热流道板利用绝热材料（石棉水泥板等）或空气间隙与模具的其余部分隔热。

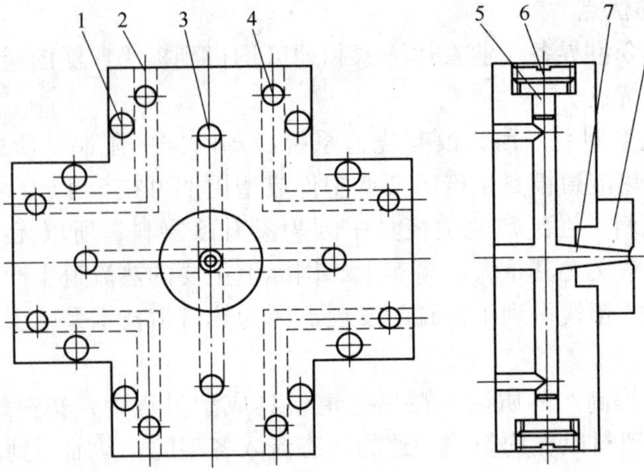

图 6-2　热流道板结构

1—固定孔　2—加热器孔　3—分流道　4—加热器固定孔

5—堵头　6—螺钉　7—主流道　8—浇口套

热流道板的形式根据型腔的数量与布置而定，常见的热流道板有单点偏心工字形（图 6-3a）、多点偏心工字形（图 6-3b）、Y 形（图 6-3c）、X 形（图 6-3d）、H 形（图 6-3d）等。

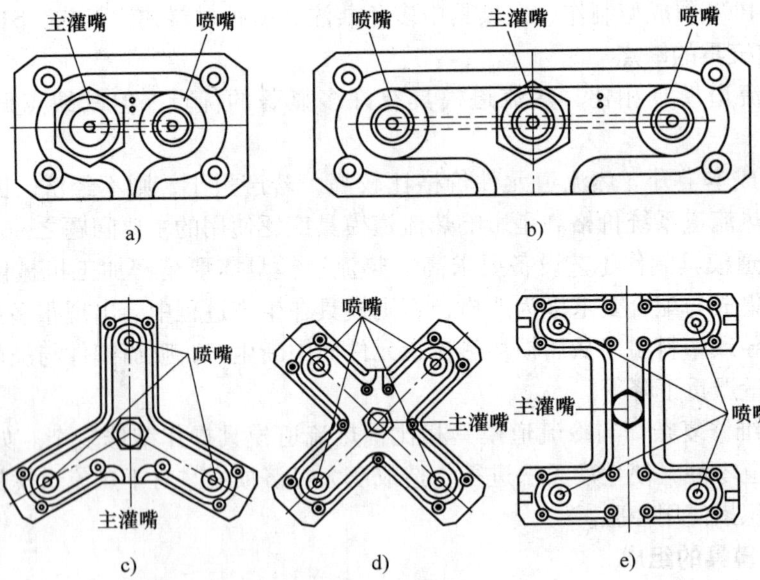

图 6-3　常用的热流道板形状

a) 单点偏心工字形　b) 多点偏心工字形　c) Y 形　d) X 形　e) H 形

将热流道板加热至设定温度所需功率的计算公式为

$$P = \frac{mC(\theta - \theta_0)}{36 \times 10^5 \eta t} \tag{6-1}$$

式中　P——加热器功率（kW）；

m——热流道板的质量（kg）；

C——热流道板的比热容，钢材约为 485J/(kg·℃)；

θ——热流道板的设定温度（℃）；

θ_0——室温（℃）；

η——加热器加热效率，常取 $\eta = 0.5 \sim 0.7$；

t——热流道板升至设定温度所需的时间（h）。

和单型腔模一样，多型腔模的外加热式加热流道也可以使用已经商品化的热流道喷嘴和热流道板，图 6-4 所示为热流道板系统及其附件，图 6-5 所示为其结构示意图，图 6-6 所示为热流道系统的组成。

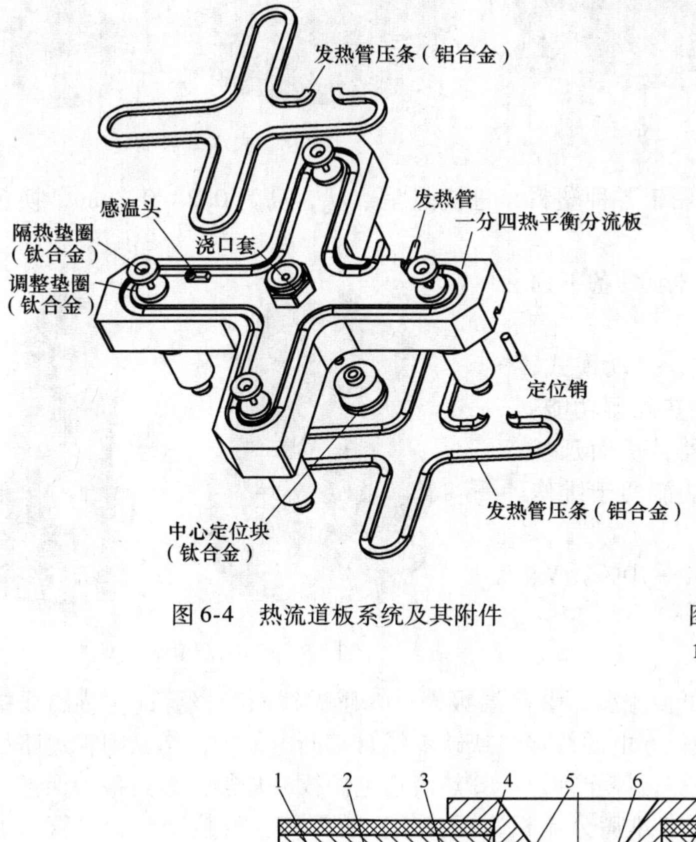

图 6-4　热流道板系统及其附件

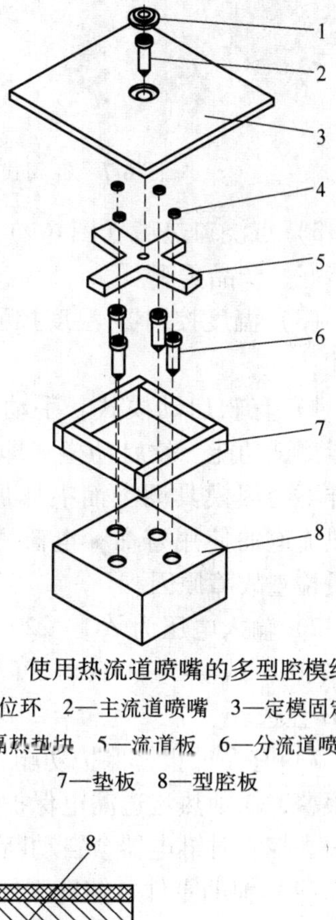

图 6-5　使用热流道喷嘴的多型腔模结构

1—定位环　2—主流道喷嘴　3—定模固定板　4—隔热垫块　5—流道板　6—分流道喷嘴　7—垫板　8—型腔板

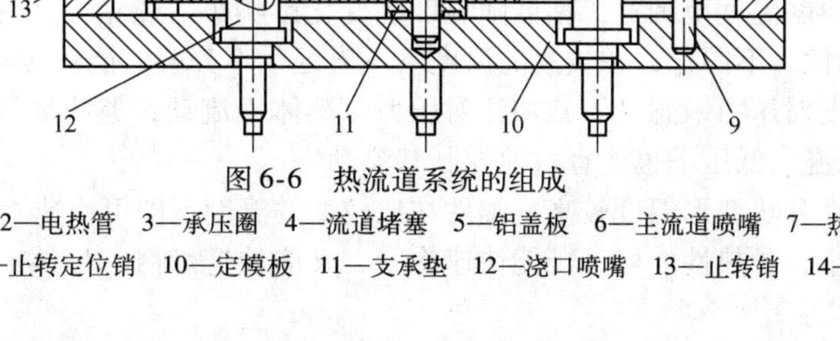

图 6-6　热流道系统的组成

1—密封圈　2—电热管　3—承压圈　4—流道堵塞　5—铝盖板　6—主流道喷嘴　7—热流道板　8—热电偶　9—止转定位销　10—定模板　11—支承垫　12—浇口喷嘴　13—止转销　14—压紧螺钉

（2）喷嘴　常见的热流道模具喷嘴有以下几种：

1）针阀式热嘴（图6-7），适用于各种塑料，产品浇口为一小圈，一般凹进表面0.3mm。

2）大水口热嘴（图6-8），适用于流动性差或加玻璃纤维的塑料，浇口带一段水口料长约10mm，加长型水口长约30mm，可依产品自由加工斜面，换色性能好。

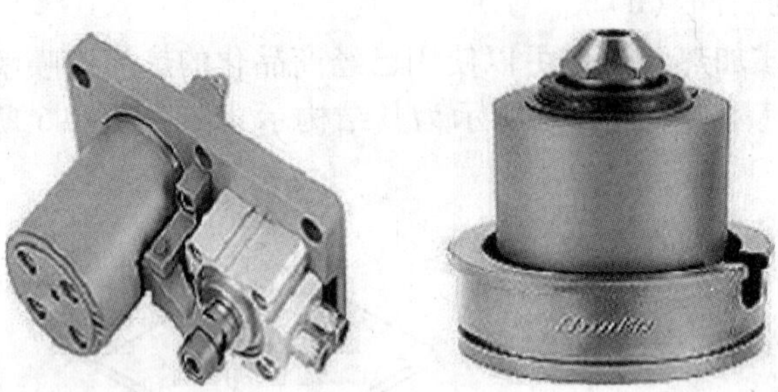

图6-7　针阀式热嘴

图6-8　大水口热嘴

3）点浇口热嘴（图6-9），适用于各种塑料，进浇点呈点状，高为0.2～0.8mm，换色性能好，产品美观。

（3）温度控制器 温度控制器必须具备下列功能：

1）有软启动模式、手动模式、自动模式、电流测试功能。软启动模式即为预热除湿功能，这样不会因模具潮湿而损坏加热器，从而延长了热流道的使用寿命；电流测试功能便于维修人员检查故障原因。

图6-9　点浇口热嘴

2）输入电压为AC　220×（1±10%）V、50～60Hz或AC　110×（1±10%）V、50～60Hz任选。

3）有多种报警保护功能：①低温报警；②高温报警；③感温线断开报警；④感温线接反报警；⑤预热流道漏电保护报警；⑥电源线接错或缺零线自动断电保护；⑦晶闸管短路温度失去控制时继电器会自动断电保护，停止加热；⑧热流道电源线或加热器短路报警保护。

（4）辅助零件　辅助零件主要有热嘴分流板、温控箱、感温线、发热圈、加热管、加热棒、热电偶、插接器、接线盒等。

4. 热流道模具对塑料的要求

采用热流道浇注系统成型塑件时，要求塑料的性能能够适合此种成型方法。具体来讲，用于热流道模具的塑料应具有下述性质。

1）塑料的熔融温度范围宽，粘度随温度的变化影响小，热稳定性好。即在较低的温度下有较好的流动性，不固化，在较高的温度下不流延、不分解，能较容易地进行温度控制。

2）熔体粘度对压力敏感，不施加注射压力时熔体不流动，但施加较低的注射压力熔体就会流动。在低温、低压下也能有效地控制其流动。

3）固化温度和热变形温度较高，塑件在比较高的温度下即可快速固化，成型周期短。

4）比热容小，导热性能好，既能快速冷凝，又能快速熔融。熔体的热量能快速传给模具而冷却固化，生产率高。

目前在热流道注射模中应用最多的塑料有聚乙烯、聚丙烯、聚苯乙烯、聚丙烯腈、聚氯乙烯、ABS等。

5. 热流道模具的应用范围

（1）塑料的种类　热流道模具已被成功地用于加工各种塑料材料，如PP、PE、PS、ABS、PBT、PA、PSU、PC、POM、LCP、PVC、PET、PMMA、PEI、ABS/PC等。任何可以用冷流道模具加工的塑料材料都可以用热流道模具加工。

（2）塑件的尺寸与质量　用热流道模具制造的塑件质量最小的在0.1g以下，质量最大的在30kg以上，应用极为广泛、灵活。

（3）工业领域　热流道模具在电子、汽车、医疗、日用品、玩具、包装、建筑、办公设备等各工业部门都得到广泛应用。

热流道模具与普通流道模具相比，具有注射效率高、成型塑件质量好和节约原料等优点。随着塑料工业的发展，热流道技术正不断地发展完善，其应用范围也越来越广泛。

6. 热流道系统的优势

节约原料、降低塑件成本是热流道模具最显著的特点。注射料中因不再掺入经过反复加工的浇口料，故产品质量可以得到显著的提高；同时由于浇注系统塑料保持熔融，流动时压力损失小，因而容易实现多浇口、多型腔模具及大型塑件的低压注射。热浇口利于压力传递，在一定程度上能克服塑件由于补料不足而形成的凹陷、缩孔、变形等缺陷。

适用树脂范围广，成型条件设定方便。随着热流道温度控制系统技术的完善及发展，热流道不仅可以用于熔融温度较宽的聚乙烯、聚丙烯，也能用于加工温度范围较窄的热敏性塑料，如聚氯乙烯、聚甲醛等。对易产生流延的聚酰胺，通过选用阀式热喷嘴也能实现热流道成型。

另外，操作简化、缩短成型周期是热流道模具的另一个重要特点。与普通流道相比，开合模行程的缩短，不仅缩短了塑件的脱模和成型周期，而且有利于实现自动化生产。据统计，与普通流道相比，改用热流道后的成型周期一般可以缩短30%。

7. 热流道系统的结构

热流道系统一般由热喷嘴、分流板、温控箱和附件等几部分组成。热喷嘴一般包括两种：开放式热喷嘴和针阀式热喷嘴。由于热喷嘴形式直接决定了热流道系统的选用和模具的制造，因而常相应地将热流道系统分成开放式热流道系统和针阀式热流道系统。分流板在一模多腔或者多点进料、单点进料但料位偏置时采用。材料通常采用P20或H13。分流板一般分为标准和非标准两大类，其结构形式主要由型腔在模具上的分布情况、喷嘴排列及浇口位置来决定。

8. 热流道系统的分类

一般说来，热流道系统分为单头热流道系统、多头热流道系统以及阀浇口热流道系统。

单头热流道系统主要由单个喷嘴、喷嘴头、喷嘴连接板、温控系统等组成。单头热流道系统塑料模具结构较简单。将熔融状态塑料由注射机注入喷嘴连接板，经喷嘴到达喷嘴头后，注入型腔。需要控制尺寸d、D、L和通过调整喷嘴连接板的厚度尺寸，使定模固定板压紧喷嘴连接板的端面，控制喷嘴的轴向位移，或者直接利用注射机喷嘴顶住喷嘴连接板的端面，也可达到同样的目的。在定模固定板的合适位置设置一条引线槽，让电源线从模具内引出与安装在模具上的接线座连接。

多头热流道系统塑料模具结构较复杂。熔融状塑料由注射机注入喷嘴连接板，经热流道板流向喷嘴后到达喷嘴头，然后注入型腔。热流道系统的喷嘴与定模板有径向尺寸 D 配合要求和轴向尺寸限位要求。喷嘴头与定模镶块有径向尺寸 d 配合要求，保证熔融状态的塑料不溢流到非型腔部位，并要求定模镶块的淬硬硬度约为 50HRC。分型面到热喷嘴轴向定位面之间的距离 L 必须严格控制，该尺寸应根据常温状态下喷嘴的实际距离 L' 加上模具正常工作温度下喷嘴的实际延伸量 ΔL 确定。为了保证喷嘴与热流道板贴合可靠，不使热流道板产生变形，在喷嘴的顶部上方设有调整垫，该调整垫与喷嘴自身的轴向定位面一起限制了喷嘴在轴向的移动，并且有效地控制了热流道板可能产生的变形。在常温状态下，调整垫与热流道板和定模固定板之间留有 0.025mm 的间隙，以便模具受热后在工作温度状态时调整垫恰好压紧。热流道系统的定位座和定位销一起控制热流道板在模具中的位置。定位座与定模板有径向尺寸 D_2 配合要求，而且深度 h 必须控制准确，定位座的轴向起着支承热流道板的作用，直接承受注射机的注射压力。定位销与热流道板固定板有配合要求。热流道板与模板之间必须留有足够的空隙，以便包裹隔热材料。热流道板和固定板必须设有足够的布线槽，让电源线从模具内引出与安装在模具上的接线座连接。喷嘴连接板与定模固定板之间有径向尺寸 D_1 配合要求，以便注射机的注射头与模具上的喷嘴连接板配合良好。在热流道板附近，将定模板、热流道板固定板、定模固定板用螺钉联接起来，增强热流道板的刚性。

阀浇口热流道系统塑料模具的结构最复杂。它与普通多头热流道系统塑料模具有相同的结构，另外还多了一套阀针传动装置控制阀针的开、闭运动。该传动装置相当于一只液压缸，利用注射机的液压装置与模具连接，形成液压回路，实现阀针的开、闭运动，控制熔融状态塑料注入型腔。

9. 热流道系统的发展方向

目前，热流道系统存在一些缺陷，如模具结构复杂、加热器组件易损坏、制造费用高、需要较精密的温度控制装置、成型树脂必须清洁无杂物、树脂更换及换色较困难、维修保养较复杂等，不过这些缺陷正在逐渐被克服。当前，国内外热流道模具的主要发展趋势可归纳为以下几个方面。

1）元件小型化，以实现小型塑件的一模多腔和大型塑件多浇口充模。通过缩小喷嘴空间，可在模具上配置更多型腔，提高塑件的产量和注射机的利用率。在 20 世纪 90 年代，MASTER 公司开发的喷嘴最小可至 15.875mm；HUSKY 公司开发的多浇口喷嘴，每个喷嘴有 4 个浇口，浇口距可近至 9.067mm；OSCO 公司开发的组合复式喷嘴，每个喷嘴有 12 个浇口探针，可用于 48 腔模具的成型。MOLDMATERS 公司针对小型塑件的空间限制，在 2001 年开发了用于小塑件的喷嘴，含整体加热器、针尖和熔体通道，体积直径小于 9mm，浇口距仅为 10mm，可成型质量为 1～30g 的塑件。

2）热流道元件的标准化、系列化。当前，用户要求模具设计和制造周期越来越短，将热流道元件标准化不仅有利于减少设计工作的重复和降低模具的造价，并且十分便于对易损零部件进行更换和维修。据报道，POLYSHOT 公司已开发出快换热流道模具系统，尤其适于注射压力为 70kN 的小型注射机。

3）热流道模具设计整体可靠性提高。如今国内外各大模具公司对热流道板的设计和热喷嘴相连接部分的压力分布、温度分布、密封等问题的研究开发极为重视。叠层热流道注射模的开发和利用也是一个热点。叠式模具可有效增加型腔数量，而对注射机锁模力的要求只需增加10% ~15%。叠式热流道模具在国外一些工业发达国家已用于工业化。

4）将热流道用于共注。通过支管和热喷嘴元件的有效组合设计可使共注成型与热流道技术相结合，由此成型3层、5层甚至更多层的复合塑件。

6.2.2 热流道模具的设计及典型结构的分析

1. 热流道模具的设计程序

1）根据塑件结构和使用要求，确定进料口位置。只要塑件结构允许，在定模镶块内喷嘴和喷嘴头不与成型结构干涉，热流道系统的进料口就可放置在塑件的任何位置上。常规塑件注射成型的进料口位置通常根据经验选择。对于大而复杂的异型塑件，注射成型的进料口位置可运用计算机辅助分析（CAE）模拟熔融态塑料在型腔内的流动情况，分析模具各部位的冷却效果，确定比较理想的进料口位置。

2）确定热流道系统的喷嘴头形式　塑件材料和产品的使用特性是选择喷嘴头形式的关键因素，塑件的生产批量和模具的制造成本也是选择喷嘴头形式的重要因素。

3）根据塑件的生产批量和注射设备的吨位大小，确定每模的腔数。

4）由已确定的进料口位置和每模的腔数确定喷嘴的个数。如果成型某一产品，选择一模一件一个进料口，则只要一个喷嘴，即选用单头热流道系统；如果成型某一产品，选择一模多腔或一模一腔两个以上进料口，则就要多个喷嘴，即选用多头热流道系统，但有横流道的模具结构除外。

5）根据塑件质量和喷嘴个数，确定喷嘴径向尺寸的大小。目前相同形式的喷嘴有多个尺寸系列，分别满足不同质量范围内的塑件成型要求。

6）根据塑件结构确定模具结构尺寸，再根据定模镶块和定模板的厚度尺寸选择喷嘴标准长度系列尺寸，最后修整定模板的厚度尺寸及其他与热流道系统相关的尺寸。

7）根据热流道板的形状确定热流道固定板的形状，在其板上布置电源线引线槽，并在热流道板、喷嘴、喷嘴头附近设计足够的冷却水环路。

8）完成热流道系统塑料模具的设计图绘制。

2. 热流道模具浇注系统的设计

热流道注射成型采用的浇注系统有井式喷嘴、延伸喷嘴、绝热喷嘴、热流道和其他阀式浇口等结构，设计时主要根据塑件形状、塑料种类、型腔数目、选用的注射机等条件来确定，其中以塑料的影响最大。不同塑料所适用的热流道形式见表6-1。

表6-1 部分塑料对热流道浇注系统的适用程度

塑料种类 / 浇注系统形式	聚乙烯	聚丙烯	聚苯乙烯、AS、ABS	聚氯乙烯	聚碳酸酯	聚甲醛
井式喷嘴	可用	可用	较困难	不可用	不可用	不可用
延伸喷嘴	可用	可用	可用	不可用	不可用	可用
绝缘喷嘴	可用	可用	较困难	不可用	不可用	不可用
热流道	可用	可用	可用	可用	可用	可用

（1）井式喷嘴　井式喷嘴与浇口杯如图6-10所示，在注射机喷嘴与模具入口之间装有一个主流道杯（浇口杯），杯外采用空气间隙绝热，杯内有截面较大的储料井。井式喷嘴主

流道杯内的塑料质量不宜超过塑件质量的一半，其容积为塑件体积的1/3～1/2，不宜成型太大的塑件，通常都用点浇口。其推荐尺寸见表6-2。

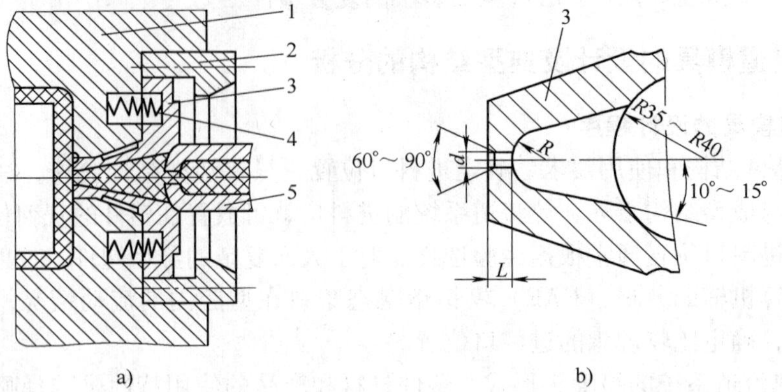

图6-10　井式喷嘴与浇口杯

a）井式喷嘴　b）浇口杯

1—定模板　2—定位圈　3—主流道杯　4—弹簧　5—注射机喷嘴

表6-2　主流道杯的推荐尺寸

塑件质量/g	成型周期/s	d/mm	R/mm	L/mm
≤3	5～6	0.5～0.8	3.0	0.4
>3～6	6～7.5	0.8～1.0	3.5	0.5
>6～15	9～10	1.0～1.2	4.0	0.6
>15～40	12～15	1.2～1.6	4.5	0.7
>40～150	20～30	1.5～2.5	5.5	0.8

工作时注射机的喷嘴伸进主流道杯中，其长度由杯口的凹球坑半径R决定，二者应很好地贴合。储料井直径不能太大，要防止熔体反压使喷嘴后退产生漏料。

在注射过程中，与井壁接触的熔体很快固化形成一个绝热层，使位于中心部位的熔体保持良好的流动状态，在注射压力的作用下，熔体通过点浇口充填型腔。采用井式喷嘴注射成型时，一般注射成型周期不大于20s。

（2）延伸喷嘴　为了克服井式喷嘴井坑中塑料易冷凝、浇口易堵塞等缺点，可采用延伸喷嘴。图6-11所示为几种延伸喷嘴的结构。延伸喷嘴上带有电加热圈和温度测量、控制装置，一般喷嘴温度要高于料筒温度5～20℃。应尽量减少喷嘴与模具的接触时间和接触面积，通常注射保压后喷嘴应脱离模具，也可以采用气隙或塑料层减小接触面积。喷嘴一般采用直径为0.8～1.2mm的点浇口。

图6-11a所示为球头喷嘴伸入模具浇口套内的结构形式，喷嘴采用凸肩定位并承受大部分压力。为增大绝热效果，在喷嘴与浇口套之间增设气隙。图6-11b所示为锥形喷嘴，喷嘴前端具有较大的锥度，并带有气隙槽和承压台肩；其浇口套上开设气隙绝热，还可以在浇口套外侧引入冷却水加强绝热效果。图6-11c所示为一种成型喷嘴，其喷嘴的前端是型腔的一部分。此部分应尽可能小，以加快塑件冷却，防止在塑件上留下较大的痕迹。另外喷嘴要准确定位，以控制塑件成型部分的厚度尺寸。同时喷嘴前端与模具孔的配合必须考虑热膨胀，以防止出现飞

边。图 6-11d 所示为绝热喷嘴，它以球形的喷嘴头配以碗形的塑料绝热层，绝热层的厚度从中心的 0.4 ~0.5mm，逐渐增加到外侧的 1.2 ~1.5mm，在承压凸肩上嵌以聚四氟乙烯密封垫。

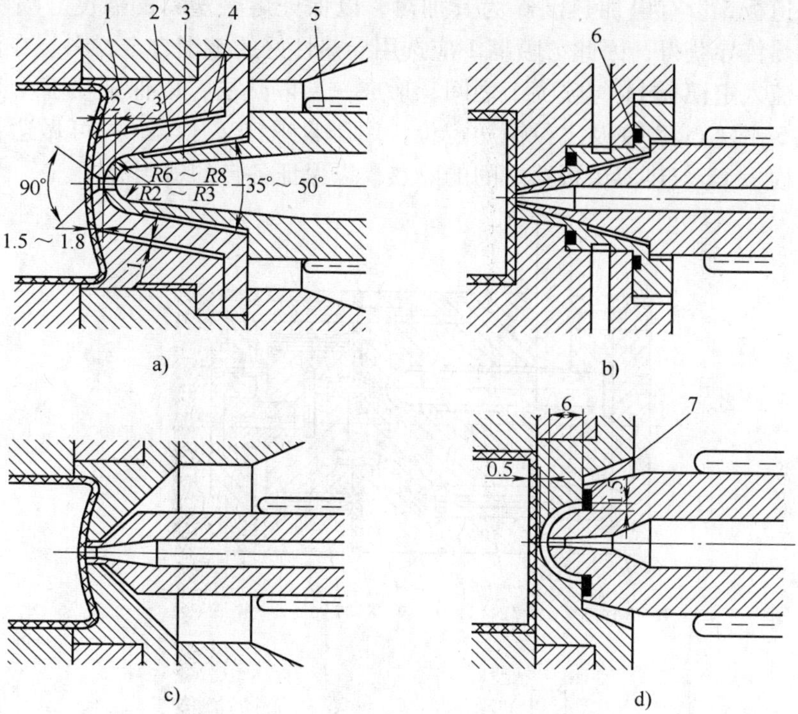

图 6-11　几种常用的延伸喷嘴

a）球头喷嘴　b）锥形喷嘴　c）成型喷嘴　d）绝热喷嘴

1—衬套　2—浇口套　3—喷嘴　4—气隙　5—电加热圈　6—密封圈　7—聚四氟乙烯密封垫

（3）热流道形式注射模浇注系统　图 6-12 所示为多型腔热流道注射模浇注系统结构。

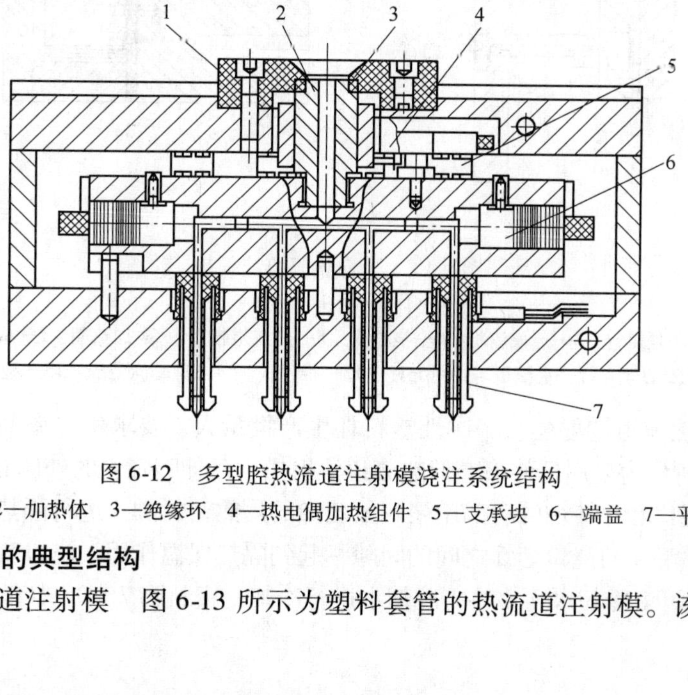

图 6-12　多型腔热流道注射模浇注系统结构

1—喷嘴定位圈　2—加热体　3—绝缘环　4—热电偶加热组件　5—支承块　6—端盖　7—平头针口式喷嘴

3. 热流道模具的典型结构

（1）套管热流道注射模　图 6-13 所示为塑料套管的热流道注射模。该模具一模四腔，采用外加热式热流道板和绝热式喷嘴。其热流道浇注系统由隔热板 8、电加热圈 6、热流道板 5、浇口套 4、喷嘴 1 组成。注射时，熔融塑料流经浇口套 4、热流道板 5 和喷嘴 1 进入模具型腔，热流道板 5 设有电加热圈 6 为其加热，以保证熔融塑料的温度。喷嘴 1 无加热装置，其温度靠热传导获得，因此，喷嘴 1 应选用导热性好的铍铜合金材料。在注射时，有一部分熔融塑料流入定模板 11 与喷嘴 1 之间，形成一层隔热层，以保证喷嘴 1 处有足够的温度。热流道板 5 由定心套 10 及定位销 9 定位，用压紧螺钉 2 压紧，并可做适当的调节。隔热板 8 用于定模板 11 与热流道板 5 之间的隔热，以保证各自的适当温度。

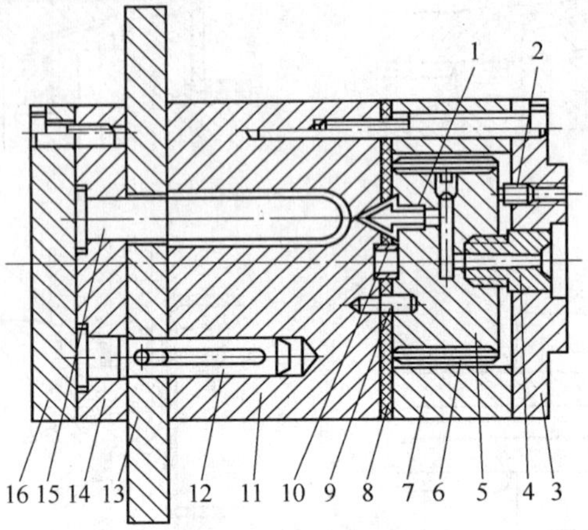

a)

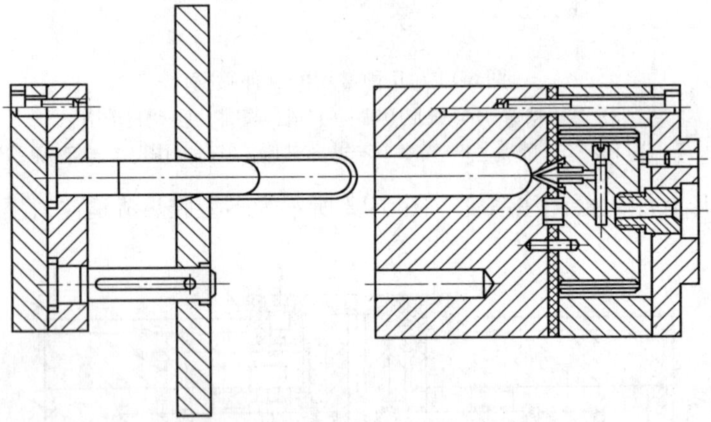

b)

图 6-13　套管热流道注射模

a）合模　b）开模

1—喷嘴　2—压紧螺钉　3—定模座板　4—浇口套　5—热流道板　6—电加热圈　7—垫板　8—隔热板
9—定位销　10—定心套　11—定模板　12—导柱　13—推件板　14—型芯固定板　15—型芯　16—动模座板

（2）塑料杯热流道注射模　一次性塑料杯生产批量大，要求生产率高，所以采用热流道注射模。图 6-14 所示为采用延伸喷嘴的热流道注射模，延伸喷嘴 4 的外侧有电加热圈 3 为其提供热量，喷嘴与浇口套 6 接触的肩部用聚四氟乙烯的隔热密封圈 5 进行隔热。首次注射时，熔融塑料进入延伸喷嘴 4 与浇口套 6 之间的间隙，起到隔热保温作用。浇口套 6 的外侧为一冷却套 2，冷却套 2 上可由冷却水孔 8 通入冷却水进行冷却，密封圈 7 对冷却套 2 起密封作用。

（3）端盖热流道注射模　图6-15所示为生产塑料端盖的注射模，为保持端盖的外表美观，不允许塑件有明显的浇口痕迹。该模具采用弹簧针阀式热流道系统。主流道浇口套11采用电加热圈12加热，热流道板7采用外加热，喷嘴套6利用电加热圈4加热。整个热流道系统采用隔热外壳3、隔热圈1、隔热套13与模具的其他部分隔离，防止热量流失。注射时，施加于熔融塑料上的注射压力压迫针阀5，针阀5推动针阀顶杆10使弹簧9压缩，喷嘴打开，熔料进入模具型腔。保压结束后，施加于熔料上的注射压力消失，弹簧9推动针阀顶杆10使针阀5将喷嘴封闭，防止了熔料的流延及拉丝现象。

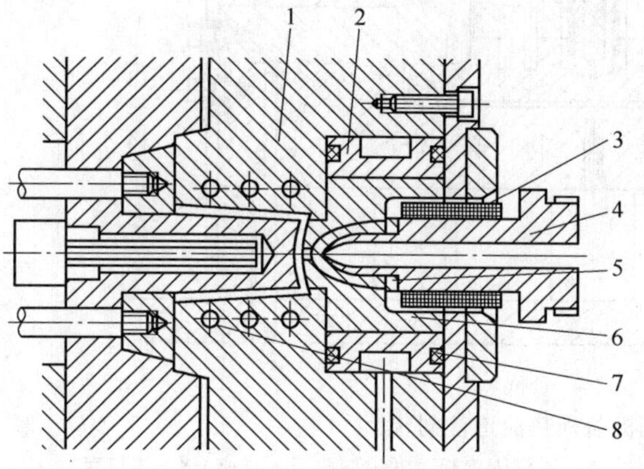

图6-14　塑料杯热流道注射模

1—定模板　2—冷却套　3—电加热圈　4—延伸喷嘴
5—隔热密封圈　6—浇口套　7—密封圈　8—冷却水孔

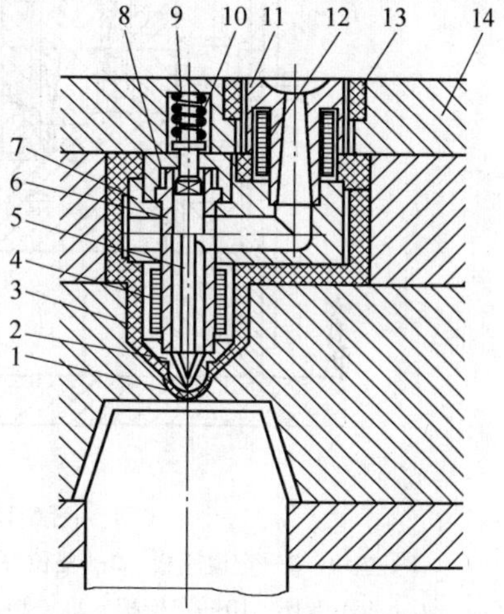

图6-15　端盖热流道注射模

1—隔热圈　2—喷嘴头　3—隔热外壳
4、12—电加热圈　5—针阀　6—喷嘴套
7—热流道板　8—盖　9—弹簧　10—针阀顶杆
11—浇口套　13—隔热套　14—定模座板

（4）洗衣机盖板热流道注射模　洗衣机盖板要求外表面光滑美观，无浇口和推杆痕迹，因此塑件在模具中要倒置，如图6 16所示。

其塑件的推出要在定模一侧，因此定模一侧尺寸较大。如采用普通的直浇口，浇注系统凝料很多，而且取出不方便，因此采用热流道浇注系统。浇口套8的外侧带有多组电加热圈对浇口套进行加热，浇口套与模具模板间采用空气间隙绝热。由于浇口套过于细长，中间位置增加卡环9，用以给浇口套定位。模具注射时，熔料经浇口套8进入型腔。注射结束后模具打开，当打开到一定距离后拉板13推动推件板12推出塑件，同时通过推件板上用螺钉联接的复位杆3拉动推杆固定板5运动，使推杆6推出塑件。

（5）尼龙塑件针阀式浇口热流道注射模　在注射成型熔融粘度很低的塑料（如尼龙）时，为避免流延现象，常采用针阀式浇口的热流道注射模，在注射和保压阶段使浇口处的针阀开启，在保压结束后将针阀关闭。针阀的启闭可以在模具上设计专门的液压或机械驱动机构，也可以采用带压缩弹簧的针阀。图6-17所示为成型尼龙塑件的单型腔针阀式浇口热流道注射模。注射时塑料产生的力使阀芯退回，将浇口打开，阀芯后端的压缩弹簧被压缩。注射压力消除后针阀又在弹簧力作用下，将浇口关闭。

热流道注射模的结构形式很多，这里不再一一介绍。尽管它有很多优点，但也存在模具

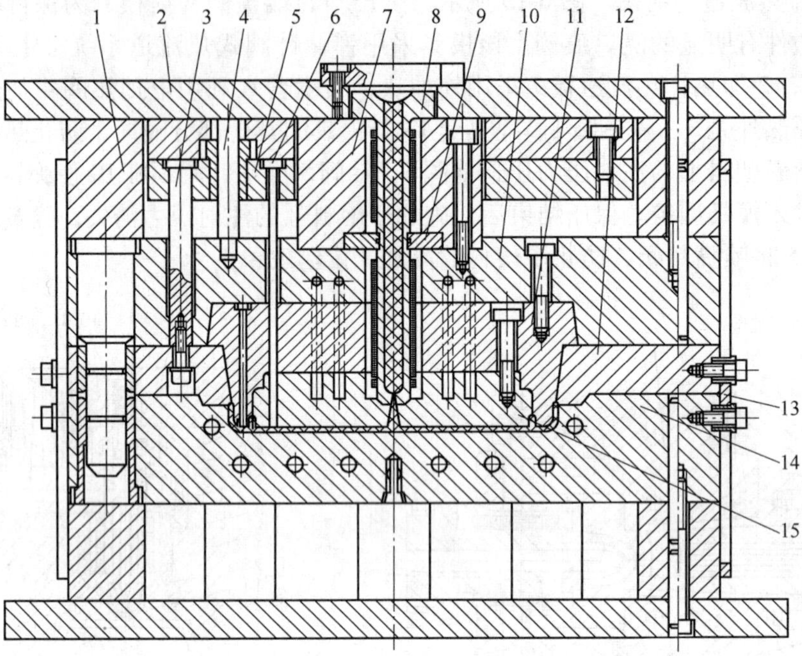

图 6-16　洗衣机盖板热流道注射模

1—垫块　2—定模座板　3—复位杆　4—导柱　5—推杆固定板　6—推杆　7—支座　8—浇口套　9—卡环　10—定模板　11—型芯　12—推件板　13—拉板　14—动模板　15—型芯镶件

结构复杂、温控系统要求严格、模具成本较高、易产生烧焦或分解的缺点，因而不是对所有塑料都适用，而且也不适合小批量生产。

4. 热流道模具结构设计时应注意的问题

1）热流道模具的浇口要求在注射时开启、注射结束后关闭，保证不漏料。为此一般采用的方法是对浇口部分进行精确的温度控制，例如在阀的端部设一小型加热器，在一个成型周期中，小型加热器进行接通、断开的变换，进行浇口的密封控制。还有利用机械方法对浇口进行密封的，如在阀体内装入弹簧，利用注射压力控制浇口的开、闭；利用液压系统控制设在浇口部分的阀门等。

2）设计热流道模具时，由于增加了流道板，因此要注意模具厚度与注射机最小开距的关系。

3）流道板与定模座板、定模板之间的绝热很重要，一般采用空气绝热的方法，板与板之间留有 3 ~ 8mm 的间隙。

4）形成间隙的间隔件面积应尽量小，并

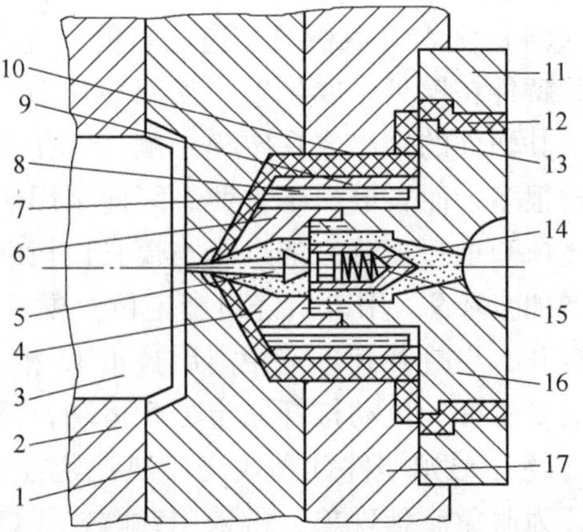

图 6-17　单型腔弹簧针阀式浇口热流道注射模

1—定模型腔板　2—推板　3—型芯　4—喷嘴头　5—针阀　6—加热线圈骨架　7—隔热圈　8—加热线圈　9—绝热套骨架　10—绝热圈　11—定位环　12—绝热环　13—热垫圈　14—弹簧　15—分流器　16—浇口衬套　17—定模座板

设置在承受锁模力和注射压力时不致使流道板变形的位置。

5）主流道及各二次喷嘴的对侧必须设置承力部件。

6）形成间隙的间隔件及承力部件均应使用导热性低的材料，如不锈钢等。

7）确定流道直径时，需考虑一次注射的塑料量，如流道过大而注射量小，则塑料在加热区内停留时间增长，造成塑件烧焦、成型不匀、流纹等缺陷。流道过小则引起压力损失而不得不增加注射压力。

5. 热流道模具与注射机的关系

热流道模具设计制作好后需要投入注射机生产时，注射机的选择也相当重要。注射机的所有自动循环能力要适用于热流道系统。在选择注射机时以下因素需要考虑：

1）由于热流道模具增加了热流道和流道板，所以模具厚度相应增加，选择注射机时要留意注射机的安装高度。

2）计算注射机的注射体积时，要考虑到大容积流道中塑料的压缩性。

众多设备用来保证模具的自动操作，首选是机器人或简便可控的机械手，如：

1）产品需要安放嵌件、标签或薄片等到模具中。

2）脱出塑件或加速它们顶出。

3）控制塑件的移动和减少起动时间。

4）在起动注射机前对模具进行加热。

5）减少上模具的时间，减少冷却水管、气路、电路和热流道温控箱等的连接时间。

6.3　任务实施

完成图 6-1 所示塑件的模具设计任务。

1. 产品分析

(1) 外观构建→表面光亮厚实→无熔接痕→防刮伤→无缩水变形→接缝平滑、整齐、均匀　电视机面板在成型过程中，产品的外观一直是受到重视的问题，在传统冷流道的设计中往往容易造成塑料波前相遇时因为温度过低而导致产品外观上会有明显的结合线痕迹。而热流道刚好可以克服此难题，可达到镜面效果。

(2) 无结合线→针阀式热流道→序列气控　通过模流分析以及热流道阀式浇口系统搭配时序控制的辅助改变部分浇口开启时间，熔料透过阀式浇口循序接力赛式充填，减少结合线产生并提升塑料熔合时的温度，因此外观结合线的问题得以改善。

2. 流道设计

1）确定进料点位置。热流道进料点位置的选定根据材料的流长比（熔体流动长度与塑件厚度的比值）为参照，辅助模流分析软件以及熔合线的位置要求，找出合适的位置（表 6-3 及图 6-18）。

表 6-3　进料点的位置

进料点位置	G1	G2	G3	G4	G5	G6
X 轴	332	360	0	0	-332	-360
Y 轴	161	-300	+95	-95	161	-160

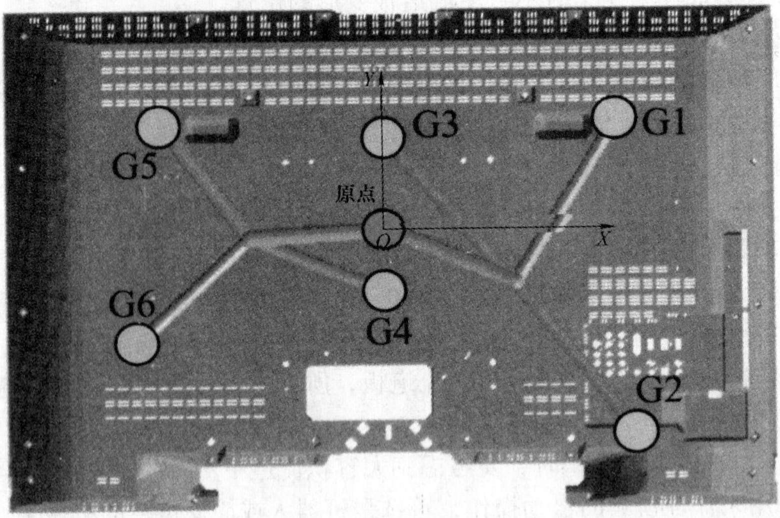

图 6-18　进料点的位置

2）流道模拟。射出体积计算见表 6-4，流道模拟如图 6-19 所示。

表 6-4　射出体积　　（单位：cm^3）

参　数	结　果	参　数	结　果
产品体积	3718.92	射出总体积	3718.92
冷流道体积	0	热流道体积	1295.5
射出总体积 = 产品体积 + 冷流道体积			

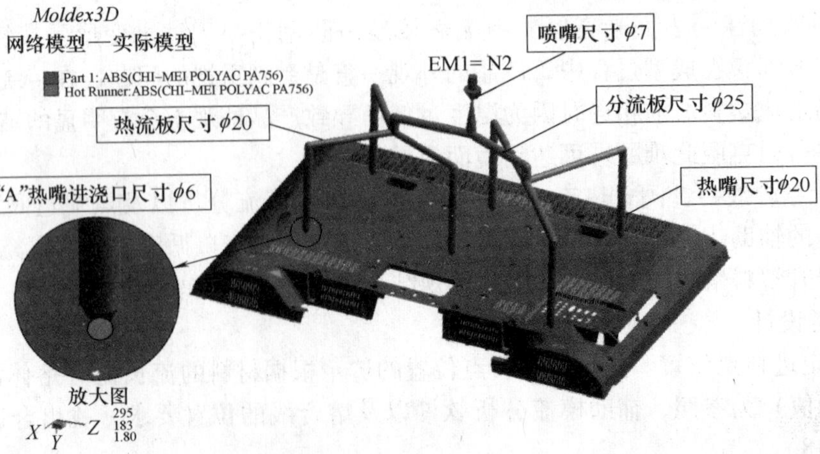

图 6-19　流道模拟

流道设计要尽量满足流动平衡的要求，流道大小应根据产品大小来确定，原则上流道中的熔体在流道中的停留时间不得超过熔体裂解时间。另外也要考虑热流板的排放是否符合结构上的要求，气（液压）缸活塞的移动位置是否足够。

3. 热流道板的设计

由于本产品采用 6 点针阀式热嘴进料，且产品较大，不宜采用整体热流板设计方式，故采用堆叠搭接的方式设计为双层热流板。下层热流板由两块组成，每块热流板分配 3 个热嘴。上层热流板搭接在两块热流板之上，通过流道将塑料分配到下层热流板上，起分流作用，又称为分流板（细双点画线），如图 6-20 所示。

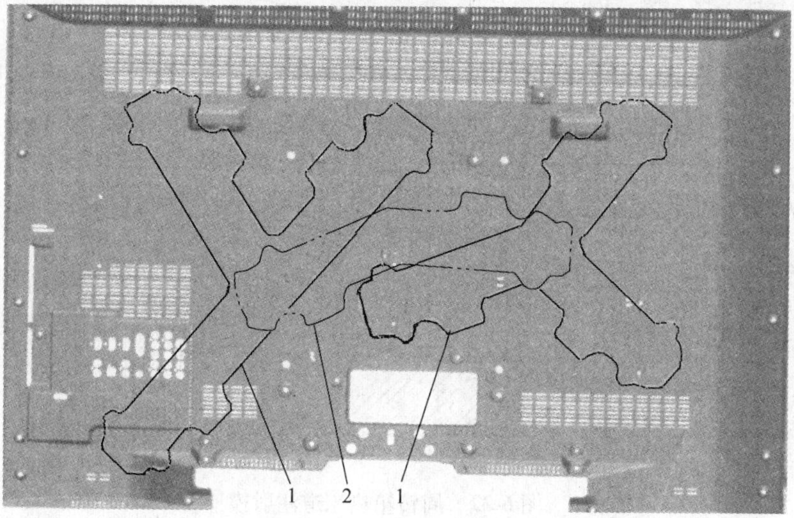

图 6-20　流道板设计

1—下层热流板　2—上层热流板

4. 热流道模具结构设计

模具结构如图 6-21 所示。

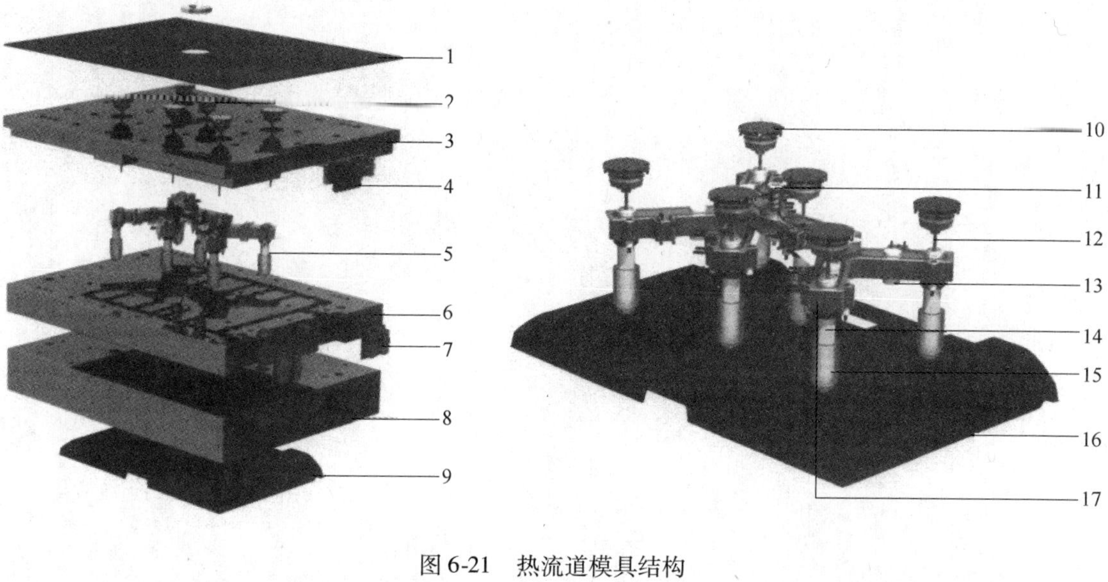

图 6-21　热流道模具结构

1—电木板　2、10—气缸组　3—气缸板　4—电磁阀　5—热流道系统　6—组立板　7—接头　8—母模板　9、16—成品　11—喷嘴　12—阀针　13—补强垫块　14—热嘴　15—水套　17—热流道板

【思考与练习】

1. 什么是热流道模具？它具有哪些优点？
2. 应用热流道模具应注意哪些问题？
3. 分析图 6-22 所示的周转箱热流道注射模的工作原理。

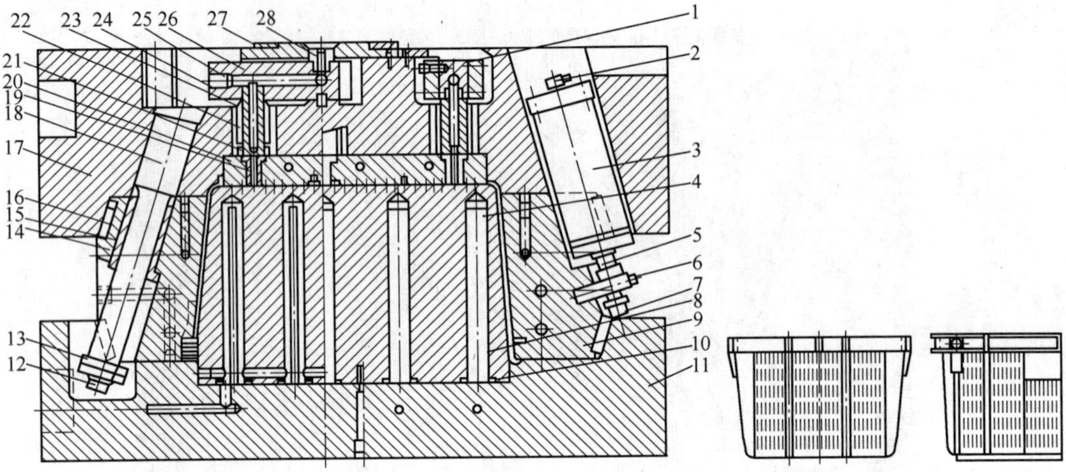

图 6-22　周转箱热流道注射模

1—加热板　2—液压管接头　3—液压缸　4—隔水片　5—液压缸轴　6—连接板　8—型芯　9—短滑块　10—密封圈　11—动模板　12、7—螺钉　13—隔热圈　14—长滑块　15—导柱　16—斜楔滑块　17—定模板　18—斜导柱　19—浇口套　20—型腔镶件　21—热电偶　22—电加热圈　23—浇口喷嘴　24—螺塞　25—堵头　26—热流道板　27—定位圈　28—主浇口套

第7章　压缩模设计

【教学目标】

本章主要学习塑料压缩成型工艺的基本知识、压缩模的结构组成及应用、压缩模的设计方法。

通过完成任务，学生应学会分析塑料产品工艺性，学会确定塑料成型方法，获得压缩成型模设计的技能。

7.1　任务引入

图7-1所示的塑料碗，材料为酚醛塑料，中等批量生产，要求选择模塑成型方法，确定成型工艺流程及参数，设计塑料成型模具。

通过完成该酚醛塑料碗的成型任务，掌握热固性塑料压缩成型方法和工艺，学会压缩成型流程及参数的确定方法，获得压缩成型模设计技能。

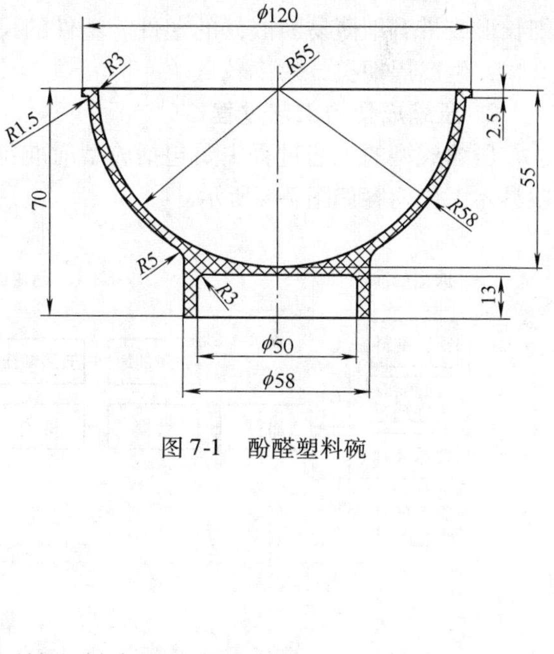

图7-1　酚醛塑料碗

7.2　相关知识

7.2.1　压缩成型工艺

压缩成型又称压制成型或模压成型，是热固性塑料成型的主要方法之一，也适用于一些流动性较差的热塑性塑料。与注射成型工艺相比，压缩成型模具和设备都较简单，通常将压缩模安装在压力机上进行塑料制品成型。

1. 压缩成型的原理及特点

（1）压缩成型的原理　如图7-2所示，先将粉状、粒状、碎屑状、纤维状或预压成锭料的塑料加入到具有一定成型温度的模具加料腔里（图7-2a），然后上凸模在压力机作用下进入凹模开始合模并压实，继续升温加压，直至熔融塑料固化成型（图7-2b），最后采用一定的脱模方式使塑件脱出，取得所需的塑料制品（图7-2c）。

（2）压缩成型的特点　塑料原料直接加入凹模内，合模时凸模将压力机的压力直接传递给塑料，在塑料最终成型时模具才完全闭合。模具结构比较简单，没有浇注系统，塑料材料消耗少，使用普通压力机（通常为液压机）可以压制较大平面的塑件或一次压制多个塑

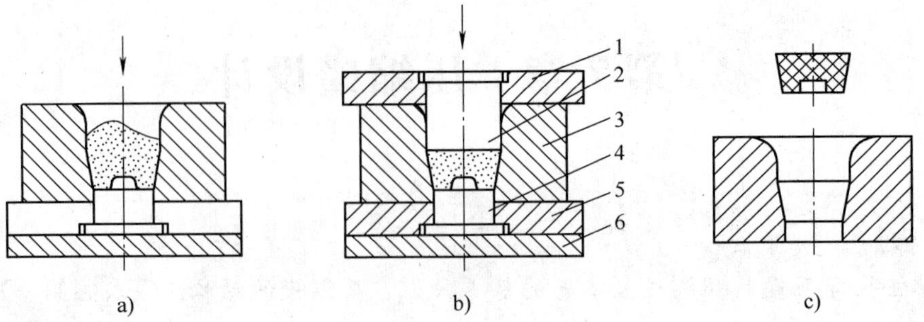

图 7-2　压缩成型原理图

1—上凸模固定板　2—上凸模　3—凹模　4—下凸模　5—下凸模固定板　6—垫板

件，而且塑料在型腔内直接受压，压力损失小，有利于流动性较差的塑料材料的成型，塑件收缩小、变形小，各向性能比较均匀。但是不适于成型形状复杂、壁厚相差较大、有深孔、细长形或带有细薄易断嵌件的塑件。塑件的尺寸精度，尤其是高度尺寸精度不高，模具容易磨损，生产周期长，效率较低。

2. 压缩成型的工艺过程

压缩成型的工艺过程主要包括成型前准备、模压成型过程和成型后处理三个阶段。各阶段具体工作内容如图 7-3 所示。

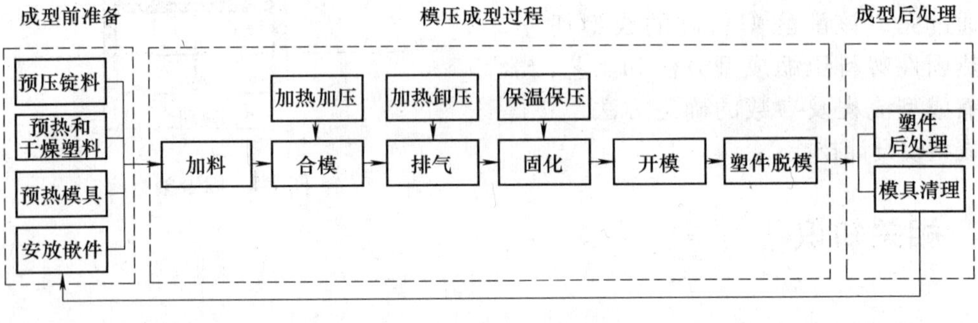

图 7-3　压缩成型工艺流程

（1）成型前准备　压缩成型前的准备工作主要包括预压锭料、预热和干燥塑料、预热模具及安放嵌件等。

1）预压锭料。压缩成型前，先用预压模将粉状或纤维状的塑料在预压机上压成质量、形状一致的锭料，然后在模压时放入压缩模型腔成型。锭料通常做成圆饼形，因此预压锭料俗称打饼，也可做成长条形、扁球形或与塑件近似的形状，其大小应方便整数计数，紧凑放入压缩模腔，利于均匀预热。预压一般在室温下进行，如有困难，也可加热到 50 ~ 90℃；预压压力为 40 ~ 200MPa，锭料密度以达到塑件密度的 80% 左右为宜。

预压锭料可使压缩成型时加料简单、迅速、准确，降低压制时塑料的压缩量，减小压缩模加料腔尺寸，可以提高预热温度，缩短预热时间和固化时间，有利于成型形状复杂或带精细嵌件的制品，并且避免加料时塑粉飞扬，改善了劳动条件。但由于增加了生产工序，需要预压模和预压机，故在实际生产中，预压锭料仅适用于中大批量生产，对于小批量生产，一般不进行预压，而是直接用粉料等进行成型。

2）预热和干燥塑料。压缩成型前，通过加热对热固性塑料进行预热和干燥，以去除其中的水分和挥发物，并为模压提供热塑料。可以缩短成型时间，提高固化均匀性，改善塑件的物理性能和力学性能，而且能提高塑料的流动性，降低成型压力，减少模具磨损，提高塑件合格品率。

预热温度随塑料品种不同而异，也与塑料加料状态有关，粉料预热温度宜在 100 ~ 120℃之间，否则容易过热烧焦，锭料预热温度则可达到 170 ~ 180℃。

预热和干燥设备通常为烘箱、红外线加热炉或高频加热炉等。

3）预热模具。首件生产时需将压缩模置于压力机上预热到塑料成型温度。

4）安放嵌件。对于有嵌件的塑件，需预先将嵌件在压缩模中安放好，要求位置准确、平稳。如果是较大的金属嵌件，还要进行预热，以保证嵌件与塑料连接的牢固性。

（2）模压成型过程　热固性塑料压缩成型过程由加料、合模、排气、固化、开模及塑件脱模等步骤组成。

1）加料。将经过预热和干燥的塑料定量加入到压缩模腔。必须严格控制加料量，以保证塑件尺寸和密度的一致性。常用的定量方法有质量法、容量法和计数法。质量法采用称重的方法定量，准确度较高，但比较烦琐；容量法采用量杯勺取的方法定量，准确度虽稍差，但操作方便，故较多使用；计数法只适用于预压锭料加料，按要求的锭料件数加入。加料时要合理堆放，以免造成塑件密度不均匀、局部疏松或缺料等缺陷。

2）合模。加料后操作压力机使模具闭合。合模过程中应注意控制速度，在凸模尚未接触塑料之前，宜尽量加快速度，以缩短成型周期，避免塑料在闭模之前发生交联固化反应；而当凸模触及塑料后，则宜放慢速度，以避免嵌件及成型零件的损坏，且利于模具型腔中气体的排出。合模时间一般为 3 ~ 20s。

3）排气。热固性塑料在压缩成型过程中因受热受压会产生大量的气体，闭模之后，最好再将压缩模松动少许时间，可以使气体更加充分地排出，以免遗留气体影响塑件性能和外观。排气动作应迅速，并在塑料处于可塑状态时进行。通常排气次数为 1 ~ 2 次，每次时间为 3 ~ 20s。

4）固化。热固性塑料通过交联反应固化定型的过程称为固化或硬化。为保证良好的塑件性能和外观质量，以及较高的生产率，必须在特定的成型压力与温度下保持一定的时间，使交联反应进行到要求的程度。因此排气结束后，需再次将压力升高，并且保压保温一段时间。

固化过程中应注意控制固化速度和固化程度。固化速度通常以试样硬化 1mm 厚度所需要的时间表示，可以通过调节成型工艺条件、预热、预压等来控制；固化速度要适中，太慢会延长成型周期，降低生产率；太快则可能在塑料熔体未充满型腔时就已经固化，使成型不能完成。固化程度也要适当，固化不足（欠熟），会导致塑件的机械强度、耐蠕变性、耐热性、耐化学稳定性、电气绝缘性等下降，热膨胀、后收缩增加，甚至还会产生裂纹；固化过度（过熟），会导致塑件的力学性能变差，脆性增大，表面变色、出现密集小泡等现象。固化程度主要通过调整固化时间长短来控制，时间越长则固化程度越高，一般为 30s 到几分钟。

5）开模。固化完成后，操作压力机进行开模。开模之初应低速进行，避免塑件及成型零件变形和损坏，之后则尽量加快速度，以缩短成型周期，提高生产率。

6）塑件脱模。塑件脱模过程在开模时就已经开始，包括与压缩模具型腔、型芯的分离，可采用机动或手动方法。对于带有侧型芯或嵌件的塑件，通常需要先将成型杆拧脱。

（3）成型后处理

1）塑件后处理。大型、厚壁或细长塑件脱模后，如果由于冷却不均匀产生内应力而翘曲变形，可立即将其放入烘烤箱中缓慢冷却，以消除内应力，也可将脱模塑件立即置于具有相吻合型面的整形夹具中，使之在受限制的情况下冷却，防止其自由变形。

压缩成型塑件一般会带有一些飞边和毛刺，需要进行打磨抛光等修饰加工。当塑件表面有美观和防潮要求时，还可进行特殊处理，如喷油、电镀或喷涂处理。

对于固化不足的欠熟塑件，应立即将其放入烘烤箱进行二次固化处理。

2）模具清理。塑件脱模后，通常需要用铜制工具（如铜刀、铜刷或铜铲）将残留在模具内的塑料碎屑、飞边、溢料等清理掉，并用压缩空气冲吹干净。

3. 压缩成型的工艺条件

压缩成型的工艺条件主要包括压缩成型温度、压缩成型压力和压缩成型时间三大要素。

（1）压缩成型温度　压缩成型温度是指压缩成型时所需的模具温度，是有关热固性塑料熔融、流动、充型、固化成型的主要工艺条件，对成型过程中聚合物交联反应的速度和塑件的最终性能起着决定性的影响作用。模具温度要适当，过低会延长固化周期，造成固化不充分，塑件表面无光，物理性能和力学性能下降；过高虽会使固化加快，压缩成型时间缩短，但增加了充模难度，塑件容易出现表面暗淡、肿胀、变形、开裂等缺陷，甚至可能造成聚合物分解。因此，可以在合理的温度范围内，尽量提高模具温度，既保证塑件质量，又缩短成型周期，提高生产率。

常用的热固性塑料的压缩成型温度见表 7-1。

（2）压缩成型压力　压缩成型压力是指在模压过程中压力机通过凸模对充满型腔和固化时的塑料熔体在单位投影面积上施加的压力。其计算公式为

$$p = F/A = (\pi D^2/4)p_b/A = \pi D^2 p_b/(4A) \tag{7-1}$$

式中　p——成型压力（MPa），一般为 15 ~ 30MPa；

F——压力机公称压力（kN），计算时通常取压力机的有效压力，即取公称压力的 80% ~ 90%；

A——塑料与凸模接触部分在分型面上的投影面积（m^2）；

D——压力机主液压缸活塞直径（m）；

p_b——压力机表压力（MPa）。

压缩成型压力取决于塑料的种类和形态、塑件的形状和尺寸、模具的结构和大小以及成型温度等其他工艺条件。一般情况下，塑料的流动性越差、填料纤维越长、固化速度越快、压缩比越高，所需成型压力越大；塑件壁厚越大、形状越复杂、模具型腔越深，所需成型压力越大；塑料经过适当温度预热后，比不预热或预热温度过高，所需成型压力低；在合理温度范围内提高模具温度，所需成型压力也可降低，但模温过高，会使贴近模壁的塑料熔体提前固化，造成“过热”，既影响塑件性能，又不利于成型压力的降低。

常用热固性塑料的压缩成型压力见表 7-1。

表7-1　常用热固性塑料的压缩成型工艺参数

塑料种类	成型温度/℃	成型压力/MPa	成型时间/min·mm^{-1}
酚醛树脂（PF）	146～180	7～42	0.8～2.5
三聚氰胺甲醛（MF）	140～180	14～56	0.7～1.0
脲甲醛（UF）	135～155	14～56	0.5～2.5
不饱和聚酯（UP）	130～150	3～10	1.0～1.5
邻苯二甲酸二丙烯酸（PDPO）	120～160	3.5～14	1.0～2.0
环氧树脂（EP）	145～200	0.7～14	3.0～5.0
有机硅塑料（OSMC）	150～190	7～56	2.0～3.0

（3）压缩成型时间　热固性塑料压缩成型需要在一定的温度和压力下保持一定时间，才能使交联固化反应充分地完成。成型温度越高、成型压力越大，模压时间越短，因此在保证塑件质量的前提下，提高成型温度和成型压力可以缩短成型时间，提高生产率。成型时间也与塑料的种类、塑件的形状及厚度、压缩模的结构、预压和预热等因素有关。形状复杂的塑件由于塑料受热面积大、熔体流动产生的剪切摩擦热多，故其成型时间反而短；不溢式压缩模由于排气困难，故其成型时间要长于溢式压缩模；经过预压和预热的塑料，成型时间要比粉料和不预热的短。

常用热固性塑料的压缩成型时间见表7-1。

7.2.2　压缩模的结构特点

1. 压缩模的典型结构

压缩模的典型结构如图7-4所示，由上模和下模两部分组成。上模固定于压力机的动压板上，下模固定于压力机的工作台上，两部分采用导柱、导套导向定位。上、下模闭合前，将塑料加入下模的加料室及型腔内，合模后使塑料受热受压，成为黏流态熔体充满模具型腔，并且保温保压使之固化成型，然后开模，上模随压力机的动压板上移，上凸模3脱离下模一定距离，以手动将侧型芯20抽出，最后由推出装置将塑件从下模顶出。

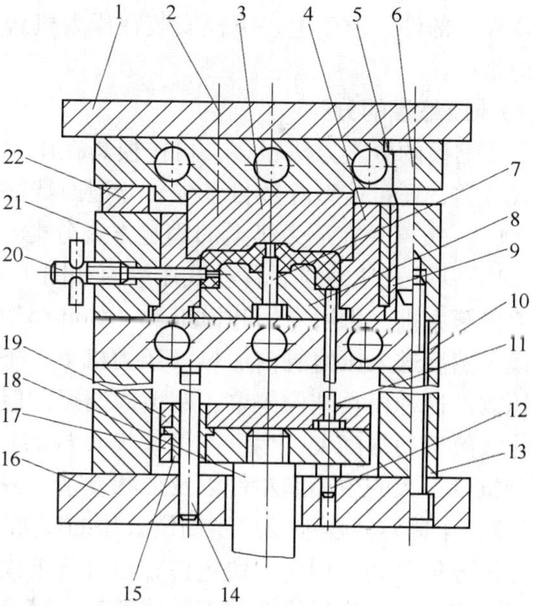

图7-4　压缩模的典型结构

1—上模座板　2—螺钉　3—上凸模　4—凹模　5—上加热板　6—导柱　7—型芯　8—下凸模　9—导套　10—下加热板　11—推杆　12—挡钉　13—垫块　14—推板导柱　15—推板导套　16—下模座板　17—推板　18—压力机顶杆　19—推杆固定板　20—侧型芯　21—凹模固定板　22—承压板

压缩模按构成零部件的功能作用不同可分为以下几部分：

（1）成型零件　成型零件是直接成型塑件的零件，如图7-4中的上凸模3、凹模4、型芯7、下凸模8及侧型芯20。加料时与加料室一道起装料的作用，模具闭合时形成要求的型腔。

（2）加料室　加料室指凹模 4 的上半部，是凹模断面尺寸的扩大部分。由于塑料原料与塑件相比密度较小，成型前仅靠型腔往往无法容纳全部原料，因此在型腔之上设置一段加料室。

（3）导向机构　图 7-4 中有两种导向机构，其一由四对布置在上模周边的导柱 6 和下模周边的导套 9 组成，用于保证上、下模或模具内部其他零部件之间准确对合；其二由两对布置在下模座板 16 上的推板导柱 14 和推板 17 及推杆固定板 19 上的推板导套 15 组成，用于保证推出机构上下平稳运动。

（4）侧向分型抽芯机构　在压制带有侧孔或侧向凹凸的塑件时，模具必须设置侧向分型抽芯机构。图 7-4 中塑件所带侧孔由侧型芯 20 成型，在推出前先手动旋转抽芯。

（5）推出机构　如图 7-4 所示，推杆 11、推板 17、推杆固定板 19、压力机顶杆 18 组成模具的推出机构，其作用是将塑件从下模型腔推出。

（6）加热系统　热固性塑料压缩成型需要在较高的温度下进行，因此模具必须加热到塑料的交联温度以上。通常采用的加热方式有电加热、蒸汽加热、煤气或天然气加热等，其中以电加热最为普遍。图 7-4 所示的模具就是采用电加热的方式，在上加热板 5、下加热板 10 中设计有加热孔，插入电热元件（电热棒），分别对上凸模 3、凹模 4、型芯 7、下凸模 8 进行加热。

（7）支承零部件　压缩模中的上、下模座板，各种固定板、支承板、垫块等均称为支承零部件，如图 7-4 中的零件 1、5、10、13、16、21、22 等，其作用是固定和支承模具中的各种零部件，便于上、下模安装在压力机台板上，并且将压力机的压力传递给成型零件和成型物料。

2. 压缩模的分类

压缩模的分类方法很多，可按模具在压力机上的固定方式分类，也可按压缩模加料室的形式分类，还可按型腔数目多少、分型面特征、塑件推出方式等分类。

（1）按模具在压力机上的固定方式分类

1）移动式压缩模。移动式压缩模如图 7-5 所示。模具不固定在压力机上，成型后将模具移出压力机，再用专用卸模工具（如卸模架）开模，取出塑件。在清理加料室后再加料、合模，然后送入压力机内加热（压力机上、下台板均装有电热板）、加压，进行下一个循环的压制。这种模具结构简单，制造周期短，但由于加料、合模、开模、取件等工序均为手工操作，故劳动强度大，生产率低，模具易磨损。因此模具质量一般不宜超过 20kg，适用于压制批量不大的中小型塑件以及形状复杂、嵌件较多、加料困难、带有螺纹的塑件。

2）半固定式压缩模。半固定式压缩模如图 7-6 所示。一般将上模固定在压力机上，下模可沿导轨移动，用定位块定位；也可将下模固定，上模沿导轨移动。合模、开模动作在压力机内完成，成型后将活动下模或活动上模沿导轨移出压力机，采用手工或机外卸模架取出塑件。该结构模具操作比移动式压缩模方便省力，尤其是当模具较重、嵌件过多时，利于降低劳动强度。

3）固定式压缩模。固定式压缩模如图 7-4 所示。上、下模都固定在压力机上，加料、合模、开模、推出等动作均在压力机内完成，操作简单，劳动强度小，生产率高，模具寿命长，但是模具结构较复杂，加入塑料及安放嵌件不太方便。适于压制批量较大或尺寸较大的塑件。

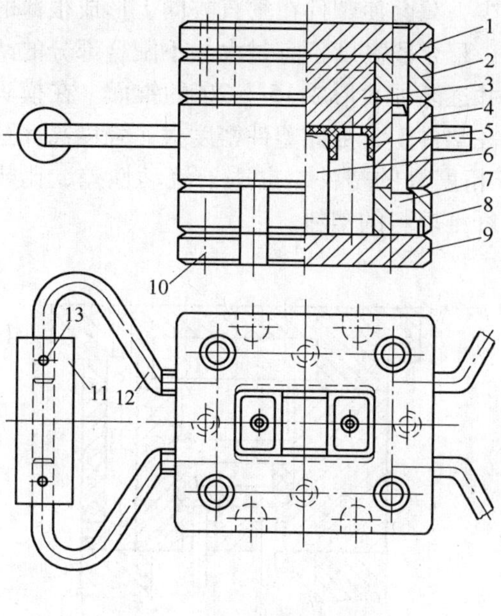

图7-5　移动式压缩模

1—上模座板　2—凸模固定板　3—凸模
4—凹模板　5—边型芯　6—型芯　7—导柱
8—型芯固定板　9—下模座板　10—螺钉
11—手柄木套　12—手柄　13—销钉

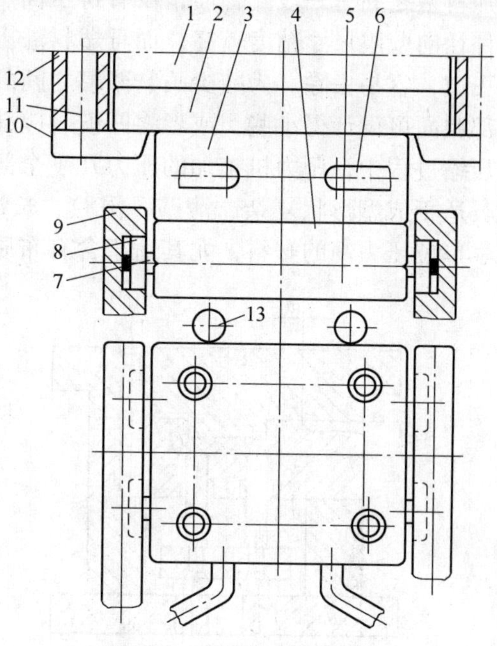

图7-6　半固定式压缩模

1—上模座板　2—凸模固定板　3—凹模板
4—型芯固定板　5—下模座板　6—手柄　7—轴销
8—滚珠轴承　9—导轨架　10—压板
11—螺钉　12—支承套　13—定位柱

（2）按压缩模加料室的形式分类

1）溢料式压缩模。溢料式压缩模如图7-7所示。这种模具又称为敞开式压缩模。其特点是无延伸加料室，型腔本身为加料室，型腔高度 h 等于塑件高度，由于模具闭合过程凸模与凹模无配合部分，完全依靠导柱定位，因此塑件的径向尺寸精度难以保证，而且压制时过剩的塑料极易从分型面溢出形成径向飞边。宽度为 b 的环形面是挤压面（或称挤压环），在合模开始时仅产生有限的阻力，合模到终点后才完全密合，压制过程中压力机的压力不能完全传给塑件，因而造成塑件密度偏小。挤压面宽度 b 应设计得窄些，可以减少溢料在分型面上的流动距离，从而减小塑件径向飞边的厚度。需要注意控制模具闭合速度，太快会造成溢料量增加，既浪费原料，又降低塑件密度；太慢则会因为塑料在挤压面迅速固化，而造成飞边厚度增加。径向飞边去除比较困难，去除痕迹对塑件外观也有影响。这种模具不适用于压缩率较高的塑料，如含有带状、片状或纤维状填料的塑料，宜采用预压锭料进行压制。

溢料式压缩模结构简单，造价低廉，使用寿命长，塑件容易取出，特别是扁平塑件，可以不设推出机构；而且由于没有加料室，操作者容易接近型腔底部，所以安放嵌件方便；对加料量的精度要求也不高，一般大于塑件质量的5%左右即可。其适于压制扁平盘类塑件，尤其是强度和尺寸无严格要求、流动性较好或带短纤维填料、壁厚较大且壁厚均匀性要求不高的塑件，如纽扣、装饰品等。

2）不溢式压缩模。不溢式压缩模如图7-8所示。这种模具又称为封闭式压缩模。其特点是通过将型腔上部延伸形成加料室，加料室断面形状和尺寸与型腔相同，模具闭合时凸模与加料室之间有一段配合面，没有挤压面。由于配合段单面间隙为0.025～0.075mm，因此塑件径向壁厚尺寸精度较高，而且塑料溢出量很少，只会使塑件在垂直方向上形成很薄的轴向飞边，容易去除。为减少凸、凹模之间的磨损，配合段高度不宜过大，不配合部分的凸模上部截面可设计得小些，或者将凹模对应部分尺寸逐渐加大形成15′～20′的锥面。在模具闭合压缩过程中，压力机施加的压力几乎全部作用在塑件上，因此塑件密度大，强度高。这种模具适于成型形状复杂、薄壁、深腔、长流程、精度高的塑件，也适于流动性差、比热容大、单位压力高的塑料，尤其适于含有布质或长纤维填料的塑料。

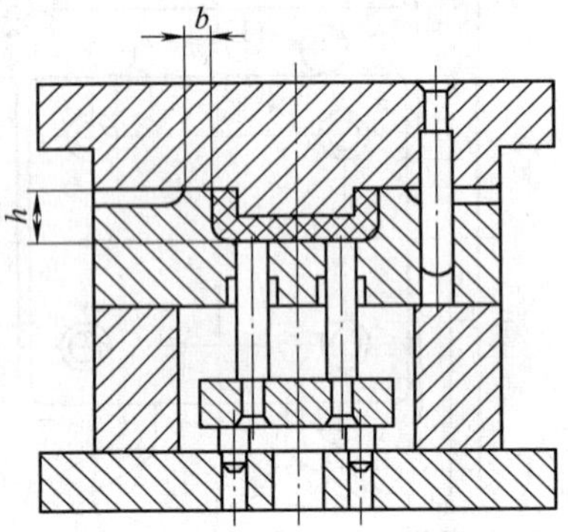

图7-7　溢料式压缩模

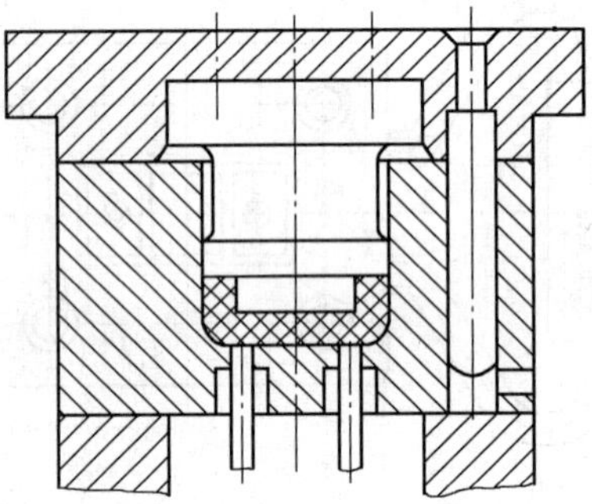
图7-8　不溢式压缩模

由于不溢式压缩模塑料溢出量很少，加料量的多少将直接影响塑件高度尺寸和密实度，故每次加料都必须精确称量，以保证每模塑件高度尺寸及密实度的一致性。另外需要注意的是，模具闭合时凸模与加料室配合面之间存在摩擦，会不可避免地擦伤加料室内壁，形成金属毛刺，而加料室断面尺寸与型腔断面尺寸相同，这将导致塑件在推出时外表面被划伤。同时带延伸加料室的型腔增加了塑件脱模难度，因此模具需要设置推出机构，而且要保证有足够的推出行程。不溢式压缩模一般为单型腔，不设计成多型腔，以免加料不均衡，造成各型腔压力不等，引起部分塑件欠压，影响成型质量。

3）半溢式压缩模。半溢式压缩模如图7-9所示。这种模具又称为半封闭式压缩模。其特点是在模具型腔上方设有一个截面尺寸大于型腔截面尺寸的加料室，模具闭合时凸模与加料室之间也有一段配合面，但采用的是大间隙配合，加料室与型腔分界处有一环形挤压面，对于中小型模具其宽度为2～4mm，对于大型模具其宽度为3～5mm，凸模下压到与挤压面接触时停止。每次压制的加料量允许稍有过量，多余的塑料通过凸模与加料室配合间隙或在凸模上开设的溢料槽排出，故不必严格控制加料量，只需简单地按体积计量即可，使成型操作方便很多。塑件压制时，溢料速度及溢料量可通过调整配合间隙或溢料槽尺寸大小来调节，因此塑件的密实度要高于溢料式压缩模。而且凸模下压位置受到挤压面限制，使得塑件的高度尺寸精度得到保证。此外，由于加料室截面尺寸大于型腔截面尺寸，凸模不会沿着型腔内壁摩擦，从而避免划伤型腔内壁表面，塑件推出时也不会被加料室内壁刮擦，因此塑件外表面得到保护，塑件脱模也相对容易。当塑件轮廓形状复杂

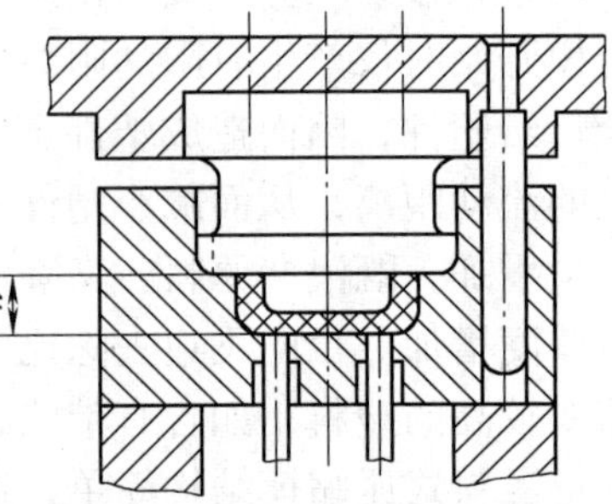

图7-9　半溢式压缩模

时，可以将凸模与加料室配合面形状简化，如采用圆形、方形或矩形等，以简化加工工艺。

半溢式压缩模兼具溢式和不溢式压缩模的优点，塑件径向尺寸及高度尺寸均有较好的精度，密实度较高，外观质量也较好，模具加工较方便，使用寿命较长，加料方便，塑件脱模容易，因此在生产中广泛应用。半溢式压缩模适于成型流动性较好的塑料及形状较复杂的、带有小型嵌件的塑件。但是由于有挤压边缘，故不适于压制以布片或长纤维作填料的塑料。

以上三种结构各有特点，应根据具体情况合理选择。除此之外，实际生产中还有一些变化形式，图 7-10 所示的带活动加料室的压缩模就是其中一种应用较多的结构，它结合了溢料式和半溢式模具的优点，可用于压制比热容较大、有布质填料的塑料。这种模具开模后凹模较浅，便于塑件取出及挤压面废料清理，压制的塑件密实度较高，外观质量也好，不足之处是模具结构比较复杂。

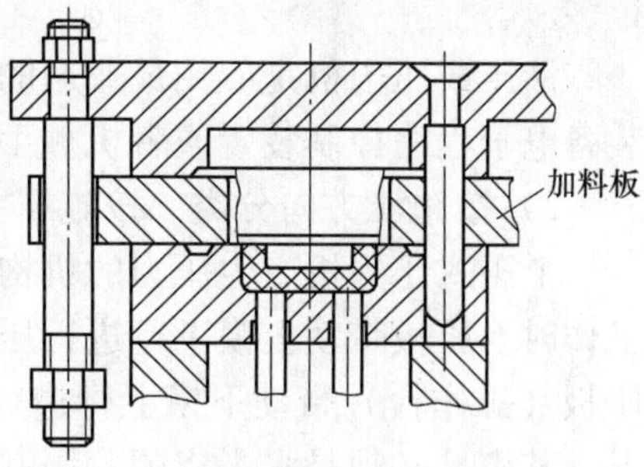

图 7-10　带活动加料室的压缩模

（3）按模具分型面特征分类

1）水平分型面压缩模。模具分型面平行于立式压力机的工作台面，一般设有一个或两个分型面，结构如图 7-11 所示，适用于压制一般塑件。

2）垂直分型面压缩模。模具分型面垂直于立式压力机的工作台面，结构如图 7-12 所示。适用于侧面有凹凸形状的塑件。

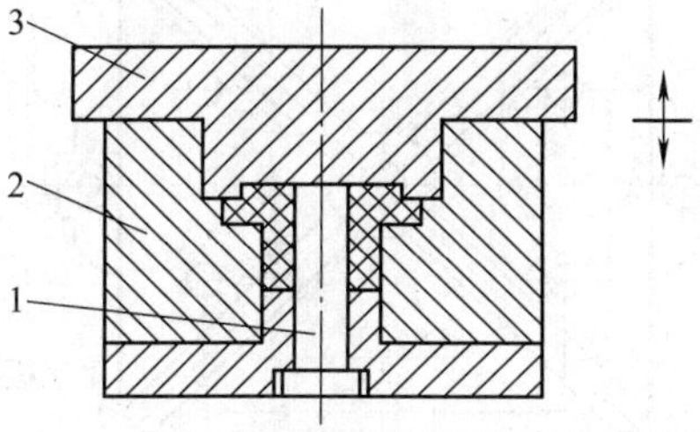

图 7-11　水平分型面压缩模

1—型芯　2—凹模　3—凸模

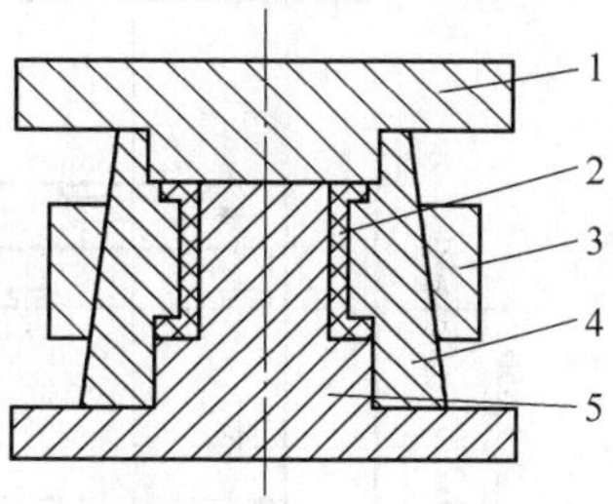

图 7-12　垂直分型面压缩模

1—凸模　2—塑件　3—模套

4—截锥形两瓣凹模　5—型芯

7.2.3　压缩成型设备与参数校核

1. 压缩成型设备种类与技术规范

（1）塑料压力机的分类　塑料压缩成型设备主要是塑料压力成型机，简称塑料压力机。塑料压力机可按不同的分类方式进行分类。

1）按传动方式分类。塑料压力机按传动方式可分为机械式、机械液压式和液压式三种。

机械式压力机利用机械传动产生压制力，结构简单，操作方便，多数为手工操作。但压制力小，控制困难，生产率低，不适于现代塑料成型加工，故已被淘汰。

机械液压式压力机具有机械和液压两部分机构。较常用的是螺旋液压式压力机，其机械机构是一根垂直安装在压力机上部的可升降的旋转螺杆，由它驱动活动横梁作上下往复运动，螺杆由电动机通过减速箱和蜗杆蜗轮机构带动，用于预压和开闭模的空行程；其液压机构安装在压力机下部，产生最终压力，液压缸活塞只需要很小的移动距离。这类压力机结构简单，操作方便，最终产生的单位压力也较高，而且行程大，可以达到 3m 以上，故适于压制管材、棒材之类的细长塑件。但是由于螺旋自锁能力低，压力机高度尺寸大，因此压制力也受到限制，一般小于 1000kN，而且运动噪声大，容易磨损，目前这类压力机应用不是很多。

液压式压力机是应用最普遍的塑料压力机。通常是多种形式的油压机，而且在压力机上装备电子程序控制装置或者机械手，可以使操作过程全部实现自动化。

2）按施压方向分类。按施压方向不同塑料压力机可分为上压式、下压式和角式三种。

上压式压力机产生压力的机构（如液压缸等）安装在压力机上部，压制方向由上而下，工作时上压板带动上模下行进行压制。下压式压力机则相反，压制方向由下而上，工作时下压板（工作台）带动下模上行进行压制。角式压力机不论压制方向是由上而下还是由下而上，其模具必须是水平启闭，压制方向与模具启闭方向成直角。

塑料压力机通常以上压式为主，下压式也有较多应用。

3）按机架结构形式分类。塑料压力机按机架结构形式分为框架式和立柱式两种。

框架式压力机将机架与上下横梁做成一个整体，如图 7-13 所示，可以整体铸造，也可

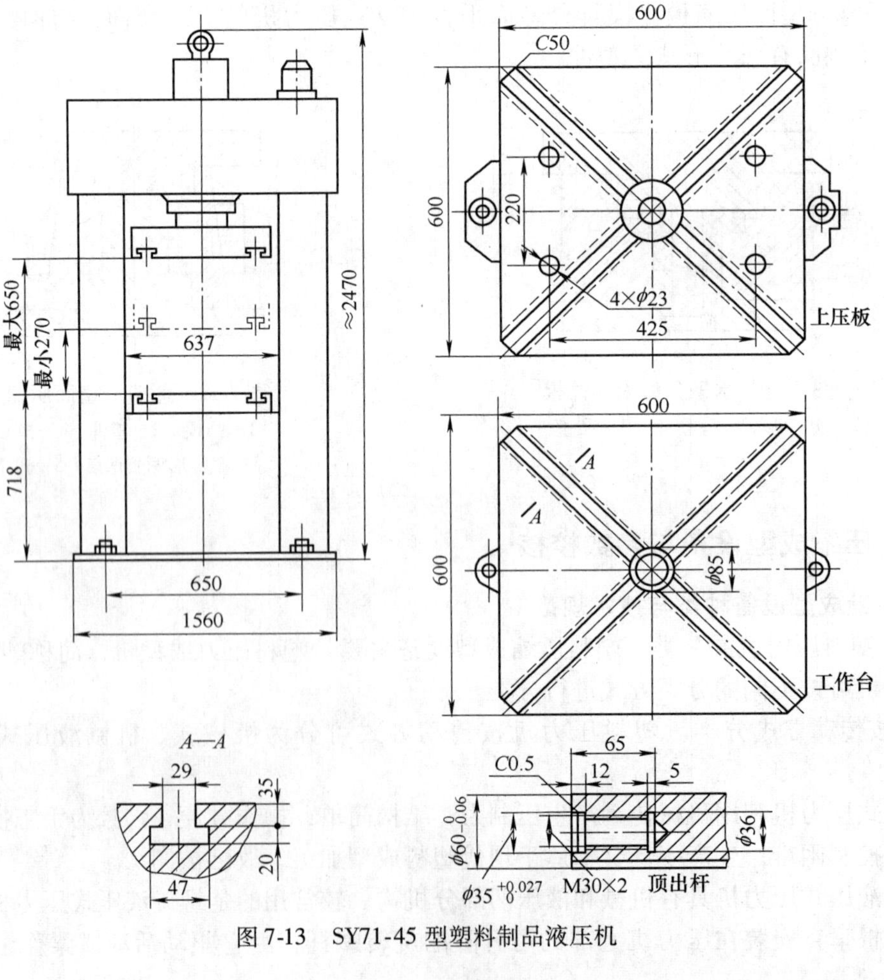

图 7-13　SY71-45 型塑料制品液压机

以焊接而成，一般用于中小型压力机；立柱式压力机采用立柱及其两端部的螺母将上、下横梁装配在一起，如图 7-14 所示，立柱数量大多为四根，通常用于大中型压力机。

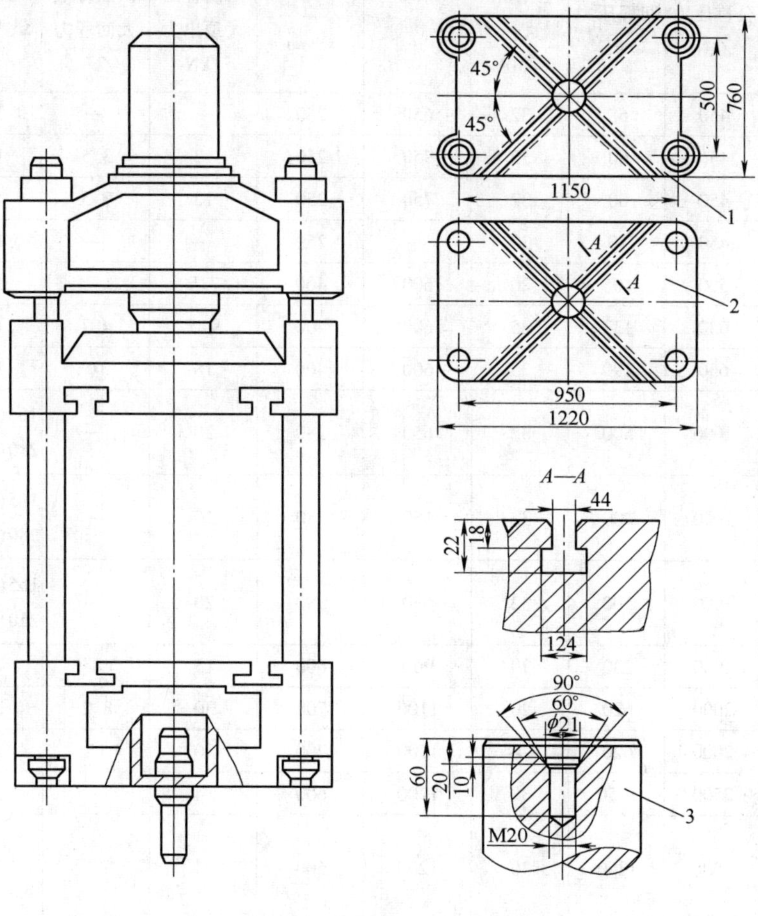

图 7-14　YB32　200 型四柱万能液压机

1—上压板　2—下压板　3—中心顶杆尾轴

（2）常用国产塑料液压机的技术规范　为了保证压缩模的正常使用，在模具设计时应考虑选用合适的压力机。常用国产塑料液压机的技术规范见表 7-2。

2. 压缩模与压力机相关技术参数的校核

压力机的最大总压力、开模力、推出力、装模高度、开模行程、工作台尺寸等技术参数与压缩模设计有直接关系，为了避免出现模具在压力机上无法安装、成型过程不能顺利进行或者塑件成型后不能从模具中取出等问题，在设计压缩模时应该对压力机进行下述几方面的校核。

（1）压力机最大总压力的校核计算　压力机施加给塑件足够的压力，是生产合格制品的保证。成型压力的大小与塑件材料、几何形状、水平投影面积以及成型工艺等因素有关。压力机最大总压力的校核计算主要包括两方面内容：当已知塑件尺寸和型腔数目时，通过计算选择有足够压力的压力机；当已知压力机总压力和塑件尺寸时，通过计算确定模具可开设的型腔数目。

表 7-2　常用国产塑料液压机的技术规范

<table>
<tr><th rowspan="2">常用液压机型号</th><th rowspan="2">特征</th><th colspan="3">液压部分</th><th rowspan="2">封闭高度 H/mm</th><th rowspan="2">滑块最大行程 s/mm</th><th colspan="3">顶出部分</th><th rowspan="2">备　注</th></tr>
<tr><th>公称压力 /kN</th><th>回程压力 /kN</th><th>工作液最大压力 p/MPa</th><th>顶出杆最大顶出力 /kN</th><th>顶出杆最大回程力 /kN</th><th>顶出杆最大行程 s_1/mm</th></tr>
<tr><td>45～58</td><td rowspan="10">上压式、框架结构、下顶出</td><td>450</td><td>68</td><td>32</td><td>650</td><td>250</td><td>—</td><td>—</td><td>150</td><td>—</td></tr>
<tr><td>YA71-45</td><td>450</td><td>60</td><td>32</td><td>750</td><td>250</td><td>12</td><td>3.5</td><td>175</td><td>—</td></tr>
<tr><td>SY71-45</td><td>450</td><td>60</td><td>32</td><td>750</td><td>250</td><td>12</td><td>3.5</td><td>175</td><td>—</td></tr>
<tr><td>YS(D)-45</td><td>450</td><td>70</td><td>32</td><td>—</td><td>250</td><td>—</td><td>—</td><td>150</td><td>—</td></tr>
<tr><td>Y32-50</td><td>500</td><td>105</td><td>20</td><td>600</td><td>400</td><td>7.5</td><td>3.75</td><td>150</td><td>—</td></tr>
<tr><td>YB32-63</td><td>630</td><td>133</td><td>25</td><td>600</td><td>400</td><td>9.5</td><td>4.7</td><td>150</td><td>—</td></tr>
<tr><td>BY32-63</td><td>630</td><td>190</td><td>25</td><td>600</td><td>400</td><td>18</td><td>10</td><td>130</td><td>—</td></tr>
<tr><td>YX-100</td><td>1000</td><td>500</td><td>32</td><td>650</td><td>380</td><td>20</td><td>—</td><td>165(自动)
280(手动)</td><td>—</td></tr>
<tr><td>Y71-100</td><td>1000</td><td>200</td><td>32</td><td>650</td><td>380</td><td>20</td><td>—</td><td>165(自动)
280(手动)</td><td rowspan="2">滑块没有四孔</td></tr>
<tr><td>ICH-100</td><td>1000</td><td>500</td><td>32</td><td>650</td><td>380</td><td>20</td><td>—</td><td>165(自动)
250(手动)</td></tr>
<tr><td>Y32-100</td><td rowspan="7">上压式、柱式结构、下顶出</td><td>1000</td><td>230</td><td>20</td><td>900</td><td>600</td><td>15</td><td>8</td><td>180</td><td>—</td></tr>
<tr><td>Y32-200</td><td>2000</td><td>620</td><td>20</td><td>1100</td><td>700</td><td>30</td><td>8.2</td><td>250</td><td>—</td></tr>
<tr><td>YB32-200</td><td>2000</td><td>620</td><td>20</td><td>1100</td><td>700</td><td>30</td><td>15</td><td>250</td><td>—</td></tr>
<tr><td>YB71-250</td><td>2500</td><td>1250</td><td>30</td><td>1200</td><td>600</td><td>34</td><td>—</td><td>300</td><td>—</td></tr>
<tr><td>SY-250</td><td>2500</td><td>1250</td><td>30</td><td>1200</td><td>600</td><td>34</td><td>—</td><td>300</td><td rowspan="2">工作台有三个顶出杆，滑块上有两孔</td></tr>
<tr><td>ICH-250</td><td>2500</td><td>1250</td><td>30</td><td>1200</td><td>600</td><td>63</td><td>—</td><td>300</td></tr>
<tr><td>Y32-300
YB32-300</td><td>3000</td><td>400</td><td>20</td><td>1240</td><td>800</td><td>30</td><td>8.2</td><td>250</td><td>—</td></tr>
<tr><td>Y31-63</td><td>—</td><td>630</td><td>300</td><td>32</td><td>—</td><td>300</td><td>0.3(手动)</td><td>—</td><td>180</td><td>—</td></tr>
<tr><td>Y71-63</td><td>—</td><td>630</td><td>300</td><td>32</td><td>600</td><td>300</td><td>0.3(手动)</td><td>—</td><td>130</td><td>—</td></tr>
<tr><td>Y31-100A</td><td>—</td><td>1000</td><td>160</td><td>21</td><td>850</td><td>600</td><td>16.5</td><td>7</td><td>210</td><td>—</td></tr>
<tr><td>Y33-300</td><td>—</td><td>3000</td><td>—</td><td>24</td><td>1000</td><td>600</td><td>—</td><td>—</td><td>—</td><td>—</td></tr>
</table>

压制塑件所需的成型总压力应小于或等于压力机的公称压力。其关系式为

$$F_m \leqslant KF_j \tag{7-2}$$

式中　F_m——压制塑件所需的成型总压力（N）；

F_j——压力机的公称压力（N）；

K——修正系数，根据压力机使用年限，一般取 $K=0.7\sim0.9$。

压制塑件所需的成型总压力 F_m 的计算公式为

$$F_m = Anp \tag{7-3}$$

式中　A——每个型腔加料室的水平投影面积（mm^2），对于溢料式或不溢式压缩模，等于塑件最大轮廓水平投影面积，对于半溢式压缩模，等于加料室的水平投影面积；

n——压缩模内加料室数目，单型腔压缩模 $n=1$，对于共用加料室的多型腔压缩模也是 $n=1$，这时 A 应采用加料室的水平投影面积；

p——塑件压缩成型时的单位面积压力（MPa），其值取决于塑料种类及型号、塑件的形状和尺寸、型腔结构及成型工艺等，其值见表7-3。

表7-3　压缩成型时单位面积压力　（单位：MPa）

塑件的特征	粉状酚醛塑料		布基填料的酚醛塑料	氨基塑料	酚醛石棉塑料
	不预热	预热			
扁平厚壁塑件			29.42～39.23		
高20～40mm，壁厚4～6mm	12.26～17.16	9.81～14.71	34.32～14.13	12.26～17.16	44.13
高20～40mm，壁厚2～4mm			39.23～49.03		
高40～60mm，壁厚4～6mm	17.16～22.06	12.26～15.40	49.03～68.65	17.16～22.06	
高40～60mm，壁厚2～4mm	22.06～26.97	14.71～19.61	58.84～78.45	22.06～26.97	53.94
高60～100mm，壁厚4～6mm	24.52～29.42		—	24.52～29.42	
高60～100mm，壁厚2～4mm	26.97～34.32	17.16～22.06	—	26.97～34.32	

当需要选择压力机的公称压力时，由式（7-2）及式（7-3）可得

$$F_j \geqslant Anp/K \tag{7-4}$$

如果压力机的吨位大小已知，则多型腔压缩模加料室的数目为

$$n \leqslant KF_j/(Ap) \tag{7-5}$$

当压力机的公称压力超出压制塑件所需的压力时，应调小压力机工作液体的工作压力，压力机实际压力由压力机液压缸活塞面积和工作液体的工作压力确定，即

$$F_s = p_s A_j \tag{7-6}$$

式中　F_s——压力机实际压力（N）；

p_s——压力机工作液体的工作压力（压力表读数）（MPa）；

A_j——压力机液压缸活塞面积（mm^2）。

（2）开模力与脱模力的校核计算

1）开模力的校核计算。开模力的大小一般与成型压力成正比，其计算公式为

$$F_k = K_1 F_m \tag{7-7}$$

式中　F_k——开模力（N）；

K_1——压力系数，当塑件形状简单，凸、凹模配合长度不大时取 $K_1=0.1$，配合长度较大时取 $K_1=0.15$，当塑件形状复杂，且凸、凹模配合长度较大时取 $K_1=0.2$。

若要保证压缩模能可靠开模，必须使开模力小于压力机液压缸的回程力。对于双作用液压缸，因 $F_j > F_k$，故有足够力量开模，不需校核。

开模力的大小还关系到压缩模联接螺钉的数量及大小，螺钉数量的计算公式为

$$N = F_k/f \tag{7-8}$$

式中　N——螺钉数量；

f——每个螺钉所承受的负荷，其值可查表 7-4；

F_k——开模力。

表 7-4　螺钉负荷表　　（单位：N）

公称直径/mm	45 钢	T10A	备注
	R_m/MPa	R_m/MPa	
	490.33	980.67	
M5	1323.90	2598.76	对于成型压力大于 500kN 的大型模具，联接螺钉用的材料可选 T10A、T10，但不应淬火
M6	1814.23	3628.46	
M8	3432.33	6766.59	
M10	5393.66	10 787.32	
M12	7943.39	15 788.71	
M14	10 787.32	21 770.76	
M16	15 200.31	30 302.55	
M18	18 240.37	36 480.74	
M20	23 634.03	47 268.05	
M22	29 714.15	59 428.30	
M24	34 127.14	68 156.22	

2）脱模力校核计算。为使塑件从模具中脱出，压力机的顶出力必须大于塑件的脱模力，即

$$F_d > F_t \tag{7-9}$$

式中　F_d——压力机的顶出力（N）；

F_t——塑件的脱模力（N）。

塑件脱模力的计算公式为

$$F_t = A_c p_f \tag{7-10}$$

式中　A_c——塑件侧面积之和（mm^2）；

p_f——塑件与金属表面的单位摩擦力（MPa），一般以木纤维和矿物质为填料时取 p_f = 0.49MPa，以玻璃纤维为填料时取 p_f = 1.47MPa。

（3）压缩模闭合高度与开模行程校核计算　为了使模具能正常工作，压力机上、下压板之间的最小开距、最大开距以及活动压板的工作行程必须与压缩模的闭合高度和开模行程相适应，其关系如图 7-15 所示。

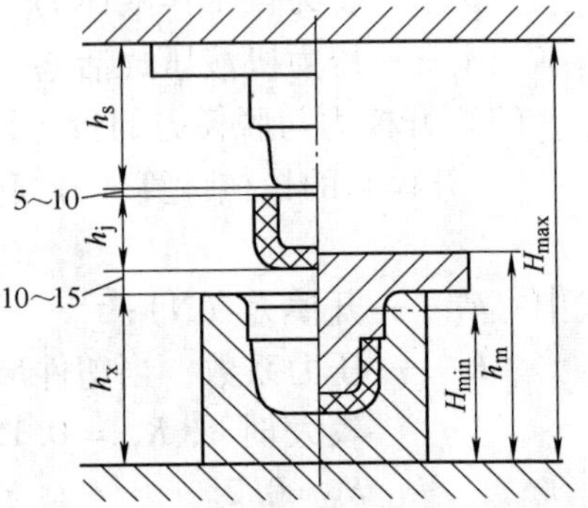

图 7-15　压力机压板开距与模具闭合高度

为使模具在成型时能完全闭合，压缩模的闭合高度应该大于压力机上、下压板之间的最小开距，即满足

$$h_m \geqslant H_{min} \tag{7-11}$$

式中　h_m——模具闭合高度（mm）；

H_{min}——压力机上、下压板之间的最小开距（mm）。

如果不能满足式（7-11）要求，则需要在压力机上、下压板之间加装垫板。

为使塑件在开模后能顺利取出，压力机上、下压板之间的最大开距应满足模具所需开模行程的要求，其校核公式为

$$H_{max} \geqslant h_s + h_j + h_x + (10 \sim 20)\text{mm} \tag{7-12}$$

式中　H_{max}——压力机上、下压板之间的最大开距（mm）；

h_s——上模高度（mm）；

h_j——塑件高度（mm）；

h_x——下模高度（mm）。

式（7-12）适用于固定式压缩模。对于利用开模力完成侧向分型抽芯或脱出螺纹型芯的模具，所需开模行程可能还要更大些，需具体计算确定。对于移动式压缩模、半固定式压缩模，还要考虑上、下加热板及导轨等的安装高度。

（4）压力机工作台面有关尺寸校核　模具设计时应根据压力机台面规格及结构来确定相应的尺寸。压缩模宽度应小于压力机立柱或框架之间的距离，使模具能顺利通过。模具最大外形尺寸不应超过台面尺寸，以便于安装固定。压力机上、下压板的模具安装面通常开设有 T 形槽，有的 T 形槽如图 7-13 及图 7-14 所示沿对角线交叉开设，也有平行开设的。压缩模一般采用 T 形螺栓及压板压紧固定，此时模具上、下模座板应设有宽度为 15 ~ 30mm 的凸缘台阶；也可以直接采用螺栓固定，此时模具上、下模座板应开设与压力机上、下压板 T 形槽位置相对应的螺钉孔或长槽、缺口。

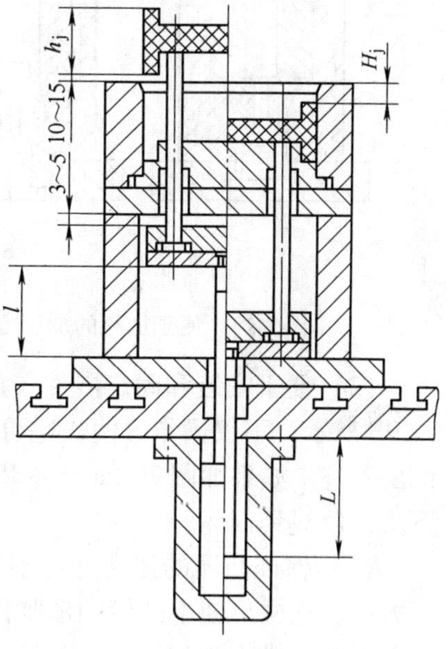

图 7-16　模具推出行程与压力机顶出行程

（5）压力机顶出机构的校核　固定式压缩模通常利用压力机工作台下面的顶出机构（机械式或液压式）驱动模具推出装置完成推出塑件动作，因此两者之间应相互适应。压力机顶出机构一般通过尾轴或中间接头或拉杆等零件与模具推出机构连接，模具设计时需明确其间的结构和尺寸关系。模具所需的推出行程应小于压力机顶出机构的最大顶出行程，而且应保证塑件能被推出型腔，并高出型腔 10 ~ 15mm，以便取出塑件。其关系如图 7-16 所示，其校核公式为

$$l = h_j + H_j + (10 \sim 15)\text{mm} \leqslant L \tag{7-13}$$

式中　l——模具所需的推出行程（mm）；

h_j——塑件高度（mm）；

H_j——加料室高度（mm）；

L——压力机顶出机构的最大顶出行程（mm）。

7.2.4　压缩模的设计方法

1. 塑件在模具内加压方向的选择

加压方向是指凸模的作用方向，也就是模具的轴线方向。加压方向对于塑件质量、模具结构和生产操作等都有重要影响，在选择加压方向时要考虑以下因素。

（1）便于加料　图 7-17 所示为同一塑件的两种加压方法。图 7-17a 所示的加料室直径大而浅，便于加料；图 7-17b 所示的加料室直径小而深，不便于加料。

（2）有利于压力传递　塑件在模具内的加压方向应避免在加压过程中压力传递距离太长，导致压力损失过大，造成塑件材质的密实度不均匀。如图 7-18a 所示，圆筒形塑件从顶部沿轴向加压，由于塑件细长，压力损失大，塑件底部会因压力小而产生疏松现象；如果采用上、下凸模同时加压，则塑件中部仍会因压力较低而出现疏松。因此可将塑件横放，采用如图 7-18b 所示的横向加压的方式，以利于压力传递，从而克服以上缺陷。其不足之处是塑件外圆会产生两条溢料线而影响外观，若型芯太细，还易发生弯曲。

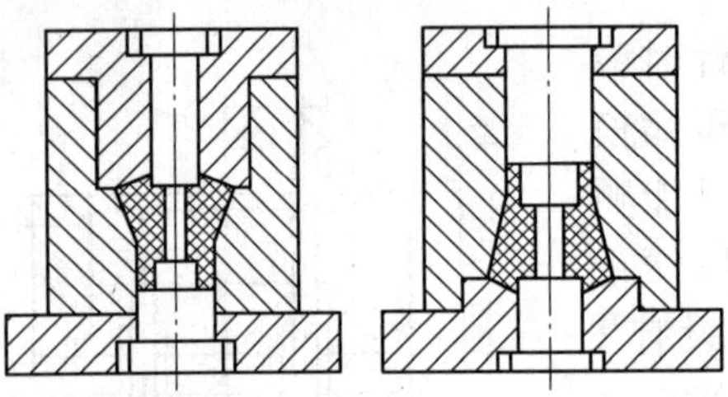

a)　　b)

图 7-17　便于加料的加压方向

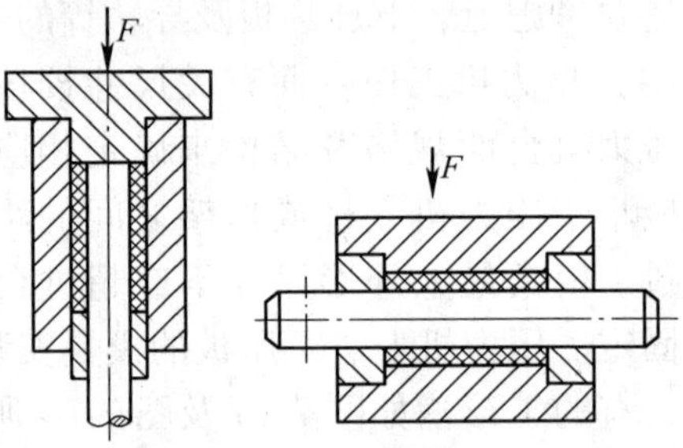

a)　　b)

图 7-18　有利于压力传递的加压方向

（3）便于安装和固定嵌件　压制带嵌件的塑件时，应尽可能将嵌件安装在下模。如图 7-19b 所示，不仅操作方便，还可以通过顶嵌件推出塑件，在塑件上也不会留下影响外观的推出痕迹。如果如图 7-19a 所示将嵌件安装在上模，则既费事，又可能因嵌件安装不牢固而下落，使模具损坏。

（4）保证凸模的强度　对于从正面或反面都可以压制成型的塑件，应选择简单面为加压方向，这样可使上凸模的形状简单，以保证其强度，延长模具使用寿命。图 7-20a 所示的简单形状凸模作为加压的上凸模要优于图 7-20b 所示的复杂形状凸模。

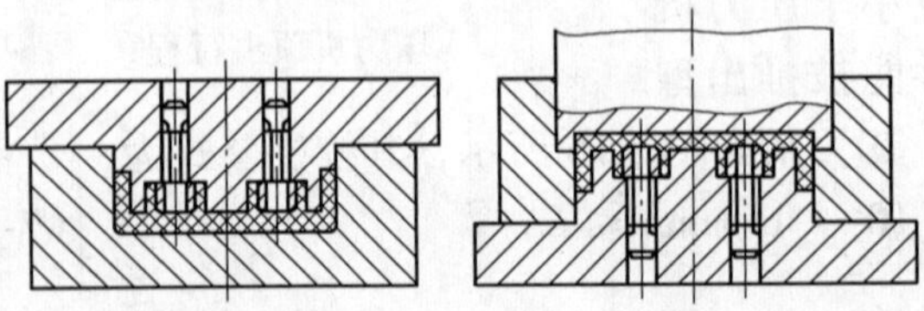

a)　　b)

图 7-19　便于安装和固定嵌件的加压方向

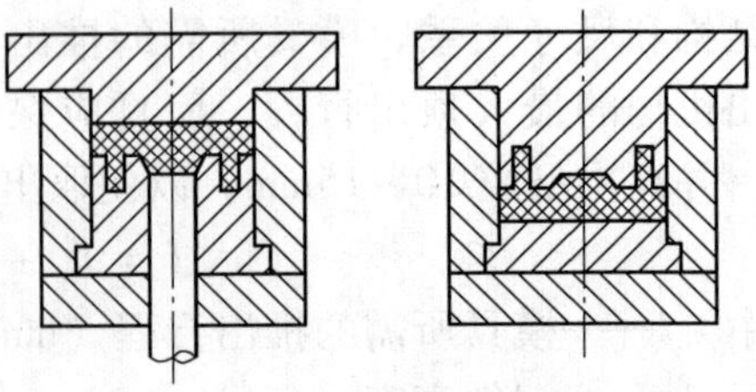

a)　　b)

图 7-20　有利于保证凸模强度的加压方向

（5）便于塑料流动　塑件压制过程中应使料流方向与加压方向一致，以便于塑料流动。

图7-21b所示的塑料流动状态就好于图7-21a所示的塑料流动状态，前者料流方向与加压方向一致，后者则不然。

（6）便于机动侧抽芯　当塑件上有多个不同方位的孔或侧凹，且利用开模力进行机动侧抽芯时，应当使加压方向与抽芯距离较大的型芯一致，而将抽芯距离较小的型芯作为侧抽型芯。若采用模外手动抽芯，则不受此限制。

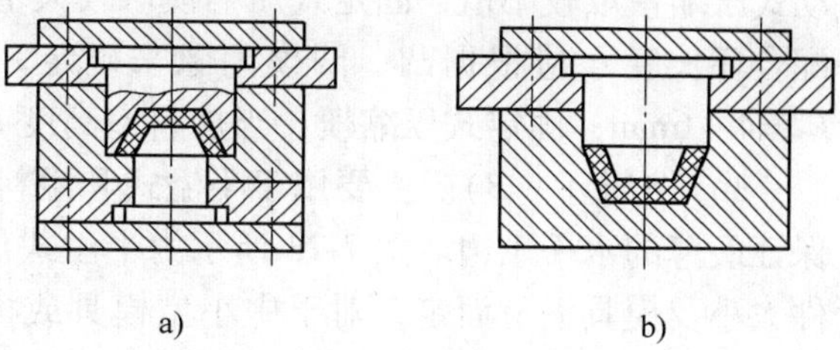

图7-21　便于塑料流动的加压方向

（7）保证重要尺寸的精度　沿加压方向的塑件高度尺寸，不仅受水平飞边厚度的影响，而且会随加料量的多少而变化，因此精度要求高的重要尺寸不宜设计在加压方向上。

2. 分型面位置和形状的选择

在加压方向确定后，就可以进行分型面位置的选择。压缩模分型面位置的确定原则与注射模相似，要求分型面位于沿加压方向上塑件断面轮廓最大的地方，尽可能避免侧向分型和抽芯，分型溢料线痕迹尽量不影响外观并易于修整，通常设在塑件直角转折处，而不应横过光滑的外表面或圆弧转折处。对于塑件有同心度要求的部位，最好让其全部位于上模或下模一侧，而不宜分置于上、下模两边。分型面所在位置应使得开模后塑件留在下模，以适应设在压力机下方的顶出机构，便于塑件顺利推出。

分型面的形状一般采用水平面，较少采用曲面或弯折面，以利于加工制造。

3. 凸、凹模的配合形式及有关尺寸确定

（1）压缩模凸、凹模组成部分及其作用　以半溢式压缩模为例。如图7-22所示，压缩模凸、凹模一般由引导环、配合环、挤压环、储料槽、排气溢料槽、承压面、加料室等部分组成，其特征和作用如下。

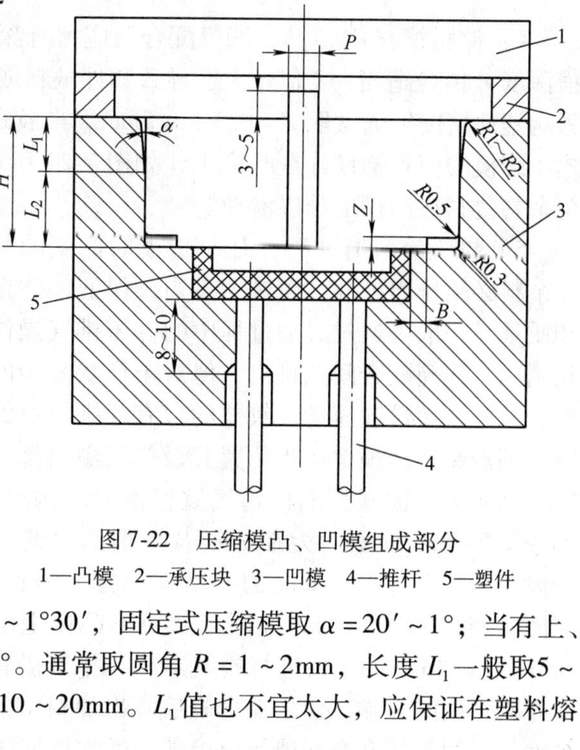

图7-22　压缩模凸、凹模组成部分
1—凸模　2—承压块　3—凹模　4—推杆　5—塑件

1）引导环（L_1）。其作用是引导凸模进入凹模。除加料室很浅（高度小于10mm）的凹模外，一般在加料室开口部位均设有一段长度为L_1的引导环。引导环是一段倾斜角为α的锥面，并倒圆角R，以使凸模能顺利进入凹模，减少凸、凹模之间的摩擦，延长模具使用寿命，还可避免推出塑件时擦伤表面，并且有利于排气，降低开模阻力。移动式压缩模取$\alpha=20'\sim1°30'$，固定式压缩模取$\alpha=20'\sim1°$；当有上、下凸模时，为了加工方便，也可取$\alpha=4°\sim5°$。通常取圆角$R=1\sim2$mm，长度L_1一般取5～10mm，当加料室高度$H\geqslant30$mm时，取$L_1=10\sim20$mm。L_1值也不宜太大，应保证在塑料熔融时凸模已经进入配合环。

2）配合环（L_2）。凸模与凹模加料室的配合部位，其作用是保证凸、凹模准确定位，阻止塑料溢出，同时又能顺利排出气体。其配合间隙大小的选取以不产生溢料和凸、凹模侧壁互不擦伤为原则，单边间隙一般取 0.025 ~ 0.075mm，也可采用 H8/f7 或 H9/f9 配合，移动式压缩模取较小值，固定式压缩模取较大值，形状复杂的移动式模具可采用 H8/f8 配合。配合环长度 L_2 应根据凸、凹模间隙来确定，间隙小则长度取短些。通常移动式压缩模取 $L_2 = 4 \sim 6$mm；固定式压缩模，当加料室高度 $H \geqslant 30$mm 时，取 $L_2 = 8 \sim 10$mm。

3）挤压环（B）。主要用于半溢式和溢料式压缩模，其作用是限制凸模的下行位置，并保证最薄的水平飞边。图 7-23 所示为半溢式压缩模的挤压环形式，挤压环宽度 B 值根据塑件大小及模具钢材而定，对于中小型模具或模具钢材品质较好时，取 $B = 2 \sim 4$mm；对于大型模具，取 $B = 3 \sim 5$mm。

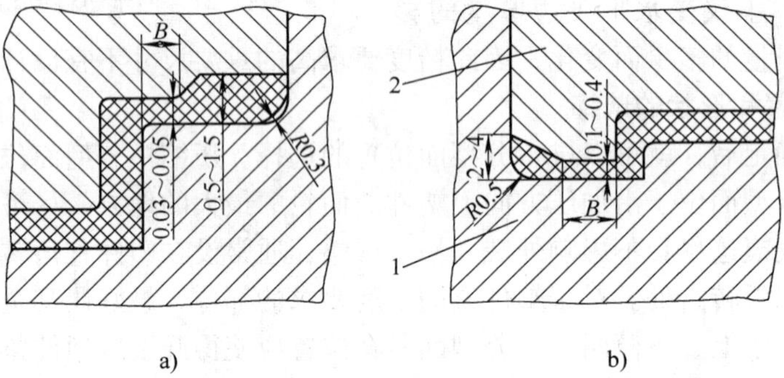

图 7-23　挤压环的形式

1—凹模　2—凸模

4）储料槽（Z）。凸、凹模配合后应留有深度为 Z 的小空间，以储存排出的余料。储料槽深度 Z 值应适当，Z 值过大会导致塑件缺料或密实度降低，Z 值过小则会造成飞边增厚而影响塑件精度，通常取 $Z = 0.5 \sim 1.5$mm。半溢式压缩模的储料槽形式如图 7-22 所示；不溢式压缩模的储料槽设计在凸模上，如图 7-24 所示，该储料槽不能设计成整周的环形槽，避免余料包紧在凸模上难以清理。

5）排气溢料槽（P）。压缩成型时产生的气体和余料必须排出模外，以减少飞边，保证塑件精度和质量。一般可通过成型过程中的卸压排气操作和利用凸、凹模配合间隙排出，但对于形状复杂的塑件、深型腔塑件或流动性较差的含有纤维填料的塑料，则需要在凸模上适当位置开设排气溢料槽。图 7-25 所示为半溢式压缩模排气溢料槽的结构形式，其中图 7-25a、c 所示为在圆形及矩形凸模侧壁上开设四条深 0.2 ~ 0.3mm 的凹槽作为排气溢料槽，而图 7-25b、d 所示则为在圆形及矩形凸模上磨削深 0.2 ~ 0.3mm 的平面进行排气溢料，排气溢料槽应开到凸模的上端，使之在合模后高出加料室的上平面，以便气体和余料能排出模外。通常根据试模情况决定是否需要开设排气溢料槽并确定其尺寸，一方面要保证能顺利排气溢料，另一方面又不能产生塑件缺料或不致密现象。

图 7-24　不溢式压缩模的储料槽形式

1—储料槽　2—凸模

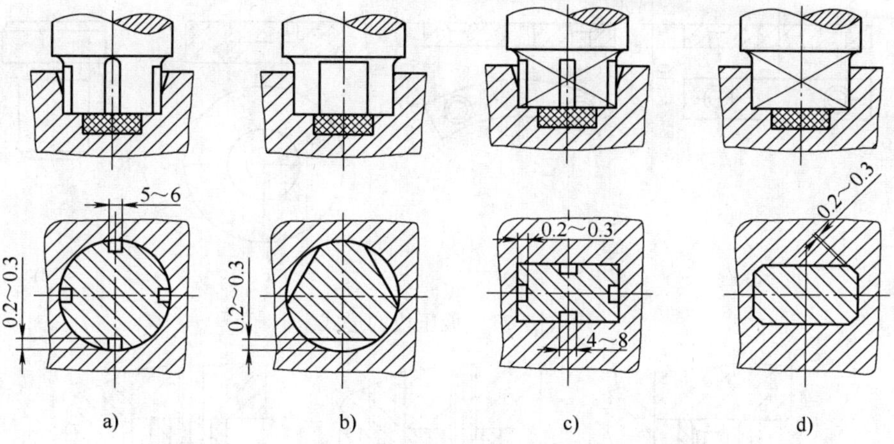

图 7-25　固定式半溢式压缩模的排气溢料槽

6）承压面和承压块。承压面的作用是减轻挤压环的负载，延长模具使用寿命。图 7-26a 所示为用挤压面作为承压面，虽然飞边较薄，但由于压力机的余压全部由挤压环承受，模具容易变形或损坏；图 7-26b 所示为由凸模台肩和凹模上端面做承压面，而凸、凹模挤压面之间留有 0. 03 ~0. 05mm 的间隙，可防止挤压环的变形或损坏，但是飞边较厚，这种结构主要用于移动式压缩模；图 7-26c 所示为采用了承压块的结构，承压面位于承压块上，可通过调节承压块的厚度来控制凸模进入凹模的深度或凸、凹模挤压面之间的间隙，避免挤压环的变形或损坏，并减少飞边厚度，这种结构主要用于固定式压缩模。

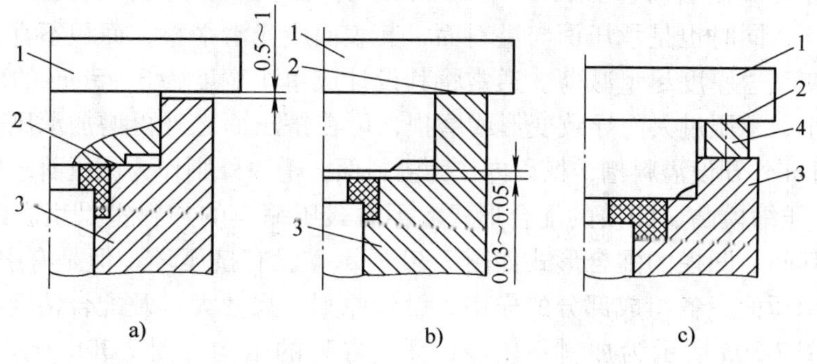

图 7-26　压缩模承压面的结构形式

1—凸模　2—承压面　3—凹模　4—承压块

承压块的形式如图 7-27 所示。通常矩形模具采用图 7-27a 所示的长条形，圆形模具采用图 7-27b 所示的弯月形，小型模具采用图 7-27c 所示的圆形或图 7-27d 所示的圆柱形。承压块的厚度一般为 8 ~10mm，其安装形式有图 7-28a、b 所示的单面安装和图 7-28c 所示的双面安装，承压块材料可采用 T7、T8 或 45 钢，硬度为 35 ~40HRC。

7）加料室。其作用是盛装塑料原料。加料室可以是型腔的延伸，也可以按型腔形状扩大成简单的圆形或矩形。其容积大小应保证在装入要求用量的塑料原料后，上部还留有 5 ~10mm 深的空间，以避免压制塑件时塑料溢出模外。

（2）压缩模凸、凹模配合的结构形式　压缩模凸、凹模配合的结构形式及尺寸是压缩

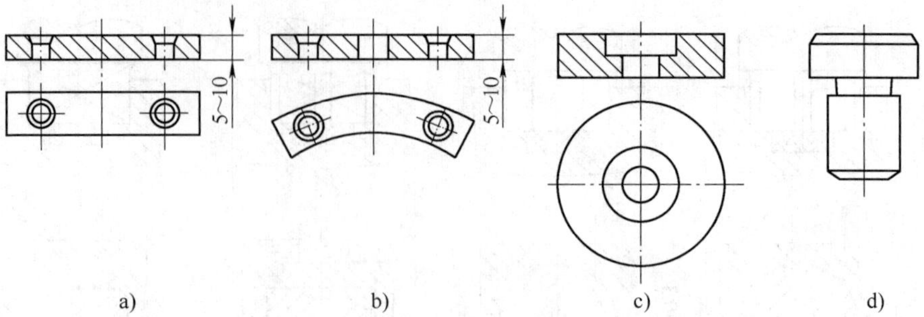

图 7-27　承压块的形式

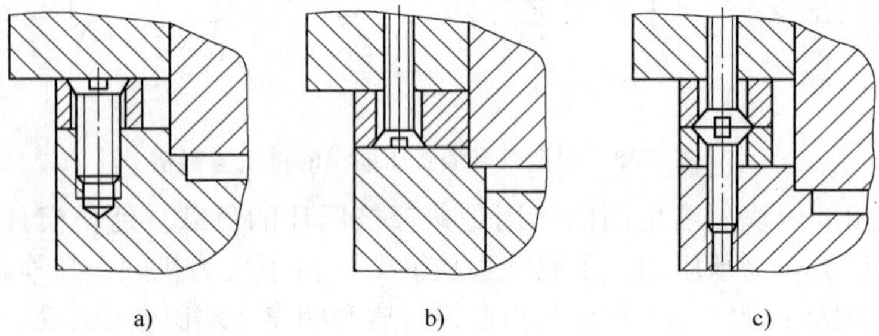

图 7-28　承压块的安装形式

模设计的关键，应根据压缩模的具体类型进行选择和确定。

1）溢料式压缩模凸、凹模的配合形式。溢式压缩模没有延伸加料室，凸、凹模无配合部分，没有引导环和配合环。如图 7-29a 所示，模具闭合后，凸、凹模接触表面既是分型面，又是挤压环，同时也是承压面与溢料面，其表面应光滑平整，面积不宜太大，以便溢料能尽快流出，使飞边厚度尽量减薄。通常将其设计成单边宽度为 3 ~5mm 的环形面。为防止因接触面积较小、承压过大而导致变形或磨损，可在挤压面之外再增加承压面，或在型腔周围距边缘 3 ~5mm 外开设溢料槽，槽以内作为溢料面，槽以外则作为承压面，如图 7-29b 所示。

2）不溢式压缩模凸、凹模的配合形式。不溢式压缩模的加料室是型腔的延续，两者截面形状相同。其凸、凹模的配合形式如图 7-30 所示，没有挤压环，但是有引导环、配合环、排气溢料槽和承压面，各组成部分的作用、设计原则、尺寸大小及配合精度等与半溢式压缩模基本相同。图 7-30a 所示为加料室较浅，无引导环的结构；图 7-30b 所示为加料室较深，有引导环的结构。

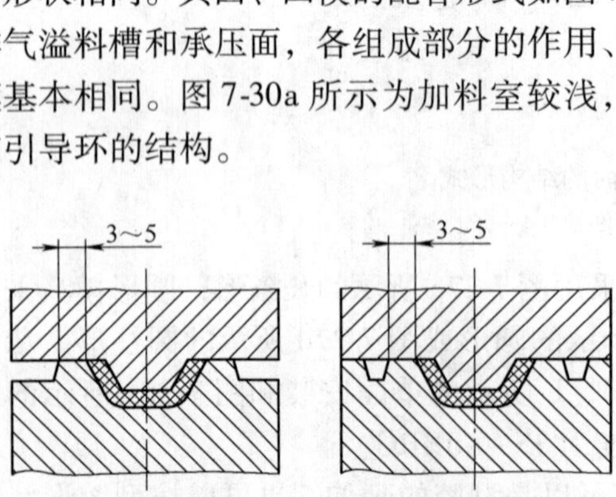

图 7-29　溢料式压缩模凸、凹模的配合形式

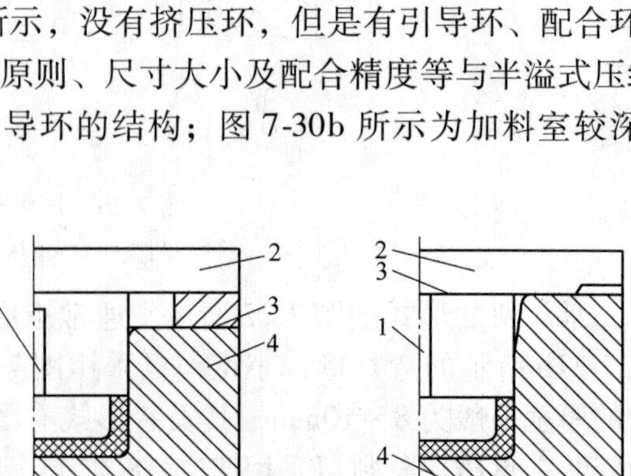

图 7-30　不溢式压缩模凸、凹模的配合形式

1—排气溢料槽　2—凸模　3—承压面　4—凹模

这种配合形式的最大缺点是凸模与加料室侧壁的摩擦，会使加料室侧壁逐渐损伤而形成金属毛刺，造成塑件脱模困难，并擦伤塑件外表面，影响制品外观质量。为此可采用图 7-31 所示的改进形式，图 7-31a 所示为将型腔向上延伸 0.8mm 后，各边向外扩大 0.3 ~ 0.5mm，这样可减少推出塑件时的摩擦阻力，避免了塑件外表面直接与加料室配合环接触而擦伤，而且凸、凹模之间形成了溢料空间，便于余料排出；图 7-31b 所示为将型腔向上延伸 0.8mm 后，各边再向外倾斜 45°，使加料室周边扩大 1 ~ 3mm，由于较多地增加了加料室的面积，不仅使得塑件易于脱模，而且方便了形状复杂、深型腔凹模的加工；图 7-31c 所示结构适用于带斜边的塑件。以上各结构中与塑件连接的延伸段部位不能太厚，以便于最后的切除加工，一般取 0.1mm。当成型流动性差的塑料时，凸模上均应开设溢料槽。

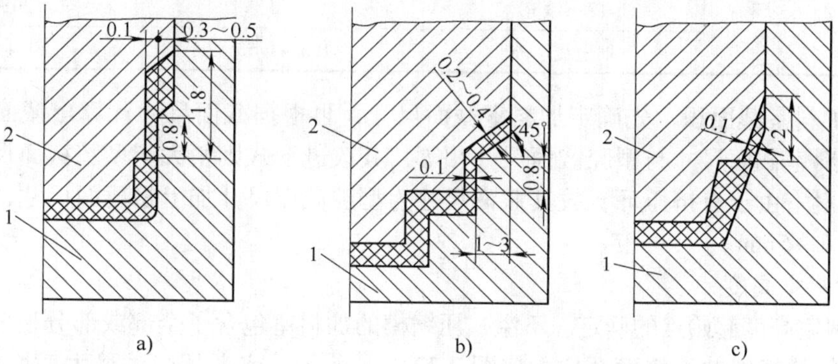

图 7-31　不溢式压缩模凸、凹模的配合改进形式
1—凹模　2—凸模

3）半溢式压缩模凸、凹模的配合形式。半溢式压缩模凸、凹模的配合形式如图 7-22 所示，其特点是既具有溢料式压缩模的水平挤压环，又具有不溢式压缩模的引导环和配合环，所以兼具溢料式和不溢式压缩模的特性。

4. 凹模加料室尺寸的计算

凹模加料室必须具有足够大的容积，以保证在加入要求用量的塑料原料时，以及在压制成型过程中，塑料不会溢出模外。

（1）塑件体积　当塑件几何形状复杂时，可先将其分解成若干个规则的几何形状分别计算体积，然后求出总和。如果已知塑件质量，则可将其质量与密度相除，求出塑件体积。

（2）塑件所需塑料原料体积　塑件所需塑料原料体积的计算公式为

$$V_{sl} = (1+f)KV_s \tag{7-14}$$

式中　V_{sl}——塑件所需塑料原料的体积（cm^3）；

f——飞边溢料的质量系数，一般取塑件净重的 5% ~ 10%；

K——塑料的压缩比，其值可查表 7-5；

V_s——塑件的体积（cm^3）。

若已知塑件质量，则塑件所需塑料原料体积的计算公式为

$$V_{sl} = (1+f)Km/\rho \tag{7-15}$$

式中　m——塑件质量（g）；

ρ——塑料原料的密度，其值可查表 7-5。

表 7-5 常用热固性塑料的密度和压缩比

塑料		密度 $\rho/g\cdot cm^{-3}$	压缩比 K
酚醛塑料	木粉填充	1.34 ~ 1.45	2.5 ~ 3.5
	石棉填充	1.45 ~ 2.00	2.5 ~ 3.5
	云母填充	1.65 ~ 1.92	2 ~ 3
	碎布填充	1.36 ~ 1.43	5 ~ 7
脲醛塑料纸浆填充		1.47 ~ 1.52	3.5 ~ 4.5
三聚氰胺甲醛塑料	纸浆填充	1.45 ~ 1.52	3.5 ~ 4.5
	石棉填充	1.70 ~ 2.00	3.5 ~ 4.5
	碎布填充	1.5	6 ~ 10
	棉短线填充	1.5 ~ 1.55	4 ~ 7

（3）加料室截面积　先确定加料室截面尺寸，再根据截面尺寸计算出截面积。不溢式压缩模的加料室截面尺寸与型腔截面尺寸相等，其改进形式则稍大于型腔截面尺寸；半溢式压缩模的加料室由于有挤压环，故其截面尺寸为型腔截面尺寸加上挤压面尺寸，挤压面单边宽度一般取 3 ~ 5mm。

（4）加料室高度

1）加料室高度起始点的确定。不溢式压缩模的加料室包含了全部或部分型腔空间，其高度起始点一般从塑件的下底面开始，如图 7-32a、c 所示，或者从塑件最大截面的底部开始，如图 7-32b 所示；半溢式压缩模加料室高度起始点则从挤压面开始计算，如图 7-32d 所示。

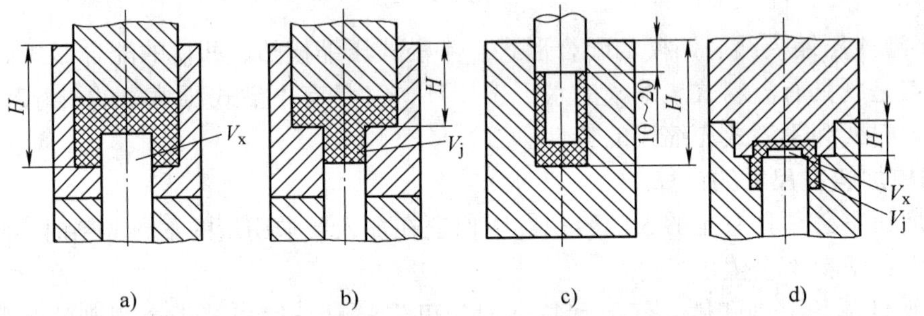

图 7-32　压缩模加料室高度计算图

2）加料室高度计算公式。无论是不溢式还是半溢式压缩模，其加料室高度的计算公式均为

$$H = (V_{sl} - V_j + V_x)/A + (5 \sim 10)\text{mm} \tag{7-16}$$

式中　H——加料室高度（mm）；

V_{sl}——塑件所需塑料原料的体积（cm^3）；

V_j——加料室高度起始点以下型腔的体积（cm^3）；

V_x——下模型芯占有加料室的体积（cm^3）；

A——加料室的截面积（mm^2）。

图 7-32a 所示不溢式压缩模的加料室高度为 $H = (V_{sl} + V_x)/A + (5 \sim 10)\text{mm}$；图7-32b所示不溢式压缩模的加料室高度为 $H = (V_{sl} - V_j)/A + (5 \sim 10)\text{mm}$；图 7-32c 所示为压制细高

薄壁杯形塑件的不溢式压缩模，如果按式（7-16）计算，其加料室高度将会小于塑件高度，因此加料室高度可采用塑件高度再加 10 ~ 20mm，即 $H = h + (5 \sim 10)$ mm，其中 h 为塑件高度；图 7-32d 所示半溢式压缩模的加料室高度为 $H = (V_{sl} - V_j + V_x) / A + (5 \sim 10)$ mm，图中可见部分塑料进入了凸模底面凹入部分，但由于是在加料后加压过程中进入的，故不影响加料室容积，因此通常计算时不予考虑。

5. 脱模机构的设计

压缩模脱模机构的作用是将塑件推离凹模或凸模。需要根据塑件形状、模具结构以及所用压力机类型等情况设计不同的脱模机构。

（1）移动式压缩模脱模机构　移动式压缩模的脱模方式通常分为撞击架脱模和卸模架脱模两种形式。

1）撞击架脱模。这是最简单的脱模方式。如图 7-33 所示，在压制完成后，将模具从压力机移出，放在特定的支架上按顺序将模具撞开，然后采用手工或简易工具取出塑件。其特点是结构简单，成本低廉，可供几副模具轮流操作以提高生产率，但是工作条件差，劳动强度大，振动及噪声大，而且由于模具不断承受撞击，容易变形磨损，因此这种方法已逐渐被淘汰，只偶尔用于一些小型塑件的成型。撞击架脱模的支架形式有两种，图 7-34a 所示为固定式支架，图 7-34b 所示为可调式支架，其尺寸可根据模具调节。

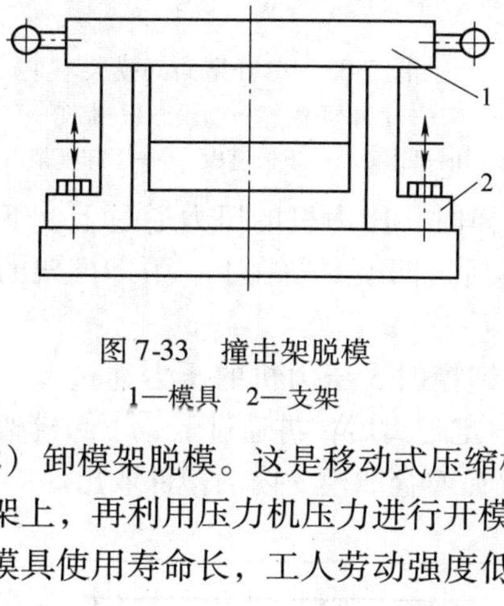

图 7-33　撞击架脱模
1—模具　2—支架

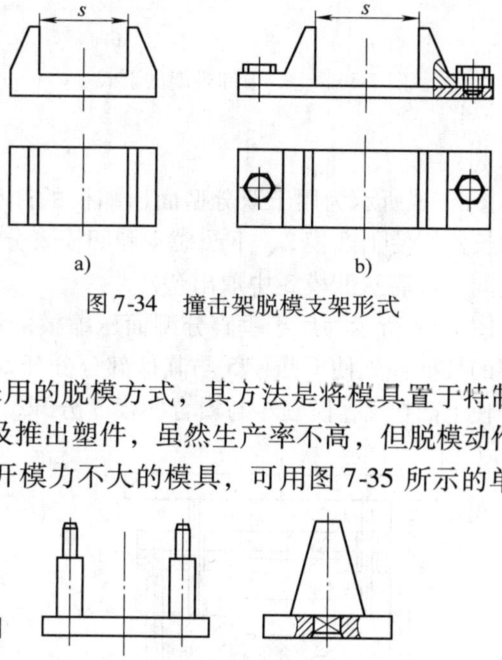

图 7-34　撞击架脱模支架形式

2）卸模架脱模。这是移动式压缩模广泛采用的脱模方式，其方法是将模具置于特制的卸模架上，再利用压力机压力进行开模、卸模及推出塑件，虽然生产率不高，但脱模动作平稳，模具使用寿命长，工人劳动强度低。对于开模力不大的模具，可用图 7-35 所示的单向

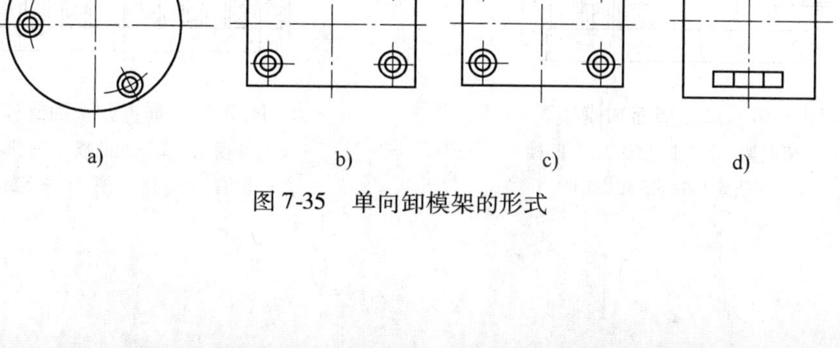

图 7-35　单向卸模架的形式

卸模架，而且一般采用下卸模架；对于开模力较大的模具，需用图 7-36 所示的上、下卸模架。分模推杆和推件推杆分别安装在上、下卸模架固定板上，推杆形状通常为圆柱形，也可为图 7-35c 所示的台阶形及图 7-35d 所示的圆锥形。

图 7-37 所示为用于单分型面压缩模的卸模架。将模具从压制压力机移出后，先放在下卸模架 6 上，再将上卸模架 1 装好，要求上、下卸模架的推杆分别插入模具相应的孔内，然后置于卸模压力机上，卸模时，压力机的压力通过上卸模架传递给模具，使凸模 2 和凹模 4 分开，同时，下卸模架推动推杆 3 推出塑件，最后由人工取出塑件。

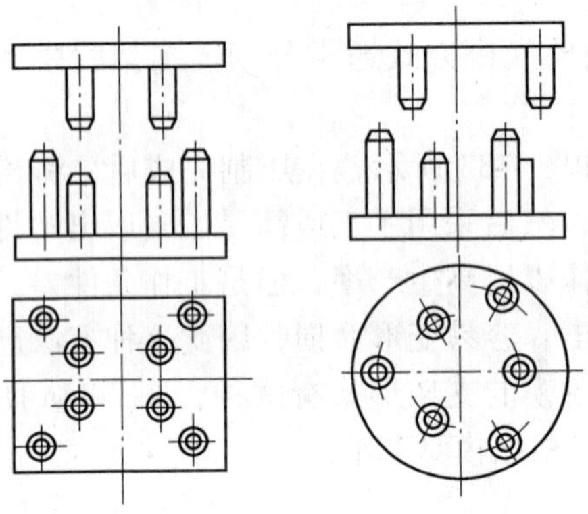

a)　　　　b)

图 7-36　上、下卸模架的形式

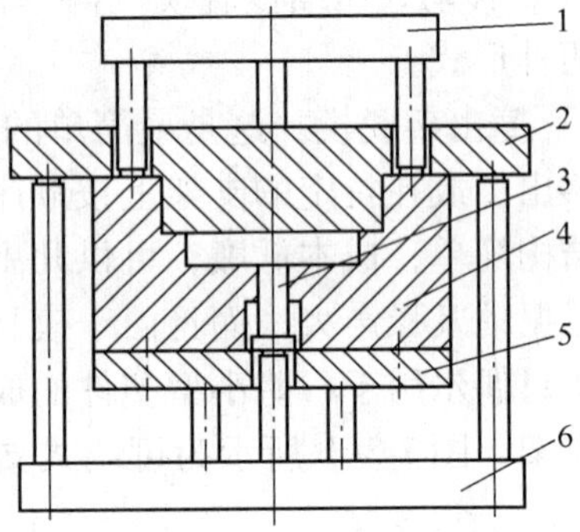

图 7-37　单分型面卸模架

1—上卸模架　2—凸模　3—推杆

4—凹模　5—下模座板　6—下卸模架

图 7-38 所示为用于双分型面压缩模的卸模架。卸模时，压力机的压力通过上、下卸模架的长推杆使上凸模 2、下凸模 4 和凹模 3 分开，分模后，凹模 3 留在上、下卸模架的短推杆之间，最后从凹模 3 中取出塑件。

图 7-39 所示为用于垂直分型面压缩模的卸模架。卸模时，压力机的压力通过上、下卸模架的长推杆先使下凸模 5 与其他部分分开，当分开一定距离后，再通过上、下卸模架的短推杆使上凸模 2、模套 4 与瓣合凹模 3 分开，最后将留在瓣合凹模 3 内的塑件取出。

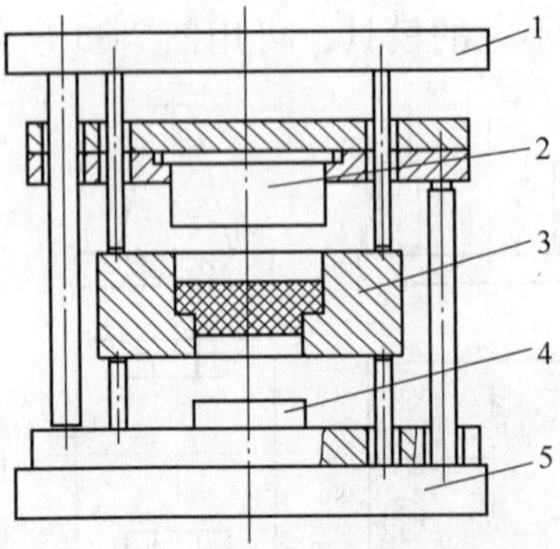

图 7-38　双分型面卸模架

1—上卸模架　2—上凸模　3—凹模

4—下凸模　5—下卸模架

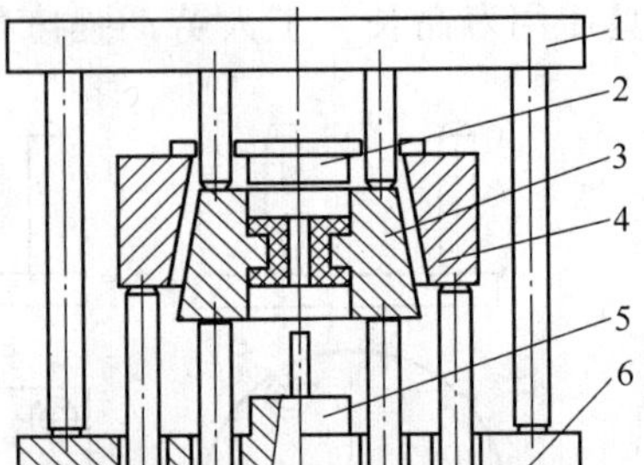

图 7-39　垂直分型面卸模架

1—上卸模架　2—上凸模　3—瓣合凹模

4—模套　5—下凸模　6—下卸模架

（2）半固定式压缩模脱模机构

1）带活动上模的半固定式压缩模。这类模具的下模固定在压力机工作台上，通常将上模的凸模或模板设计成沿导滑槽抽出的形式，因此也称为抽屉式压缩模。如图 7-40 所示，开模后，塑件留在活动上模 2 上，拉住手柄 1 将活动上模沿导滑板 3 抽出，取出塑件后再将活动上模插回模内。

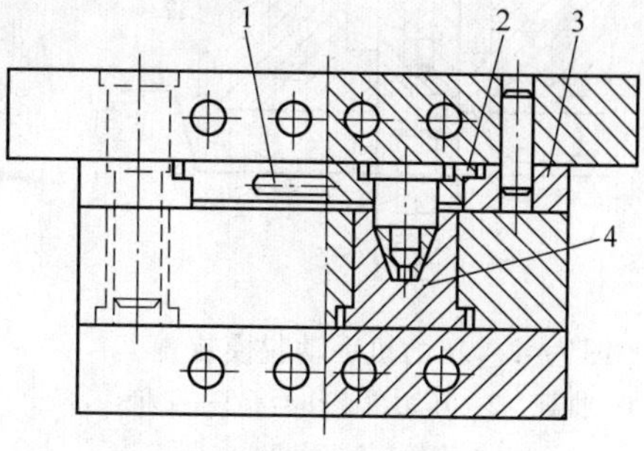

图 7-40　抽屉式压缩模

1—手柄　2—活动上模　3—导滑板　4—凹模

2）带活动下模的半固定式压缩模。这类模具的上模固定在压力机上，下模可移出。塑件随下模移出后，可采用卸模架脱模，也可采用其他形式的脱模机构。图 7-41 所示为一种典型的模外液压推顶脱模装置。该脱模装置的工作台 3 由四根立柱 8 支承，其高度与压力机工作台相同，以便于移动活动下模。脱模工作台中部装有由推板 4、推杆 10 及推杆导向板 11 组成的推出机构，推杆的位置需要与模具上的推出孔相对应，推板与推杆导向板上的长圆槽只适于微调推杆位置，如果两者相差太远，则应该更换这几个零件。安装在下方的液压缸 9 通过滑动板 5 驱动推出机构，滑动板 5 以导柱 7 导向，保证推出机构平稳运动，液压缸活塞杆上段的丝杠 6 用于调节推出高度。脱模工作台台面上装有导滑槽 2，其宽度可以针对不同模具宽度进行调节，操作时将活动下模的凸肩滑入导滑槽 2 内，并推到与定位板 1 相接触的位置，定位板 1 也可根据活动下模要求通过定位螺钉调整位置。活动下模到位后，起动液压缸推出塑件，之后拉出活动下模，清理干净，安装嵌件，再重新推入压力机工作台上的固定槽中，进行下一循环压制。当下模较重时，可以在脱模工作台沿模具拖动路径上设置滚柱或滚珠。

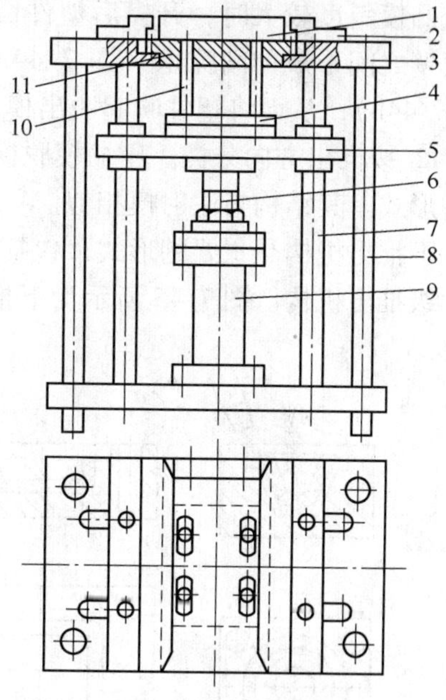

图 7-41　模外液压推顶脱模装置

1—定位板　2—导滑槽　3—工作台　4—推板　5—滑动板　6—丝杠　7—导柱　8—立柱　9—液压缸　10—推杆　11—推杆导向板

（3）固定式压缩模脱模机构

1）脱模机构的分类。

① 按动力来源分类。压缩模脱模机构按动力来源不同可分为手动、机动和气动三种形式。

图 7-42 所示为一种手动脱模装置。由人工摇动手柄 3，通过齿轮 4 和齿条 5 驱动推杆 1 实现推顶动作。

图 7-43 所示为机动脱模装置。图 7-43a 所示是利用压力机工作台 1 下方的顶出液压缸 3 的动力驱动顶杆 2 实现推顶动作的；图 7-43b 所示是利用与压力机上压板连接的拉杆 4 随上压板上升时带动托板 6 上移产生的拉力，驱动推杆 5 实现推顶动作。

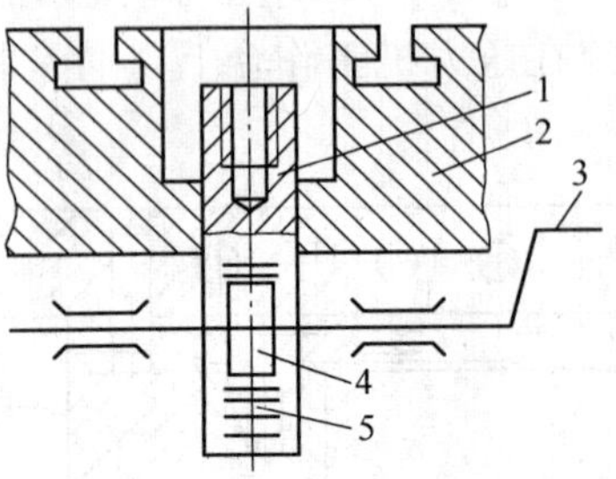

图 7-42　压力机手动脱模装置
1—推杆　2—压力机工作台　3—手柄
4—齿轮　5—齿条

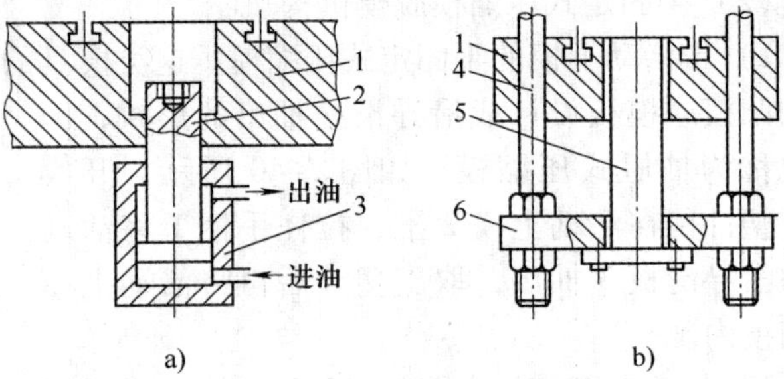

图 7-43　压力机机动脱模装置
1—压力机工作台　2—活塞杆（顶杆）
3—顶出液压缸　4—拉杆　5—推杆　6—托板

图 7-44 所示为气吹脱模方式，即利用压缩空气直接将塑件吹出模具。气吹脱模适于采用溢料式压缩模及少数半溢式压缩模压制薄壁壳形塑件的情况，当塑件对凸模包紧力很小或凸模斜度较大时，开模后塑件留在凹模中，此时吹入的压缩空气将进入塑件因收缩而与模壁之间形成的间隙里（图 7-44a），或者进入塑件中心的孔内再渗入塑件与模壁之间（图 7-44b），从而将塑件吹起脱出模具。

② 按推出方向分类。压缩模脱模机构按推出方向不同可分为下推出机构和上推出机构两种形式。其结构与注射模相似。

下推出机构是主要的形式，包括推杆推出机构、推管推出机构、推件板推出机构等，也有二级推出机构。图 7-45 所示为下推杆推出机构，图 7-46 所示为下推管推出机构。

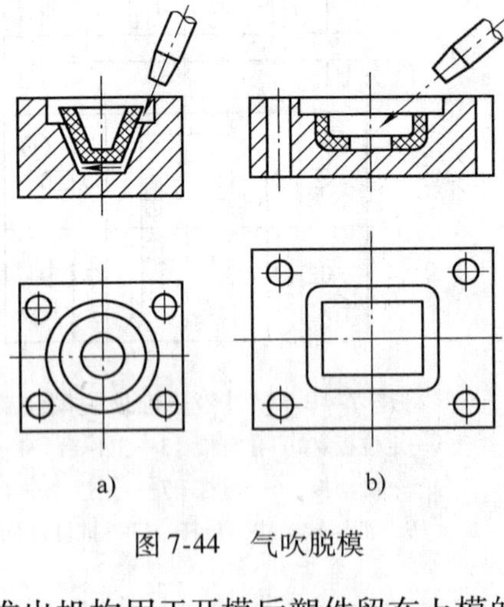

图 7-44　气吹脱模

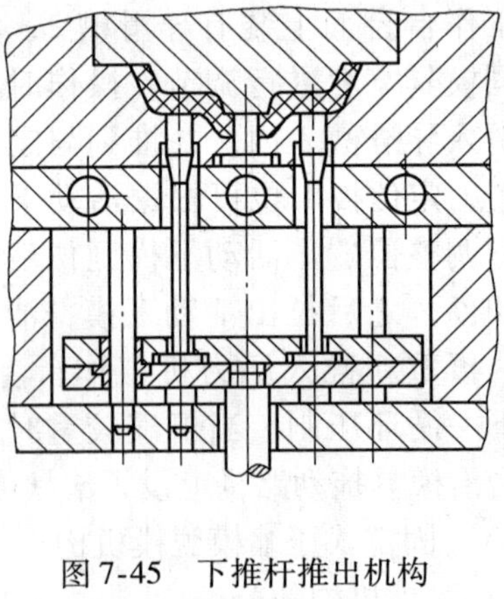

图 7-45　下推杆推出机构

上推出机构用于开模后塑件留在上模的情况。包括上推件板定距推出机构、上套筒定距推出机构、杠杆手柄推杆推出机构等。图 7-47 所示为上推件板定距推出机构。

如果开模后，塑件既有可能留在下模，也有可能留在上模，为了保证可靠脱模，在设计时既要设置下推出机构，又要设置上推出机构。

2）脱模机构与压力机的连接方式。在设计压缩模脱模机构时，首先必须了解压力机顶出装置的情况。有的压力机带有顶出装置，有的不带，不带顶出装置的压力机适用于移动式压缩模。当固定式压缩模要求采用机动或手动脱模时，通常需要压力机配置顶出装置，利用压力机顶出装置推顶模具的推出机构脱出塑件。

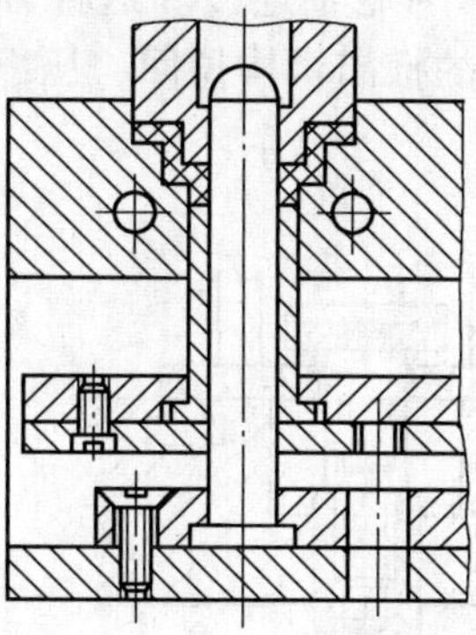

图 7-46　下推管推出机构

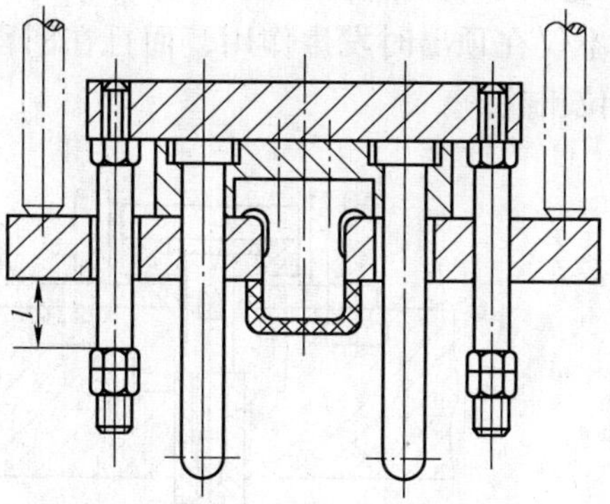

图 7-47　上推件板定距推出机构

当压力机带有液压顶出装置时，液压缸的活塞杆就是压力机的顶杆，通常活塞杆上升高度的极限位置正好是其顶端与压力机工作台面相平齐的位置。当压力机带有托架顶出装置或装有齿轮传动的手动顶出装置时，顶杆则可以伸出压力机工作台面以上。压力机顶杆头部有的带中心螺孔，有的带 T 形槽。压力机顶杆与压缩模脱模机构的连接方式有两种。

① 间接连接。指压力机顶杆与压缩模的推出机构不直接连接。当压力机顶杆能伸出压力机工作台面，而且伸出高度足够时，将压缩模安装好后直接调节顶杆顶出距离就可以进行操作了。当压力机顶杆上升到极限位置，其顶端与压力机工作台面相平齐时，就必须在压力机顶杆的端部旋入一适当长度的尾轴。如图 7-48a 所示，尾轴 2 一端旋入压力机顶杆 1 的端部，另一端与压缩模推出机构无固定连接，其长度等于塑件推出高度加上压缩模下模座板 3 的厚度及挡销 4 的高度之和。也可如图 7-48b 所示，尾轴 2 一端与压缩模推板用螺纹联接，而另一端与压力机顶杆无固定连接。这两种形式都要求模具必须设计复位杆等复位机构，保证上、下模合模时，推出机构准确回位。

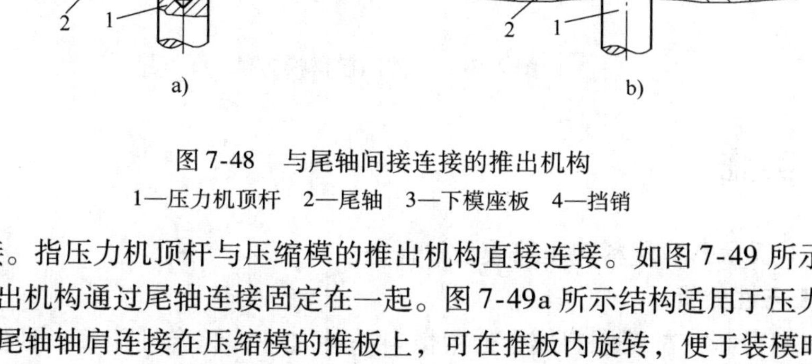

a)　　b)

图 7-48　与尾轴间接连接的推出机构

1—压力机顶杆　2—尾轴　3—下模座板　4—挡销

② 直接连接。指压力机顶杆与压缩模的推出机构直接连接。如图 7-49 所示，压力机顶杆与压缩模的推出机构通过尾轴连接固定在一起。图 7-49a 所示结构适用于压力机顶杆头部带中心螺孔时，尾轴轴肩连接在压缩模的推板上，可在推板内旋转，便于装模时旋入压力机

顶杆头部的中心螺孔；图 7-49b 所示结构适用于压力机顶杆头部带 T 形槽时，图中为带中心螺孔的压力机顶杆头部先连接了一个带 T 形槽的轴，然后再与尾轴连接。这种方式使压力机顶杆不仅在顶出时发生作用，而且在回程时也能将压缩模的推出机构拉回，压缩模不需再设置复位机构。

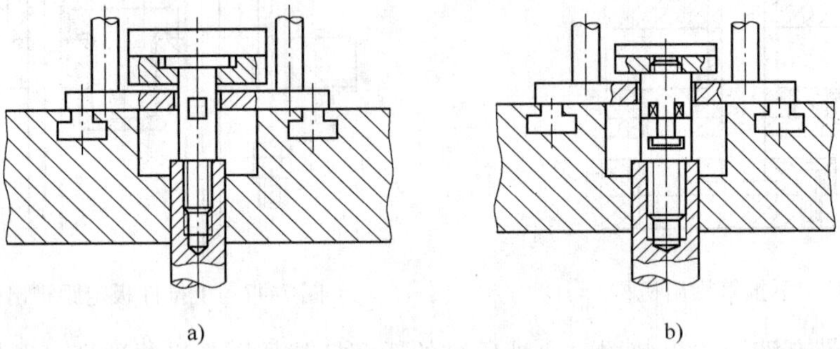

图 7-49　与尾轴直接连接的推出机构

3）塑件的留模方法。开模分型后，应尽量使塑件留在压力机上有脱模装置的模具一侧，以便采用推出机构最终将塑件推离模具。为了方便加料，压缩模的凹模一般位于下模，而压力机的脱模装置通常也位于压力机工作台的下方，因此，一般需要将塑件在开模后留在下模凹模内，然后由推出机构推出凹模。由于塑件对上模凸模的包紧力可能会大于与凹模之间的附着力，导致滞留于上模，影响塑件顺利脱模，故此时需要采用一些特别的塑件留模方法。为了保证塑件能够可靠地留在凹模一边，在满足使用要求的前提下，可以适当地改变塑件的结构特征。如图 7-50a 所示，采用使薄壁塑件凸模的脱模斜度加大、凹模的脱模斜度减小的方法；如图 7-50b 所示，采用将凹模做成带 3′~5′轻微反斜度的方法；如图 7-50c 所示，采用在凹模型腔内开设深 0.1~0.2mm 侧凹槽的方法，最后将塑件从凹模中强制推出。

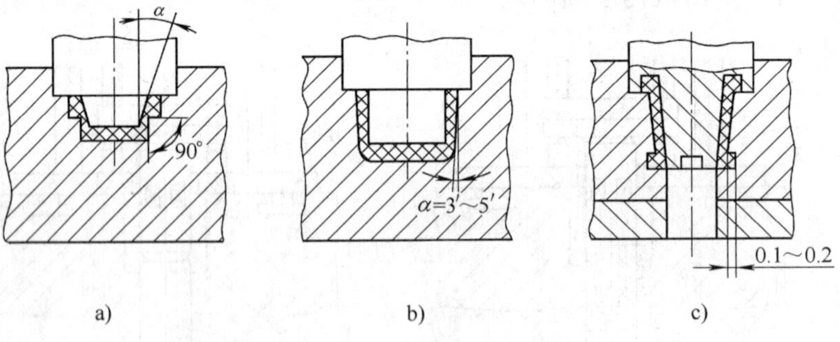

图 7-50　塑件凹模留模方法

7.3　任务实施

实施图 7-1 所示酚醛塑料碗压缩模设计任务。

1. 塑件工艺性分析

（1）原材料分析　酚醛塑料属于通用塑料品种之一，综合性能好，具有良好的可塑性、力学性能与电绝缘性能，价格低廉，应用广泛。酚醛塑料成型性能好，适合于压缩成型；收缩及收缩方向性大，硬化速度慢；含有水分和挥发物，应预热、干燥和排气，未预热的需要高模温和高成型压力，并注意排气；模温对流动性影响较大，一般高于160℃时，流动性会下降；固化时放出热量，厚壁、大型塑件内部温度容易过高，易发生固化不均及过热现象。其体积比 $v=1.8\sim2.8\mathrm{cm^3/g}$，压缩比 $K=2.5\sim3.5$，密度 $\rho=1.4\mathrm{g/cm^3}$，收缩率 $S=0.6\%\sim1\%$。

（2）塑件结构、尺寸精度、表面要求　碗底处最小壁厚为2mm，公差等级在MT5级以下，表面要求光滑去飞边，容易压制成型。

2. 模塑方法选择

酚醛塑料适合于压缩成型，也适合于压注成型及注射成型。塑料碗为中等批量生产，故采用压缩成型更经济。

压缩成型的工艺流程为：预热和干燥塑料→预热模具→加料→合模→排气→固化→开模→塑件脱模→打磨抛光→模具清理。

3. 压缩成型工艺参数确定

查阅相关资料可得主要压缩成型工艺参数为：预热温度为130～150℃，预热时间为4～8min，成型压力为30MPa，成型温度为160～170℃，保压时间为0.8～1min/mm。

4. 压缩成型设备选择

1）计算塑件水平投影面积。经计算得塑件水平投影面积 $A_{sj}=60\times60\times3.14\mathrm{mm^2}=11\,304\mathrm{mm^2}$。

2）初步确定加料室水平投影面积。按半溢式压缩模结构计算加料室水平投影面积 $A=65\times65\times3.14\mathrm{mm^2}=13\,266.5\mathrm{mm^2}$。

3）确定压力机的公称压力。根据式（7-4）计算公称压力 $F_j\geqslant Anp/K$，取 $n=1$，$p=12\mathrm{MPa}$，$K=0.85$，得

$$F_j\geqslant 13\,266.5\times1\times12/0.85\mathrm{N}=187\,291.8\mathrm{N}=187.3\mathrm{kN}$$

4）选择压力机型号。根据表7-2，选择型号为YA71-45液压机，其主要参数如下：公称压力为450kN，回程压力为60kN，封闭高度为750mm，滑块最大行程为250mm，顶出杆最大顶出力为12kN，顶出杆最大行程为175mm。

根据封闭高度和滑块最大行程可知压缩模最小闭合高度为500mm，由于酚醛塑料碗高度不大，压缩模闭合高度也不会太大，如果最终模具闭合高度小于500mm，则可采用加设垫块的方法满足压力机闭合高度要求。

5. 模具结构方案的确定

（1）加压方向与分型面的选择　根据利于加压、便于加料和塑件脱模、塑件外表面无痕迹的要求，确定塑料碗口向上的加压方向，选择塑料碗口上表面作为分型面，如图7-51所示。

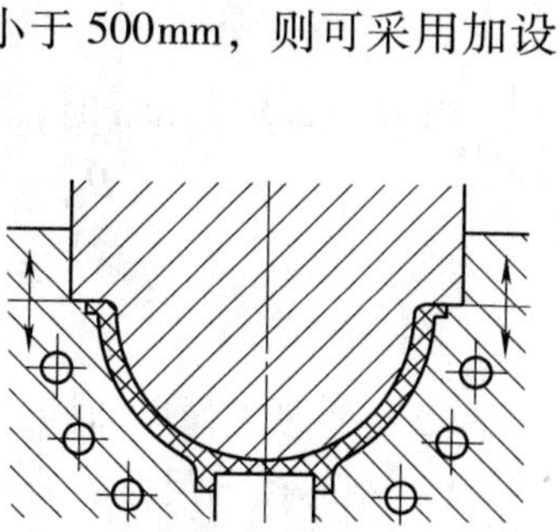

图7-51　模具型腔结构示意图

（2）凸、凹模的配合形式　根据塑件质量要求较高，中等批量生产和酚醛压缩粉较好的成型特性，选择半溢式压缩模结构，凸、凹模的配合形式按半溢式结构设计。

（3）成型零件的结构形式　由于塑料碗外形为简单的回转体，故成型零件采用整体式结构形式。

6. 模具设计的有关计算

主要包括成型零件工作尺寸及加料室尺寸计算，前者计算方法与注射模相同，后者可依据前述方法和公式计算。其他计算从略。

成型零件工作尺寸计算一般采用平均值法。酚醛压缩粉塑料平均收缩率为

$$S_{cp} = (0.6\% + 1.0\%)/2 = 0.8\%$$

（1）型腔工作尺寸的计算

1）型腔径向尺寸。有三个未注公差尺寸，其公差等级为 MT5 级，分别为 $\phi120_{-1.14}^{\ 0}$ mm、$\phi58_{-0.74}^{\ 0}$ mm 和 $R58_{-0.74}^{\ 0}$ mm。

计算公式为

$$L_m = (L_s + L_s S_{cp}\% - 3\Delta/4)_{\ 0}^{+\delta_z}$$

当 $L_s = \phi120_{-1.14}^{\ 0}$ mm 时，有

$$\begin{aligned}L_m &= (120 + 120 \times 0.008 - 0.75 \times 1.14)_{\ 0}^{+1.14/4} \text{mm}\\ &= (120 + 0.96 - 0.855)_{\ 0}^{+0.28} \text{mm}\\ &= 120.1_{\ 0}^{+0.28} \text{mm}\end{aligned}$$

当 $L_s = \phi58_{-0.74}^{\ 0}$ mm 时，有

$$\begin{aligned}L_m &= (58 + 58 \times 0.008 - 0.75 \times 0.74)_{\ 0}^{+0.74/4} \text{mm}\\ &= (58 + 0.464 - 0.555)_{\ 0}^{+0.18} \text{mm}\\ &= 57.9_{\ 0}^{+0.18} \text{mm}\end{aligned}$$

2）型腔深度尺寸。有两个未注公差尺寸，其公差等级为 MT5 级，分别为 $70_{-0.86}^{\ 0}$ mm 和 $2.5_{-0.2}^{\ 0}$ mm。

计算公式为

$$H_m = (H_s + H_s S_{cp}\% - 2\Delta/3)_{\ 0}^{+\delta_z}$$

当 $H_s = 70_{-0.86}^{\ 0}$ mm 时，有

$$\begin{aligned}H_m &= (70 + 70 \times 0.008 - 0.67 \times 0.86)_{\ 0}^{+0.86/4} \text{mm}\\ &= (70 + 0.56 - 0.576)_{\ 0}^{+0.22} \text{mm}\\ &= 70.0_{\ 0}^{+0.22} \text{mm}\end{aligned}$$

当 $H_s = 2.5_{-0.2}^{\ 0}$ mm 时，有

$$\begin{aligned}H_m &= (2.5 + 2.5 \times 0.008 - 0.67 \times 0.2)_{\ 0}^{+0.2/4} \text{mm}\\ &= (2.5 + 0.02 - 0.134)_{\ 0}^{+0.05} \text{mm}\\ &= 2.39_{\ 0}^{+0.05} \text{mm}\end{aligned}$$

（2）型芯工作尺寸的计算

1）型芯径向尺寸。有一个未注公差尺寸，其公差等级为 MT5 级，为 $\phi50_{\ 0}^{+0.64}$ mm。

计算公式为

$$l_m = (l_s + l_s S_{cp}\% + 3\Delta/4)_{-\delta_z}^{\ 0}$$

当 $l_s = 50_{\ 0}^{+0.64}$ mm 时，有

$$l_m = (50 + 50 \times 0.008 + 0.75 \times 0.64)_{-0.64/4}^{0}\text{mm}$$
$$= (50 + 0.4 + 0.48)_{-0.16}^{0}\text{mm}$$
$$= 50.9_{-0.16}^{0}\text{mm}$$

2）型芯高度尺寸。有一个未注公差尺寸，其公差等级为 MT5 级，为 $13_{0}^{+0.32}$mm。

计算公式为

$$h_m = (h_s + h_s S_{cp}\% + 2\Delta/3)_{-\delta_z}^{0}$$

当 $h_s = 13_{0}^{+0.32}$mm 时，有

$$h_m = (13 + 13 \times 0.008 + 0.67 \times 0.32)_{-0.32/4}^{0}\text{mm}$$
$$= (13 + 0.104 + 0.214)_{-0.08}^{0}\text{mm}$$
$$= 13.3_{-0.08}^{0}\text{mm}$$

（3）凸模工作尺寸的计算

1）凸模径向尺寸。有一个未注公差尺寸，其公差等级为 MT5 级，为 $R55_{0}^{+0.74}$mm。

计算公式为

$$l_m = (l_s + l_s S_{cp}\% + 3\Delta/4)_{-\delta_z}^{0}$$

当 $l_s = 55_{0}^{+0.74}$mm 时，有

$$l_m = (55 + 55 \times 0.008 + 0.75 \times 0.74)_{-0.74/4}^{0}\text{mm}$$
$$= (55 + 0.44 + 0.555)_{-0.18}^{0}\text{mm}$$
$$= 56.0_{-0.18}^{0}\text{mm}$$

2）凸模高度尺寸。有一个未注公差尺寸，其公差等级为 MT5 级，为 $55_{0}^{+0.74}$mm。

计算公式为

$$h_m = (h_s + h_s S_{cp}\% + 2\Delta/3)_{-\delta_z}^{0}$$

当 $h_s = 55_{0}^{+0.74}$mm 时，有

$$h_m = (55 + 55 \times 0.008 + 0.67 \times 0.74)_{-0.74/4}^{0}\text{mm}$$
$$= (55 + 0.44 + 0.496)_{-0.18}^{0}\text{mm}$$
$$= 55.9_{-0.18}^{0}\text{mm}$$

（4）加料室尺寸的计算

1）塑件体积。通过球体积和圆柱体积计算公式，可计算出该塑件体积 $V_s = 75.8\text{cm}^3$。

2）塑料原料体积。根据式（7-14），塑料原料体积 $V_{sl} = (1+f)KV_s$，其中取 $f = 5\%$，$K = 3$，得

$$V_{sl} = (1 + 0.05) \times 3 \times 75.8\text{cm}^3 = 238.77\text{cm}^3$$

3）加料室高度。半溢式压缩模的加料室有挤压环，其截面尺寸为型腔截面尺寸加上挤压面尺寸，取挤压面单边宽度为 4mm。加料室截面积 $A = 6.4 \times 6.4 \times 3.14\text{cm}^2 = 128.6\text{cm}^2$。

根据式（7-16），加料室高度 $H = (V_{sl} - V_j + V_x)/A + (5 \sim 10)\text{mm}$，半溢式压缩模加料室高度起始点从挤压面开始计算，$V_j = 417.22\ \text{cm}^3$，$V_x = 0$，可见 $V_{sl} - V_j + V_x = (238.77 - 417.22)\ \text{cm}^3 = -178.45\text{cm}^3$，是一个负数。在这种情况下，取加料室高度 $H = 20\text{mm}$ 即可。

7. 脱模机构的设计

该固定式压缩模采用机动式下推杆推出机构进行脱模。根据塑料碗的结构特点及外观要

求，拟将推杆和下型芯做成一体，采用成型推杆推出。开模后，利用塑件对下型芯的包紧力使之滞留于下模，然后在压力机顶出装置驱动下，成型推杆推出塑件，最后再由人工取出塑件。压缩模推出机构与压力机顶出装置采用间接连接，推出机构由弹簧作用自动复位，如图7-52所示。

8. **绘制模具总装配图**

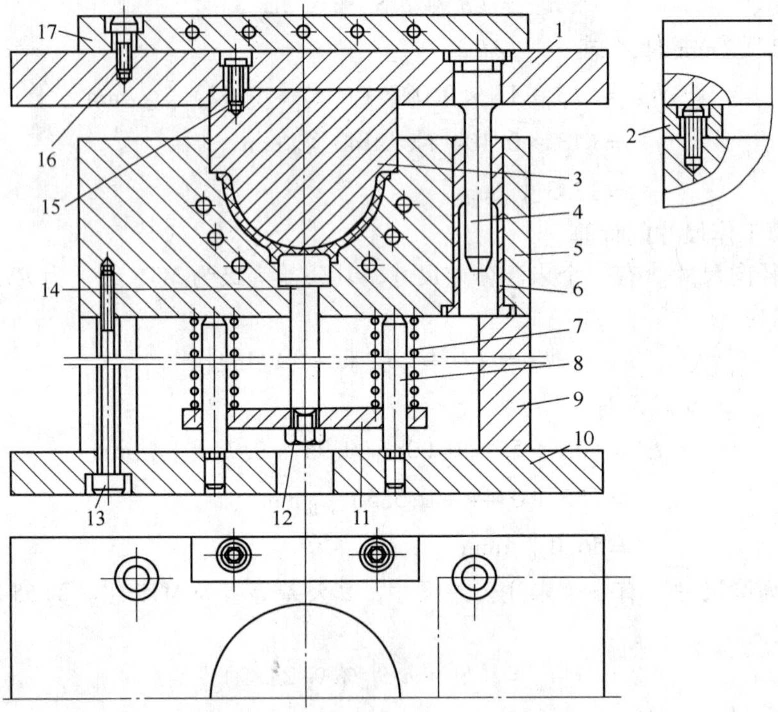

图7-52　酚醛塑料碗固定式压缩模

1—上模座板　2—承压板　3—凸模　4—导柱型芯　5—凹模　6—导套　7—弹簧　8—导柱　9—垫块　10—下模座板　11—推板　12、13、15、16—螺钉　14—成型推杆　17—上加热板

【思考与练习】

1. 压缩成型的原理及特点是什么？简述压缩成型的工艺过程。
2. 预压的作用有哪些？预热和干燥的目的是什么？
3. 简述压缩成型工艺条件的确定方法。
4. 简述压缩模的基本结构组成。
5. 压缩模是如何分类的？各有什么特点？
6. 在选择压缩模加压方向和分型面时应注意哪些问题？
7. 在选择压缩模压力机时应进行哪些校核？
8. 半溢式、不溢式压缩模凸、凹模配合结构的设计有何要求？绘制示意图进行说明。
9. 如何确定压缩模凹模的加料室大小？
10. 移动式压缩模脱模机构有哪几种形式？绘制示意图进行说明。
11. 如何连接固定式压缩模的推出机构和压力机的顶出装置？设计时应注意哪些问题？

第 8 章　挤出模设计

【教学目标】

本章主要介绍塑料挤出成型工艺的基本知识、挤出模的结构组成及应用、挤出模的设计方法。

通过完成本章任务，学生应会分析塑料产品工艺性，确定塑料成型方法，获得挤出成型模具设计的基本技能。

8.1　任务引入

设计管径 $D=25\text{mm}$ 的聚氯乙烯硬管成型模。

通过本章内容的学习，学生应掌握挤出工艺的基本知识，获得设计一般挤出成型模具的基本技能。

8.2　相关知识

8.2.1　挤出成型原理与工艺

1. 挤出成型原理

挤出成型在塑料加工中又称为挤塑，是塑料成型生产的方法之一。它是指物料通过挤出机料筒和螺杆的作用，在受热塑化的同时被螺杆向前推送，连续通过机头而制成各种截面制品或半成品的一种加工方法。

挤出成型应用于热塑性塑料和橡胶的加工，可进行配料、造粒、胶料过滤等，可连续化生产，制造各种连续制品，如管材、型材、板材（或片材）、薄膜、电线电缆包覆、橡胶轮胎胎面条、内胎胎筒、密封条等，其生产率高。

大部分热塑性塑料都可以采用挤出成型的方法加工，挤出成型生产塑料的类型也比较多。图 8-1 所示为挤出成型系统示意图，粒状或粉状的塑料从料斗加入料筒后，在转动螺杆的作用下向前输送，松散固体向前输送的同时被压实；同时在料筒外加热和螺杆与料筒内壁摩擦产生剪切作用，料温升高开始熔融，最后在压力作用下，处于粘流态的塑料通过具有一定形状的挤出成型机头（挤出模）及冷却定径装置而成为截面与挤出成型机头出口处型腔形状相仿的型材，经过牵引装置的牵引，成为具有一定横截面形状的连续制品，如管、棒、丝、板、薄膜等，最后经切断器定长切断。

2. 挤出成型工艺过程

挤出成型工艺过程一般分为三个阶段：第一阶段是固态塑料的塑化，即通过挤出机加热

a)

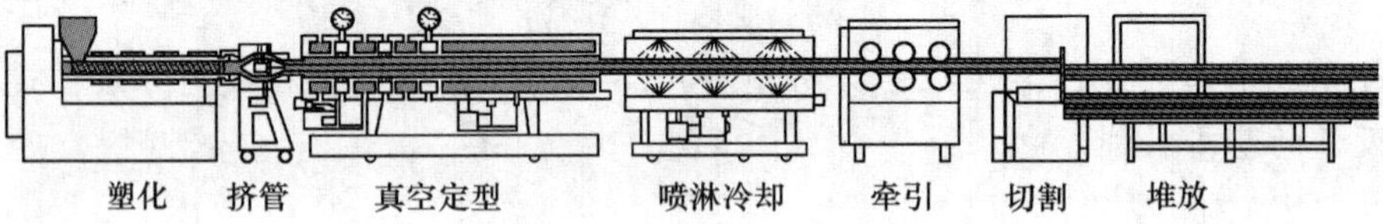

b)

图 8-1　挤出成型系统示意图

a）外形图　b）原理图

器的加热和螺杆、料筒对塑料的混合剪切作用所产生的摩擦热，使固态塑料变成均匀的粘流态塑料；第二阶段是成型，即粘流态塑料在螺杆推动下，以一定的压力和速度连续通过成型机头，从而获得一定截面形状的连续形体；第三阶段是定型，即通过冷却等方法使已成型的形状固定下来，成为所需要的型材。

在上述挤出过程中，加热塑化、加压成型、定型都在同一设备内进行，采用这种塑化方法的挤出工艺称为干法挤出。另一种是湿法挤出，湿法挤出的塑化方式是用有机溶剂将塑料充分塑化，塑化和加压成型是两个独立的过程，工艺过程较复杂，湿法挤出的适用范围仅限于硝酸纤维素等的挤出。

下面详细介绍热塑性塑料的干法挤出成型工艺过程，如图 8-2 所示。

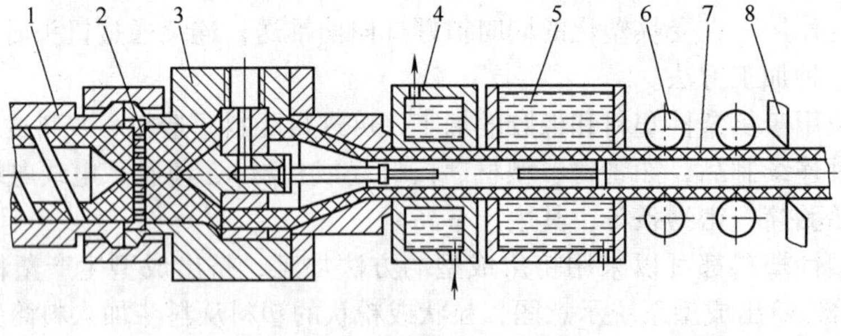

图 8-2　挤出成型工艺过程

1—挤出机料筒　2—过滤板　3—机头　4—定型装置　5—冷却装置

6—牵引装置　7—塑料管　8—切割装置

（1）原料的准备　挤出成型的材料大部分是粒状塑料，使用粉状的比较少，物料都会吸收一定的水分，所以在成型前必须进行干燥处理，将原料的水分控制在 0.5% 以下。原料的干燥一般在烘箱或烘房中进行。此外，在准备阶段还要尽可能去除塑料中存在的杂质。

（2）挤出成型　将挤出机预热到规定温度后，起动电动机，带动螺杆旋转输送物料，同时向料筒中加入塑料。料筒中的塑料在外部加热和摩擦剪切热作用下熔融塑化，由于螺杆旋转时对塑料不断推挤，迫使塑料经过过滤板上的过滤网，由机头成型为一定口模形状的连续型材。初期的挤出物质量较差，外观也欠佳，要调整工艺条件及设备装置直到正常状态后才能投入正式生产。在挤出成型过程中，要特别注意温度和剪切摩擦热两个因素对塑件质量的影响。

（3）定型冷却　热塑性塑件在离开机头（口模）后，应立即进行定型和冷却，否则塑件在自身重力作用下会变形，出现凹陷或扭曲现象。一般定型和冷却是同时进行的，只有在挤出各种棒料或管材时，才有一个独立的定型过程，而挤出薄膜、单丝等无需定型，仅通过冷却即可。挤出板材与片材有时还需经过一对压辊压平，也起到定型和冷却的作用。冷却一般采用空气冷却或水冷却，冷却速度对塑件性能有很大的影响。硬质塑料不能冷却过快，否则容易造成残余内应力，会影响塑件的外观质量。软质或结晶型塑料要求及时冷却，以免塑件变形。

（4）塑件的牵引、卷曲和切割　塑件从口模挤出后，一般会因压力突然解除而发生离模膨胀现象，而冷却后又会发生收缩现象，从而使塑件的尺寸和形状发生变化，由于塑件被连续挤出，自重越来越大，如果不加以引导，会造成塑件停滞，使塑件不能顺利挤出，所以在冷却的同时，要连续、均匀地将塑件引出，这就是牵引。牵引过程由挤出机的辅机——牵引装置完成。牵引速度应与挤出速度相适应。

3. 挤出成型的特点及应用

挤出成型具有以下特点：

1）应用范围广。大部分热塑性塑料和部分热固性塑料均可进行挤出成型加工。变更机头口模，产品的截面形状和尺寸可相应改变，能生产出不同规格的塑料制品。常见的塑料制件形状有管材、板材、棒材、薄膜、电线电缆和异型截面型材等。此外，还可用挤出方法进行中空塑件型坯、混合、塑化、造粒和着色等。挤出成型制件已被广泛应用于人民生活以及农业、建筑业、石油化工、机械、国防等工业部门。

2）生产过程连续，生产率高。因为挤出生产过程是连续的，所以生产的产品也是截面不变的连续产品，理论上可以无限长，成型产量大，生产率高。可以根据需要生产出任意长度的制件。

3）塑件的几何形状简单，横截面形状不变，所以模具结构比较简单，制造维修方便。

4）投资少、见效快。挤出工艺所用设备结构简单，操作方便，应用广泛。

4. 挤出成型的工艺参数

为保证挤出件的产量和质量，必须准确控制挤出成型的工艺条件。挤出成型的工艺参数包括温度、压力、挤出速度、牵引速度等。

（1）温度　塑料从加入料斗到最后成为塑件，经历了一个较复杂的温度变化过程。温度是影响塑化及制品质量的主要因素。挤出成型温度有料筒温度、塑料温度、螺杆温度等，由于塑料熔体的热量大部分是由料筒外部的加热器提供的，因此，在实际生产中经常用料筒温度近似地表示成型温度。与注射成型一样，料筒分为前、中、后三段，分别控制温度。

温度由加热冷却系统控制，由于螺杆结构、加热冷却系统不稳定、螺杆转速变化等原因使挤出物料温度在径向和轴向都存在波动，从而影响制品质量，使制品各点强度不一样，产生残余应力，表面灰暗无光泽。所以为保证制品质量，温度应稳定。

（2）压力　在挤出过程中，由于螺杆和料筒结构以及机头和过滤网的阻力等原因，塑料内部形成了一定的压力，该压力是使塑件达到均匀而密实的重要条件。与温度相似，压力随时间的变化而产生周期性波动，为减小压力波动，应合理控制螺杆转速，保证加热和冷却装置的温控精度。

（3）挤出速度　挤出速度是指单位时间内由挤出机口模挤出的塑料的质量或长度。它表征挤出生产能力的高低。影响挤出速度的因素有机头阻力、螺杆与料筒结构、螺杆转速、加热和冷却系统、塑料特性等。在挤出机结构和塑料品种及塑件类型确定的情况下，挤出速度主要与螺杆转速有关。提高螺杆转速可以提高挤出速度，增加产量，但螺杆转速过高可能导致塑料塑化质量下降，影响挤出件质量。另外，挤出速度也存在波动，影响制品的几何形状和尺寸。

（4）牵引速度　从机头和口模中挤出的成型塑件，在牵引力作用下将会发生拉伸取向。拉伸取向程度越高，塑件沿取向方位上的拉伸强度也越大，冷却后长度收缩也大。如果成型管材，则牵引速度将直接影响管材的壁厚和直径的精确性。牵引速度必须与挤出速度相适应，通常略大于挤出速率。

表8-1是几种塑料管材的挤出成型工艺参数。

表 8-1　几种塑料管材的挤出成型工艺参数

工艺参数＼塑料管材		硬聚氯乙烯	软聚氯乙烯	低密度聚乙烯	ABS	聚酰胺-1010	聚碳酸酯
管材外径/mm		95	31	24	32.5	31.3	32.8
管材内径/mm		85	25	19	25.5	25	25.5
管材壁厚/mm		5±1	3	2±1	3±1		
料筒温度/℃	后段	80~100	90~100	90~100	160~165	250~260	200~240
	中段	140~150	120~130	110~120	170~175	260~270	240~250
	前段	160~170	130~140	120~130	175~180	260~280	230~255
机头温度/℃		160~170	150~160	130~135	175~180	220~240	200~220
口模温度/℃		160~180	170~180	130~140	190~195	200~210	200~210
螺杆转速/r·min^{-1}		12	20	16	10.5	15	10.5
口模内径/mm		90.7	32	24.5	33	44.8	33
芯模外径/mm		79.9	25	19.1	26	38.5	26
定径套长度/mm		300	—	160	250	—	250
拉伸比		1.04	1.2	1.1	1.02	1.5	0.97
真空定径套内径/mm		96.5	—	25	33	31.7	33
定径套与口模间距/mm		—	—	—	25	20	20
稳流定型段长度/mm		120	60	60	50	45	87

8.2.2　挤出机成型设备

挤出成型是在挤出机上进行的，挤出机是塑料成型加工的重要设备之一。

1. 挤出机的组成

一台挤出成型设备一般由主机（挤出机）、辅机和控制系统组成，统称为挤出机组。

（1）主机　主机主要由挤出系统、传动系统和加热冷却系统三部分组成，如图 8-3 所示。

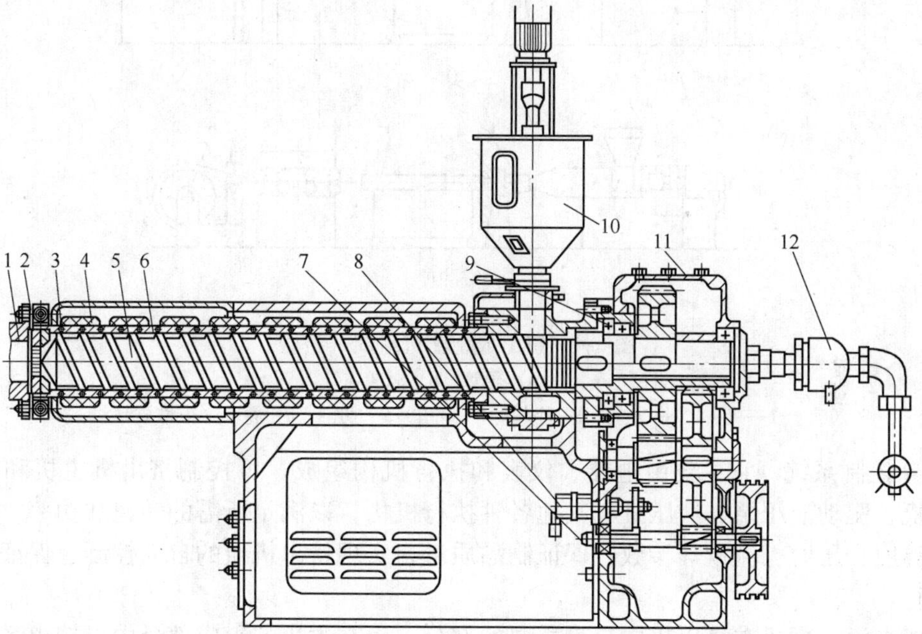

图 8-3　挤出机主机结构

1—机头连接法兰　2—过滤板　3—冷却水管　4—加热器　5—螺杆　6—料筒　7—液压泵　8—测速发电机　9—推力轴承　10—料斗　11—减速箱　12—螺杆冷却装置

1）挤出系统。它主要由螺杆和料筒组成，是挤出机的关键部分。塑料通过挤出系统而塑化成均匀的熔体，并在这一过程中在所建立的压力下，被螺杆连续地定量、定温、定压挤出成型机头。

2）传动系统。其作用是驱动螺杆，供给螺杆在挤出过程中所需要的力矩和转速。

3）加热冷却系统。其作用是对料筒和螺杆进行加热和冷却，保证塑料在成型工艺过程中的温度控制要求。

（2）辅机　挤出机辅机的组成是根据制件的种类而定的，一般由以下几个部分组成，如图 8-4 所示。

1）机头。也称口模，是挤出机的成型部件，熔融塑料通过它获得所需制品的截面形状和尺寸。

2）定型装置。通常采用冷却和加压的方法，将从机头挤出的塑料的形状稳定下来，并对其精整，以得到更精确的截面形状和光亮表面。

3）冷却装置。使从定型装置出来的制品得到进一步的冷却，从而获得最后的形状和尺寸。

4）牵引装置。用来均匀地牵引制品，使挤出过程连续稳定地进行。制品的截面尺寸可通过调节牵引速度的快慢进行控制。

5）切割装置。可将连续挤出制品按要求切成一定的长度或宽度。

6）卷取装置。其作用是将软制品（薄膜、软管、单丝等）卷绕成卷。

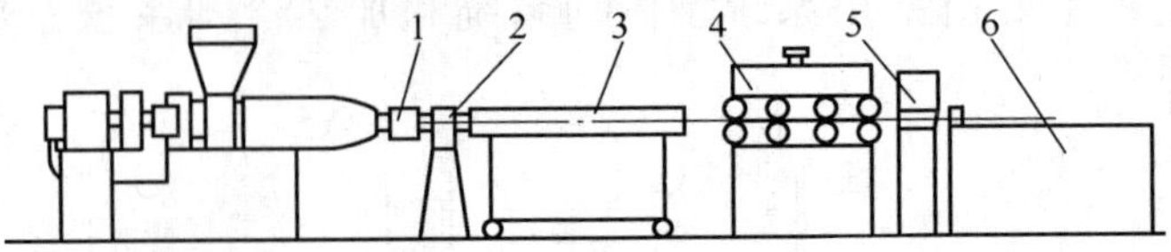

a)

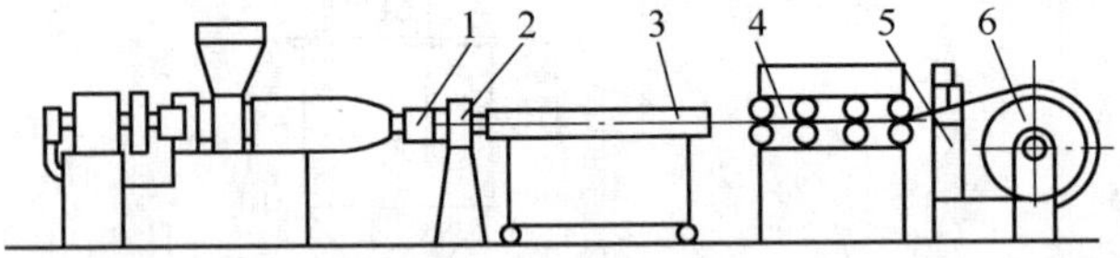

b)

图 8-4　挤出成型辅机组成（挤管）

a）硬管　b）软管

1—机头　2—定型　3—冷却　4—牵引　5—切割　6—卷取（或堆放）

（3）控制系统　它主要由电器、仪表和执行机构组成，可控制挤出机主机和辅机的拖动电动机、驱动液压泵、液压缸和其他各种执行机构，以满足所需的转速和功率；控制主机和辅机温度、压力、流量等参数，保证制品质量；实现挤出机组的自动控制，保证主、辅机协调运行。

一般来说，主机在挤出机中是最主要的部分，而在主机的组成部分中，挤出系统又是最关键的部分，传动系统和加热系统则是为保证挤出系统正常工作服务的。在辅机的组成部分中，机头的设计和制造质量也比较重要。因此，衡量一套挤出机的合理性与先进性必须是全面和综合的。为了得到合格、高质量的塑料制件，各个环节均要符合工艺要求。

2. 挤出机的分类与型号表示

（1）挤出机的分类　随着挤出机用途的增加及挤出成型方法的广泛应用和发展，挤出机的类型日益增多，分类方法也有很多。

挤出机按螺杆数量可分为单螺杆挤出机（图 8-3）、双螺杆挤出机（图 8-5）和多螺杆挤出机，其特点和适应范围见表 8-2。

表 8-2　单螺杆挤出机和双螺杆挤出机的特点和应用范围

类　型	特　点	应 用 范 围
单螺杆挤出机	结构简单	软质聚氯乙烯、聚苯乙烯、ABS 等型材
双螺杆挤出机	对材料的推进、分散、混合效果好	高精度、高硬度的大型塑件，如塑料门窗等

挤出机按有无螺杆可分为螺杆挤出机和柱塞挤出机。

挤出机按螺杆的转速可分为普通型挤出机（转速在 100r/min 以下）、高速挤出机（转速为 100 ~ 300r/min）和超高速挤出机（转速为 300 ~ 1500r/min）。

挤出机按螺杆所处的空间位置可分为卧式挤出机（图 8-3）和立式挤出机。卧式挤出机的螺杆是水平放置的，可方便地完成各种制品的生产，应用广泛。立式挤出机的螺杆是垂直放置的，由于立式挤出机的辅机配置较困难，而且机器高度尺寸较大，一般只有小型机才

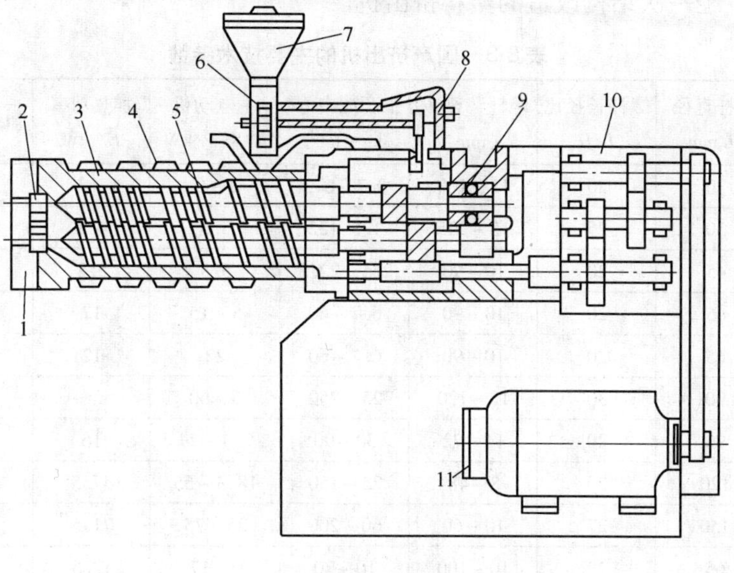

图8-5　双螺杆挤出机

1—机头连接器　2—分流板　3—料筒　4—加热器　5—螺杆　6—加料器
7—料斗　8—加料器传动机构　9—推力轴承　10—减速器　11—电动机

采用。

挤出机按其在加工过程中是否排气可分为排气式挤出机和非排气式挤出机。排气式挤出机可排出物料中的水分、溶剂和不凝气体等。

生产中常采用卧式单螺杆非排气式挤出机。

（2）挤出机的型号表示与主要技术参数　单螺杆挤出机的性能特征通常用以下几个主要技术参数表示。

1）螺杆直径。指螺杆的外径，用 D 表示，单位为 mm，系列标准为 20mm、30mm、45mm、65mm、90mm、120mm、150mm、165mm、200mm、250mm、300mm 等。

2）螺杆长径比。用 L/D 表示，其中 L 为螺杆的工作部分长度，即有螺纹部分的长度；D 为螺杆直径。

3）螺杆的转速范围。用 $n_{max} \sim n_{min}$ 表示，n_{max} 为最高转速，n_{min} 为最低转速，单位为 r/min。

4）驱动电动机功率。用 P 表示，单位为 kW。

5）料筒加热段数。用 B 表示。

6）料筒加热功率。用 E 表示，单位为 kW。

7）挤出机生产能力。表示 1h 挤出的塑料质量，用 Q 表示，单位为 kg/h。

8）机器的中心高。指螺杆中心线到地面的高度，用 H 表示，单位为 mm。

9）机器的外形尺寸。指机器的长、宽、高，单位为 mm。

表8-3所列为国产挤出机的主要技术参数，其中字母为汉语拼音的缩写。根据 GB/T 12783—2000 的规定，塑料机械的类别代号为“S”，挤出成型机械的组别代号为“J”，SJ 为塑料挤出机；数字代表螺杆直径和长径比，A、B…表示机器结构或参数改进后的标记。例如，SJ-150 表示螺杆直径为 150mm 的塑料挤出机；SJ-65×20A 表示螺杆直径为 65mm，

长径比为20:1，经一次结构改造的塑料挤出机。

表8-3 国产挤出机的主要技术参数

型号	螺杆直径 D/mm	螺杆长径比 L/D	螺杆转速 n/ $r \cdot min^{-1}$	生产能力 Q/ $kg \cdot h^{-1}$	主电动机功率 P/kW	加热功率 E/ kW	加热段数 B	机器中心高度 H/mm
SJ-30×20	30	20	11~100	0.7~6.3	1~3	3.3	3	1000
SJ-30×25B	30	25	15~225	1.5~22	5.5	4.8	3	1000
SJ-45×20B	45	20	10~90	2.5~22.5	5.5	5.8	3	1000
SJ-65×25A	65	20	10~90	6.7~60	5~15	12	3	1000
SJ-65×20B	65	20	10~90	6.7~60	22	12	3	1000
SJ-Z 90×30	90	30	12~120	25~250	6~60	30	6	1000
SJ-90×20B	90	20	14~72	30~90	2.4~24	16	4	1000
SJ-120×20D	120	20	8~48	25~150	18.3~55	37.5	5	1100
SJ-Z 150×27	150	27	10~60	60~200	25~75	71.5	6	1100
SJ-65×20DL	65	20	10~100	10~70	0~17	12.5	3	1000
SJ-150×20DL	150	20	7~42	200	25~75	72	6	1100

3. 挤出机的辅机

在整个挤出机组中，主机是很重要的组成部分，其性能好坏对产品的质量和产量都有很大影响，要完成挤出成型的全部工艺过程，没有机头和辅机的配合是不能生产出合格制品的。

辅机的作用是将机头连续挤出并已获得初步形状和尺寸的高温熔体冷却，并在一定的装置中定型，再通过进一步冷却，使之由高弹态转变为室温下的玻璃态，达到一定的表面质量，成为符合要求的制品或半成品。

辅机的种类很多（图8-6），根据成型制品和工艺过程的不同，可由不同装置组成，但一般由冷却定型（吹胀）装置、冷却装置、牵引装置、切割装置、卷取（堆放）装置等组成。

辅机一般按生产的制品进行分类，如挤管辅机、吹膜辅机、吹塑中空制品辅机、挤板辅机、拉丝辅机等。

辅机的性能对产品的质量和产量影响很大。塑料经过辅机时要经历物态变化、分子取向以及形状和尺寸的变化。这些变化是在辅机提供的定型、温度、速度、力和各种动作的条件下完成的。定型不佳、冷却不均匀、牵引不均匀、牵引速度不稳定都会影响制品的质量和产量。因此，在一定意义上，辅机是挤出生产的关键，应给予高度重视。

（1）挤管辅机 塑料管材是挤出成型的主要产品之一。随着社会需求的增多，塑料品种的增加和挤出工艺的发展，使得管材的生产得到很大的发展。可以用作管材原料的塑料有（软质和硬质）聚氯乙烯、聚乙烯、聚丙烯、ABS、聚酰胺、聚碳酸酯等。目前我国塑料管生产以聚氯乙烯、聚乙烯为主。

1）冷却定型装置。管坯离开口模时的温度仍相当高，可视为一种软性管状物，没有足够的强度和刚度来承受自重。为保证管子获得正确的几何形状和尺寸精度，必须立即进行定径和冷却，使其温度显著下降而硬化、定型，保证管子离开定型装置后不易变形。冷却主要

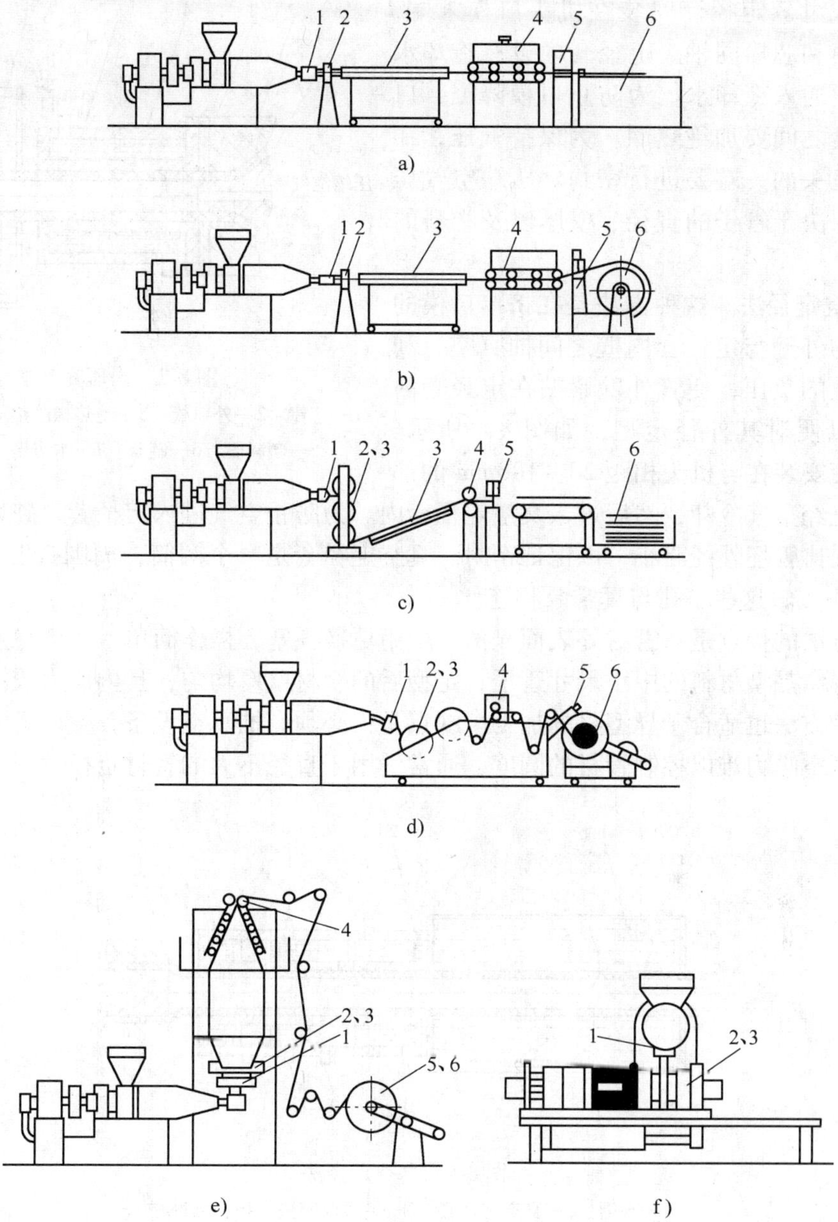

图 8-6　挤出工艺流程原理图

a）挤硬管　b）挤软管　c）挤板　d）挤膜　e）吹塑薄膜　f）吹塑中空制品

1—机头　2—定型装置　3—冷却装置　4—牵引装置　5—切割装置　6—卷曲（或堆放）装置

是依靠水流散热，而定型则需要使用定径套，冷却和定型一般要同时进行。管材的定径方法有外径定径法和内径定径法。

① 外径定径法。外径定径法是靠管子外壁和定径套内壁相接触时进行冷却来实现的。根据实现接触的方法又可分为内压充气法和真空定径法两种。

a. 内压充气法。如图 8-7 所示，这种方法是从芯棒的中心孔向挤出的软性管状物中通入具有一定压力的压缩空气，管外壁加冷却定径套，使管材外表面贴在定径套内表面迅速冷却固定外径尺寸。定径套安装在机头口模末端，要求与口模和芯棒同轴。定径套内设有冷却水流道，以便通入冷却水。为防止口模降温，口模与定径套之间要加绝热圈。为保持气压，在管子远离机头的一端要进行密封。压缩空气压力的大小取决于管子的直径、壁厚以及物料的粘度。

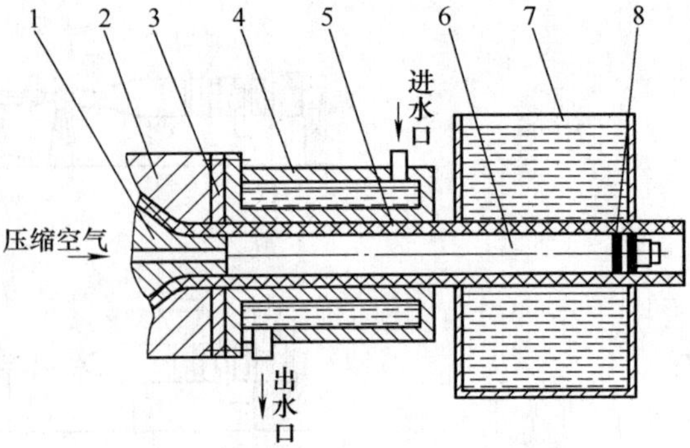

图 8-7　内压充气法

1—芯棒　2—外口模　3—绝热橡胶垫　4—外定径套
5—塑料管　6—链条　7—水浴槽　8—气塞

b. 真空定径法。这种方法是在挤出口模的软性管状物外壁与定径套内壁之间抽真空，利用真空产生的负压，使管外壁紧贴在定径套内壁滑动，以便对其外径定型，如图 8-8 所示。真空定径套安装在与机头相距 20 ~ 100mm 的部位。管材先经空气冷却，然后进入真空定径套内。为防止空气进入定径套，破坏真空度，定径套内径要比管坯外径略小，以保证密封。真空定径套是一个圆筒，周围打上直径为 0.5 ~ 0.7mm 的小孔，这些小孔与真空泵相连。

这种方法的优点是：管材外表面光滑，不用更换气塞，操作简单，生产稳定，适合于加工聚烯烃等结晶型材料的中小尺寸管子；定型后的管材壁厚均匀，且内应力较小，不易发生变形。这种方法也适合于异型材的加工。缺点是：必须有抽真空设备，生产投资大；管径大时，靠抽真空吸力难以控制管材的圆度，通常适用于直径不大的管材定径。

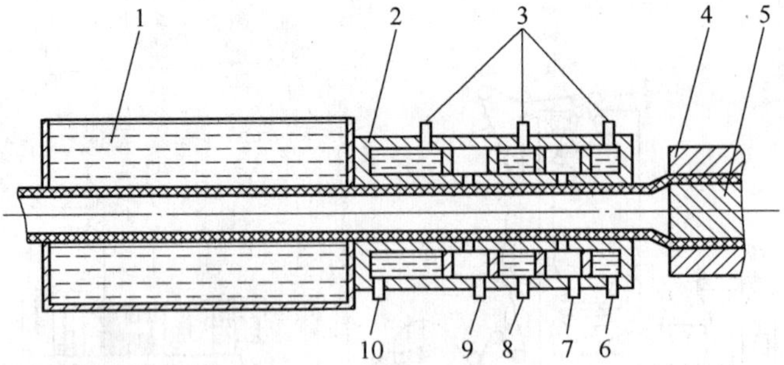

图 8-8　真空定径法

1—水槽　2—真空定径套　3—绝热橡胶垫　4—外口模外
5—芯棒　6、8、10—进水孔　7、9—抽真空孔

我国的塑料管材标准是控制管子的外径尺寸和公差，故多用外径定径。用外径定径方法生产的管子，其外径尺寸精度好，表面粗糙度值低，外观好，但内表面粗糙，有缺陷，不利于物料流动。

② 内径定径法。这种方法是将从机头挤出的管子内壁与带有微小锥度的定径芯棒接触，锥形芯棒内通冷却水，由于挤出管收缩，管子贴在芯棒上，使管子内径定径，如图 8-9 所示。这种方法特别适合 PE、PP，尤其是要求内径尺寸稳定的包装筒。由于机头流道较长，这种方法对硬聚氯乙烯等流动性差、易分解的塑料应用较少。但这种方法由于管子内、外表面同时冷却，机头阻力小，可采用较高的牵引速度进行生产，产量可以提高。

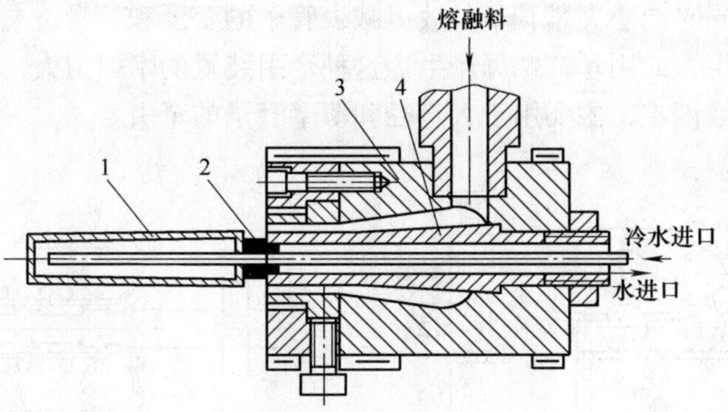

图8-9　内径定径法

1—延长芯棒　2—绝热垫圈　3—机头体　4—芯棒

用内冷芯棒生产的管子，其内表面质量好，尺寸精度高，有利于物料流动。但其缺陷多集中在外表面，外表面不如用外径定径法生产的管子质量好。用这种方法生产管子，操作简单，不受压缩空气等因素影响，但冷却水对机头温度有影响。

定径方法的选择主要取决于管子的尺寸是以外径还是以内径为标准。

2）冷却装置。管材由定型装置出来，并没有完全冷却到室温。如果不继续冷却，管壁径向的温度梯度会使原来已冷却的表层升温，引起变形，因此必须继续冷却，排除余热。冷却装置的作用就是使管子尽可能冷却到室温。冷却装置一般有冷却水槽和喷淋水箱两种，对于薄壁管子可采用冷空气冷却。

冷却水槽一般分2~4段，中间用隔板隔开，以维持温度梯度，水槽长2~3m。一般用自来水或经过热交换器的循环水作为冷却介质。水多从最后一段水箱通入，使水流方向与管子运动方向相反，以使管子较缓和地冷却，从而减少内应力。管子从冷却水槽出来的温度，最后接近于室温。水槽中的水位应将管材完全浸没。冷却水槽因上、下两层水温不同，管材可能弯曲；大管受浮力大，也易弯曲。

喷淋冷却是用喷淋水管均布在管材周围进行冷却的。喷淋水管可有3~6根，靠近定径套一端喷水孔较密。喷淋冷却能提供强烈的冷却效果。由于水喷到四周的管壁上，克服了水槽冷却时粘到管壁上的水层会减少热交换的缺点，因而冷却效果好。这种方法适用于大直径管材的冷却。

3）牵引装置。牵引装置的作用是给由机头出来的已获得初步形状和尺寸的管子提供一定的牵引力和牵引速度，均匀地引出管材，并通过牵引速度的变化适当地调节管子的壁厚。

常用的牵引装置有以下几种：

① 滚轮式。滚轮式牵引装置如图8-10所示。它一般由2~5对牵引滚轮组成，下轮为主动轮，上轮为从动轮，主动轮多为钢轮，从动轮外面包一层橡胶，轮子直径在50~150mm之间，上轮能上下移动以适应不同直径管子的需要。这种牵引装置的结构比较简单，调节也方便，但由于滚轮和管子之间是点或线接触，往往牵引力不足，一般用来牵引管径为100mm以下的管子。

② 履带式。履带式牵引装置如图8-11所示，它一般由两条、三条或六条单独可调的履带组成，均匀地安装在管子的周围。履带上有一定数量的夹紧块，夹紧力分散在较大的面积

上，并从几个方向同时向心夹紧管子，故可减少管子的变形和打滑。夹紧块的夹紧力由压缩空气或液压系统产生，或用丝杠螺母产生。这种牵引装置的牵引力大，速度调节范围广，但结构比较复杂，维修困难，主要用于大直径和薄壁管子的牵引。

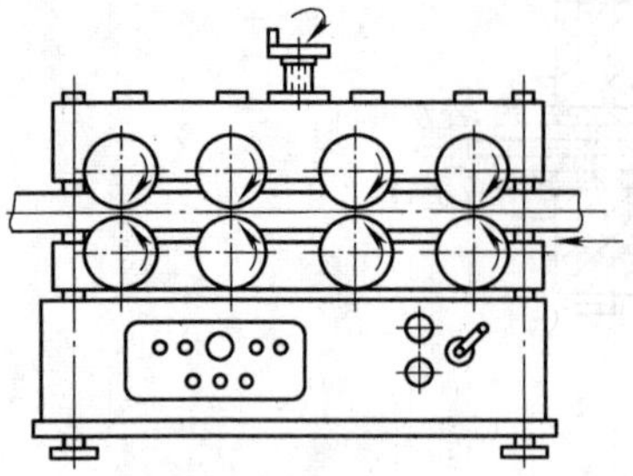

图 8-10　滚轮式牵引装置

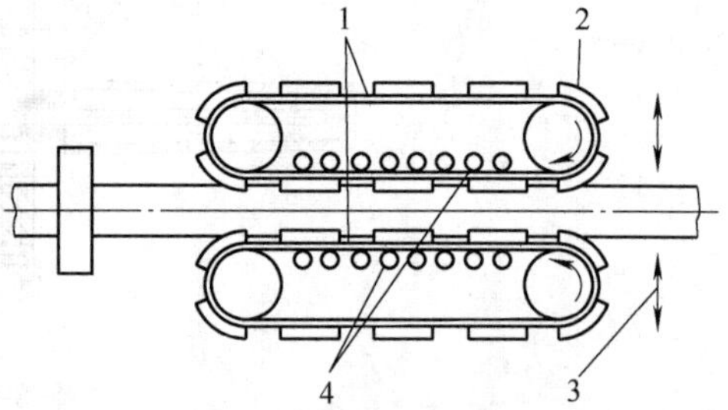

图 8-11　履带式牵引装置

1—输送器　2—夹紧块　3—管径调节　4—钢支承辊

③ 橡胶带式。橡胶带式牵引装置由一条橡胶传送带和压紧辊组成，如图 8-12 所示。用压紧辊将管子压到橡胶传送带上，靠二者之间的压紧力所产生的摩擦力来牵引管材，压紧力可以调节。这种牵引装置对直径较大的管子的牵引力显得不足，一般适用于小直径的管子和容易蹭破的以及容易压塌的薄壁管子。由于其传送带容易安装和拆卸，故维护较容易。

4）其他装置。

① 切割装置。如果是硬管，当管子挤出到一定长度时要切断，同时要求切断尺寸准确，切口均匀整齐。目前常用的管材切割装置有两种：一种是电动圆锯切割装置，适合于中小型口径的塑料管材；另一种是行星式自动切割装置，适用于大型口径的塑料管材。

a. 电动圆锯切割装置。其圆锯片由电动机带动高速旋转，管子夹持器和电动圆锯片由行程开关控制，夹持器夹到管子上，锯座在管子挤出推力或牵引力的推动下与管子同速前进。当管子达到预定长度后，便由行程开关发出信号，锯片开始切割。当管材切割后，一般由重锤的重力或由人工将锯座拉回原处。对于大直径的管子，这种方法受到限制。

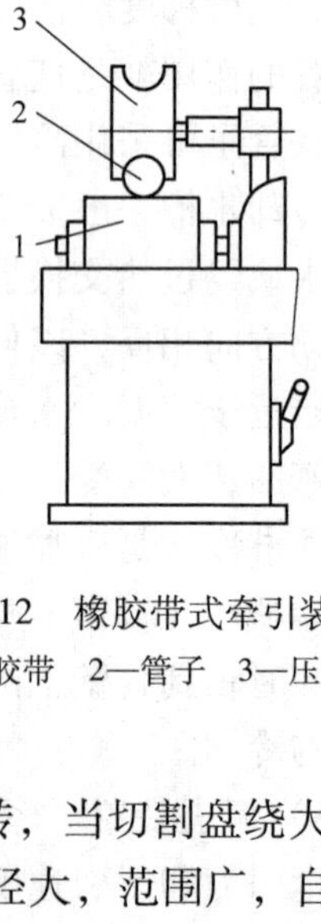

图 8-12　橡胶带式牵引装置

1—橡胶带　2—管子　3—压紧辊

b. 行星式自动切割装置。其圆锯片不仅自转，而且围绕管子公转，当切割盘绕大管作行星回转时，圆锯片便将管子切断。这种装置的主要特点是：切割管径大，范围广，自动化程度高，使用时可全自动，也可半自动切割，大大减轻了劳动强度，提高了工作效率。

② 卷取装置。如果是软管，就要用卷取装置。卷取装置有卷盘式与风轮式，卷绕至所需长度后，用刀切断，捆扎成卷。

（2）吹塑薄膜辅机　塑料薄膜是最常见的一种塑料制品。它可以用挤出法、压延法、流延法生产。通常挤出吹塑法生产的薄膜（片）其厚度在 0.01 ~ 0.3mm（其中厚度在 0.25mm 以下的称为膜，厚度在 0.25mm 以上的称为片材）。

吹塑法设备简单、操作方便，应用也最广，同一机台可生产多种规格薄膜。

1）挤出吹塑方式。根据牵引方法的不同，有上吹法、下吹法和平吹法三种挤出吹塑方式。

① 上吹法。如图8-13所示，挤出的膜管垂直向上牵引，是最常用的方法。由于整个膜管都连在上部已冷却定型的膜管坚韧段上，所以在膜管吹胀过程中，牵引稳定，能制得厚度范围大和幅宽的薄膜。而且挤出机和机头安装在地面上，操作维修都较方便。缺点是管状薄膜周围的热气流向上，冷气流向下，对薄膜冷却不利。

② 下吹法。如图8-14所示，挤出的膜管垂直向下牵引，膜管的牵引方向与机头的热气流方向相反，有利于薄膜冷却。吹塑的薄膜靠自重进入牵引辊，引膜方便。此方法的缺点是，整个膜管都连在尚未冷却的定型的塑性膜管上，在生产较厚的薄膜或牵引速度较快时就容易拉裂膜管。对于密度较大的塑料（如聚氯乙烯），其牵引更难控制，维修不方便。此方法主要用于粘度低的塑料或透明度高而急需冷却（水冷）的聚丙烯、聚酰胺等塑料薄膜。

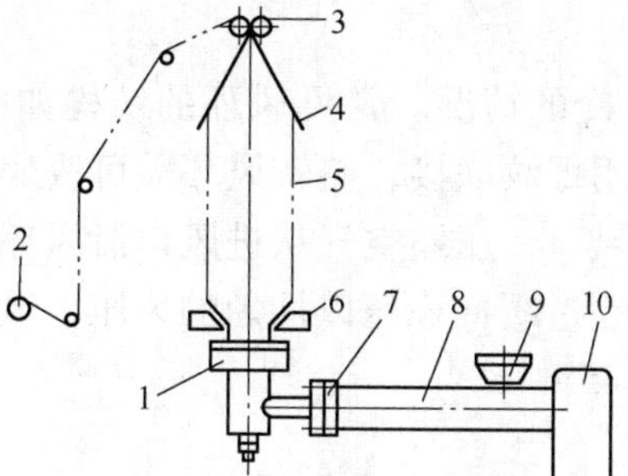

图8-13　上吹法

1—机头　2—卷取辊　3—牵引辊　4—人字板　5—管膜　6—风环　7—铰链板　8—料筒　9—料斗　10—减速器

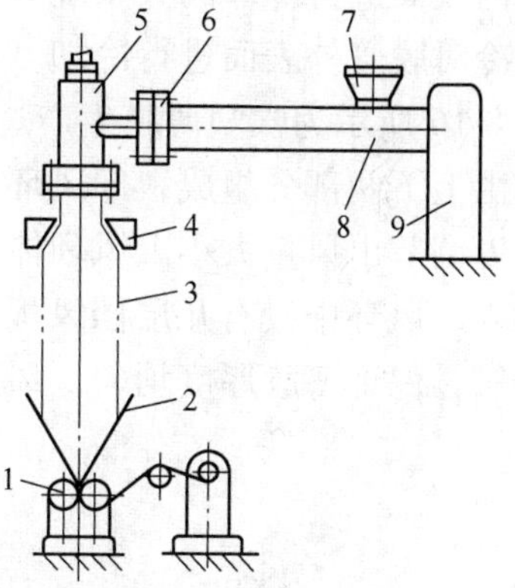

图8-14　下吹法

1—卷取辊　2—人字板　3—管膜　4—风环　5—机头　6—铰链板　7—料斗　8—料筒　9—减速器

③ 平吹法。如图8-15所示，使用水平机头，机头出料方向与挤出机相同，膜管水平方向牵引。此方法所采用的机头及辅机结构简单，设备安装操作都很方便，但机器占地面积大。由于热气流向上，冷气流向下，膜管上下部分冷却不均匀，只适合生产小规格尺寸薄膜。

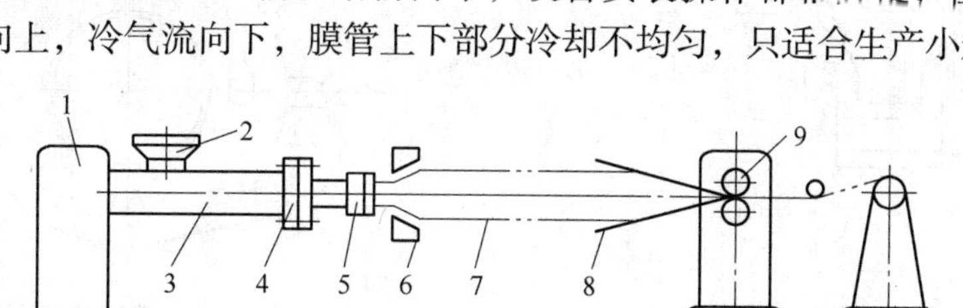

图8-15　平吹法

1—变速箱　2—料斗　3—料筒　4—铰链板　5—机头　6—风环　7—管膜　8—人字板　9—牵引辊

由上述可知，吹塑辅机除机头（口模）外，还有吹胀和冷却定型装置、牵引装置、卷取装置、切割装置等。

2）吹胀和牵引控制。吹胀后的膜管直径与机头环形口模直径之间的比称为吹胀比。通常吹胀比控制在2.5~3，这样容易操作，同时薄膜的纵、横向强度很接近。吹胀比太大，薄膜易产生摆动，难以控制其厚度的均匀。为了得到满意的制品，吹胀比应保持恒定。这主要是通过控制压缩空气的压力来实现的。

牵引辊的牵引速度和机头口模处物料的挤出速度之比称为牵引比。通常牵引比取 4～6，太大薄膜易拉断，且厚度控制较困难。为了保证薄膜纵、横向的强度一致，吹胀比和牵引比最好取值相同。但在实际生产中，常用同一口模，通过不同的牵引速度得到不同厚度的薄膜，因此薄膜的纵、横向强度往往是不同的。

为了得到不同厚度的薄膜和提高机器的适应性，要求牵引速度能在较大范围内实现无级调速，一般牵引辊由调速电动机驱动，其牵引速度在 2～40m/min 范围内。

3）冷却定型装置。薄膜冷却定型装置是吹塑薄膜辅机的重要组成部分，它对薄膜生产的产量和质量有很大影响。按冷却部位不同可分为外冷和内冷，即在膜管外表面进行冷却和在膜管内表面进行冷却两大系统。按冷却介质不同可分为空气冷却和水冷却。国内多采用风冷和水冷对膜管外表面进行冷却。

图 8-16 所示为吹塑薄膜生产过程中采用风环外冷的情况。常见风环的结构如图 8-17 所示，它由上下两部分组成，即风环体 3 与风环盖 1 用螺纹联接，旋转风环盖可改变出风口的间隙，以调节出风量大小。风环体 3 通常有三个进风口，压缩空气从进风口沿风环切线方向同时进入。风环中设有几层挡风板，使进入的气流经过缓冲稳压以均匀的风压、风量和风速吹向膜管，保证薄膜厚度均匀。风环吹出角一般取 45°～60°。

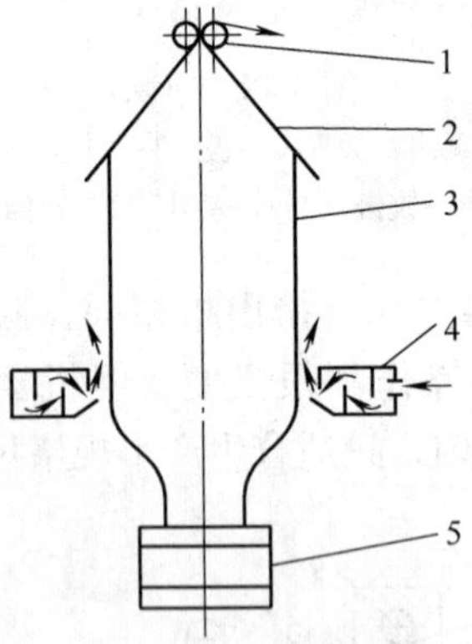

图 8-16　吹塑薄膜风环冷却图

1—牵引辊　2—人字板　3—膜管　4—风环　5—机头

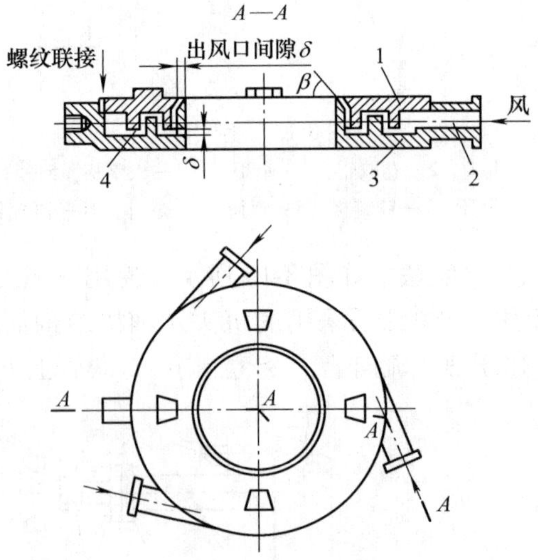

图 8-17　普通风环结构

1—风环盖　2—进风口　3—风环体　4—风室

4）人字板。人字板的主要作用是将薄膜折叠成平面状，并使吹胀的膜管稳定地导入牵引辊。它由两块板状结构组成，因呈人字形（图 8-18），故俗称人字板，其夹角可用螺钉调节。人字板的夹角一般为 30°～45°。若夹角过大，则膜管在短距离内要被压扁，薄膜容易产生皱褶。

人字板结构种类较多，常用的有导辊式和夹板式。导辊式人字板由铜管或钢辊组成，它对膜管的摩擦阻力小，且散热快，有利于薄膜的冷却。但由于膜管内气体压力的作用，易使薄膜从辊子之间胀出，引起薄膜的皱起，且折叠效果差。水冷夹板式人字板结构可以避免上述缺点，导膜平滑，而且冷却效果好。

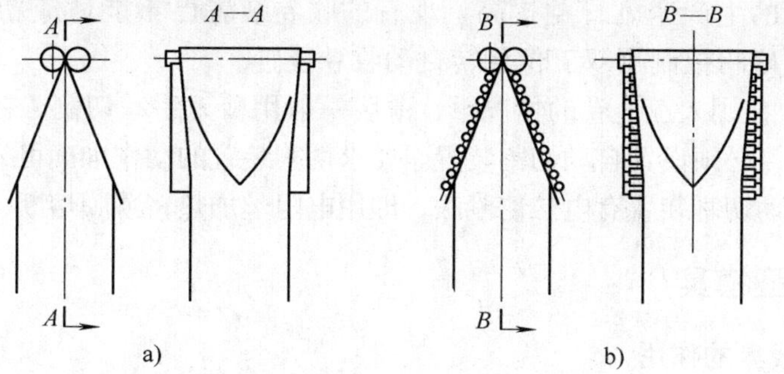

图 8-18　人字板结构

a）夹板式　b）导辊式

5）牵引装置。牵引装置的作用是将人字板压扁的薄膜压紧并牵引送至卷取装置，阻止膜管内的空气逸出，稳定膜管尺寸。牵引装置是由一个橡胶辊和一个镀铬钢辊组成，镀铬钢辊为主动辊，与可实现无级变速的驱动装置相联。牵引辊的作用是：牵引、拉伸薄膜，使牵引速度与挤出物料的速度有一定的比值（即牵引比），从而达到塑料薄膜所应有的纵向强度，通过对牵引速度的调整以控制薄膜的厚度，使薄膜由管状成为折叠状，不引起折皱。

6）收卷和切割装置。

① 收卷装置。收卷装置是吹塑薄膜辅机中比较重要的部分，收卷质量的好坏直接影响薄膜的质量，尤其对后道印刷工序的影响最大。现有的收卷装置分为主动收卷和被动收卷两种。

a. 主动收卷装置。动力直接作用于收卷轴的结构称为主动收卷装置，也称中心卷取。图 8-19 所示是一种最简单的方法，它利用摩擦离合器调节卷取轴的转速。通常由电动机经链条带动主动链轮 1 旋转，金属压板 3 由键 7 固定在卷取芯轴 6 上，可轴向移动。弹簧 4 调节摩擦盘中的摩擦片 2 与链轮 1、金属压板 3 之间的摩擦力，而这种摩擦力经调整固定后，就可以使卷取辊卷取或者打滑而自动调节卷取速度，以适应恒定的牵引速度和卷取张力。

b. 被动收卷装置。被动收卷装置也称为表面卷取装置。它的工作原理是收卷动力传到主动橡胶辊，收卷辊以一定的压力靠到主动辊上，依靠主动辊与收卷辊之间的摩擦力推动收卷辊转动而使薄膜缠绕在卷芯上，如图 8-20 所示。

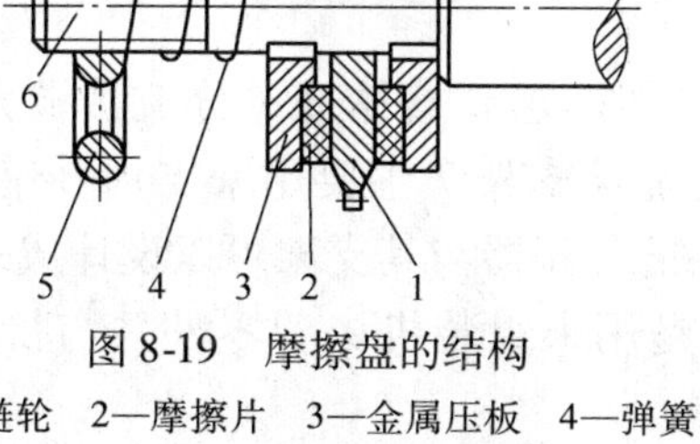

图 8-19　摩擦盘的结构

1—链轮　2—摩擦片　3—金属压板　4—弹簧

5—手轮　6—卷取芯轴　7—键

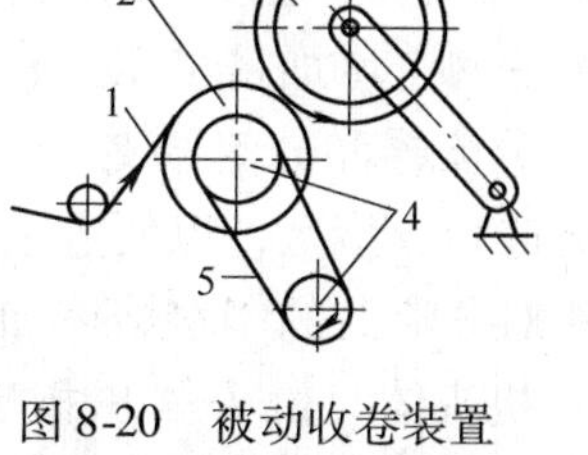

图 8-20　被动收卷装置

1—薄膜　2—主动辊　3—卷取辊

4—带轮　5—带

被动收卷的缺点是：当薄膜厚度不均或调节不当时，膜卷难以保证两端面整齐和表面平整；由于收卷轴的转动是依靠摩擦力，容易破坏较薄的薄膜膜面。

随着吹塑薄膜的生产速度日益提高，现有的收卷装置已不能适应新的要求。经不断改进，我国已设计出磁粉控制器双工位翻转自动收卷装置。

② 切割装置。在用人工上卷的情况下，薄膜一般用剪刀手动切割。在高速、自动化水平较高的卷取装置中，必须设置自动切割装置。要求切割装置的动作准确可靠，切断部分要有利于上卷。常用的自动切割装置有电热切割法，即用电阻丝加热将薄膜熔断，还有飞刀切割法。

8.2.3 挤出成型模具

1. 挤出成型模具的作用

一般塑料型材挤出成型模具应包括两部分：机头（口模）和定型模（套）。机头是使熔体塑料成型的工作部分，挤出工艺不同，塑件断面形状不同，机头的结构也不同。

（1）机头的作用　机头是挤出塑料制件成型的关键部件，它具有以下四种作用：

1）使来自挤出机的熔融物料由螺旋运动变为直线运动。

2）产生必要的成型压力，保证制品密实。

3）使物料通过机头得到进一步塑化。

4）使塑料熔体获得需要的断面形状、尺寸，并被均匀挤出。

（2）定型模的作用　定型模使用定径装置将从机头挤出的具备了既定形状的制品进行冷却和定型，从而获得能满足使用要求的正确尺寸、几何形状及表面质量。通常采用冷却、加压或抽真空的方法，将从口模中挤出的塑料的既定形状稳定下来，并对其进行精整，从而获得截面尺寸更为精确、表面更为光亮的塑料制件。

挤出成型方法几乎适用于所有的热塑性塑料及部分热固性塑料，但应注意的是，无论其用来成型何种塑料，挤出型材的截面形状都取决于挤出成型模具（机头）。模具（机头）设计得合理与否，不仅影响产品的经济性，而且在技术上也是保证良好的成型工艺条件和稳定的成型质量的决定性因素。

2. 挤出成型模具的结构组成

以典型的管材挤出成型机头为例（图 8-21），挤出成型模具的结构可分为以下几个主要部分。

（1）口模和芯棒　口模 3 用来成型塑件的外表面，芯棒 4 用来成型塑件的内表面。所以口模和芯棒的成型部分决定了塑件的横截面形状。

（2）多孔板　多孔板 9 位于挤出机与机头之间，其作用是将塑料熔体由螺旋运动变为直线运动，并起到过滤杂质的作用。为了进一步加强过滤作用，可在多孔板上设置孔眼更加细密的过滤网，增加挤出压力，使塑件更加密实。

（3）分流器和分流器支架　分流器 6 又称鱼雷头，塑料熔体通过分流器被分为薄环状以平稳地进入成型区，以便进一步加热和塑化。分流器支架 7 主要用来支承分流器和芯棒，同时也能对分流后的塑料熔体加强搅拌。小型机头的分流器与其支架可以设计成一个整体。

（4）机头体　机头体 8 相当于模架，其作用是用来组装机头各零件并与挤出机连接。机头体与挤出料筒连接处应密封以防塑料熔体泄漏。

（5）温度调节系统　为了保证塑料熔体在机头中正常流动及挤出成型质量，机头上设

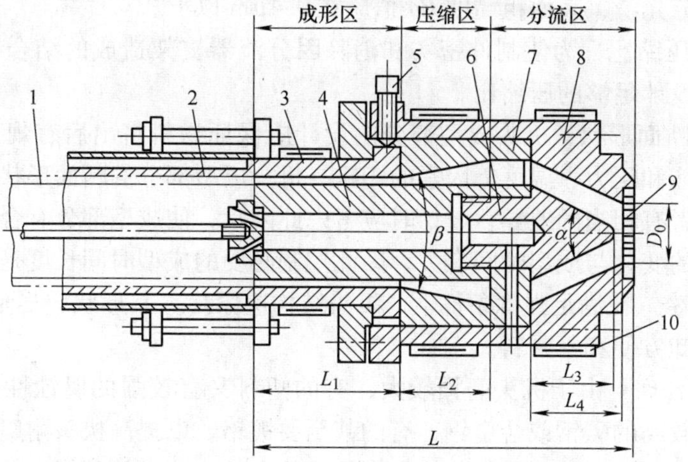

图 8-21　挤出模结构

1—管材　2—定型模　3—口模　4—芯棒　5—调节螺钉
6—分流器　7—分流器支架　8—机头体　9—多孔板　10—加热器

置可以加热的温度调节系统，如图 8-21 中的加热器（电加热圈）10。

（6）调节螺钉　调节螺钉 5 用来调节口模与芯棒之间的间隙，保证制品的壁厚均匀。通常调节螺钉的数量为 4 ~ 8 个。

（7）定型模　定型模 2 可以对塑件进行冷却和定型，使塑件获得良好的表面质量、准确的尺寸和几何形状。

3. 挤出成型模具（机头）的分类

由于挤出制品的形状和要求不同，因此要有相应的机头满足制品的要求。机头种类很多，大致可按以下三种特征来进行分类。

（1）按挤出成型的塑件分类　这是最常见的分类方法，通常的挤出成型塑件有管材、棒材、板材、网材、单丝、粒料、异型材、吹塑薄膜、带有塑料包覆层的电线或电缆等，它们所用的机头分别称为管机头、棒机头等。对于相同塑件所用的机头，还可以根据其某些特点进一步细分，例如管机头可细分为直机头、弯机头和旁侧机头等，吹塑薄膜机头又可细分为芯棒式机头、中心进料式机头、螺旋式机头和多层复合薄膜吹塑机头等。

（2）按挤出塑件的出口方向分类　可分为直通机头（或称直向机头）和角式机头（或称横向机头）。直通机头的特点是：熔体在机头内的挤出流向与挤出机螺杆的轴线平行；角式机头的特点是熔体在机头内的挤出流向与挤出机螺杆的轴线成一定的角度，当熔体挤出流向与螺杆轴线垂直时又可称为直角机头。直通机头和角式机头的选用与塑件结构类型有关，如可以采用直通机头挤出成型聚氯乙烯硬管，而挤出成型带有塑料包覆层电线电缆时，则需要采用直角机头。

（3）按塑料熔体在机头内所受压力大小分类　可分为低压机头（料流压力为 3.92MPa）、中压机头（料流压力为 3.92 ~ 9.8MPa）和高压机头（料流压力在 9.8MPa 以上）。

4. 挤出成型模具（机头）的设计原则

（1）流道呈流线形　为使物料能沿着机头的流道充满并被均匀地挤出，同时避免物料发生过热分解，机头内流道应呈流线形，不能急剧地扩大或缩小，更不能有死角和停滞区，流道应加工得十分光滑，表面粗糙度 Ra 值应在 0.4μm 以下。

（2）足够的压缩比　为使制件密实和消除因分流器支架造成的结合缝，根据制件和塑料种类不同，应设计足够的压缩比。

（3）正确的断面形状　机头成型部分的设计应保证物料挤出后有规定的断面形状。由于塑料的物理性能和压力、温度等因素的影响，机头成型部分的断面形状并非就是制品相应的断面形状，二者有相当的差异，设计时应考虑此因素，使成型部分有合理的断面形状。由于制品断面形状的变化与成型时间有关，因此控制必要的成型时间长度是一个有效的方法。

（4）结构紧凑　在满足强度条件下，机头结构应紧凑，其形状应尽量做得规则而对称，使传热均匀，装卸方便和不漏料。

（5）选材要合理　由于机头磨损较大，有的塑料又有较强的腐蚀性，所以机头材料应选择耐磨、硬度较高的碳钢或合金钢，有的甚至要镀铬，以提高机头耐腐蚀性。此外，机头的结构尺寸还和制品的形状、加热方法、螺杆形状、挤出速度等因素有关。设计者应根据其具体情况灵活应用上述原则。

5. 挤出成型机头的典型结构

（1）管材挤出成型机头　管材是挤出成型生产的主要产品之一。管材挤出成型机头主要用来成型软质和硬质圆形管状塑件。管材机头适用的挤出机螺杆长径比（即螺杆长度与其直径之比）$i=15\sim25$，螺杆转速 $n=10\sim35\text{r/min}$。此外通常要求在挤出机和机头之间安装过滤网。常用的管材挤出成型机头的结构有直通式、直角式和旁侧式三种形式。除此之外还有一种微孔流道挤管机。

1）直通式挤管机头。直通式挤管机头如图 8-21、图 8-22 所示，其结构简单，容易制造，是最常用的机头。分流器和分流器支架设计成一体，装卸方便。但塑料熔体经过分流器支架时，产生几条分流痕，难以消除。另外它还有长度较大、整体结构笨重的特点。

直通式挤管机头主要用来挤出薄壁管材，适用于聚氯乙烯、聚乙烯、尼龙、聚碳酸酯等塑料管材的成型。

2）直角式挤管机头。直角式挤管机头如图 8-23 所示，机头内的熔料挤出方向与挤出机螺杆轴线方向成 90°角。成型时塑料熔体包围芯棒并产生一条熔接痕。优点在于与其适应的冷却装置可以同时对管材的内外径进行冷却定型，定型精度高。同时，熔体的流动阻力小，料流稳定均匀，生产率高，成型质量也较高。但机头结构复杂，制造困难。

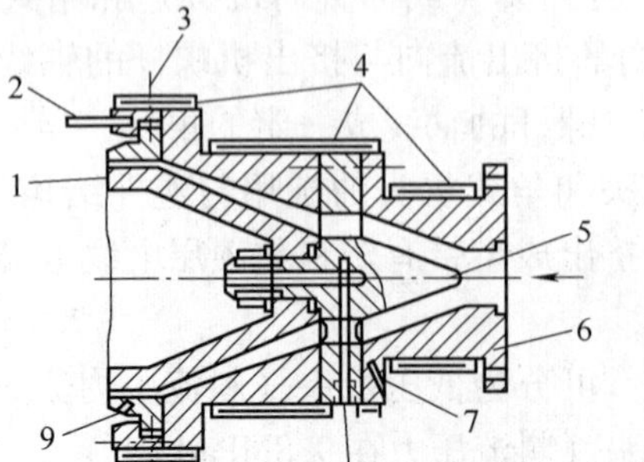

图 8-22　直通式挤管机头

1—芯棒　2—导柱　3—调节螺钉　4—加热器　5—分流器　6—机头体　7、9—温度计插孔　8—空气入口

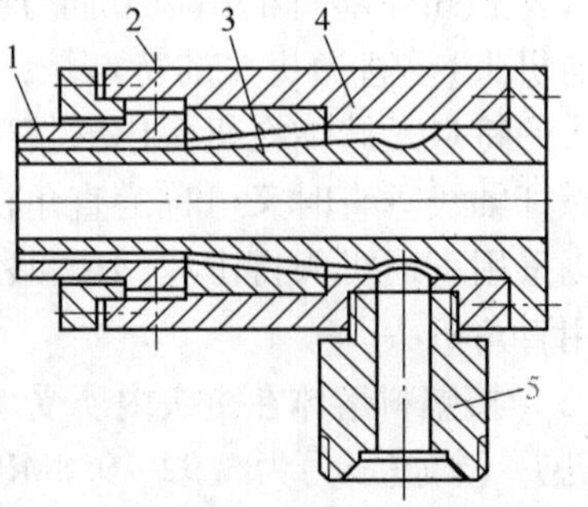

图 8-23　直角式挤管机头

1—口模　2—调节螺钉　3—芯棒　4—机头体　5—联接管

3）旁侧式挤管机头。旁侧式挤管机头如图8-24所示，其结构与直角式挤管机头相似，但更为复杂，且挤出成型时流动阻力也比较大。旁侧式挤管机头除具有与直角式挤管机头相似的优点外，还具有出管方向与螺杆轴线一致、占地面积小等长处。适用于生产大口径管材。

4）微孔流道挤管机头。微孔流道挤管机头如图8-25所示。机头内无芯棒，塑料熔体的流动方向与挤出机螺杆的轴线方向一致，塑料熔体通过微孔管上的微孔进入口模而成型。挤出成型的管材没有分流痕迹，强度较高，特别适合于成型直径大、流动性差的聚烯烃类塑料管材。

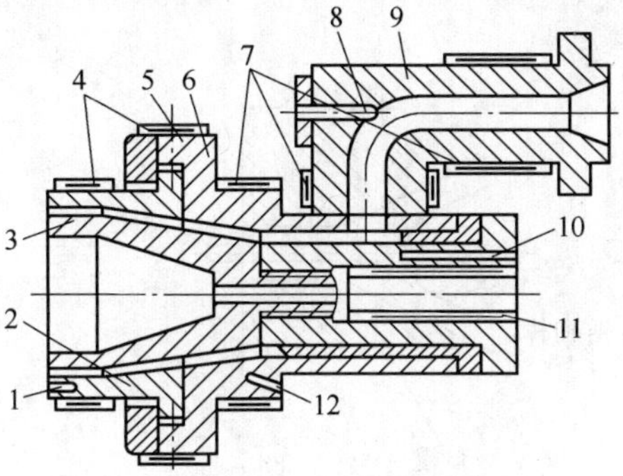

图8-24　旁侧式挤管机头

1、12—温度计插孔　2—口模　3—芯棒
4、7—电热器　5—调节螺钉　6、9—机头体
8、10—熔料测温孔　11—芯棒加热器

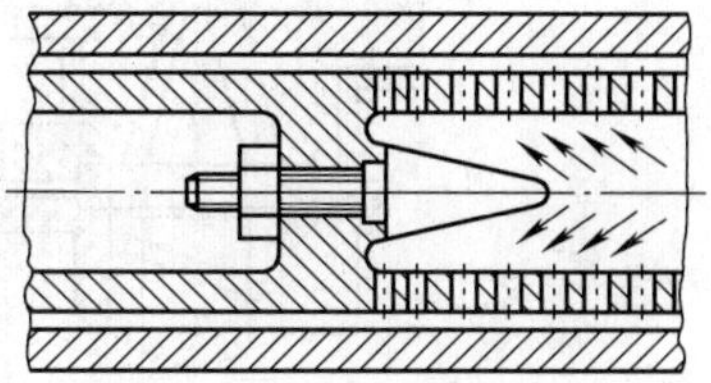

图8-25　微孔流道挤管机头

直通式、直角式、旁侧式挤管机头的特征归纳对比见表8-4。

表8-4　机头特征比较

特征项目＼机头类型	直通式	直角式	旁侧式
挤出机口径	适用于小口径管材	大小均匀	大小均匀
机头结构	简单	复杂	更复杂
挤管方向	与螺杆轴线一致	与螺杆轴线垂直	与螺杆轴线一致
分流器支架	有	无	无
芯棒加热	较困难	容易	容易
定型长度	长	不宜太长	不宜太长

（2）棒材挤出成型机头　棒材主要是指实心的具有一定规则形状的型材，如圆形、方形、三角形、菱形和多边形等。棒材挤出成型机头的结构比较简单，它与管材挤出成型机头基本相似，所不同的是管材挤出成型机头中的芯棒被分流器所代替，其目的是减少内部的容积及增加塑料的受热面积；有时流道中也不设分流装置，整个机头流道只要做成无滞料区的流线型就可以满足流动要求。棒材挤出成型机头的典型结构如图8-26所示。

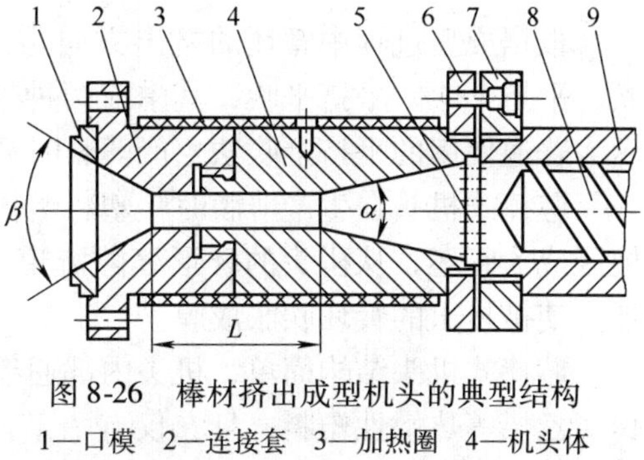

图8-26　棒材挤出成型机头的典型结构

1—口模　2—连接套　3—加热圈　4—机头体
5—多孔板　6、7—法兰盘　8—螺杆　9—料筒

（3）电线、电缆挤出成型机头　金属芯线包

覆一层塑料做绝缘层和保护层，这在生产中被广泛应用，一般需在挤出机上用转角式机头挤出成型，常用的典型结构有两种形式。

1）挤压式包覆机头。这种机头如图 8-27 所示，塑料熔体通过挤出机过滤板进入机头体，转向 90°后沿着芯线导向棒继续流动，由于导向棒一端与机头体内孔严密配合，熔体只能向口模一方流动，在导向棒上汇合成一封闭料环后，经口模成型区最终包覆在芯线上，芯线同时连续地通过芯线导向棒，因此包覆挤出生产能连续进行。

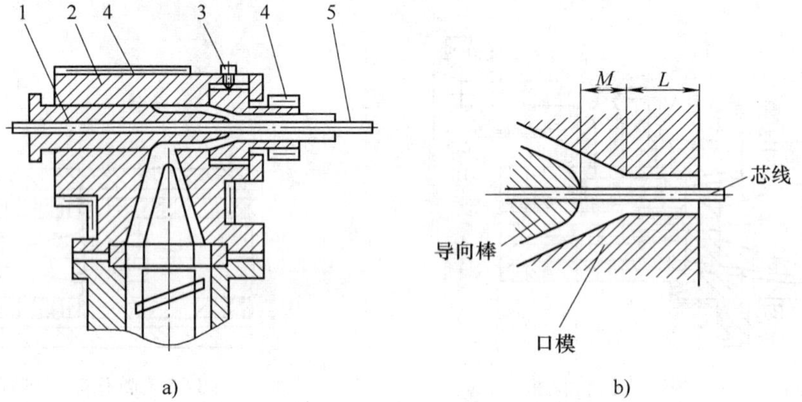

图 8-27　挤压式包覆机头

a）机头　b）口模放大图

1—导向棒　2—机体　3—调节螺钉　4—电热圈　5—包覆制品

2）套管式包覆机头。此类机头的结构与挤压式包覆机头相似，如图 8-28 所示，不同之处在于套管式包覆机头是将塑料挤成管状，然后在口模外靠塑料管的遇冷收缩而包覆在芯线上的。

塑料熔体通过挤出机过滤板进入机头体内，然后流向芯线导向棒，这时导向棒的作用相当于管材挤出成型机头中的芯棒，用以成型管材的内表面，口模成型管材的外表面，挤出的塑料管与导向棒同心，塑料管挤出口模后马上包覆在芯线上。由于金属芯线连续地通过导向棒，因而包覆生产也就能连续进行。

(4) 吹塑薄膜机头　吹塑成型可以生产出聚氯乙烯、聚乙烯、聚苯乙烯、聚酰胺等各种塑料薄膜，它是塑料薄膜生产中应用最广泛的一种方法，其成型工艺原理如图 8-6e 所示。

根据成型过程中管坯的挤出方向及泡管的牵引方向不同，薄膜吹塑成型可分为平挤上吹、平挤下吹、平挤平吹，其中前两种使用直角式机头，后一种使用水平机头。图 8-29 所示为普遍使用的平挤上吹法生产薄膜时从侧面进料的芯棒式机头。

芯棒式机头在生产薄膜时，塑料熔体经机颈进入机头后转向 90°，经芯棒轴切分，在口模区成为管坯，从机头的环形缝隙流道挤出，与此同时，压缩空气从芯棒轴中心孔吹入管坯，使被挤出的管坯吹胀成膜。

芯棒式机头结构简单，机头内部通道空隙小，存料少，熔体不易过热分解，适用于加工聚氯乙烯等热敏性塑料，且它仅有一条薄膜熔合线。但芯棒受侧向压力会产生“偏中”现象，造成口模间隙偏移、出料不匀，所以薄膜厚度不易控制均匀。

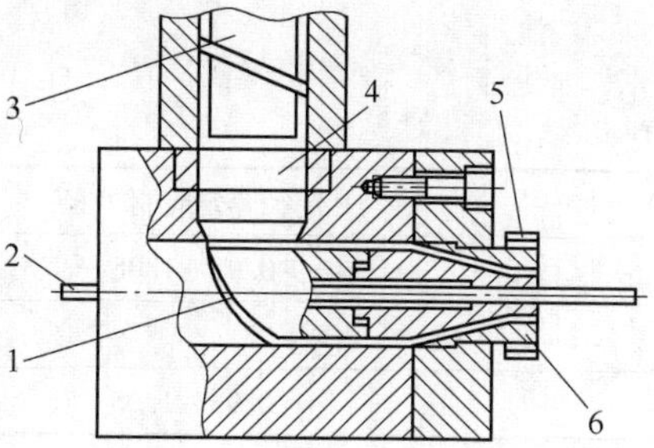

图 8-28　套管式包覆机头

1—导向棒螺旋面　2—芯线　3—挤出机螺杆　4—过滤板　5—电热圈　6—口模

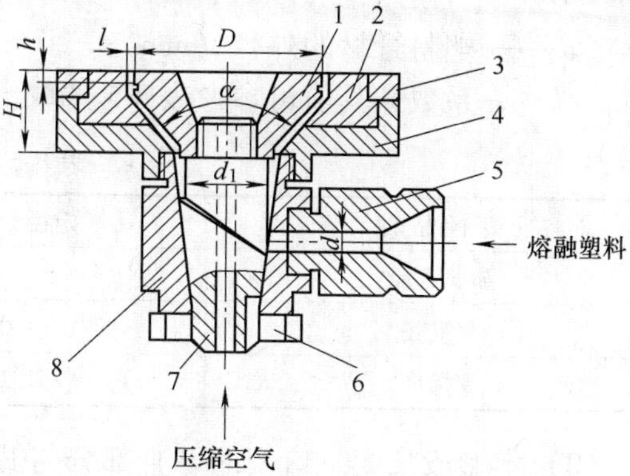

图 8-29　芯棒式机头

1—芯棒　2—口模　3—压环　4—上机头体　5—机颈　6—紧固螺母　7—芯棒轴　8—下机头体

（5）板材、片材挤出成型机头　成型段横截面具有平行缝隙特征的机头称为板材与片材挤出成型机头。它主要用于板材、片材和薄膜的成型。常见的板材与片材挤出成型机头有鱼尾式机头、支管式机头和螺杆式机头等。

1）鱼尾式机头。鱼尾式机头的型腔似鱼尾状。塑料熔体从机头中部进入型腔，向两侧分流。鱼尾式机头结构简单，制造容易，适用于多种塑料的挤出成型。一般适用于生产宽度小于 500mm，厚度为 1 ~ 3mm 的板材。

2）支管式机头。这种机头的型腔呈管状，从挤出机挤出的熔体先进入支管中，然后通过支管经模唇间的缝隙流出成型板材。

3）螺杆式机头。螺杆式机头实际上是支管式机头的一种，只是在支管内装有分配螺杆。通过分配螺杆的转动，迫使塑料熔体沿机头幅宽均匀挤出，获得厚度均匀的板材。机头温度容易控制，适用于加工热稳定性差的塑料，可生产宽幅制品，最宽可达 4000mm。其缺点是由于分配螺杆的转动，挤出制品易出现波浪形流痕。机头结构复杂，成本较高。

8.2.4　管材挤出成型机头主要零部件设计

1. 口模

口模是成型管材外部表面轮廓的机头零件，其结构如图 8-30 所示，主要尺寸为口模内径和定型段长度。

（1）口模内径　口模内径不等于塑料管材的外径，从口模挤出的管坯由于压力突然降低，塑料因弹性恢复而发生管径膨胀，同时，管坯在冷却和牵引作用下，管径会发生缩小。这些膨胀和收缩的大小与塑料性质、挤出温度和压力等成型条件以及定径套结构有关，目前尚无成熟的理论计算方法计算膨胀和收缩值，口模的内径只能根据经验而定，并通过调节螺钉（图 8-21 中零件 5）调节口模与芯棒间的环隙使其达到合理值。口模内径的计算公式为

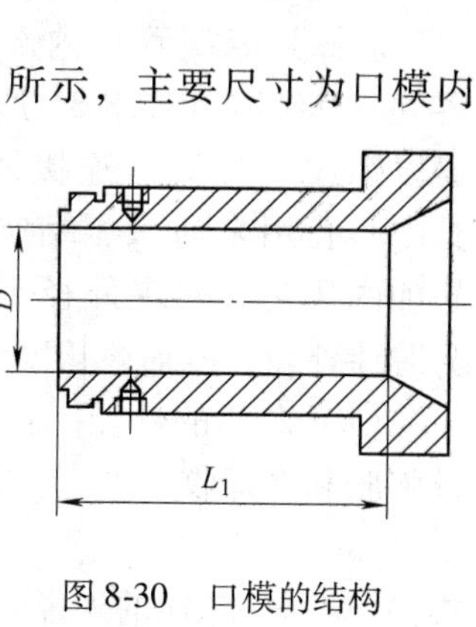

图 8-30　口模的结构

$$D = kd_s \tag{8-1}$$

式中　D——口模内径（mm）；

d_s——塑料管材的外径（mm）；

k——系数，其值可参考表 8-5 选取。

表 8-5　系数 k 值

塑 料 品 种	定径套定管材内径	定径套定管材外径
聚氯乙烯		0.95 ~ 1.05
聚酰胺	1.05 ~ 1.10	
聚烯烃	1.20 ~ 1.30	0.95 ~ 1.05

（2）定型段长度　口模的平直部分与芯棒的平直部分组成管材的成型部分，称为定型段，如图 8-21 中的尺寸 L_1。口模定型段的长度对于管材挤出成型质量相当重要，塑料熔体从机头的压缩区进入成型区后，料流阻力增加，熔体密度提高，同时消除分流痕迹及残余的螺旋运动，其长度 L_1 过长则会使阻力增加太大，过短又起不了定型作用，因此 L_1 的取值应适当。L_1 与塑料性质，管材的形状、壁厚、直径大小与牵引速度有关，可以用熔体流动理论近似推导出的计算公式，但设计实践中一般凭经验而定。其经验公式为

$$L_1 = (0.5 \sim 3.0)d_s \tag{8-2}$$

或

$$L_1 = ct \tag{8-3}$$

式中　L_1——口模的定型段长度（mm）；

d_s——管材的外径（mm）；

t——管材的壁厚（mm）；

c——系数，与塑料品种有关，具体数值见表 8-6。

表 8-6　定型段长度 L_1 的计算系数 c

塑料品种	硬聚氯乙烯	软聚氯乙烯	聚酰胺	聚乙烯	聚丙烯
系数 c	18 ~ 33	15 ~ 25	13 ~ 23	14 ~ 22	14 ~ 22

在式（8-2）中，对于 d_s 较大的管材取较小的系数，反之则取较大的系数。

2. 芯棒

芯棒是成型管材内部表面形状的机头零件，其结构如图 8-31 所示，直管机头芯棒以螺纹与分流器连接，如图 8-21 所示。其中心孔用来通入压缩空气，以便对管材施加内压力，实现外径定径，其主要尺寸为芯棒外径、压缩段长度和压缩角。

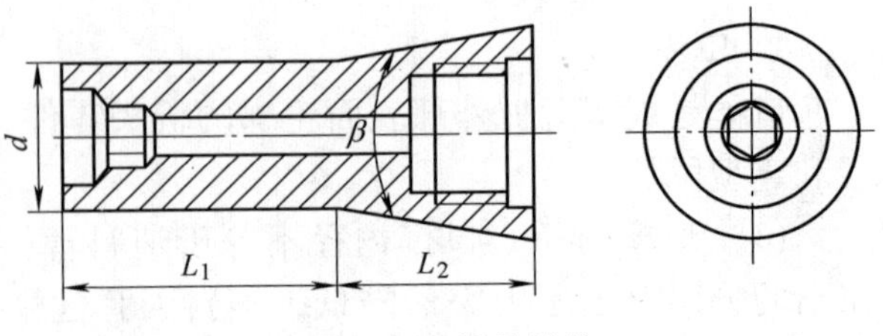

图 8-31　芯棒的结构

（1）芯棒的外径　芯棒的外径指定型段的直径，由它决定管材的内径，但由于存在离模膨胀和冷却收缩效应，根据生产经验，其计算公式为

$$d = D - 2\delta \tag{8-4}$$

式中　d——芯棒的外径（mm）；

D——口模的内径（mm）；

δ——口模与芯棒的单边间隙（mm），通常取 $\delta =$（0.83 ~ 0.94）t（t 为管材的壁厚）。

（2）定型段、压缩段和压缩角　芯棒的长度由定型段和压缩段L_2两部分组成，定型段与口模中的相应定型段L_1共同构成管材的定型区，通常芯棒定型段的长度可与L_1相等或稍长一些。压缩段（也称锥面段）L_2与口模中相应的锥面部分构成塑料熔体的压缩区，其主要作用是使进入定型区之前的塑料熔体的分流痕迹被熔合消除。L_2值可按经验公式确定，即

$$L_2 = (1.5 \sim 2.5)D_0 \tag{8-5}$$

式中　L_2——芯棒的压缩段长度（mm）；

D_0——塑料熔体在过滤板出口处的流道直径（mm），如图8-21所示。

压缩区的锥角β称为压缩角，一般在30°～60°范围内选取，过大时表面会较粗糙。对于低粘度塑料可取较大值，反之取较小值。

3. 拉伸比和压缩比

两者均是与口模和芯棒尺寸相关的挤出成型工艺参数。

（1）拉伸比　拉伸比是指口模和芯棒在定型区的环隙截面积与挤出管材截面积之比。它反映了在牵引力或牵引速度作用下，管材从高温型坯到冷却定型后的截面变形状况，以及纵向取向程度和拉伸强度。它的影响因素很多，一般通过实验确定，其值可见表8-7。

表8-7　常用塑料挤出所允许的拉伸比

塑料	硬聚氯乙烯	软聚氯乙烯	ABS	高压聚乙烯	低压聚丙烯	聚酰胺	聚碳酸酯
拉伸比	1.00～1.08	1.10～1.35	1.00～1.10	1.20～1.50	1.10～1.20	1.40～3.00	0.90～1.05

拉伸比的计算公式为

$$I = \frac{D^2 - d^2}{d_s^2 - D_s^2} \tag{8-6}$$

式中　I——拉伸比；

D_s、d_s——塑料管材的内、外径；

D、d——口模的内、外径。

由式（8-6）可知，在D确定以后，利用允许的拉伸比I及尺寸D_s、d_s，也可以确定d。

（2）压缩比　它反映挤出成型过程中塑料熔体的压实程度。对于低粘度塑料，压缩比$\varepsilon = 4.0 \sim 10$；对于高粘度塑料，压缩比$\varepsilon = 2.5 \sim 6.0$。

4. 分流器和分流器支架

图8-32所示为分流器和分流器支架的整体式结构。在图中，扩张角α的大小与塑料粘度有关，通常取30°～90°，α过大时料流的流动阻力大，熔体易过热分解；α过小时，不利于机头对其内部的塑料熔体均匀加热，机头体积也会增大。分流器的扩张角α应大于芯棒压缩段的压缩角β。

分流器上的分流锥面长度L_3的计算公式为

$$L_3 = (0.6 \sim 1.5)D_0 \tag{8-7}$$

式中　D_0——塑料熔体在过滤板出口处的流道直径（mm）。

分流器头部圆角$R = 0.5 \sim 2.0$mm，R也不宜过大，否则熔体容易在此处发生滞留。分流器的表面粗糙度Ra值应小于0.2μm。安装分流器时，应保证它与机头体的同轴度在0.02mm之内，并且与过滤板之间应有一定的空腔（图8-33中L_5），L_5通常取10～20mm或稍小于$0.1D_1$（D_1为螺杆直径）。L_5过小料流不匀，过大则停料时间长。

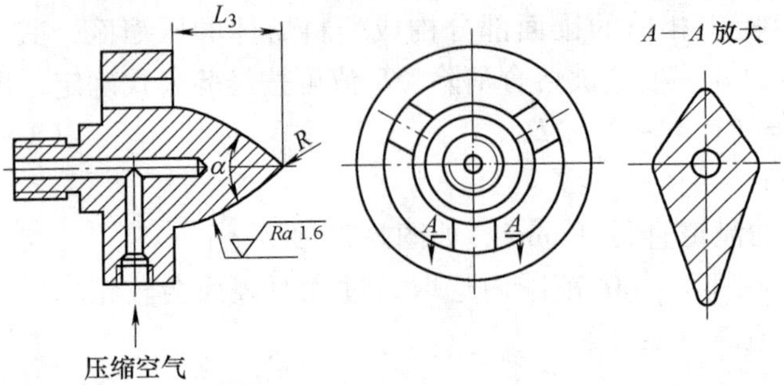

图 8-32　分流器和分流器支架整体结构

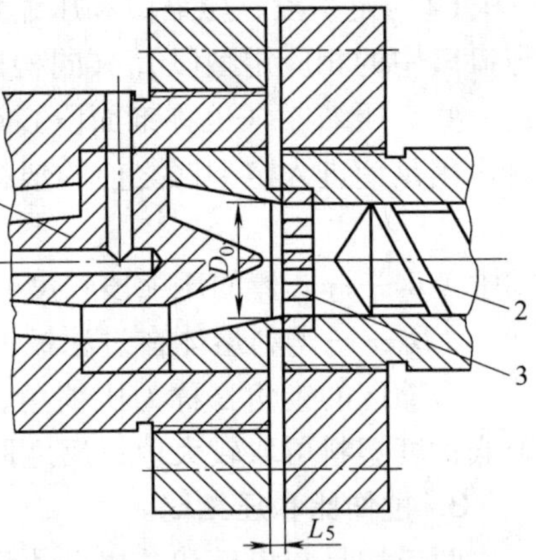

图 8-33　分流器与过滤板的相对位置

1—分流器　2—螺杆　3—过滤板

分流器支架主要用于支承分流器及芯棒，并起着搅拌物料的作用，一般三者分开加工再组合而成，对于中小型机头可把分流器与支架做成一整体。支架上的分流肋应做成流线型，在满足强度要求的前提下，其宽度和长度尽可能小些。出料端角度应小于进料端角度，分流肋尽可能少些，以免产生过多的分流痕迹，一般小型机头为 3 根，中型为 4 根，大型为 6 ~ 8 根。

5. 管材壁厚的调节

为了获得壁厚均匀的制品，口模和芯棒的中心线应严格同心。在多数情况下，芯棒固定，用调节螺钉调节口模的位置来保证二者的同心度。调节螺钉的数目一般为 4 个以上，管材口径越大，需要的调节螺钉数量越多。

表 8-8 列出了几种典型的管材挤出成型工艺条件及其机头设计的一些参数，供参考。

表 8-8　几种典型的管材挤出成型工艺条件

工艺条件		原料品种				
		尼龙	聚全氟乙丙烯	聚乙烯	ABS	聚砜
料筒温度/℃	后	250 ~ 270	160 ~ 180	120 ~ 140	165 ~ 170	250 ~ 265
	中	—	260 ~ 280			300 ~ 325
	前	260 ~ 280	310 ~ 330	150 ~ 170	170 ~ 180	310 ~ 330
机头温度/℃	后	240 ~ 250	320	155 ~ 165	165 ~ 175	250 ~ 270
	前	210 ~ 230	320	155 ~ 165	165 ~ 175	250 ~ 270
口模温度/℃		200 ~ 210	310 ~ 320	150 ~ 160	155 ~ 160	260 ~ 270
螺杆形式		突变压缩	突变压缩	渐变压缩	渐变压缩	渐变压缩
螺杆转速/$r \cdot min^{-1}$		15	4.2	22	10.5	4.2
口模内径/mm		44.8	11	45	33	12.7
芯棒外径/mm		38.5	5	25	26	10
口模平直部分长度/mm		45	—	50	50	20
管材内径/mm		25	3	20	25.5	8
管材外径/mm		31.3	5.9	40	32.5	10

（续）

工艺条件	原料品种				
	尼龙	聚全氟乙丙烯	聚乙烯	ABS	聚砜
拉伸比	≈1.5	≈3.5	≈1.17	≈1.02	≈1.7
真空定型直径/mm	31.7	6	40.2	33	7.9
真空定型与口模间隙/mm	20	20	25	25	35
冷却水槽水温/℃	室温	室温	室温	室温	90

6. 管材的定型及冷却

流出口模的管材型坯温度仍较高，没有足够的强度和刚度来承受自重变形，同时受离模膨胀和长度收缩效应的影响，因此应采取一定的冷却定型措施，保证挤出管材准确的形状及尺寸和良好的表面质量，一般用内径定型和外径定型两种方法。由于我国塑料管材标准大多规定外径为基本尺寸，故国内常用外径定型法。

（1）外径定型　外径定型有两种定径方法，如图 8-34a 所示为内压法定径，图 8-34b 所示为真空吸附法定径。

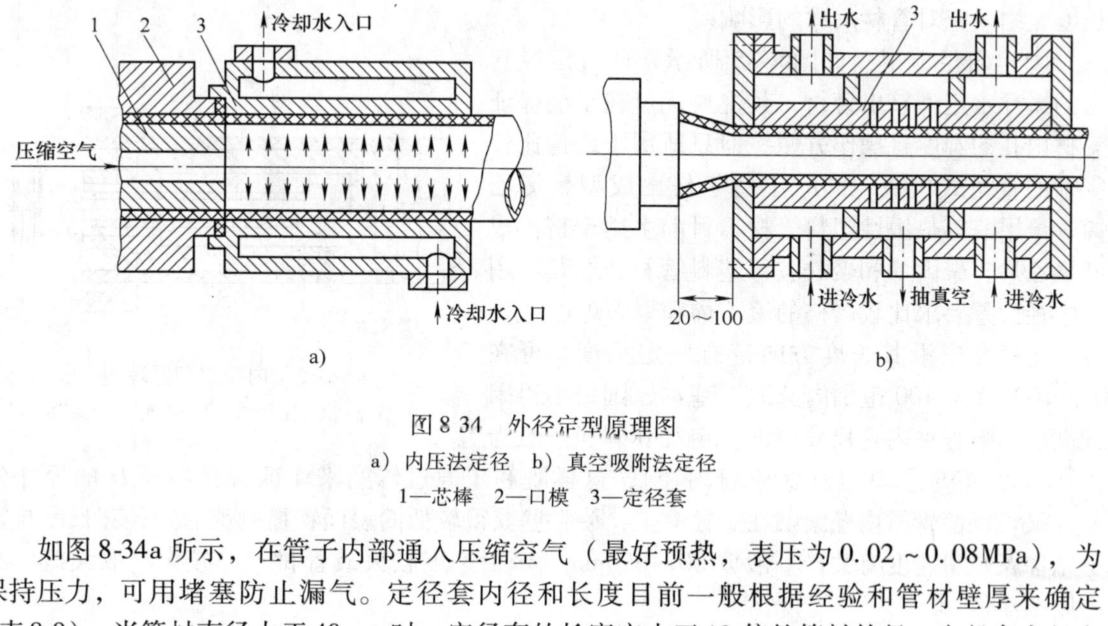

图 8-34　外径定型原理图

a）内压法定径　b）真空吸附法定径

1—芯棒　2—口模　3—定径套

如图 8-34a 所示，在管子内部通入压缩空气（最好预热，表压为 0.02～0.08MPa），为保持压力，可用堵塞防止漏气。定径套内径和长度目前一般根据经验和管材壁厚来确定（表 8-9）。当管材直径大于 40mm 时，定径套的长度应小于 10 倍的管材外径，定径套内径应比管材外径放大 0.8%～1.2%；如果管材直径大于 100mm，则定径套的长度还应再短些，通常可采用 3～5 倍的管材外径。需要指出的是，设计定径套内径时，其尺寸不得小于口模内径。

表 8-9　内压定径套尺寸

塑料	定径套内径	定径套长度
聚烯烃	$(1.02\sim1.04)\ d_s$	$\approx 10d_s$
聚氯乙烯	$(1.00\sim1.02)\ d_s$	

注：d_s为管材外径（mm），应用此表时 $d_s<35$mm。

如图 8-34b 所示，真空定径套生产时与机头口模不能连接在一起，应有 20 ~ 100mm 的距离，这样做是为了使口模流出的管材先行离模膨胀和在一定程度的空冷收缩后，再进入定径套中冷却定型。定径套内的真空度通常取 53.5 ~ 66.7kPa，抽真空孔径可取 0.6 ~ 1.2mm（塑料粘度大或管材壁厚较大时取大值，反之取小值）。

当挤出管材外径不大时，定径套内径的经验计算公式为

$$d_0 = (1 + C_z)\, d_s \tag{8-8}$$

式中　d_0——真空定径套内径；

C_z——计算系数，其值可参考表 8-10 选取；

d_s——塑料管材外径。

表 8-10　计算系数 C_z

塑料	硬聚氯乙烯	聚乙烯	聚丙烯
系数 C_z	0.007 ~ 0.01	0.02 ~ 0.04	0.02 ~ 0.05

真空定径套的长度一般应大于其他类型的定径套长度，例如，对于直径大于 100mm 的管材，真空定径套的长度可取 4 ~ 6 倍管材外径。这样有助于更好地改善或控制离模膨胀和长度收缩效应对管材尺寸的影响。

（2）内径定型　如图 8-35 所示，通过定径套内的循环水定型挤出管材，其主要优点在于能保证管材内孔的圆度且操作方便。但只适用于结构比较复杂的直角式机头，同时不适于挤出成型聚氯乙烯、聚甲醛等热敏性塑料管材，目前多用于挤出成型聚乙烯、聚丙烯和聚酰胺等塑料管材，尤其适用于内径公差要求比较严格的聚乙烯和聚丙烯。

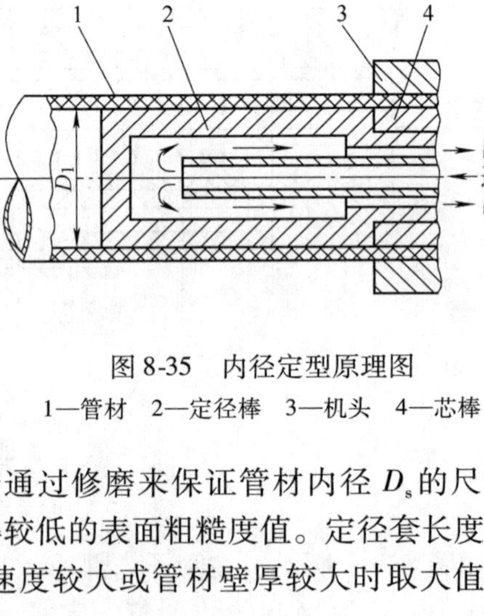

图 8-35　内径定型原理图

1—管材　2—定径棒　3—机头　4—芯棒

定径套应沿其长度方向带有一定锥度，可在 0.6:100 ~ 1.0:100 范围内选取，基本原则为不得因锥度而影响管材内孔尺寸精度。定径套外径一般为［1 + （2 ~ 4）%］D_s（D_s为管材内径），这样既利于通过修磨来保证管材内径 D_s的尺寸公差，又可以使管材内壁紧贴在定径套上，使管壁获得较低的表面粗糙度值。定径套长度与管材壁厚及牵引速度有关，一般取 80 ~ 300mm，牵引速度较大或管材壁厚较大时取大值，反之则取小值。

8.3　任务实施

完成管径为 $D = 25$mm 的聚氯乙烯硬管挤出成型模具的设计任务。

图 8-36 所示是生产管径为 25mm 聚乙烯管的常用直通式内压外定径管机头结构，其芯棒 13 和口模 11 均从一端装入，口模靠压环 6 压牢，出口间隙可通过调节螺钉 5 来调节。冷却定径套直接与机头口模相连。采取夹钳趁热夹紧塑管端头的方法封气。

取分流器扩张角 $\alpha = 50° \sim 60°$，芯棒表面锥角 $\beta = 24° \sim 40°$，芯棒的长度取 2.5D，分流锥面长度取（1 ~ 1.5）D，机头压缩比 $\varepsilon = 3 \sim 12$，定径套内径 $d =$（1.04 ~ 1.08）D，分流

器头部圆角 $R=1\text{mm}$，口模内壁表面粗糙度 Ra 值小于 $0.4\mu\text{m}$。

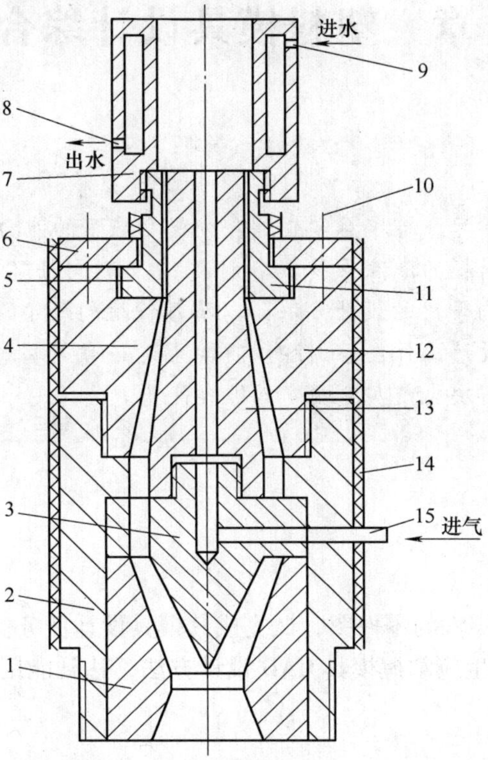

图 8-36　直通式内压外定径管机头

注：图中各零件名称及数量见表 8-11。

表 8-11　图 8-36 中各零件名称及数量

序　号	名　称	数　量	序　号	名　称	数　量
1	垫块	1	9	进水口	1
2	模体（一）	1	10	固定螺钉	4
3	分流器	1	11	口模	1
4	热电偶	1	12	模体（二）	1
5	调节螺钉	4	13	芯棒	1
6	压环	1	14	加热圈	2
7	冷却套	1	15	进气杆	1
8	出水口	1			

【思考与练习】

1. 什么是塑料挤出成型？它有哪些特点？
2. 何谓常规全螺纹三段螺杆？它有哪些主要参数？
3. 挤出成型机头结构由哪几部分组成？各有什么作用？
4. 管材挤出成型机头有哪些类型？各有何特点？
5. 设计挤出成型机头应遵循哪些原则？
6. 管材挤出成型机头的口模直径及其定型部分的长度应如何确定？

第 9 章　塑料模具设计综合实践

【教学目标】

通过对本章内容的学习，可培养学生综合分析和应用的能力，掌握塑料模具设计的程序和一般规律；掌握注射模的浇注系统和各种机构（侧向抽芯机构、锁紧机构、脱模机构、定距机构、拉紧机构等）的设计方法，以及各种结构尺寸的确定方法。

本章通过典型模具设计工作任务训练，使学生进一步掌握塑料模设计的程序和方法，提高应用设计基本知识解决生产实际问题的综合能力。

9.1　任务引入

图 9-1 所示为某壳类零件的零件图，试完成其模具设计任务。

通过完成本任务，学生应掌握模具 CAD 设计方法，达到能用 CAD 设计软件进行简单塑料模具设计的目标。

图 9-1　壳类零件

已知：塑件最大尺寸为 290mm × 130mm，零件壁厚为 2. 5mm，加强筋厚度为 1. 5mm，材料为 ABS，材料收缩率为 0. 006，未标注公差等级按 MT5 级。

生产规模：大批量。

外观要求：外表面质量好，不允许有飞边、浇口痕迹、顶白、气孔、结合线等。

9.2　相关知识

9.2.1　塑料模具设计程序

塑料模具一般按照下列步骤进行设计：

1. 接受任务书

模具设计人员以模具设计任务书为依据进行模具设计，其内容应包括以下几方面：

1）经过审签的正规塑料制件图样，并注明所用塑料的牌号与要求（如色泽、透明度等）。

2）塑料制件的说明书或技术要求。

3）成型方法。

4）生产数量。

5）塑料制件样品（有条件时）。

2. 调研、消化原始资料

收集整理有关塑料制件设计、成型工艺、成型设备、机械加工、特种工艺等有关资料，以备设计模具时使用。

消化塑料制件图，了解塑件的用途，分析塑件的工艺性、尺寸精度等技术要求。例如：塑件的原材料、表面形状、颜色与透明度、使用性能与要求；塑件的几何结构、倾斜度、嵌件等情况；熔接痕、缩孔等成型缺陷出现的可能性与允许程度；浇口、顶杆等可以设置的部位；有无涂装、电镀、胶接、钻孔等后加工等，此类情况对塑件设计均有相应要求。选择塑件精度最高的尺寸进行分析，判断成型公差是否低于塑件的允许公差，能否成型出合格的制件。若发现问题，可对塑件图样提出修改意见。

分析工艺资料，了解所用塑料的物理化学性能、成型特性以及工艺参数，如材料与制件必需的强度、刚度、弹性，所用塑料的结晶性、流动性、热稳定性；材料的密度、粘度、比热容、收缩率、热变形温度以及成型温度、成型压力、成型周期等。并注意收集如弹性模量 E、摩擦因数 f、泊松比 μ 等与模具设计计算有关的资料和参数。

熟悉工厂实际情况，例如：有无空气压缩机及模温调节控制设备，成型设备的技术规范，模具制造车间的加工能力与水平，理化室的检测手段等，以便能密切联系工厂实际，既方便又经济地进行模具设计工作。

3. 选择成型设备

模具与设备必须配套使用，因为多数情况下都是根据成型设备的种类来进行模具设计的，为此，在设计模具之前，首先要选择好成型设备，这就需要了解各种成型设备的规格、性能和特点。以注射机来说，如注射容量、锁模压力、注射压力、模具安装尺寸、顶出方式与距离、喷嘴直径与喷嘴球面半径、定位孔尺寸、允许的最大及最小模具厚度、模板行程等，都将影响到模具的结构尺寸与成型能力。同时还应初估模具外形尺寸，判断模具能否在所选的注射机上安装与使用。

4. 拟定模具结构方案

理想的模具结构应能充分发挥成型设备的能力（如合理的型腔数目和自动化水平等），

在绝对可靠的条件下使模具本身的工作最大限度地满足塑件的工艺技术要求（如塑件的几何形状、尺寸精度、表面粗糙度等）和生产经济要求（成本低、效率高、使用寿命长、节省劳动力等）。由于影响因素很多，可先从以下几方面做起：

（1）塑件成型　根据塑件的形状结构，合理地确定其成型位置，因成型位置在很大程度上影响模具结构的复杂性。

（2）型腔布置　根据塑件的形状大小、结构特点、尺寸精度、批量大小以及模具制造的难易、成本高低等，确定型腔的数量与排列方式。

（3）选择分型面　分型面的位置要有利于模具加工、排气、脱气、脱模、塑件的表面质量及工艺操作等。

（4）确定浇注系统　包括主流道，分流道，冷料穴（冷料井），浇口的形状、大小和位置，排气方法，排气槽的位置与尺寸大小等。

（5）选择脱模方式　考虑开模、分型的方法与顺序，拉料杆、推杆、推管、推板等脱模零件的组合方式，合模导向与复位机构的设置以及侧向分型与抽芯机构的选择与设计。

（6）模温调节　确定模温的测量方法，冷却水孔道的形状、尺寸与位置，特别是与型腔壁间的距离及位置关系。

（7）确定主要零件的结构、尺寸　考虑成型与安装的需要及制造与装配的可能，根据所选材料，通过理论计算或经验数据，确定型腔、型芯、导柱、导套、推杆、滑块等主要零件的结构、尺寸以及安装、固定、定位、导向等的方法。

（8）支承与连接　如何将模具的各个组成部分通过支承块、模板、销钉、螺钉等支承与连接零件，按照使用与设计要求组合成一体，获得模具的总体结构。

结构方案的拟定是设计工作的基本环节。设计者应将其结果用简图和文字加以描绘与记录，作为方案设计的依据与基础。

5. 方案的讨论与论证

拟定初步方案时，应广开思路，多想办法，广泛征求意见，进行分析与论证，选出最合理的方案。

6. 绘制模具装配草图

总装配图的设计过程比较复杂，应先从画草图着手，经过认真的思考、讨论与修改，使其逐步完善，方能最后完成。草图设计过程是“边设计（计算）、边绘图、边修改”的过程，所有的结构尺寸与数据无法一次即可确定合适，所以在设计过程中往往需反复多次修改。其基本方法就是将初步拟定的结构方案在图样上具体化，最好使用坐标纸，尽量采用1:1的比例，先从型腔开始，由内向外，主视图、俯视图和左视图同时进行。绘制草图时应注意以下几点：

1）型腔与型芯的结构。

2）浇注系统、排气系统的结构形式。

3）分型面及分型、脱模机构。

4）合模导向与复位机构。

5）冷却或加热系统的结构形式与部位。

6）安装、支承、连接、定位等零件的结构、数量及安装位置。

7）确定装配图的图纸幅面、绘图比例、视图数量及布置方式。

7. 绘制模具装配图

绘制模具装配图时应注意做到以下几点：

1）认真、细致、干净、整洁地将已修改的结构草图，按标准画在正式图纸上。

2）将原草图中不完整的部分在正式图上补全。

3）标注技术要求和使用说明，包括某些系统的性能要求（如顶出机构、侧向抽芯机构等），装配工艺要求（如装配后分型面贴合间隙的大小、上下面的平行度要求、需由装配确定的尺寸要求等），使用与装拆注意事项以及检验、试模、维修、保管等的要求。

4）全面检查，修改设计或绘图过程中可能出现的差错与遗漏。

8. 绘制零件图

绘制零件图时应注意做到以下几点：

1）需自制的零件都应画出单独的零件图。

2）图形尽可能按 1:1 的比例画出，但允许放大或缩小，要做到视图选择合理，投影正确，布置得当。

3）统一考虑尺寸、公差、几何公差、表面粗糙度的标注方法与位置，避免拥挤与干涉，做到正确、完整、有序。

4）零件图的编号应与装配图中的序号一致，便于查对。

5）标注技术要求，填写标题栏。

6）自行校对，以防出现差错。

9. 编写设计计算说明书

设计计算说明书应包括以下内容：

1）目录。

2）设计题目或设计任务书。

3）塑件分析（含塑件图）。

4）塑料材料的成型特性与工艺参数。

5）设备的选择，设备的型号、主要参数及有关参数的校核。

6）浇注系统的设计，包括塑件成型位置，分型面的选择，主流道、分流道、浇口、冷料穴、排气槽的形式、部位及尺寸，流长比的校核等。

7）成型零部件的设计与计算，型腔、型芯等的结构设计、尺寸计算、强度校核等。

8）脱模机构的设计，脱模力的计算，拉料机构、顶出机构、复位机构等的结构形式、安装定位、尺寸配合以及某些构件所需的强度、刚度或稳定性校核。

9）侧向抽芯机构的设计，包括抽芯距与抽芯力的计算，抽芯机构的形式、结构、尺寸以及必要的验算。

10）脱螺纹机构的设计，包括脱模方式的选择，止转方法、驱动装置、传动系统、补偿机构等的设计与计算。

11）合模导向机构的设计，包括组成元件、结构尺寸、安装方式。

12）温度调节系统的设计与计算，包括模具热平衡计算，冷却系统的结构、尺寸、位置。

13）支承与连接零件的设计与选择，如支承块、模板等非标零件的设计（形状、结构与尺寸）和螺钉、销钉等标准件的选择（规格、型号、标准、数量）等。

14）其他技术说明。

15）设计小结、体会、建议等。

16）参考资料，资料编号、名称、作者、出版日期。

编写过程中应注意：文字简明通顺，书写整齐清晰，计算正确完整，并画出与设计计算有关的结构简图；计算部分只要求列出公式，代入数据，求出结果即可，运算过程可以省略；完成后进行校对，最后装订成册。

10. 模具制造、试模与图样修改

模具图样交付加工后，设计者的工作并未结束，往往还需关注模具加工制造全过程及试模修模过程，及时增补设计疏漏之处，更改设计不合理之处，或对模具加工厂方不能满足模具零件局部加工要求之处进行变通，直至试模完毕可生产出合格塑件为止。

9.2.2 CAD设计软件在塑料模设计中的应用

塑料模具生产的特点是品种多，批量小，换代快。塑料模具的设计、制造水平与塑料制品的质量、成本及生产周期息息相关。随着产品，尤其是电子产品制造业的飞速发展，人们对塑料模具的要求越来越高。传统的人工设计、手工作坊制造的生产方式已无法适应工业发展的需要。CAD/CAM/CAE技术就是解决模具设计与制造薄弱环节的有效途径。

目前，塑料模具CAD/CAM/CAE技术已进入实用和普及阶段，国外有许多公司出售商品化的塑料模具CAD/CAM/CAE软件。其主要功能有：几何造型、标准模架选择、材料选择、有限元网格生成、流动分析、冷却分析和NC编程。再配以美国DME公司的标准模架库PolyMold，就构成了集成的CAD/CAM/CAE软件系统，可用于几何造型、模架选择、流动和冷却分析以及NC加工等主要过程。近几年，占据中国CAD/CAM市场较大份额的EDS公司也是采用类似的办法以满足模具行业用户的需要。

1. CAD /CAM /CAE的基本概念

计算机辅助设计（Computer Aided Design，CAD）可精确地建立零件的几何模型（包括三维实体模型及二维工程图），使技术人员从繁重的重复绘图劳动中解脱出来，包括产品的概念设计、草图设计、结构分析与设计、装配设计、零件几何造型设计、真实感图形显示。另外，查找表格数据和零件目录、绘制模具图样和明细表等工作，可以全部交给计算机和绘图仪去完成。

计算机辅助制造（Computer Aided Manufacture，CAM）是指利用CAD产生的几何模型，自动形成NC加工机床所需的信息，即NC加工程序。换句话说，CAM是依赖于CAD的NC加工自动编程系统。计算机辅助几何设计和NC加工自动编程是两个独立发展的分支。但随着它们的推广应用，二者之间相互依存的关系变得越来越明显了。设计系统只有配合NC加工，才能充分显示其巨大的优越性；而NC技术只有依靠设计系统产生的模型，才能发挥其效率。因此，在实际应用中二者很自然地紧密结合起来，形成计算机辅助设计与制造系统，即CAD/CAM系统。在这种系统中，设计和制造的各个阶段可利用公共数据库中的数据，数据的共享既提高了工作效率又减少了出错可能性。CAD/CAM大大缩短了产品的制造周期，显著提高了产品质量，产生了巨大的经济效益。

计算机辅助工程（Computer Aided Engineering，CAE）在设计过程中主要起模拟分析作用，其最大的功能在于将设计原型在计算机上进行仿真分析，而不必经由实体测试，或减少实测次数，从而可大量节省测试所需的资金与时间。此外，有些无法经测试取得的数据，也可通过 CAE 进行分析，预测其结果，故对于降低成本、提高产品质量及缩短产品开发周期有很大的助益。例如，塑料注射模在注射填充、保压、冷却过程中的模拟，精确预测塑料射出成型产品经过收缩翘曲变形后的尺寸。CAE 也可以利用 CAD 产生的几何模型，自动产生有限元网格进行计算。CAE 系统不但可提供数学、力学、热学等多学科的综合分析，而且凝聚了专家们的丰富经验和知识，是专业性、技术性很强的系统。CAE 系统对工程中的力学、热学等现象具有模拟和预测作用，可以自动给出最优的设计方案，CAD、CAM、CAE 的紧密结合，成为一体化的 CAD/CAM/CAE 系统。它是塑料模具及产品设计、制造的有力的辅助工具。

CAD/CAM/CAE 系统按运行方式可分为交互系统和自动系统。虽然人们正在研究各种全自动的 CAD/CAM/CAE 系统，但在目前的技术发展水平上，计算机难以自动完成全部设计工作。因此，绝大多数 CAD/CAM/CAE 系统都属于交互式的系统。交互系统也称为会话型系统，以交互式运行。在这种方式下，计算机用图形或数据的形式显示数据，用文本、菜单或图标的形式提示操作者输入数据，操作者用键盘和鼠标等设备输入参数、选择方案、修改设计等。

模具 CAD/CAM/CAE 技术特别是注射模的 CAD/CAM/CAE 技术，被公认为 CAD 技术在机械制造业中的应用典范。

在塑料模具设计、制造中采用 CAD/CAM/CAE 技术的优越性主要体现在：

1）实现手工与普通机床无法做到的具有复杂曲面的精密塑料模具的设计及型腔零件的加工。

2）使模具设计标准化、合理化，并使加工精度大大提高，从而提高模具和塑件的质量，并节省模具和塑件的原材料。

3）在计算机上模拟塑料在模具型腔中的填充、保压和冷却，相当于模拟试模和改模，从而既改善了注射成型工艺性，又减少了实际试模次数和装模、修模时间。

4）使设计、数控编程自动化，从而大大提高工作效率，缩短模具制造周期，满足塑料制品快速更新换代的要求，并将设计者从繁冗的计算和绘图工作中解放出来。

2. CAD/CAM/CAE 常用软件简介

（1）UG　该软件是美国 Unigraphics Solutions of EDS 公司开发的一款 CAD/CAM/CAE 一体化软件，广泛应用于航空、汽车、机械、电子、化工等各个行业，可完成产品设计、分析、加工的全过程。

1）使用 UG 完成产品生产的过程。

① 用 Sketch 或 Curve 工具建立模型的二维轮廓。

② 建立三维模型。

③ 建立相关的二维工作图。

④ 建立相关的刀具路径。

⑤ 修改并更新模型、图样、刀路。

⑥ 保存数据（在操作过程中随时保存）。

2）UG 的主要功能模块。

① Modeling——产品三维设计建模。

② Drafting——自动生成二维工作图样。

③ Manufacturing——数控加工模拟及自动编程。

④ Assembly——产品装配。

⑤ CAE（GFEM Plus Scenario）——力、热、变形分析。

⑥ Photo——生成模型真实感照片。

3）UG 的主要功能。

① 产品设计。可建立各种复杂程序产品的三维参数化实体装配模型，自动生成工作图样（半自动标注尺寸）。设计小组间可进行协同设计，可规定不同设计人员的修改权限。工作图与三维实体模型完全相关，统一的主模型数据库。

② 性能分析。利用有限元方法对产品模型进行受力、受热和模态分析。

③ 零件加工。半自动产生刀具路径，自动产生数控加工指令。

④ 机构运动分析。可分析产品的实际运动和干涉情况。

⑤ 产品宣传。可产生真实感和艺术照片。

（2）Pro/E　该软件是美国参数技术公司（Parametric Technology Corporation）开发的一款以特征为基础的参数化的 CAD/CAM/CAE 软件产品。它具有与 UG 软件相似的功能，但 Pro/E 软件在参数化设计功能方面比 UG 软件强，且容易自学，但在零件加工功能方面 Pro/E 软件不及 UG 软件。

（3）MasterCAM　该软件是美国 CNC 公司基于 PC 平台开发的一款 CAM 软件，主要用于零件加工。其主要功能模块有三维设计、车床、线切割、铣床、刀具加工轨迹模拟等。

（4）Cimatron　该软件是以色列 Cimatron 公司的代表产品，是较早在 PC 平台上实现三维 CAD/CAM 全功能的系统，是集绘图、设计、加工、分析于一体的系统。最新的 Cimatron 软件具有强大的功能，非常容易实现 2.5－5 轴的刀路轨迹编程，在编程过程中充分利用高速加工，基于毛坯残留知识的加工模板加工等强大的功能和优秀的策略，从而大大减少编程时间和实际加工时间。

（5）CAE-MOLD　目前国外较著名的 CAE 模具设计软件，有美国的 C. Tech. 公司开发的 C-MOLD、C-PACK、C-COOL、C-WARP 四款软件以及澳大利亚的 MOLD-FLOW 公司开发的 MOLD-FLOW、MOLD-PACK、MOLD-COOL、MOLD-WARP 四款软件。

CAE-MOLD 为塑料注射成型填充、保压及冷却过程的计算机辅助分析软件，用来帮助模具设计者或注射成型加工业者，在开模生产前或生产过程中通过计算机模拟的结果，了解塑料在充填保压及冷却过程中的各种状态，如温度、压力、密度、流速、剪切力及切应变等分布的变化，进而由这些资料决定最适当的加工条件并可作为模具设计者的参考资料。例如，可决定流道尺寸大小，选择最佳的浇口位置及浇注方式、多型腔安排、熔接痕及排气孔位置预测，并提供保压时间、保压压力、锁模力、注射压力、加工温度、模温及收缩率分布的预测等。可利用计算机辅助工程分析的方法，通过模流分析、保压分析、冷却分析等计算机试模的方式，解决塑料注射成型加工过程中所产生的各种问题。

CAE-MOLD 发展至今，经过不断测试和更新，使用效果良好，已有许多分析成功的案例。目前 CAE-MOLD 对外公开的软件包含 6 大部分。

1）CAE-FLOW 充填分析。用于在模具开发前后，进行计算机试模，模拟塑料注射成型过程中填充状况以及时发现问题，借以修改模具设计或成型操作条件，降低生产成本，缩短模具设计周期，提高成品质量。在加工条件方面，有助于选择熔料温度、模具温度、充填时间、填充速度及注射压力。同时可得到剪切力、剪切速率的分布，可提供作为加工条件设定的参考。在辅助模具设计方面，有助于确定流道设计、浇口位置、排气孔位置、浇注方式、熔接痕位置、模具型腔数量及冷却水管路安排。

2）CAE-PACK 充填保压分析。用于模具开模生产前或生产过程中欲修改模具设计或加工条件时，先进行计算机试模，通过计算机模拟了解塑料在充填及保压过程中的各种状态，如温度、压力、密度、流速等的分布与变化情况，将发现的问题作为模具设计或修改及选择加工条件的参考。除流动分析外，还可确定保压压力、保压时间、体积收缩率的分布及估计锁模力，防止产品出现过度充填、短射以及收缩等不良状况。

3）CAE-COOL 冷却分析。使用者在未开模前即可利用计算机模拟结果，预测出产品成型时的温度分布等，有助于确定最佳冷却时间及适当的冷却水管路安排，缩短成型周期，提高生产率及产品质量，同时也可预测成型周期及生产率。除了可显示出产品在成型时的温度分布及热通量的分布外，还可确定产品的冷却时间、产品的脱模温度、冷却水管路的安排及冷却水流量是否恰当，冷却是否均匀。

4）CAE-INT 前处理应用分析。CAE-INT 是一种前处理界面软件，可以将目前使用广泛的 AutoCAD 或 CAD-KEY 建立的资料转换为 CAE – MOLD 可读取数据形式，有助于进行分析程序前处理工作。

5）CAE-POST 后处理应用分析。CAE-POST 的功能为将前三套分析程序的分析结果，以计算机绘图的方式静态或动态地显示于荧屏上，有助于进行分析与判断。

6）CAE-WINDOW 视窗管理系统分析。可整合 CAE-MOLD 各项功能，并利用友好的人机界面，帮助使用者使用 CAE-MOLD 提供的各项功能。除了可连接 CAE-INT、CAE-FLOW、CAE-PACK 和 CAE-COOL，使其分析完整外，还可设定加工条件和选择加工物料。

3. 塑料注射成型模具 CAD 的主要内容

（1）创建塑料制品的几何造型　采用几何造型（如线框造型、曲面造型和实体造型）在计算机上生成塑料制品的几何模型，这是注射模具结构设计的第一步。由于塑件大多是薄壁件且有复杂的表面，因此常用曲面与实体相结合的方法来创建塑件的几何模型。

（2）成型零件的生成　成型零件主要包括型腔和型芯，由于塑料制品的成型收缩率、模具磨损及加工精度的影响，塑件制品的内外表面尺寸并不都是模具型腔的尺寸，两者之间需要经过繁琐的换算。目前流行的注射模具 CAD 软件一般采用同一收缩率来进行整体缩放。

（3）型腔方案及布局　确定型腔方案及布局。

（4）标准模架的选择　采用 CAD 软件进行模具设计的前提是模具的标准化。一般而言，选择标准模架的软件应具有两个功能：一是能引导模具设计人员输入某个企业生产的模架，以建立自己专用的标准模架库；二是能方便地从已经建好的专用标准模架库中选出本次设计所需的模架类型及全部模具标准件的图形和数据。

（5）典型零件与结构的设计构思　包括模具浇注系统的设计、顶出机构的设计、侧向抽芯机构的设计、冷却水路的设计等。

（6）模具装配图的设计　根据所选的标准模架及已完成的型腔布置，模具设计人员可根据 CAD 软件的引导完成模具装配图。模具设计者通过“自顶向下”或“自底向上”的方式，以搭积木的方式装配好模具总图。

（7）模具零件图的设计　模具CAD软件能引导模具设计人员根据模具装配图以及相应的图形库完成模具零件的设计、绘图和尺寸标注。

（8）模具零件的计算和校核　模具CAD软件能将理论计算和行之有效的设计经验相结合，为模具设计人员提供对模具零件全面的计算和校核，以验证模具结构等有关参数的正确性。

9.2.3　塑料成型安全生产

塑料成型安全生产是一切塑料制品和型材生产的必经环节，在塑料工业中占有重要地位。

由于塑料成型多在加热状态下进行，所使用的一些化工原料（如脱模剂）和塑料本身会产生挥发性气体（如环氧树脂加热至60℃时将挥发出环氧丙烷等），这些挥发物具有毒性且易引起爆燃；如果处理不当，容易危害操作工人的身体健康和安全。

此外，由于生产过程的需要，操作人员的手或整个身体有时要进入设备的工作部位，如在移动模具上喷涂脱模剂、安放嵌件和清理模具等，这些工作单一且操作频繁，加之噪声和车间温度的影响，极易使工人疲劳，造成精力分散，稍有不慎便会酿成事故。因此在塑料成型生产中，如何防止发生人身伤亡、设备和模具损坏等事故，一直是技术人员研究的课题。

1. 塑料成型生产发生事故的原因及预防措施

引起塑料成型生产事故的原因有很多，归纳起来大体有操作者、模具、设备和车间环境等方面的原因。

（1）操作者的原因　操作者对塑料成型机械的性能和结构缺乏了解，操作时疏忽大意或违反操作规程，极易引发生产事故。为防止发生危险，一方面应对操作工人加强安全意识和操作规程的教育，另一方面还应提高安全生产管理。此外，操作工人应了解所使用设备的结构性能，做到正确使用和保养设备。

（2）模具的原因　模具引发事故的原因主要是模具结构设计不合理或模具制造不合乎要求，模具安装调整不当等。针对这些因素，设计模具时应严格按照国家标准设计、制造和验收，模具安装调整时应仔细正确，使用中随时检查并调整模具。

（3）设备的原因　塑料成型所用设备如果状态不良，使用中造成动作误操作或结构性能老化，动作不可靠或失灵，都有可能造成安全事故。所以平时应加强设备的保养和维修，使设备处于良好的技术状态。此外，加强设备的改造换代，先进的设备配以先进的模具是防止发生事故的重要措施之一。

（4）环境的原因　车间的作业环境温度过高，噪声太大，通风条件以及照明设施不好都会造成操作工人疲劳，精力不集中而发生安全事故。为保证操作者有良好的工作环境，车间的噪声、环境温度照明均应符合国家有关规定；排风设施应能把房内有害空气抽出室外；物料的堆放应合理有序，设有防火措施，特别是一些危险的化工原料应隔离放置，防止爆燃。操作人员必要时应佩戴手套、眼罩、衣着防护罩等，操作时宜处于上风口。

2. 塑料成型设备的安全设施

为防止发生塑料成型过程中的安全事故，操作人员除了在特定的生产条件下严格按照操作规程操作设备外，设备本身在设计制造方面也已采取了一定的安全措施。它包括人身安全保护、机器设备安全保护、模具保护和电器及液压系统等的保护措施。尽管有些安全措施还不尽完善可靠，但对安全生产起到了积极的作用。现简单介绍如下：

（1）人身安全保护　在塑料成型设备（如注射机、塑料制品液压机等）的操作过程中，操作人员和检修人员的手或整个身体有时需要进入到机器的工作部位中去（如取出制品、安装调试或修理模具等），不可避免地要与运动部件接触。为了确保安全，在机器的工作部位设置了能实现保护的安全门。当安全门打开时，移动模板即行开启或停止运动。当要进行合模时，必须在安全门关闭之后才能动作。

安全门的保护原理如图 9-2 所示。它是一种由电器实现安全保护的装置。只有当安全门完全关闭时，压合了限位开关 SQ 以后，其常开触头 SQ_1 闭合，而常闭触头 SQ_2 打开时，按动合模按钮 SB_1 方能实现合模动作。在安全门开启的情况下，限位开关 SQ 复位，SQ_1 触头断开，并自动接通开模触头 SQ_2，而自动开模。有时为了可靠，防止限位开关失灵，可采用两个限位开关进行安全保护。这样，只有当安全门将两个限位开关都压合后，才能进行合模。

图 9-3 所示是电器液压双重保护的安全门原理图。它除了电器保护外，在合模的换向液压回路中还增设了凸轮换向阀。当打开安全门压下凸轮换向阀 2 时（图示位置），液控换向阀的左边控制油路与回路接通，即使按下合模按钮，也不致发生合模动作。这样，即使在电器保护装置失灵的情况下，如果安全门没有关闭，合模动作还是不会进行。它是双重保护的另一种形式。

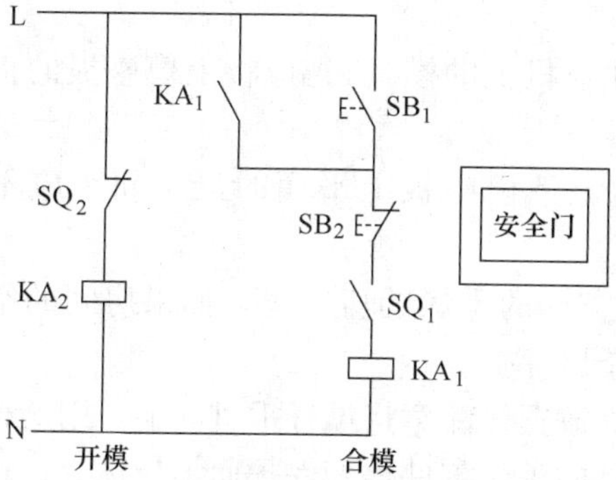

图 9-2　由电器实现保护的安全门原理图

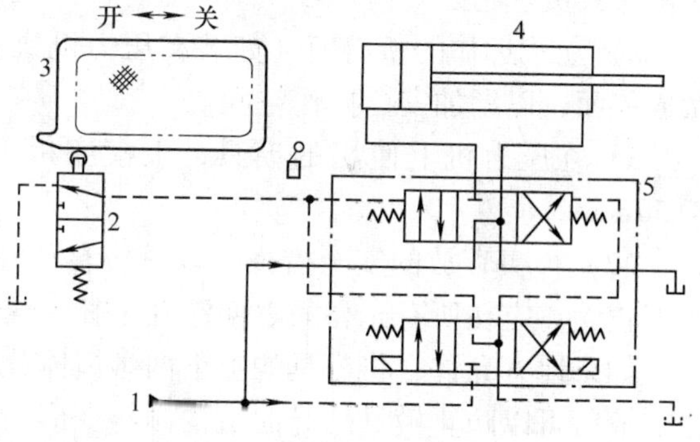

图 9-3　电器液压双重保护的安全门原理图

1—液压源　2—凸轮换向阀　3—安全门

4—合模液压缸　5—三位四通电液换向阀

（2）机器安全保护　机器在设计中，除了考虑到正常使用时的有关问题外，还应考虑非正常情况下造成机器事故的可能性，并采取必要的防护措施。例如：在液压式合模装置的注射机上，为防止由于模具过薄或在无模具情况下合模，造成超行程现象，而设置电器或液压行程限位；在螺杆式注射装置中，为防止物料内混入异物或“冷启动”等引起螺杆过载破坏，而采取预塑电动机过电流保护或机械保护；为防止计量限位开关失灵，螺杆继续旋转后退而造成的事故，一般设置双电器保护，并设有报警功能。在合模机构运动部位设置防护罩，防止人或物进入，而造成人身或设备事故。一般设备还设有紧急停车按钮或安全踏板，以备出现紧急情况时可迅速停车，这里不再一一介绍。

（3）模具安全保护　模具一般都比较精密，制造成本高，周期长，在生产中，尤其在自动化生产中要充分考虑模具的保护问题。当模具内有制品或残留物或嵌件安放位置不正确时，如果进行合模，可能造成损坏模具等事故。目前，模具保护方法主要有光电保护和低压试合模保护。

光电保护是在模具两旁设置许多光电管，若模具内有异物，光源被切断，发出信号使合模动作停止。

低压试模是一种液压保护方法，将合模压力分为二级控制，开始移模时为低压，其推力仅能推动模具前移，当模具完全闭合时，触动微动行程开关才能升压，从而达到锁模力。如果模具内有异物，则低压试合模时不能闭合，不触动微动行程开关，不能升压而保护了模具。

(4) 电器及液压安全保护　在设备的事故中，较多的是由电器或液压方面的故障引起的，所以经常检查、紧固和修复电器及液压元件，是十分必要的。

3. 塑料模的安全措施

除了在设备上合理采用安全装置外，从模具上解决好安全问题也是很必要的。因此，在模具设计时，应周密地从各个不同角度考虑必要的安全措施。

(1) 常见塑料模结构的安全措施　塑料模结构的安全措施主要是指，塑料模各零件的结构和塑料模装配完成后有关零件的相关尺寸，以及塑料模运动零件的可靠性等方面的安全措施。常见的安全措施有：

1) 凡是模具外露的非工作部位的棱边或尖角，都应予以倒棱或倒圆，以避免划伤或碰伤操作人员。

2) 立式运作的塑料模（如装在压力机或立式注射机上的模具），应将上模座板的正面做成斜面，以增加安全操作空间。

3) 在压力机上使用的模具，上模座板下平面至下模座板上平面的最小间距应不小于50mm。

(2) 模具存放的安全措施　模具应存放在具有空调的干燥的房间里。如果房间的空气湿度较大，应在所有光亮的表面涂凡士林、缓蚀剂予以保护。

如果地方允许，将模具的上下两半模体分开独立放置，注意将推杆垂直向上。用这种方法存放，可以防止模具的导向机构倾斜变形，使模具的工作零件得到保护而不损坏。

如果两个半模不能分开放置，可将模具直立放在专用模架上，并在中间放置一块平直的木板，防止上、下工作零件因套入太深而相互磨损。

存放时，模具内的冷却水应从冷却水道孔排除干净（如用压缩空气）。冬天时应特别注意，当把模具存放在不防霜冻的屋子时，任何一点滞留在模具冷却水道孔里的水都可能对模具造成损害。

(3) 塑料模的其他安全措施

1) 在手工操作中，为防止操作者接触危险区，应将塑料模工作区用防护板或防护罩封闭起来，但不能妨碍观察工作情况。必要时还应配备安全工具（如夹子、吸取器等），以代替手进入模具工作区，减少危险事故的发生。

2) 给大型模具设置安装块，以便模具的安装和调整。同时，在模具存放时，还可使工作零件保持一定距离，以防止模具倾斜和碰伤。

3) 大中型模具均应有起重吊孔、吊环以方便搬运，且同一套模具中的起重吊孔（或吊孔）的类型和规模应尽可能一致。

除以上塑料模的安全措施外，自动成型模和半自动成型模开模后，模内塑件的自动脱模及排出都属于塑料模的安全保护装置。此外，努力实现塑料成型生产自动化，提高生产技术水平也能防止发生安全事故。

4. 塑料成型安全操作

（1）生产前的检查和准备工作

1）检查原料是否符合规定的技术要求。

2）熟悉图样及工艺。包括熟悉塑件产品图，掌握塑料成型特点、塑件特点，熟悉模具结构、动作原理及操作方法，掌握工艺要求、成型条件及正确的操作方法，熟悉各项成型条件的作用及相互关系。

3）检查模具结构。按照图样，仔细对模具进行外观检查和空运转检查。例如，合模后各承压面（分型面）之间不得有间隙；活动型芯、顶出及导向部位运动及滑动平稳、灵活，定位导向正确；各镶嵌件、紧固件要安全可靠、无松动现象；冷却水要通畅、不漏水，阀门控制要正常；电加热系统无漏电现象、安全可靠；各气动液压控制机构动作正常；各附件齐全、使用良好等。

4）熟悉设备使用。包括熟悉设备结构及操作方法、使用保养知识和检查设备成型条件是否符合模具应用条件及能力。

5）工具及辅助工艺配件准备。

另外，操作人员应做好必要的防护准备，注意周围作业环境的检查与监测等。

（2）生产操作　操作人员在生产进行中必须严格遵守操作规程，集中注意力。工作中发现不正常现象，应立即停机分析原因，设法排除故障。不允许在工作过程中进行检修和调整模具。

工作完毕，应切断电源，整理好工具，清扫设备和工作场地，填写运行记录。

（3）日常安全维护　用于塑料成型生产的设备及模具应进行定期检查与维护，以保持良好的工作状态和寿命。如对注射机清洁程度、紧固部件的松紧程度、相对运动部件的润滑程度、温控部件的变化情况及其他运动，液压和电器部件（特别是安全门和紧急停车开关）的运行情况，模具安装固定螺钉的情况等要进行定期检查。

1）上模时应清扫注射机动、定模板面以及模具动、定模板面，以防止异物粘附导致模具安装及动作倾斜；模具有时刻钟的须每次检查更新。

2）每班都应检查各滑动部位是否充分润滑，润滑不足时应及时补充耐热润滑油；模具导柱应每天涂一次润滑油。

3）生产时，按动、定模作业指导书安装好模具；调试时，锁模力应适宜，过大会缩短模具使用寿命，保证冷却水畅通，过热易使滑动部位咬死。

4）注射开始前，模具应缓慢动作三次以上，确认无咬死等异常后开始注射。生产过程中应注意模具的开、合模及顶出，如有异响等不正常情况出现，应立即停机检查。

中途停机时，应将模具合上，留2～3mm空隙，防止异物或其他情况损伤型芯、型腔。

5）卸模前，应保留一件完整产品，包括料柄，作为是否修模的依据，喷上缓蚀剂后方可卸模。卸模时，必须取下冷却水，除水、涂油，涂油部位包括滑块底面、导柱孔、斜导柱、锁模面等滑动面。

6）定期对模具进行全面的保养、清洁，拧紧松动的螺钉，更换过度磨损的零件，检查动、定模是否生锈，型芯、型腔的表面粗糙度，动、定模冷却水是否畅通，液压缸是否漏油，水管、油管是否齐全、完好，顶杆、拉杆、导柱、复位杆是否咬死，斜导柱是否齐全，滑动部位是否灵活，对不满足要求的修理好后放置在规定区域。

7）模具的保养、修理应有及时、完整的记录。

9.3 任务实施

完成图 9-1 所示壳类零件的模具设计。

1. 方案分析

在模具设计前，应该首先读懂图样，分析产品内外结构、尺寸大小以及技术要求，在此基础上进行模具设计工艺以及方案选择。

（1）塑件的结构和尺寸精度、表面质量分析

1）结构分析。此塑件结构比较简单，不需要侧向分型抽芯机构。

2）尺寸精度分析。塑件的尺寸精度没有特殊要求，零件的尺寸属于中等尺寸，模具相关零件的加工可以保证尺寸。

3）表面质量分析。该零件的表面除没有缺陷、飞边等要求外，没有特殊的表面质量要求，比较容易实现。

此塑件适合模具成型。

（2）塑件工艺方案分析

1）分型面。底平面为该零件垂直方向最大投影面，所以选择该平面为分型面，塑件留在动模一侧。

2）布局形式。考虑到该零件生产批量大，尺寸居中，应采用一模多腔的布局形式。这里为了方便说明，选用一模多腔。

3）模架选择。该产品外观没有特殊要求，为了便于加工，可采用两板结构模架。

4）顶出系统。由零件的三维图可知，作为壳内产品，外表面的质量要求较高，所以产品的外表面放在定模上，在产品的内表面设置顶出机构。这里选择顶杆顶出，应注意顶杆头部的设计及顶出位置的选择。开模方向垂直于底平面。

2. 实施模具设计过程

（1）加载参照模型

1）设置 Pro/E 工作目录。在硬盘（比如 D 盘）根目录下建立一个名为 sl0404 的文件夹，将已完成的图 9-1 所示壳类零件的三维建模文件 sl0404-r. prt 复制到此文件夹下。启动 Pro/E，并设置此文件夹为工作目录。

2）新建文件，进入模具设计模块界面。

3）定位参照零件。依次选择菜单管理器中的“模具”→“模具模型”→“装配”→“参照模型”命令，在弹出的“打开”对话框中选择 sl0404-r. prt 文件，单击“打开”按钮，在弹出的操控板中，选择“缺省”约束类型，单击 按钮，在弹出的对话框中单击“确定”按钮，完成定位，结果如图 9-4 所示。

4）保存文件（步骤略）。

（2）成型零件设计

1）应用收缩。选择菜单管理器中的“模具”→“收缩”→“按尺寸”→“所有尺寸”命令，设置收缩率为 0. 005，单击按钮，单击“完成/返回”命令，完成收缩率设置。

2）增加毛坯工件。选择菜单管理器中的“模具”→“模具型腔”→“创建”→“工件”→“手动”命令，弹出“元件创建”对话框，选择“类型”为“零件”，“子类型”为“实体”，在“名称”文本框中输入名称为“sl0403-w”，单击“确定”按钮，如图 9-5 所示。

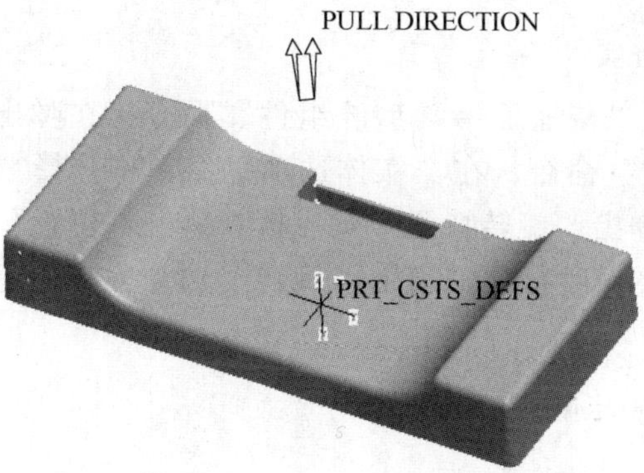

图 9-4　加载参照模型

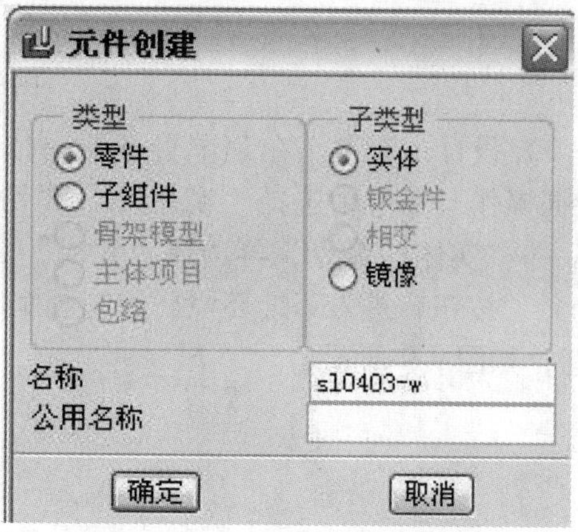

图 9-5　“元件创建”对话框

在弹出的“创建选项”对话框中选择“创建特征”单选按钮，单击“确定”按钮，弹出“特征操作”菜单，依次选择“实体”→“加料”→“拉伸”→“实体”命令，单击“完成”按钮，弹出“拉伸特征”操控面板，单击“放置”→“定义”按钮，选择基准平面 MAIN _ PARTING _ PLN 为草绘平面，MOLD _ FRONT 为参照平面，绘制如图 9-6 所示。单击按钮回到操控面板，以两侧对称方式拉伸距离 160，单击按钮，单击“完成/返回”按钮，完成毛坯的创建，如图 9-7 所示。

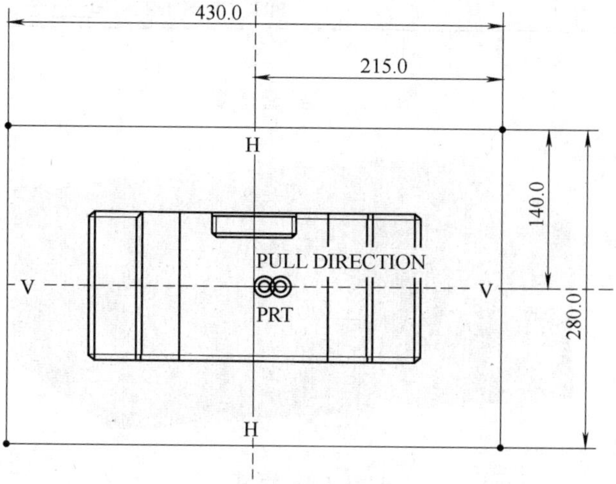

图 9-6　毛坯草绘截面

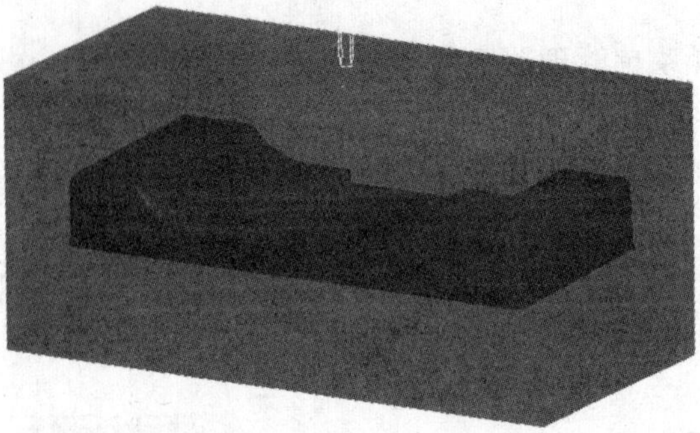

图 9-7　毛坯实体

3）设计主流道。在菜单管理器中依次选择“特征”→“型腔组件”命令，在弹出的“特征操作”菜单中选择“实体”→“切减材料”命令，在“实体选项”菜单中选择“旋转”→“实体”命令，再选择“完成”命令，弹出“旋转特征”操控板，单击“位置”→“定义”按钮，进入草绘环境后绘制图 9-8 所示的草绘截面，利用“旋转”命令完成流道的创建，如图 9-9 所示。

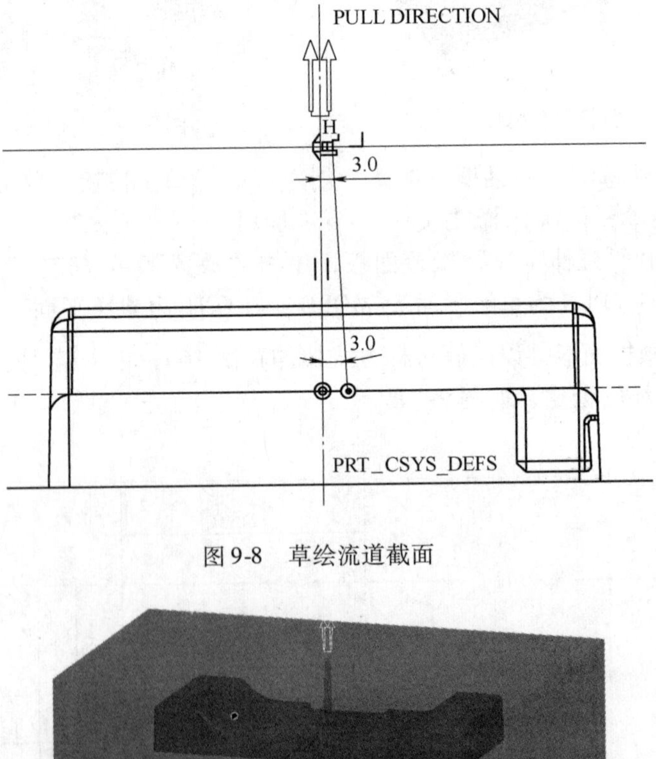

图 9-8　草绘流道截面

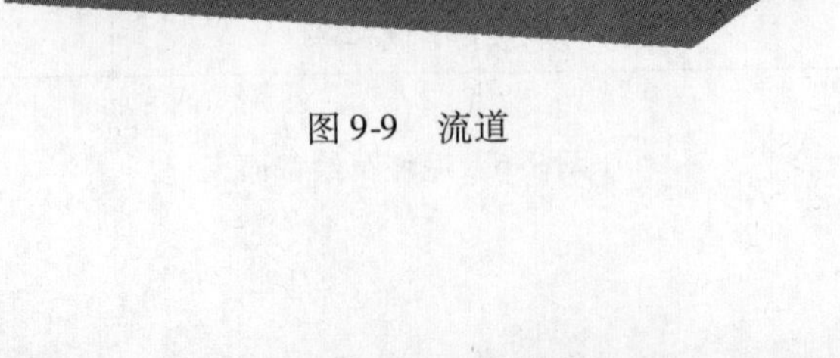

图 9-9　流道

（3）分型面设计

1）依次单击“插入”→“模具几何”→“分型面”命令，进入分型面创建环境。选取图 9-10 所示的壳类零件的内侧表面，单击“编辑”菜单中的“复制”命令，然后单击“粘切”命令，单击操控板按钮，完成曲面的复制。

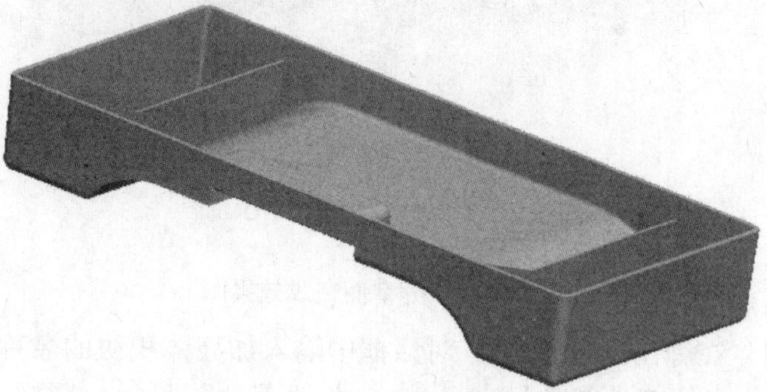

图 9-10 选择复制的曲面

2）单击“编辑”→“填充”命令，弹出“填充”操控板，单击“参照”→“定义”按钮，在弹出的“草绘”对话框中选择 MAIN _ PARTING _ PLN 为草绘平面，选择 MOLD _ FRONT 为参照平面，单击“草绘”按钮，进入草绘环境。单击按钮，选择毛坯外边界，绘制图 9-11 所示的草绘截面。单击按钮退出草绘环境，再次单击按钮完成填充曲面的创建。

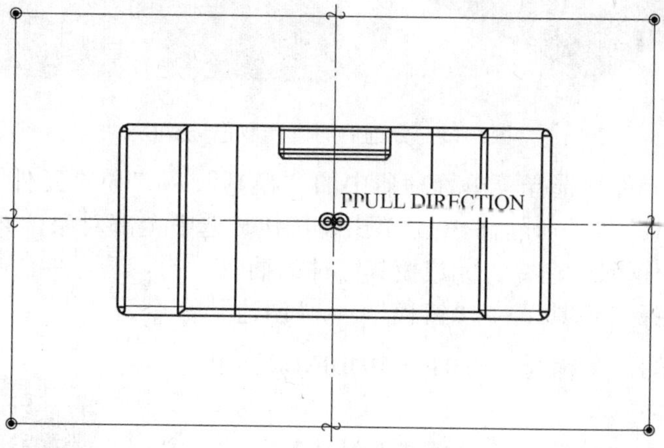

图 9-11 填充曲面的草绘截面

3）按住 Ctrl 键，依次选取填充曲面和之前复制的曲面，单击按钮，调整箭头方向，预览合并曲面，确定合并曲面，单击右侧工具栏按钮，完成分型面的创建，效果图如图 9-12 所示。

（4）分割体积块 选择“编辑”→“分割”命令，在弹出的菜单管理器中依次选择“两个体积块”→“所有工件”命令，弹出“分割”对话框，在系统的提示下，选择之前创建的分型面 PART _ SURE _ 1，单击“选取”对话框的“确定”按钮，单击“分割”对话

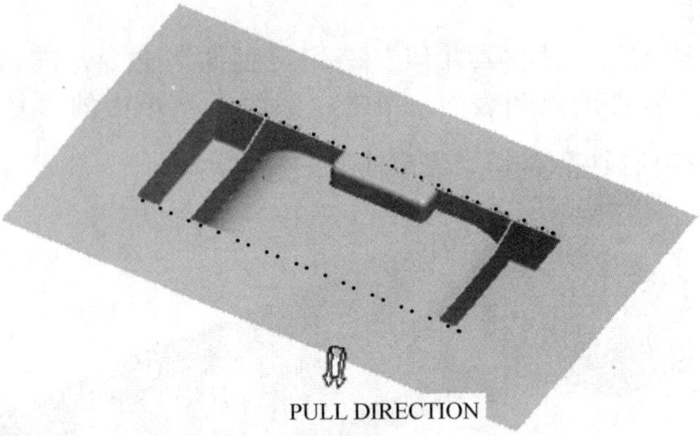

图 9-12　分型面完成效果图

框的“确定”按钮，在弹出的“属性”对话框中输入加亮体积块的名称“MOVE”（同时在工作窗口中被分割出来的工件部分加亮显示），并“着色”显示。同样，重新命名着色显示第二个体积块“FIX”，如图 9-13 所示。

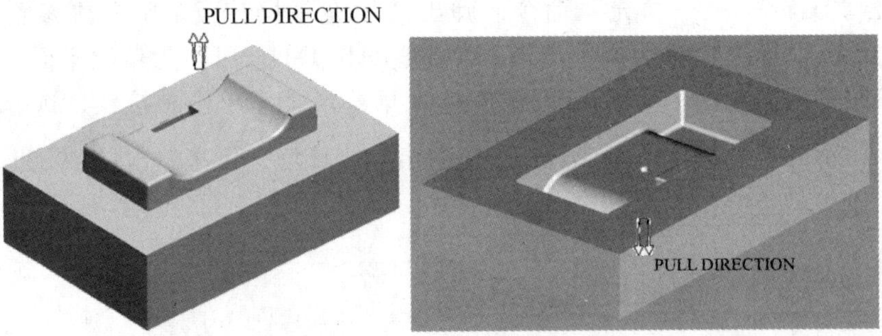

图 9-13　分割后的模具型芯与型腔

（5）抽取模具元件　选择菜单管理器中的“模具”→“模具元件”→“抽取”命令，在弹出的“创建模具元件”对话框中，单击按钮，选中全部对象，然后单击“确定”按钮，再单击“完成/返回”命令，完成模具元件的抽取。

（6）铸模　选择“模具”→“铸模”→“创建”命令，在系统提示下，在输入名称为“SL0404-MODING”，单击按钮，生成铸模零件。

（7）开模　单击“模具”→“模具进料孔”→“定义间距”→“定义移动”命令，定义模具元件的移动方向，效果如图 9-14 所示。

（8）创建模具基础零件　基本思路：至此已经创建了模具基本成型元件及其装配（sl0404-mold. sam），利用 Pro/E 装配模块的功能，在现有的模具总装配体下分别建立定模和动模两个子装配体。分别将原有的相关型芯、型腔转移到定模和动模子装配体中，然后分别在各子装配体中设计模具的各

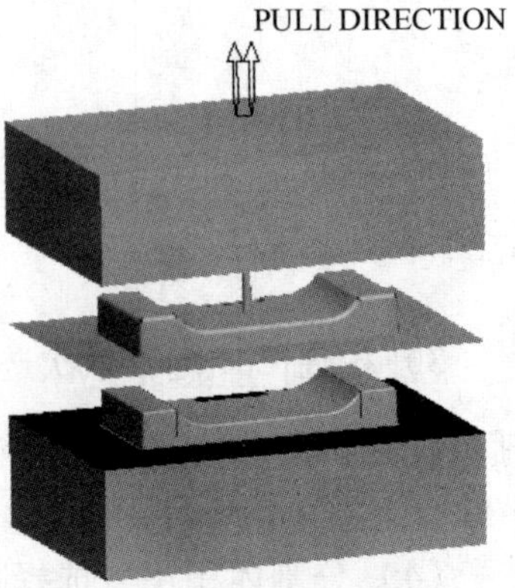

图 9-14　编辑后的模具原件效果图

个基础零件。

1）创建组件。

① 创建动模装配体：打开装配体 sl0404-mold. asm，单击按钮，在弹出的“元件创建”对话框中选择“子组件”及“标准”选项，输入名称“MOVE”，单击“确定”按钮，在“创建选项”对话框中选择“空”选项，单击“确定”按钮。

② 用同样的方法创建定模装配体。

③ 输入名称为“FIX”，此时模型树显示如图 9-15 所示。

2）在子组件中装配模具元件。在“应用程序”菜单下选择“继承”命令，弹出“继承装配”菜单，选择“重新构建/移动元件”命令，按照提示选取 MOVE. PRT，将其转移到 MOVE. ASM 子组件中。同样选取 FIX. ASM，将其转移到 FIX. ASM 子组件中，此时模型树状态如图 9-16 所示。

单击“应用程序”下的“标准”按钮，回到组件设计模式。

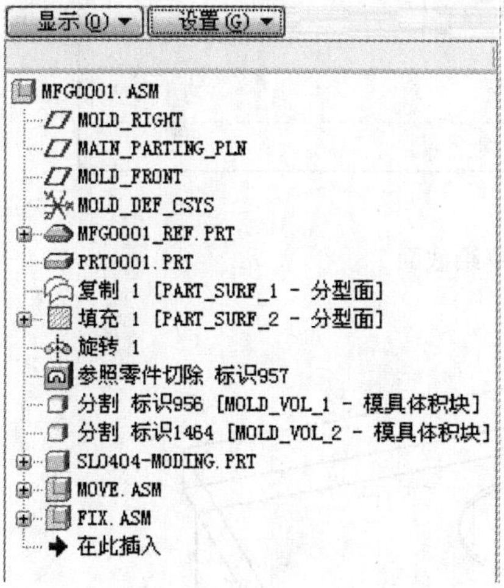

图 9-15　建立子装配体后的模型树

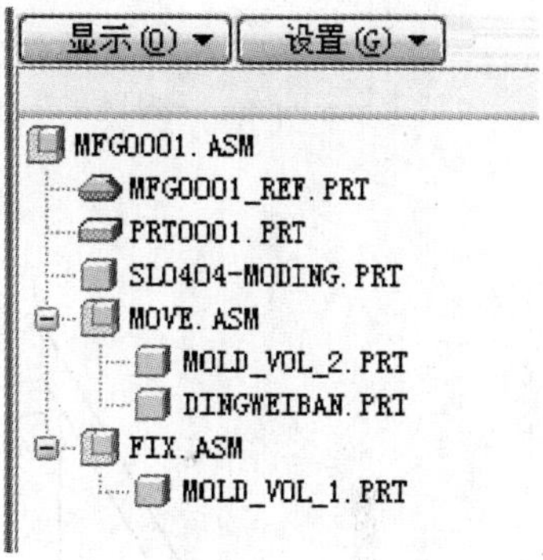

图 9-16　元件转移后的模型树

3）创建定模板。在模型树中用右键单击定模子组件，在弹出的快捷菜单中选择“打开”命令，在单独窗口中打开定模组件。

① 单击按钮，在弹出的“元件创建”对话框中选择“零件”及“实体”选项，输入名称“dingmoban”，单击“确定”按钮，在“创建选项”对话框中选择“创建特征”按钮，单击“确定”按钮。

② 单击按钮，在弹出的“拉伸特征”操控板中单击“参照”→“定义”按钮，弹出“草绘”对话框，选择型腔上表面作为草绘平面，选择适当的草绘参照，单击“草绘”按钮，进入草绘环境。绘制如图 9-17 所示的草绘截面。完成后单击工具栏按钮退出草绘环

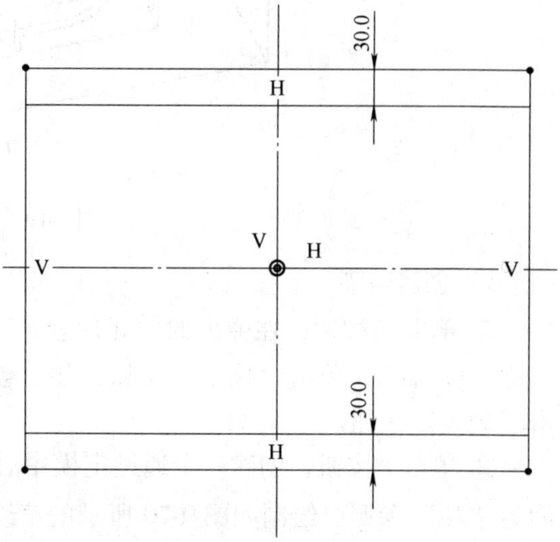

图 9-17　定模板草绘截面

境，输入拉伸高度为 35，单击操控板按钮，完成定模板的创建。

4）创建喷嘴及定位圈固定孔。确保 FIX. ASM 处于激活状态，单击按钮，在子组件上创建孔特征。首先创建一个通过定模中心的临时基准平面作为草绘平面，绘制如图 9-18 所示的草绘截面。单击按钮退出草绘环境，单击操控板中的“相交”按钮，弹出“相交”对话框，取消“自动更新”复选框，将默认显示级切换到“零件级”。单击操控板按钮完成孔的创建，效果如图 9-19 所示。

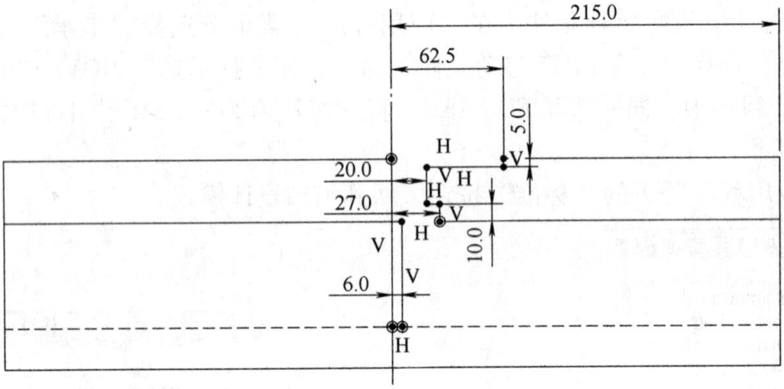

图 9-18　喷嘴孔草绘截面

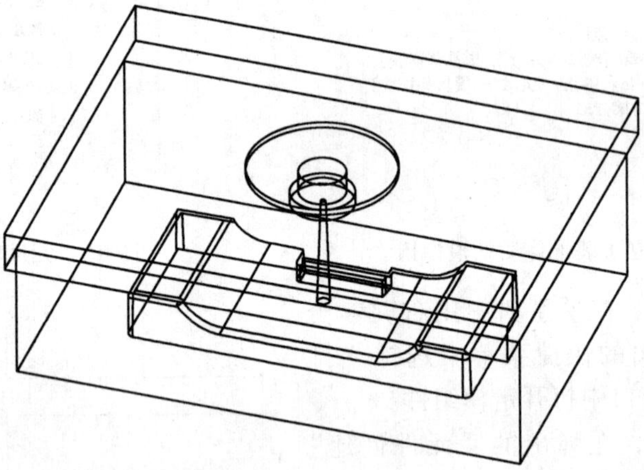

图 9-19　喷嘴孔效果图

5）创建喷嘴。

① 单击按钮，在弹出的“元件创建”对话框中选择“零件”及“实体”选项，输入名称“penzui”，单击“确定”按钮，在“创建选项”对话框中选择“创建特征”按钮，单击“确定”按钮。

② 单击按钮，创建一个通过定模中心的临时基准平面作为草绘平面，选择定模板顶面为“顶”参照，绘制如图 9-20 所示的草绘截面，单击按钮退出草绘环境，然后单击操控板按钮，完成喷嘴元件的创建。

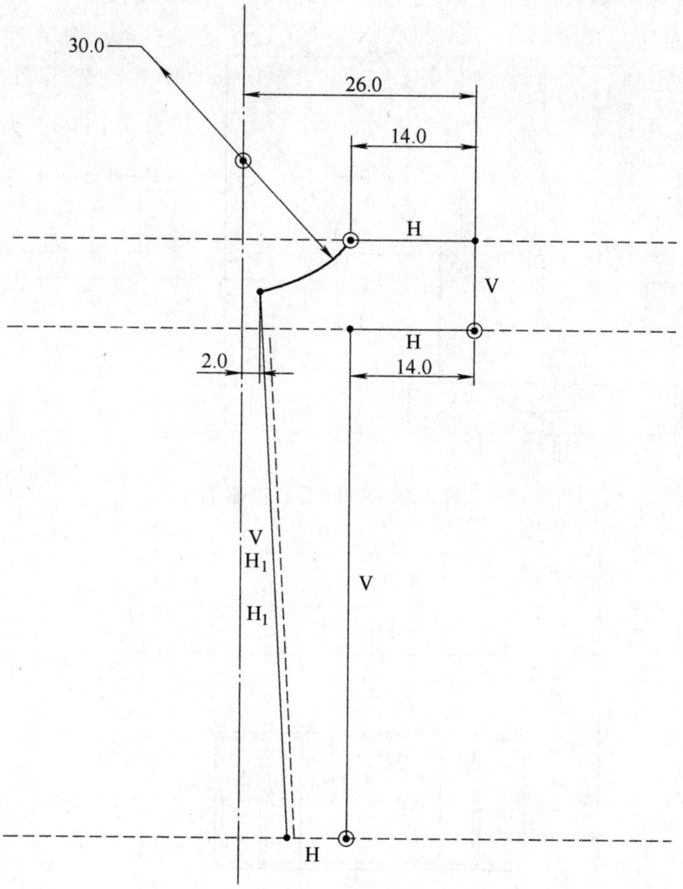

图 9-20　喷嘴草绘截面

6）创建定位圈。

① 单击按钮，在弹出的“元件创建”对话框中选择“零件”及“实体”选项，输入名称“dingweiquan”，单击“确定”按钮，在“创建选项”对话框中选择“创建特征”按钮，单击“确定”按钮。

② 单击按钮，创建一个通过定模中心的临时基准平面为草绘平面，选择定模板顶面为“顶”参照，绘制图 9-21 所示的草绘截面，单击✔按钮退出草绘环境，然后单击操控板✔按钮，完成定位圈元件的创建。

7）创建导套固定孔。确定 FIX. ASM 处于激活状态，单击按钮，系统弹出“拉伸特征”操控板，选择型腔上表面为草绘平面，绘制图 9-22 所示的草绘截面，单击✔按钮退出草绘环境，然后单击操控板中的“相交”按钮，弹出“相交”对话框，取消“自动更新”复选框，将默认显示级切换到“零件级”，鼠标右键单击“相交模型”对话框内多余的模型，单击“移除”按钮，只保留 FIX. ASM 一个零件，选择型腔下表面为拉伸到的曲面。单击操控板✔按钮完成导套固定孔的创建。

同样，在已创建的拉伸孔的基础上创建直径为 50mm，深度为 8mm 的台阶孔，如图 9-23 所示。

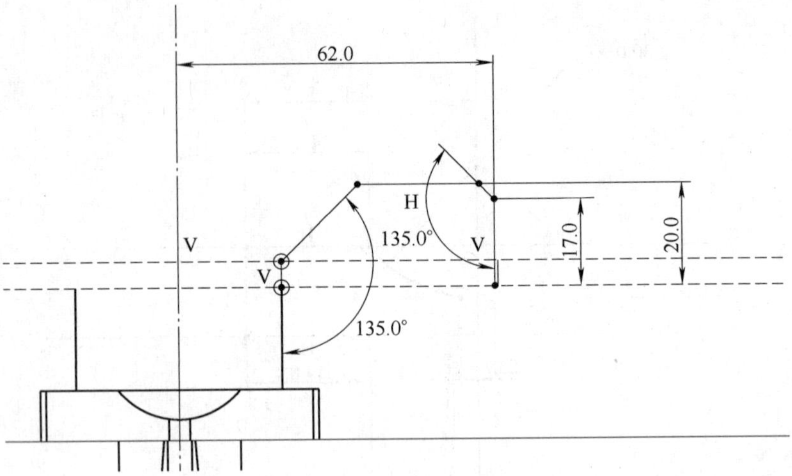

图 9-21　定位圈草绘截面

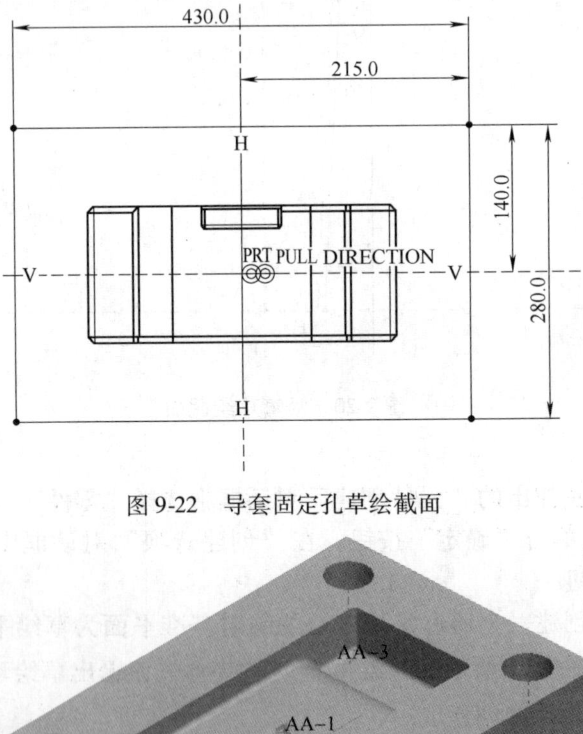

图 9-22　导套固定孔草绘截面

图 9-23　导套固定孔

8）创建并装配导套。

① 创建导套。单击按钮，在弹出的“创建元件”对话框中选择“零件”及“实体”选项，输入名称“daotao”，单击“确定”按钮，在“创建选项”对话框中选择“创建特征”按钮，单击“确定”按钮。

单击按钮，创建一个通过定模中心的临时基准平面作为草绘平面，选择定模板顶面为“顶”参照，绘制如图 9-24 所示的草绘截面，单击按钮退出草绘环境，然后单击操控板按钮，完成导套元件的创建。

② 装配导套。单击按钮，弹出“打开”对话框，选择 daotao. prt 零件，单击“打开”按钮，弹出“元件放置”对话框，如图 9-25 所示，选择合适的约束类型，完成导套安装。

用同样的方法，完成其他导套的安装，效果如图 9-26所示。

9）创建定模水孔。确保 FIX. ASM 处于激活状态，单击按钮，系统弹出“拉伸特征”操控板，选择型腔的一个侧面作为草绘平面，绘制如图 9-27 所示的草绘

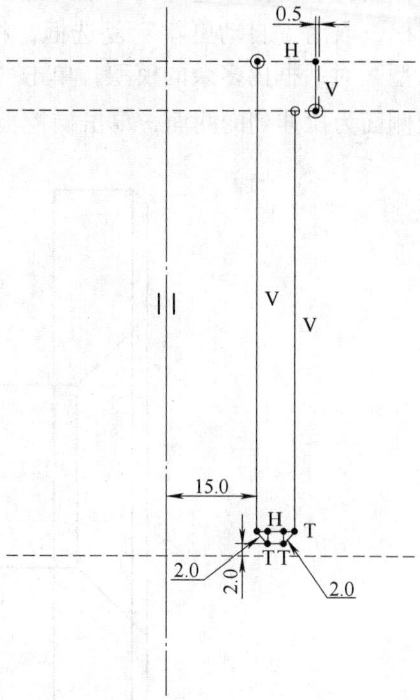

图 9-24　导套草绘截面

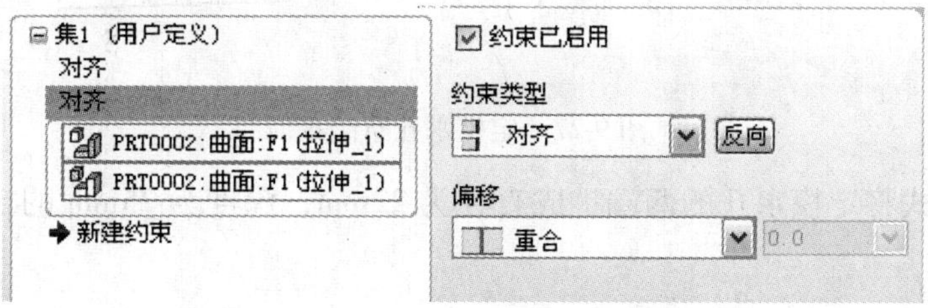

图 9-25　“元件放置”对话框

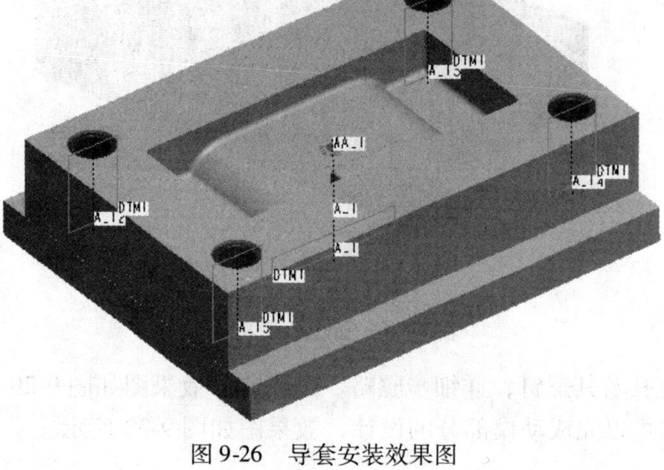

图 9-26　导套安装效果图

截面，单击✔按钮退出草绘环境，然后单击操控板中的“相交”按钮，弹出“相交”对话框，取消“自动更新”复选框，将默认显示级切换到“零件级”，鼠标右键单击“相交模型”对话框内多余的模型，单击“移除”按钮，只保留 FIX. SAM 一个零件，选择型腔另一侧面为拉伸到的曲面，单击操控板✔按钮完成定模水孔的创建。

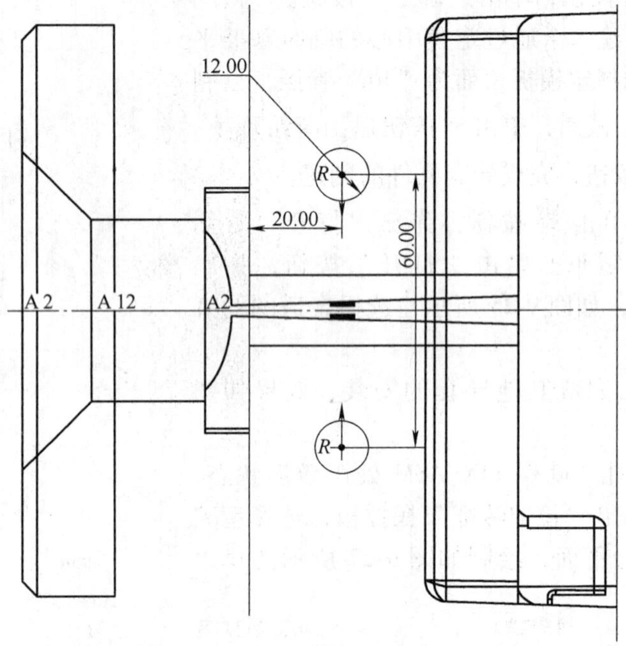

图 9-27　定模水孔草绘截面

以相同的方式将定模水孔的两端扩成直径为 22mm，深度为 25mm 的台阶孔，效果图如图 9-28 所示。

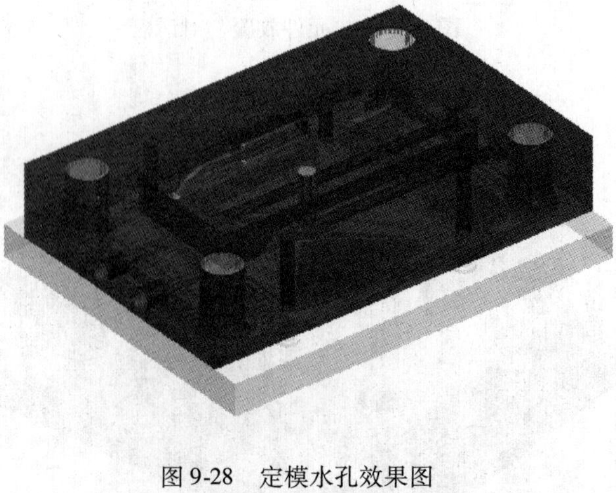

图 9-28　定模水孔效果图

10）创建螺钉孔及其螺钉，详细步骤略。定模部分效果图如图 9-29 所示。

用类似的方法可以完成动模部分的设计，效果图如图 9-30 所示。

图 9-29　定模效果图

图 9-30　动模效果图

【思考与练习】

完成图 9-31 所示电位器后盖塑料制品的成型工艺分析及模具设计。要求：

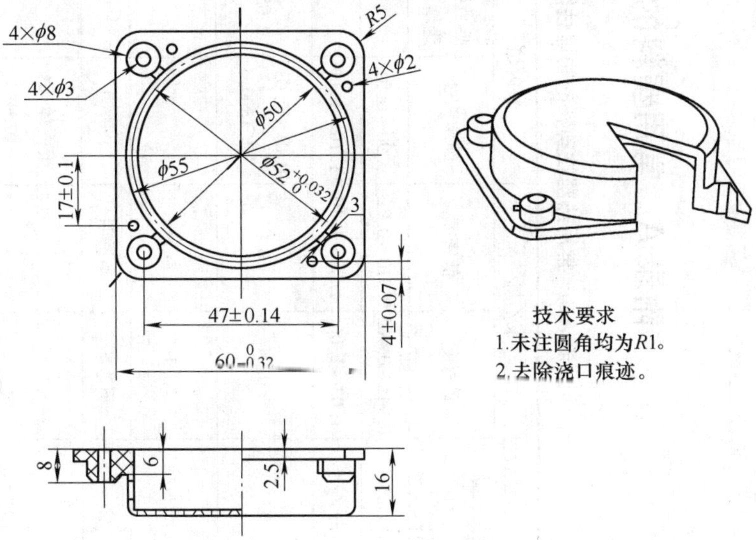

图 9-31　电位器后盖

制品名称：电位器后盖；材料：ABS；批量：大批量

1）绘制模具装配图。
2）绘制模具成型零件图（根据需要）。
3）编写成型零件加工工艺。
4）编写说明书。

附　　录

附录 A　常用塑料的性能

表 A-1　常用热塑性塑料的物理性能和热性能

塑料性能			单位	聚乙烯		聚丙烯		聚甲基丙烯酸甲酯	聚砜	聚苯乙烯		
				高密度	低密度	纯聚丙烯	玻璃纤维增强		纯	一般型	抗冲型	20% ~30%玻璃纤维增强
物理性能	1	密度	g/cm^3	0.941 ~0.965	0.910 ~0.925	0.90 ~0.91		1.17 ~1.20	1.24	1.04 ~1.06	0.98 ~1.10	1.20 ~1.33
	2	比体积	cm^3/g	1.03 ~1.06	1.08 ~1.10	1.10 ~1.11		0.83 ~0.84	0.80	0.94 ~0.96	0.91 ~1.02	0.75 ~0.83
	3	吸水率 24h / 长时期	%	<0.01	<0.01	0.01 ~0.03 浸水 18d0.5	0.05	0.3 ~0.4	0.12 ~0.22 23℃28d 0.62	0.03 ~0.05	0.10 ~0.30	0.05 ~0.07
	4	折射率（或折光指数）	%（或 nD）	1.54	1.51			nD1.41	nD1.63	nD1.59 ~1.60 88 ~92	nD1.57	
	5	透光率或透明度	%	不透明	半透明	半透明		90 ~92	透明	透明	透明	不透明
	6	摩擦因数		0.23		聚丙烯/钢 0.34（无润滑） 聚丙烯/铜 0.16（油润滑）		Taher 法 12（mm/1000r）	阿姆斯勒试验 $\mu=0.46$，$b=16.0$ 聚砜/聚砜 0.67 聚砜/不锈钢 0.40			

（续）

塑料性能			单 位	聚乙烯		聚丙烯		聚甲基丙烯酸甲酯	聚砜	聚苯乙烯		
				高密度	低密度	纯聚丙烯	玻璃纤维增强		纯	一般型	抗冲型	20% ~30%玻璃纤维增强
热性能	7	玻璃化温度	℃	-125 ~ -120	-125 ~ -120	-18 ~ -10		105	190	100		
	8	熔点（或粘流温度）	℃	105 ~137	105 ~125	170 ~176	170 ~180	160 ~200	250 ~280	131 ~165		
	9	熔融指数（MFI）	g/10min	100℃负荷 21N，喷嘴 ϕ2.09，0.37	0.3 ~17.0	230℃负荷 21N，喷嘴 ϕ2.09，2.03 ~8.69	1.5 ~2.5	200℃负荷 50N，喷嘴 ϕ2.09，1.07	0.5 ~0.6	190℃负荷 50N，喷嘴 ϕ2.09，23.9		
	10	维卡针入度	℃	121 ~127		140 ~150			173			
	11	马丁耐热	℃				65	68	156	70	70	
	12	热变形温度	℃（45N/cm^2） （180N/cm^2）	60 ~82 48	38 ~49	102 ~115 56 ~67	127	74 ~109 68 ~99	182 174	65 ~96	64 ~92.5	82 ~112
	13	线胀系数	10^{-5}/℃	11 ~13	16 ~18	9.8	4.9	5 ~9	3.5	6 ~8	3.4 ~21	3.4 ~6.8
	14	计算收缩率	%	1.5 ~3.0	1.5 ~5.0	1.0 ~3.0		1.5 ~1.8	0.5 ~0.6	0.5 ~0.6	0.3 ~0.6	0.3 ~0.5
	15	比热容	J/（kg·K）	2310	2310	1930		1470	1300	1340	1400	1000
	16	热导率	W/（m·K）	0.490	0.335	0.118		0.210	0.118	0.120	0.084	0.163
	17	燃烧性	cm/min	很慢	很慢	慢		慢	自熄	慢	慢	慢

（续）

塑料性能				单　位	聚氯乙烯		聚碳酸酯			聚甲醛		苯乙烯共聚树脂	
					硬质	软质	纯	20% ~30% 长玻璃纤维	20% ~30% 短玻璃纤维	纯	聚四氟 乙烯填充	ABS	ABS 玻璃 纤维增强
物理性能	1	密度		g/cm^3	1. 35 ~1. 45	1. 16 ~1. 35	1. 20	1. 35 ~1. 50	1. 34 ~1. 35	1. 14	1. 52	1. 02 ~1. 16	1. 20 ~1. 38
	2	比体积		cm^3/g	0. 69 ~0. 74	0. 74 ~0. 86	0. 83	0. 67 ~0. 74	0. 74 ~0. 75	0. 71	0. 66	0. 86 ~0. 98	0. 72 ~0. 83
	3	吸水率	24h	%	0. 07 ~0. 4	0. 15 ~0. 75	23℃50% RH 0. 15，23℃浸水中 0. 35	23℃50% RH 0. 09 ~0. 15，23℃浸水中 0. 2 ~0. 4	0. 09 ~0. 15	0. 12 ~0. 15	0. 06 ~0. 15	0. 20 ~0. 40	0. 10 ~0. 70
			长时期						0. 2 ~0. 4	0. 8	0. 55		
	4	折射率（或折光指数）		%（或 *nD*）	*nD*1. 52 ~1. 55		23℃ *nD*1. 586						
	5	透光率或透明度		%	透明	透明							
	6	摩擦因数				负荷 10N1000r 磨损量 15 ~17mg	阿姆斯勒试验 μ =0. 37 b =16. 0 PC/PC0. 24 （速度 1cm/s） PC/不锈钢 0. 73 （速度 1cm/s）			阿姆斯勒试验 μ =0. 31， b =16. 0 负荷 $28N/cm^2$ 动 0. 14，静 0. 21 POM/POM 0. 2 ~0. 4 POM/钢 0. 1 ~0. 2	负荷 $28N/cm^2$ 动 0. 07 ~0. 12 静 0. 15 ~0. 18		

（续）

塑料性能			单位	聚氯乙烯		聚碳酸酯			聚甲醛		苯乙烯共聚树脂	
				硬质	软质	纯	20%～30%长玻璃纤维	20%～30%短玻璃纤维	纯	聚四氟乙烯填充	ABS	ABS玻璃纤维增强
热性能	7	玻璃化温度	℃	87		149			～50			
	8	熔点（或粘流温度）	℃	160～212	110～160	225～250 （267）	245～250	235～245	180～200		130～160	
	9	熔融指数	g/10min						190℃ 负荷21N 喷嘴 ϕ2.09 2.71～16.9		200℃ 负荷50N 喷嘴 ϕ2.09 0.41～0.82	
	10	维卡针入度	℃			150～162			152～160		71～122	
	11	马丁耐热	℃	65	<60	116～129	134	129	≤60	<60	63	
	12	热变形温度	℃（45N/cm^2） （180N/cm^2）	67～82 54		132～141 132～138	146～157 143～149	146～149 140～145	158～174 110～157	160～165 100	90～108 83～103	116～121 112～116
	13	线胀系数	10^{-5}/℃	5.0～18.5	7.0～25	6	2.13～5.16	3.2～4.8	10.7	8.0～9.6	7.0	2.8
	14	计算收缩率	%	0.6～1.0	1.5～2.5	0.5～0.7	0.05～0.4	0.05～0.5	1.5～3.0	1.0～2.5	0.4～0.7	0.1～0.2
	15	比热容	J/（kg·K）	1250	1680	1220	840	840	1470		1470	
	16	热导率	W/（m·K）	0.210	0.147	0.193	0.290	0.218	0.231	0.203	0.263	0.263
	17	燃烧性	cm/min	自熄	自熄	自熄	自熄	自熄	2.54	2.0	慢	慢

（续）

塑料性能				单位	氯化聚醚		聚苯醚	聚酰胺树脂					
								尼龙 1010		尼龙 6		尼龙 66	
					纯	改性氯化聚醚（与聚乙烯共混）	改性聚苯醚（与聚苯乙烯共混）	纯	30% 玻璃纤维增强	纯	30% 玻璃纤维增强	纯	30% 玻璃纤维增强
物理性能	1	密度		g/cm^3	1.4~1.41		1.06	1.04	1.19~1.30	1.10~1.15	1.21~1.35	1.10	1.35
	2	比体积		cm^3/g	0.71		0.94	0.96	0.77~0.84	0.87~0.91	0.74~0.83	0.91	0.74
	3	吸水率	24h	%	<0.01		0.06	24h0.2~0.4	0.4~1.0	1.6~3.0	0.9~1.3	0.9~1.6	0.5~9.3
			长时期				0.11	23℃水中长期 0.5~1.7		8~12	4.0~7.0	7~10.0	3.8~5.8
	4	折射率（或折光指数）		%（或 *nD*）	*nD*1.586								
	5	透光率或透明度		%	80~87		不透明	半透明	不透明	半透明	不透明		
	6	摩擦因数			油润滑 0.843		PPO/PPO 0.24~0.30 磨损（CS-17，1000r）20mg	阿姆斯勒试验 $\mu=0.50$ $b=6.0$		负荷 $28N/cm^2$ 动 0.22 静 0.26		负荷 $28N/cm^2$ 动 0.24，静 0.26 尼龙 66/尼龙 66 0.11~0.19（无润滑）	
热性能	7	玻璃化温度		℃	74					50		47	
	8	熔点（或粘流温度）		℃	178~182			2.05		210~225		250~265	

（续）

塑料性能			单位	氯化聚醚		聚苯醚	聚酰胺树脂					
							尼龙 1010		尼龙 6		尼龙 66	
				纯	改性氯化聚醚（与聚乙烯共混）	改性聚苯醚（与聚苯乙烯共混）	纯	30%玻璃纤维增强	纯	30%玻璃纤维增强	纯	30%玻璃纤维增强
热性能	9	熔融指数	g/10min	230℃，负荷 21N ϕ2.09 3.2~14.7	3.28		215℃，负荷 50N ϕ1.18 3.19~7.18		230℃，负荷 50N ϕ1.18 1.18~8.94			
	10	维卡针入度	℃	165			190		160~180		220~257	240~247
	11	马丁耐热	℃	72		120	<60	172	<60	190		190
	12	热变形温度	℃（45N/cm²） （180N/cm²）	141 100		190	148 55		140~176 80~120	216~264 204~259	149~176 82~121	262~265 245~262
	13	线胀系数	10^{-5}/℃	12		6.7	10	1.3~1.8	7.9	1.95	7.1~8.9	2.5
	14	计算收缩率	%	0.4~0.8	0.5~1.0	0.5~0.7	1.3~2.3（纵向） 0.7~1.7（横向）	0.3~0.6	0.6~1.4	0.3~0.7	1.5	0.2~0.8
	15	比热容	J/（kg·K）			1340	1050		1680	1870	1680	1260
	16	热导率	W/（m·K）	0.130		0.217	0.125		0.243	0.353	0.247	0.479
	17	燃烧性	cm/min	自熄	自熄	自熄	自熄	自熄	自熄	自熄	自熄	自熄

表 A-2　常用热塑性塑料的化学性能

塑料性能			聚乙烯		聚丙烯				聚甲基丙烯酸甲酯		
			高密度	低密度	纯聚丙烯	乙烯丙烯嵌段共聚	玻璃纤维增强	添加 $CuCO_3$ 等填充物	聚甲基丙烯酸甲酯	与苯乙烯共聚	与 α-甲基苯乙烯共聚
化学性能	18	日光及气候影响	在大气中会被紫外线破坏，若加入2.0%～2.5%碳黑及稳定剂，能改善抗大气老化性能		不含稳定剂时表面迅速变色、发脆，若添加抗氧化剂时会改善其抗大气老化性能				能透过紫外光达73.5%，有一定的耐候性		
	19	耐酸性及对盐溶液的稳定性	不耐氧化性酸		60℃以下中等浓度的酸类无影响。强酸及高浓度氧化剂能引起破坏，对水和无机盐溶液稳定				除强氧化酸外，对酸、盐、水均稳定		
	20	耐碱性	耐碱类化合物		对碱类稳定				除对强碱有侵蚀外，对弱碱较为稳定		
	21	耐油性	对动物油、植物油、矿物油溶胀，随温度提高更甚		对多数油类中稳定，能吸收极少量矿物油、植物油				对动物油、植物油，矿物油稳定		
	22	耐有机溶剂性	脂肪烃、芳香烃、酮类、醇类、酯类增塑剂等有机溶剂会加速聚乙烯应力开裂		室温下不溶于有机溶剂。超过80℃能溶于苯、甲苯等芳香烃及氯化烃中，与溶剂长期接触不产生脆裂				对芳香族、氟化烃等有机化合物能溶解，醇类脂肪族无影响		

塑料性能			聚氯乙烯		聚苯乙烯			苯乙烯共聚树脂			
			硬质	软质	一般型	抗冲型	20%～30%玻璃纤维增强	ACS	AAS	ABS	ABS 玻璃纤维增强
化学性能	18	日光及气候影响	对紫外线敏感		受阳光的作用会变黄，变色的程度取决于聚合物中存在杂质含量			耐候性要比聚苯乙烯强，加黑色颜料的苯乙烯共聚物经户外大气侵蚀两年，其外观和性能基本不变			
	19	耐酸性及对盐溶液的稳定性	对大多数无机酸和盐类等水溶液稳定，但对强酸略有侵蚀		能耐有机酸、盐等水溶液			对酸、水、无机盐几乎完全没有影响，在冰醋酸中会引起应力开裂			
	20	耐碱性	对强碱侵蚀，弱碱稳定		对碱类化合物稳定			耐碱类性能优良			
	21	耐油性	对各种油类稳定		影响表面及颜色			对某些植物油会引起应力开裂			
	22	耐有机溶剂性	可溶解于酮类和其他芳香族溶剂。通常增塑剂加入会使聚氯乙烯制品侵蚀和萃取		受许多烃类、酮类高级脂肪族的侵蚀而软化或溶解，对醇类稳定			在酮、醛、酯以及有些氯化烃中要溶解，长期接触烃类会软化和溶胀			

（续）

塑料性能			聚甲醛		聚苯醚		聚碳酸酯			氯化聚醚	
			纯	聚四氟乙烯填充	纯	改性聚苯醚（与聚苯乙烯共混）	纯	20%～30%长玻璃纤维增强	20%～30%短玻璃纤维增强	纯	改性氯化聚醚（与聚乙烯共混）
化学性能	18	日光及气候影响	长期暴露于紫外线辐射下冲击强度显著下降，表面粉化，龟裂，机械强度下降		对紫外线不稳定，在阳光中长期暴露，表面颜色变深		日光照射微脆化，经玻璃纤维增强后紫外线影响减弱			日光照射后，延伸率明显下降	
	19	耐酸性及对盐溶液的稳定性	有机酸、盐溶液和水无影响，强酸、强氧化剂耐蚀性较差		对水、无机酸和有机酸稳定，盐溶液无影响		对稀无机酸、有机酸、盐溶液和水稳定，强酸、氧化剂有破坏作用，在温度高于60℃的水中发生水解作用			除强氧化剂如浓硝酸、双氧水、发烟硫酸在较高温度下可引起腐蚀外，其他均好	
	20	耐碱性	强碱、弱碱均无影响．长期作用后微有侵蚀		弱碱无影响，强碱长时间作用能引起缓慢分解		弱碱影响较轻，强碱溶液、氨和胺类能引起腐蚀或分解			在较高温度下可耐各种碱类	
	21	耐油性	耐各种油类、脂类，性能稳定		不耐汽油，在汽油中会发生开裂		对动、植物油和多数烃油及其酯类稳定，对含有极性溶剂的某些矿物油类有影响			对汽油、松节油稳定	
	22	耐有机溶剂性	耐醛、酯、醚、烃，仅酚类有影响		溶于氧化烃、芳香烃中，不溶于脂肪烃、醚和醇类		溶于氯化烃和部分酮、酯及芳香烃中，不溶于脂肪族碳氢化合物、醚和醇类			脂肪烃、芳香烃、醇类稳定，丙酮、酯类及苯胺有影响	

塑料性能			聚砜	聚酰胺树脂		
			纯、30%玻璃纤维增强、聚四氟乙烯填充、聚芳砜、聚醚砜	尼龙1010	尼龙6	尼龙66
化学性能	18	日光及气候影响	抗氧性较优异，不耐强辐射紫外线，较长期照射后冲击强度将有明显下降	在阳光下暴晒半年后，其物理力学性能特别是冲击强度和延伸率将明显下降；若添加抗氧剂及紫外线或加碳黑，其耐日光照射性能将有明显改善		
	19	耐酸性及对盐溶液的稳定性	除浓硝酸、硫酸外，对其他的无机酸、有机酸、盐和水均稳定	能被硫酸、甲酸、乙酸等溶解或部分溶解，能被硝酸、盐酸所水解；在常温下某些盐类如氯化钙饱和的甲醇溶液和强氧化剂引起破坏		
	20	耐碱性	在强碱、弱碱中稳定	能耐各种浓度的碱		
	21	耐油性	对一般烃油稳定，含有极性的某些矿物油类有影响	对各种动、植物油和矿物油类有很好的稳定性		
	22	耐有机溶剂性	在酯和酮类中会发生溶胀且有部分溶解，并溶于氯化烃和芳香烃中		不受醇、酯碳氢化食物、卤化碳氢化合物、酮等的影响，尼龙可在高温下溶解于乙二醇、冰醋酸、氯乙醇、丙二醇、1，5-戊二醇、三氯乙烯和氯化锌的甲醇溶液，能溶于高极性物质如苯酚、甲酚中	

表 A-3　某些热固性塑料的物理性能和化学性能

塑料性能			单位	酚醛树脂				脲醛树脂	环氧树脂		聚氨酯	有机硅树脂	
				无填料	木粉填充	石棉填充	玻璃纤维填充	α-纤维素填充	无机物填充	酚醛改性	纯	浇注（软质）	玻璃纤维填充
物理性能	1	密　度	g/cm^3	1.25～1.30	1.34～1.45	1.45～2.00	1.69～1.95	1.47～1.52	1.70～2.10	1.16～1.21	1.10～1.50	0.99～1.50	1.80～1.90
	2	比体积	cm^3/g	0.80～0.77	0.75～0.69	0.69～0.50	0.59～0.51	0.68～0.66	0.58～0.47	0.86～0.83	0.91～0.67	1.01～0.67	0.55～0.53
	3	吸水率 24h、长期	%	0.1～0.2	0.3～1.2	0.1～0.5	0.03～1.20	0.4～0.8	0.03～0.20	优良	0.02～1.50	7 天，0.12	0.2
	4	热变形温度	℃ ($180N/cm^2$)	115～126	148～187	148～260	150～310	126～140	107～230	148～260			480
	5	线胀系数	10^{-5}/℃	2.5～6.0	3.0～4.5	0.8～4.0	0.8～2.0	2.2～3.6	3.0～6.0			8.0～30.0	2.0～5.0
	6	成型收缩率	%	1.0～1.2	0.4～0.9	0.2～0.9	0.0～0.4	0.6～1.4	0.4～1.0			0.0～0.6	0.0～0.5
	7	比热容	J/(kg·K)	1680	1510	1260	1070	1680			1800		840
	8	热导率	W/(m·K)	0.189	0.256	0.546	0.478	0.357			0.210	0.231	0.336
	9	燃烧性	cm/min	极慢	极慢	0.80	1.60	自熄	慢燃		自熄	自熄	慢燃
化学性能	10	有机溶剂		尚耐				无至轻微	轻微至无		中等	溶胀	侵蚀
	11	弱酸		无至轻微，与酸的种类有关				侵蚀	无		轻微	无至轻微	
	12	强酸		受氧化酸分解，对还原酸和有机酸作用，无至轻微				分解，侵蚀	轻微至稍蚀		侵蚀	轻微至激烈	
	13	弱碱		轻微至明显，与碱的种类有关				轻微至明显	轻微至无		轻微	无至轻微	
	14	强碱		分解，侵蚀				分解	轻微至侵蚀	无或稍蚀	侵蚀	轻微至明显	
	15	日光		表面变黑				变灰	轻微	变黑	变黄	无	

附录 B 注射成型机的型号及技术参数

表 B-1 部分国产注射机型号及技术参数

型号	单位	XS-ZS-22	XS-Z-30	XS-Z-60	XS-ZY-125	G54-S 200/400	XS-ZY-250	XZY-300	XS-ZY-500	XS-ZY-1000	XZY-2000	XS-ZY-3000	XS-ZY-4000	XS-ZY-6000	T-S-Z-7000	XS-ZY-32000
标称注射量	cm^3	30，20	30	60	192	200-400	250	320	500	1000	2000	3000	4000	6000	3980，5170，7000/g	3200
螺杆（柱塞）直径	mm	25×2，20×2	28	38	42	55	50	60	65	85	110	120	130	150	110，130，150	250
注射压力	10^5Pa	750，1170	1190	1220	1500	1090	1300	775	1040	1210	900	900，1150	1060	1100	1580，850，1130	1300
锁模力	N	25×10^4	25×10^4	50×10^4	90×10^4	254×10^4	180×10^4	150×10^4	350×10^4	450×10^4	600×10^4	630×10^4	1000×10^4	1800×10^4	1800×10^4	3500×10^4
螺杆转速	r/min				10~140	16，28，48	25，31，39，58，32，89	15~90	20，25，32，38，42，50，63，80	21，27，35，40，45，50，65，83	0~47	20~100	16，20，32，41，51，74	0~80	15~67	0~45
注射行程	mm	130	130	170	160	160	160	150	200	260	280	340	370	400	450	879
注射时间	s	0.45，0.5	0.7		1.8		2		2.7	3	4	3.8	~6	10	10	10
注射方式		双柱塞（双色）	柱塞式	柱塞式	螺杆式	螺杆式	螺杆式	螺杆式	螺杆式	螺杆式	螺杆式	螺杆式	螺杆式	螺杆式	螺杆式	螺杆式
模具最小厚度	mm	60	60	70	200	165	200	285	300	300	500		700	700	600	1000
模具最大厚度	mm	180	180	200	300	406	350	355	450	700	800	960，680，400	1000	1000	1200	2000

（续）

型号	单位	XS-ZS-22	XS-Z-30	XS-Z-60	XS-ZY-125	G54-S 200/400	XS-ZY-250	XZY-300	XS-ZY-500	XS-ZY-1000	XZY-2000	XS-ZY-3000	XS-ZY-4000	XS-ZY-6000	T-S-Z-7000	XS-ZY-32000
模板最大行程	mm	160	160	180	300	260	500	340	500	700	750	1120	1100	1400	1500	3000
最大成型面积	cm^2	90	90	130	360	645	500		1000	1800	2600	2520	3800	5000	7200 ~ 14 000	14 000
模板尺寸	mm × mm	250 × 380	250 × 280	330 × 440		532 × 634	598 × 520	620 × 520	700 × 850		1100 × 1180	1350 × 1250			1800 × 1900	250 × 2460
拉杆空间	mm（mm × mm）	235	235	190 × 300	360 × 360	290 × 368	448 × 370	400 × 300	500 × 440	650 × 550	760 × 700	900 × 800	1050 × 950	1350 × 1460	1200 × 1800	2260 × 2000
合模方式		液压-机械	液压-机械	液压-机械	液压-机械	液压-机械	增压式	液压-机械	液压-机械	两次动作液压式	液压-机械	充液式	两次动作液压式	两次动作液压式	两次动作液压式	抱合螺母液压式
泵流量	L/min	50	50	70，12	100，12	170，12	180，12	139，12	200，25	200，18，1，8	175.8 ×2，14.2	194 ×2，48，63	50，50	107 ×2，58，25，200	406 ×2，25.4	6 ×250 + 174 +2 × 43
泵压力	10^5 Pa	65	65	65	65	65	65	70	65	140	140	140，210	200	210，320，15	140，320	
电动机功率	kW	5.5	5.5	11	11	18.5	18.5	17	22	40，5.5 5.5	40，40	45，55	17，17	117，5	55，55	490
螺杆驱动功率	kW				4	5.5	5.5	7.8	7.5	13	23.5	37	30	6027N · m	60	
加热功率	kW	1.75		2.7	6	10	9.83	6.5	14	16.5	21	40	37	50	41.5	170
机器外形尺寸	m × m × m	2.34 × 0.8 × 1.46	2.34 × 0.8 × 1.46	3.61 × 0.85 × 1.55	3.34 × 0.75 × 1.55	4.7 × 1.44 × 1.8	4.7 × 1.0 × 1.815	5.300 × 0.940 × 1.815	65 × 1.3 ×2	7.67 × 1.74 × 2.38	10.908 × 1.9 × 3.43	11 × 2.9 × 3.2	11.5 × 3 × 4.5	12 × 22 × 3		20 × 3.24 × 3.8
机器自重	N	0.9×10^4	0.9×10^4	2×10^4	3.5×10^4	7×10^4	4.5×10^4	6×10^4	12×10^4	20×10^4	37×10^4	50×10^4	65×10^4	$\sim 107 \times 10^4$		240×10^4

表 B-2　国产单螺杆注射成型机主要技术参数

标称注射量	cm^3	30	60	125	250	350	500	1000	2000	3000	4000	6000	8000	12 000	16 000	24 000	32 000	48 000	64 000
螺杆直径	mm	30	35 (30) (42)	42 (35) (50)	50 (45) (65)	55 (45) (65)	65 (50) (80)	80 (65) (100)	100 (80) (115)	115 (90) (130)	130 (100) (150)	150 (115) (170)	160 (130) (185)	185 (150) (200)	200 (160) (225)	225 (185) (250)	250 (200) (290)	290 (225) (320)	320 (250) (360)
注射压力（不低于）	10^5 Pa	1300		1200					1100			1000							
最高注射速率不低于	cm^3/s	35	60	80	125	160	200	320	500	650	800	1050	1250	1500	2000	2400	3000	3800	5000
螺杆转速	r/min	25 ~ 120		20 ~ 100		20 ~ 80			15	15 ~ 70		20 ~ 50		10 ~ 50		8 ~ 45		6 ~ 35	
螺杆有效驱动功率（计算）	kW	22	3	4	5.5	6.5	7.5	13.5	20	25	38	43	50	65	70	80	105	105	125
加热功率	kW	2.5	4	5.5	8.5	10	12	18	28	38	42	55	68	86	100	145	160	190	225
注射座推力	10^4 N		2	2.5	4	5.5	7	9	10	12	14	16	18	20	23	25	29	32	35
塑化能力（聚苯乙烯）	kg/h	15	24	35	55	70	80	125	195	245	290	375	440	550	700	940	1100	1100	1500
锁模力	10^4 N	30	45	90	150	200	250	400	600	750	1000	1400	1800	2000	2300	3000	4000	5000	6000
模板最大升距	mm	400	500	600	700	800	950	1200	1500	1800	2000	2300	2500	2700	3200	3600	4000	4500	5000
允许最小模具厚度	mm	120	150	200	250	270	300	350	450	500	550	650	700	800	900	1000	1100	1200	1400
允许最大模具厚度	mm	200	250	300	350	400	500	600	800	900	1000	1200	1300	1400	600	1800	2000	2300	2500
装模方向拉杆中心距不小于	mm	290	300	350	450	500	550	730	840	950	1050	1200	1300	1400	1600	1800	2000	2300	2500
开模力	10^4 N	3	4	6	10	12	15	25	34	40	50	72	85	95	115	140	175	210	250
模具定位孔直径	mm	ϕ55H7		ϕ100H7		ϕ150H7		ϕ225H7				ϕ300H7			ϕ350H7		ϕ400H7		
喷嘴球径	mm	*R*10			*R*18							*R*35							

注：螺杆直径无括号的尺寸为普通螺杆；括号内的尺寸系高、低压用螺杆，其注射容量、注射压力、注射速度由普通螺杆换算而得。

参考文献

[1] 翁其金．塑料模塑工艺及塑料模设计［M］．北京：机械工业出版社，1999.

[2] 李德群，肖景容．塑料成型模具设计［M］．武汉：华中理工大学出版社，1990.

[3] 王孝培．塑料成型工艺及模具简明手册［M］．北京：机械工业出版社，2000.

[4] 黄悦．塑料工程手册［M］．北京：机械工业出版社，2000.

[5] 刘敏江．塑料加工技术大全［M］．北京：中国轻工业出版社，2001.

[6] 黄虹．塑料成型加工与模具［M］．北京：化学工业出版社，2003.

[7] 中国机械工程学会中国模具设计大典编委会．中国模具设计大典［M］．南昌：江西科学技术出版社，2003.

[8] 屈华昌，伍建国．塑料模设计［M］．北京：机械工业出版社，1993.

[9] 曹宏深，赵仲治．塑料成型工艺与模具设计［M］．北京：机械工业出版社，1993.

[10] 屈华昌．塑料成型工艺与模具设计［M］．北京：高等教育出版社，2001.

[11] 模具实用技术丛书编委会．塑料模具设计［M］．北京：机械工业出版社，2002.

[12] 卜建新．塑料模具设计［M］．北京：中国轻工业出版社，1999.

[13] 朱光力，万金保，等．塑料模具设计［M］．北京：清华大学出版社，2002.

[14] 李德群．塑料成型工艺及模具设计［M］．北京：机械工业出版社，1994.

[15] 吴培熙，王祖玉，景志坤，等．塑料制品工艺手册［M］．北京：化学工业出版社，1998.

[16] 张孝民．塑料模具技术［M］．北京：机械工业出版社，2003.

[17] 梁国正，顾嫒娟．模压成型技术［M］．北京：化学工业出版社，1999.

[18] 哈罗夫·贝罗夫斯基．塑料产品设计和加工大全［M］．周南桥，等译．北京：化学工业出版社，2000.

[19] 吴舜英，徐敬一．泡沫塑料成型［M］．北京：化学工业出版社，1999.

[20] 陈志刚．塑料模具设计［M］．北京：机械工业出版社，2002.

[21] 范有发．冲压与塑料成型设备［M］．北京：机械工业出版社，2003.

[22] 欧圣雅．冷冲压与塑料成型机械［M］．北京：轻工业出版社，2000.

[23] 孙凤勤．冲压与塑压设备［M］．北京：机械工业出版社，2010.

[24] 中国机械工业教育协会．模具 CAD/CAM［M］．北京：机械工业出版社，2001.

[25] 宋志国，叶锋．机械 CAD/CAM［M］．北京：电子工业出版社，2002.